谨以此书纪念“聚集诱导发光”(AIE)概念提出二十周年

国家科学技术学术著作出版基金资助出版
“十三五”国家重点出版物出版规划项目

光电子科学与技术前沿丛书

聚集诱导发光

唐本忠　董宇平　秦安军　等/著

科学出版社
北京

内 容 简 介

2001年，香港科技大学唐本忠教授基于实验结果在国际上首次提出了“聚集诱导发光”(aggregation-induced emission, AIE)概念。这一概念顺应分子聚集这一自然过程，丰富了光物理和光化学的基础理论，是一个少有的、由我国科学家引领、多国科学家跟进的新研究领域。本书邀请活跃于该领域的部分作者撰写。全书共9章，以翔实的图表与文献报道，深入浅出地向读者系统介绍了AIE的发展历程和机理、多种AIE体系以及AIE在化学传感、生物诊断与治疗、光电器件等领域的应用。

本书可以作为该领域的研究者、工程技术人员及相关项目管理者的参考书，同时对有志于进入光物理、光化学及发光功能材料科学领域的研究生和高年级本科生来说，也是一本很好的入门教科书。

图书在版编目（CIP）数据

聚集诱导发光／唐本忠等著．—北京：科学出版社，2020.12

（光电子科学与技术前沿丛书）

“十三五”国家重点出版物出版规划项目

ISBN 978-7-03-065125-9

Ⅰ．①聚… Ⅱ．①唐… Ⅲ．①光学-研究②光化学-研究 Ⅳ．①O43 ②O644.1

中国版本图书馆CIP数据核字（2020）第080844号

责任编辑：周　涵　付林林／责任校对：彭珍珍

责任印制：吴兆东／封面设计：黄华斌

科学出版社 出版

北京东黄城根北街16号

邮政编码：100717

http://www.sciencep.com

北京虎彩文化传播有限公司印刷

科学出版社发行　各地新华书店经销

*

2020年12月第　一　版　开本：720×1000　1/16

2022年 1 月第二次印刷　印张：25 1/4

字数：506 000

定价：198.00元

（如有印装质量问题，我社负责调换）

“光电子科学与技术前沿丛书”编委会

作 者 名 单

（按姓氏笔画排序）

左　勇	本科生	华南理工大学材料科学与工程学院、发光材料与器件国家重点实验室
帅志刚	教授	清华大学化学系
冯光雪	博士	新加坡国立大学化学与生物分子工程系
刘　斌	教授	新加坡国立大学化学与生物分子工程系
许适当	博士	新加坡国立大学化学与生物分子工程系
孙景志	教授	浙江大学高分子科学与工程学系
何佰蓉	博士	华南理工大学材料科学与工程学院、发光材料与器件国家重点实验室
佟　斌	教授	北京理工大学材料学院
汪昭旸	博士	浙江大学高分子科学与工程学系
张若瑜	博士	新加坡国立大学化学与生物分子工程系
陈　明	博士	浙江大学高分子科学与工程学系
赵祖金	教授	华南理工大学材料科学与工程学院、发光材料与器件国家重点实验室
胡　方	博士	新加坡国立大学化学与生物分子工程系
胡蓉蓉	教授	华南理工大学材料科学与工程学院、发光材料与器件国家重点实验室
秦安军	教授	华南理工大学材料科学与工程学院、发光材料与器件国家重点实验室
袁友永	博士	新加坡国立大学化学与生物分子工程系
袁望章	教授	上海交通大学化学化工学院
高　蒙	副研究员	华南理工大学国家人体组织功能重建工程技术研究中心
唐本忠	院士	香港科技大学化学系 华南理工大学材料科学与工程学院、发光材料与器件国家重点实验室
黄玉章	本科生	华南理工大学材料科学与工程学院、发光材料与器件国家重点实验室

梅　菊　副教授　　华东理工大学化学与分子工程学院
梁　敬　博士　　新加坡国立大学化学与生物分子工程系
彭　谦　研究员　　中国科学院化学研究所
董永强　教授　　北京师范大学化学学院
董宇平　教授　　北京理工大学材料学院
蔡政旭　副教授　　北京理工大学材料学院

丛书序

光电子科学与技术涉及化学、物理、材料科学、信息科学、生命科学和工程技术等多学科的交叉与融合，涉及半导体材料在光电子领域的应用，是能源、通信、健康、环境等领域现代技术的基础。光电子科学与技术对传统产业的技术改造、新兴产业的发展、产业结构的调整优化，以及对我国加快创新型国家建设和建成科技强国将起到巨大的促进作用。

中国经过几十年的发展，光电子科学与技术水平有了很大程度的提高，半导体光电子材料、光电子器件和各种相关应用已发展到一定高度，逐步在若干方面赶上了世界水平，并在一些领域实现了超越。系统而全面地整理光电子科学与技术各前沿方向的科学理论、最新研究进展、存在问题和前景，将为科研人员以及刚进入该领域的学生提供多学科、实用、前沿、系统化的知识，将启迪青年学者与学子的思维，推动和引领这一科学技术领域的发展。为此，我们适时成立了“光电子科学与技术前沿丛书”专家委员会，在丛书专家委员会和科学出版社的组织下，邀请国内光电子科学与技术领域杰出的科学家，将各自相关领域的基础理论和最新科研成果进行总结梳理并出版。

“光电子科学与技术前沿丛书”以高质量、科学性、系统性、前瞻性和实用性为目标，内容既包括光电转换导论、有机自旋光电子学、有机光电材料理论等基础科学理论，也涵盖了太阳电池材料、有机光电材料、硅基光电材料、微纳光子材料、非线性光学材料和导电聚合物等先进的光电功能材料，以及有机/聚合物光电子器件和集成光电子器件等光电子器件，还包括光电子激光技术、飞秒光谱技术、太赫兹技术、半导体激光技术、印刷显示技术和荧光传感技术等先进的光电子技术及其应用，将涵盖光电子科学与技术的重要领域。希望业内同行和读者不吝赐教，帮助我们共同打造这套丛书。

我们期待能为广大读者提供一套高质量、高水平的光电子科学与技术前沿著作，希望丛书的出版为助力光电子科学与技术研究的深入，促进学科理论体系的建设，激发创新思想，推动我国光电子科学与技术产业的发展，做出一定的贡献。

最后，感谢为丛书付出辛勤劳动的各位作者和出版社的同仁们！

“光电子科学与技术前沿丛书”编委会

2018年8月

前言

光(如阳光)作为生存不可或缺的重要条件，不但让万物感受到温暖和日夜的更替，学会作息与繁育，更是促进人类进化和文明发展的最大动力。在与生俱来的好奇心与执着性格的驱使下，人们不止于只享受自然的恩赐，而是要随时随地获取理想的光，并控制光的行为与功用，光的科学就这样诞生了。

从先秦墨子对光学的最初探索，到现代物理学中的量子力学和狭义相对论，每个时代的人们都没有停止对光的追逐。无论是筚路蓝缕的古之先贤，还是孜孜不倦的当代科研工作者，在浩瀚的光学知识海洋前都还是初学者，永远在探索的路上。正是由于这种对光持之以恒的研究，新概念和新理论不断产生，在改变人们思想的同时，产生了改变世界面貌的新材料和新器件。

发光材料的基础研究与染料化学和物理密切相关。19 世纪中叶，Stokes 在考察奎宁和叶绿素的发光时发现，在短波长光的照射下，有些物质能放射出一种比激发光波长更长的光，他将这种光命名为“fluorescence(荧光)”。过去染料多作为荧光涂料、荧光颜料和荧光增白剂等用于塑料、纸张、合成洗涤剂、合成纤维和油墨印刷等传统行业。随着社会的进步和科学的发展，荧光材料将被广泛应用于新兴学科和技术领域，如有机发光材料、有机场效应晶体管、荧光标记及荧光分子探针等，已在国家安全、环境、工农业、生物学和医学检疫诊断等科学研究、人类健康和生产生活等领域发挥越来越大的作用。

然而，传统有机发光材料不能完全满足现代科学技术的应用要求。早在 20 世纪中叶，Förster 等就发现：发光材料单分子分散时可以表现出很好的发光性能，但聚集后就会由于非辐射能量转移而减弱发光或完全不发光，这就是著名的“聚集导致荧光猝灭”(aggregation-caused quenching, ACQ)现象，并被 Birks 在 1970 年作为一种“在大部分芳烃及其衍生物中很常见”的现象写入他的经典著作《芳香分子的光物理学》中。现在普遍认为 ACQ 产生的原因是在浓溶液中或固体状态下，生色团分子间 π-π 相互作用导致聚集体形成，而聚集体激发态常通过非辐射跃迁途径衰减，使得材料发光减弱甚至不发光。这一聚集/浓度诱导荧光猝灭效应迫使人们只能在极稀溶液中或单分子状态下研究和使用荧光生色团。尽管人们曾尝试采用化学、物理或工程的方法或途径降低 ACQ 的影响，然而结果并不十分理想，分子聚集也只是部分或暂时被抑制，其困难归因于在固态下发光分子聚集是一种自然过程。因而，人们有必要革新思维方式，从改变聚集态结构上来消除 ACQ 现象。

2001 年，香港科技大学唐本忠教授发现溶解在乙腈中的 1-甲基-1,2,3,4,5-五苯基硅杂环戊二烯及其衍生物在稀溶液中几乎不发光，但当加入非溶剂水越多时，所引起的分子聚集现象越严重，发射的荧光则越强烈，即表现为与 ACQ 完全相反的发光现象，为此唐本忠教授在国际上首次提出“聚集诱导发光”(AIE)的概念。这一新概念改变了人们关于 ACQ 的传统观念，为克服传统发光材料 ACQ 的痼疾开辟了一条新的途径。AIE 研究引发了对有机发光机理的更深入探索，并带来了分子设计、材料制备、聚集态结构调控及器件实际应用等方面的深刻变革。近 20 年来，与 AIE 相关的论文数和引文数均呈指数上升。据中国科学院文献情报中心与汤森路透旗下的知识产权与科技事业部联合发布的《2015 研究前沿》报告，“聚集诱导发光化合物的合成、性质和用于细胞成像”在化学和材料领域十大研究前沿中排名第二。2016 年《自然》杂志更是以“The nanolight revolution is coming”(纳米光革命来临)为题重点介绍了 AIE 材料，并评价 AIE 材料的发现为当前常用的量子点与发光聚合物点存在的问题提供了解决方案，这是新一代纳米光材料。目前 AIE 已经形成了一个由我国科学家引领、多国科学家跟进的新研究领域。

为了反映 AIE 领域最新研究动态，我们组织活跃在 AIE 领域的学者共同撰写本书，旨在系统地向国内读者介绍由 ACQ 到 AIE 的发展历程，AIE 机理概述，基于量子理论与计算的发光机理模拟，多种 AIE 小分子和高分子体系，AIE 在化学传感、生物诊断与治疗、光电器件和智能响应等领域的应用，深入浅出地向读者介绍研究进展，以期共同推动我国在与 AIE 相关的多领域中的创新性研究，并使我国始终保持在 AIE 领域的引领地位。

本书以唐本忠教授领导的 973 项目团队部分成员及其合作者所取得的研究成果为基础，结合国内外研究进展，对 AIE 进行全面和系统介绍。本书分为四个部分，第一部分为发光基本概念与发展历程(第 1 章)，介绍荧光的定义与产生机理、荧光材料的重要性、ACQ 的由来、抑制 ACQ 的方法与途径、AIE 的发现、AIE 所产生的影响与效果。第二部分为 AIE 发光机理(第 2 章)、理论计算与模拟(第 3 章)与 AIE 概念衍生(第 4 章)，通过介绍各种 AIE 产生机理，说明分子内旋转受限机理在阐释 AIE 机理中的优势；基于聚集态下光物理性质模拟计算方法，考察多种效应来揭示和验证聚集诱导发光的微观机理；由 AIE 概念为基础进一步发展结晶诱导发光(crystallization-induced emission，CIE)、室温磷光(room temperature phosphorescence，RTP)等新概念。第三部分为各种 AIE 体系，包括吡啶单元的 AIE 材料的分子设计与应用研究(第 5 章)、杂环 AIE 小分子体系(第 6 章)、AIE 聚合物体系(第 7 章)，全面介绍具有 AIE 性质的化合物结构、合成方法等。第四部分为 AIE 在光电与生物等领域的应用，包括有机发光二极管(organic light-emitting diode，OLED)、有机光伏(organic photovoltaic，OPV)、圆偏振发光等在光电领域的应用(第 8 章)，用于生物特异性高灵敏识别与检测、细胞与组织的成像(第 9 章)。由于本书各章节是由各作者分别撰写，尽管在内容上尽量作了协调，但难免有重复和不一致的地方，敬请读者给予谅解。我们非常感谢科学出版社责任编辑周涵女士细致、认真的工作，使本书得以顺利出版；同时在撰写的过程中，许多研究生参与了稿件处理、图表绘制等具体工作，特别是北京理工大学潘小玲、毛慧灵同学在全书排版方面做了许多辛苦的工作，在此表示我们的诚挚谢意！

作者期望本书能够激励科研工作者和高等院校学生开展创新性科学研究，以便推进具有中国特色功能的先进材料和原型器件发展，促进我国化学生物传感与检测、光电器件等相关高新技术产业的进步，满足在生物医疗、环境保护与国土安全等方面的国家战略需求。尽管作者试图把 AIE 领域的最新研究成果收入本书，但是无奈书稿内容的更新速度跟不上研究的发展速度，如有重要成果本书中未能介绍，请相关研究者予以谅解！书中难免有不妥之处，敬请读者批评指正！

作 者

2020 年 3 月

目录

丛书序 …… i

前言 …… iii

第 *1* 章　从聚集猝灭发光到聚集诱导发光 …… 001

1.1　引言 …… 001

1.2　荧光产生机理与荧光材料的重要性 …… 002

1.3　ACQ 的由来 …… 003

1.4　抑制 ACQ 的方法与途径 …… 005

1.5　AIE 的发现 …… 007

1.6　AIE 所产生的影响与效果 …… 008

1.7　总结与展望 …… 009

参考文献 …… 009

第 *2* 章　聚集诱导发光机理概述 …… 012

2.1　引言 …… 012

2.2　分子内运动受限 …… 012

2.3　机理的对比讨论 …… 026

2.3.1　分子内运动受限与 J-聚集体形成 …… 027

2.3.2　分子内运动受限与激发态分子内质子转移 …… 029

2.3.3 分子内运动受限与扭曲的分子内电荷转移 032
2.4 总结与展望 036
参考文献 037

第 3 章 聚集诱导发光理论计算与模拟 042
3.1 引言 042
3.2 分子聚集体的理论计算方法 042
3.2.1 量子力学和分子力学组合方法 042
3.2.2 光谱与速率理论 044
3.2.3 理论计算细节 046
3.3 AIE 的微观机理 048
3.3.1 空间位阻效应 048
3.3.2 温度效应 049
3.3.3 聚集效应 050
3.3.4 共轭效应 053
3.4 AIE 机理的验证 055
3.4.1 共振拉曼光谱 055
3.4.2 同位素效应 058
3.5 总结与展望 063
参考文献 064

第 4 章 聚集诱导发光概念衍生 069
4.1 引言 069
4.2 CIEE 现象的发现 069
4.3 一般对比度 CIEE 材料 071
4.3.1 芳代硅杂环戊二烯体系 071
4.3.2 四苯基乙烯体系 073
4.3.3 其他 076
4.4 高对比度 CIEE 材料 081
4.4.1 苯并芳代富烯体系 081
4.4.2 席夫碱体系 084
4.4.3 含杂环体系 084

4.5 室温磷光化合物 …… 087
4.5.1 有机金属络合物聚集诱导磷光 …… 087
4.5.2 纯有机化合物结晶诱导磷光 …… 102
4.5.3 RTP 体系的应用 …… 110
4.6 总结与展望 …… 113
参考文献 …… 114

第 5 章　吡啶单元的聚集诱导发光材料的分子设计与应用研究 …… 119
5.1 引言 …… 119
5.2 吡啶修饰的 AIE 分子的种类 …… 121
5.2.1 用吡啶基团修饰已知的 AIE 小分子 …… 121
5.2.2 吡啶基团作为生色团的 AIE 型的金属有机化合物 …… 125
5.2.3 吡啶基团作为定子的 AIE 分子的设计 …… 128
5.2.4 含吡啶盐的 AIE 分子的设计 …… 129
5.2.5 含吡啶/吡啶盐的聚合物 AIE 体系的设计 …… 131
5.3 吡啶修饰的 AIE 分子用于超分子体系的构筑 …… 132
5.3.1 氢键驱动的组装 …… 132
5.3.2 配位作用驱动的组装 …… 135
5.3.3 主客体作用驱动的组装 …… 138
5.3.4 其他方式驱动的组装 …… 141
5.4 吡啶修饰的 AIE 分子在光电功能材料领域的应用 …… 142
5.4.1 刺激响应智能材料 …… 142
5.4.2 荧光化学检测 …… 147
5.4.3 荧光生物检测 …… 151
5.5 总结与展望 …… 155
参考文献 …… 156

第 6 章　杂环聚集诱导发光小分子体系 …… 163
6.1 引言 …… 163
6.2 五元芳杂环 AIE 体系 …… 163
6.2.1 含 Si 化合物 …… 163
6.2.2 含 N 化合物 …… 168

6.2.3 含S化合物 …… 186
6.2.4 含P化合物 …… 188
6.3 含B六元芳杂环AIE体系 …… 190
6.4 总结与展望 …… 198
参考文献 …… 199

第 7 章 聚集诱导发光聚合物体系 …… 206

7.1 引言 …… 206
7.2 AIE聚合物的设计与合成 …… 207
7.2.1 自由基聚合 …… 209
7.2.2 开环易位聚合 …… 210
7.2.3 炔烃易位聚合 …… 211
7.2.4 缩合聚合 …… 212
7.2.5 开环聚合 …… 212
7.2.6 硅氢加成聚合 …… 214
7.2.7 硫氢加成聚合 …… 215
7.2.8 多组分聚合 …… 215
7.2.9 过渡金属催化的偶联聚合 …… 217
7.2.10 环三聚反应 …… 220
7.2.11 炔烃-叠氮点击反应 …… 221
7.2.12 不含传统生色团的AIE聚合物的合成 …… 222
7.3 AIE聚合物的功能与应用 …… 223
7.3.1 荧光传感器 …… 223
7.3.2 刺激响应材料 …… 225
7.3.3 生物探针 …… 227
7.3.4 细胞成像 …… 228
7.3.5 电致发光器件 …… 230
7.3.6 非线性光学材料 …… 231
7.3.7 圆偏振荧光材料 …… 232
7.3.8 荧光光刻图案 …… 233
7.3.9 高折光材料 …… 233
7.3.10 液晶材料 …… 235

7.3.11 多孔材料 235
7.4 总结与展望 237
参考文献 238

第 8 章 聚集诱导发光在光电领域的应用 248
8.1 引言 248
8.2 有机发光二极管 248
8.2.1 基于噻咯的 AIE 材料 249
8.2.2 基于四苯基乙烯的 AIE 分子 253
8.3 多功能 AIE 材料 259
8.4 有机场效应晶体管 268
8.5 有机光伏 272
8.6 圆偏振发光 275
8.7 液晶材料 282
8.8 总结与展望 285
参考文献 285

第 9 章 聚集诱导发光在生物领域的应用 293
9.1 引言 293
9.2 生物检测 294
9.2.1 腺苷三磷酸检测 294
9.2.2 肝素检测 296
9.3 蛋白质及 DNA 构象变化检测 298
9.3.1 蛋白质及构象检测 298
9.3.2 DNA 构象及杂交检测 300
9.4 酶活性检测 305
9.4.1 静电相互作用 306
9.4.2 溶解度变化 307
9.4.3 能量转移 309
9.5 生物成像 310
9.5.1 AIE 分子探针 311
9.5.2 AIE 纳米粒子 337

9.5.3 硅基 AIE 纳米粒子 …… 355
9.5.4 聚合物保护的 AIE 纳米粒子 …… 359
9.6 总结与展望 …… 362
参考文献 …… 363

索引 …… 378

第 1 章

从聚集猝灭发光到聚集诱导发光

1.1 引言

光在人类的生产和生活中不可或缺。自从人类文明开始，人们对光的研究和应用就从未间断过，但神奇的光仍有无穷无尽的奥秘等待探索。人类通过感官获取外部的信息绝大部分来自视觉。而信息时代对光的输出提出了更高的要求，以满足其用于显示设备、生物成像和发光分子探针等在国家安全、环境、工农业和生物医学等领域的应用。区别于自然光，荧光来自荧光分子的激发，所发射的荧光也由发光分子自身的性质决定。对于传统荧光分子的研究，多数是研究其稀溶液中的发光性能。这一方法虽然很好地诠释了单个分子的光物理性质，却忽略了实际应用中发光分子多数情况下处于聚集态(固态薄膜和纳米粒子等)的事实。实际上，传统分子在稀溶液中往往发射很强的光，而聚集后，其光物理行为却大相径庭，普遍呈现出“聚集导致荧光猝灭”(aggregation-caused quenching, ACQ)的现象。发光分子的 ACQ 效应不仅会降低发光器件的效率，而且大大降低了传感器件的灵敏性，从而限制了其在实际中的应用。为了克服这种不利的效应，研究人员已经尝试采用诸如物理掺杂和化学结构设计等方法来抑制发光分子的聚集，但是这些方法都违背了分子在浓缩时自发聚集的属性，因此事倍功半。在 2001 年之前，研究人员一直在与 ACQ 效应“斗争”，但取得的效果有限。

如上所述，聚集是一个自发的自然过程。如果可以充分利用分子的聚集而非刻意去避免这一自然过程，那么在设计固态下高效器件方面将会事半功倍。而利用聚集过程提高发光效率的概念直到 2001 年才出现。香港科技大学唐本忠课题组在 2001 年发现多取代硅杂环戊二烯(噻咯，silole)在溶液中发光微弱甚至不发光，而加水聚集后发光显著增强。由于发光是由聚集所诱导，所以唐本忠教授首次提出了“聚集诱导发光”(aggregation-induced emission, AIE)的概念。理论上，AIE 可使 ACQ 这一困扰得到根本性的解决，且可得到新一代的发光材料，从而有力推动与发光相关的领域的发展。

1.2 荧光产生机理与荧光材料的重要性

基于本书所讨论的对象，我们有必要首先简单介绍“发光”。目前，从跃迁辐射角度而言发光可分为荧光和磷光两种。所谓荧光，是指分子中的电子在吸收一定能量(主要包括光能和电能)后被激发，处于不稳定的状态，继而通过辐射光子的方式耗散能量的过程，且由于这种电磁波的寿命极短(一般在纳秒级别)，所以人们形象地将其称为“荧光”。细究荧光的产生过程，我们可以参照 Jablonski 能级图[1](图 1.1)。

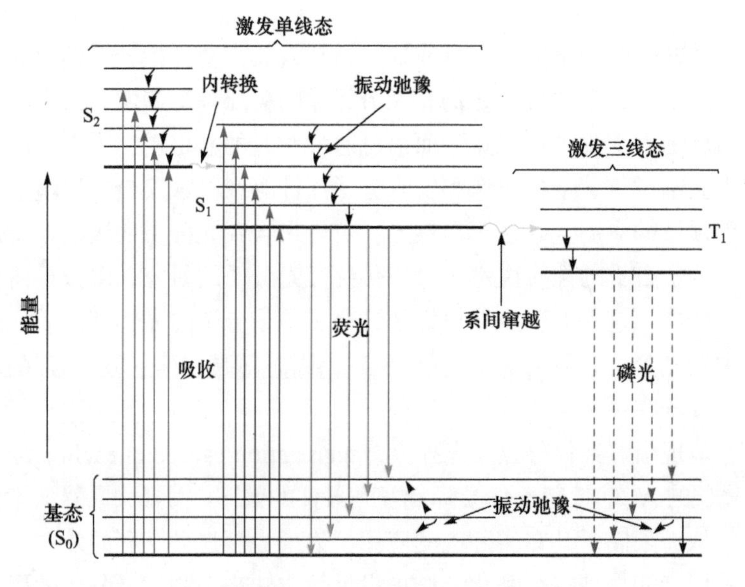

图 1.1　Jablonski 能级图

根据能量最低原理、泡利不相容原理及洪德规则，分子中的电子在排布时总是优先占据能量最低的轨道，每个轨道最多可容纳两个自旋相反的电子。当分子被激发后，一个电子从低能量轨道(基态)的最低振动态跃迁到激发态。如果此时电子的自旋没有发生改变，激发态分子的总自旋量子数 $S=0$，多重性 $2S+1=1$，则此时为激发单线态(S)。如果电子的自旋发生了改变，则此时为激发三线态(T)。跃迁到较高的激发单线态(如第二激发单线态 S_2，第三激发单线态 S_3,……)上，电子一般可以极快的速率通过态间的内转换和态内的振动弛豫到达第一激发单线态 S_1 的最低振动能级上，继而通过辐射跃迁(荧光)的方式激发至基态 S_0 不同的振动能级上。值得注意的是，内转换同时存在于 $S_1 \rightarrow S_0$ 的跃迁中，因此这种通过分子内运动的热耗散与荧光的发射是一个竞争过程。

另外，如果分子中含有羰基或重原子(包括重卤素原子和重金属原子)，可以增加激发单线态和激发三线态轨道的耦合，有利于电子通过系间窜越的方式从 S_1 向 T_1 弛豫。而从 $T_1 \rightarrow S_0$ 的跃迁中，由于电子自旋发生改变，跃迁禁阻，使发光(磷光)过程持续较长(寿命可达到微秒至秒数量级)。同时，降低温度或者使分子结晶，可以有效限制 S_1 自身的振动弛豫，增加向 T_1 系间窜越的速率，有利于磷光的产生。可见，在 S_1 的衰减过程中，内转换和系间窜越(导致磷光的产生)直接和荧光竞争，因此用合理的分子设计(降低分子内运动或避免引入羰基和重原子)可以有效增加荧光产生效率。此外，一些分子间过程，如激基缔(复)合物的形成、能量转移、光诱导电子转移及受猝灭剂分子作用等在多数情况下均能使分子荧光强度发生削弱甚至猝灭。

随着科学技术的发展和研究的深入，科学家已经设计和制备了种类繁多的发光分子，并且这些分子的结构非常容易调控，可以通过增加共轭长度或者引入给出电子和接受电子的基团使分子的最大发射波长在可见光区(波长 400～700 nm 范围内)甚至近红外区任意调节。这种结构和性能多样性使发光分子可满足其在光电及生物等领域的应用。此外，用于成像和探针的发光材料，通常更倾向于选用荧光分子，这是由于磷光分子的设计复杂且发光条件苛刻(一般要求低温或分子处于结晶状态)[2]；而用于电致发光显示的发光材料，虽然使用磷光分子可以使器件的内量子效率高达 100%，但可适用的磷光分子种类较少，且全为含稀有金属铱和锇等的配合物，而这些金属的引入将会大大增加材料的制作成本。值得一提的是，近年来科学家通过合理的分子设计，使制备得到的有机荧光分子用于电致发光器件时，能够将 75%的三线态激子完全转化为单线态激子，使激子的利用率达 100%，为有机荧光分子在显示领域开启了新的篇章[3, 4]。由此可见，基于荧光的发光材料依然是今后研究的重点。

1.3　ACQ 的由来

早在 20 世纪中叶，Förster 等就发现：当发光分子处于分散状态时可以发射很强的荧光，而浓度增加后分子间由于非辐射能量转移，发光强度减弱甚至发光完全消失。同样，这种现象被 Birks 在 1970 年作为一种“在大部分芳烃及其衍生物中很常见”的现象写入他的经典著作《芳香分子的光物理学》中[5]。所以，ACQ 是传统发光分子的共性，且这类分子往往具有大的平面共轭结构，如芘、苝、芴、荧光素、苝酰亚胺及香豆素等。

接下来，以苝为例详细讨论其发光行为。从图 1.2 中可以看到，当疏水性的苝分子溶解于四氢呋喃中时，发射很强的深蓝色荧光，而向苝的四氢呋喃溶液中加入水体积分数小于 70 vol%时(维持苝分子浓度不变)，其荧光基本维持不变。但是进一步增加水含量，体系的荧光显著减弱甚至完全猝灭。大量水的加入必然导致分子发生聚集，因此，苝是一种典型的 ACQ 分子。苝是一种具有大的平面共轭结构的稠环芳香化合物，这种稳定的刚性构型能有效抑制分子内的振动和转动弛豫，促使分子更多以辐射跃迁的方式来耗散激发态能量，从而决定了其溶液态的强荧光发射。而当分子发生聚集时，这种平面的构型促使分子发生分子间的 π-π 堆积作用(π-π stacking interaction)，使其处于能量较为稳定的状态。那么，为什么这种 π-π 堆积作用会导致荧光减弱甚至猝灭呢?

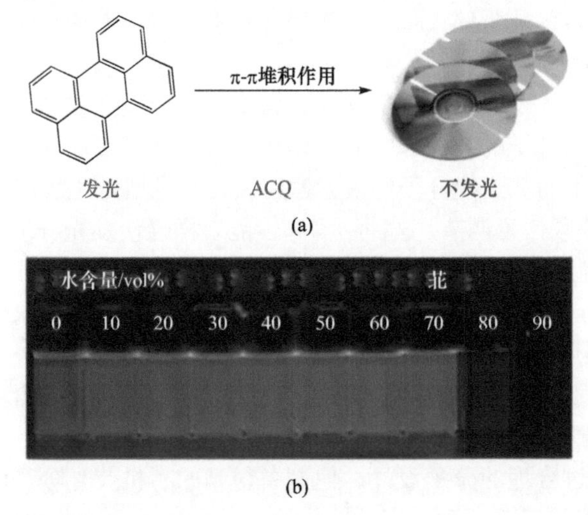

图 1.2 (a)平面的苝分子在聚集态时的面面堆积示意图；(b)苝在不同水体积分数四氢呋喃/水混合溶剂中被紫外光照射时拍摄的荧光照片(苝分子浓度：20 μmol/L)

在稀溶液中，分子之间彼此距离较远，此时只能发生单分子(monomer)M 的光物理行为(图 1.3)。随着分子浓度的增加，分子间距离变近，基态时分子间的势能面逐渐升高；而在激发态时，一个被激发的分子与另一个未被激发的分子相互作用共享一个激发态，形成激基缔合物(excimer)$(MM)^*$，分子间的势能面先降低后升高，存在一个极小值，而在此处的跃迁直接导致了激基缔合物的发射。由此可见，激基缔合物的带隙相对单分子较窄，因此发射波长显著红移[6]。更为重要的是，一方面，一个被激发的分子与另一个未被激发分子相互作用形成激基缔合物，这样陡然降低了激发态分子的数量；另一方面，激基缔合物形成时激发态的电子云同时分布在两个分子上，对应于基态电子云集中分布在其中一个分子上，使其类似于电荷转移的电子状态，从而促使了各种非辐射耗散过程的发生，两种相互作用协同削弱或者猝灭了发光。归根到底，平面的共轭分子有利于聚集时分子间相互靠近和电子云的交叠，形成激基缔合物。

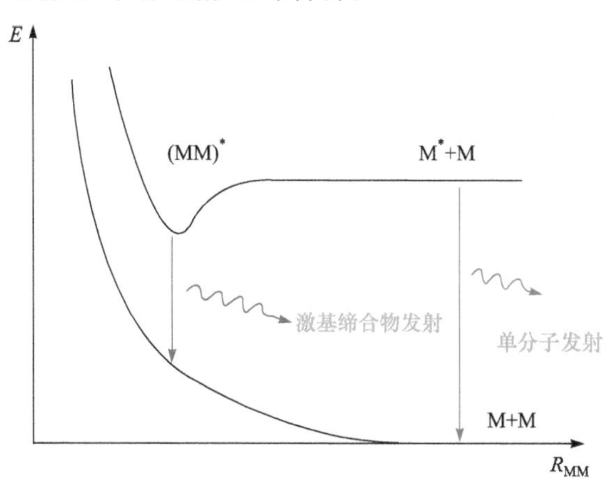

图 1.3　单分子和激基缔合物发射的势能面图

1.4　抑制 ACQ 的方法与途径

在理解了 ACQ 内在的光物理过程后，研究人员也基于此开展了克服分子 ACQ 的研究。一种最为简单且直接的方法是将发光分子作为客体掺杂于主体材料中以降低其浓度，减少自聚集。例如，苝及其衍生物是最早用于电致发光的蓝光材料，通过发光层的主客体的掺杂既可以实现主体分子向客体分子有效的能量转移，又可以减弱苝分子浓度过高带来的荧光猝灭效应[7]。尽管如此，这种方法的缺点也不容忽视：①通过物理掺杂制备的器件随着工作时间的延长，主体与客体之间容易发生相分离，使掺杂不均匀，劣化了发光颜色和效率等器件性能；②客体通常以非常低的浓度掺杂在主体中，客体材料的浓度很难在器件制作工艺中被精确控制，而其浓度的细微变化甚至会影响器件的发光纯度。

针对上述问题，研究人员尝试通过在发光分子上共价引入诸如刚性立方体、支链和螺旋结构等阻尼基团来抑制分子间的自聚集。例如，聚芴（PFO）是最常见的蓝光材料之一，但是用 PFO 制备的薄膜除了具有本征的蓝光发射峰之外，还具有显著的绿光发射峰，如果将其用于电致发光器件中，将导致发光效率和光谱色纯度降低。一般认为 PFO 链间的堆积导致激基缔合物的形成是造成这种绿光发射峰出现的原因。为此，科学家通过在 PFO 链的两端化学修饰大体积刚性的笼型聚倍半硅氧烷（POSS）[图 1.4（a）]来增加 PFO 链的位阻效应，降低分子间的相互作用[8,9]。从用 PFO 和 PFO-POSS 分别作为发光层制备的器件电致发光光谱[图 1.4（b）]中可以看到，POSS 基团的引入一方面使 PFO 在 525 nm 处的激基缔合物发射峰得到抑制，另一方面使其本征的蓝光发射峰明显增强。此外，器件的其他数据还表明，用 PFO-POSS 为发光层制备的器件比 PFO 具有更高的亮度和外量子效率。尽管如此，这种方法也未能从根本上避免激基缔合物的形成，且使发光分子的合成变得烦琐，大大增加了材料的制备成本。

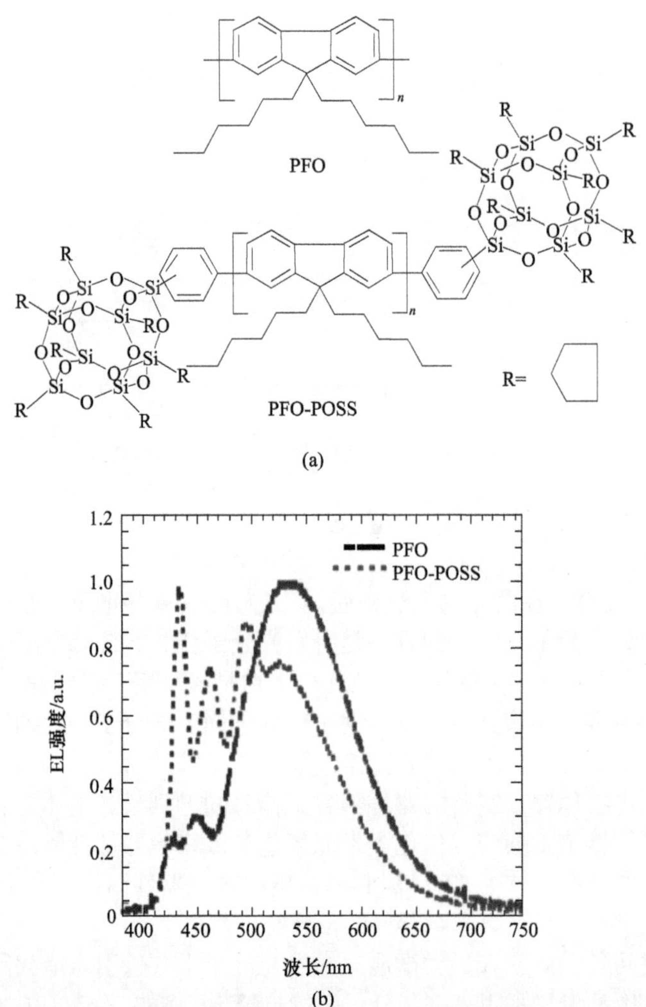

图 1.4 (a)聚芴(PFO)和以 POSS 封端的聚芴(PFO-POSS)的分子结构；(b)基于两种聚合物制备的电致发光器件的发光光谱，器件结构为 ITO/PEDOT/聚合物/Ca/Ag

其实，聚集是分子的一个自发的自然过程。而通过上述物理或者化学手段抑制这种自然过程不可避免地会带来种种负面效果。因此，如果我们能够利用这一自发的过程提高分子在聚集态和固态的发光效率，则可大大简化我们的工作，也可以革新我们的工作思路，创造更多高效发光分子体系。

1.5 AIE 的发现

2001 年，香港科技大学唐本忠课题组基于研究的需要制备了一系列多苯基取代的噻咯衍生物。在分离纯化过程中，他们发现含这些物质的溶液滴在薄层色谱(thin-layer chromatography, TLC)板上后用手持式紫外灯照射并无荧光发射，但随着溶剂的挥发，TLC 板上斑点发光逐渐增强。因此，他们偶然间发现了这类化合物非常特别的光物理行为。以六苯基噻咯(HPS)为例(图 1.5)，当其溶解于四氢呋喃中时，基本不发射荧光；而当在四氢呋喃溶液中加入不良溶剂水的体积分数超过 70 vol%后，体系的荧光强度显著增强。这种发光现象与前文所述的 ACQ 现象截然相反。由于这些体系的发光是由分子的聚集所引起，所以唐本忠教授首次提出了 AIE 的概念[10]。

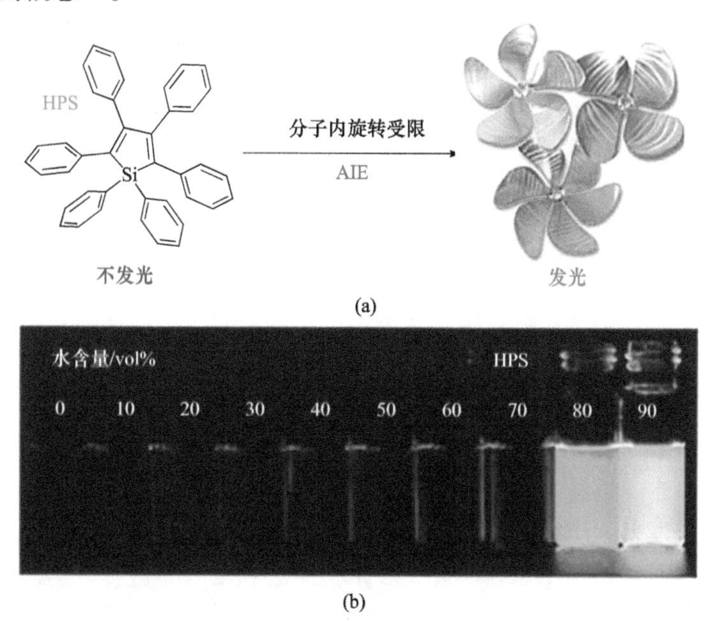

图 1.5 (a)扭曲的六苯基噻咯分子在聚集态的堆积示意图；(b)六苯基噻咯在不同水体积分数的四氢呋喃/水混合溶剂中的荧光照片(六苯基噻咯浓度：20 μmol/L)

分析多苯环取代噻咯衍生物的分子结构可知，这些分子具有非常扭曲的构型，与具有平面结构的花明显不同。这是由于多苯环取代噻咯衍生物外围的苯环通过单键与中心的噻咯环相连，苯基之间由于位阻作用，相对于中心噻咯环发生一定程度的扭转。因此，这类分子的构型可以被形象地视为“螺旋桨”状。在溶液中，分子外围的苯环可以围绕中心的噻咯环发生转动，从而热耗散了激发态的能量，使分子不发光；而在聚集状态下，一方面分子的扭曲构型抑制了分子间的 π-π 堆积效应，另一方面分子的内旋转受邻近分子的位阻作用而被限制，两种因素协同作用促使这类激子只能通过辐射跃迁的方式失活。基于进一步的实验验证，唐本忠课题组于 2013 年提出了分子内旋转受限(restriction of intramolecular rotation，RIR)是导致 AIE 产生的根本原因。其后，唐本忠课题组又在实验基础上，提出分子内运动受限(restriction of intramolecular motion, RIM)是 AIE 现象的机理。需要说明的是，这里所指的分子内运动主要包括旋转和振动。关于 AIE 的机理在后面的章节中将进行详细的介绍，在此不再赘述。

1.6 AIE 所产生的影响与效果

自 2001 年以来，AIE 领域得到了迅猛发展。基于 RIM 机理，研究人员已经报道了成百上千种 AIE 分子，其中的核心分子主要包括多苯基噻咯、四苯基乙烯、二苯乙烯蒽、四苯基吡嗪、四(六)苯基-1,3-丁二烯、三苯基乙烯和多苯基吡咯等[11-14]。另外，研究人员根据不同的应用需求，现已经可以通过简单的分子设计制备得到所需的 AIE 材料[15-27]。例如，高固态发光效率的 AIE 分子，在有机电致发光、液晶显示、光波导和圆偏振发光等领域具有潜在的应用价值；AIE 分子可以通过引入特殊识别基团被用作生物和化学探针，进而被用于检测 DNA、蛋白质、糖类分子、离子、爆炸物及二氧化碳等生物和化学物质；AIE 分子还可以被设计成具有刺激响应的发光材料用于安全墨水、逻辑门及信息存储等；最后，通过直接利用 AIE 分子或将其包裹成纳米粒子，可用于细胞及细胞器和组织、器官的成像，或将其功能化用于生物成像、诊断及治疗。

由于 AIE 在理论和实际应用中的重要性，其已经吸引了世界范围内不同领域的科学家的关注。根据 Web of Science 统计得到的数据，自 2001 年起，基于 AIE 的研究无论是发表的研究论文数还是论文被引用次数均呈指数增长，足见其研究活力和影响力[27]。根据中国科学院文献情报中心和汤森路透旗下的知识产权与科技事业部于 2015 年 10 月联合发布的数据，“聚集诱导发光化合物的合成、性质和用于细胞成像”的研究在化学和材料领域十大前沿研究中排名第二。2016 年《自然》杂志更是以“The nanolight revolution is coming”(纳米光革命来临)为题重点介绍了 AIE 材料，并评价 AIE 材料的发现为当前常用的量子点与发光聚合物点存在的问题提供了解决方案，是新一代纳米光材料。这再次展现了 AIE 研究在化学领域的影响力和重要性，必将吸引越来越多的科研人员投入 AIE 的研究中，从而将 AIE 推向更高的高度，为人类文明的发展做出贡献。鉴于 AIE 研究在发光材料结构设计、机理探究和应用开发等方面已取得了系统性、原创性和引领性成果，2017 年度国家自然科学奖一等奖授予了唐本忠教授团队。

1.7　总结与展望

发光分子在有机光电和生物医药等方面有非常广泛的用途。但是传统的发光分子大多具有平面共轭结构，表现为 ACQ 现象，即它们在溶液中发光非常强而在固态或者聚集态发光减弱甚至完全消失。而发光分子在很多应用中，如电致发光器件和生物细胞成像等，均以聚集状态形式存在，因此 ACQ 效应严重影响了这些分子的实际应用效果。虽然已经提出了多种化学和物理的抑制分子聚集的方法，但效果有限。彻底解决 ACQ 问题的方法就是利用聚集这一自然过程增强发光，这一愿景随着与 ACQ 现象相反的 AIE 效应的发现而实现。具有 AIE 特性的分子在稀溶液中发光微弱甚至不发光，但聚集后发光强度显著增加，并且大多在固态或薄膜态都具有强的荧光发射，可以大大满足很多实际应用需求。

另外，AIE 的 RIM 机理也得到了广泛的认可并不断被大量的实验和理论所证实。基于 RIM 机理，具有 AIE 特性的分子体系更是源源不断地出现。除了最早期发现的多苯基噻咯衍生物外，四苯基乙烯、二苯乙烯蒽、四苯基吡嗪、四(六)苯基-1,3-丁二烯、三苯基乙烯和多苯基吡咯及其衍生物等 AIE 分子体系陆续被报道。基于这些 AIE 分子，高性能电致发光器件、生物和化学传感器等大量涌现，从而将 AIE 的研究推向了新的高度。AIE 的研究目前已成为世界范围的研究热点，并且不断吸引着越来越多科研人员关注和加入。

当然 AIE 的研究还需进一步完善。新的 AIE 分子体系的设计和制备及其高效应用探索依然是今后研究的主要方向。例如，直接含有药物活性的 AIE 化合物非常值得挖掘，它会将疾病的诊断和治疗融为一体，在生物医药领域有着重要的意义；开发具有高发光性能的红、绿、蓝三基色的 AIE 聚合物非常值得关注，这将会大大简化电致发光器件的制作工艺并且有利于制备大面积柔性显示器件。另外，AIE 分子的出现也可以使原本矛盾的光物理过程实现统一并在器件中得以应用，为高效发光的场效应晶体管、高效发光的液晶显示器、高稳定性且波长可调的有机激光器的制备提供新思路。总之，这些工作还需要不同学科领域的融合和交叉。我们坚信在全世界科研人员的努力下，AIE 势必在光电和生物领域得到广泛应用，并最终造福人类。

参 考 文 献

[1] Lakowicz J R. Principles of Fluorescence Spectroscopy. 2nd ed. New York: Kluwer Academic/Plenum Publishers, 1999.

[2] Yuan W Z, Shen X Y, Zhao H, Lam J W Y, Tang L, Lu P, Wang C, Liu Y, Wang Z, Zheng Q, Sun J Z, Ma Y, Tang B Z. Crystallization-induced phosphorescence of pure organic luminogens at

room temperature. J Phys Chem C, 2010, 114: 6090-6099.
[3] Baldo M A, O'Brien D F, You Y, Shoustikov A, Sibley S, Thompson M E, Forrest S R. Highly efficient phosphorescent emission from organic electroluminescent devices. Nature, 1998, 395: 151-154.
[4] Uoyama H, Goushi K, Shizu K, Nomura H, Adachi C. Highly efficient organic light-emitting diodes from delayed fluorescence. Nature, 2012, 492: 234-238.
[5] Birks J B. Photophysics of Aromatic Molecules. London: Wiley-Interscience, 1970.
[6] 黄春辉, 李富友，黄维. 有机电致发光材料与器件导论. 上海：复旦大学出版社，2005.
[7] Mi B X, Gao Z Q, Lee C S, Lee S T, Kwong H L, Wong N B. Reduction of molecular aggregation and its application to the high-performance blue perylene-doped organic electroluminescent device. Appl Phys Lett, 1999, 75: 4055.
[8] Lin W J, Chen W C, Wu W C, Niu Y H, Jen A K Y. Synthesis and optoelectronic properties of starlike polyfluorenes with a silsesquioxane core. Macromolecules, 2004, 37: 2335-2341.
[9] Xiao S, Nguyen M, Gong X, Cao Y, Wu H B, Moses D, Heeger A J. Stabilization of semiconducting polymers with silsesquioxane. Adv Funct Mater, 2003, 13: 25-29.
[10] Luo J D, Xie Z L, Lam J W Y, Cheng L, Chen H Y, Qiu C F, Kwok H S, Zhan X W, Liu Y Q, Zhu D B, Tang B Z. Aggregation-induced emission of 1-methyl-1, 2, 3, 4, 5-pentaphenylsilole. Chem Commun, 2001, (18): 1740, 1741.
[11] Hong Y N, Lam J W Y, Tang B Z. Aggregation-induced emission: phenomenon, mechanism and applications. Chem Commun, 2009, (29): 4332-4353.
[12] Hong Y N, Lam J W Y, Tang B Z. Aggregation-induced emission. Chem Soc Rev, 2011, 40: 5361-5388.
[13] Chen M, Li L Z, Nie H, Tong J Q, Yan L L, Xu B, Sun J Z, Tian W J, Zhao Z J, Qin A J, Tang B Z. Tetraphenylpyrazine-based AIEgens: facile preparation and tunable light emission. Chem Sci, 2015, 6: 1932-1937.
[14] Li L Z, Chen M, Zhang H K, Nie H, Sun J Z, Qin A J, Tang B Z. Influence of the number and substitution position of phenyl groups on the aggregation-enhanced emission of benzene-cored luminogens. Chem Commun, 2015, 51: 4830-4833.
[15] Ding D, Li K, Liu B, Tang B Z. Bioprobes based on AIE fluorogens. Acc Chem Res, 2013, 46: 2441-2453.
[16] Liang J, Tang B Z, Liu B. Specific light-up bioprobes based on AIEgen conjugates. Chem Soc Rev, 2015, 44: 2798-2811.
[17] Hu R R, Leung N L C, Tang B Z. AIE macromolecules: syntheses, structures and functionalities. Chem Soc Rev, 2014, 43: 4494-4562.
[18] Wang M, Zhang G X, Zhang D Q, Zhu D B, Tang B Z. Fluorescent bio/chemosensors based on silole and tetraphenylethene luminogens with aggregation-induced emission feature. J Mater Chem, 2010, 20: 1858-1867.
[19] Zhao Z, Lam J W Y, Tang B Z. Tetraphenylethene: a versatile AIE building block for the construction of efficient luminescent materials for organic light-emitting diodes. J Mater Chem, 2012, 22: 23726-23740.

[20] Zhang X Q, Zhang X Y, Tao L, Chi Z G, Xu J R, Wei Y. Aggregation induced emission-based fluorescent nanoparticles: fabrication methodologies and biomedical applications. J Mater Chem B, 2014, 2: 4398-4414.

[21] Wang H, Zhao E G, Lam J W Y, Tang B Z. AIE luminogens: emission brightened by aggregation. Mater Today, 2015, 18: 365-377.

[22] Zhang X Y, Wang K, Liu M Y, Zhang X Q, Tao L, Chen Y W, Wei Y. Polymeric AIE-based nanoprobes for biomedical applications: recent advances and perspectives. Nanoscale, 2015, 7: 11486-11508.

[23] Qin A J, Lam J W Y, Tang B Z. Luminogenic polymers with aggregation-induced emission characteristics. Prog Polym Sci, 2012, 37: 182-209.

[24] Chi Z G, Zhang X Q, Xu B J, Zhou X, Ma C P, Zhang Y, Liu S W, Xu J R. Recent advances in organic mechanofluorochromic materials. Chem Soc Rev, 2012, 41: 3878-3896.

[25] 陈明, 孙景志, 秦安军, 唐本忠. 聚集诱导发光特性的杂环分子体系研究进展. 科学通报, 2016, 61: 304-314.

[26] Mei J, Hong Y N, Lam J W Y, Qin A J, Tang Y H, Tang B Z. Aggregation-induced emission: the whole is more brilliant than the parts. Adv Mater, 2014, 26: 5429-5479.

[27] Mei J, Leung N L C, Kwok R T K, Lam J W Y, Tang B Z. Aggregation-induced emission: together we shine, united we soar! Chem Rev, 2015, 115: 11718-11940.

（秦安军　陈　明　唐本忠）

第2章

聚集诱导发光机理概述

2.1 引言

理解聚集诱导发光现象产生的机理有助于我们加深对光物理过程的认识，对利用分子工程的方法设计开发新的聚集诱导发光体系、拓展其实际应用和促进科技创新具有指导意义。因此，正确解读聚集诱导发光的原理至关重要。自聚集诱导发光概念于2001年问世以来，研究者一直渴望探明聚集诱导发光现象产生的内在机理。在十余年的研究中，人们发现，从机理上来看，聚集诱导发光过程可能与一些特殊的过程相互关联，如分子内旋转受限[1]、J-聚集体形成[2, 3]、扭曲的分子内电荷转移[4-6]及激发态分子内质子转移[7-9]等。本章我们将对这些机理假说展开对比讨论。同时，我们将总结由不同研究小组提出的关于聚集诱导发光机理的各种假设以努力描绘发光过程的清晰景象，并将这些假设整理为一个统一的模型。此外，我们还将特别探讨结构（如构象和形貌）的变化对聚集诱导发光化合物的发光行为的影响。

2.2 分子内运动受限

基础物理理论表明：任何运动，无论是微观的还是宏观的，都会消耗能量。分子运动包括旋转和振动。六苯基取代硅杂环戊二烯（六苯基噻咯，HPS）是典型的具有聚集诱导发光性能的荧光分子。研究者基于对六苯基噻咯体系仔细而系统的研究提出了分子内旋转受限机理。在一个六苯基噻咯分子中，噻咯五元环与外围的6个苯环通过单键相连，这些苯环可绕单键相对噻咯环（定子）动态旋转，使得其分子构象变灵活[1]。六苯基噻咯的单晶结构分析数据展示了在其他具有聚集诱导发光性能的分子体系中通常也能找到的一系列结构特征（图2.1）。六苯基噻咯分子采取螺旋桨式构象，其外围苯环与中心硅杂环戊二烯平面的大扭转角充分印证了这一点[图 2.1(a)]。由于相邻苯环间的位阻排斥作用造成了高度扭曲的分子构型，紧密的面-面堆积结构不能形成，因此，六苯基噻咯分子在固态几乎没有 π-π 堆积作用[图 2.1(b)]。在六苯基噻咯晶体的晶胞中，噻咯环之间的长距离(9.363～10.043 Å)表明了导致非辐射弛豫和红移的生色团之间的相互作用(如 π-π 堆积作用)的缺乏，而这些不利于发光的生色团间的相互作用通常能在传统发光体系或 ACQ 体系中观察到。同时，如图 2.1(c)所示，相邻的六苯基噻咯分子之间存在着大量分子间 C—H⋯π 相互作用，这些非共价相互作用将这些聚集诱导发光分子结合在一起，稳定晶体排列并限制了苯环的分子内旋转。对六苯基噻咯晶体结构进一步的分析揭示了分子内多重 C—H⋯π 相互作用的存在，这些短程相互作用的距离在 2.587～3.642 Å 范围内[图 2.1(d)]。这类分子内相互作用和六苯基噻咯分子的非平面性存在着协同促进的关系。这些多重的分子间及分子内的 C—H⋯π 相互作用力协同作用将六苯基噻咯分子限制在晶格中并抑制其苯环在固态时的分子内旋转。

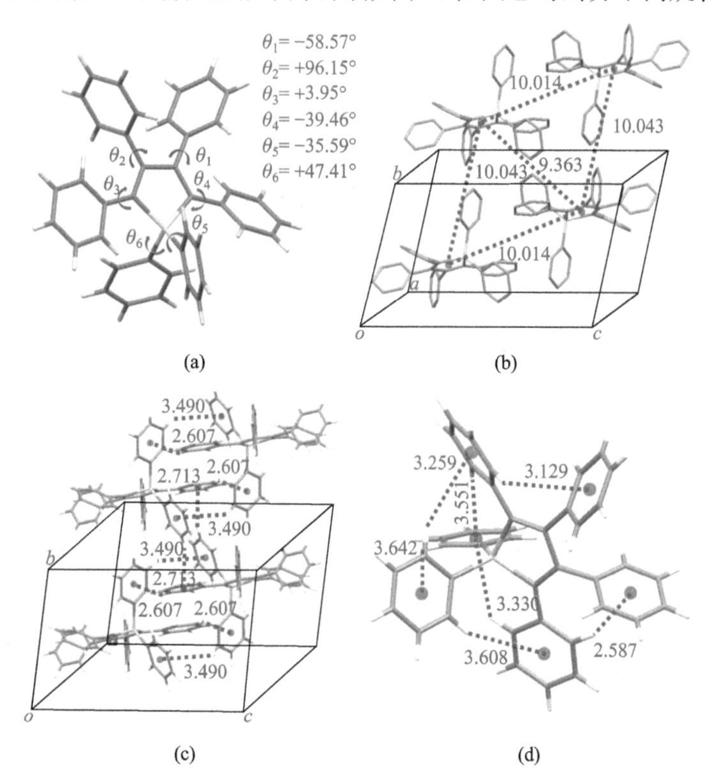

图 2.1 (a)六苯基噻咯的分子构型及其二面角；(b)六苯基噻咯晶体的单晶胞结构；(c)*b* 轴方向上两个晶胞内的分子间 C—H⋯π相互作用；(d)单个六苯基噻咯分子内的 C—H⋯π相互作用

晶体结构从剑桥晶体数据库中免费获取，链接为 www.ccdc.cam.ac.uk，CCDC 号为 195948；(b)～(d)中数值的单位均为 Å

对六苯基噻咯的结构分析有助于理解其发光行为。六苯基噻咯易溶于大多数常规有机溶剂，如四氢呋喃、氯仿、乙腈和丙酮等，微溶于甲醇，完全不溶于水。因此，在与水互溶的混合溶剂体系中，水常被用作引起六苯基噻咯聚集的不良溶剂。六苯基噻咯的丙酮稀溶液不发光，荧光量子产率几乎可忽略(约 0.1%)。水加入溶液中，起初其荧光量子产率无明显变化，直至水含量达到约 50vol%时开始急剧增大。当水含量为 90vol%时，荧光量子产率增加至 22%，比丙酮溶液的量子产率高约 220 倍。分子内旋转受限机理是六苯基噻咯的聚集诱导发光效应产生的原因。在溶液中，其 6 个苯环(转子)可绕着单键相对于噻咯环(定子)自由转动，使得激子通过非辐射跃迁的途径衰减。在聚集体中，分子内旋转被物理作用束缚，从而阻断了非辐射弛豫途径，打开了辐射衰减通道，使得荧光增强。

上述分析表明分子内旋转受限过程是分子转子体系的聚集诱导发光现象产生的主要原因。为验证这一论断的正确性，研究者对以噻咯及四苯基乙烯衍生物为代表的聚集诱导发光分子开展了一系列对比实验以从外界环境或者分子结构内部调控分子内旋转。以噻咯衍生物为例，通过实施诸如增加溶剂黏度、降低溶液温度和对固态薄膜施加压力等外部控制实验来研究其荧光性能的变化(图 2.2)。在黏度更大的介质中，聚集诱导发光分子应具有更强的发光，高黏度将减缓分子内旋转。鉴于丙三醇的黏度[934 cP (1 cP=10^{-3} Pa·s)，25 ℃]比甲醇的黏度(0.544 cP)高 3 个数量级，六苯基噻咯的荧光测试在丙三醇/甲醇混合溶剂中进行。室温下，随着混合溶剂黏度的增大，在丙三醇的体积分数为 0～50 vol%的范围内，六苯基噻咯的荧光发射峰值呈半对数关系线性增强[图 2.2(b)]。在这样的体积分数范围内，由于六苯基噻咯分子溶于这样的混合溶剂，发光强度的增强应主要归结于黏度效应。当丙三醇的体积分数大于 50 vol%时，六苯基噻咯在丙三醇/甲醇混合溶剂中的荧光强度急剧增强，这是因为随着丙三醇比例的提高，醇混合液的溶剂化能力减弱，六苯基噻咯在混合液中的溶解度降低，从而导致纳米聚集体的形成。

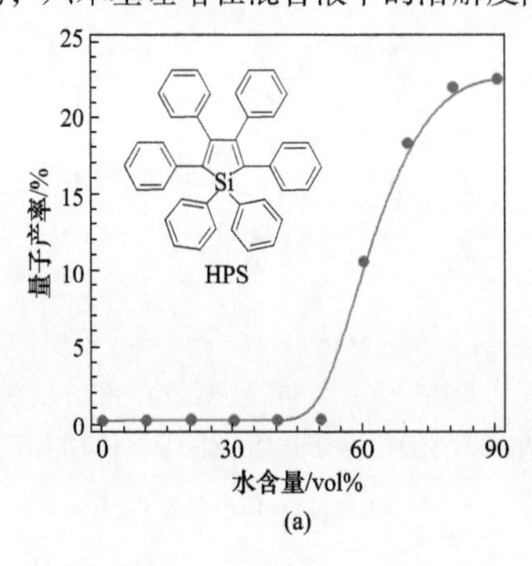

(a)

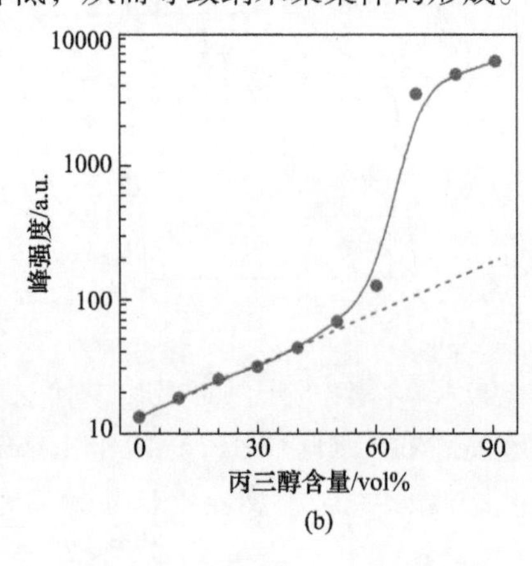

(b)

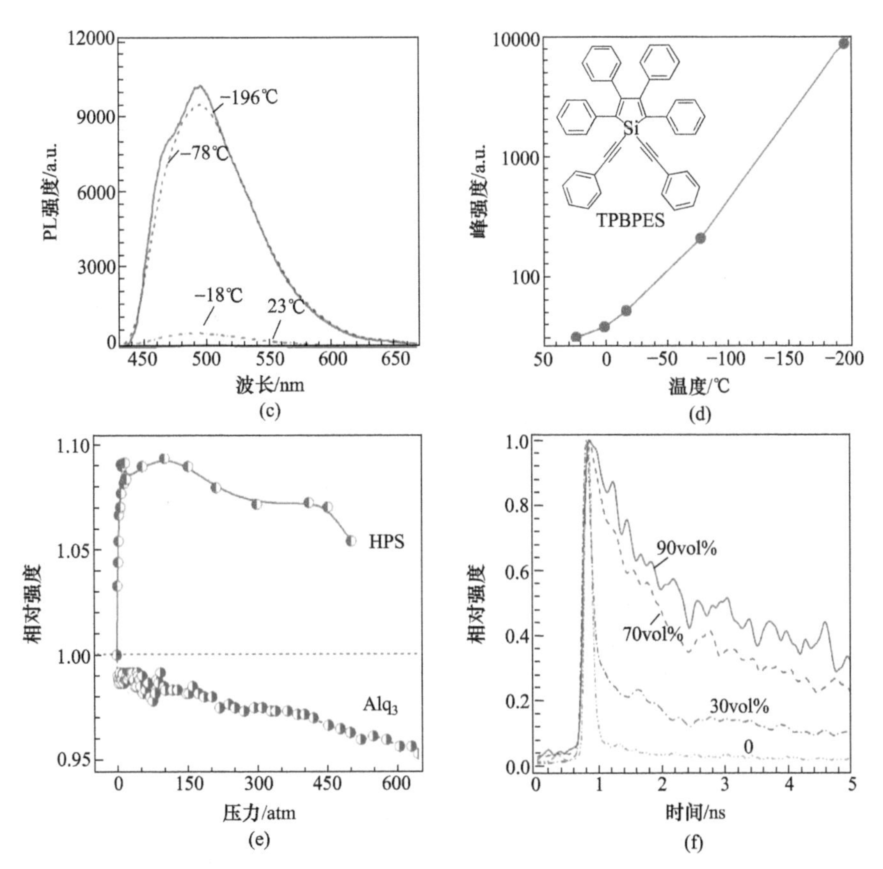

图 2.2　(a)六苯基噻咯在丙酮/水混合溶剂中的荧光量子产率随着水含量变化的曲线；(b)六苯基噻咯在丙三醇/甲醇混合溶剂中的荧光发射峰强度随着丙三醇含量变化的曲线；(c)六苯基噻咯衍生物，即 2, 3, 4, 5-四苯基-二(苯乙炔基)噻咯(TPBPES)的二氧六环溶液在不同温度下的荧光发射光谱；(d)温度对 2, 3, 4, 5-四苯基-二(苯乙炔基)噻咯的荧光强度的影响，2, 3, 4, 5-四苯基-二(苯乙炔基)噻咯的浓度为 10 μmol/L；(e)压力对六苯基噻咯薄膜的荧光强度的影响，三(8-羟基喹啉)铝(Alq_3)薄膜的数据仅为对比，1 atm=1.01325×10^5 Pa；(f)六苯基噻咯在 *N*, *N'*-二甲基甲酰胺/水混合溶剂中的时间分辨荧光光谱

鉴于降低温度也可减缓分子内旋转，巩固分子内旋转受限效应，故对六苯基噻咯及其衍生物 2, 3, 4, 5-四苯基-二(苯乙炔基)噻咯发光的温度效应进行了研究。当冷却 2, 3, 4, 5-四苯基-二(苯乙炔基)噻咯的二氧六环溶液时，其荧光发射强度单调非线性增强[图 2.2(c)和(d)][1]。不同温度下测定该噻咯衍生物的动态核磁谱图，可验证分子内旋转受限过程。室温下，由活跃的分子内旋转所导致的快速构象互变反映在核磁谱图上信号峰的尖锐化。而在低温下分子内旋转减缓，这些信号峰则会宽化。对六苯基噻咯在固态下进行简单的加热-冷却循环操作，可以监控荧光

强度的变化。当六苯基噻咯被加热至熔点时，其荧光发射被快速猝灭，当冷却到室温时，其荧光迅速恢复。增大黏度和降低温度均可阻碍分子内旋转，因此可活化辐射跃迁，增加荧光强度。

不同于黏度和温度，压力对六苯基噻咯发光过程的影响更为复杂[图 2.2(e)][10]。当对六苯基噻咯的薄膜施加压力时，其荧光强度迅速上升至平台区。然后，进一步增大压力则得到缓慢降低的荧光强度。理论上来讲，外部加压对发光过程而言，产生的是拮抗效应。一方面，增大压力，缩短噻咯分子间的距离，降低分子内旋转的自由度，导致发光增强；另一方面，加压强化分子间相互作用，促进诸如激基缔合物等物种的形成，导致发光减弱。后一效应常在传统发光体系中观察到，对三(8-羟基喹啉)铝的薄膜施加压力测得的荧光数据正好证明了这一点。其荧光发射强度随着压力的增大而单调减弱，表明加压过程增强了盘状喹啉基元之间的 π-π 堆积作用。

荧光寿命是评价荧光衰变过程的一个重要参数。时间分辨荧光光谱为聚集诱导发光机理的研究提供了线索[11]。向六苯基噻咯溶液中加入水不仅能使六苯基噻咯的发光增强，而且能导致发光寿命的显著变化[图 2.2(f)]。在 *N*, *N'*-二甲基甲酰胺溶液中观察到六苯基噻咯的激发态衰减符合单指数模式，发光寿命非常短，约为 40 ps($1\ ps=10^{-12}\ s$)，即所有处于激发态的六苯基噻咯分子均经由同一非辐射衰减渠道快速弛豫。随着水的加入，激发态开始通过快和慢两个弛豫途径衰减，衰减模式由单指数变为双指数。增加 *N*, *N'*-二甲基甲酰胺/水混合溶剂中水的体积分数将导致更多纳米聚集体的形成，使得更多分子以更慢的辐射渠道衰减。当水体积分数为 90vol%时，激发态主要以慢的渠道衰减，同时，慢组分的寿命延长至约 7 ns。当六苯基噻咯以分子形式溶解时，苯环的活跃旋转快速耗散激发态能量，使得荧光寿命在皮秒级别。然而，聚集体的形成限制了苯环的旋转，促使六苯基噻咯以纳秒级的寿命经辐射通道衰减。在具有不同黏度的溶液中及不同温度下的荧光寿命测试得到的结果与荧光强度的变化一致。荧光寿命随着介质黏度的增加和温度的降低而延长。这些研究结果表明：①分子内旋转消耗激发态能量且增大非辐射跃迁的速率，导致不发光状态的形成；②苯环分子内旋转运动的受限活化了辐射跃迁渠道，从而开启了荧光发射过程。总而言之，溶剂黏度越大，溶液温度越低，压力越高，六苯基噻咯的发光越高效。上述所有基于外部控制实验得到的研究结果均证实了分子内旋转受限的确是影响六苯基噻咯的聚集诱导发光性能的主要原因[1, 10-12]。

为获得更多的支撑性证据，研究者对噻咯衍生物作了一系列结构修饰以考察其对分子内旋转及聚集诱导发光性能的影响[13-15]。体积庞大的异丙基被连接在六苯基噻咯的外围苯环上以研究位阻对其聚集诱导发光行为的影响[13]。2, 4-位苯环上修饰了异丙基的六苯基噻咯衍生物的位阻最小，而 3, 4-位苯环上连有异丙基的六苯基噻咯衍生物的位阻最大。与六苯基噻咯母体不同，这些衍生物均在溶液中发光，尽管发光效率随着其立体结构的不同而显著不同。这些立体异构体在丙酮中发射蓝绿色荧光，荧光量子产率以 3, 4-位>2, 5-位>2, 4-位的次序升高。在其他溶剂体系(如四氢呋喃)中也观测到类似的实验结果，因此证明了上述荧光量子产率变化顺序的一般性。由于升高的旋转能垒对分子内旋转的限制，这些衍生物的荧光量子产率通常高于六苯基噻咯。结构的刚性化使得这些衍生物在溶液态比其六苯基噻咯母体发光更强。

除了位阻效应之外，研究者对其他可能会对分子内旋转造成影响的效应，如电子共轭效应，也进行了研究[14, 15]。Tang 等设计合成了一系列 2, 5-位带有多环芳香取代基(如萘基和蒽基)的噻咯衍生物以延长噻咯分子的共轭[15]。在萘基取代的噻咯衍生物中观察到了相对于常规噻咯衍生物而言稍稍增强的溶液态发光(荧光量子产率 2.4%)，然而，在同等条件下，蒽基取代的噻咯衍生物中呈现显著增强的发光，测得的溶液态荧光量子产率为 11.0%。萘基取代的噻咯衍生物在薄膜态的荧光量子产率为 37.0%，比其溶液态高约 14.4 倍。与之形成鲜明对比的是，蒽基取代的噻咯衍生物的薄膜态荧光量子产率(14.0%)相对于其溶液态几乎没有增加。尽管在聚集态分子内旋转受限过程被活化，辐射跃迁途径被打开，但由蒽基之间的 π-π 堆积作用导致的猝灭效应也同样被活化。因此，蒽基修饰的噻咯的固态薄膜表现出比萘基取代噻咯的固态薄膜更低的发光效率和更大的红移。显然，延长电子共轭对聚集诱导发光分子在溶液和聚集态的发光具有拮抗效应，从而导致了较弱的聚集诱导发光效应。除了上述实验结果，对低频分子内运动的理论模拟与计算也同样支持分子内旋转受限机理[16-19]。

四苯基乙烯(TPE)是另一个已被深入研究的具有聚集诱导发光性能的荧光化合物(图 2.3)。在四苯基乙烯分子中，4 个苯环由单键连接至中心乙烯基元上。这些苯环可以相对乙烯双键(定子)旋转或扭转。稀溶液中分散的四苯基乙烯分子可经历活跃的分子内旋转，这些分子内旋转充当了将激发态以非辐射形式衰减至基态的弛豫通道。在聚集态下，分子内旋转被物理束缚限制，从而阻断非辐射弛豫通道并同时开启辐射衰减途径。

然而，尽管分子内旋转受限机理可轻易地阐释众多聚集诱导发光体系[1,3-6]，但分子内旋转过程却难以诠释一些不带任何可旋转元素的聚集诱导发光体系，譬如图 2.3 中的 10, 10′, 11, 11′-四氢-5, 5′-二二苯并[*a*,*d*]轮烯卡宾(THBA，即图中化合物 **1**)[20]。THBA 分子可被看作由两个柔性部分组成，每个部分中的两个苯环由一个可弯曲的柔性子连接起来。这两个部分不共平面且整个分子呈现反式构象。在溶液状态下，这些柔性子的柔性和灵活性使得 THBA 上的苯环能够动态弯曲或振动。这些分子内的振动为 THBA 的激发态提供了非辐射衰减的弛豫途径。如图 2.3 下半部分所示，THBA 的分子内振动在某种意义上类似蚌或者扇贝的呼吸运动。一旦聚集体形成，由于空间限制和物理束缚效应，分子内振动受限。结果使得非辐射途径被阻断，辐射弛豫通道被打开，进而使得 THBA 在聚集态下高效发光。

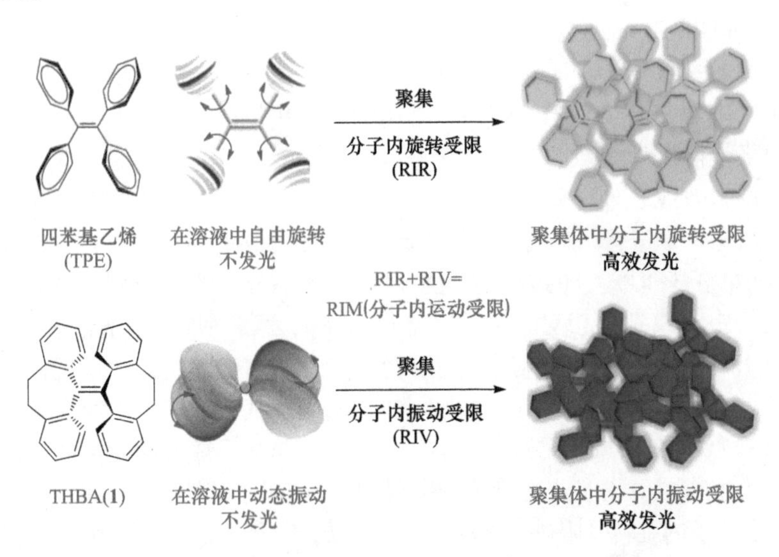

图 2.3 聚集诱导发光的分子运动受限机理示意图

基于上述对图 2.3 中所示的两个例子的讨论和文献报道的实验数据及理论模拟结果，我们可以将在螺旋桨状和贝壳状发光体系中观察到的聚集诱导发光现象产生的原因分别归结为分子内旋转受限和分子内振动受限。将这些例子总结在一起，我们可以得到一个统一的结论，即分子内运动受限过程从机理上解释了目前已开发的所有聚集诱导发光体系[1, 3-5, 21-26]。对不会经历光致顺反异构转变过程的螺旋桨状聚集诱导发光分子而言，其芳香转子活跃的分子内旋转无疑在猝灭溶液态荧光方面发挥了主要作用。噻咯衍生物就是这样的一类聚集诱导发光分子。然而，对基于四苯基乙烯的聚集诱导发光分子而言，情形则更为复杂。此处所涉及的关键问题是：到底是光致顺反异构转变机理还是分子内旋转受限机理在溶液荧光猝灭过程中起着主导作用[27-31]。光致 C═C 双键顺反异构转变机理是：在溶液态下，四苯基乙烯的激发态被顺反异构转变过程以非辐射形式湮灭；在聚集态下，顺反异构转变发生的可能性降低，从而引起发光效率的增加[27-31]。另一方面，分子内旋转受限机理则指出：四苯基乙烯的溶液态发光被苯环转子相对于乙烯定子的分子内自由旋转猝灭；四苯基乙烯分子聚集体的形成抑制了它们的分子内运动，僵化了其分子结构，活化了辐射衰减渠道，进而使得四苯基乙烯分子在聚集态下发光。

研究烯类发光分子的顺反异构转变过程需要使用纯的顺式和反式异构体，但是这些异构体的合成、分离和纯化较为困难。为研究四苯基乙烯衍生物的顺反异构转变过程，研究人员通过简便的点击化学反应在四苯基乙烯骨架上引入三唑基团以增大异构体之间的极性差异并最终在宏观水平上实现了异构体的分离[图 2.4(a)][32]。通过简单的硅胶柱色谱分离方法，得到了化合物 **2** 的纯立体异构体(*E*)-**2** 和(*Z*)-**2**。与它们的母体(即四苯基乙烯)形式一样，这两个立体异构体均表现出明显的聚集诱导发光效应。在 ^{1}H NMR 上，*E*-异构体的许多共振峰相对于其 *Z*-异构体处于低场区域。两者之间最突出的 NMR 谱图差异在于 δ = 7.04～7.14 ppm 的化学位移区域。*E*-异构体的共振峰位于 δ = 7.09 ppm 处，而 *Z*-异构体在此处无核磁信号。同时，*Z*-异构体在 δ 约为 7.06 ppm 处呈现一个大的共振吸收峰。这些异构体在谱图上的明显区别使得利用 NMR 谱图分析来追踪由光辐射引起的立体异构体的构型变化变得可能。NMR 谱图上的变化表明：使用高能紫外灯(1.10 mW/cm^2)辐照(*E*)-**2** 易生成(*Z*)-**2**。在起初的 50 min 紫外光照射过程中，*Z*-异构体在生成的 *E*/*Z* 混合物中的质量分数以近乎直线增长的方式稳定增加至 35%。此后，顺反异构转变过程开始减缓，*Z*-异构体的质量分数在 150 min 时达到约 50%。高温(如 203 ℃)加热 *E*-异构体同样可生成 *Z*-异构体。毋庸置疑，以上数据表明顺反异构转变过程可被高能紫外灯照射或高温加热处理活化。然而，在光致发光谱图测试过程中，荧光光谱是在一个能量(约 52 μW/cm^2)和温度(室温或约 20 ℃)都相对低很多的环境下测试的。那么，顺反异构转变过程究竟能否在温和条件下发生呢？为了回答这一问题，(*E*)-**2** 溶液被暴露在荧光光谱仪的氙灯下连续照射 30 min(激发波长 λ_{ex} = 332 nm)。照射前后样品的 ^{1}H NMR 谱图几乎完全一致，表明在此条件下顺反异构转变过程并未发生。对化合物 **2** 的 *Z*-异构体进行上述实验同样得到类似的结果[32]。对包括四苯基乙烯衍生物在内的所有聚集诱导发光体系的聚集诱导发光过程的研究，通常都是在荧光光谱测试条件下或在室温下用低能氙灯短时间(往往短于 1 min)激发的情况下进行。鉴于上面讨论的结果，即(*E*)-**2** 和(*Z*)-**2** 即使被紫外光长时间照射(如 30 min)也未发生顺反异构转变，可见，顺反异构转变在聚集诱导发光过程中并不会发挥明显作用。因此，化合物 **2** 的溶液态荧光不是被顺反异构转变过程而主要是被芳香环转子活化了的分子内旋转所猝灭的。相对于溶液态，固态发光显著增强，主要是由多重苯环转子的分子内运动受限导致的。换言之，分子内旋转受限过程是基于四苯基乙烯衍生物的聚集诱导发光效应产生的主要机理。

总体来说，聚集诱导发光现象的产生是因为带有可转动基元(转子)的发光分子在稀溶液中经受低频转动或者扭转运动。这些运动模式能引起激发单线态非常快速的非辐射衰减，而在聚集态下则由于分子间的相互作用被限制。例如，四苯基乙烯在稀溶液中表现出低频苯环扭转模式的运动，但在聚集体中，这些分子内运动很大程度上被界面上的氢原子或者相邻苯环间的空间位阻作用所抑制。Dincă 等通过一系列实验揭示了在基于四苯基乙烯衍生物构筑的金属有机骨架(metal-organic frameword, MOF)中引起发光的机理[图 2.4(b)][33]。他们发现金属有机骨架中的苯环与金属原子间的配位作用激发了四苯基乙烯的荧光。在与锌离子的复合

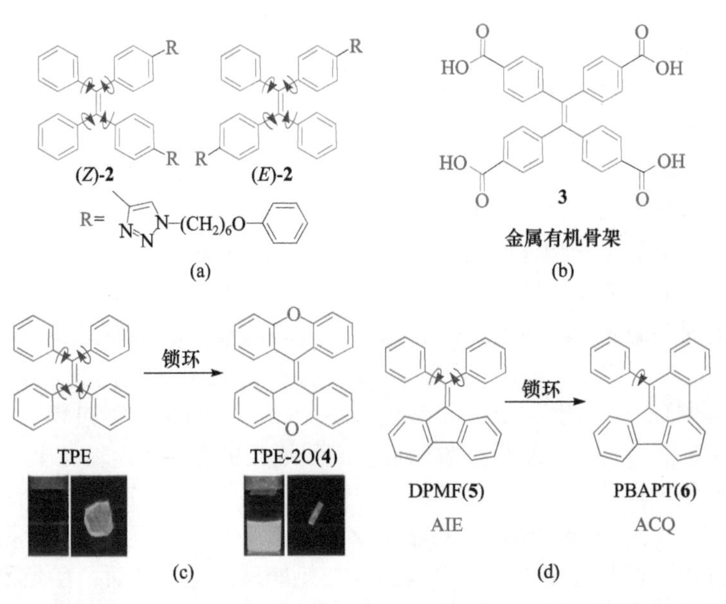

图 2.4 (a) 由核磁监测的四苯基乙烯衍生物(化合物 **2**)的纯立体异构体的光诱导构象转变证实存在分子内旋转；(b) 由配位键合活化的分子内旋转受限过程开启了四苯基乙烯衍生物 **3** 的金属有机骨架的荧光发射；(c) 通过共价键锁住四苯基乙烯的苯环转子使所得产物变得不再具有聚集诱导发光活性；(d) 用共价键锁住 9-(二苯基乙烯)-9*H*-芴(DPMF；**5**)的一个苯环引起从 AIE 到 ACQ 的转变

物中，相邻的四苯基乙烯核心之间存在着多重芳烃···H 和苯环-苯环相互作用。这些相互作用力的距离比那些存在于四苯基乙烯分子的纳米聚集体中的大 1.5 Å。尽管这样的距离可能会允许苯环旋转或者翻转，但所得到的金属有机骨架仍然是发光的。由于化合物 **3** 中的羧基均位于苯环的对位，**3** 中苯环的翻转可能未被完全阻碍。为确认这一情况，Dincă 等合成了一个结构类似的、基于氘代四苯基乙烯的金属有机骨架以用于 NMR 测试分析。同时，他们还采用了 ^{2}H NMR 及 ^{13}C 交叉极化魔角旋转固体核磁共振谱来研究被配位键“困”在金属有机骨架里的四苯基乙烯单元上的苯环转动的动力学性能。由实验测得的单个苯环的翻转能垒为 43(6) kJ/mol。显而易见，在这样的配合物体系中，苯环翻转或扭转所需的能量并不低。因此，在这样的金属有机骨架中，分子内运动已部分受限，同时阻断了一部分的非辐射衰变途径，从而解释了为什么基于四苯基乙烯的金属有机骨架是发光的[33]。

Dincă 等进一步利用密度泛函理论(density functional theory, DFT)计算的方法研究了造成这一翻转能垒的电子和空间原因。研究表明，苯环的旋转和烯烃 C═C 键的扭转均参与了四苯基乙烯衍生物的荧光猝灭过程。基于这些实验结果，Dincă 及其同事还建立了这两种运动模式间的相互关系：减小 C═C 键的扭转角将导致苯环旋转或翻转的大的位阻障碍，表明相对较大的 C═C 键扭转角或者柔性的核心是低能垒的苯环旋转运动所必需的。这样的基于金属有机骨架的对四苯基乙烯的聚集诱导发光效应的基本机理研究对发展构筑基于聚集诱导发光分子的可调的荧光开启式多孔性传感器具有指导价值[33]。

鉴于上述讨论，利用功能化的聚集诱导发光分子与金属元素之间的配位效应来构建金属有机骨架可被看作是活化分子内运动受限过程的途径之一。但是，由于金属有机骨架中构筑基元之间相对较大的空隙和自由体积，这一方法仅能部分地限制分子内运动。为找寻或提供分子内运动受限机理更为坚实有力的证据，聚集诱导发光分子中的转子运动应被更严格地控制。限制分子内运动最直接有效的方式是将聚集诱导发光分子上的转子通过共价键锁住[34-37]。Dong 等曾通过 McMurry 偶联法利用“O”桥简便地将四苯基乙烯的苯环锁住[图 2.4(c)][35]。TPE-2O(化合物 **4**)在溶液中的发光谱图和荧光量子产率与其晶体基本相同，这是由其完全锁住的苯环和扭曲的构象导致的。如图 2.4(c)所示，四苯基乙烯在稀溶液中几乎不发光。然而，化合物 **4** 的溶液发出强烈的天蓝色荧光，其荧光量子产率高达 30.1%。相对于四苯基乙烯而言，化合物 **4** 荧光强度的显著增加是由于被“O”桥锁住的苯环的分子内运动受限阻碍了激发态的非辐射衰减。

稳态荧光寿命谱图测试数据表明“O”桥的引入极大地改变了化合物 **4** 的激发态动力学性能。化合物 **4** 在溶液态下的受激物种的弛豫($\tau = 5.14$ ns)比四苯基乙烯的($\tau < 0.1$ ns)慢得多。由于晶态下分子内旋转受限阻断了非辐射跃迁途径，四苯基乙烯晶体高效发光，其荧光量子产率和荧光寿命分别为 24.6%和 3.9 ns。但是，化合物 **4** 的晶体的荧光量子产率为 30.8%，几乎与其溶液态荧光量子产率相同，不表现出明显的聚集诱导发光活性。由于苯环已被两个“O”桥锁住，分子内旋转在晶态不再进一步受限，因此荧光不再增强。尽管两个“O”桥妨碍了四苯基乙烯的苯环旋转，但并未将生成的化合物 **4** 转变成聚集荧光猝灭的体系。这是因为 **4** 仍然保持着扭曲的构型，使得其分子不能紧密堆积，从而无法形成诸如激基缔合物的不利于发光的物种，避免了聚集态下的荧光猝灭。然而，当分子内的可旋转单元被共价键完全锁住之后，图 2.4(d)中所示的聚集诱导发光化合物 **5** 可被完全转化成一个聚集荧光猝灭体系。这是由生成的荧光化合物 **6**(8-phenylbenzo[*e*] acephenanthrylene，8-苯基苯并[*e*]荧蒽)分子中的扁平盘状苯并[*e*]荧蒽(benzo[*e*]acephenanthrylene)板块的紧密相互作用导致的[36-38]。

除了实验数据之外，理论计算和计算机模拟也被用来理解聚集诱导发光过程和预测新的聚集诱导发光分子结构。Shuai 等在谐振子模型下，结合第一性原理计算，采用振动关联函数的方法在考虑了两个电子态势能面之间的平移和扭曲的前提下，研究了聚集诱导发光体系的辐射和非辐射跃迁过程[16, 17]。他们阐明了由Duschinsky 旋转引起的模式混合在非辐射跃迁过程中的重要作用，并且通过结合量子力学和分子力学(quantum mechanics/molecular mechanics, QM/MM)研究揭示了固态堆积效应对辐射和非辐射衰减的影响。这些研究结果为分子内运动受限机理提供了支撑性证据，并明确定义了低频运动在非辐射跃迁过程中的作用[39, 40]。该研究还表明这类荧光分子的聚集倾向于显著减缓非辐射弛豫过程并同时增加辐射跃迁物种。

然而，对低频振动而言，不仅必须要考虑 Duschinsky 旋转和模失真，非谐性运动也应被纳入考虑范围。此外，还需要从动力学角度来探究具体的分子内运动形式和分子间相互作用的微观途径。为此，Shuai 的研究团队采用基于时间依赖的Kohn-Sham(time-dependent Kohn-Sham, TDKS)理论和密度泛函紧密堆积(density functional tightly bound, DFTB)方法与 Tully 的最少开关表面跳频(fewest switching surface hopping, FSSH)算法的非绝热动力学方法具体研究了化合物 **5** 和 **6** 的激发态非辐射跃迁过程[37]。理论模拟结果证实化合物 **5** 具有聚集诱导发光性能，与化合物 **6** 的聚集导致荧光猝灭行为形成鲜明对比。从基态(S_0)和激发单线态(S_1)的几何优化结果可以看出，在化合物 **5** 和 **6** 中，键长的主要变动出现在二苯基芴环上。在化合物 **5** 的结构中，从基态到激发态，二面角的代表性变化约 20°，而化合物 **6** 的二面角从基态到激发态并未发生显著改变。在聚集诱导发光分子 **5** 中，由振动模式弛豫产生的重组能的主要贡献来自低频扭转运动，而对聚集荧光猝灭的荧光分子 **6** 而言，高频伸缩运动更为重要。

一般来说，从以非辐射跃迁形式消耗能量的角度来说，重组能越高，这种运动模式越重要。因此，在非辐射跃迁过程中，相比于化合物 **6** 而言，分子 **5** 在能隙上的变化更大，跃迁速率更快。换言之，**5** 的低频分子内扭转运动与电子激发密切相关，且能以高的跃迁速率(跃迁时间 1.4 ps)有效地耗散激发态能量；而在分子 **6** 中，这样的运动被共价键阻碍，使得跃迁速率变缓(跃迁时间 24.5 ps)。基于这一理论研究工作，可以推断在聚集态下，化合物 **5** 的低频运动被阻碍，同时非辐射跃迁的能量耗散途径被减缓，从而导致显著的聚集诱导发光效应。上述由实验观察与理论计算得到的证据和见解进一步证实了分子内运动受限，特别是分子内旋转受限是聚集诱导发光现象产生的主要机理[41-44]。

理论上，任何荧光分子都存在分子内旋转，但是为什么不是所有的分子都具有聚集诱导发光特性呢？要回答这个问题，我们需要借助图 2.5(a)中所展示的简单的理论模型[5]。图 2.5(a)阐明了几何平面性、构象柔性、分子内旋转和光发射行为之间的相互关系。将一个发光分子简化为由可旋转的化学键(如 C—C 单键)连接的两个生色团单元 A 和 B 组成。图 2.5(a)中，θ_r 和 Ψ_r 分别代表分子内旋转的程度和生色团单元 A 与 B 之间的二面角。换言之，θ_r 体现分子的结构柔性或刚性，而Ψ_r则是构象平面性的指标。对许多常规的 ACQ 的发光分子而言，生色团单元 A 和 B 以近乎平行的方式排列($\Psi_r \approx 0°$)。如图 2.5(a)所示，这样的分子(A-B)具有最大的电子共轭和最小的势能。其中，生色团单元 A 和 B 之间的 C—C 单键被跨越生色团的 π 电子离域赋予了一些伪双键特性。因此其分子被僵化且分子内旋转的阻力增大。尽管生色团单元仍可摇摆至一定的幅度(θ_r)，但这些微小的低频运动不足以猝灭发光。在这种情况下，高频振动成为分子内运动的主要模式，与此同时，势能面变得更为陡峭。由于分子构象的刚性，该荧光分子具有很小的整体重组能，从而使得其具有高的溶液态荧光量子产率。

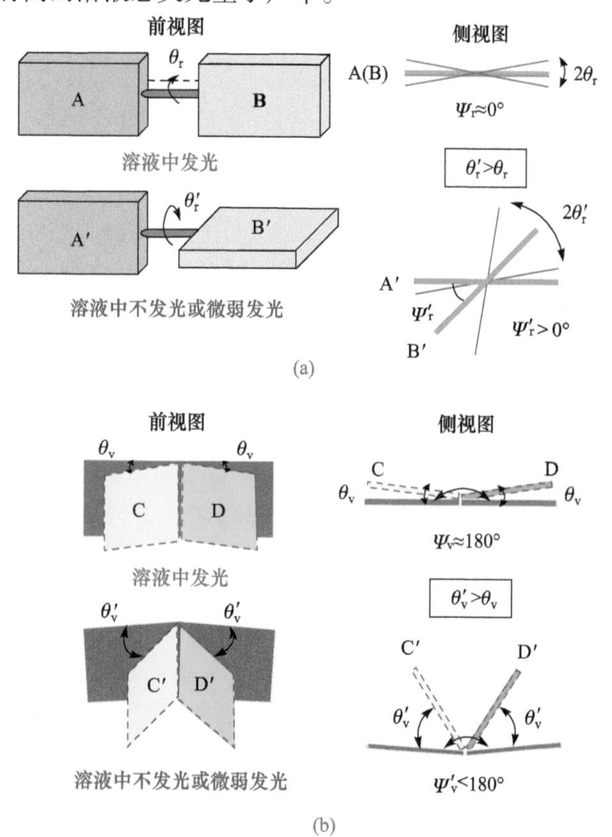

图 2.5　构象平面性、结构柔性、分子内运动和发光效率之间的关系示意图

(a)分子内旋转受限；(b)分子内振动受限。θ_r' 和 θ_v' 分别代表分子内旋转或振动的幅度，Ψ_r' 和 Ψ_v' 分别代表生色团单元 A′与 B′和 C′与 D′之间的二面角

与聚集导致荧光猝灭的分子相反，在一个具有聚集诱导发光性能的分子中，由于位阻排斥效应，两个生色团单元 A′和 B′扭曲至平面外，在此情形下，$\Psi_r' > 0°$。板块单元 A′和 B′的 π 电子云的重叠变小，生色团之间的 π 电子共轭变弱。因此，单元 A′和 B′之间的 C—C 连接对分子内旋转的限制较少。此时，这样的分子内运

动需要相对更低的能量，与之一致地，理论算得低频模式对分子内运动的贡献更大，如图 2.4(d)中所示的化合物 **5**。低频能量导致更浅的势能面，意味着构象转变的能垒较低。由于$|\theta_r'|$值可在比$|\theta_r|$宽得多的范围内变动(理论上是 0°～90°)，所以，分子内旋转的幅度变大。更进一步，更多的能量被大的分子内扭转运动耗散，导致荧光分子在溶液态下具有较弱的发光。根据这一形象化的模型，分子在溶液中的发光行为可通过 Ψ_r(平面性)和 θ_r(旋转性)来预测，其中，结构刚性起着决定性的作用。这一模型已通过一系列聚集诱导发光体系的研究证实。

尽管如此，并非所有聚集诱导发光体系都可利用上述模型来解释，如图 2.3 中所示的发光分子 **1**。该化合物不含任何可旋转部分，但是其在溶液中的发光被猝灭了。这一结果表明导致溶液荧光猝灭的原因应该在于其他低频运动模式(如振动)。然而，尽管每个分子均可以多种模式振动，如弯曲、伸缩、扭曲和剪切等[45,46]，但并非每个分子都具有聚集诱导发光性能。一个发光分子是否表现出聚集诱导发光性能主要取决于构象柔性和振动幅度。为阐明这一点，图 2.5(b)中给出了另一示意模型。在这样的模型中，发光分子被描述为由诸如芳环或脂环等结合形成的生色团单元 C 和 D。在此模型中，Ψ_v 和 θ_v 分别被定义为单元 C 与 D 之间的二面角和分子内振动的程度。换言之，此处 Ψ_v 和 θ_v 分别被用来说明一个发光分子的构象平面性和结构刚性。

如图 2.5(b)所示，当生色团单元 C 和 D 相互共平面时($\Psi_v \approx 180°$)，C-D 结合体具有极大的 π 电子共轭，化合物 **6** 中不可旋转的盘状部分(苯并[*e*]荧蒽板块)便是其中的一个例子[图 2.4(d)]。亚苯基(C 单元)和 9-亚甲基-9*H*-芴(D 单元)之间跨生色团的 π 电子离域僵化了分子构象，同时限制了单元 C 和 D 的分子内振动。虽然在这种情况下，这些生色团仍可能小幅度振动，但这些微小的振动并不足以阻断受激物种在溶液态下的辐射跃迁渠道。由于构象刚性，发光分子具有小的整体重组能，因此可在溶液中发出强烈的荧光。一旦聚集，C-D 结合体的平面性使得分子通过 π-π 堆积作用紧密排列，从而导致对发光有害的物种(如激基缔合物和激基复合物)的形成及荧光猝灭。

与此相反，如果两个生色团单元 C′和 D′通过非平面的连接基团相连而倾斜至平面外，如图 2.5(b)所示，当$\Psi_v' < 180°$，C′和 D′生色团的 π 电子云的重叠变小，跨生色团的 π 共轭变弱。C′和 D′单元之间可振动的连接基元对分子内振动的限制很微小。这些无扰运动所涉及的能量更低，得到的势能面更为平缓，意味着发生构象转变所需跨越的能垒很小。此时，分子内振动的幅度相对于聚集导致发光猝灭的体系而言更大，因为其θ_v'值可在更宽的范围内变化。剧烈的分子内振动将耗散大量的能量，进而导致发光分子在溶液中有较弱的荧光。当这些发光分子发生聚集时，对分子内振动的限制使得所形成的聚集体高效发光，因此表现出聚集诱导发光效应。

图 2.6 中展示的例子进一步阐明了图 2.5 中描绘的模型。发光化合物 **1** 可被看

作是由 C═C 双键连接的两个可弯曲基团。根据图 2.5(b)下半部分所示，化合物 **1** 中的每个可弯曲部分均可被看作由环庚烷连接的一组 C′和 D′。脂环族连接基团与 C′和 D′单元之间并无电子共轭，且 C′和 D′之间的二面角($\varPsi'_{\mathrm{v}}$)小于 180°，赋予 C′和 D′单元以动态振动性。换言之，由于化合物 **1** 的构象是柔性的且七元环庚烷环易于翻转，生色团单元和连接基团能以大的幅度剧烈振动。如此大量的低频运动易消耗激发态能量，导致溶液态的微弱发光。事实上，化合物 **1** 的溶液态荧光量子产率小于 0.1%。但在聚集态下，化合物 **1** 的发光变得非常明显(荧光量子产率为 23%)，X 射线单晶衍射分析表明，这是由于其分子内振动被空间位阻和分子间相互作用有效限制[20]。

化合物 **7** 表现出类似的发光行为。其稀溶液微弱发光，荧光量子产率小于 0.5%(图 2.6)。**7** 的固体高效发光(荧光量子产率为 30%)，表现出明显的聚集诱导发光效应。化合物 **1** 和 **7** 之间的区别在于将两个振动单元结合在一起的连接基团结构。化合物 **7** 中的连接基为环庚烯，该连接基可部分地与外围的苯环发生电子共轭，因此，**7** 的分子内振动的自由度在某种程度上低于 **1**。故而，化合物 **7** 的溶液发光比 **1** 的更亮。固态下，柔性较低的构象使得其分子内振动更易于被抑制。化合物 **7** 的固态发光效率也相应提高。与化合物 **1** 一样，理论计算显示发光分子 **7** 的构象也是扭曲的。三维非平面的构象使得化合物 **7** 具有聚集诱导发光活性而免于聚集导致发光猝灭。

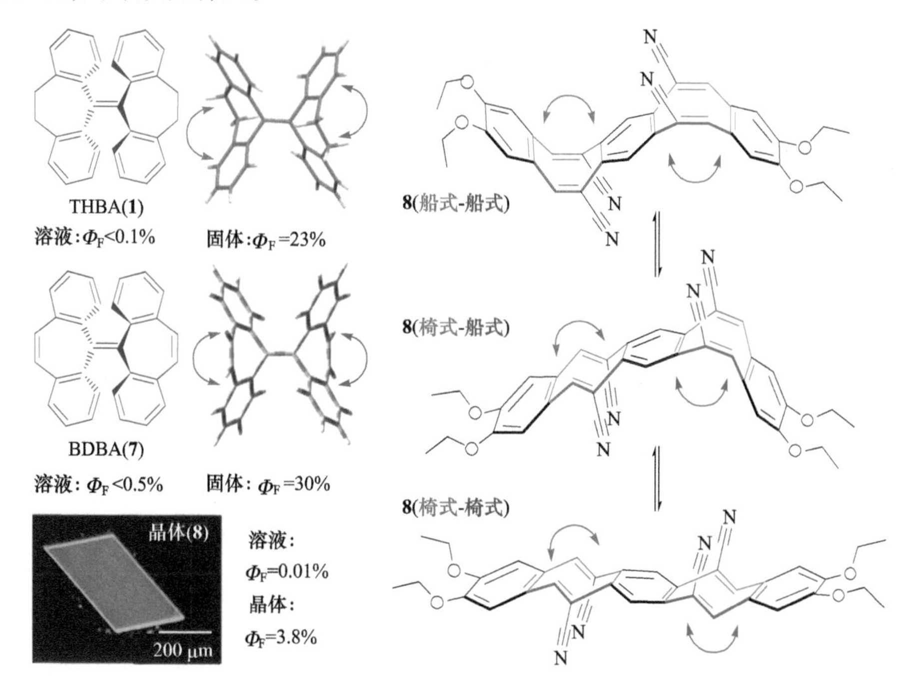

图 2.6　分子内振动受限产生聚集诱导发光的荧光分子

化合物 **1** 和 **7** 的非平面构象及其显著的聚集诱导发光效应表明，在 π 电子共轭生色团中引入可弯曲的脂环连接基是生成新的具有三维骨架结构的聚集诱导发光分子的一个很有前景的策略。因其独特的结构和性能，如凸凹π-π相互作用和还原活性，三维 π 共轭体系如鞍形、碗形和带状分子已吸引了相当多的关注[47-52]。2013年，Iyoda 等开发了一系列三维钳状分子(如化合物 **8**)。每个分子均具有起伏的 π 平面和两个由苯环连接的易于弯曲的 6, 9-二氰基苯并环辛四烯单元(图 2.6)[53]。化合物 **8** 最重要的结构特征在于其构象柔性。从理论上来讲，**8** 具有由船式和椅式构象组成的反式和顺式同分异构体，由于环辛四烯基元的环反转，这些同分异构体在溶液中平衡共存。由 X 射线单晶衍射分析得到的晶体排列结果表明，因其弯曲结构，化合物 **8** 的分子在固态时无明显的 π-π 堆积作用。

化合物 **8** 的溶液不发光(荧光量子产率约 0.01%)，但其晶体是发光的，发射峰的最大值位于 470 nm 处。化合物 **8** 的晶态荧光量子产率为其溶液态的 380 倍。尽管如此，化合物 **8** 的非晶态粉末仅发射非常微弱的荧光。因此，这一荧光分子表现出结晶诱导发光效应。在溶液态下，化合物 **8** 的构象柔性使得分子内的振动非常活跃。剧烈的分子内振动耗散激发态能量并猝灭荧光。从反式到顺式或从船式到椅式的异构化转变是一种可能的消耗激发态能量的振动模式。在非晶态，由于化合物 **8** 的大尺寸和弯曲结构，分子排列非常疏松，分子间的大孔隙使得其可发生构象转变。在此情况下，分子内的振动仍然相当剧烈，因此，化合物 **8** 的固体粉末仍然不发光。然而，在晶态下，由于紧密的分子排列，化合物 **8** 的分子内振动和环翻转被有效抑制，从而阻断非辐射跃迁途径，活化荧光发射。

值得指出的是，化合物 **8** 的每个环辛四烯基“翅膀”上的两个氰基在调节整个发光分子的结构柔性上起着非常重要的作用。若在每个环辛四烯单元上取走一个氰基，由于其不对称结构和随之产生的相对于母体形式(化合物 **8**)来说更大的结构柔性及更为疏松的分子排列，所得弯曲的 π 共轭体系甚至在晶态都几乎不发光。这一例子与上述发光分子 **1** 和 **7** 一同证明了分子内振动受限机理是带有非平面振子而不含多重转子的体系的聚集诱导发光现象产生的原因。这样的研究为新的聚集诱导发光体系的设计和开发开辟了新途径。可以预期在分子内运动受限机理的指导下，聚集诱导发光体系将被大大扩展，其研究范围也将显著扩大。

2.3 机理的对比讨论

经过 2.2 节的讨论，已经明确了分子内运动受限过程是所观察到的聚集诱导发光现象产生的主要原因。荧光也可在不同程度上通过诸如形成 J-聚集体，发生激发态分子内质子转移和扭曲的分子内电荷转移等其他机理增强。那么，到底聚集诱导发光体系与其他荧光增强体系在机理上有什么关系呢？在此，我们将讨论一些适用不同机理的例子，以理解这些机理之间的差异与相关性。

2.3.1 分子内运动受限与 J-聚集体形成

在比较分子内运动受限和 J-聚集体形成这两个机理假说之前，我们首先澄清关于 J-聚集体的权威定义与解释[54-59]。维基百科的定义如下[59]：“J-聚集体是指在溶剂、添加剂或者浓度的影响下由于超分子自组装而发生聚集之后，吸收谱带位移至更长波段(红移)且其峰形变得更尖锐(吸光系数更大)的一类染料。这类染料还可通过窄的光谱带和小的斯托克斯位移来进一步表征。”一些研究者曾认为 J-聚集体的形成导致荧光发射红移和增强，因此表现出聚集诱导发光或者聚集发光增强效应。然而，根据文献中给出的 J-聚集体的定义，可以总结出以下几点：①红移且增强的荧光并不一定与 J-聚集体的形成有关；②形成 J-聚集体的单体并不一定发光；③并非每个 J-聚集体都具有聚集诱导发光活性甚至是聚集发光增强性能。

例如，图 2.7 中给出的染料 **9** 是一个可在适当条件下形成 J-聚集体的苝酰亚胺衍生物。Würthner 等采用温度依赖的紫外-可见吸收光谱和荧光光谱研究了化合物 **9** 在不同溶剂中以单分子状态和聚集状态存在时的光物理性能[60]。化合物 **9** 在二氯甲烷中的紫外-可见吸收光谱的吸收最大值(λ_{ab})位于 583 nm 处，此为单分子状态的四芳氧基取代的苝酰亚胺生色团的典型光谱。其峰值位于 621 nm 处的荧光发射光谱为其吸收光谱的镜像。吸收光谱和发射光谱的波段较宽，其半峰宽分别为 2311 cm^{-1} 和 1780 cm^{-1}。然而，化合物 **9** 在甲基环己烷中的吸收光谱则呈现出尖锐且强烈的谱带，并相对于单体谱带红移约 13 nm。其荧光光谱与吸收光谱互成镜像，斯托克斯位移仅为 11 nm。与此同时，吸收和发射光谱的半峰宽的值分别显著减小为 850 cm^{-1} 和 786 cm^{-1}。这些谱图特征清晰地表明了在非极性溶剂中，化合物 **9** 的 J-聚集体的形成。

在低浓度和高温下，化合物 **9** 以单分子形式存在于丙酮或者二氧六环中。然而，在相当高的浓度和低温下，化合物 **9** 在这些溶剂中形成有机凝胶。在稀的二氧六环溶液中，单分子状态的化合物 **9** 的荧光量子产率非常高(100%)。而当化合物 **9** 在甲基环己烷中形成 J-聚集体时，荧光量子产率降低至 82%，在二氧六环中的凝胶相的荧光量子产率进一步减小至 20%。因此，尽管化合物 **9** 在甲基环己烷中经历了形成 J-聚集体的过程，但生成的 J-聚集体表现出比其单体更弱的荧光。在二氧六环中，凝胶态下化合物 **9** 的荧光发射被猝灭至非常低的强度(即单体发射的 20%)。换言之，尽管其分子可形成 J-聚集体，化合物 **9** 是聚集导致荧光猝灭而非聚集诱导发光的。

一些发光分子能形成 J-聚集体并且同时具有聚集诱导发光性能。例如，图 2.7 中所示的 9, 10-二(对二甲基氨基苯乙烯)蒽(化合物 **10**)。该化合物在溶液中几乎不发光，表现出聚集诱导发光行为[2]。经紫外-可见吸收和荧光光谱及单晶结构分

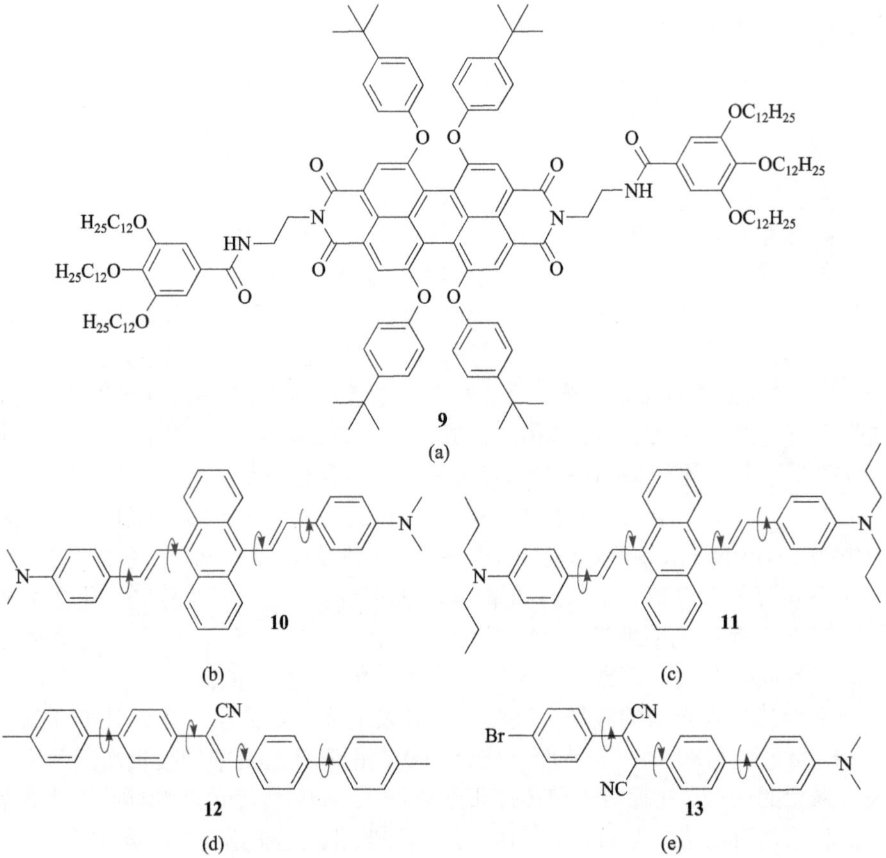

图 2.7 分子内运动受限和 J-聚集体形成这两个机理之间的关系的例子

(a) 形成 J-聚集体但并不具有聚集诱导发光特性；(b) 形成 J-聚集体且具有聚集诱导发光特性；(c) 不形成 J-聚集体但具有聚集诱导发光特性；(d) 形成 J-聚集体且具有聚集诱导发光特性；(e) 不形成 J-聚集体但具有聚集诱导发光特性

析证实，化合物 **10** 在晶体中采取一个特定的排列方式，即 J-聚集体。与其稀溶液和水相中的悬浮物相比，化合物 **10** 的 J-聚集体表现出红移的荧光发射，最大峰值位于 586 nm 处，荧光量子产率约 59%，呈现聚集诱导发光特性。发光化合物 **11** 与 **10** 类似，同样具有一个 D-A 结构，其中 D 和 A 分别代表具有给出电子和接受电子性能的单元。然而，化合物 **11** 并不形成 J-聚集体但却表现出聚集诱导发光活性，表明 J-聚集体的形成并不是发光分子的聚集诱导发光效应产生的根本原因。

据文献报道，发光化合物 **12** 能形成 J-聚集体且同时表现出显著的聚集诱导发光性能[61]。其分子仅微弱发光而其纳米粒子则强烈发光，且后者的荧光量子产率比前者高约 700 倍。化合物 **13** 为新近开发的一种红色发光材料[62]。化合物 **13** 具有聚集诱导发光特性，其固态荧光量子产率为 26.5%，而其稀溶液的荧光量子产率仅为 0.4%。尽管其分子结构与化合物 **12** 类似，但化合物 **13** 并不形成 J-聚集体。在化合物 **13** 的晶体结构中存在着多重 C—H…π 氢键，但却不存在 π-π 相互作用。这些氢键有助于僵化分子构象和阻碍分子内运动，从而赋予化合物 **13** 以聚集诱导发光特性。与上述讨论的发光分子对 **10/11** 的情况一样，此处 **12/13** 的光物理数据再次证明了 J-聚集体的形成不是聚集诱导发光所必需的条件。

聚集诱导发光和形成 J-聚集体这两个过程的区别与联系总结如下。在聚集诱导发光概念中，“聚集体”这一名词的定义范围更广，根据词典和维基百科分类的解释，此处“聚集体”指的是由若干“部分”组成的“整体”[63, 64]。在聚集诱导发光的聚集体中，发光分子可以是极性的也可以是非极性的，分子的排列可以是规整的也可以是随机的，光谱可以是相对于单分子分散状态来说不变的也可以是红移或者蓝移的，斯托克斯位移可以很大也可以很小。然而，J-聚集体所涉及的范围却窄得多，因为这些聚集体通常指的是一组带有极性的或者官能团之间具有电子给体(D)-受体(A)相互作用的特定染料以高度规整的方式排列，使得其吸收或发光光谱红移并表现出非常小的斯托克斯位移。若这些 J-聚集体表现出聚集诱导发光特性，该 J-聚集体则可被看作聚集诱导发光体系的一个亚组。

J-聚集体的形成到底能否导致聚集诱导发光高度依赖于分子结构及其排列结构。若一个染料分子具有刚性且平面的核心结构，如化合物 **9**，即使其分子形成了 J-聚集体，由于聚集体中强烈的 π-π 相互作用可导致其荧光猝灭，这个染料仍然是非聚集诱导发光的。同时，若一个发光化合物是构象柔性的且分子结构扭曲，其在溶液态下的激发态能量可被活跃的分子内运动有效湮灭，而其在固态下的激发态能量则因聚集体的形成所导致的分子内运动受限而被转化为高效的光发射。这样的发光化合物将表现出聚集诱导发光特性，不管其分子是否形成 J-聚集体。在这样的发光化合物分子形成的 J-聚集体中，J-聚集体的形成过程充当了僵化分子构象和限制分子内运动的一个有效途径。因此，在聚集诱导发光过程中起决定性作用的是分子内运动受限。值得指出的是，J-聚集体形成这一理论并不能解释为什么具有聚集诱导发光性能的化合物的荧光在溶液态下被猝灭。

2.3.2　分子内运动受限与激发态分子内质子转移

激发态分子内质子转移(excited-state intramolecular proton transfer, ESIPT)是由分子内氢键介入的一个非常快速的光诱导质子转移过程[65, 66]。像 J-聚集体的形成一样，激发态分子内质子转移过程也被认为是某些特定体系的聚集诱导发光现象产生的机理，因为某些具有激发态分子内质子转移性能的染料的发光在聚集态下显著增强。因其内在的独特四级循环质子转移过程，具有激发态分子内质子转移性能的染料已成为一类被广泛研究的功能材料[67]。众所周知，通常一个具有激发态分子内质子转移性能的染料在基态以烯醇(E)式存在时更为稳定，而在激发态下以酮(K)式存在更稳定。当染料分子被光激发后，一个快速的四级循环(E-E*-K*-K)立即通过分子内氢键发生。伴随着这个过程的是无自吸收的非常大的斯托克斯位移[68]。然而，激发态分子内质子转移过程并不能完全解释具有激发态分子内质子转移性能的染料的聚集态荧光增强现象。

图 2.8(a)中所示的化合物 **14** 是一例典型的具有聚集诱导发光性能的激发态分子内质子转移的发光分子。由于分子内质子转移可被发光分子与周围溶剂分子之间形成的分子间氢键阻碍，化合物 **14** 的激发态分子内质子转移过程被溶剂性质显著影响[9]。结果表明，化合物 **14** 在不同溶剂中的发光行为明显不同。因此，在像甲基四氢呋喃这样的非质子性溶剂中，化合物 **14** 在发射光谱上于约 416 nm 和 538 nm 处呈现双峰[图 2.8(a)中的谱图Ⅰ]。这两个峰被分别归属为 **14** 的烯醇式和酮式的发光。由于甲基四氢呋喃的极性中等，烯醇式和酮式在此情形下为平衡存在的互变异构体。在稀的甲基四氢呋喃溶液中，无论化合物 **14** 采取何种形式(烯醇式或酮式)，其两个荧光发射峰均非常微弱(为便于辨识，谱图Ⅰ被放大了 20 倍)。在以单分子形式分散的稀溶液中，化合物 **14** 的非平面的分子经历活跃的构象转变。其由单键连接的多重转子易于转动，进而辐射跃迁被此类分子内运动有效猝灭。

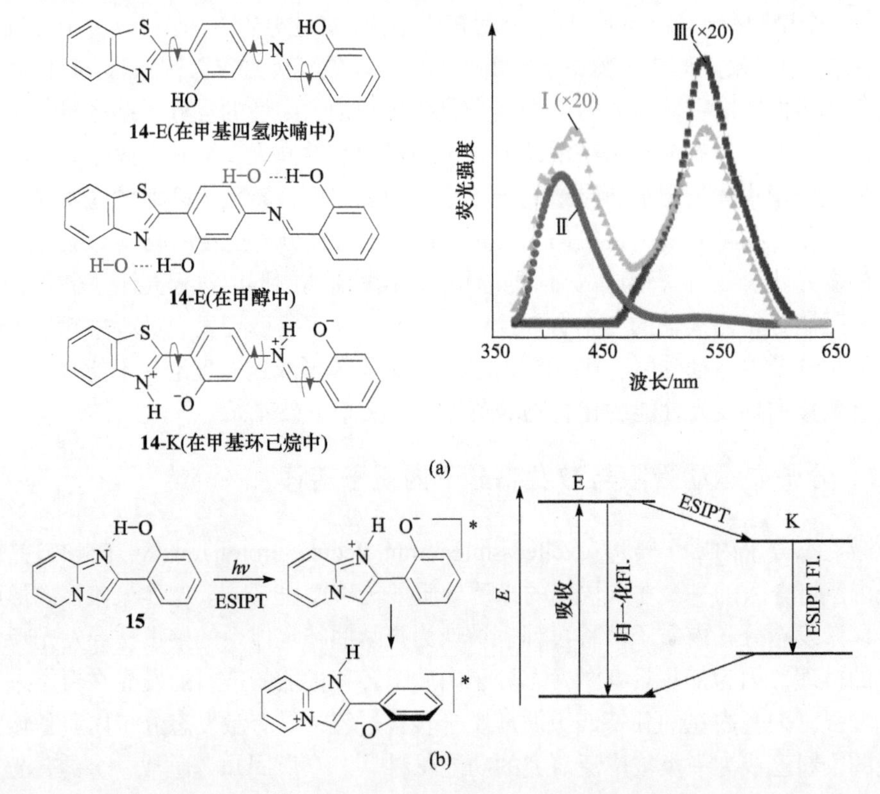

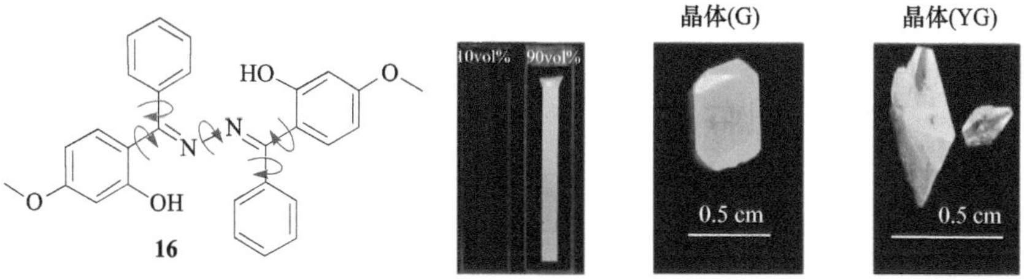

(c)

图 2.8 (a)具有激发态分子内质子转移特性的发光分子 **14** 的烯醇式和酮式结构及其甲基四氢呋喃(谱图Ⅰ)、甲醇(谱图Ⅱ)和甲基环己烷(谱图Ⅲ)稀溶液在室温下的荧光发射谱，谱图Ⅰ和Ⅲ非常微弱，均被放大 20 倍，以便于观察，激发波长为 355 nm；(b)发光分子 **15** 在激发态下的质子转移和其随后的扭转运动及其激发态分子内质子转移过程中的四级循环能谱；(c)具有聚集诱导发光性能的激发态分子内质子转移化合物 **16** 的分子结构及其溶液(水含量为 10vol%)、聚集体(水含量为 90vol%)、晶体 G(绿光)和晶体 YG(黄绿光)的荧光照片

然而，当化合物 **14** 被溶解在质子性极性溶剂如甲醇中时，尽管 **14** 的荧光光谱仍呈现双峰发射，但位于 416 nm 处的烯醇式的谱带明显强于位于 538 nm 处的酮式发光(谱图Ⅱ)。在甲醇溶液中，分子内氢键被化合物 **14** 的分子和溶剂分子之间形成的分子间氢键取代。化合物 **14** 的分子内旋转被部分限制，因此辐射跃迁不能被完全猝灭，最终，烯醇式的发光变得比在甲基四氢呋喃溶液中强。在诸如甲基环己烷的非极性溶剂中，仅在约 538 nm 处观察到一个荧光发射峰，其强度非常微弱(谱图Ⅲ已进行 20 倍放大处理)。化合物 **14** 的分子与非极性溶剂的分子之间的相互作用极小。因此，化合物 **14** 可经历由分子内氢键介导的完整的激发态分子内质子转移过程而完全转变为酮式。化合物 **14** 的酮式结构灵活且扭曲，其活跃的分子内运动耗散大部分激发态能量而导致微弱的溶液态荧光。

温度降低时，化合物 **14** 在包括甲基环己烷、甲醇和甲基四氢呋喃在内的所有非极性、质子性极性及非质子性极性溶剂中的溶液态发光均被增强。例如，当温度从室温降至 140 K 时，化合物 **14** 的甲基环己烷溶液的发光比在室温时强约 28 倍。这表明无论是否涉及激发态分子内质子转移过程，化合物 **14** 的荧光发射均随着温度降低而增强。因此，激发态分子内质子转移并非 ESIPT 化合物的聚集诱导发光效应产生的根本原因。由于 140 K 接近或者低于甲基环己烷、甲醇或甲基四氢呋喃的冰点，在这一温度下，这些溶剂应该是高黏性的或者接近凝固的。在此情况下，**14** 的分子内运动被显著阻碍，非辐射跃迁渠道被有效阻止，因此增加了辐射跃迁的激子数，进而导致荧光的大幅度增强。这一研究证明分子内运动受限在增强化合物 **14** 在低温下的荧光方面发挥着重要作用。

化合物 **15** 是另一例同时具有聚集诱导发光特性和激发态分子内质子转移性能的发光分子[图 2.8(b)]。因其结构简单，化合物 **15** 已得到深入研究[7,8]。与化合

物 **14** 类似，化合物 **15** 在非极性溶剂中的发光非常微弱且斯托克斯位移大，这样的发光被归属于激发态分子内质子转移过程对应的发光。化合物 **15** 在四氢呋喃中的荧光发射光谱具有在 377 nm 和 602 nm 处的两个发射峰，其对应的荧光量子产率分别为 8%和 2%。该化合物在甲醇中的发光峰值位于 373 nm 处，荧光量子产率为 11%，而在非极性和非质子性的环己烷中，化合物 **15** 的发光最大值在 578 nm 处，相应的荧光量子产率为 4%。然而，化合物 **15** 的两个同质多晶相则分别发射强烈的蓝绿光和黄光，荧光量子产率分别为 50%和 37%。化合物 **15** 的非晶态粉末、与聚合物基体共混的样品，以及其冷冻了的稀溶液均呈现出高的荧光量子产率(>37%)。这些实验数据为前述的分子内运动受限假说提供了进一步的支持。

基于实验观察和对基态(S_0)及激发态(S_1)势能面的理论计算，化合物 **15** 的聚集诱导发光特性可从单分子层面予以解释。由于亚胺与苯酚基团之间的分子内氢键的稳定作用，具有平面构象的化合物 **15** 的烯醇(E)式在 S_0 态更为稳定[图 2.8(b)]。在 S_1 态下，烯醇式结构首先转化成一个两性离子的激发态分子内质子转移物种，随后，构象扭转发生，与此同时，周围溶剂分子在流动的溶液中重排，导致了非常大的斯托克斯位移。化合物 **15** 的有效非辐射跃迁过程通过烯醇式和酮式之间的相互转化及分子内扭转运动来进行。这是化合物 **15** 在溶液态仅微弱发光的原因。由于这样的分子内运动在刚性聚集体中被大量抑制，激发态分子内质子转移物种保持平面构象，允许从酮式激发态(K-S_1)到基态(K-S_0)的辐射衰减。

由以上讨论可以预测，因其具有更高的构象柔性，图 2.8(c)中所示的化合物 **16** 应比其同类化合物 **14** 和 **15** 表现出更明显的聚集诱导发光效应[69]。实验结果与我们的预期一致。化合物 **16** 的发光受水/乙醇混合溶剂中的水含量的显著影响。在低水含量区域(0～60vol%)，化合物 **16** 不发光。当水含量由 60vol%增加至 90vol%时，化合物 **16** 的荧光显著增强，表现极大的聚集诱导发光效应。当水含量低时，化合物 **16** 的溶液态微弱发光是因为由围绕 C—C 和 N—N 单键的多重转子的活跃分子内旋转导致了激发态的非辐射跃迁。当水含量高时，分子内旋转被聚集态下的紧密排列抑制，从而观察到强烈荧光。因其大的构象柔性和多重转子，化合物 **16** 在溶液中的荧光相比于其激发态分子内质子转移同类物 **14** 和 **15** 被猝灭到更大的程度。此外，由于非平面分子的排列结构简便可调，化合物 **16** 还表现出独特的形貌依赖的发光颜色和热致变色性能[图 2.8(c)]。

2.3.3 分子内运动受限与扭曲的分子内电荷转移

聚集诱导发光体系可分为两个大类，一类不带有电子给体-受体结构，另一类则带有给体-受体结构。对于一个不带电子给体-受体结构的体系而言，溶液中的荧光猝灭由扭转和振动运动引起，而聚集体的聚集诱导发光效应由分子内运动受限造成。然而，对于一个给体-受体体系，其溶液态的微弱发光常被归结为一个“暗态”，即扭曲的分子内电荷转移(twisted intramolecular charge transfer, TICT)态，而在聚集体中的聚集诱导发光效应被认为源自从本征激发态到扭曲的分子内电荷转移态的转变受到抑制[69, 70]。扭曲的分子内电荷转移对环境的改变非常敏感，尤其是对溶剂极性的变化。以化合物 **17** 为例，分子 **17** 由两对给体和受体单元组成[图 2.9(a)]。化合物 **17** 的溶液表现出显著的溶剂化变色效应，其荧光发射从正己烷(典型的非极性溶剂)中的绿光(发射波长 λ_{em} = 510 nm)红移至 *N*, *N*′-二甲基甲酰胺(极性溶剂)中的红光(λ_{em} = 667 nm)，尽管该红色荧光非常微弱以至于无法被肉眼观察到[71, 72]。

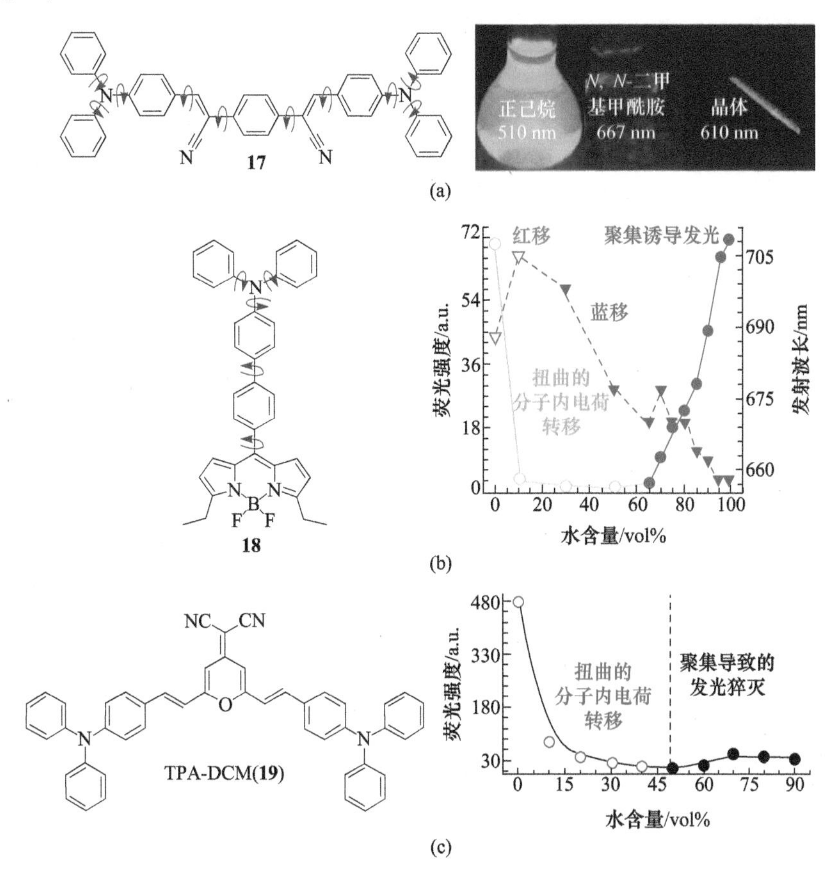

图 2.9　具有(化合物 **17** 和 **18**)和不具有(化合物 **19**)聚集诱导发光特性的扭曲的分子内电荷转移染料示例

在非极性溶剂中，化合物 **17** 的平面构象被电子共轭稳定，从而表现出本征激发态及尖锐的荧光发射光谱。然而，化合物 **17** 在极性溶剂中的分子内扭转将其从本征激发态转变至扭曲的分子内电荷转移态。在此情况下，化合物 **17** 的电子给体和受体单元之间发生总体的电荷分离。此时，化合物 **17** 的扭曲构象由极性溶剂的溶剂化效应稳定。在极性溶剂中，最高占据分子轨道(highest occupied molecular orbital, HOMO)的能级升高，使得带隙变窄，从而使荧光发射光谱红移。荧光强度的降低归因于扭曲的分子内电荷转移态对非辐射猝灭过程的敏感性。不同于其极性溶剂的稀溶液，化合物 **17** 的晶体发射强烈的橙红光(λ_{em} = 610 nm)，荧光量子产率高达 31%，清楚地显示了其聚集诱导发光特性。如果将固态下的聚集诱导发光特性简单地归结为扭曲的分子内电荷转移过程的抑制，那么，相比于化合物 **17** 在溶液中的发光，晶体荧光在发射波长上的明显蓝移和强度上的极大增强则难以被完全解释。

研究氟硼二吡咯(BODIPY)衍生物(这里指化合物 **18**)在四氢呋喃/水混合溶剂中的光物理行为，以探究聚集体的形成如何影响一个具有扭曲的分子内电荷转移性能的化合物的发光过程[图 2.9(b)]。鉴于氟硼二吡咯衍生物通常不溶于水，化合物 **18** 的分子在高水含量的水相混合溶剂中应形成聚集体。化合物 **18** 的四氢呋喃溶液发射峰值位于 688 nm。当少量的水(10vol%)被加入四氢呋喃溶液中时，荧光发射红移且大幅度减弱。这是由溶剂极性的增大和扭曲的分子内电荷转移态的形成造成的。当更多的水被加入四氢呋喃溶液中时，荧光仍然很弱但开始发生蓝移。当水含量增加至 65vol%以上时，荧光开始恢复。在高水含量的混合溶剂(水含量 > 65vol%)中，荧光分子团簇到一起并形成聚集体。疏水环境和聚集体中分子内运动的受限导致了观察到的荧光发射峰的蓝移和强度的增强。

像化合物 **18** 一样，化合物 **19** 也是一个具有电子给体-受体结构和扭曲的分子内电荷转移性能的染料分子。化合物 **19** 的发光随着溶剂极性的增大发生红移和减弱[图 2.9(c)][73]。在纯的四氢呋喃中，光激发后，化合物 **19** 发射峰值位于 620 nm。当向四氢呋喃溶液中加入少量水时，化合物 **19** 的分子形成聚集体。尽管在聚集体内创造了一个疏水的环境，扭曲的分子内电荷转移效应应该被消除了，但是更占优势的聚集导致荧光猝灭效应，荧光发射并未恢复。根据某些研究者提出的抑制扭曲的分子内电荷转移机理，化合物 **19** 应该表现出聚集诱导发光效应，但事实并非如此。化合物 **19** 和 **18** 在荧光发射行为上如此显著的差异，促使我们去查明具有扭曲的分子内电荷转移特性的染料分子的聚集诱导发光现象产生的深层机理，以及聚集诱导发光特性与扭曲的分子内电荷转移效应之间的相互关系。

在上述讨论的所有具有扭曲的分子内电荷转移特性的染料分子(**17**～**19**)中，化合物 **19** 在结构上最具刚性，因为其二氰基亚甲基-4*H*-吡喃环和两个苯乙烯单元通过 π 电子共轭形成了一个大的平面[74]，使得化合物 **19** 遭遇聚集导致发光猝灭问题而不是表现出聚集诱导发光效应。这一结果表明并非每一个具有扭曲的分子内电荷转移性能的染料分子都是聚集诱导发光的。一个具有扭曲的分子内电荷转移特性的染料分子是否表现出聚集诱导发光性能取决于构象柔性的大小和分子内旋转的程度。尽管旋转或者扭转在扭曲的分子内电荷转移过程中起了至关重要的作用，但其转子数和旋转的幅度并不需要很多或很大。而且，扭曲的分子内电荷转移是一个仅在溶液态有效的过程。另外，对具有聚集诱导发光性能的化合物而言，在溶液中，分子内运动必须足够剧烈以充分耗散激发态能量，而在聚集体中，分子内运动应被抑制以阻断非辐射跃迁途径。因此，在一个具有聚集诱导发光特性的扭曲的分子内电荷转移体系中，必须存在能将溶液荧光猝灭效应最大化的多重转子和结构僵化以在聚集态限制分子内运动。扭曲的分子内电荷转移抑制的机理仅能描述在非极性溶剂中的发光行为，然而，分子内运动受限机理则能同时很好地解释溶液态和聚集态的光物理现象。

将所有实验数据整合在一起使我们得以描绘具有聚集诱导发光特性的扭曲的分子内电荷转移发光分子的发光行为(图 2.10)。在非极性溶剂中，这样的化合物采取平面的构象和共轭的电子给体-受体结构，在短波区域以高强度发射源自本征激发态的光。当溶剂极性增大时，发光分子的构象变得部分扭曲，电荷开始部分分离。由本征激发态到 TICT 态，该化合物的发光在颜色上红移但强度上减弱。随着溶剂极性的进一步增大，电子给体-受体单元变得更为扭曲。大的构象扭曲打断了电子共轭，使得分子内旋转更易于进行。分子内电荷实现完全分离，电荷分离物种被周围的极性溶剂分子稳定。由于最高占据分子轨道能级水平的升高和剧烈的分子内运动，该化合物的发光开始大幅度红移并发生严重猝灭。当发光分子开始聚集时，局部环境内的极性开始变小，同时给体-受体结构变得不那么扭曲。由于从 TICT 态到本征激发态的转变，发光趋于蓝移。聚集体的形成实质上阻碍了分子内运动，因此活化了分子内运动受限过程，从而增加了发光效率。

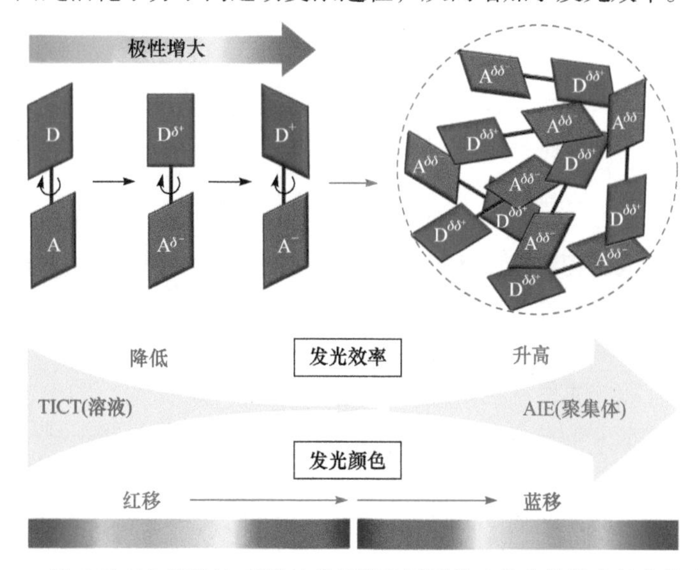

图 2.10　影响具有电子给体-受体结构的聚集诱导发光化合物发光行为的示意图

通过以上讨论，我们可以得出这样的结论，即以不同机理运作的不同发光增强体系存在着如下的关系：①聚集诱导发光体系和其他诸如 J-聚集体形成、激发态分子内质子转移和扭曲的分子内电荷转移过程相关的发光增强体系部分重合；②在所有的发光增强体系中，分子内旋转受限过程与其他的分子内和分子间作用力相互竞争；③若分子内运动受限过程在发光体系中占主导，该发光体系表现出聚集诱导发光效应，但若其他竞争作用力在这个体系中占主导，该体系变得不具有聚集诱导发光性能；④若竞争作用力中涉及 π-π 堆积作用并伴随激基缔合物的形成，则该体系将变得聚集导致荧光猝灭；⑤无论是否涉及 J-聚集体的形成、激发态分子内质子转移或扭曲的分子内电荷转移过程，赋予体系聚集诱导发光性能的都是分子内运动受限过程。分子内运动受限的本质在于分子结构或者构象的僵化。

2.4 总结与展望

综上所述，目前聚集诱导发光现象产生的原因已被基本统一为分子内运动受限机理，此处，分子内运动主要指的是分子内旋转及分子内振动。对分子内运动受限机理最简单且最基本的解读是分子内旋转和分子内振动机理并不是相互排斥的，相反，两者可以协同作用，共同导致聚集诱导发光现象。实际上，除了旋转和振动，平动也是一种运动模式，那么，分子的平动是否会对其发光行为造成影响呢？或者说在溶液态下，平动能否作为一种耗散激发态能量的非辐射跃迁渠道呢？对分子内运动受限机理的外延与内涵的精确定义需要进一步的实验研究与理论计算。对这些问题的阐释将成为未来聚集诱导发光机理研究的一个新方向。

此外，在 2.2 节中，我们通过图 2.5 中所示的模型简单地阐明了发光分子的构象平面性、结构柔性、分子内运动和发光效率之间的关系。事实上，利用分子内运动受限机理评价或者预测一个体系的发光行为，需要考虑的因素远不止这些。聚集诱导发光的关键步骤在于溶液态或者分子分散状态下的荧光猝灭，而溶液态的荧光猝灭源于由剧烈的分子内运动导致的能量耗散。由此，我们可以初步推断出由分子内运动耗散的激发态能量(ΔE)的多重影响因素，进而归纳出预测一个体系的聚集诱导发光性能的考察角度，为设计新的聚集诱导发光体系提供指导依据。ΔE 与如下因素有关：分子内旋转/振动的幅度及频率、单个分子内的转子/振子数目、每个转子/振子的体积(取决于尺寸、形状等)、充当转子/振子的取代基的位置、转子/振子与定子之间的连接方式等。这些因素共同决定溶液态的发光效率，然而，它们之间的定量关系尚需进一步讨论确定，因此，定量研究这些因素对聚集诱导发光性能的影响可成为后续研究的一个切入点。

分子内运动受限机理旨在解释并创造种类更为丰富的聚集诱导发光体系。在这些体系中，活跃的分子内运动加快了以单分子形式分散的化合物的非辐射跃迁速率，然而，结构的僵化则阻断了这些非辐射跃迁渠道，引导激子通过辐射途径跃迁。现有的带有典型生色团的聚集诱导发光体系已能被分子内运动受限机理充分解释，但这一机理能否完美阐释近年来出现的不带有传统大 π 共轭结构的非典型聚集诱导发光体系呢？这也将成为未来聚集诱导发光研究中的一个重要方向与热点。

简言之，从理论研究的角度来看，聚集诱导发光为光物理过程的研究提供了一个史无前例的平台，众多新的模型与理论陆续被建立与提出。分子内运动受限机理的提出初步为聚集诱导发光机理建立了统一的理论框架，未来对这一机理的验证与发展将衍生更多的理论与技术创新。与此同时，对这一理论的有效运用，必将指导更多更高效的发光材料的开发及其应用的拓展。

参考文献

[1] Chen J, Law C C W, Lam J W Y, Dong Y, Lo S M F, Williams I D, Zhu D, Tang B Z. Synthesis, light emission, nanoaggregation, and restricted intramolecular rotation of 1, 1-substituted 2, 3, 4, 5-tetraphenylsiloles. Chem Mater, 2003, 15: 1535-1546.

[2] Wang Y L, Liu T L, Bu L Y, Li J F, Yang C, Li X J, Tao Y, Yang W J. Aqueous nanoaggregation-enhanced one- and two-photon fluorescence, crystalline J-aggregation-induced red shift, and amplified spontaneous emission of 9, 10-bis(*p*-dimethylaminostyryl) anthracene. J Phys Chem C, 2012, 116: 15576-15583.

[3] 张双, 秦安军, 孙景志, 唐本忠. 聚集诱导发光机理研究. 化学进展, 2011, 23: 623-636.

[4] Hong Y N, Lam J W Y, Tang B Z. Aggregation-induced emission: phenomenon, mechanism and applications. Chem Commun, 2009: 4332-4353.

[5] Hong Y N, Lam J W Y, Tang B Z. Aggregation-induced emission. Chem Soc Rev, 2011, 40: 5361-5388.

[6] Hu R R, Lager E, Aguilar-Aguilar A, Liu J Z, Lam J W Y, Sung H H Y, Williams I D, Zhong Y C, Wong K S, Pena-Cabrera E, Tang B Z. Twisted intramolecular charge transfer and aggregation-induced emission of BODIPY derivatives. J Phys Chem C, 2009, 113: 15845-15853.

[7] Mutai T, Sawatani H, Shida T, Shono H, Araki K. Tuning of excited-state intramolecular proton transfer (ESIPT) fluorescence of imidazo[1, 2-*a*]pyridine in rigid matrices by substitution effect. J Org Chem, 2013, 78: 2482-2489.

[8] Shigemitsu Y, Mutai T, Houjou H, Araki K. Excited-state intramolecular proton transfer (ESIPT) emission of hydroxyphenylimidazopyridine: computational study on enhanced and polymorph-dependent luminescence in the solid state. J Phys Chem A, 2012, 116: 12041-12048.

[9] Yang G Q, Li S Y, Wang S Q, Li Y. Emissive properties and aggregation-induced emission enhancement of excited-state intramolecular proton-transfer compounds. C R Chimie, 2011, 14: 789-798.

[10] Fan X, Sun J L, Wang F Z, Chu Z Z, Wang P, Dong Y Q, Hu R R, Tang B Z, Zou D C. Photoluminescence and electroluminescence of hexaphenylsilole are enhanced by pressurization in the solid state. Chem Commun, 2008, (26): 2989-2991.

[11] Ren Y, Lam J W Y, Dong Y Q, Tang B Z, Wong K S. Enhanced emission efficiency and excited state lifetime due to restricted intramolecular motion in silole aggregates. J Phys Chem B, 2005, 109: 1135-1140.

[12] Li S Y, Wang Q, Qian Y, Wang S Q, Li Y, Yang G Q. Understanding the pressure-induced emission enhancement for triple fluorescent compound with excited-state intramolecular proton transfer. J Phys Chem A, 2007, 111: 11793-11800.

[13] Li Z, Dong Y Q, Mi B X, Tang Y H, Häussler M, Tong H, Dong Y P, Lam J W Y, Ren Y, Sung H H Y, Wong K S, Gao P, Williams I D, Kwok H S, Tang B Z. Structural control of the photoluminescence of silole regioisomers and their utility as sensitive regiodiscriminating chemosensors and efficient electroluminescent materials. J Phys Chem B, 2005, 109: 10061-10066.

[14] Zhao E G, Lam J W Y, Hong Y N, Liu J Z, Peng Q, Hao J H, Sung H H Y, Williams I D, Tang B Z. How do substituents affect silole emission? J Mater Chem C, 2013, 1: 5661-5668.

[15] Chen B, Nie H, Lu P, Zhou J, Qin A J, Qiu H Y, Zhao Z J, Tang B Z. Conjugation versus rotation: good conjugation weakens the aggregation-induced emission effect of siloles. Chem Commun, 2014, 50: 4500-4503.

[16] Peng Q, Yi Y P, Shuai Z G, Shao J S. Toward quantitative prediction of molecular fluorescence quantum efficiency: role of Duschinsky rotation. J Am Chem Soc, 2007, 129: 9333-9339.

[17] Peng Q, Yi Y P, Shuai Z G, Shao J S. Excited state radiationless decay process with Duschinsky rotation effect: formalism and implementation. J Chem Phys, 2007, 126: 114302.

[18] Dong Y Q, Lam J W Y, Qin A J, Li Z, Sun J Z, Dong Y P, Tang B Z. Vapochromism and crystallization-enhanced emission of 1, 1-disubstituted 2, 3, 4, 5-tetraphenylsiloles. J Inorg Organomet Polym Mater, 2007, 17: 673-678.

[19] Chen J W, Xie Z L, Lam J W Y, Law C C W, Tang B Z. Silole-containing polyacetylenes: Synthesis, thermal stability, light emission, nanodimensional aggregation, and restricted intramolecula rotation. Macromolecules, 2003, 36: 1108-1117.

[20] Luo J Y, Song K S, Gu F L, Miao Q. Switching of non-helical overcrowded tetrabenzoheptafulvalene derivatives. Chem Sci, 2011, 2: 2029-2034.

[21] Hu R R, Leung N L C, Tang B Z. AIE macromolecules: syntheses, structures and functionalities. Chem Soc Rev, 2014, 43: 4494-4562.

[22] Liu J Z, Lam J W Y, Tang B Z. Aggregation-induced emission of silole molecules and polymers: fundamental and applications. J Inorg Organomet Polym Mater, 2009, 19: 249-285.

[23] Zhao Z J, Lam J W Y, Tang B Z. Tetraphenylethene: a versatile AIE building block for the construction of efficient luminescent materials for organic light-emitting diodes. J Mater Chem, 2012, 22: 23726-23740.

[24] Ding D, Li K, Liu B, Tang B Z. Bioprobes based on AIE fluorogens. Acc Chem Res, 2013, 46: 2441-2453.

[25] Chi Z G, Zhang X Q, Xu B J, Zhou X, Ma C P, Zhang Y, Liu S W, Xu J R. Recent advances in

organic mechanofluorochromic materials. Chem Soc Rev, 2012, 41: 3878-3896.

[26] 赵国生，史川兴，郭志前，朱为宏，朱世琴．聚集诱导发光应用研究进展．有机化学，2012, 32: 1620-1632.

[27] Schilling C L, Hilinski E F. Dependence of the lifetime of the twisted excited singlet state of tetraphenylethylene on solvent polarity. J Am Chem Soc, 1988, 110: 2296-2298.

[28] Shultz D A, Fox M A. The effect of phenyl ring torsional rigidity on the photophysical behavior of tetraphenylethylenes. J Am Chem Soc, 1989, 111: 6311-6320.

[29] Simeonov A, Matsushita M, Juban E A, Thompson E H Z, Hoffman T Z, Beuscher A E, Taylor M J, Wirsching W R, McCusker J K, Stevens R C, Millar D P, Schultz P G, Lerner R A, Janda K D. Blue-fluorescent antibodies. Science, 2000, 290: 307-313.

[30] Waldeck D H. Photoisomerization dynamics of stilbenes. Chem Rev, 1991, 91: 415-436.

[31] Saltiel J, D'Agostino J T. Separation of viscosity and temperature effects on the singlet pathway to stilbene photoisomerization. J Am Chem Soc, 1972, 94: 6445-6456.

[32] Wang J, Mei J, Hu R R, Sun J Z, Qin A J, Tang B Z. Click synthesis, aggregation-induced emission, *E*/*Z* isomerization, self-organization, and multiple chromisms of pure stereoisomers of a tetraphenylethene-cored luminogen. J Am Chem Soc, 2012, 134: 9956-9966.

[33] Shustova N B, Ong T C, Cozzolino A F, Michaelis V K, Griffin R G, Dincă M. Phenyl ring dynamics in a tetraphenylethylene-bridged metal-organic framework: implications for the mechanism of aggregation-induced emission. J Am Chem Soc, 2012, 134: 15061-15070.

[34] Qin A J, Lam J W Y, Mahtab F, Jim C K W, Tang L, Sun J Z, Sung H H Y, Williams I D, Tang B Z. Pyrazine luminogens with "free" and "locked" phenyl rings: understanding of restriction of intramolecular rotation as a cause for aggregation-induced emission. Appl Phys Lett, 2009, 94: 253308.

[35] Shi J Q, Chang N, Li C H, Mei J, Deng C M, Luo X L, Liu Z P, Bo Z S, Dong Y Q, Tang B Z. Locking the phenyl rings of tetraphenylethene step by step: understanding the mechanism of aggregation-induced emission. Chem Commun, 2012, 48: 10675-10677.

[36] Deng C M, Niu Y L, Peng Q, Qin A J, Shuai Z G, Tang B Z. Theoretical study of radiative and non-radiative decay processes in pyrazine derivatives. J Chem Phys, 2011, 135: 014304.

[37] Gao X, Peng Q, Niu Y L, Wang D, Shuai Z G. Theoretical insight into the aggregation induced emission phenomena of diphenyldibenzofulvene: a nonadiabatic molecular dynamics study. Phys Chem Chem Phys, 2012, 14: 14207-14216.

[38] Tong H, Dong Y Q, Hong Y N, Haeussler M, Lam J W Y, Sung H H Y, Yu X M, Sun J X, Williams I D, Kwok H S, Tang B Z. Aggregation-induced emission: effects of molecular structure, solid-state conformation, and morphological packing arrangement on light-emitting behaviors of diphenyldibenzofulvene derivatives. J Phys Chem C, 2007, 111: 2287-2294.

[39] Wu Q Y, Deng C M, Peng Q, Niu Y L, Shuai Z G. Quantum chemical insights into the aggregation induced emission phenomena: a QM/MM study for pyrazine derivatives. J Comput Chem, 2012, 33: 1862-1869.

[40] Wu Q Y, Peng Q, Niu Y L, Gao X, Shuai Z G. Theoretical insights into the aggregation-induced emission by hydrogen bonding: a QM/MM study. J Phys Chem A, 2012, 116: 3881-3888.

[41] Liu G, Yang M D, Wang L K, Zheng J, Zhou H P, Wu J Y, Tian Y P. Schiff base derivatives containing heterocycles with aggregation-induced emission and recognition ability. J Mater Chem C, 2014, 2: 2684-2691.

[42] Yang M D, Xu D L, Xi W G, Wang L K, Zheng J, Huang J, Zhang J Y, Zhou H P, Wu J Y, Tian Y P. Aggregation-induced fluorescence behavior of triphenylamine-based Schiff bases: the combined effect of multiple forces. J Org Chem, 2013, 78: 10344-10359.

[43] Jia W B, Wang H W, Yang L M, Lu H B, Kong L, Tian Y P, Tao X T, Yang J X. Synthesis of two novel indole[3, 2-*b*] carbazole derivative with aggregation-enhanced emission property. J Mater Chem C, 2013, 1: 7092-7101.

[44] Wang B, Wang Y C, Hua J L, Jiang Y H, Huang J H, Qian S X, Tian H. Starburst triarylamine donor-acceptor-donor quadrupolar derivatives based on cyano-substituted diphenylaminestyrylbenzene: tunable aggregation-induced emission colors and large two-photon absorption cross sections. Chem Eur J, 2011, 17: 2647-2655.

[45] Herman M, Perry D S. Molecular spectroscopy and dynamics: a polyad-based perspective. Phys Chem Chem Phys, 2013, 15: 9970-9993.

[46] Klaumunzer B, Kroner D, Lischka H, Saalfrank P. Non-adiabatic excited state dynamics of riboflavin after photoexcitation. Phys Chem Chem Phys, 2012, 14: 8693-8702.

[47] Sakurai H, Daiko T, Hirao T. A synthesis of sumanene, a fullerene fragment. Science, 2003, 301: 1878.

[48] Schröder A, Mekelburger H B, Vögtle F. Belt-, ball-, and tube-shaped molecules. Top Curr Chem, 1994, 172: 179-201.

[49] Wu Y T, Siegel J S. Aromatic molecular-bowl hydrocarbons: synthetic derivatives, their structures, and physical properties. Chem Rev, 2006, 106: 4843-4867.

[50] Tsefrikas V M, Scott L T. Geodesic polyarenes by flash vacuum pyrolysis. Chem Rev, 2006, 106: 4868-4884.

[51] Kawase T, Kurata H. Ball-, bowl-, and belt-shaped conjugated systems and their complexing abilities: exploration of the concave-convex π-π interaction. Chem Rev, 2006, 106: 5250-5273.

[52] Tahara K, Tobe Y. Molecular loops and belts. Chem Rev, 2006, 106: 5274-5290.

[53] Nishiuchi T, Tanaka K, Kuwatani Y, Sung J Y, Nishinaga T, Kim D, Iyoda M. Solvent-induced crystalline-state emission and multichromism of a bent π-surface system composed of dibenzocyclooctatetraene units. Chem Eur J, 2013, 19: 4110-4116.

[54] Jelley E E. Spectral absorption and fluorescence of dyes in the molecular state. Nature, 1936, 138: 1009, 1010.

[55] Scheibe G. Über die veränderlichkeit der absorptionsspektren in lösungen und die nebenvalenzen als ihre ursache. Angew Chem, 1937, 50: 212-219.

[56] Kobayashi T. J-Aggregates. Singapore: World Scientific, 1996.

[57] James T J. The Theory of Photographic Process. New York: MacMillian, 1977.

[58] Würthner F, Kaiser T E, Saha-Möller C R. J-aggregates: from serendipitous discovery to supramolecular engineering of functional dye materials. Angew Chem Int Ed, 2011, 50: 3376-3410.

[59] Spano F C, Silva C. H- and J-aggregate behavior in polymeric semiconductors. Annu Rev Phys Chem, 2014, 65: 477-500.

[60] Li X Q, Zhang X, Ghosh S, Würthner F. Highly fluorescent lyotropic mesophases and organogels based on J-aggregates of core-twisted perylene bisimide dyes. Chem Eur J, 2008, 14: 8074-8078.

[61] An B K, Kwon S K, Jung S D, Park S Y. Enhanced emission and its switching in fluorescent organic nanoparticles. J Am Chem Soc, 2002, 124: 14410-14415.

[62] Shen X Y, Yuan W Z, Liu Y, Zhao Q L, Lu P, Ma Y G, Williams I D, Qin A J, Sun J Z, Tang B Z. Fumaronitrile-based fluorogen: red to near-infrared fluorescence, aggregation-induced emission, solvatochromism, and twisted intramolecular charge transfer. J Phys Chem C, 2012, 116: 10541-10547.

[63] Aggregate. https://www.merriam-webster.com/dictionary/aggregate.

[64] Aggregate. https://www.thefreedictionary.com/aggregate.

[65] Douhal A, Lahmani F, Zewail A H. Proton-transfer reaction dynamics. Chem Phys, 1996, 207: 477-498.

[66] Lochbrunner S, Schultz T, Schmitt M, Shaffer J P, Zgierski M Z, Stolow A. Dynamics of excited-state proton transfer systems via time-resolved photoelectron spectroscopy. J Chem Phys, 2001, 114: 2519-2522.

[67] Goodman J, Brus L E. Proton transfer and tautomerism in an excited state of methyl salicylate. J Am Chem Soc, 1978, 100: 7472-7474.

[68] Douhal A. A quick look at hydrogen bonds. Science, 1997, 276: 221, 222.

[69] Wei R R, Song P S, Tong A J. Reversible thermochromism of aggregation-induced emission-active benzophenone azine based on polymorph-dependent excited-state intramolecular proton transfer fluorescence. J Phys Chem C, 2013, 117: 3467-3474.

[70] Gao B R, Wang H Y, Yang Z Y, Wang H, Wang L, Jiang Y, Hao Y W, Chen Q D, Li Y P, Ma Y G, Sun H B. Comparative time-resolved study of two aggregation-induced emissive molecules. J Phys Chem C, 2011, 115: 16150-16154.

[71] Yan Z Q, Yang Z Y, Wang H, Li A W, Wang L P, Yang H, Gao B R. Study of aggregation induced emission of cyano-substituted oligo (*p*-phenylenevinylene) by femtosecond time resolved fluorescence. Spectrochim Acta A: Mol Biomol Spectr, 2011, 78: 1640-1645.

[72] Fang H H, Chen Q D, Yang J, Xia H, Gao B R, Feng J, Ma Y G, Sun H B. Two-photon pumped amplified spontaneous emission from cyano-substituted oligo (*p*-phenylenevinylene) crystals with aggregation-induced emission enhancement. J Phys Chem C, 2010, 114: 11958-11961.

[73] Qin W, Ding D, Liu J Z, Yuan W Z, Hu Y, Liu B, Tang B Z. Biocompatible nanoparticles with aggregation-induced emission characteristics as far-red/near-infrared fluorescent bioprobes for *in vitro* and *in vivo* imaging applications. Adv Funct Mater, 2012, 22: 771-779.

[74] Kim S, Zheng Q, He G S, Bharali D J, Pudavar H E, Baev A, Prasad P N. Aggregation-enhanced fluorescence and two-photon absorption in nanoaggregates of a 9,10-bis[4′-(4′-aminostyryl) styryl]-anthracene derivative. Adv Funct Mater, 2006, 16: 2317-2323.

（梅　菊　秦安军　唐本忠）

第3章

聚集诱导发光理论计算与模拟

3.1 引言

本章将简单介绍有机分子在聚集态下的光物理性质模拟方法，然后选择典型的 AIE 体系应用此方法，通过考察其空间位阻效应、共轭效应、温度效应、分子聚集效应、同位素效应及瞬态共振拉曼光谱信号等信息，揭示和验证 AIE 的微观机理；建立 AIE 性质与结构之间的关系，为设计和开发新结构、新种类的固态发光材料提供理论依据，章末对 AIE 的理论研究进行总结与展望。

3.2 分子聚集体的理论计算方法

3.2.1 量子力学和分子力学组合方法

量子力学(QM)可以精确描述体系的电子跃迁的量子特性，提供电子激发态信息，但其计算量大，适用范围仅限于少于几百个原子的分子体系。分子力学(MM)方法使用的是经典模型，计算效率高，可以处理上万个原子的大分子体系，但是它没有考虑电子的运动，不能有效地描述电子跃迁过程。单一的 QM 或者 MM 方法均不能满足有效描述有机聚集体的激发态过程的需求。而多尺度的 QM/MM 组合方法可以很好地平衡计算精度和计算时间。它的基本思想是将整个体系分为 QM 和 MM 两部分，涉及电子跃迁/转移的部分用 QM 方法处理，其余部分作为环境用 MM 来描述，实现了大尺寸体系的电子过程的精确描述。1976 年，Warshel 和 Levitt 最早提出杂化 QM/MM 的概念[1]。目前，QM/MM 方法已经成为生物大分子的酶催化反应、溶液体系中的化学现象、凝聚态化学反应、纳米材料、有机聚集体的光物理性质等方面的不可或缺的有力工具。2013 年诺贝尔化学奖颁发给了对 QM/MM 方法做出重要贡献的科学家 Karplus、Levitt 和 Warshel[2]，表明其方法的重要性。目前 QM/MM 方法常用计算方案有两种，一种是减法，另一种是加法，见图 3.1。

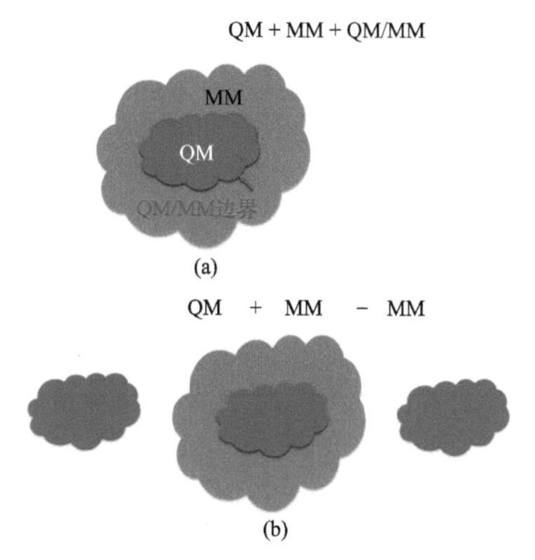

图 3.1 QM/MM 模型的加法方案(a)和减法方案(b)

在加法方案中，体系的总能量可以表示为

$$E_{\text{total}} = E_{\text{QM}} + E_{\text{MM}} + E_{\text{QM/MM}} \tag{3.1}$$

式中，E_{QM} 为 QM 区域的量子力学能量；E_{MM} 为 MM 区域的分子力学能量；$E_{\text{QM/MM}}$ 为 QM 区域与 MM 区域之间的相互作用能量。其中，MM 区域的分子力学能量可以表示为

$$E_{\text{MM}} = E_{\text{bond}} + E_{\text{angle}} + E_{\text{dihedral}} + E_{\text{improper}} + E_{\text{ele}} + E_{\text{vdW}} \tag{3.2}$$

式(3.2)依次包含了键长、键角、二面角和非正常二面角的成键作用项和静电、范德瓦耳斯非键作用项。QM 区域与 MM 区域之间的相互作用能量可以表示为

$$E_{\text{QM/MM}} = E_{\text{QM/MM}}^{\text{MM-bond}} + E_{\text{QM/MM}}^{\text{ele}} + E_{\text{QM/MM}}^{\text{vdW}} \tag{3.3}$$

式中，$E_{\text{QM/MM}}^{\text{MM-bond}}$ 和 $E_{\text{QM/MM}}^{\text{vdW}}$ 分别为成键相互作用项和范德瓦耳斯相互作用项，一般在 MM 水平下计算。$E_{\text{QM/MM}}^{\text{ele}}$ 为静电相互作用项，根据 QM 区域电荷密度和 MM 区域电荷模型之间耦合形式的不同，分为三种方法[3]处理：机械嵌入(mechanical embedding)、静电嵌入(electrostatic embedding)和极化嵌入(polarized embedding)。其中静电嵌入方法最为常用。$E_{\text{QM/MM}}^{\text{ele}}$ 在 QM 水平下迭代计算，MM 区域的电荷分布被引入到 QM 区域的电子结构计算中，QM 区域可以适应 MM 环境电荷分布的变化，考虑了 MM 区域对 QM 区域的极化。加法方案的优势是从不同的理论水平去描述 QM 和 MM 部分及它们之间的耦合。但缺点也比较明显，就是必须建造一

个 QM 与 MM 部分的边界，边界处近似看成没有任何电子存在。这就导致了电子的不连续性描述。

在减法方案中，体系总能量可以表示为

$$E_{\mathrm{total}} = E_{\mathrm{QM}}(\mathrm{QM}) + E_{\mathrm{MM}}(\mathrm{QM+MM}) - E_{\mathrm{MM}}(\mathrm{QM}) \tag{3.4}$$

式中，E_{QM} 为量子力学的能量；E_{MM} 为分子力学的能量。式(3.4)中第 1 项是 QM 部分的 QM 能量，第 2 项是整个体系的 MM 能量，第 3 项是 QM 部分的 MM 能量，两者之差是 MM 部分的 MM 能量。这里假设了 QM 和 MM 部分之间是力学耦合，即 QM 体系的电子感受不到来自 MM 环境的经典静电场，但两部分的能量变化是完全可以交换的。QM 和 MM 之间的静电相互作用主要是 MM 水平上有效经典的点电荷之间的库仑相互作用。减法方案的优点是直接运行不需要考虑 QM/MM 界面，很容易进行多层次多方法的描述。

目前，开展 QM/MM 计算的软件包大致分为三类：①在 QM 程序中加入 MM 的计算，如 Gaussian[4]、NWChem[5]、MOLCAS[6]、ADF[7]、GAMESS-UK[8]和 CPMD[9]；②在 MM 程序中加入 QM 的计算，如 AMBER[10]和 CHARMM[11]；③通过界面接口程序耦合已经存在的 QM 软件和 MM 软件进行 QM/MM 计算，如 ChemShell[12]、QMMM[13]、Q-Chem/Tinker[14, 15]。

3.2.2 光谱与速率理论

当处于基态的分子吸收一定能量的光子后，分子中的电子跃迁到较高能级的轨道上，从而形成激发态。激发态的寿命是短暂的，很容易通过各种途径回到基态，同时放出能量，这一过程称为分子激发态的失活。失活过程主要包括辐射跃迁(荧光或磷光)和非辐射跃迁(内转换和系间窜越)及转移和猝灭(激发态分子将能量传递给另一基态分子并使其激发，这里不予考虑)，如图 3.2 所示。

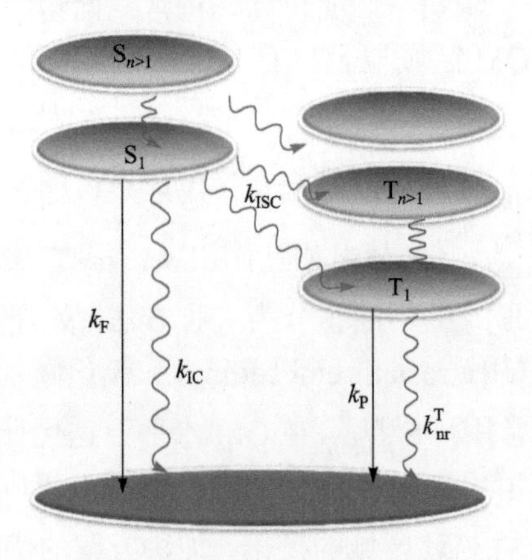

图 3.2 激发态失活过程图

激发态的辐射跃迁过程释放光子产生荧光或磷光。荧光发生于 $S_1 \to S_0$ 过程，由于 Kasha 规则发射荧光的波长不依赖于激发光波长，设速率为 k_F；磷光发生于 $T_1 \to S_0$ 过程，速率设为 k_P。根据电子跃迁选择定则，单线态到单线态的跃迁是电偶极允许的；而单线态到三线态跃迁是自旋禁阻的，由自旋轨道耦合诱导发生。因此，荧光的速率常数较大（一般在 $10^7 \sim 10^9\ s^{-1}$），而磷光的速率常数较小（一般在 $1 \sim 10^6\ s^{-1}$）。非辐射跃迁是指分子激发态能量通过非辐射方式进行耗散的过程。其中，相同自旋多重度的电子态间的非辐射跃迁称为内转换过程，如 $S_1 \to S_0$ 的内转换过程，设速率为 k_{IC}；不同自旋多重度电子态间的非辐射跃迁称为系间窜越过程，设速率为 k_{ISC}。一个分子是否发光，取决于这些过程的相互竞争。因此，荧光量子产率（Φ_F）可定义为

$$\Phi_F = \frac{k_{F(S_1 \to S_0)}}{k_{F(S_1 \to S_0)} + k_{IC(S_1 \to S_0)} + k_{ISC(S_1 \to T_n, n \geqslant 1)}} \tag{3.5}$$

如果三线态一旦生成，则其磷光效率（Φ_P）定义为

$$\Phi_F = \frac{k_{P(T_1 \to S_0)}}{k_{P(T_1 \to S_0)} + k_{ISC(T_1 \to S_0)}} \tag{3.6}$$

在微扰理论框架下，发射光谱被定义为单个分子光辐射的微分速率，定义式为[16, 17]

$$\sigma_{emi}(\omega, T) = \frac{4\omega^3}{3c^3} \sum_{v_i, v_f} P_{i,v_i}(T) \left| \left\langle \Psi_{f,v_f} \middle| \mu \middle| \Psi_{i,v_i} \right\rangle \right|^2 \delta\left(E_{if} + E_{i,v_i} - E_{f,v_f} - \hbar\omega\right) \tag{3.7}$$

吸收光谱 $\sigma_{abs}(\omega, T)$ 的定义是：单位能流密度下，单个分子吸收能量的速率，定义式为[16, 17]

$$\sigma_{abs}(\omega, T) = \frac{4\pi^2\omega}{3c} \sum_{v_i, v_f} P_{i,v_i}(T) \left| \left\langle \Psi_{f,v_f} \middle| \mu \middle| \Psi_{i,v_i} \right\rangle \right|^2 \delta\left(E_{if} + E_{i,v_i} - E_{f,v_f} + \hbar\omega\right) \tag{3.8}$$

式中，Ψ_{i,v_i} 和 Ψ_{f,v_f} 分别为初态和末态的分子波函数；μ 为电偶极矩算符；$P_{i,v_i}(T)$ 为初态的玻尔兹曼分布；c 为光速；ω 为振动频率；v_i 和 v_f 分别为相应的振动态量子数；$E_{if} = E_i - E_f$ 为初态与末态间的能量差；$E_{i,v_i} = \sum_k E_{i,v_{ik}}$ 和 $E_{f,v_f} = \sum_k E_{f,v_{fk}}$ 分别为分子在初、末态的总振动能。

辐射跃迁速率常数就是对发射光谱在可见光区域的积分，即

$$k_r(T) = \int \sigma_{emi}(\omega, T) d\omega \tag{3.9}$$

非辐射跃迁是个比较复杂的过程，在费米黄金规则框架下，非辐射跃迁速率常数可以表示为[18]

$$k_{\mathrm{i}\to\mathrm{f}}=\frac{2\pi}{\hbar}\sum_{v}\sum_{v'}P_{\mathrm{i}v}\left|H'_{\mathrm{f}v',\mathrm{i}v}+\sum_{n\mu}\frac{H'_{\mathrm{f}v',n\mu}H'_{n\mu,\mathrm{i}v}}{E_{\mathrm{i}v}-E_{n\mu}}\right|^{2}\delta(E_{\mathrm{f}v'}-E_{\mathrm{i}v}) \tag{3.10}$$

式中，$H'_{\mathrm{f}v',\mathrm{i}v}$是相互作用矩阵元。其中，相互作用哈密顿量来自于非绝热耦合与旋轨耦合两方面的贡献，即$\hat{H}'\Psi_{\mathrm{i}v}=\hat{H}^{\mathrm{BO}}\Phi_{\mathrm{i}}(r;Q)\Theta_{\mathrm{i}v}(Q)+\hat{H}^{\mathrm{SO}}\Phi_{\mathrm{i}}(r;Q)\Theta_{\mathrm{i}v}(Q)$。

对于自旋多重度相同的电子态之间的内转换，微扰相为第一项，速率常数可以写为

$$k_{\mathrm{IC}}=\frac{2\pi}{\hbar}\sum_{v_{\mathrm{i}},v_{\mathrm{f}}}P_{\mathrm{i},v_{\mathrm{i}}}(T)\left|\left\langle\Phi_{\mathrm{f}}\Theta_{\mathrm{f},v_{\mathrm{f}}}\left|H'_{\mathrm{BO}}\right|\Phi_{\mathrm{i}}\Theta_{\mathrm{i},v_{\mathrm{i}}}\right\rangle\right|^{2}\delta(E_{\mathrm{f},v_{\mathrm{f}}}-E_{\mathrm{i},v_{\mathrm{i}}}) \tag{3.11}$$

式中，$|\Phi_{\mathrm{i}}\rangle$和$|\Phi_{\mathrm{f}}\rangle$分别为初态和末态的电子波函数；$|\Theta_{\mathrm{i}}\rangle$和$|\Theta_{\mathrm{f}}\rangle$分别为初态和末态的核振动波函数。

对于多重度不同的单线态与三线态之间的系间窜越，速率常数为

$$k_{\mathrm{f}\leftarrow\mathrm{i}}=k^{(0)}_{\mathrm{f}\leftarrow\mathrm{i}}+k^{(1)}_{\mathrm{f}\leftarrow\mathrm{i}}+k^{(2)}_{\mathrm{f}\leftarrow\mathrm{i}} \tag{3.12}$$

其中，

$$k^{(0)}_{\mathrm{f}\leftarrow\mathrm{i}}=\frac{2\pi}{\hbar}\sum_{v,u}P_{\mathrm{i}v}\left|H'_{\mathrm{f}u,\mathrm{i}v}\right|^{2}\delta\left(E_{\mathrm{i}v}-E_{\mathrm{f}u}\right) \tag{3.12a}$$

$$k^{(1)}_{\mathrm{f}\leftarrow\mathrm{i}}=\frac{2\pi}{\hbar}\sum_{v,u}P_{\mathrm{i}v}\cdot 2\,\mathrm{Re}\left(H'_{\mathrm{f}u,\mathrm{i}v}\sum_{n,\mu}\frac{H'_{\mathrm{i}v,n\mu}H'_{n\mu,\mathrm{f}u}}{E_{\mathrm{i}v}-E_{n\mu}}\right)\delta\left(E_{\mathrm{i}v}-E_{\mathrm{f}u}\right) \tag{3.12b}$$

$$k^{(2)}_{\mathrm{f}\leftarrow\mathrm{i}}=\frac{2\pi}{\hbar}\sum_{v,u}P_{\mathrm{i}v}\left|\sum_{n,\mu}\frac{H'_{\mathrm{f}u,n\mu}H'_{n\mu,\mathrm{i}v}}{E_{\mathrm{i}v}-E_{n\mu}}\right|^{2}\delta\left(E_{\mathrm{i}v}-E_{\mathrm{f}u}\right) \tag{3.12c}$$

以上光谱和速率理论均可利用路径积分的方法构造热振动关联函数，给出关联函数的解析解，从而得到振动分辨的吸收和发射光谱及辐射和非辐射跃迁速率常数[18-22]，这些方法均在 MOMAP 程序包中得到实现。

3.2.3 理论计算细节

有机分子聚集体发光多数属于点发光，即多数是单个分子发光。因此，这里我们选择单个分子为 QM 部分，其周围的分子视为环境作为 MM 部分，只考虑 QM 部分与 MM 部分的静电相互作用和范德瓦耳斯相互作用；忽略两者之间的电荷转移、能量转移和激子效应，以及 QM 分子激发态的电子密度变化所引起的周围 MM 分子的电荷重排。对于 QM 计算，基态构型优化和频率计算采用 DFT，激发态构型优化、能量计算、频率分析及跃迁偶极矩、非绝热耦合矩阵元、自旋轨道耦合矩阵元等跃迁性质均采用含时密度泛函理论(time dependent density function theory, TD-DFT)方法。MM 计算选用普适的 AMBER 分子力场、GAFF 力场、UFF 力场或 CHARMM 力场。我们采用的程序包是 ChemShell，其计算模块和策

略如图 3.3 所示。它通过接口连接各类 QM 与 MM 程序的方法，优势在于无须修改原有的 QM 和 MM 程序代码，灵活性强。这里，QM 计算选择 TURBOMOLE 6.0[23]或 Gaussian 09 量子化学程序包；MM 计算选择 DL_POLY 分子力学程序包[24]。

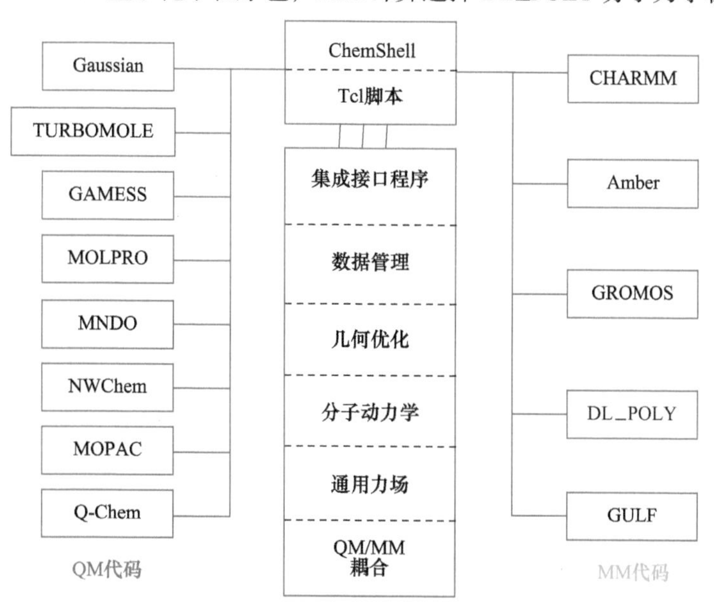

图 3.3　程序包 ChemShell 的计算模块和策略

我们以典型的 AIE 分子 HPDMCb 为例说明计算模型的建造。溶剂的影响采用 PCM 模型，平衡溶剂化方法用于几何优化和振动频率计算，非平衡溶剂化方法用于能量计算。对于固态模拟，我们首先从晶体结构中挖出一个相当大的分子簇；然后将中心的 1 个分子定义为 QM 区域，其余的分子定义为固定不动的环境 MM 区域，见图 3.4。我们采用 HF/6-31G(d) 水平下的限制静电位 (restrained electrostatic potential, RESP) 方法分配部分电荷 (partial charge)，采用静电嵌入方案处理 QM/MM 相互作用。

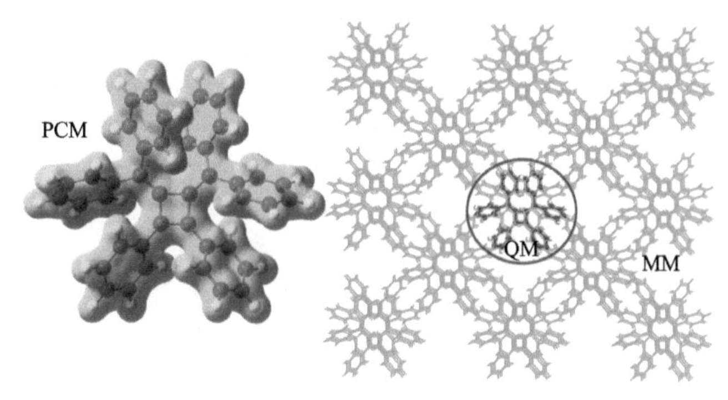

图 3.4　PCM 和 QM/MM 计算模型的建立

基于得到的电子结构信息，计算两个电子态之间振动混合情况的 Duschinsky 转动矩阵、电子-振动耦合参数 Huang-Rhys 因子（$\mathrm{HR}_k = \omega_k D_k^2 / 2\hbar$）和重整能，之后，得到吸收光谱、发射光谱及激发态衰减的辐射和非辐射跃迁速率常数。这些均由我们发展的 MOMAP 程序包来完成[18-22]。

3.3 AIE 的微观机理

3.3.1 空间位阻效应

噻咯衍生物是最早发现的典型 AIE 体系[25, 26]。这里，我们选择两个结构类似而发光性质不同的噻咯衍生物分子 DMTPS 和 isopropyl（异丙基）-DMTPS（图 3.5），应用位移谐振子模型框架下的速率理论进行对比性研究，考察空间位阻效应。DMTPS 在溶液中不发光而在固态下发强光，具有 AIE 活性。isopropyl-DMTPS 在溶液和固态下均表现出强荧光，不具有 AIE 性质[27, 28]。理论计算结果显示，在室温下，DMTPS 的辐射跃迁速率常数（$1.2\times10^8\ \mathrm{s}^{-1}$）远小于非辐射跃迁速率常数（$1.8\times10^{11}\ \mathrm{s}^{-1}$），所以在溶液中几乎观察不到荧光；相对于 DMTPS，isopropyl-DMTPS 的非辐射跃迁速率常数非常小，所以表现出强荧光。我们进一步分析决定速率常数的几个光物理参数，发现两个化合物具有类似的非绝热耦合和激发态能，但重整能差别很大。DMTPS 的总重整能（7550 cm^{-1}）几乎是 isopropyl-DMTPS 的重整能（3820 cm^{-1}）的两倍。由此可见，DMTPS 巨大的重整能导致了它超快的非辐射跃迁速率。分析重整能特点，我们发现：①在 DMTPS 中低频模式对重整能的贡献最大，频率小于 100 cm^{-1} 的正则模式的重整能达到了 4080 cm^{-1}，而在 isopropyl-DMTPS 中，该重整能大大降低到 1660 cm^{-1}。这些低频模式属于噻咯类分子中环硅戊二烯的 2, 3, 4, 5-位的芳香环的转动。②两个化合物中，高频模式的单双键的伸缩振动对重整能的贡献基本一致。我们由此得出，isopropyl-DMTPS 中 4 个异丙基的引入增加了分子内的空间位阻，使得分子的 2, 3, 4, 5-位的芳香环转动势能的能垒增大，在激发态衰减过程中重整能变小，非辐射跃迁通道受到抑制，其荧光量子产率得到很大提高。基于这个现象不难推测柔性的噻咯类分子在分子聚集后，苯环转动的空间位阻增加，从而表现出聚集诱导发光的现象。

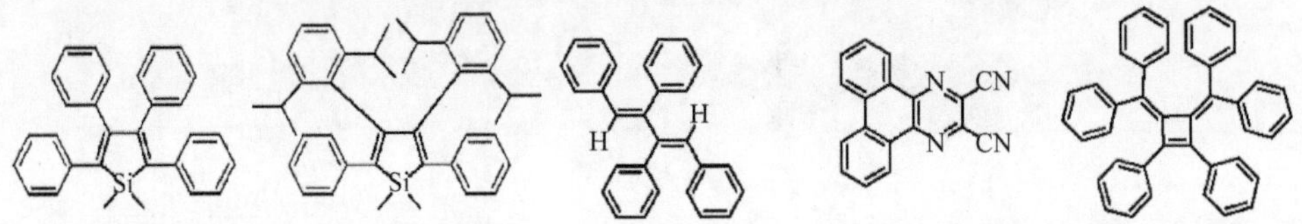

DMTPS　isopropyl-DMTPS　TPBD　DCPP　HPDMCb

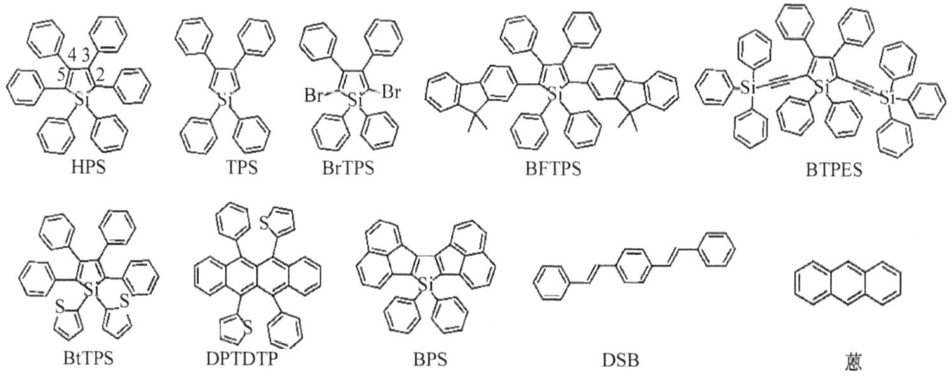

图 3.5　多种发光分子的化学结构

3.3.2　温度效应

上述 DMTPS 的理论计算结果表明，低频模式对重整能的巨大贡献是决定柔性的 AIE 体系发光的关键。由于室温对应的能量约为 201 cm^{-1}，所以能量低于 200 cm^{-1} 的低频模式的温度效应非常明显。当温度升高时，振动量子数会迅速增大。而且低频模式在激发态衰减过程中相互之间的混合[Duschinsky 转动效应（Duschinsky rotation effect，DRE）]比较严重，温度变化会加剧这种效果，这将给非辐射衰减速率带来很大的影响。同时，模式间的混合使得传统意义上的提升模式和接受模式不可区分，无法分开处理。所以，超越传统的位移谐振子模型，发展多模耦合的速率理论变得非常必要。3.2.2 节简单介绍了新近发展的多模式耦合速率理论。

以 AIE 体系 1, 2, 3, 4-四苯丁二烯（TPBD，图 3.6）[29]为例，考察温度对激发态衰减速率的影响[30]。图 3.6 给出了单分子 TPBD 的非辐射跃迁速率与温度的依赖关系。从图 3.6 很容易看出：当温度从 70 K 升到 300 K 时，考虑 DRE，TPBD 的非辐射跃迁速率常数增大至近 700 倍，与实验结果高度一致；而忽略 DRE，它仅增大至 7 倍，与实验结果不符合[29]。因此，DRE 效应对非辐射跃迁速率产生了很大的影响。为了直观地了解 DRE，在图 3.6（b）中画出了 TPBD 分子能量最低的 35 个模式（能量小于 700 cm^{-1}）的 Duschinsky 转动矩阵元。Duschinsky 转动矩阵元有对角项和非对角项。当对角项为最大值 1 时，非对角项则为零，这说明模式间是相互独立的，无混合现象。当非对角项不为零时，其值越大说明相对应的两个模式间混合越严重。从图 3.6（b）中可以看出，低频模式（能量小于 200 cm^{-1} 的前 15 个模式）间的混合程度非常大，这势必在很大程度上加快非辐射衰减过程。因此，只有考虑 DRE 时才能合理地描述 TPBD 的非辐射内转换过程及其温度效应。而辐射跃迁速率常数受温度的影响不大。由此得出降低温度诱导发光的机理：降低温度，低频模式对应的芳香环的转动受到了抑制，减弱了电子-振动耦合，从而减少了非辐射跃迁的通道，使得其速率降低。这致使非辐射与辐射跃迁过程构成竞争，甚至辐射过程占主导地位，分子荧光增强。这同时说明了新发展的考虑 DRE 的多模式耦合速率理论方法的有效性。

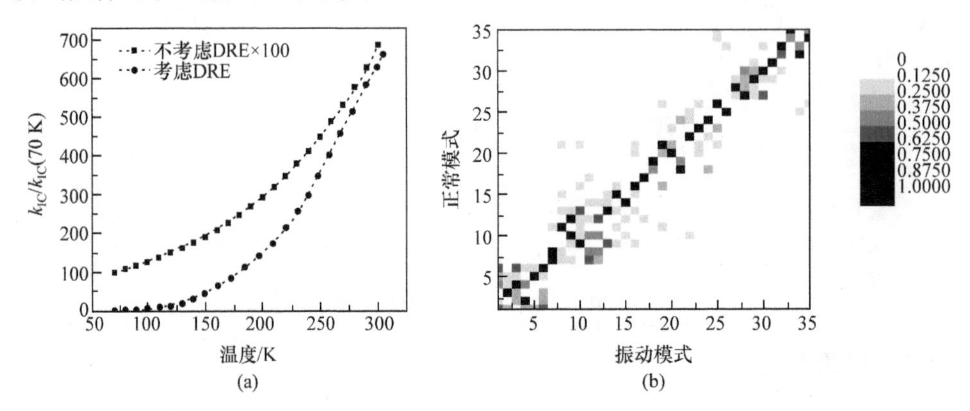

图 3.6 TPBD 的非辐射跃迁速率与温度的依赖关系(a)和能量最低的 35 个振动模式的 Duschinsky 转动矩阵元分布图(b)

3.3.3 聚集效应

上述理论研究仅针对单个分子的光物理性质，对 AIE 现象提供了相对局限的推测性解释。但分子聚集怎样抑制非辐射衰减过程，是通过分子间运动还是分子内运动来发挥作用呢？这里，我们应用理论方法部分介绍的 QM/MM 组合方法，视周围分子为环境，考虑分子间静电相互作用和范德瓦耳斯相互作用，模拟分子聚集体的电子结构和发光行为，与实验观测值进行比较，给出问题的答案[31]。基于此，进一步建立结构性能关系，从而定量揭示 AIE 的微观机理，计算模型见图 3.7。

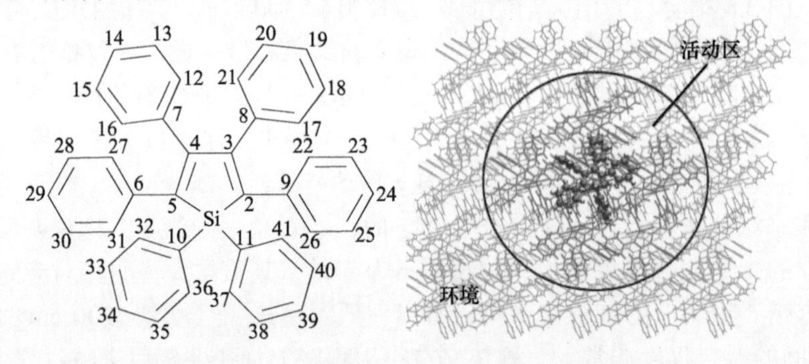

图 3.7 分子结构的原子标号及 QM/MM 模型

中心分子为 QM 部分；最邻近的 11 个分子为可优化的 MM 部分；其余 63 个分子为冻结的 MM 部分

HPS 在环已烷溶液中发光很弱，Φ_F 低至 0.30%，而薄膜的发光效率增加到了

78%，提高了约 260 倍，是很好的 AIE 体系[27, 32]。我们将计算优化的 HPS 在 S_0 和 S_1 电子态的几何结构与实验测得的晶体结构列于表 3.1 中进行比较。理论优化结构与晶体结构高度一致，表明该 QM/MM 方法的有效性。通过分析激发过程中的结构变化 $|\Delta(S_0-S_1)|$，可以看出，气相分子中的硅杂环和 2, 5-位两个苯环之间的扭转角 Si-C2-C9-C26 和 Si-C5-C6-C31 变化量远大于固相下的对应值，说明 2, 5-位苯环的几何弛豫在固相下大大受限。此外，我们还发现，分子的硅杂环和 5-位的苯环在气相下的相对扭曲结构在固相下变为共平面，即二面角 Si-C5-C6-C31 是从 48.28°/33.65°减小至–2.00°/–0.95°。这表明，HPS 的固相化显著增加了硅杂环与 5-位的苯环之间的共轭程度。相反，其他 4 个位置的苯环相对于中心环变得更加扭曲。激发态的电子结构显示，气相和固相 S_1 的电子组态均是从 HOMO 到最低未占分子轨道(lowest unoccupied molecular orbit, LUMO)的跃迁。HOMO 主要局域在中心环和 2, 5-位的苯环上，表现为 π 特征；LUMO 不仅分布在中心环和 2, 5-位苯环的 π^* 上，还扩展到中心环外的 C—Si 的 σ^* 键上。所以，在固态下，硅杂环与 5-位的苯环之间的共轭程度增加使得 HOMO-LUMO 能隙从 3.59 eV 减小到 3.48 eV，跃迁偶极矩从 5.20 deb(1 deb = 3.33564×10^{-30} C · m)增加到 5.85 deb(表 3.2)；而且其他 4 个苯环的扭曲结构阻隔了分子间 π-π 相互作用，抑制了激基复合物的形成。

表 3.1　HPS 在气相和固相中基态与激发态之间主要的结构变化　[单位：(°)]

二面角	气相			固相			晶体
	S_0	S_1	$\|\Delta(S_0-S_1)\|$	S_0	S_1	$\|\Delta(S_0-S_1)\|$	S_0
Si-C2-C9-C26	48.18	33.62	14.56	42.08	36.23	5.85	43.98
Si-C5-C6-C31	48.28	33.65	14.63	–2.00	–0.95	1.05	0.72
C2-C3-C8-C17	57.04	50.72	6.32	60.83	52.80	8.03	58.57
C5-C4-C7-C16	56.97	50.95	6.02	87.36	90.59	3.23	79.70
C5-Si-C10-C32	–23.72	–22.06	1.66	33.00	32.02	0.98	27.86
C2-Si-C11-C41	–24.29	–21.60	2.69	–69.37	–69.04	0.33	–69.37

表 3.2　HPS 的跃迁能隙 $\Delta E_{\text{H-L}}$、跃迁偶极矩 m、辐射跃迁速率常数 k_r 和非辐射跃迁速率常数 k_{IC}(T=300K)

	$\Delta E_{\text{H-L}}$/eV	m/deb	k_r/s^{-1}		k_{IC}/s^{-1}	
			有 DRE	无 DRE	有 DRE	无 DRE
气相	3.59	5.20	1.05×10^7	4.76×10^7	3.76×10^{11}	6.65×10^5
固相	3.48	5.85	6.56×10^7	6.53×10^7	2.06×10^7	9.36×10^5

基于电子结构信息，应用 3.2.2 节的速率理论，计算得到了 k_r 和 k_{IC}(表 3.2)。结果显示：①DRE 对气相和固相的 k_r 都影响不大；②考虑 DRE 后，从气相到固相，k_r 增大了大概 5 倍，这主要是因为固相分子内共轭程度增大，使得跃迁偶极矩增大；③DRE 对 k_{IC} 影响很大。考虑 DRE 后，从气相到固相 k_{IC} 下降了大约 4 个数量级，导致了荧光量子产率从 0.003%增加到 76%，与实验现象高度一致。如果忽略 DRE，从气相到固相 k_{IC} 基本不变，这与实验事实相悖。这一结果再次表明，只有考虑了 DRE，才能较准确地描述柔性 AIE 分子的非辐射跃迁过程。

由前两节的分析结果得知，重整能是非辐射跃迁速率常数变化的诱因。图 3.8 给出了化合物在两相中的重整能。我们发现：①气相总重整能是 492 meV，而固相减小到 403 meV；②所有的低频模式(< 200 cm^{-1})对总重整能的贡献气相大约是 197 meV(40%)，而固相下降到 84 meV(21%)；③两相中，中心环参与的高频 C—C 伸缩振动模式对重整能的贡献都很大，分别占总重整能的 34%和 40%。以上结果表明分子聚集对高频模式影响不大，但会很大程度地抑制低频模式的弛豫。考察这些低频模式的振动向量，发现均源于分子内周围苯环特别是 2-和 5-位苯环的面外运动。这也可以通过投影重整能到内坐标更直观地说明这一点：气相二面角的贡献是 181 meV(37%)，而固相降低到 68 meV(17%)，其中 2-和 5-位苯环的面外运动的贡献从 135 meV(27%)减小到 33 meV(8%)。这些正好对应于两电子态几何结构的变化特征。

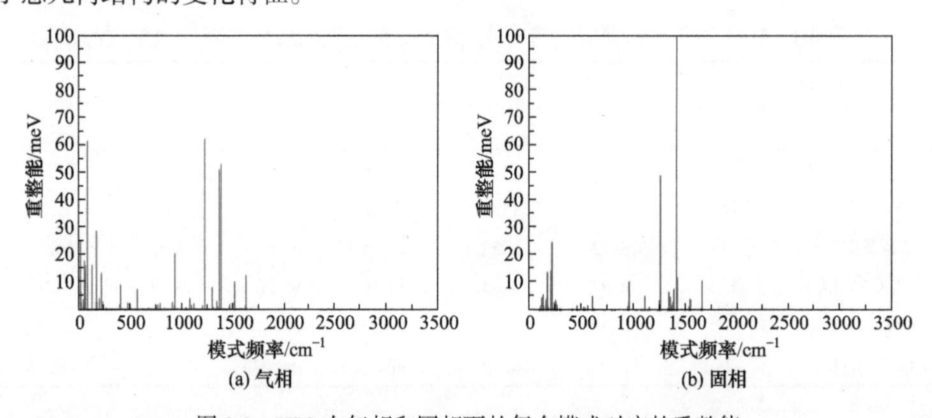

图 3.8 HPS 在气相和固相下的每个模式对应的重整能

总之，通过热振动关联函数结合 QM/MM 方法从微观角度给出了分子聚集诱导发光的非辐射跃迁被抑制的微观机理(图 3.9)。分子激发态的非辐射能量衰减通道主要是对应于低频的芳香环扭转、转动等分子内面外运动，以及高频的碳-碳伸缩振动。当空间位阻增加、温度降低或者分子聚集时，分子内运动受限(RIM)，重整能降低，非辐射能量衰减通道被抑制，导致非辐射跃迁速率常数降低，而其对辐射跃迁速率常数影响不大，从而提高分子的荧光量子产率，荧光增强。

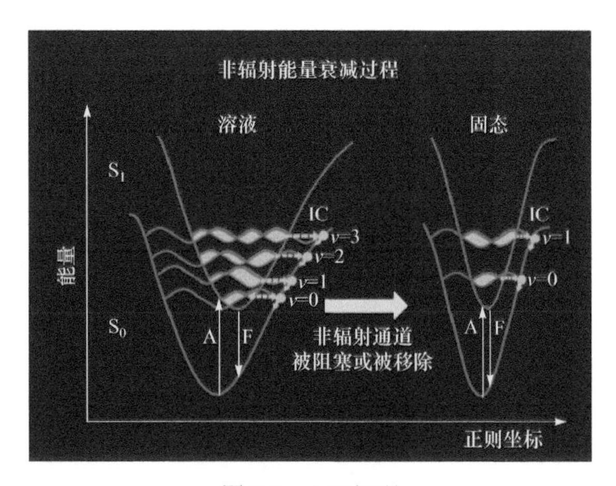

图 3.9　AIE 机理

A 代表吸收；F 代表发射

3.3.4　共轭效应

众所周知，共轭程度对有机体系的发光性质至关重要。这里，我们以一系列 2-和 5-位取代的噻咯衍生物(TPS[33]、BrTPS[34]、HPS[27]、BTPES[34]和 BFTPS[35]，见图 3.5)为例，探讨共轭程度对固态发光量子产率的影响[36]。这些化合物均表现为 AIE 现象。图 3.10 为噻咯衍生物的轨道分布和能量。由图 3.10 看出，衍生物的中间环戊二烯是最主要的轨道电子密度集中区。当 2-和 5-位上无取代基时，电子密度零零星星扩散到整个分子上。当 2-和 5-位上的 H 原子被取代时，随着取代基共轭程度增加，电子密度越来越集中到中心环和 2-,5-取代基上。轨道能量也随着 2-和 5-位 π 共轭程度的增加而变化，HOMO 能量升高，LUMO 能量降低，带隙减小。这就预示了光谱的红移，与实验现象一致。另外，由于分子间相互作用，化合物在固相下的带隙稍高于气相下的带隙。

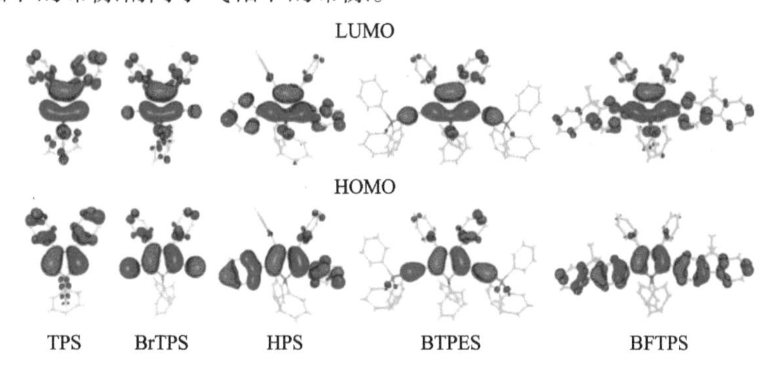

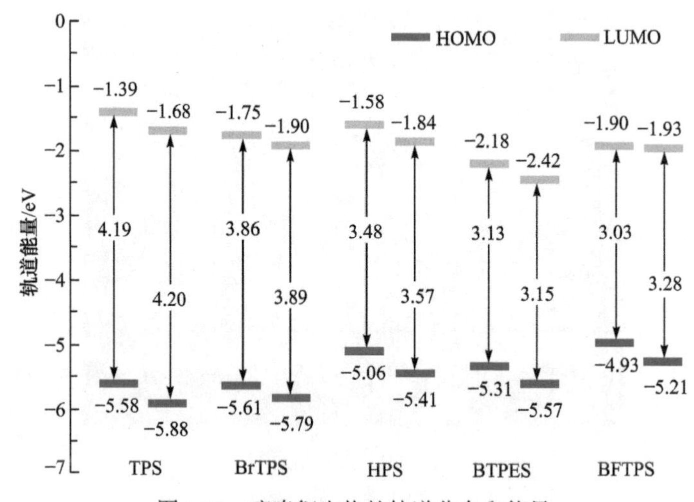

图 3.10 噻咯衍生物的轨道分布和能量

图 3.11 给出了噻咯衍生物在气相和固相中的辐射和非辐射跃迁速率常数及其荧光量子产率。表 3.3 罗列了化合物在两相中重整能、跃迁偶极矩和跃迁能隙。从气相到固相，5 个化合物的非辐射跃迁速率常数都是急剧变小，所以这些化合物均表现出明显的 AIE 现象。在固相中，随着 2-和 5-位的共轭程度增大，辐射跃迁速率常数依次增大，最后趋于平缓。这是因为侧基共轭诱导跃迁偶极矩的增加，引起辐射跃迁速率常数的增加；但侧链共轭也会使得激发能变小，所以辐射跃迁速率常数最后趋于平缓。在非辐射跃迁过程中，激发能减小会加速非辐射跃迁速率，而重整能减小会减缓非辐射跃迁。随共轭程度增大，开始是重整能占主导地位，重整能的减小降低了非辐射跃迁速率；然后重整能趋于饱和，这时激发能占主导地位，激发能随着共轭程度的增大是不断减小的，从而引起非辐射跃迁的增多。鉴于辐射跃迁和非辐射跃迁的综合因素，荧光量子产率出现了先增加后饱和再下降的变化趋势。计算结果与实验结果完全一致，这意味着，通过理论调节共轭程度进行分子设计，可以得到高效率的固态荧光分子。

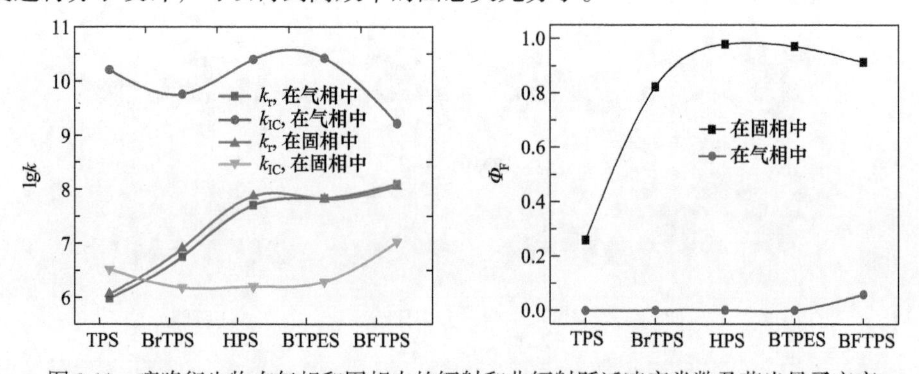

图 3.11 噻咯衍生物在气相和固相中的辐射和非辐射跃迁速率常数及荧光量子产率

表 3.3　计算得到的重整能λ_{gs}、λ_{es}，跃迁偶极矩 m 和跃迁能隙ΔE

指标		TPS	BrTPS	HPS	BTPES	BFTPS
气相	λ_{gs}/meV	639	665	405	339	374
	λ_{es}/meV	481	496	486	328	447
	m/deb	0.58	1.71	5.26	6.03	9.54
	ΔE/eV	3.21	2.9	2.62	2.48	2.36
固相	λ_{gs}/meV	513	470	377	309	304
	λ_{es}/meV	419	420	376	283	303
	m/deb	0.6	1.8	5.9	5.75	9.1
	ΔE/eV	3.26	2.91	2.7	2.49	2.3

3.4　AIE 机理的验证

由上述理论揭示的 AIE 机理的论述中，我们得知重整能和 DRE 在 AIE 现象中扮演着重要的角色，有时候甚至起到决定性作用。那么，理论预言怎么得到实验证实呢？在实验上如何表征这两个因素呢？众所周知，这两个物理量在实验上是不可直接测量的。下面，我们通过建立可测量的与不可测量的物理量之间的对应关系，介绍两种实验手段来证明重整能和 DRE 在 AIE 中的存在和作用，进而验证 AIE 机理。

3.4.1　共振拉曼光谱

共振拉曼光谱(resonance Raman spectroscopy, RRS)是一种入射光频率与分子电子跃迁能量相近，电子跃迁和分子振动的耦合使得某些拉曼谱线的强度陡然增加，发生共振拉曼散射。共振拉曼散射强度比常规拉曼散射要高出约 10^6 倍，可以用于表征分子的激发态动力学，包括振动模式的频率和特定模式的电子-振动耦合[37, 38]。从 RRS 强度的定义出发，在 Frank-Condon 近似和共振条件下，第 j 个振动模式的 RRS 强度 $\sigma(\omega)$ 与模式的重整能λ_j乘以频率 ω_j 成正比：$\sigma(\omega) \propto \lambda_j \omega_j$。因此，我们提出可以利用 RRS 手段来证实重整能在分子聚集前后的变化及对非辐射跃迁速率的影响，进而验证 AIE 机理[39]。

我们选择化合物 HPDMCb 和 DCPP(图 3.12)分别作为 AIEgen 和非 AIEgen 的代表，对比研究它们在溶液和固体下的光物理性质的改变，揭示重整能与 RRS 强度之间的内在关系。溶剂效应采用 PCM 模型，模拟乙腈溶液中的 HPDMCb 和四氢呋喃(THF)溶液中的 DCPP。固态聚集效应用 QM/MM 方法来实现。在 QM/MM 计算中，只有中心的 QM 分子是活动和激发的，周围的 MM 分子固定不动。计算得到的辐射和非辐射跃迁速率常数(k_r 和 k_{IC})如表 3.4 所示。可以看到，HPDMCb 非常类似于前面讲到的 AIE 体系。从溶液到固体，它的辐射跃迁速率常数变化很小，而非辐射跃迁速率常数减少了约 4 个数量级，由此得到荧光量子产率从 0.07% 增大到 78%。实验上，HPDMCb 的乙腈溶液不发光，发光效率低至 0.17%；当向溶液中加入 70vol%的水时，PL 峰增强了大约 925 倍。计算结果与实验测量高度吻合。非 AIEgen 化合物 DCPP 表现出不同的光物理性质。从溶液到固体，它的辐射跃迁速率常数 k_r 减小了大约 59%，非辐射跃迁速率常数下降了只有大约 40%，以至荧光量子效率降低，聚集导致荧光猝灭，与实验现象相符。

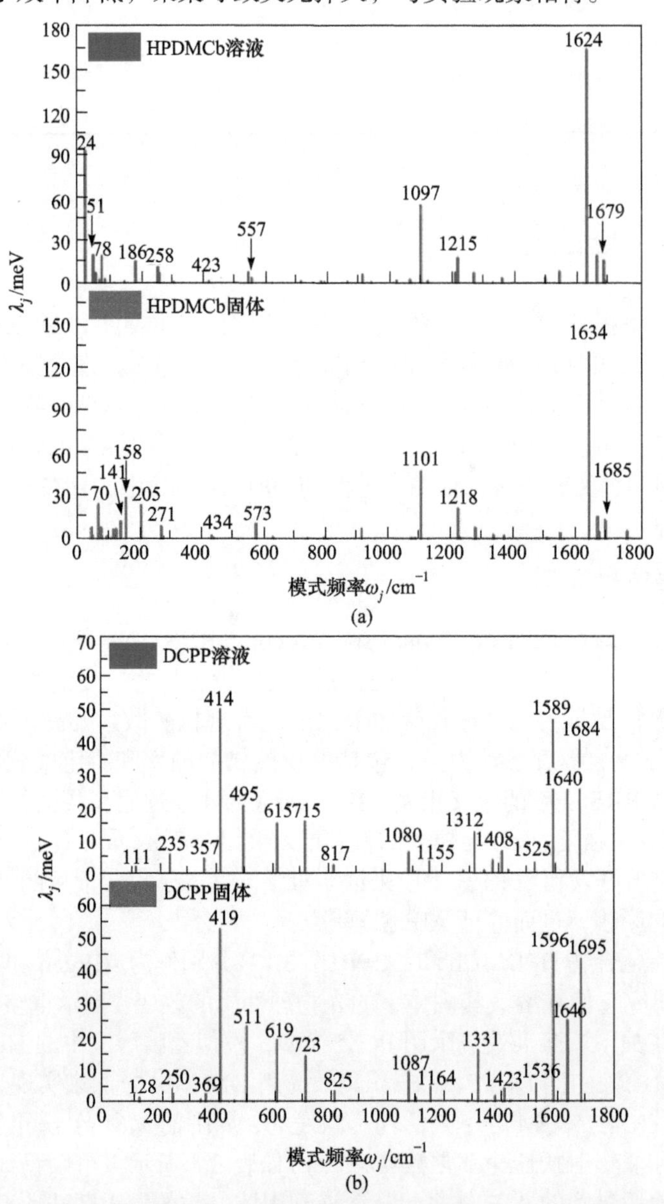

图 3.12 HPDMCb (a) 和 DCPP (b) 在溶液和固体中每个模式的重整能 λ_j

表 3.4　HPDMCb 和 DCPP 在溶液和固体中的 k_r 和 k_{IC}（T=300 K）

	HPDMCb		DCPP	
	k_r/s^{-1}	k_{IC}/s^{-1}	k_r/s^{-1}	k_{IC}/s^{-1}
溶液	8.64×10^7	1.31×10^{11}	7.98×10^6	1.01×10^6
固体	7.95×10^7	2.29×10^7	3.30×10^6	0.61×10^6

类似于前面对非辐射跃迁速率的分析方法，首先考察了非绝热耦合、激发能和重整能，发现 HPDMCb 和 DCPP 的非绝热耦合和激发能受到分子聚集的影响很小，所以集中于重整能的计算和分析。基态(激发态)总的弛豫能$\lambda_{g(e)}$可以用模式加和法表示 $\lambda_{g(e)}=\sum_{j\in g(e)}\lambda_j=\sum_{j\in g(e)}S_j\hbar\omega_j$，式中的黄昆因子 S_j 可以衡量激发态弛豫过程中第 j 个模式发射或者吸收的振动量子数。每个模式的λ_j和 ω_j 如图 3.12 所示。我们发现，对于 HPDMCb，聚集后低频(<100 cm^{-1})区域的模式发生明显蓝移，能量增加了 2～3 倍，重整能反而降低。这预示着聚集减弱了低频模式耗散激发态能量的能力。高频模式(1000～1800 cm^{-1})的模式能量和重整能都几乎不变化。对于 DCPP，低频模式(<100 cm^{-1})对总弛豫能无任何贡献。其他区域(100～1800 cm^{-1})的模式能量和重整能都变化不大，即聚集不改变非 AIEgen 中的非辐射衰减通道，从而对 DCPP 的非辐射跃迁速率影响很小。

RRS 的入射波长选取绝热能隙。HPDMCb 溶液和固体的入射波长分别是 399 nm(3.11 eV)和 397 nm(3.12 eV)。DCPP 溶液和固体的入射波长分别是 416 nm(2.98 eV)和 412 nm(3.01 eV)。在所有的 RRS 计算中，阻尼因子γ取 100 cm^{-1}，δ函数的洛伦兹展宽取 10 cm^{-1}。计算得到的 HPDMCb 和 DCPP 在溶液和固体中的 RRS 光谱如图 3.13 所示。我们发现，对于 HPDMCb，溶液和固体低频区(<100 cm^{-1})RRS 谱线形状相差很大，而高频区(1000～1800 cm^{-1})谱线形状很相似。聚集后，低频区域的拉曼峰位置显著蓝移(大于 40 cm^{-1})，例如，24 cm^{-1}、51 cm^{-1}、78 cm^{-1} 位置的峰移动到 70 cm^{-1}、141 cm^{-1} 和 158 cm^{-1}；而高频区域的拉曼峰位置移动不大(不到 20 cm^{-1})。拉曼峰强度也发生了变化，聚集后低频区域的峰强度相对于高频区域的最大强度峰急剧减小。对于 DCPP，溶液和固体下的 RRS 谱线形状非常相似，位置只发生了很小的移动(不到 20 cm^{-1})。对照图 3.12 的重整能和图 3.13 的 RRS，我们很容易发现，无论是在溶液还是固体中，它们的位置和相对强度都非常类似，几乎是一一对应的关系。由此我们可以得出，RRS 信号可以很好地表征重整能的变化，确定重整能对环境的依赖关系。

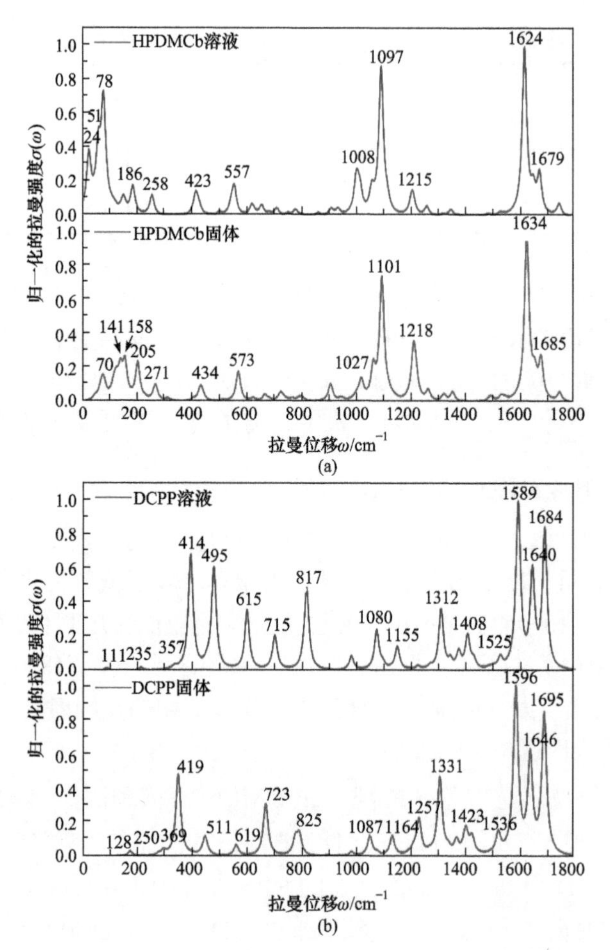

图 3.13　HPDMCb (a) 和 DCPP (b) 在溶液和固体中的共振拉曼光谱

我们通过计算比较典型 AIEgen 和非 AIEgen 在溶液和固体中的 RRS 和重整能，提出采用 RRS 可以表征重整能的变化，进而验证了重整能在固体中急剧降低而导致的非辐射跃迁通道受阻的 AIE 机理。同时，我们揭示了 RRS 增强信号下的电子振动耦合过程，建立了理解光物理性质的直接桥梁。

3.4.2　同位素效应

同位素效应是探测激发态衰减过程的常用手段[40-45]。对于传统有机发光分子，人们常用氘代手段来降低非辐射跃迁速率进而提高荧光量子效率。这一点从位移谐振子模型的速率理论是很容易理解的。氘代只改变原子质量，但不会改变电子性质。也就是说，氘代前后的平衡结构和电子态能量保持不变。重整能是在一个势能面上两个平衡构型所对应的能量之差，例如，$\lambda_g=E_g(S_1\text{-geometry})-E_g(S_0\text{-geometry})$。所以，氘代前后两个电子态的总重整能$\lambda$是相等的。总重整能也可以通过正则模式来求解，$\lambda_g = \sum_{j\in g}\lambda_j = \sum_{j\in g} S_j \hbar\omega_j$ 。这样，氘代会引起模式的频率 ω_j 减小，也就意味着黄昆因子 S_j 增大。由位移谐振子模型的非辐射速率公式可知，非辐射跃迁速率常数 k_{IC} 正比于 $\exp(-S_j)$，所以 k_{IC} 在氘代后降低。但对于柔性的 AIE 体系，3.3 节的计算结果表明位移谐振子模型已经不再适用，只有考虑 DRE 的多模式耦合模型才能合理描述其非辐射跃迁速率。而且，低频模式的 DRE 比较明显，且 DRE 总是加快非辐射跃迁速率。也就是说，当激活更多更低频率的模式时，DRE 就变得更加严重，这将大大增大 k_{IC} 。因此，氘代引起的频率减小以两种竞争关系作用到 k_{IC} ：一方面通过增大黄昆因子减小 k_{IC} (负作用)；另一方面通过增强模式间的混合 DRE 增大 k_{IC} (正作用)(图 3.14)。而 AIE 体系的非辐射跃迁过程的特点是：溶液中，低频模式具有很大的电子-振动耦合，对速率的贡献很大；固体或者刚性环境中，AIE 体系的低频模式的电子-振动耦合受到了抑制，对速率的贡献变弱。所以，可以推测 AIE 体系在溶液和固体中将展现出不同的同位素效应。非 AIE 体系的非辐射跃迁过程主要是由高频振动模式的电子-振动耦合所主导，DRE 并不明显，预示着固体和溶液具有相同且表现出正常的负作用的同位素效应。下面，我们应用热振动关联函数速率理论对比研究如图 3.5 所示的 AIE 活性的 HPS[27]、BtTPS[46]、HPDMCb[47]、TPBD[29]和 DPTDTP[48]，以及非 AIE 活性的 BPS[49]、芘[50]、DSB[51]和蒽[50]的溶液和固体的同位素取代效应，定量论证用同位素手段来阐释 AIE 现象的微观机理[52]。

非辐射跃迁速率的同位素效应(IE)被定义为

$$\mathrm{IE} = \frac{k_{IC}^{D} - k_{IC}^{H}}{k_{IC}^{H}} \tag{3.13}$$

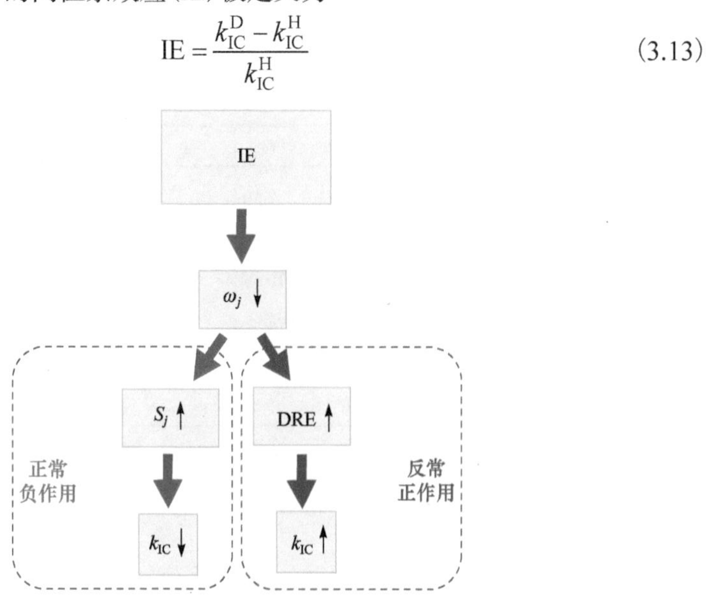

图 3.14　同位素效应对非辐射跃迁速率常数的影响

式中，$k_{\mathrm{IC}}^{\mathrm{D}}$和$k_{\mathrm{IC}}^{\mathrm{H}}$分别为氘代体系和原始体系的非辐射跃迁速率常数。研究体系在溶液中的几何优化和频率计算是通过平衡溶剂化方法进行的。吸收的垂直激发能是通过非平衡溶剂化方法得到的，发射则是通过平衡溶剂化方法得到的。HPS、BtTPS 和 TPBD 在丙酮中模拟，HPDMCb 在乙腈中模拟，DPTDTP 在 THF 中模拟,BPS 和 DSB 在 CH_2Cl_2 中模拟,芘和蒽在环己烷中模拟。固体模拟采用 QM/MM 组合方法来完成，在 MM 区域保持不动的情况下对 QM 区域进行优化和频率计算,对分子初始态构型没有采取任何对称性的限制。具体计算细节见相关文献[52]。原始(H-all)和全部氘代(D-all)的k_{IC}计算结果和 IE 值如表 3.5 所示。由表 3.5 可知，从溶液到固体，AIE 体系在氘代前后的非辐射跃迁速率常数均下降了几个数量级，展现出典型的 AIE 现象；而非 AIE 体系的非辐射跃迁速率常数却变化很小，这说明其丝毫不依赖于环境的变化。为了更能清晰地对比同位素效应，将所有化合物的 IE 值示于图 3.15 中。由图可很容易看到：①所有化合物的 IE 都是负的；②AIE 溶液体系的 IE 值非常小(–3.1%～–10.5%)，说明其同位素效应不明显，而固体的 IE 值很大(–67.0%～–93.4%)，表现出明显的同位素效应；③非 AIE 体系的溶液和固体的 IE 值都十分接近,在–30%～–90%范围内变化,这说明非 AIE 体系的同位素效应不依赖于环境，在溶液和固体均表现出明显的同位素效应。这种差别是由这两类分子具有不同结构特点造成的。AIE 体系中，黄昆因子和模式混合共同决定着激发态非辐射跃迁速率的大小，前者因为同位素取代数值增加，会降低非辐射跃迁速率，后者因同位素取代混合变得严重，大大增加了非辐射跃迁速率。两者相反的作用相抵消，造成非辐射跃迁速率在同位素取代前后变化不大。而在固体 AIE 和非 AIE 分子中，模式混合很小，可以忽略，所以只有黄昆因子单项的变化，导致同位素效应比较明显。

表 3.5　AIE 体系和非 AIE 体系在溶液和固体中的 k_{IC} 及 IE 值

AIE 体系		H-all/s^{-1}	D-all/s^{-1}	IE/%	非 AIE 体系		H-all/s^{-1}	D-all/s^{-1}	IE/%
HPS	溶液	2.44×10^{11}	2.22×10^{11}	–9.0	BPS	溶液	1.13×10^{10}	7.05×10^{9}	–37.6
	固体	8.58×10^{6}	2.61×10^{6}	–69.6		固体	2.19×10^{9}	1.44×10^{9}	–34.2
BtTPS	溶液	2.20×10^{11}	1.97×10^{11}	–10.5	芘	溶液	1.19×10^{3}	0.29×10^{3}	–75.6
	固体	2.73×10^{7}	6.89×10^{6}	–74.8		固体	0.61×10^{3}	0.18×10^{3}	–70.5
HPDMCb	溶液	1.31×10^{11}	1.27×10^{11}	–3.1	DSB	溶液	3.84×10^{3}	1.04×10^{3}	–72.9
	固体	2.26×10^{7}	7.11×10^{6}	–68.5		固体	5.51×10^{3}	0.66×10^{3}	–88.0
TPBD	溶液	2.16×10^{10}	1.96×10^{10}	–9.3	蒽	溶液	0.81×10^{3}	0.23×10^{3}	–71.6
	固体	4.21×10^{6}	2.77×10^{5}	–93.4		固体	5.25×10^{3}	1.05×10^{3}	–80.0
DPTDTP	溶液	1.79×10^{9}	1.61×10^{9}	–10.1					
	固体	6.76×10^{5}	2.23×10^{5}	–67.0					

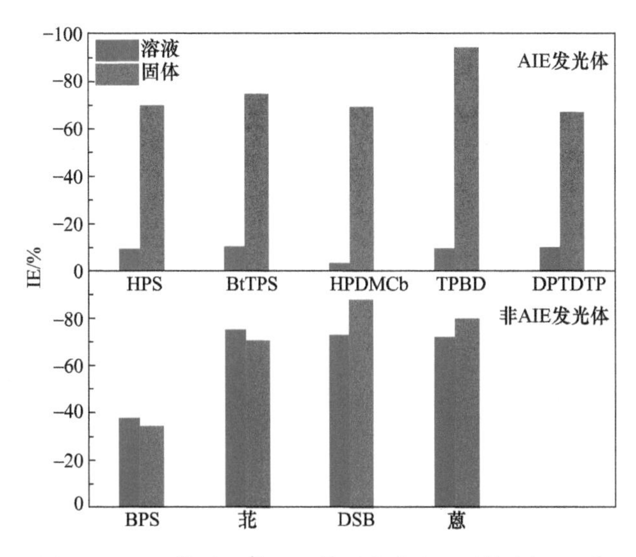

图 3.15 AIE 体系和非 AIE 体系在溶液和固体中的 IE 值

由以上分析得知，DRE 是造成 AIE 体系溶液表现出不寻常的同位素效应的原因。那么，我们这里详尽地阐明 DRE 的特征和作用。DRE 是表征分子的正则模式之间的混合程度，其大小可以用 Duschinsky 转动矩阵(DRM，S)来定量表示：

$$S_{\mathrm{i}\leftarrow\mathrm{f}} = S_{\mathrm{f}\leftarrow\mathrm{i}}^{\mathrm{T}} = L_{\mathrm{mwc,i}}^{\mathrm{T}} L_{\mathrm{mwc,f}} \tag{3.14}$$

$$Q_{\mathrm{f}} = S_{\mathrm{f}\leftarrow\mathrm{i}} Q_{\mathrm{i}} + D_{\mathrm{f}\leftarrow\mathrm{i}} \tag{3.15}$$

式中，$S_{\mathrm{i}\leftarrow\mathrm{f}}$ 和 $S_{\mathrm{f}\leftarrow\mathrm{i}}$ 为 $N\times N$ 的幺正矩阵，称为 DRM；$D_{\mathrm{f}\leftarrow\mathrm{i}}$ 为 N 维势能面平衡位置之间的平移矢量。DRM 的对角项的值越偏离 1.0，越多的非对角项不等于 0.0，说明 DRE 越严重。低频模式的势能面很平缓，随着温度升高，振动量子数急剧增大。所以，室温下低频模式具有更多的振动态，不同低频模式之间的振动态能量相近，在发生跃迁时会强烈混合，这势必增加了非辐射能量耗散的通道，所以 DRE 会增大 k_{IC}。我们选择 AIE 体系 HPS 和非 AIE 体系 BPS 为例，画出了它们的前 20 个低频模式的 DRM 轮廓图，如图 3.16 所示。BPS 的溶液和固体的 DRM 多集中于对角线及其附近，即对角项大多数都接近 1.0，所以 DRE 很弱。HPS 固体的 DRM 情况类似于 BPS。而 HPS 溶液的 DRM 由对角线向两侧扩展，出现了多个非对角元非零的情况，说明其模式之间的混合较严重。也同时说明，当这些模式的频率减小时，模式之间的混合变得更严重，这将会急剧增大 k_{IC} 和抵消 IE 的负作用。为了更能证实这一结论，我们忽略 DRE 计算了 HPS 和 BPS 溶液和固体的 k_{IC}。计算结果如下：HPS 溶液(固体)的 IE 是−88.4%(−71.4%)，BPS 溶液(固体)的 IE 是−47.8%(−48.0%)。与考虑 DRE 计算出的 HPS 溶液的 IE 只有−9.0%相比，可以看出 DRE 的作用之大。所以，同位素取代可以作为探测聚集对非辐射过程影响的有效手段，检测体系是否具有 AIE 性质。AIE 体系聚集后低频模式受限，DRE 消失，从而引起 IE 突然的“暴涨”或者“猛跌”。

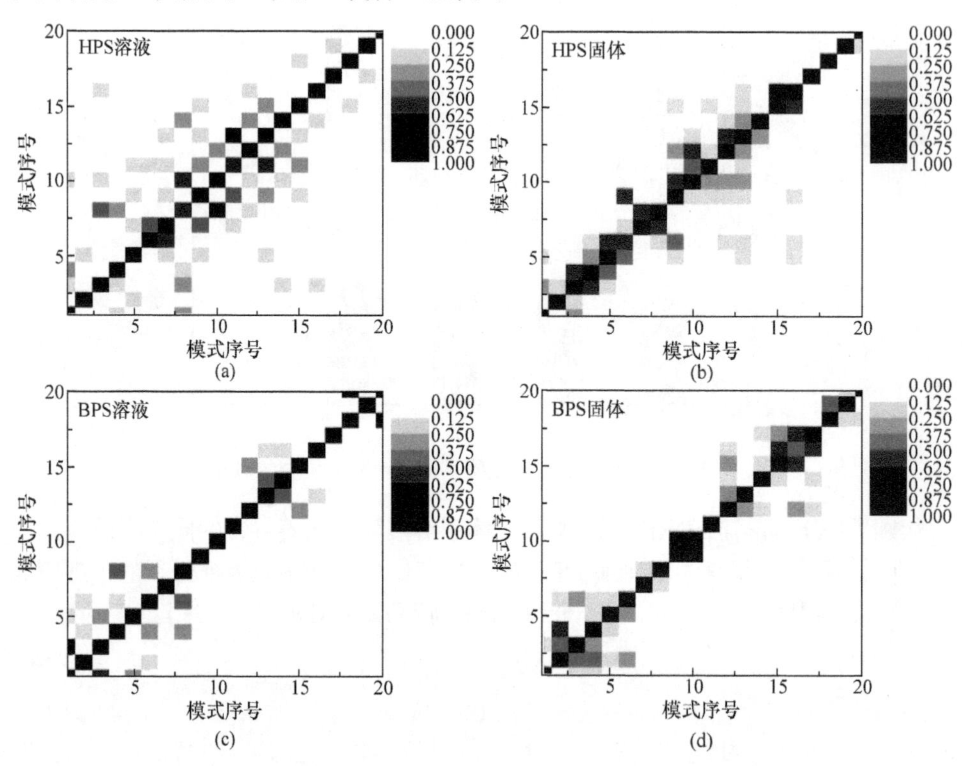

图 3.16 HPS 和 BPS 溶液和固体的前 20 个正则模式的 DRM 轮廓图

为了从实验角度验证上述提出的同位素效应特征的理论预言，唐本忠课题组合成了 2, 3, 4, 5-位氘代的 D-HPS，测量了氘代前后的绝对 Φ_F 和寿命 τ_F，得到了两者的辐射和非辐射跃迁速率常数(表 3.6)。实验与理论计算结果进行比较，可以发现：①无论是在溶液还是固体中，辐射跃迁速率常数由于采用的是爱因斯坦简化公式求解得到，没有考虑任何分子的振动信息，所以氘代前后其数值不变；②实验上得到的辐射跃迁速率常数发生稍微变化，有时候增加有时候降低，没有一定规律；③在溶液中，HPS 氘代后理论计算值下降了 5.7%，而实验值反而增加了 1.9%，实验上这种同位素的反常正作用更能说明 DRE 在实际问题中加快激发态衰减过程的作用；④在固体中，理论计算值与实验测量结果高度一致，均表现出非常明显的同位素效应；⑤无论是计算还是实验结果，H-HPS 和 D-HPS 的溶液都是不发光的，而它们的固体发出强荧光。总之，实验结果很好地证实了理论预言，由于 DRE 的作用，AIE 体系的溶液表现出不寻常的同位素效应，而 AIE 体系的固体则表现出寻常的同位素效应。

表 3.6　计算和测量的 H-HPS 和 D-HPS 在溶液和固体中激发态衰减速率常数及 IE 值

HPS		k_r/s^{-1}	k_{IC}/s^{-1}	IE/%
溶液	H-HPS	6.54×10^{7a} $(1.27\times10^{7})^{b}$	2.44×10^{11a} $(1.05\times10^{9})^{b}$	
	D-HPS	6.54×10^{7a} $(1.64\times10^{7})^{b}$	2.30×10^{11a} $(1.07\times10^{9})^{b}$	−5.7 (1.9)[b]
固体	H-HPS	0.83×10^{7c} $(1.52\times10^{7})^{d}$	0.86×10^{7c} $(1.29\times10^{7})^{d}$	
	D-HPS	0.83×10^{7c} $(1.37\times10^{7})^{d}$	0.29×10^{7c} $(0.47\times10^{7})^{d}$	−66.3 (−63.6)[d]

a. 丙酮溶液中，计算值；b. THF 溶液(10μmol/L)中，测量值；c. 晶体中，计算值；d. 微晶中，测量值

理论计算和实验测量均证明了利用同位素效应可以验证 AIE 机理。AIE 体系在溶液下表现为非同寻常的同位素效应，而在固体中才表现出正常的同位素效应。前者是电子-振动耦合增大带来的负作用和 Duschinsky 转动效应增强引起的正作用的竞争结果；而后者是 Duschinsky 转动效应的消失，电子-振动耦合单项的变化引起的非辐射跃迁单调降低的效果。因此，理论提出的非辐射跃迁过程被抑制的 AIE 机理完全被同位素效应所证明。

3.5　总结与展望

本章简单介绍了量子力学/经典力学结合的量化方法和帅志刚课题组自主发展的激发态振动关联函数理论方法，以此探讨了聚集诱导发光现象的微观机理。通过定量考察空间位阻效应、共轭效应、温度效应、分子聚集效应等多种因素，提出所研究体系的 AIE 发光机理：①发色团的碳碳双键伸缩振动是分子的激发态能量衰减过程的主要角色，但是它受到位阻、温度及分子聚集等环境的影响非常小。②气相和溶液中分子中芳香环的自由转动很大程度上促进了分子的非辐射衰减过程；但当增加空间位阻、降低温度或者分子聚集时，其转动受限从而大大降低了激发态非辐射衰减速率。③辐射跃迁速率对这些环境条件几乎不改变或者改变很小。④对于柔性的 AIE 体系，Duschinsky 转动效应非常重要，理论方法中只有考虑了此效应才能准确描述其激发态的非辐射过程。通过建立实验可测的共振拉曼光谱与不可测的重整能之间的对应关系，以及实验可测的同位素取代的非辐射跃迁速率常数与不可测 Duschinsky 转动效应之间的对应关系，直观表征了重整能和 Duschinsky 转动效应的变化，揭示了两者在 AIE 现象发生中所起的主导作用，并得到了实验证实。基于 AIE 机理，提出了自由转动的芳香环不是 AIE 分子的必要条件。具有敏感于分子聚集排列的面外运动的结构才是发生 AIE 现象的关键因素。

这些结构-性能关系为设计和开发新结构、新种类的固态发光化合物和新型发光材料提供了理论依据。

本章讨论的局限性：①仅限于孤立体系内的激发态能量耗散过程。分子间的能量转移、电荷转移、光化学反应及环境与外场的能量交换等均未涉及。②由于使用的速率方法是基于谐振子模型和微扰理论，强的非谐性体系、强的非绝热耦合体系、强的自旋轨道耦合体系等尚未考虑。③量子/经典组合 QM/MM 方法中 MM 部分只局限于固定的电荷分布来模拟，未考虑 QM 分子对 MM 部分的反馈作用，另外，QM 部分局限于一个分子，未涉及分子间形成激基复合物的情况。

有机发光材料正处于蓬勃发展中，新现象、新认知、新概念的不断涌现给理论研究带来新的机遇和挑战，如聚集诱导延迟荧光体系发光机理；聚集诱导的纯有机长寿命室温磷光发光机理；不含芳香共轭小分子或者聚合物的固体发光现象；反 Kasha 规则的单分子多色发光机理等。探讨和揭示这些奇异现象的理论本质具有重要的理论和实用价值。

参考文献

[1] Warshel A, Levitt M. Theoretical studies of enzymic reactions: dielectric, electrostatic and steric stabilization of the carbonium ion in the reaction of lysozyme. J Mol Biol, 1976, 103: 227-249.

[2] Groenhof G. Solving chemical problems with a mixture of quantum-mechanical and molecular mechanics calculations: Nobel Prize in chemistry 2013. Angew Chem Int Ed, 2013, 52: 12489-12491.

[3] Bakowies D, Thiel W. Hybrid models for combined quantum mechanical and molecular mechanical approaches. J Phys Chem, 1996, 100: 10580-10594.

[4] Frisch M J, Trucks G W, Schlegel H B, Scuseria G E, Robb M, Cheeseman J R, Scalmani G, Barone V, Mennucci B, Petersson G A, Nakatsuji H, Caricato M, Li X, Hratchian H, Izmaylov A, Bloino J, Zheng G, Sonnenberg J, Hada M, Ehara M, Toyota K H, Fukuda R, Hasegawa J, Ishida M, Nakajima T, Honda Y, Kitao O, Nakai H, Vreven T, Montgomery J, Peralta J, Ogliaro F, Bearpark M, Heyd J J, Brothers E, Kudin K A, Staroverov V, Kobayashi R, Normand J, Raghavachari K, Rendell A, Burant J C, Iyengar S, Tomasi J, Cossi M, Rega N, Millam J, Klene M, Knox J, Cross J N, Bakken V, Adamo C, Jaramillo J, Gomperts R, Stratmann R E, Yazyev O, Austin A, Cammi R, Pomelli C, Ochterski J W, Martin R D, Morokuma K, Zakrzewski V G, Voth G, Salvador P, Dannenberg J J, Dapprich S, Daniels A, Farkas O, Foresman J, Ortiz J V, Cioslowski J, Fox D, Frisch M J, Trucks G W, Schlegel H B, Scuseria G E, Robb M A, Cheeseman J R, Petersson G A, Hratchian H P, Izmaylov A F, Sonnenberg J L, Hada M, Hasegawa J, Ishida M, Honda Y, Nakai H, Montgomery J A, Peralta J E, Bearpark M, Heyd J J, Kudin K N, Staroverov V N, Burant J C, Iyengar S S, Millam J M, Knox J E, Cross J B, Adamo C, Jaramillo-Merchan J, Stratmann R, Austin A J, Cammi R, Ochterski J W, Martin R L, Zakrzewski V G, Voth G A, Dannenberg J J, Daniels A D, Foresman J B, Ortiz J V, Fox D J, Li X, Vreven J, Rendell J C T, Stratmann K. Gaussian 09 Revision D. 01. Wallingford CT: Gaussian Inc, 2009.

[5] Valiev M, Bylaska E J, Govind N, Kowalski K, Straatsma T P, van Dam H J J, Wang D, Nieplocha J, Apra E, Windus T L, de Jong W A. NWChem: a comprehensive and scalable open-source solution for large scale molecular simulations. Comput Phys Commun, 2010, 181: 1477-1489.
[6] Aquilante F, de Vico L, Ferre N, Ghigo G, Malmqvist P A, Neogrady P, Pedersen T B, Pitonak M, Reiher M, Roos B O, Serrano-Andres L, Urban M, Veryazov V, Lindh R. Software news and update MOLCAS 7: the next generation. J Comput Chem, 2010, 31: 224-247.
[7] Te Velde G, Bickelhaupt F M, Baerends E J, Guerra C F, van Gisbergen S J A, Snijders J G, Ziegler T. Chemistry with ADF. J Comput Chem, 2001, 22: 931-967.
[8] Guest M F, Bush I J, van Dam H J J, Sherwood P, Thomas J M H, van Lenthe J H, Havenith R W A, Kendrick J. The GAMESS-UK electronic structure package: algorithms, developments and applications. Mol Phys, 2005, 103: 719-747.
[9] Car R, Parrinello M. Unified approach for molecular dynamics and density-functional theory. Phys Rev Lett, 1985, 55: 2471-2474.
[10] Salomon-Ferrer R, Case D A, Walker R C. An overview of the Amber biomolecular simulation package. WIREs Comput Mol Sci, 2013, 3: 198-210.
[11] Brooks B R, Bruccoleri R E, Olafson B D, States D J, Swaminathan S, Karplus M. CHARMM: a program for macromolecular energy, minimization, and dynamics calculations. J Comput Chem, 1983, 4: 187-217.
[12] Sherwood P, de Vries A H, Guest M F, Schreckenbach G, Catlow C R A, French S A, Sokol A A, Bromley S T, Thiel W, Turner A J, Billeter S, Terstegen F, Thiel S, Kendrick J, Rogers S C, Casci J, Watson M, King F, Karlsen E, Sjøvoll M, Fahmi A, Schäfer A, Lennartz C. Quasi: a general purpose implementation of the QM/MM approach and its application to problems in catalysis. J Mol Struct Theochem, 2003, 632: 1-28.
[13] Lin H, Zhang Y, Truhlar D G. QMMM Version 1.3.7. Minnesota: University of Minnesota, 2009.
[14] Shao Y H, Molnar L F, Jung Y S, Kussmann J, Ochsenfeld C, Brown S T, Gilbert A T B, Slipchenko L V, Levchenko S V, O'Neill D P, DiStasio R A, Lochan R C, Wang T, Beran G J O, Besley N A, Herbert J M, Lin C Y, van Voorhis T, Chien S H, Sodt A, Steele R P, Rassolov V A, Maslen P E, Korambath P P, Adamson R D, Austin B, Baker J, Byrd E F C, Dachsel H, Doerksen R J, Dreuw A, Dunietz B D, Dutoi A D, Furlani T R, Gwaltney S R, Heyden A, Hirata S, Hsu C P, Kedziora G, Khalliulin R Z, Klunzinger P, Lee A M, Lee M S, Liang W Z, Lotan I, Nair N, Peters B, Proynov E I, Pieniazek P A, Rhee Y M, Ritchie J, Rosta E, Sherrill C D, Simmonett A C, Subotnik J E, Woodcock H L, Zhang W M, Bell A T, Chakraborty A K, Chipman D M, Keil F J, Warshel A, Hehre W J, Schaefer H F, Kong J, Krylov A I, Gill P M W, Head-Gordon M. Advances in methods and algorithms in a modern quantum chemistry program package. Phys Chem Chem Phys, 2006, 8: 3172-3191.
[15] Ponder J W. TINKER Version 6.0. Albuquerque: University of New Mexico, 2011.
[16] Santoro F, Lami A, Improta R, Bloino J, Barone V. Effective method for the computation of optical spectra of large molecules at finite temperature including the Duschinsky and Herzberg-Teller effect: the Qx band of porphyrin as a case study. J Chem Phys, 2008, 128: 224311.
[17] Niu Y L, Peng Q, Deng C M, Gao X, Shuai Z G. Theory of excited state decays and optical spectra:

application to polyatomic molecules. J Phys Chem A, 2010, 114: 7817-7831.
[18] Lin S H, Chang C H, Liang K K, Chang R, Shiu Y J, Zhang J M, Yang T S, Hayashi M, Hsu F C. Ultrafast dynamics and spectroscopy of bacterial centers. Adv Chem Phys, 2002, 121: 1.
[19] Peng Q, Yi Y P, Shuai Z G, Shao J S. Excited state radiationless decay process with Duschinsky rotation effect: formalism and implementation. J Chem Phys, 2007, 126: 114302.
[20] Niu Y L, Peng Q, Shuai Z G. Promoting-mode free formalism for excited state radiationless decay process with Duschinsky rotation effect. Sci China Chem, 2008, 51: 1153-1158.
[21] Peng Q, Niu Y L, Shi Q H, Gao X, Shuai Z G. Correlation function formalism for triplet excited state decay: combined spin-orbit and non-adiabatic couplings. J Chem Theory Comput, 2013, 9(2): 1132-1143.
[22] Shuai Z G, Peng Q, Excited states structure and processes: understanding organic light-emitting diodes at the molecular level. Phys Reports, 2014, 537: 123.
[23] Kohn W, Sham L J. Self-consistent equations including exchange and correlation effects. Phys Rev A, 1965, 140: A1133-A1138.
[24] Runge E, Gross E K U. Density-functional theory for time-dependent systems. Phys Rev Lett, 1984, 52: 997-1000.
[25] Tang B Z, Zhan X W, Yu G, Lee P P S, Liu Y Q, Zhu D B. Efficient blue emission from siloles. J Mater Chem, 2001, 11: 2974-2978.
[26] Hong Y N, Lam J W Y, Tang B Z. Aggregation-induced emission. Chem Soc Rev, 2011, 40: 5361-5388.
[27] Yu G, Yin S W, Liu Y Q, Chen J S, Xu X J, Sun X B, Ma D G, Zhan X W, Peng Q, Shuai Z G, Tang B Z, Zhu D B, Fang W H, Luo Y. Structures, electronic states, photoluminescence, and carrier transport properties of 1, 1-disubstituted 2, 3, 4, 5-tetraphenylsiloles. J Am Chem Soc, 2005, 127: 6335-6346.
[28] Yin S W, Peng Q, Shuai Z G, Fang W H, Wang Y H, Luo Y. Aggregation-enhanced luminescence and vibronic coupling of silole molecules from first principles. Phys Rev B, 2006, 73: 205409.
[29] Chen J W, Xu B, Ouyang X Y, Tang B Z, Cao Y. Aggregation-induced emission of *cis*, *cis*-1, 2, 3, 4-tetraphenylbutadiene from restricted intramolecular rotation. J Phys Chem A, 2004, 108: 7522-7526.
[30] Peng Q, Yi Y P, Shuai Z G, Shao J S. Toward quantitative prediction of molecular fluorescence quantum efficiency: role of Duschinsky rotation. J Am Chem Soc, 2007, 129: 9333-9339.
[31] Zhang T, Jiang Y Q, Niu Y L, Wang D, Peng Q, Shuai Z G. Aggregation effects on the optical emission of 1, 1, 2, 3, 4, 5-hexaphenylsilole (HPS): a QM/MM study. J Phys Chem A, 2014, 118: 9094-9104.
[32] Hong Y N, Lam J W Y, Tang B Z. Aggregation-induced emission: phenomenon, mechanism and applications. Chem Commun, 2009, 4332-4353.
[33] Zhao E G, Lam J W Y, Hong Y N, Liu J Z, Peng Q, Hao J H, Sung H H Y, Williams I D, Tang B Z. How do substituents affect silole emission? J Mater Chem C, 2013, 1: 5661-5668.
[34] Zhao Z J, Liu D D, Mahtab F, Xin L Y, Shen Z F, Yu Y, Chan C Y K, Lu P, Lam J W Y, Sung H H Y, Williams I D, Yang B, Ma Y G, Tang B Z. Synthesis, structure, aggregation-induced emission,

self-assembly, and electron mobility of 2, 5-bis (triphenylsilylethynyl) -3, 4-diphenylsiloles. Chem Eur J, 2011, 17: 5998-6008.

[35] Zhan X W, Haldi A, Risko C, Chan C K, Zhao W, Timofeeva T V, Korlyukov A, Antipin M Y, Montgomery S, Thompson E, An Z S, Domercq B, Barlow S, Kahn A, Kippelen B, Brÿdas J L, Marder S R. Fluorenyl-substituted silole molecules: geometric, electronic, optical, and device properties. J Mater Chem, 2008, 18: 3157.

[36] Xie Y J, Zhang T, Li Z, Peng Q, Yi Y P, Shuai Z G. Influences of extent of conjugation on the aggregation-induced emission quantum efficiency in silole derivatives: a computational study. Chem Asian J, 2015, 10 (10): 2154-2161.

[37] Myers A B. Resonance Raman intensity analysis of excited-state dynamics. Acc Chem Res, 1997, 30: 519-527.

[38] Weigel A, Ernsting N P. Excited stilbene: intramolecular vibrational redistribution and solvation studied by femtosecond stimulated Raman spectroscopy. J Phys Chem B, 2010, 114: 7879-7893.

[39] Zhang T, Ma H L, Niu Y L, Li W Q, Wang D, Peng Q, Shuai Z G, Liang W Z. Spectroscopic signature of the aggregation-induced emission phenomena caused by restricted nonradiative decay: a theoretical proposal. J Phys Chem C, 2015, 119: 5040-5047.

[40] Lin S H, Bersohn R. Effect of partial deuteration and temperature on triplet-state lifetimes. J Chem Phys, 1968, 48: 2732-2736.

[41] Birks J B. Photophysics of Aromatic Molecules. London: Wiley-Interscience, 1970.

[42] Kajii Y, Obi K, Tanaka I, Tobita S. Isotope effects on radiationless transitions from the lowest excited singlet-state of tetraphenylporphin. Chem Phys Lett, 1984, 111: 347-349.

[43] Saltiel J, Waller A S, Sears Jr D F, Garrett C Z. Fluorescence quantum yields of *trans*-stilbene-d_0 and -d_2 in *n*-hexane and *n*-tetradecane. Medium and deuterium isotope effects on decay processes. J Phys Chem, 1993, 97: 2516-2522.

[44] Dosche C, Kumke M U, Löhmannsröben H G, Ariese F, Bader A N, Gooijer C, Miljanić O Š, Iwamoto M, Vollhardt K P C, Puchta R, van Eikema Hommes N J R. Deuteration effects on the vibronic structure of the fluorescence spectra and the internal conversion rates of triangular [4]phenylene. Phys Chem Chem Phys, 2004, 6: 5476-5483.

[45] Abe T, Miyazawa A, Konno H, Kawanishi Y. Deuteration isotope effect on nonradiative transition of *fac*-tris (2-phenylpyridinato) iridium (Ⅲ) complexes. Chem Phys Lett, 2010, 491: 199-202.

[46] Chen J W, Xu B, Yang K X, Cao Y, Sung H H Y, Williams I D, Tang B Z. Photoluminescence spectral reliance on aggregation order of 1, 1-bis (2′-thienyl) -2, 3, 4, 5-tetraphenylsilole. J Phys Chem B, 2005, 109: 17086-17093.

[47] Dong Y Q, Lam J W Y, Qin A J, Sun J X, Liu J Z, Li Z, Sun J Z, Sung H H Y, Williams I D, Kwok H S, Tang B Z. Aggregation-induced and crystallization-enhanced emissions of 1, 2-diphenyl-3, 4-bis (diphenylmethylene) -1-cyclobutene. Chem Commun, 2007, (31): 3255-3257.

[48] Zhang X T, Sørensen J K, Fu X L, Zhen Y G, Zhao G Y, Jiang L, Dong H L, Liu J, Shuai Z G, Geng H, Bjørnholm T, Hu W P. Rubrene analogues with the aggregation-induced emission enhancement behaviour. J Mater Chem C, 2014, 2: 884-890.

[49] Nagasaka Y, Kitamura C, Kurata H, Kawase T. Diacenaphtho[1, 2-*b*; 1′, 2′-*d*]silole and -pyrrole.

Chem Lett, 2011, 40: 1437-1439.

[50] Katoh R, Suzuki K, Furube A, Kotani M, Tokumaru K. Fluorescence quantum yield of aromatic hydrocarbon crystals. J Phys Chem C, 2009, 113: 2961-2965.

[51] Varghese S, Park S K, Casado S, Fischer R C, Resel R, Milián-Medina B, Wannemacher R, Park S Y, Gierschner J. Stimulated emission properties of sterically modified distyrylbenzene-based H-aggregate single crystals. J Phys Chem Lett, 2013, 4: 1597-1602.

[52] Zhang T, Peng Q, Quan C Y, Nie H, Niu Y L, Xie Y J, Zhao Z J, Tang B Z, Shuai Z G. Using the isotope effect to probe an aggregation induced emission mechanism: theoretical prediction and experimental validation. Chem Sci, 2016, 7: 5573-5580.

（彭 谦 帅志刚）

第4章

聚集诱导发光概念衍生

4.1 引言

AIE 现象引起了研究者的极大兴趣，在研究 AIE 材料的过程中，研究者还发现了一些 AIE 分子的新颖性质，如结晶诱导发光增强(crystallization induced emission enhancement, CIEE)、聚集诱导磷光(aggregation-induced phosphorescence, AIP)与结晶诱导磷光(crystallization induced phosphorescence，CIP)，下面分别对这些概念进行阐述。

4.2 CIEE 现象的发现

常用荧光化合物多为共轭平面结构，在稀溶液中或非晶态(又称无定形态)下具有较高的发光效率，而其转变为晶态后，由于晶体中共轭的平面单元间近距离的 π-π 堆积，生色团的发光效率下降且通常伴随着荧光光谱的红移。有机发光材料实际使用过程中难免要经历各种外界刺激(如 OLED 使用过程中产生的焦耳热)而转变为更稳定的晶态，抑制结晶就成为研制高效率发光材料必须采取的措施[1-3]。根据经典思路，通过分子设计，引入刚性的螺旋与交叉结构核心，合成出具有高玻璃化转变温度的发光化合物，将其加工成非晶态固体以防止材料在使用过程中因受热而结晶[4, 5]。如果能够将防止材料结晶转为利用结晶，那么这将是一个顺应自然的过程。

早期发现的 AIE 化合物——HPS，在很长一段时间内被认为具有绿色荧光(点在 TLC 板上，蒸镀的薄膜等)[6, 7]。唐本忠课题组在研究 HPS 的过程中，发现 HPS 溶液缓慢挥发后，可在瓶子内壁上形成具有明亮的天蓝色荧光的薄膜，他们猜测这可能是 HPS 的一种新的晶型。由于当时测试固态样品的荧光量子效率还比较困难，他们通过原位控制 HPS 薄膜从非晶态转变为晶态，并原位监测其荧光光谱。他们将 HPS 的乙醚溶液滴在石英池内壁上，由于乙醚挥发速度快，HPS 在石英池内壁上形成了一层非晶态的薄膜，具有绿色的荧光。在石英池的底部放置一个小铝皿，收集荧光光谱。然后向铝皿中加入数滴丙酮，迅速开始连续扫描，所得荧光光谱如图 4.1 所示。HPS 薄膜的荧光迅速增强，更令人惊奇的是，荧光增强的同时伴随着最大发射波长的蓝移(494 nm 到 463 nm)。将溶剂除去后，得到一个蓝色荧光的 HPS 薄膜，无法恢复到绿色荧光，他们多次重复这个实验，得到了相同的结果[8]。

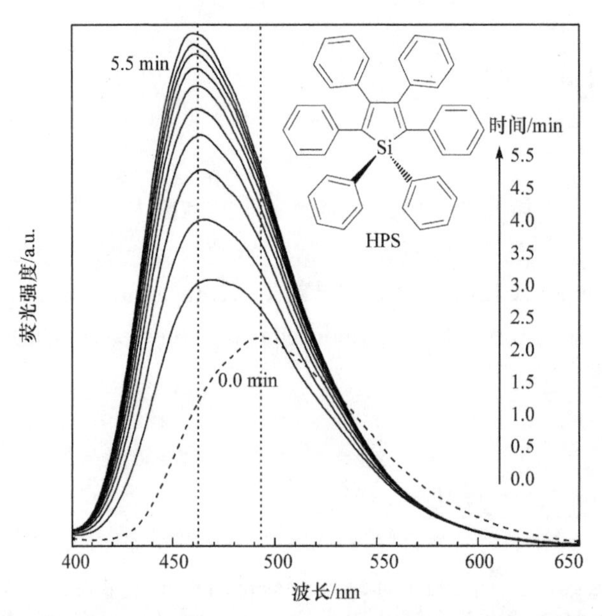

图 4.1　石英池内壁上 HPS 薄膜在丙酮蒸气熏蒸下荧光光谱随着时间的变化

λ_{ex} 为 370 nm

通过扫描电子显微镜(scanning electron microscope, SEM)及透射电子显微镜(transmission electron microscope, TEM)观察 HPS 薄膜在用溶剂气氛处理前后的形貌变化，唐本忠课题组发现：在用溶剂气氛处理前，HPS 为较均匀的薄膜形态[图 4.2(a)和(c)]，而用溶剂气氛处理后，形成了一些具有规则几何形状的片状物[图 4.2(b)和(d)]，同时，电子衍射也清楚地表明 HPS 薄膜在溶剂气氛下由非晶态转化为晶态。于是可知，HPS 从非晶态转变为晶态的过程中，其荧光蓝移并增强，即 CIEE。在发现 HPS 的 CIEE 性质后，唐本忠课题组继续考察其他 AIE 化合物是否具有 CIEE 的性质，同时 CIEE 性质的报道也引起了其他研究者的兴趣。

图 4.2 HPS 薄膜的 SEM 图像[(a)和(b)]和 TEM 图像[(c)和(d)]

(a)和(c)为暴露于丙酮蒸气 10 h 之前，(b)和(d)为暴露之后，(c)和(d)中的插图是电子衍射图像

4.3 一般对比度 CIEE 材料

4.3.1 芳代硅杂环戊二烯体系

Si X Y

X= Y= HPS

$-CH_3$ PMS

PES

S S T_2TPS

N N A_2HPS

HPS 具有 CIEE 的性质，那么其他具有 AIE 性质的芳代硅杂环戊二烯是不是也具有 CIEE 的性质呢？唐本忠课题组做了和研究 HPS 时类似的实验，发现石英池内壁上的 T_2TPS 薄膜在溶剂气氛下荧光增强并伴随着最大发射波长的蓝移(图 4.3)。T_2TPS 与 HPS 类似，SEM、TEM 及电子衍射图像证明 T_2TPS 薄膜在溶

剂气氛下发生了非晶态向晶态的转变，即 T_2TPS 同样具有 CIEE 的性质[9](图 4.4)。

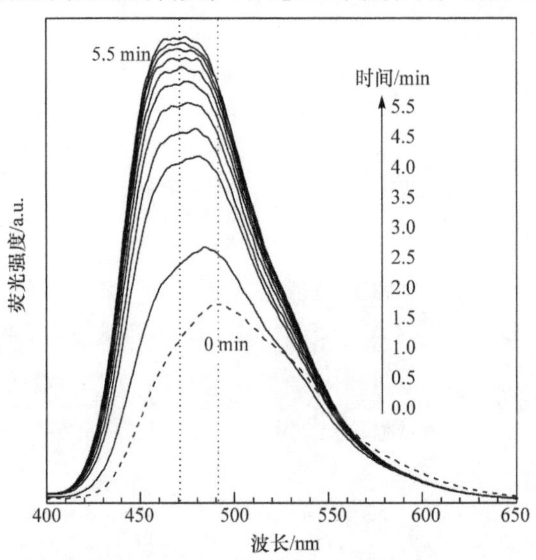

图 4.3 石英池内壁上涂覆的 T_2TPS 薄膜在丙酮蒸气熏蒸下荧光光谱随时间的变化

λ_{ex} 为 370 nm

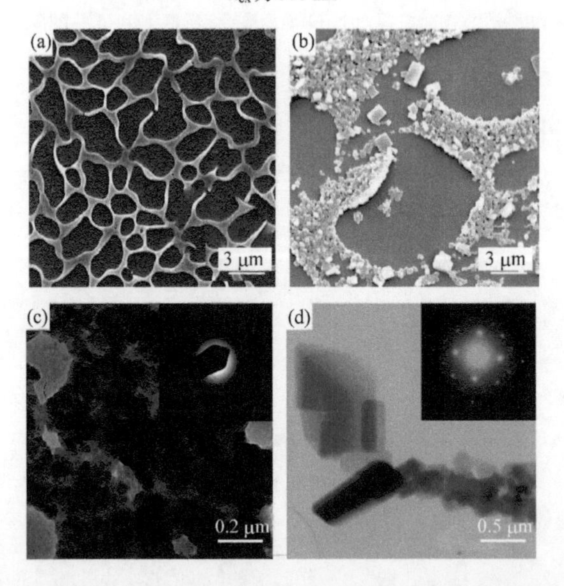

图 4.4 T_2TPS 薄膜的 SEM 图像[(a)和(b)]和 TEM 图像[(c)和(d)]

(a)和(c)为暴露于丙酮蒸气 10 h 之前，(b)和(d)为暴露之后，(c)和(d)中的插图是电子衍射图像

而在石英池内壁上的 PMS、PES、A_2HPS 薄膜在溶剂气氛下荧光均会减弱直至消失。比较几种硅杂环戊二烯衍生物的结构，HPS、T_2TPS 及 A_2HPS 为对称结构，PMS、PES 为非对称结构。HPS、T_2TPS 的对称结构导致其在溶剂气氛下较容

易形成结晶，而 PMS、PES 的非对称结构导致其不容易形成致密的结晶，因而在溶剂气氛下，这些化合物的薄膜发生的是溶解过程。而对于 A_2HPS 来讲，尽管其结构为对称结构，但苄胺基团上的乙基导致其分子堆积形式要比 HPS 疏松，更容易被溶剂分子侵入，因此在溶剂气氛下不能形成结晶。PES 和 A_2HPS 的 SEM 及 TEM 图像与 PMS 类似，它们的薄膜在溶剂气氛下同样不能形成结晶。因为当时不能原位检测 PMS、PES、A_2HPS 薄膜从非晶态到晶态变化过程中荧光强度的变化，所以不确定它们是否具有 CIEE 的性质。

4.3.2 四苯基乙烯体系

四苯基乙烯(tetraphenylethylene, TPE)体系是唐本忠课题组继硅杂环戊二烯体系之后发展起来的一个 AIE 核心，因合成简单、易官能化而受到研究者的广泛关注，大量的 TPE 衍生物被设计合成出来，其中大部分均具有 CIEE 的性质，但有些研究者并未关注其 CIEE 的性质，这里我们举几个例子说明。TPE 本身结晶能力很强，很难得到其非晶态，因此一般研究的都是 TPE 衍生物的 CIEE 性质[10]。

1PTPE 晶体的最大发射波长为 455 nm，荧光量子产率为 34%，而其非晶态为绿色荧光(发射波长 495 nm)，荧光量子产率为 12%，可见其为典型的 CIEE 化合物，从非晶态转变为晶态，荧光量子产率增加近 3 倍，荧光发射波长蓝移 40 nm(图 4.5)。与 1PTPE 相似，2PTPE 也具有明显的 CIEE 性质，当其从非晶态转变为晶态时，其荧光量子产率从 10%增加至 28%，发射波长从 505 nm 蓝移 61 nm 至 444 nm。通过控制这两个化合物在晶态及非晶态间可逆转变，可实现对其荧光颜色和强度的可逆调控。

TBOTPE 可形成深蓝色(446 nm, Φ_F = 54%)和天蓝色(460 nm, Φ_F = 48%)荧光两种晶体，其非晶态具有绿色荧光(490 nm, Φ_F = 44%)，其晶体荧光量子产率略高于其非晶态的荧光量子产率，可见 TBOTPE 也具有 CIEE 的性质，但其晶态与非晶态在荧光量子产率上的对比度较小[11](图 4.6)。而设计合成的 DBOTPE 也可形成深蓝色(420 nm, Φ_F = 50%)和天蓝色(460 nm, Φ_F = 8%)荧光两种晶体，其非晶态也为绿色荧光(490 nm, Φ_F = 7%)(图 4.7)。与 TBOTPE 相比，DBOTPE 具有较高对比度的 CIEE 性质，其深蓝色晶体的荧光量子产率是非晶态的 6 倍以上[12]。

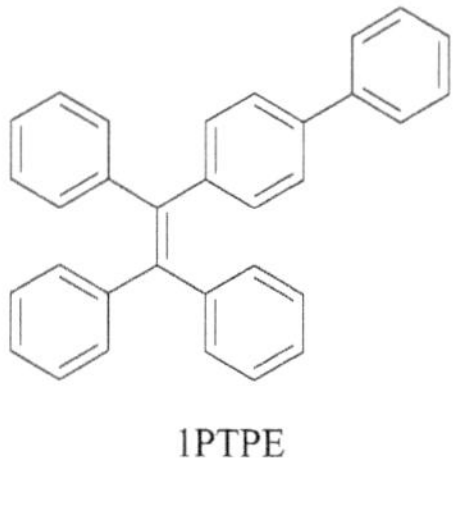

1PTPE 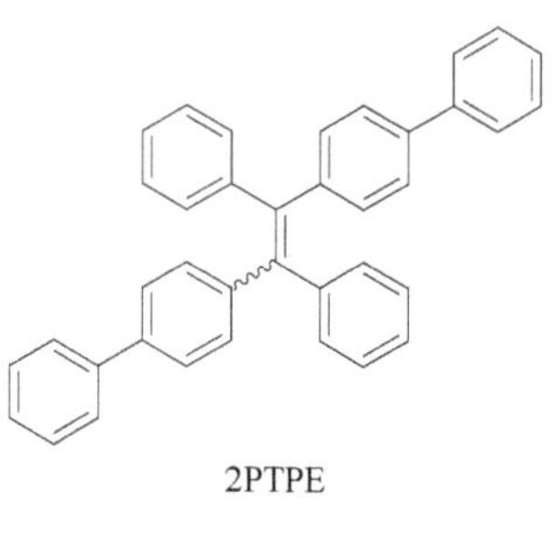　　2PTPE

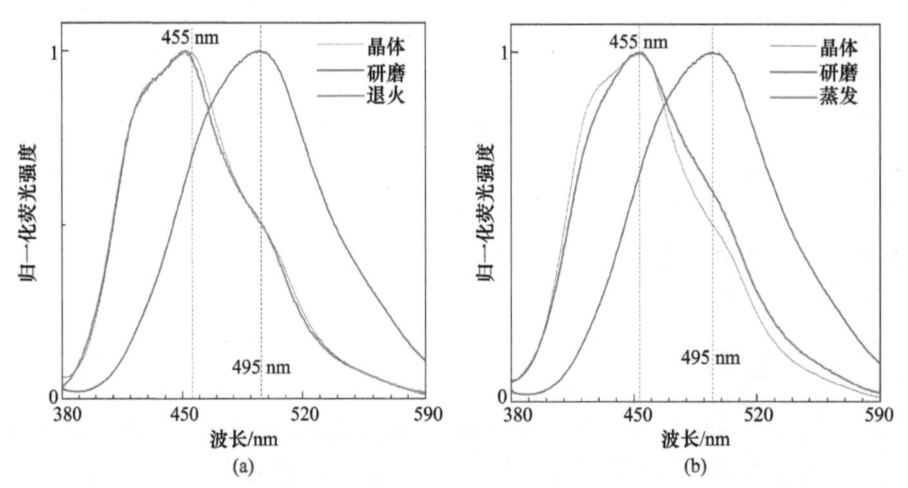

图 4.5 1PTPE 晶体研磨后再经退火(a)和熏蒸处理(b)的归一化荧光光谱

退火：100 ℃，7 min; 熏蒸：丙酮, 9 min; λ_{ex}：350 nm

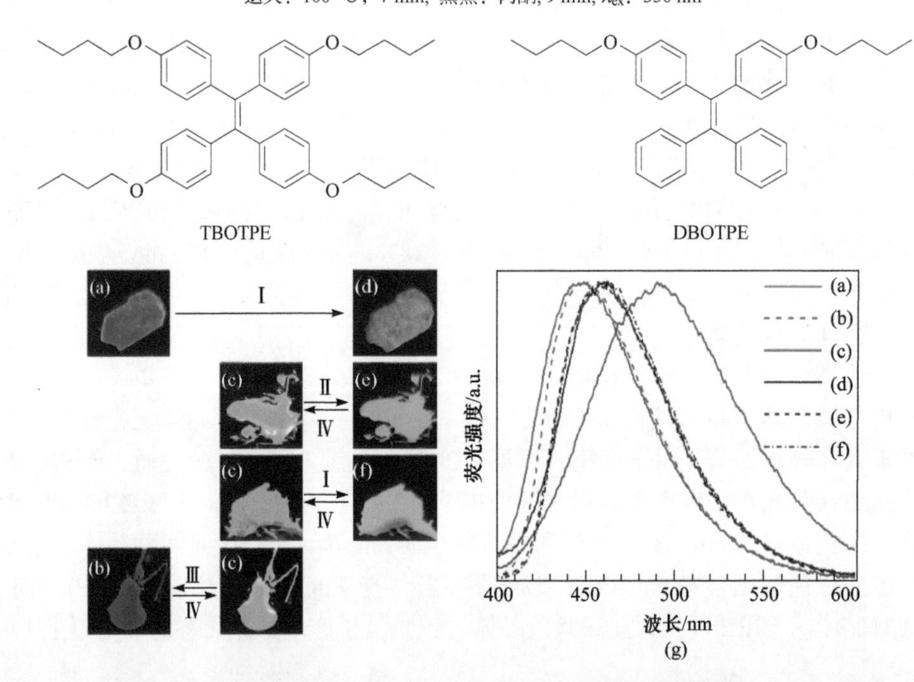

图 4.6 (a)TBOTPE 的深蓝色晶体；(b)TBOTPE 的非晶态固体经丙酮熏蒸；(c)TBOTPE 的非晶态固体，(d)TBOTPE 的深蓝色晶体，以及 TBOTPE 的非晶态固体分别在 70 ℃(e)和 100 ℃(f)退火的照片；(g)图像中样品(a)～(f)的 PL 光谱

照片是在紫外光照射下拍摄的。Ⅰ：100 ℃，3 min; Ⅱ：70 ℃，5 min; Ⅲ：用丙酮熏蒸 5 min;
Ⅳ：加热熔融并快速冷却

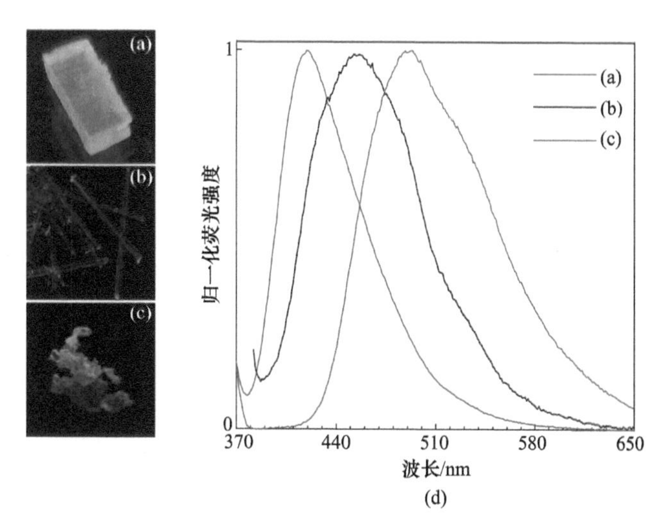

图 4.7　化合物 DBOTPE 三种不同聚集态深蓝色晶体(a)、天蓝色晶体(b)及非晶态固体(c)在紫外光下的照片；(d)三种不同聚集态的归一化后的荧光光谱

虽然已有多种 CIEE 分子被报道，但其机理却并不容易解释，因为分子在非晶态固体中是无序堆积的，无法获得分子在非晶态固体中的构象和堆积方式。而 DBOTPE 形成了两种荧光量子产率差别比较大的单晶，对比分子在两种晶体中的堆积方式和分子构象及分子间作用力，可揭示其两种晶体发光效率和发光颜色的不同。

如图 4.8 所示，在 DBOTPE 的深蓝色荧光晶体中，相邻分子间有 4 个 C—H⋯O 相互作用，距离为 2.560 Å；同时存在 14 个分子间 C—H⋯π 和 2 个分子内

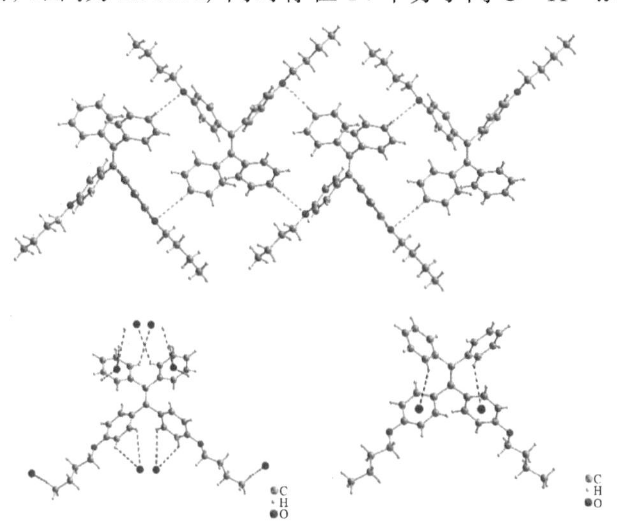

图 4.8　DBOTPE 的深蓝色荧光晶体中分子间 C—H⋯O(绿色虚线)和 C—H⋯π(红色虚线)相互作用及分子内 C—H⋯π(深红色虚线)相互作用的视图

蓝点为苯环的中心

C—H···π 相互作用。这些 C—H···O 和 C—H···π 弱相互作用存在于每个苯环上，极大地限制了苯环的自由转动，从而提高了晶体的发光效率。在 DBOTPE 的天蓝色荧光晶体中，相邻分子的烷基链之间形成 8 个 C—H···O 相互作用，分子间无 C—H···π 相互作用(图 4.9)，所以分子中部分苯环的运动得不到有效抑制，因而晶体发光效率较低。DBOTPE 的深蓝色和天蓝色荧光晶体的密度分别为 1.185 g/cm^3 和 1.127 g/cm^3，也说明分子在 DBOTPE 的深蓝色荧光晶体中堆积得更加紧密，即更紧密的分子堆积，更强的分子间作用力会使晶体具有更高的荧光量子产率。而在非晶态固体中，分子堆积更加松散，分子间作用力也会更弱，分子的运动受到更少的束缚，所以分子也更容易以非辐射跃迁的方式耗散能量，表现出更低的荧光量子产率。

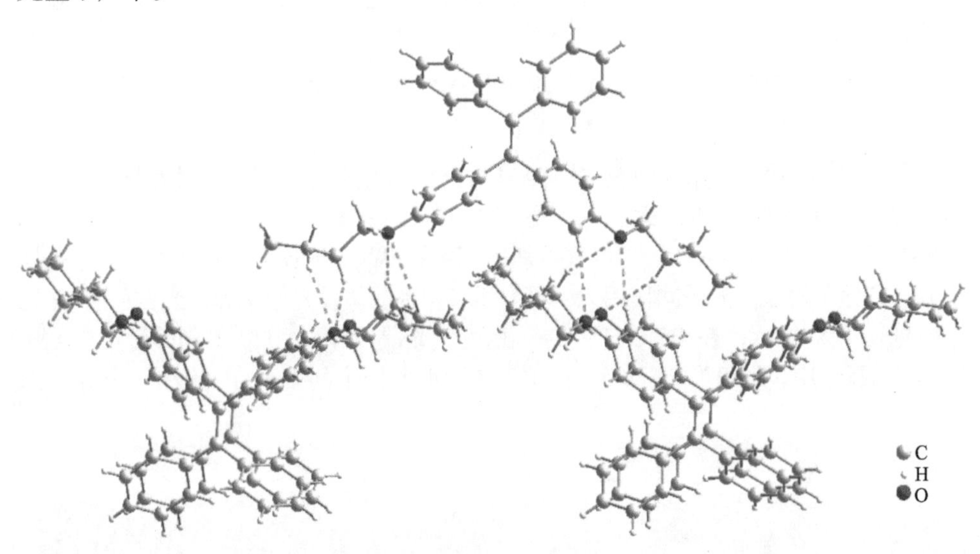

图 4.9 DBOTPE 天蓝色单晶中分子间 C—H···O(绿色虚线)相互作用

但是为什么 DBOTPE 晶态和非晶态的荧光量子产率差异比 TBOTPE 大很多呢？TBOTPE 是对称的结构，可能其形成的非晶态比 DBOTPE 的非晶态更紧密。具有 CIEE 性质的 TPE 化合物还有很多，但大部分的荧光强度或荧光量子产率的变化在数倍以内，很少有实现高明暗对比度的例子。

4.3.3 其他

除 TPE 和硅杂环戊二烯体系外，还有些其他的 AIE 分子也具有 CIEE 的性质。唐本忠课程组报道了 HPDMCb 的 AIE 性质。在纯丙酮、含 10vol%及 20vol%水的水/丙酮混合溶剂中，几乎观察不到 HPDMCb 的荧光，随着水含量的增加，荧光强度不断增大，最大发射波长(λ_{max})为473 nm，在水含量为70vol%(7号样品)时，荧光强度达到最大。当水含量继续增加，荧光强度减弱且荧光光谱红移，水含量为90vol%(9号样品)时，荧光强度降至含水70vol%体系的1/5，且λ_{max}红移至503 nm[13](图4.10和图4.11)。

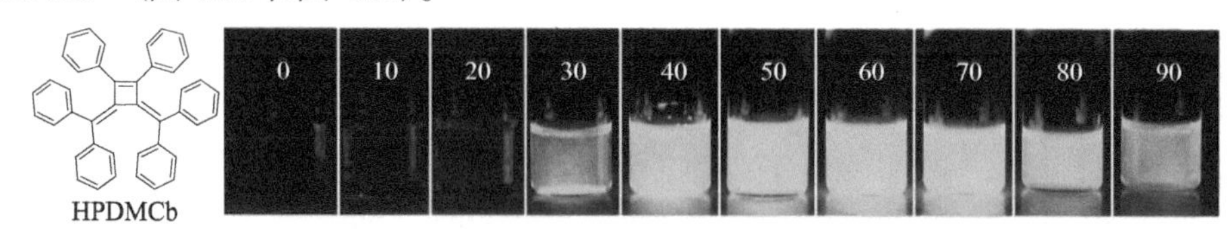

图4.10 HPDMCb在水/丙酮混合溶剂中在紫外光照射下的照片

水含量(vol%)在小瓶上标记，HPDMCb的浓度为10 μmol/L

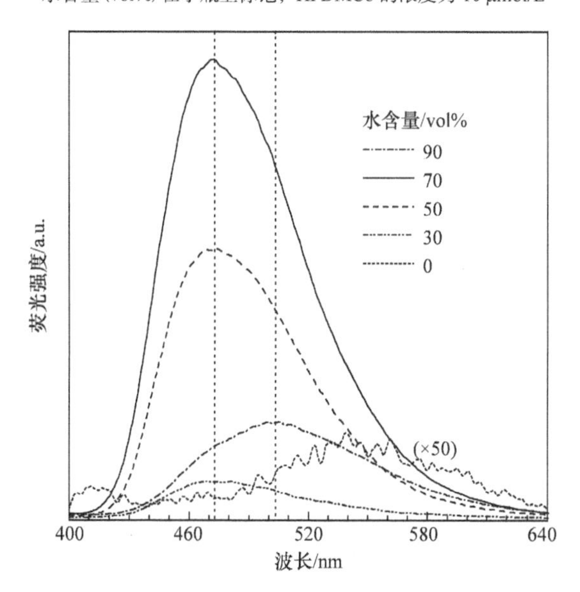

图4.11 HPDMCb在丙酮/水混合溶剂中的荧光光谱

HPDMCb浓度为10 μmol/L；λ_{ex}为367 nm

很明显，HPDMCb具有AIE的性质。他们进一步考察了7号和9号样品的荧光强度、λ_{max}及纳米粒子尺寸随时间的变化，结果见图4.12。新制备的7号样品的λ_{max}为501 nm，其荧光强度随时间增大至原来的4倍且λ_{max}从501 nm蓝移至473 nm[图4.12(a)]。而9号样品的λ_{max}及荧光强度均不随时间变化，甚至放置几天后其λ_{max}都没有变化。同时，他们还考察了7号和9号样品的平均粒径随时间的变化。新制备的7号样品的平均粒径为181 nm，放置2 h后，其平均粒径增大至570 nm；而9号样品放置2 h后，其平均粒径只是从228 nm变到250 nm。研究发现，对于9号样品，大量水的迅速加入及快速振荡导致体系对HPDMCb溶解性的迅速下降，因此绝大部分 HPDMCb 迅速从溶液中析出来，形成较均匀的小尺寸纳米粒子，体系中几乎没有以分子状态溶解的 HPDMCb。对于 7 号样品，同样由于大量水的迅速加入及快速振荡导致体系对 HPDMCb 溶解性的迅速下降，HPDMCb 以纳米粒子的形式从溶液中析出，而含 70vol%水的丙酮溶液中仍然存在少量以分子状态溶解的 HPDMCb，这部分 HPDMCb 会以已经析出的 HPDMCb 的纳米粒子为晶核做较规整的排列，形成纳米晶体，因而颗粒的尺寸随时间增大，荧光增强，λ_{max} 蓝移。而 9 号样品在水加入后绝大部分 HPDMCb 迅速析出，因来不及做规整排列而形成非晶态的纳米粒子，此时溶液中几乎已经没有 HPDMCb，即没有可以用于纳米粒子增长的“原料”，故 9 号样品中纳米粒子的尺寸几乎不随时间变化，因而荧光强度也不变。故 HPDMCb 也具有 CIEE 的性质。

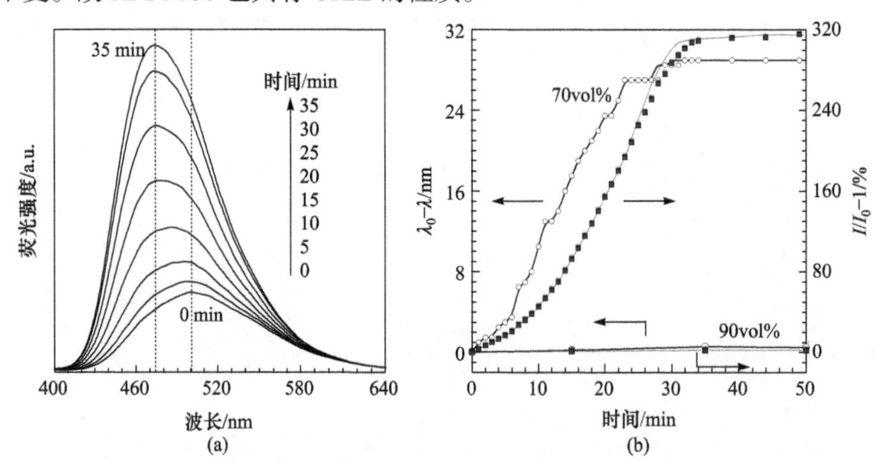

图 4.12　HPDMCb 在水含量为 70vol%及 90vol%丙酮/水混合溶剂中不同时间间隔的荧光光谱(a)和荧光发射峰波长λ与初始荧光发射波长λ_0差值及荧光强度增长倍数随时间变化图(b)

HPDMCb 浓度为 10 μmol/L；λ_{ex} 为 367 nm

DOPOD

董宇平课题组研究发现，9, 10-二氢-9-氧杂-10-磷酰杂菲-10-氧化物的衍生物(DOPOD，图 4.13)具有 AIE 和 CIEE 的性质。其非晶态的薄膜在溶剂气氛或加热条件下转化为晶态的薄膜，其荧光大大增强。他们在化合物的单晶结构中发现，分子间存在着 C—H···O 作用，牢牢锁住分子构象，进一步抑制分子内基团的运动，使其具有 CIEE 的性质[14]。

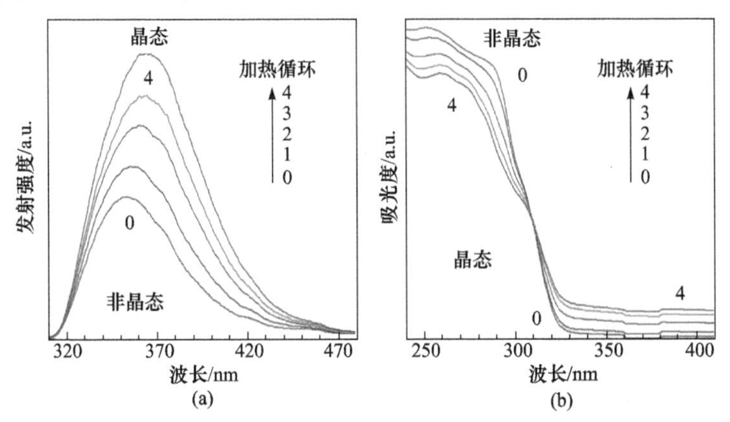

图 4.13　加热对 DOPOD 发射光谱(a)和样品薄膜的吸收光谱(b)的影响

将薄膜缓慢加热至样品 DOPOD 的结晶温度区，$\lambda_{ex} = 275$ nm

M-H(Me)　　M-H(Ph)　　M-OMe

M-NO_2　　M-Me_2

Tanaka 和 Chujo 课题组设计合成了一系列芳代二氟二亚胺硼衍生物，这 5 种化合物的非晶态荧光很弱，荧光量子产率均低于 4%，而它们的晶体的荧光量子产率为 4%～59%，荧光量子产率增强倍数为 4～15 倍，是典型的 CIEE 分子。分子为扭曲的构象，因而在晶体中不会形成导致分子荧光猝灭的激基缔合物，而晶体中的紧密堆积又可进一步限制分子内运动，所以此类化合物具有 CIEE 的性质[15](图 4.14)。

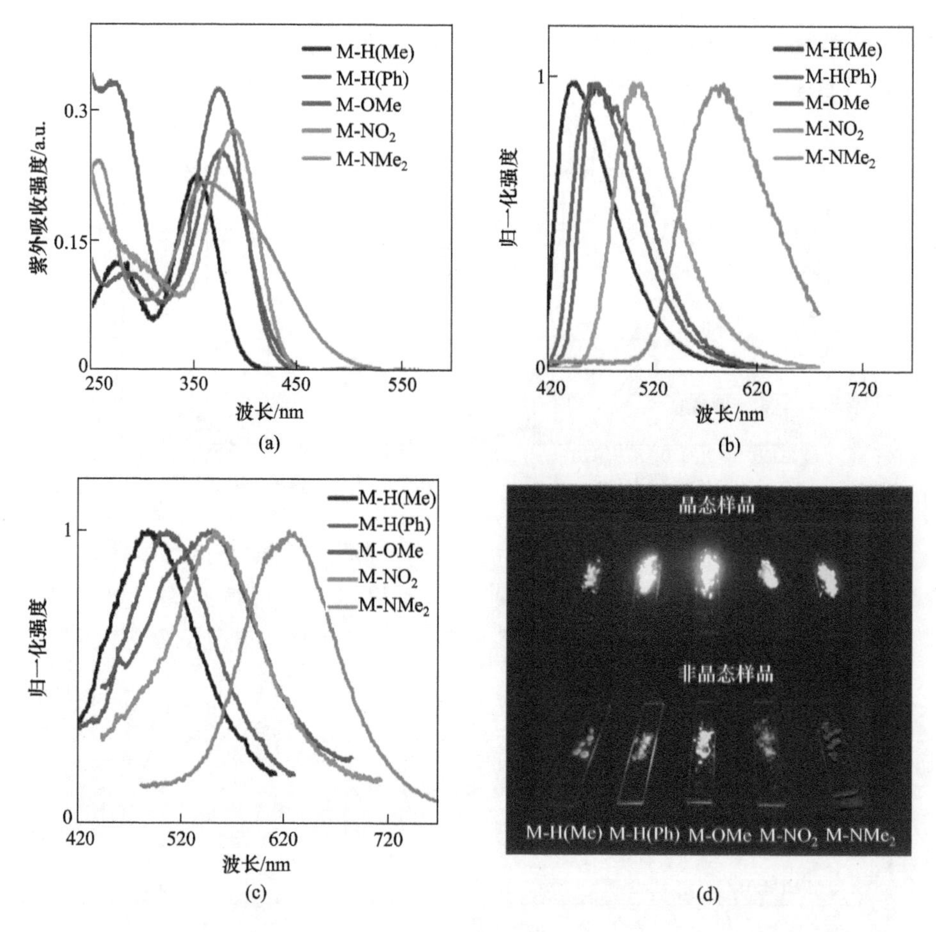

图 4.14 (a)在 THF(1.0×10^{-5} mol/L)中硼衍生物的紫外-可见吸收光谱；硼衍生物在晶态(b)和非晶态(c)的荧光光谱图；(d)在紫外光照射下硼衍生物的晶态和非晶态样品的图片

Tanaka 和 Chujo 课题组还设计合成了 BPI 和 FBPI 两种化合物，BPI 和 FBPI 非晶态固体的荧光量子产率分别为 4%和 1%左右，而其晶体的荧光量子产率分别高达 58%和 7%，即 BPI 和 FBPI 两种化合物均具有 CIEE 的性质。相比于各自的非晶态，BPI 和 FBPI 的晶态分别发生蓝移和红移，控制其在不同聚集态间可逆转变，可实现对其荧光的调控[16]。

BPI　　　　FBPI

4.4　高对比度 CIEE 材料

CIEE 材料在外界刺激下，可在晶态和非晶态间可逆转变，晶态和非晶态的荧光强度对比度越大，材料对外界刺激的响应越灵敏。虽然大多数 AIE 分子均具有 CIEE 的性质，但具有高对比度 CIEE 性质的材料还不多见。

4.4.1　苯并芳代富烯体系

二苯基二苯并富烯及其衍生物也是一类 AIE 分子。唐本忠课题组研究发现，此类化合物具有更高的 CIEE 对比度，其非晶态几乎不发光，而晶态具有较强的荧光。

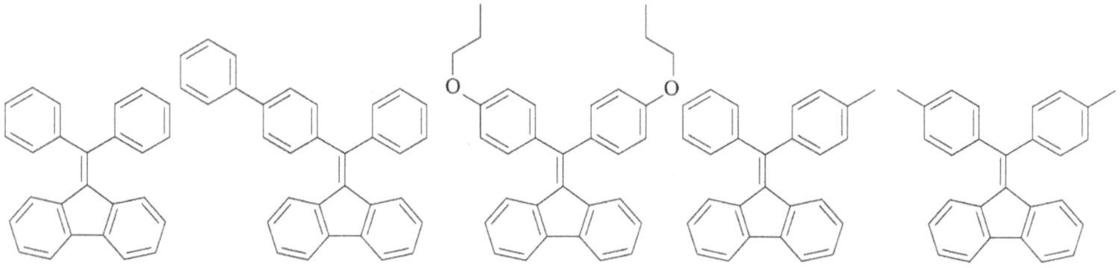

F1　F2　F3　F4　F5

化合物 **F1** 结晶能力强，很难得到其非晶态。化合物 **F2**～**F5** 均具有高的 CIEE 对比度。化合物 **F2** 晶体发射蓝色荧光(450 nm)，荧光量子产率可达 16%，而非晶态粉末发射微弱黄色荧光(550 nm)，荧光量子产率仅为 0.5%(图 4.15)，即该化合物具有很高的 CIEE 对比度。用溶剂气氛或热处理非晶态粉末，它可重新结晶回到晶态，荧光由暗变亮。将这个过程反复几次，就可实现荧光在明暗之间的多次可逆调控，同时，这种亮暗变化可用作热或溶剂检测，该化合物在作为写入型光学材料方面也具有极大潜力[17]。

化合物 **F3** 在氯仿/石油醚混合溶剂下较易得到绿色荧光的块状单晶[图 4.16(c)]，将石油醚更换为乙醇后可以得到另一种黄色针状单晶[图 4.16(a)]，而将 **F3** 加热熔融后快速冷却可以得到荧光较暗的非晶态[图 4.16(b)]，绿色荧光晶体的荧光量子产率为 82.1%，而非晶态不足 1%，证明 **F3** 具有 CIEE 效应。黄色荧光晶体在 120 ℃下加热 1 min 可以得到绿色荧光晶体，而非晶态在 50 ℃下加热得到的是一种黄和绿夹杂情况[图 4.16(f)]，温度提高至 120 ℃后可恢复至绿色荧光晶体[图 4.16(e)]。在热作用下实现了非晶态与绿色荧光晶体的可逆转变[18]。

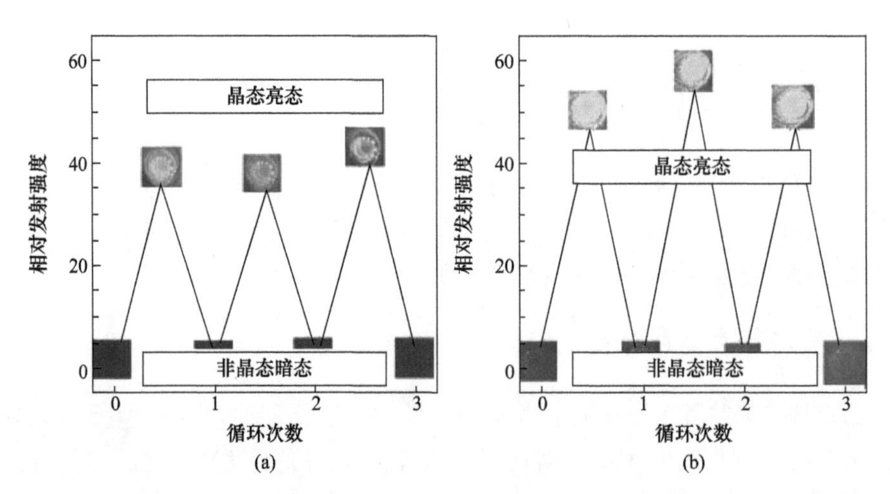

图 4.15　通过熏蒸-加热(a)和加热-冷却循环(b)涂覆在石英板上的 **F2** 薄膜荧光发射的暗和亮状态之间的重复切换

照片为紫外灯照射下拍摄

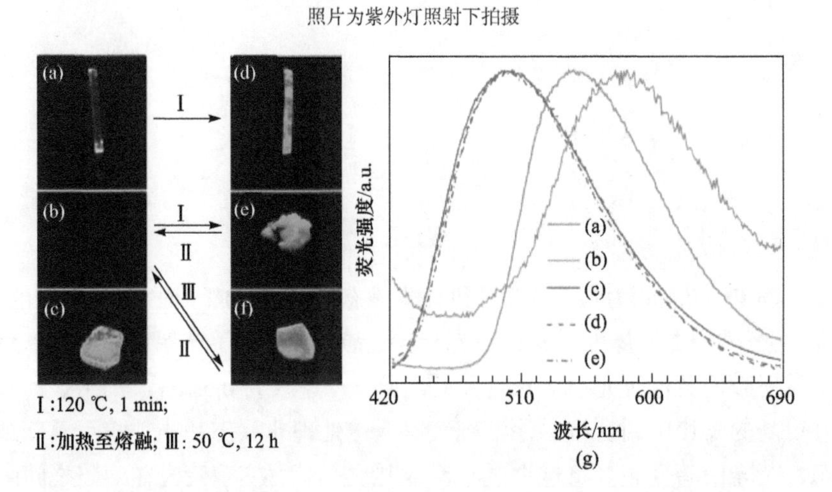

图 4.16　**F3** 化合物的黄色单晶(a)、非晶态(b)、绿色单晶(c)以及黄色单晶退火，非晶态(d)在 120 ℃(e)和 50 ℃(f)退火后的数字图像；(g)图像中样品(a)～(e)的 PL 光谱，λ_{ex} 为 370 nm

化合物 **F5** 可形成 3 种不同发光颜色的单晶，橙色的单晶 F5CO(发射波长为 586 nm，荧光量子产率为 16.2%)，黄色的单晶 F5CY(发射波长为 545 nm，荧光量子产率为 23.3%)，蓝色的单晶 F5CB(发射波长为 461 nm，荧光量子产率为 28.1%)，其非晶态 F5Am 的荧光量子产率最低，为 2.9%，发射波长为 557 nm(图 4.17)。

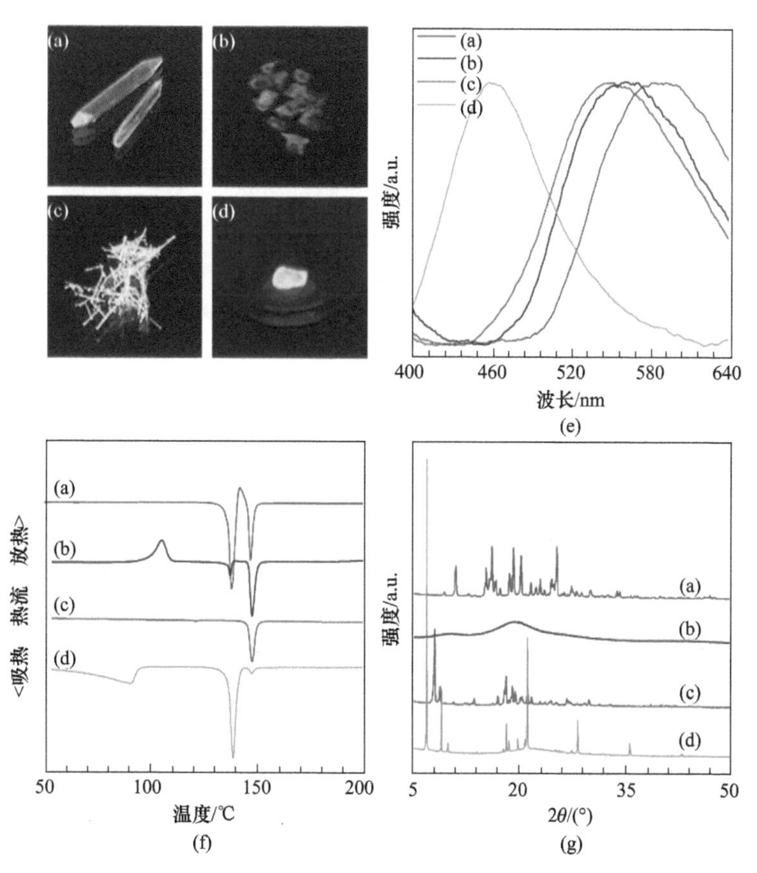

图 4.17 化合物 **F5** 的橙色单晶(a)、非晶态(b)、黄色单晶(c)和蓝色单晶(d)的照片；样品(a)～(d)的荧光光谱(e)、DSC 曲线(f)及粉末 XRD 曲线(g)

照片是在紫外光下拍摄

按平均扭转角从小到大的顺序排列为 F5CO(50.5°，47.2°)，F5CY(68.8°，60.4°)，F5CB(88.2°，85.1°)。苯环的扭转角越大，分子的共平面性就越差，整个分子的共轭程度降低，因此发光蓝移，从 F5CO、F5CY 到 F5CB 的发射波长依次为 586 nm、545 nm 和 461 nm，因此化合物 **F5** 的 3 种晶体的发光颜与分子构象吻合[19]。

许多 CIEE 化合物的非晶态的发射波长与晶体的发射波长相比一般会发生红移。但是 F5Am 的发射波长却在 F5CO 与 F5CY 之间。由于非晶态中分子的构象是随机的，分子的堆积形式也无法通过实验的方式得到，所以可能的原因是非晶态固体中分子的平均扭转角在 F5CO 与 F5CY 的扭转角之间[19]。

4.4.2 席夫碱体系

韩天宇课题组设计合成了具有 AIE 及 CIEE 性质的席夫碱类分子(SBOH)。该化合物溶液的荧光量子产率低至 0.06%，其非晶态薄膜的荧光量子产率为 0.11%，均几乎没有荧光，而其杆状的晶体具有较强的黄色荧光(536 nm，荧光量子产率为 3.15%)，具有高对比度的 CIEE 性质[20](图 4.18)。

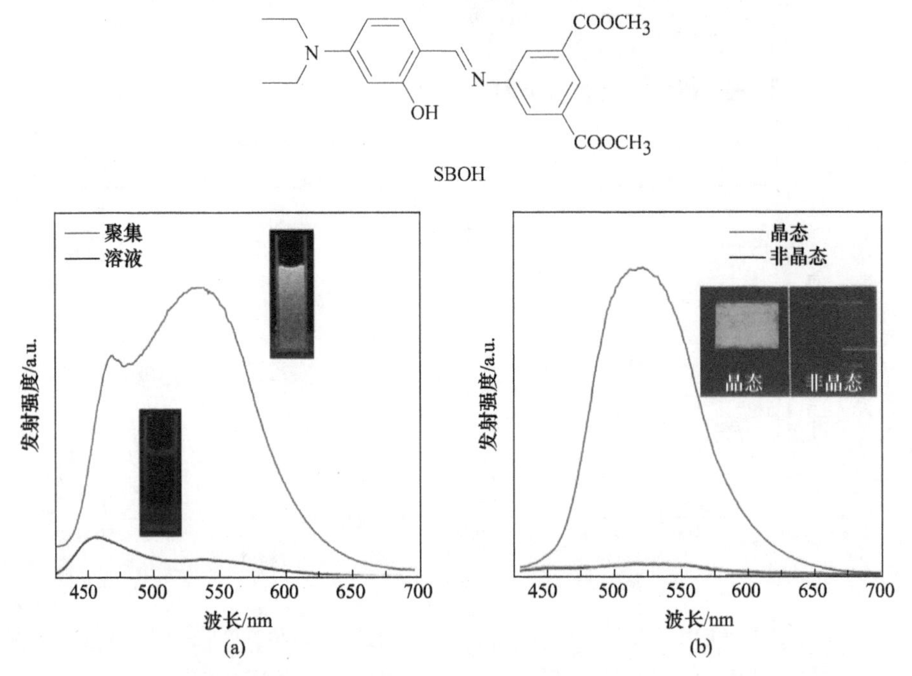

图 4.18 (a) SBOH 在 THF 和 THF/H_2O 混合溶剂(水含量为 99vol%)中的荧光光谱，浓度为 100 μmol/L; (b) 晶态和非晶态样品的发射光谱，λ_{ex} 为 388 nm

4.4.3 含杂环体系

凌启淡课题组设计合成了一系列二苯基马来酰亚胺衍生物(DM1～DM4)[21]。这一系列化合物的溶液和通过旋涂制备的薄膜几乎不发光($\Phi_F < 0.001$)，但其粉末晶体或单晶具有强荧光，荧光量子产率在 28%～80%，是典型的 CIE 分子。他们得到了 MD4(图 4.19)的单晶，该晶体属于单斜晶系，分子呈扭曲的构象，分子间无强的相互作用(如π-π，H/J 聚集等)，分子间的弱相互作用(N—H···O, C—H···π, C—H···O)固定了分子构象，限制了分子内及分子间的运动，进一步抑制了非辐射跃迁，导致其晶态具有强荧光。

图 4.19　在紫外光下 DM4 的溶液、薄膜、粉末和晶体状态的照片

化合物 PPI 具有 CIEE 的性质，在水和乙腈的混合体系中，经超声之后，水含量为 75vol%～80vol%的样品，其发光强度远远高于水含量为 90vol%以上的样品，在超声的过程中，在水含量为 75vol%～80vol%的体系中，样品转变为晶态，从而荧光大大增强。但水含量为 90vol%以上的样品，体系中有机溶剂含量少，其中的样品分散体系难以转变为晶态(图 4.20)。

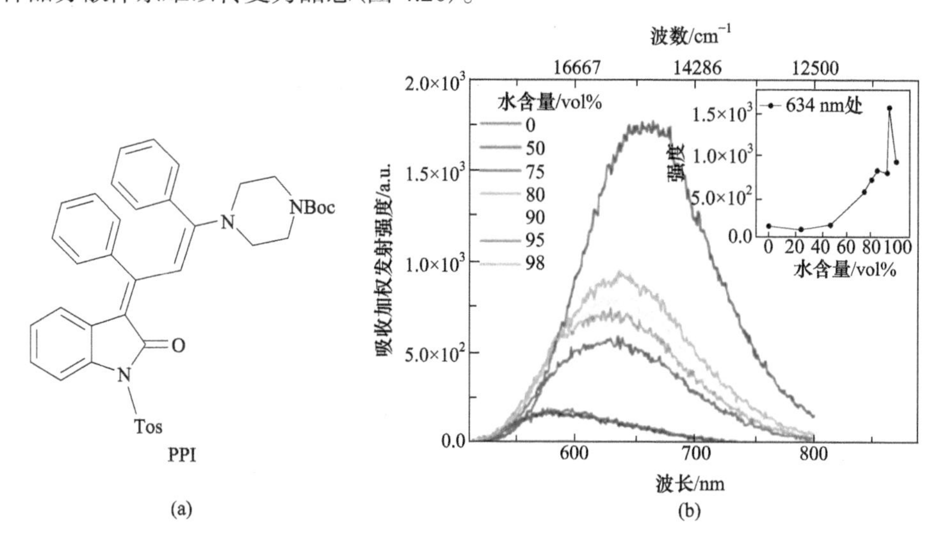

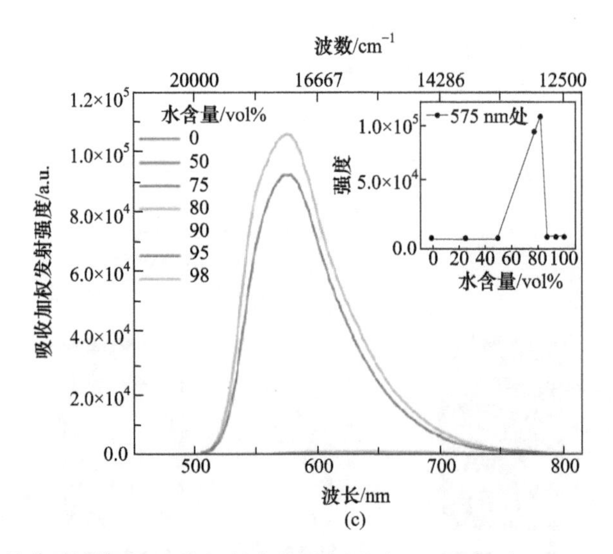

图 4.20 (a) PPI 的分子结构；PPI 未经超声处理(b)和在 $T = 293$ K($\lambda_{ex} = 484$ nm)、不同水含量的乙腈/水混合溶剂中超声处理(c)的 PL 光谱，插图为不同水含量的发射强度的变化

根据二苯并富烯体系的研究，董永强与刘正平课题组对比一些化合物的结构与 CIEE 性质，发现大的共轭核心加上可转动的苯环有望得到高对比度的 CIEE 分子，于是他们设计合成了氧杂蒽酮的衍生物 BPPMX，与预期一致，BPPMX 具有高对比度的 CIEE 性质[22]。BPPMX 可形成深蓝色晶体(432 nm, $\Phi_F = 49\%$)[图 4.21(a)]，绿色针状晶体(492 nm, $\Phi_F = 59\%$)[图 4.21(b)]，其非晶态发射波长红移至 584 nm[图 4.21(c)]，Φ_F 降至 0.4%，可见 BPPMX 具有高对比度的 CIEE 性质。大的共轭核心运动困难，使其分子在非晶态固体中堆积更加疏松，故非晶

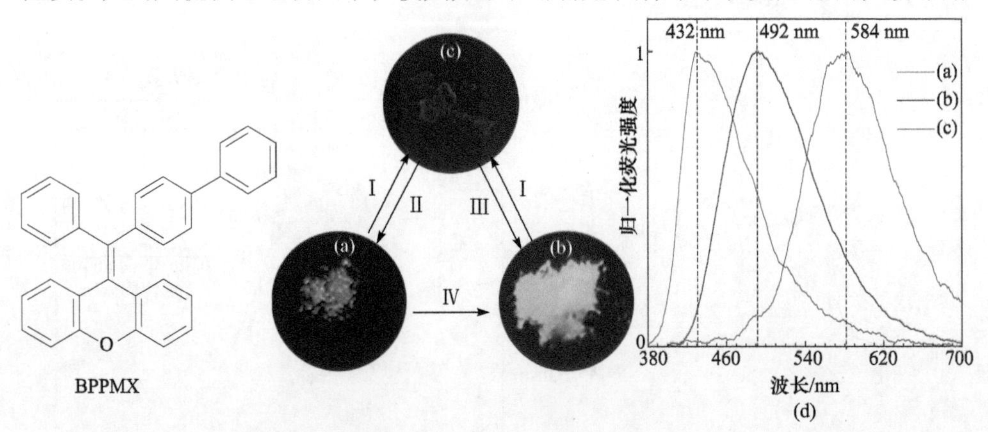

图 4.21 BPPMX 在不同聚集状态下深蓝色晶体(a)、绿色晶体(b)和非晶态固体(c)的照片；(d)样品的归一化 PL 光谱(λ_{ex}=360 nm)

Ⅰ：加热熔化并快速冷却；Ⅱ：用甲醇熏蒸，6 h；Ⅲ：用丙酮熏蒸，5 min；Ⅳ：160 ℃，2 h

态的荧光量子效率更低。BPPMX 可在三种聚集态间可逆转变，荧光强度、荧光颜色均具有较高的对比度(图 4.21)。

虽然已有大量的 CIEE 分子报道，也将其用于传感器、光存储等方面的研究，但在机理及高对比度 CIEE 分子设计方面仍有待继续深入的研究。

4.5　室温磷光化合物

发光分为荧光和磷光，与荧光由激子从激发单线态(S_1)向基态(S_0)的辐射跃迁不同，磷光由激子从激发三线态(T_1)辐射跃迁回基态发出，这一过程是量子自旋禁阻的[23]。荧光寿命多在纳秒级别，而磷光寿命则为微秒到毫秒甚至秒级。早期关于磷光的研究多集中在低温磷光领域，这是因为三线态激子对分子振动、转动、碰撞及氧气、水分等猝灭因素都极为敏感，要获得有效磷光发射，需在无氧的低温玻璃态下最大限度地减少上述因素的影响[24]。近年来，随着人们的不断探索，许多高效室温磷光(room temperature phosphorescence, RTP)化合物不断被开发出来，使得关于三线态参与的电子过程的基础和应用研究都更加便捷[25]。

RTP 在光动力疗法、光限幅器、发光二极管、生物影像、生物和化学检测等领域具有重要应用前景，因此引起了科学家的广泛兴趣。目前高效 RTP 发射化合物多为无机材料及铱(Ir)、铂(Pt)、金(Au)、钯(Pd)、锌(Zn)等金属的络合物。尽管这些 RTP 材料具有重要应用，但和普通有机发光材料一样，通常在溶液中发光较好，在固态则减弱甚至完全猝灭，表现出 ACQ 效应。例如，典型的磷光有机金属化合物三(2-苯基吡啶)铱(Ⅲ)[$Ir(ppy)_3$]络合物，其溶液效率高达 97%，但其薄膜效率则急剧下降至约 3%[26]。要想实现材料的应用，获得高效固态发光至关重要，AIE 现象同样为解决这一问题提供了思路。本节将介绍在有机金属络合物及纯有机化合物领域，在 AIE 概念的基础上，人们发现的具有 AIE 特性的磷光化合物，又称为 AIP 或聚集诱导磷光发射(aggregation-induced phosphorescent emission, AIPE)，为一致起见，统称为 AIP[27]。特别地，对于某些化合物，其在非晶态几乎不发磷光，而在晶态发射高效磷光，将其称为 CIP[28]。AIP 通常在有机金属络合物中观察到，而 CIP 多在纯有机化合物中发现，下面将分别予以介绍。

4.5.1　有机金属络合物聚集诱导磷光

人们发现某些有机金属化合物在溶液中不发光，但在加入不良溶剂聚集的过程中，和普通 AIE 化合物一样，其发光逐渐增强，但其发光在本质上是长寿命磷光，将这一类现象称为 AIP。关于其机理，在文献报道中仍然存在争议。部分研究者认为 AIP 的起因为“分子内旋转受限”[29, 30]，而另一些学者则认为是“分子间相互作用”[31]。笔者认为，对于现有 AIP 体系，分子运动受限引起的构象刚硬化应是主要原因。这一体系的研究仍有许多需要探索的基本问题，如上述的机理问题。此外，AIP 体系构效关系的获得也至关重要，这对设计合成新的 RTP 化合物并开发其应用意义重大。

有机金属络合物呈现出聚集磷光增强的报道最早出现在 2002 年[32]，但作者没有使用 AIP 这一术语，这可能与化合物在聚集前后的发光效率都很弱有关。2008 年，复旦大学李富友课题组在 Ir(Ⅲ)络合物体系中观察到了显著的 AIE 效应，并首次使用 AIPE(为统一，后文都称 AIP)这一术语。随后，各种不同金属络合物甚至金属簇都被发现具有 AIP 效应[33,34]。人们在关注 AIP 现象的同时，对各自体系的光物理过程及 AIP 机理进行了分析[33-35]。

目前报道的 AIP 体系多为 Re(Ⅰ)、Au(Ⅰ)、Ir(Ⅲ)、Pt(Ⅱ)、Zn(Ⅱ)、Cu(Ⅰ)等的络合物，这些化合物的结构仍以具有可扭转的基团为主[36]。当向络合物溶液中加入不良溶剂时，其在混合溶剂中的溶解度变差，逐渐聚集，其磷光发射逐渐增强。在聚集过程中，其分子运动受多重因素影响，其中金属-金属、π-π相互作用及氢键等在某些体系中显得极为重要，其对发光强度、颜色的调节等具有重要影响[37]。

相对 AIE 荧光化合物而言，具有 AIP 特性的有机金属络合物的研究较少。多数情况下，过渡金属络合物由 S_1 向 T_1 的系间窜越(intersystem crossing, ISC)效率接近 100%，因此其发射主要为磷光[36]。人们将可旋转或可异构化单元或长烷基链引入配体或环金属配体，获得了一系列 AIP 化合物。在适当条件下，Re(Ⅰ)、Ir(Ⅲ)、Pt(Ⅱ)、Au(Ⅰ)、Zn(Ⅱ)、Cu(Ⅰ)等的络合物或纳米簇都能表现出显著的 AIP 现象[36]。磷光强度和效率增强可通过加入不良溶剂来诱导纳米聚集体形成，从而限制分子内旋转或异构化来实现。这些磷光化合物在化学传感器、生物探针、刺激响应性纳米材料及光电材料等领域具有重要应用。下面将按照不同金属络合物分类来分别介绍。

1. Re(Ⅰ)化合物

Manimaran 等通过水热法一锅合成了化合物 Re(Ⅰ)-**1**～Re(Ⅰ)-**3**(图 4.22)。这些化合物在一定条件下通过长烷基链的聚集形成纳米聚集体，从而使发光增强。化合物 Re(Ⅰ)-**3** 的量子产率从乙腈中的 0.04%增加到 0.65%(90vol%水含量)，他们将其归因为烷基链的 C—C 分子内运动受限[32]。上述化合物尽管表现出 AIP 性质，但总体发光效率不高。Procopio 等制备了化合物 Re(Ⅰ)-**4**，其在甲苯溶液中表现出在 612 nm 处的无精细结构发射，寿命和效率分别为 0.7 μs 和 6%，意味着其室温最低发光态具有由金属向配体电荷转移的三线态激发态(^{3}MLCT)特征。有趣的是，其在晶体生长过程中，通过调节结晶速率，能同时或单独形成发黄光[Re(Ⅰ)-**4Y**]和橙光[Re(Ⅰ)-**4O**]的两种单晶，其最大发射波长/量子产率/寿命分别为 534 nm/56%/5.8 μs 和 570 nm/52%/4.1 μs(图 4.23)[38]。

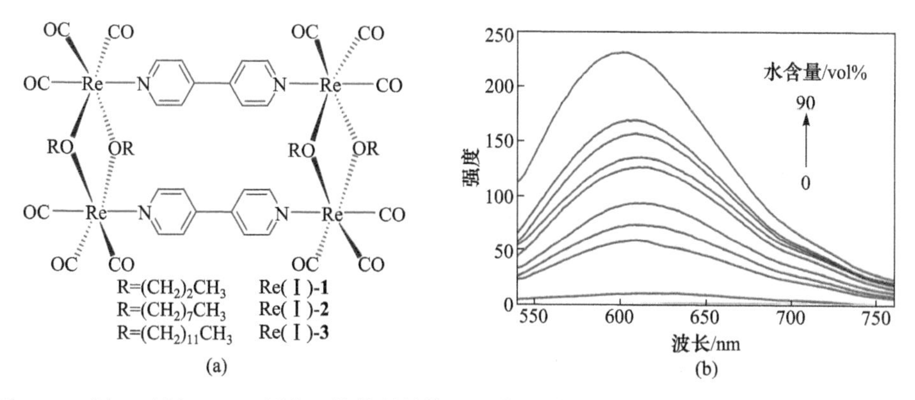

图 4.22　(a) Re(Ⅰ)-**1**～Re(Ⅰ)-**3** 的化学结构；(b) 水/乙腈混合溶剂中 Re(Ⅰ)-**3** 随着水含量增加磷光增强（λ_{ex} = 390 nm）

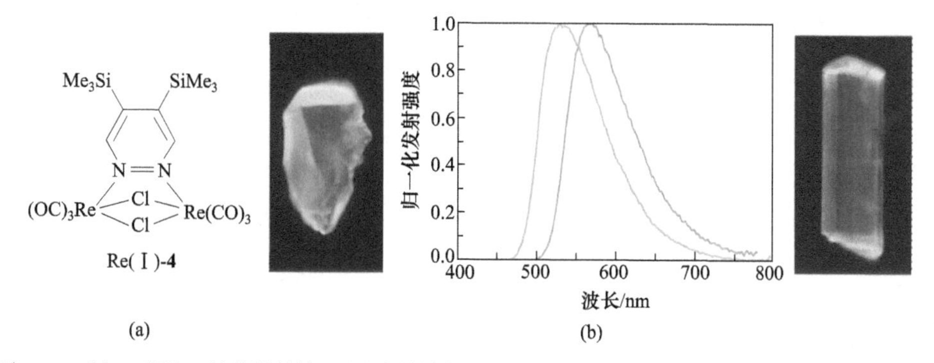

图 4.23　(a) Re(Ⅰ)-**4** 的化学结构；(b) 在单晶状态下 Re(Ⅰ)-**4Y**（绿色）和 Re(Ⅰ)-**4O**（橙色）的磷光发射光谱（λ_{ex} = 400 nm），在紫外光下 Re(Ⅰ)-**4Y**（左）和 Re(Ⅰ)-**4O**（右）晶体的侧视图像

上述两种晶体均表现出从 ^{3}MLCT 态的强磷光发射，可能是 Me_3Si 基团在固态的分子内旋转受阻造成的。同时，变温 XRD 显示，在 443 K 下，Re(Ⅰ)-**4O**→Re(Ⅰ)-**4Y** 可实现单晶-单晶转变。尽管这两种单晶均没有强的分子间相互作用，Re(Ⅰ)-**4O** 和 Re(Ⅰ)-**4Y** 表现出不同的最大吸收波长与发射波长（吸收：370 nm，393 nm；发射：534 nm, 570 nm），这说明局域分子偶极的排列极大地影响了分子在晶态的光物理性质。量子产率由溶液到聚集体增加，这在先前的几种三羰基 Re(Ⅰ)络合物中观察到，但在纯的晶态中还是首次报道。这些 Re(Ⅰ)络合物有一个共同特征，即在配体上存在大的取代基，这有效地阻止了分子间的密堆积[32, 38]。

2. Ir(Ⅲ)化合物

2008 年，复旦大学李富友团队率先报道了两种 Ir 络合物体系——Ir(Ⅲ)-**2** 和 Ir(Ⅲ)-**3** 的 AIP 现象（图 4.24），并首次使用了 AIPE 术语。根据单晶结构和理论计算，他们将这一固态磷光机理归结于由不发光的 ^{3}LX 激发态向发光的 ^{3}MLLCT 激发态的转变。也就是，相邻的吡啶环和 2-苯基吡啶间通过堆积形成二聚体，从而极大地改变 Ir(Ⅲ)络合物的激发态性质[27]。随后，韩国 Park 课题组[35]撰文对这一机理提出了不同看法。他们设计合成了图 4.25 中带有亚胺配体的 4 种 Ir(Ⅲ)络合物，结构包含环金属配体及亚胺辅助配体，其环金属配体结构与上述几乎相同。这些化合物均具有显著的 AIP 效应，固/液效率比($\Phi_{solid}/\Phi_{solution}$)高于 100。他们认为，如果环金属配体的激基缔合态是 AIP 机理，则 Ir(Ⅲ)**-4** 和 Ir(Ⅲ)**-5** 或 Ir(Ⅲ)**-6** 和 Ir(Ⅲ)**-7** 的发光应该相同，而实际上，Ir(Ⅲ)**-5**(596 nm)和 Ir(Ⅲ)**-7**(604 nm)分别较 Ir(Ⅲ)**-4**(563 nm)、Ir(Ⅲ)**-6**(581 nm)而言均呈现红移。由于 Ir(Ⅲ)**-4** 和 Ir(Ⅲ)**-5**[或 Ir(Ⅲ)**-6** 和 Ir(Ⅲ)**-7**]的氧化电位近乎相同，他们推测发光颜色的改变与辅助配体化学结构直接相关。由于电化学/光学带隙大小顺序与其磷光峰能量顺序一致[Ir(Ⅲ)**-5** < Ir(Ⅲ)**-4**, Ir(Ⅲ)**-7** < Ir(Ⅲ)**-6**]，他们认为固态增强的磷光来源于辅助配体的 LUMO 而不是环金属配体的激基缔合物(LL)轨道。通过研究溶液和薄膜性质，他们进一步排除了形成 J-聚集体和交叉堆积的机理。掺杂 1wt% Ir(Ⅲ)**-4** 的聚合物薄膜的发射与固体相同，同时冷冻其溶液也会使其发光。这些光物理性质都说明激基缔合物的形成不是 AIP 的机理，薄膜掺杂、变温实验及量化计算证明 AIP 最有可能的机理是分子内运动受限。

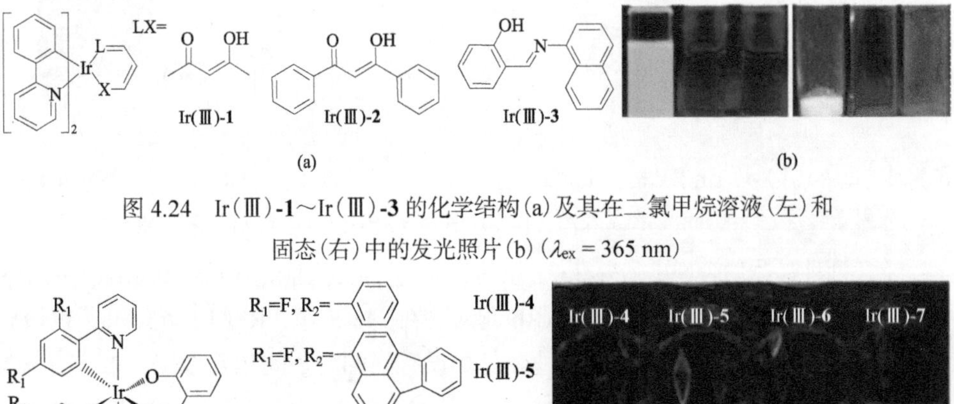

图 4.24　Ir(Ⅲ)**-1**～Ir(Ⅲ)**-3** 的化学结构(a)及其在二氯甲烷溶液(左)和固态(右)中的发光照片(b)(λ_{ex} = 365 nm)

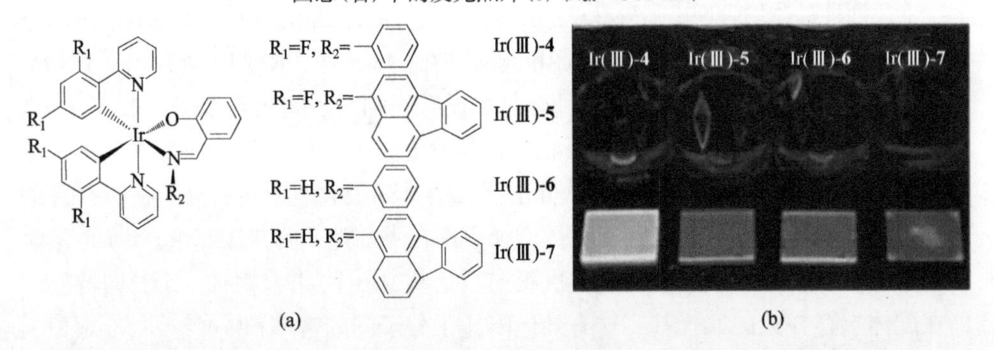

图 4.25　Ir(Ⅲ)**-4**～Ir(Ⅲ)**-7** 的化学结构(a)及其在溶液(二氯甲烷、Ar 饱和氛围)和纯膜状态的磷光(b)

李富友团队重新合成了几种新的 Ir(Ⅲ)络合物——Ir(Ⅲ)**-8**～Ir(Ⅲ)**-10**，为排除辅助配体分子内旋转的影响，Ir(Ⅲ)**-8** 中苯环被完全固定，Ir(Ⅲ)**-9** 中被部分固定，但都表现出 AIP 现象(图 4.26)，因此认为 Park 体系的机理不具有普适性，

2-苯基吡啶(ppy)配体中相邻吡啶环的堆积在固态磷光增强中具有重要作用。但这些化合物在低温溶液中发光说明非辐射跃迁被限制，非辐射跃迁受限可能正是固态磷光增强的原因。尽管旋转受限，但振动等仍有可能，这些体系若能提供在薄膜状态未形成激基缔合物状态下的发射情况则能更清楚分辨出 AIP 的真正原因[29]。

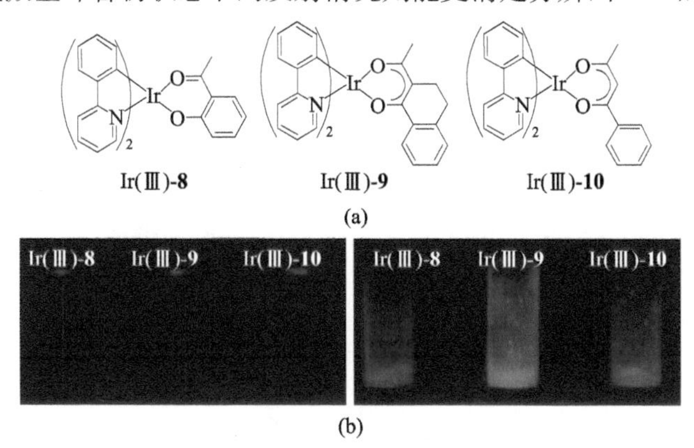

图 4.26　Ir(Ⅲ)-**8**～Ir(Ⅲ)**10** 的化学结构(a)及其在二氯甲烷溶液中和固态发光图片(298 K，λ_{ex} = 365 nm)(b)

随后苏忠民课题组在 Ir(Ⅲ)络合物方面展开了系统研究，他们合成了一系列化合物，研究了其光物理性质，特别地，他们尝试着阐明如何有效设计具有 AIP 性质的络合物。他们合成了图 4.27 中的络合物 Ir(Ⅲ)-**11**～Ir(Ⅲ)-**13**，其中 Ir(Ⅲ)-**11** 在溶液中和固态时均发光，Ir(Ⅲ)-**12** 则表现出 AIP 性质，固态薄膜量子产率约 10%。通过更换 ppy 配体，Ir(Ⅲ)-**13** 也表现出 AIP 行为，说明 ppy 或噁二唑配体不是化合物具有 AIP 性质的原因。而将另一配体由 L1 更换为 L2，增加外围辅助配体可旋转咔唑单元可使最终络合物具有 AIP 性质。这一现象首次在 Ir(Ⅲ)的阳离子络合物中被观察到。为进一步研究其机理，光物理性质、温度依赖的聚集性质及理论计算显示分子内旋转受限是这些阳离子络合物具有 AIP 性质的原因。进一步测量 Ir(Ⅲ)-**12** 的乙腈溶液在室温和 77 K 时的光谱，发现在低温时发光强度急剧增强，这是由于 C—N 的内旋转受限，非辐射跃迁受到抑制[39]。

Ir(Ⅲ)-**11**　　Ir(Ⅲ)-**12**　　Ir(Ⅲ)-**13**

(a)

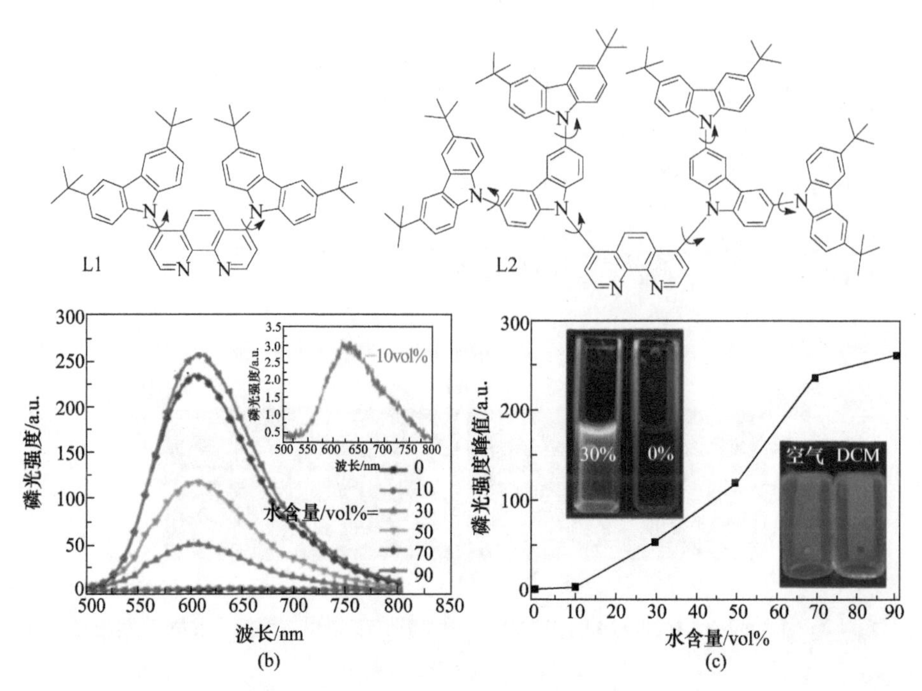

图 4.27 (a)铱络合物 Ir(Ⅲ)-**11**～Ir(Ⅲ)-**13** 的结构；Ir(Ⅲ)-**12** 的发射光谱(b)和 PL 峰值强度(c)与水/乙腈混合溶剂组成的关系曲线

(c)中的插图：室温下在紫外光(365 nm)照射下，Ir(Ⅲ)-**12** 在 TLC 板上置于空气和二氯甲烷中的发光开/关切换

随后，他们进一步设计了新的配体，与上述配体 L2 相比，新配体 L3、L4[对应 Ir(Ⅲ)-**14**、Ir(Ⅲ)-**15** 中的配体]将树枝状咔唑在 1, 10-菲咯啉的 3, 8-位引入。基于 L4 和 ppy 配体，他们制备了蝶状化合物 Ir(Ⅲ)-**15**(图 4.28)，从而可进一步减少光化学降解并提高抗水稳定性。所得化合物和上述 Ir(Ⅲ)-**12**、Ir(Ⅲ)-**13** 一样具有 AIP 性质，且固态量子产率更高(16.2%)。作为对比，化合物 Ir(Ⅲ)-**14** 却不具有 AIP 性质，这进一步说明树枝状可旋转咔唑单元的增加对产生 AIP 性质的影响[40]。

$PF_6^{\ominus}$ Ir(Ⅲ)-**14**

$PF_6^{\ominus}$ Ir(Ⅲ)-**15**

(a)

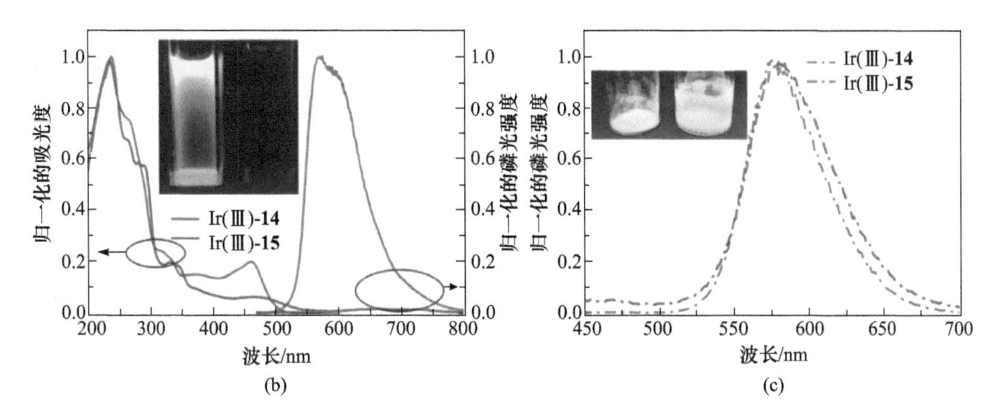

图 4.28 (a)铱络合物 Ir(Ⅲ)-**14** 和 Ir(Ⅲ)-**15** 的结构；Ir(Ⅲ)-**14** 和 Ir(Ⅲ)-**15** 归一化的吸收和发射光谱，其中的小插图是它们在二氯甲烷溶液(b)和固态(c)中的发光图片

如图 4.29 所示，通过进一步改变配体结构，他们合成了基于树枝状辅助配体的化合物 Ir(Ⅲ)-**16**。此化合物在溶液中几乎不发光，聚集或在固态发光增强，表

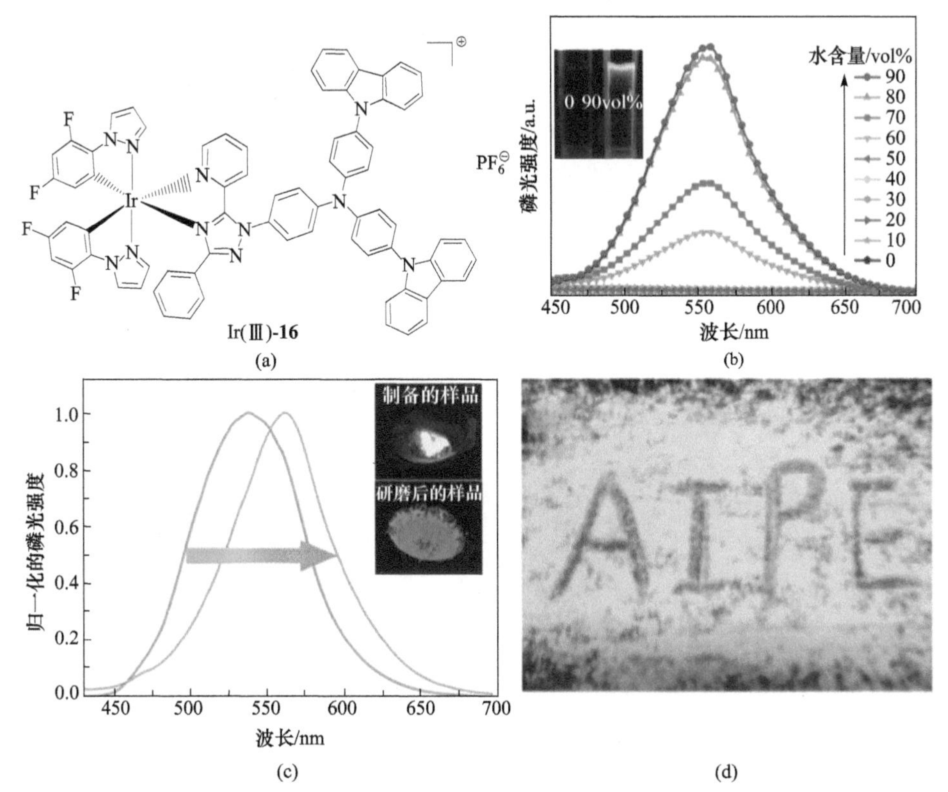

图 4.29 (a)络合物 Ir(Ⅲ)-**16** 的化学结构；(b) Ir(Ⅲ)-**16** 在具有不同水分(0～90vol%)的乙腈/水混合溶剂中的发射光谱和发光照片；(c)研磨前后样品的发射光谱；(d)将制备好的粉末铺展在滤纸上，用刮刀在紫外光下写字母“AIPE”

现出 AIP 性质。同时，制备的晶态固体粉末发黄光(537 nm)，而经研磨后得到的非晶态粉末发橙光(564 nm)。样品经加热或重结晶后，发光可恢复到黄光，表现出可逆力致发光变色。根据密度泛函理论计算，络合物的 T_1 态主要表现为 ^{3}ILCT 特性，其溶液中发光微弱主要归结为这些络合物中树枝状辅助配体的分子内旋转，其固态发光增强则是由于辅助配体的分子内旋转受限[41]。

尽管人们获得了一些 AIP 络合物，但其合理设计依然具有挑战性，因为化合物的构效关系尚不明确。要阐明化合物的 AIP 活性，比较理想的情况是弄清结构相似的 AIP 及非 AIP 络合物的光物理性质。苏忠民等通过调节已报道的络合物 Ir(Ⅲ)-**19**

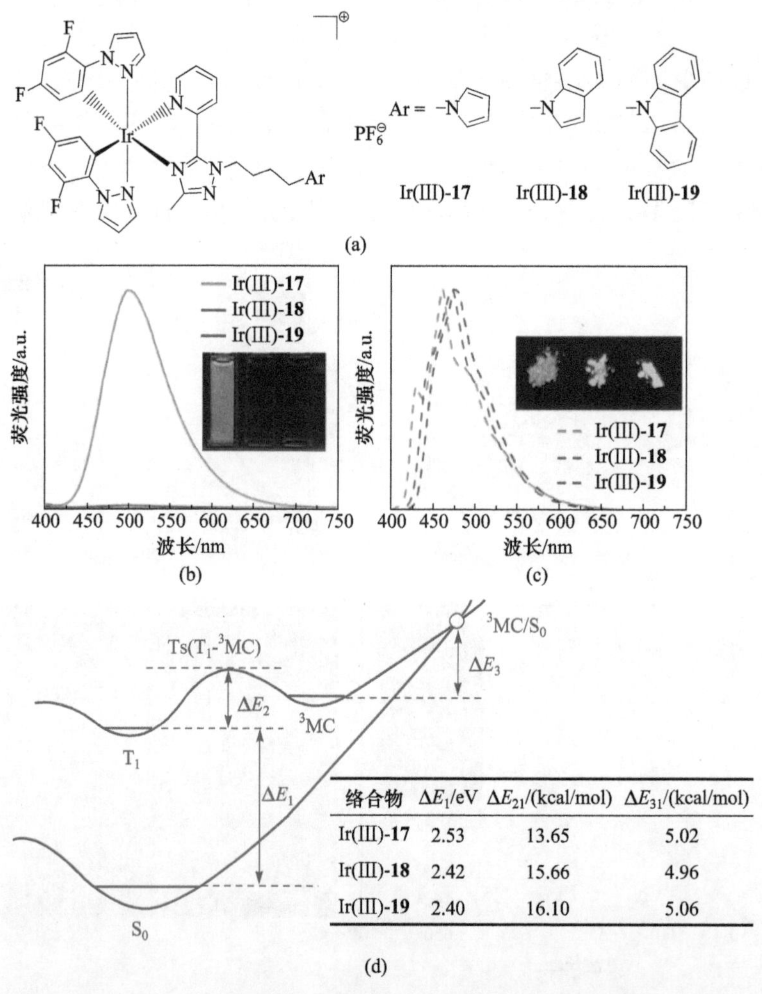

络合物	ΔE_1/eV	ΔE_{21}/(kcal/mol)	ΔE_{31}/(kcal/mol)
Ir(III)-**17**	2.53	13.65	5.02
Ir(III)-**18**	2.42	15.66	4.96
Ir(III)-**19**	2.40	16.10	5.06

图 4.30 (a)配合物 Ir(Ⅲ)-**17**～Ir(Ⅲ)-**19** 的化学结构；Ir(Ⅲ)-**17**～Ir(Ⅲ)-**19** 在溶液(b)和固态(c)中的 PL 光谱及其在 365 nm 紫外灯下拍摄的照片；(d)通过 ^{3}MC 状态的失活途径的示意性势能曲线

计算得到的 S_0 和 T_1 之间的绝热能量差异(ΔE_1)，T_1-^{3}MC 转换的激活势垒(ΔE_2)及络合物的 ^{3}MC/S_0 和 ^{3}MC 之间的能量差异(ΔE_3)

的辅助配体的电子给体强度，设计合成了两种新的阳离子络合物 Ir(Ⅲ)-**17** 及 Ir(Ⅲ)-**18**(图 4.30)。络合物 Ir(Ⅲ)-**18**、Ir(Ⅲ)-**19** 表现出 AIP 性质，而 Ir(Ⅲ)-**17** 却没有。为确定 AIP 机理，对这些络合物的电子结构及其内在的非辐射衰减过程进行了详细计算。实验与理论计算结果表明，这些化合物通过金属中心三线态(^{3}MC)的失活途径具有相似的能量分布，而较大的结构弛豫和弱发射的激发态配体内电荷转移特征是 Ir(Ⅲ)-**18** 和 Ir(Ⅲ)-**19** 在溶液中不发光的原因。失活途径如分子振动、旋转在固态能够通过分子间堆积受限，从而产生强发光[42]。

赵娜等设计合成了带 2, 2′-联吡啶酰腙的络合物 Ir(Ⅲ)-**20** 和 Ir(Ⅲ)-**21**，两者均表现出显著的 AIP 现象(图 4.31)，其机理被指是由于酰腙中 C═N 键的快速异构化受限，TD-DFT 计算结果也支持这一假设。值得一提的是，这些化合物可用作点亮型 Cu^{2+}传感器，在检测过程中，Cu^{2+}既是催化剂，也是氧化剂，其使化合物水解环化，从而在溶液中能够发光[43]。

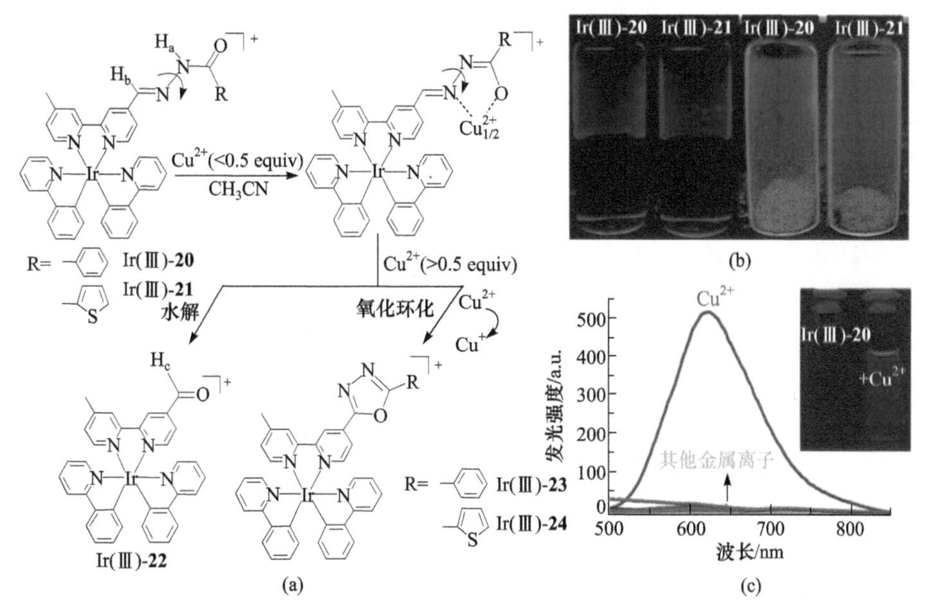

图 4.31 (a) Ir(Ⅲ)-**20** 和 Ir(Ⅲ)-**21** 的化学结构和在乙腈中 Cu^{2+}的传感机理；(b) 在 365 nm 紫外光照射下，在乙腈溶液(左)和固态(右)中 Ir(Ⅲ)-**20** 和 Ir(Ⅲ)-**21** 的照片；(c) Ir(Ⅲ)-**20** (20 μmol/L) 在乙腈溶液中加入金属离子(100 μmol/L)后磷光发射光谱的变化，如 Cu^{2+}、Ag^{+}、Ca^{2+}、Cd^{2+}、Fe^{3+}、Hg^{2+}、Mg^{2+}、Mn^{2+}、Ni^{2+}、Co^{2+}和 Zn^{2+}，插图为在 365 nm 紫外光照射下拍摄的 1 μmol/L 和 100μmol/L Cu^{2+}的照片

Alam 等合成了具有 AIP 特性的滚轮络合物 Ir(Ⅲ)-**25** 和 Ir(Ⅲ)-**26**[44]。在此基础上，他们进一步合成了具有多重响应的发光化合物 Ir(Ⅲ)-**27**，其发光颜色通过质子化和去质子化可在蓝绿色到橙黄色之间可逆转变。Ir(Ⅲ)-**27** 对不同 pK_a 值的酸敏感，因此可通过酸来调节其发光性质。这一性质使其在溶液和固态均可被用

作磷光酸传感器及酸碱蒸气的传感器(图 4.32)。DFT 计算表明，吡啶环电子亲和力的变化是发光改变的主要原因[45]。

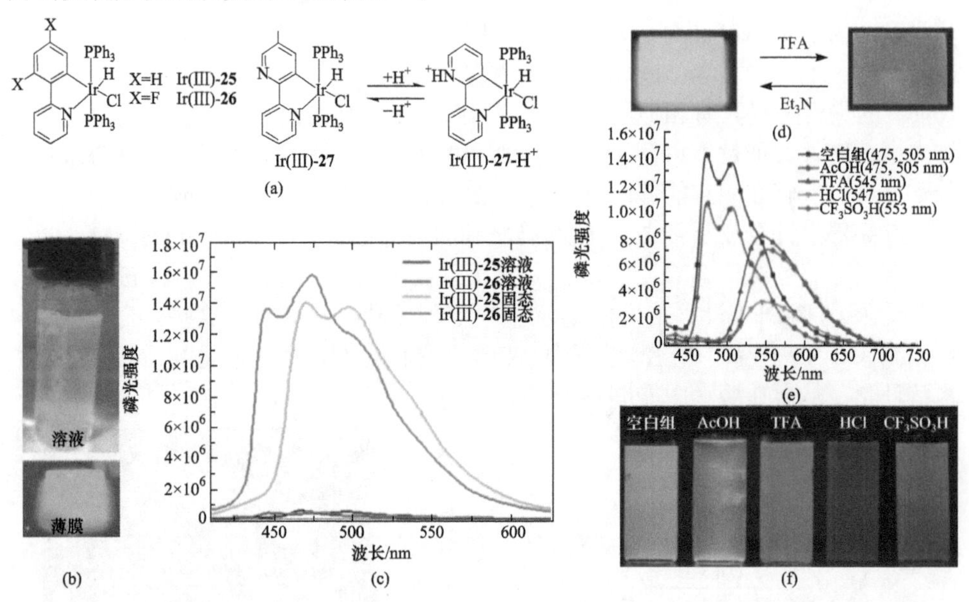

图 4.32 (a) Ir(Ⅲ)-25～Ir(Ⅲ)-27 的化学结构；(b) Ir(Ⅲ)-26 在二氯甲烷溶液中和及固态的发光强度比较(λ_{ex} = 370 nm)；(c) Ir(Ⅲ)-25 和 Ir(Ⅲ)-26 的固体及其在二氯甲烷溶液(10^{-4} mol/L)中的 PL 光谱；(d) 固态 Ir(Ⅲ)-27 的荧光发射转变，从蓝绿色到橙黄色(暴露于 TFA 时)，反之从橙黄色到蓝绿色(暴露于 Et_3N 时)；Ir(Ⅲ)-27 在 f_w = 90vol%的 THF/H_2O 混合溶剂(10^{-4} mol/L)中及不同 pK_a 值的酸(5 eq.)存在下的发射光谱(e)及其在 365 nm 紫外光下的照片(f)

除上述单核 Ir(Ⅲ)络合物外，苏忠民等还合成了一系列双核 Ir(Ⅲ)络合物，其薄膜量子效率可高达 37%[34]。

3. Pt(Ⅱ)化合物

Komiya 等在一些桥联的拱形反式-双水杨醛亚胺铂(Ⅱ)络合物[图 4.33 中 Pt(Ⅱ)-1～Pt(Ⅱ)-6]中观察到了 AIP 现象，与传统结晶导致发光猝灭相反，这些化合物在晶态发光较溶液和非晶态强[46]。

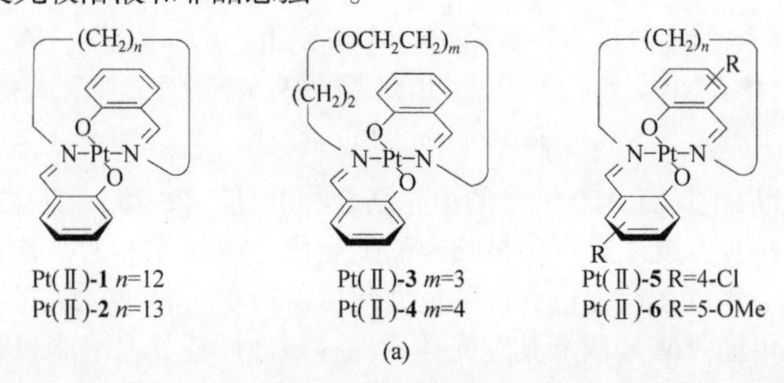

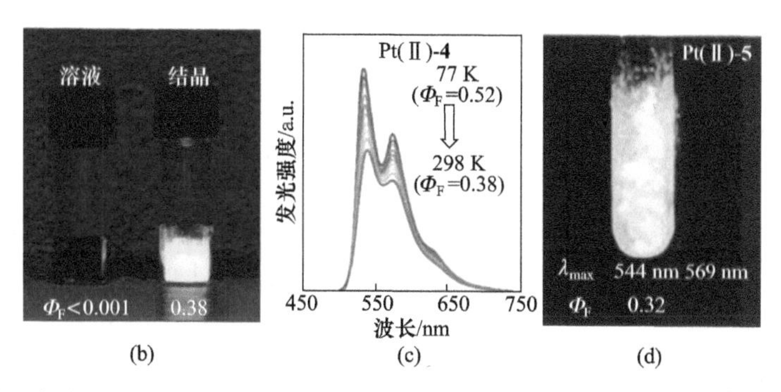

图 4.33　(a) Pt(Ⅱ)-**1**～Pt(Ⅱ)-**6** 的化学结构；(b) Pt(Ⅱ)-**4** 在 365 nm 紫外光照射下的溶液(2×10^{-4} mol/L，2-甲基四氢呋喃)中和晶态在 298 K 时的磷光发射性能的对比；(c) Pt(Ⅱ)-**4** 晶体在 77 K(黑线)和 298 K(红线)之间发光强度的温度依赖性(λ_{ex} = 420 nm)；(d) Pt(Ⅱ)-**5** 在 298 K 时的磷光发射照片(λ_{ex}=365 nm)和量子产率(λ_{ex}=420 nm)

在此基础上，他们进一步制备了手性衣夹型反式-双水杨醛亚胺铂(Ⅱ)络合物，发现能通过超声诱导凝胶来对其磷光发射进行即时精准控制。短链连接的外消旋化合物 Pt(Ⅱ)-**7a** (n = 5) 及长链连接的光学纯化合物 Pt(Ⅱ)-**7c** (n = 7)，其不发光溶液都能在简单低功率超声作用下立即转变为稳定的磷光凝胶(图 4.34)。凝胶发光可以通过配合物的超声时间、链长度和旋光活性控制。实验结果表明，结构独立的手性和非手性化合物的聚集及其聚集体形态的超声控制是提高发光性能的关键因素[47]。

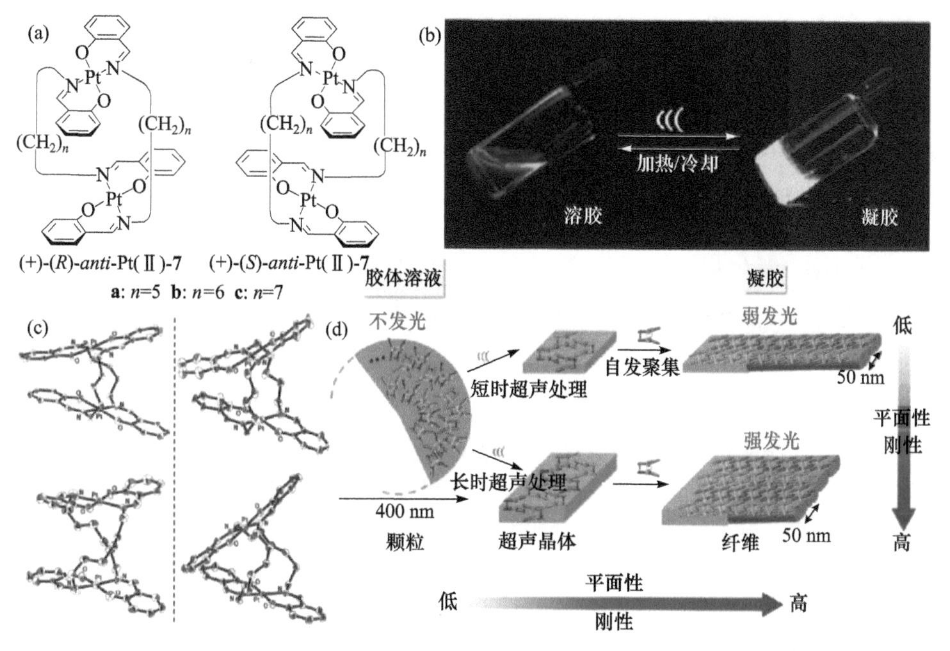

图 4.34　超声诱导的(±)-*anti*-**7a** 凝胶化过程中聚集体形态和构象变化示意图

黄维、赵强等将不同的氮氧化物配体与金属铂配位，得到了一系列金属铂配合物——Pt(Ⅱ)-**8**～Pt(Ⅱ)-**14**(图 4.35)。这些配合物在稀溶液中均不发光，有趣的是，它们表现出 AIP 性质，在晶态的量子产率可以达到 38%。同时，这些 AIP 化合物在聚集状态下的发光颜色可从黄色调节至红色。此外，改变配体结构，得到的 Pt(Ⅱ)-**15** 和 Pt(Ⅱ)-**16** 并不是 AIP 活性的，因此可通过改变氮氧化物配体的化学结构来调节其 AIP 性质。通过实验和理论研究，他们提出了激发态受限变形(restricted deformation excited state，RDES)的 AIP 机理，为合理设计具有可调 AIP 的有机金属配合物提供了可能。由于在聚集状态下具有良好的发光性能，这些 AIE 活性的金属铂配合物具有时间分辨性，利用它们的长磷光寿命可以标记和靶向癌细胞，从而进行生物成像[31]。

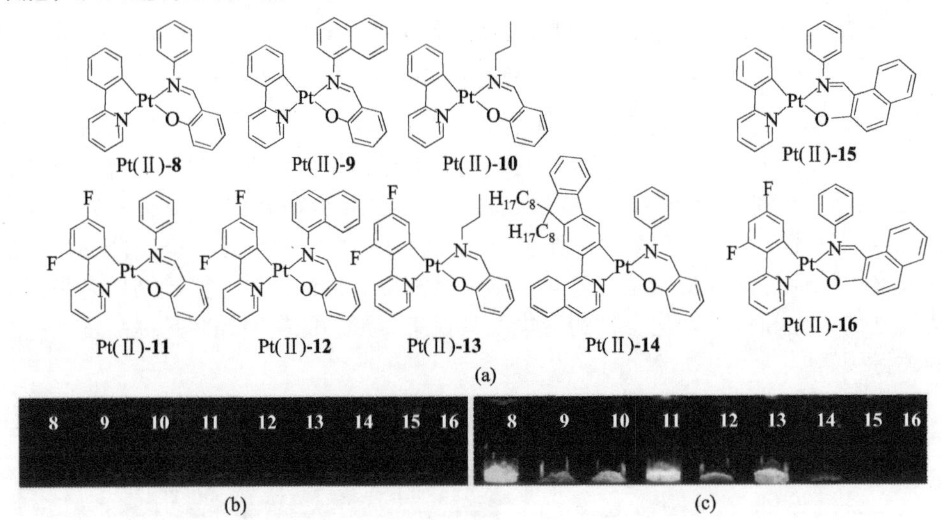

图 4.35 Pt(Ⅱ)-**8**～Pt(Ⅱ)-**16** 的化学结构(a)及其在二氯甲烷溶液中(b)和晶态下(c)的发光图片

4. Au(Ⅰ)配合物

Ito 等在 2008 年合成了络合物 Au(Ⅰ)-**1**(图 4.36)，其在二氯甲烷中的量子产率仅为 1%(418 nm、445 nm、464 nm, τ_1 = 6.1 μs)，其制备固体在研磨前发射与溶液中发射类似，最大发射波长出现在 415 nm，同时在 437 nm、445 nm、459 nm 处出现振动峰，量子产率为 9%[τ_1 = 9.7 μs (0.32), τ_2 = 71.2 μs (0.68)]，固体研磨后，其吸收红移，发射黄光，为最大峰位在 533 nm 的无精细结构的宽发射。与未研磨样品相比，研磨后量子产率增加，寿命变短[Φ_P = 19%, τ_1 = 0.18 μs (0.54), τ_2 = 0.45 μs (0.46)]。研磨后固体经二氯甲烷处理并干燥后，发光颜色和发射带与未研磨样品类似。研磨能将含微晶固体转变成亚稳态非晶态粉末。单晶结构分析显示，Au 与 Au 之间的最短距离为 5.19 Å，远大于正常的 Au—Au 化学键的距离(2.7~3.3 Å)，这说明金属间的作用很弱。同时由于缺乏其他有效的分子间作用力(如 C—H···π 等作用)，分子间很容易发生滑移，从而影响其发光性质[48]。

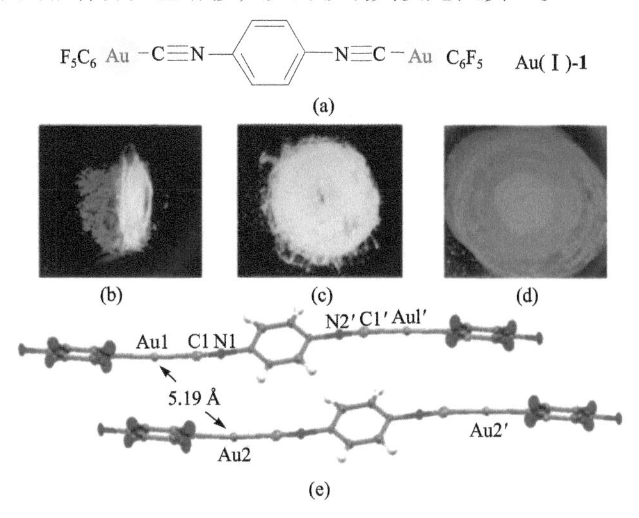

图 4.36 (a) Au(Ⅰ)-**1** 的化学结构；(b)～(d) 在 365 nm 紫外光照射下拍摄的 Au(Ⅰ)-**1** 的照片：(b) 用研杵研磨右半部分后的 Au(Ⅰ)-**1** 粉末、(c) 完全研磨的粉末、(d) 二氯甲烷处理后的粉末；(e) Au(Ⅰ)-**1** 的蓝色发光晶体的晶体堆积的局部视图

刘盛华等制备了一种具有 AIP 和热致发光变色转换性质的络合物 Au(Ⅰ)-**2** (图 4.37)，这一有趣的现象是由分子间 Au···Au 相互作用及纳米聚集体的形成造成的。其在纯乙醇溶液中几乎不发光，而当乙醇溶液中水含量(f_w)达到 40vol%和

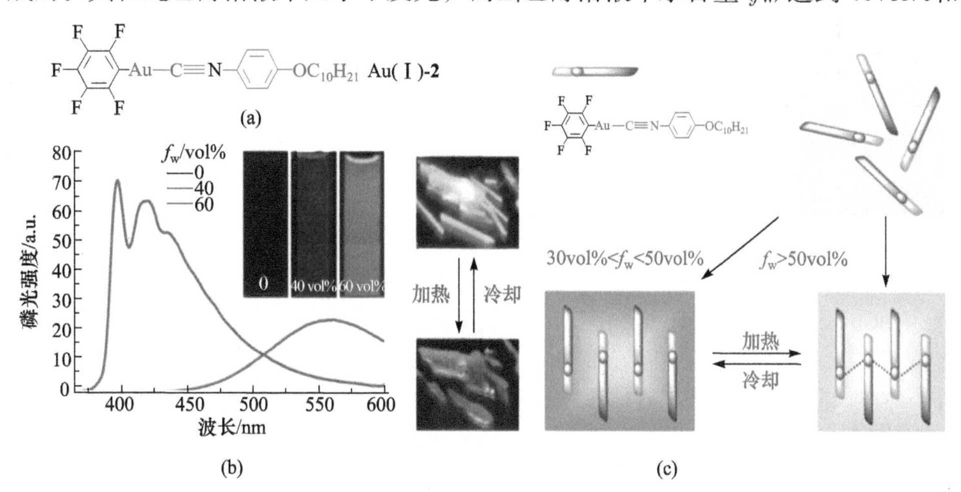

图 4.37 (a) Au(Ⅰ)-**2** 的化学结构；(b) Au(Ⅰ)-**2** (2.0×10^{-5} mol/L) 在不同水含量乙醇/水混合溶剂中的 PL 光谱(λ_{ex} = 310 nm)，插图显示了 Au(Ⅰ)-**2** (2.0×10^{-5} mol/L) 在纯乙醇中及 40vol%和 60vol%的水含量时的荧光发射图像；(c) Au(Ⅰ)-**2** 的热致发光变色转换及其发光变化图示

60vol%时，形成了两种不同的纳米聚集体，分别发射蓝光(402 nm 和 425 nm)和黄绿光(559 nm)，这显示了其典型的 AIP 特征。这一结果显示，这两种类型的纳米聚集体的形成可能是由分子堆积方式的不同及分子间 Au⋯Au 相互作用导致的。除 AIP 现象外，该配合物的另外一种热致发光变色现象也同样被发现。Au(Ⅰ)-**2** 晶体呈现出发射波长在 407 nm 及 428 nm 处的蓝光发射。当温度缓慢增加到 55 ℃以上时，该固体发射出黄绿光(530 nm)，说明亲金作用导致了配体与金属-金属之间电荷转移(ligand to metal-metal charge transfer, LMMCT)激发态的产生。当温度回落至 25 ℃时，其发光颜色及光谱恢复。分子间 Au⋯Au 作用之间的改变、弱的π-π及卤键相互作用，使得蓝光与黄绿光之间可以相互转换[49]。

随后，他们又合成了一系列基于二异氰的双核络合物 Au(Ⅰ)-**3**～Au(Ⅰ)-**5**，其具有相同的臂和不同的桥联单元。三种化合物均表现出 AIP 特性和力致发光变色行为，在研磨作用下，其磷光表现出可逆转换的开-关绿色发光。实验结果表明，多重 C—H⋯F、C⋯F、弱的分子间相互作用的改变及亲金相互作用的形成是 AIP 活性及可开关控制的力致发光变色的关键因素[50](图 4.38)。

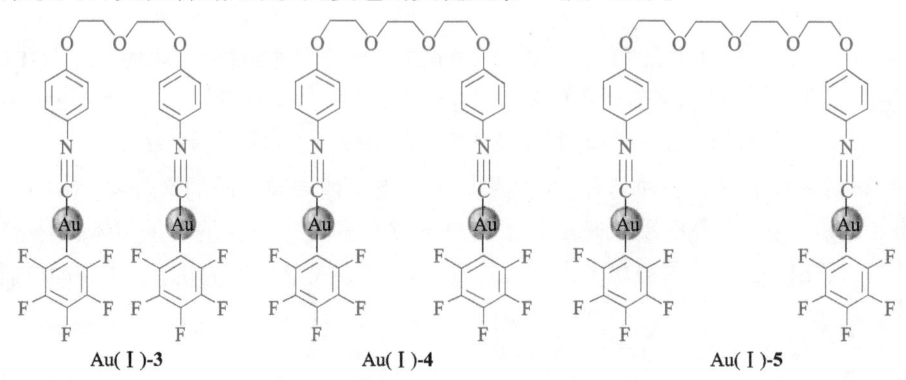

图 4.38 Au(Ⅰ)-**3**～Au(Ⅰ)-**5** 的化学结构

5. Cu(Ⅰ)络合物

Cu(Ⅰ)络合物具有 d^{10} 电子结构，其提供了可调的 RTP(寿命：几微秒)。李富友等将[$Cu(NCCH_3)_4$]ClO_4、3,8-二溴-1,10-菲咯啉(3, 8-dibromo-1, 10-phenanthroline, BrphenBr)及相应的双膦配体进行反应，合成了具有不同构象的双核 Cu(Ⅰ)络合物 Cu-**1**～Cu-**4**(图 4.39)。Cu-**4** 的 $Cu_2Cl_2P_4$ 18 元金属环在晶体中具有 1∶1 的重叠和交错(eclipsed and staggered)构象。络合物固体在空气和湿气条件下均很稳定，这是因为 Cu(Ⅰ)中心、N 和 P 原子中心由于 BrphenBr 及二膦配体的紧密接触而受到高度保护，更为重要的是软的 P 受体的存在及芳香 N 原子的螯合作用。络合物 Cu-**1**～Cu-**4** 在二氯甲烷/己烷混合溶剂中表现出 AIP 行为，这是由分子内旋转受限引起的。此外，化合物在 PBS/DMSO(99∶1，体积比)中的 AIP 行为被成功用来进行 HeLa 细胞成像[51]。

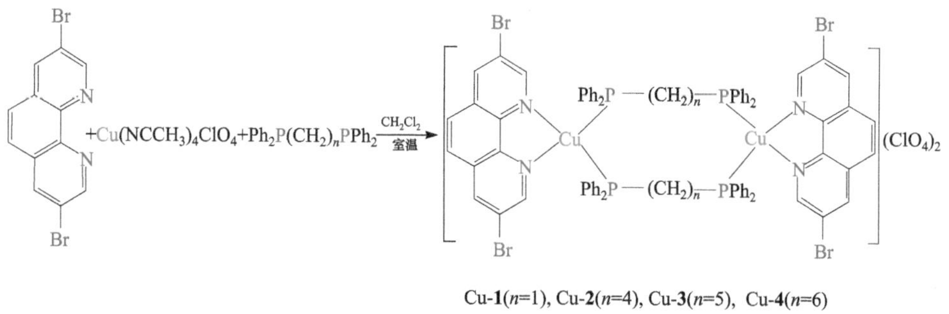

Br　Br　Br　N　N　N　N　N　N　Cu　Cu　Br　Br　Br

$+Cu(NCCH_3)_4ClO_4+Ph_2P(CH_2)_nPPh_2 \xrightarrow[\text{室温}]{CH_2Cl_2}$

$Ph_2P—(CH_2)_n—PPh_2$　$Ph_2P—(CH_2)_n—PPh_2$　$(ClO_4)_2$

Cu-**1**(n=1), Cu-**2**(n=4), Cu-**3**(n=5), Cu-**4**(n=6)

图 4.39　Cu-**1**～Cu-**4** 合成路线

6. 其他单金属络合物

除上述化合物外，目前还报道了一些其他过渡金属络合物也表现出 AIP 行为的例子。室温下，在晶态，磷光通常会减弱，这是由于分子间相互作用常引起能量损失。Nakai 等合成了络合物 Gd(Ⅲ)-**1**^{phe}，其在溶液中不发光，但其晶体(微晶粉末)在室温空气氛围下发射蓝色磷光。有趣的是，其发光颜色还可通过掺杂 1-萘酚来调节。掺杂 1-萘酚后的晶体发光变成浅绿色，这一发现为开发新型光功能 Gd(Ⅲ)络合物及磷光晶体提供了新的视角[52](图 4.40)。

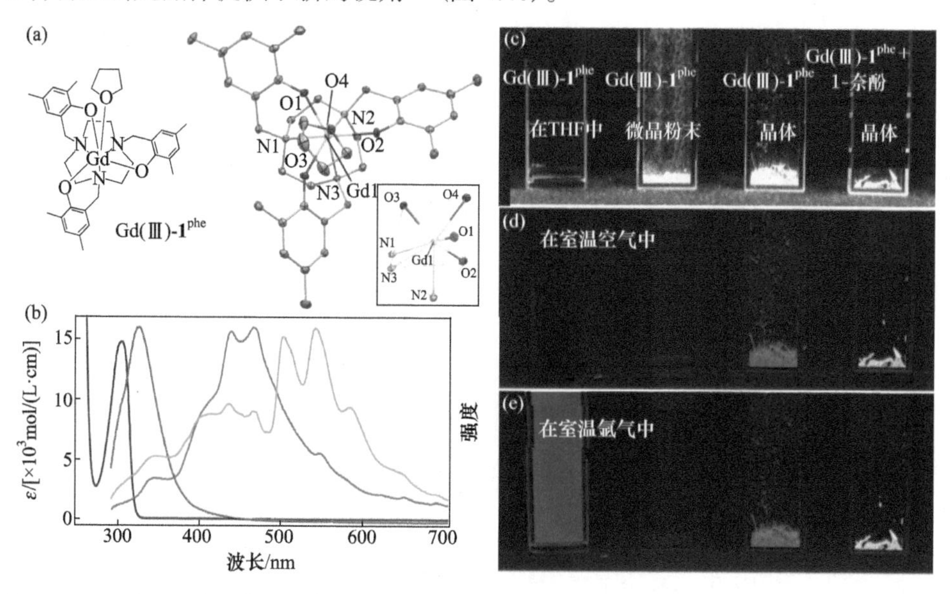

图 4.40　(a)钆(Ⅲ)络合物 Gd(Ⅲ)-**1**^{phe} 及其具有 50%概率的椭球 ORTEP 图，为清楚起见，省略了氢原子；(b)在室温空气中 Gd(Ⅲ)-**1**^{phe} 的紫外-可见吸收(黑色)以及在 THF 溶液中(红色)、晶态下(蓝色)及晶态 Gd(Ⅲ)-**1**^{phe} + 1-萘酚[1-萘酚/ Gd(Ⅲ)-**1**^{phe} = 0.5mol%]时(绿色)的归一化发光光谱(λ_{ex} = 250 nm)；(c)～(e)室温下 Gd(Ⅲ)-**1**^{phe} 在 THF 溶液、微晶粉末和掺杂的结晶粉末状态下的图片：(c)空气和室内光状态，(d)空气和黑暗状态(λ_{ex} = 254 nm)及(e)氩气和黑暗状态(λ_{ex} = 254 nm)

7. 双金属络合物

一些新的均配烷炔络合物[(Au-Cu)-**1**～(Au-Cu)-**4**, R= C_3H_7O、$C_6H_{11}O$、$C_9H_{19}O$、$C_{13}H_{11}O$]由 Au(SC_4H_8)Cl、Cu(NCMe)$_4PF_6$ 及相应烷炔在 NEt_3 存在条件下反应制得。这些络合物在结晶过程中通过亲金属相互作用及氢键聚集成聚合物链。其在溶液中基本不发光，相反，在固态多数都高效发光，最大磷光量子产率高达 95%。尽管这可被看作是近来报道的一些有机和有机金属化合物具有的 AIP 现象，其机理却并不相同，在适当的协同作用下，Au 金属链的形成增强了自旋轨道耦合。理论计算进一步表明金属链阵列通过聚集表现出协同效应，极大地增强了自旋轨道耦合从而增强磷光，因此其在聚集增强发光领域开辟了一个新的方向。这一类聚合物的形成可通过引入刚性桥联单元(如 9-芴基)进行化学阻止，从而在固态形成 Au-Cu-烷炔络合物(Au-Cu)-**5** 分子单元。尽管具有相同的分子式，不同溶剂化物也会影响发光性质。因此，对这些均配烷炔络合物 (R = 脂肪醇基团)，通过改变有机配体的立构化学特性，可获得不同的聚集结构，其发光性质可应用于不同场合[53] (图 4.41)。

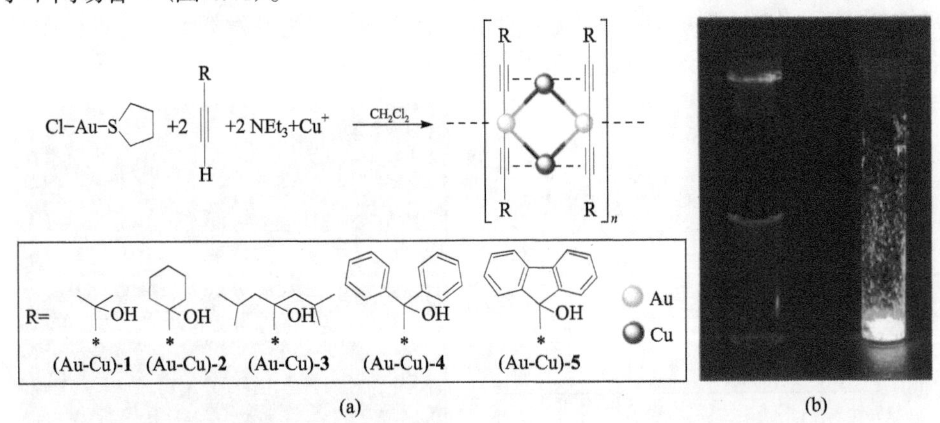

图 4.41 (a)簇化合物(Au-Cu)-**1**～(Au-Cu)-**5** 的合成路线(298 K，1 h，产率 79%～93%)；(b)(Au-Cu)-**3** 在 365 nm 紫外光激发下溶液和晶态固体的图片

4.5.2 纯有机化合物结晶诱导磷光

上述 RTP 仍属于金属有机络合物体系，对于纯有机室温磷光体系，人们的涉猎仍然较少。2010 年，袁望章等发现部分二苯甲酮类化合物、对溴苯甲酸甲酯、4, 4′-二溴联苯等纯有机化合物在普通环境条件下的 CIP 现象：这些化合物在溶液、聚合物薄膜及硅胶薄层层析 TLC 板上都不发光，但在晶态却发射高效磷光(磷光寿命多为数百微秒，个别甚至达到毫秒级，磷光量子产率高达约 40%)。这一发现具有如下意义：①改变了纯有机化合物在室温条件下难以产生高效磷光发射的传统观念；②传统发光化合物在聚集态，特别是晶态会发生严重的发光猝灭，这些化合物则

恰好相反，为人们同时利用化合物在晶态的高载流子迁移率和高效磷光发射提供了契机；③对于纯有机化合物磷光的研究无须低温、无氧等苛刻条件，从而为其基础研究和应用探索提供了便利；④提供了获得纯有机化合物高效室温磷光的“晶体工程”方法。因此，对纯有机室温 CIP 新体系的探索，不仅有利于人们在温和条件下更加便利地研究磷光现象，揭示三线态参与的电子过程，了解化学结构、分子构象、电子能级、各种分子间相互作用(卤键、氢键等)等对室温磷光的影响，而且对获得新型高效室温磷光材料并开发其潜在应用具有重要意义[28]。

1. 二苯甲酮和苯偶酰体系

人们知道 BP 在低温下发射磷光，它的系间窜越效率接近 100%。2010 年，袁望章等发现了 BP 独特的 CIP 现象。BP 分子在质子或非质子溶剂中、吸附在 TLC 板，或在惰性环境中掺杂在 PMMA 薄膜中的非晶态下都仅发射出微弱的荧光。但它在晶态下表现出很强的磷光，溶液量子产率和晶体量子产率分别是 0.001%和 15.9%。与此同时，他们在 BP 的衍生物 DFBP、DCBP、DBBP、BBP、ABP 及 MBB、DBBP′(图 4.42)中都观察到相似的现象，其中 DFBP 的磷光量子产率高达 40%。这些化合物在溶液中不发光归因于分子间的碰撞和(或)分子内运动，这些因素都能够通过非辐射跃迁猝灭激子能量，即便是在刚性的聚合物薄膜中。然而，当溶液、聚合物薄膜、TLC 板上的化合物点冷冻至 77 K 时，都表现出强烈的磷光，这表明构象刚硬化对磷光发射的重要性[图 4.42(c)]。尤其是，当 DFBP 溶液在 TLC 板上连续点 6 次时，它会在点的外轮边缘形成晶体，而在室温下发射磷光。

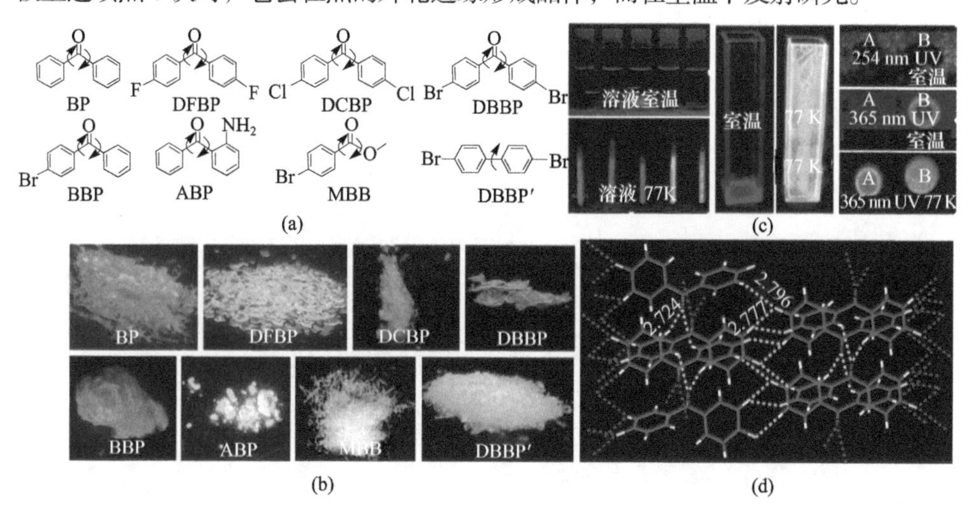

图 4.42　BP 及其衍生物、MBB 和 DBBP′的化学结构(a)和发光晶体的照片(b)；(c)DFBP 在溶液中[从左至右：正己烷、四氢呋喃、二氯甲烷、乙腈、乙醇]和 PMMA 薄膜及 TLC 板上于室温及 77 K 条件下在 365 nm 紫外光照下的照片；(d)DFBP 晶体中分子堆积排列和分子间相互作用的透视图，图内数值单位为 Å

基于以上结论，可以推测晶体状态下的某些特殊作用有助于限制分子内运动，从而产生刚性的分子构象，因此呈现出 RTP。进一步研究了其晶体结构，在 DFBP 晶体中[图 4.42(d)]存在着大量氢键，如 C—H…O(2.724 Å、2.777 Å)和 C—H…F (2.796 Å)。这些分子间作用力可以锁住分子构象，限制分子运动。其他化合物的晶体结构中也存在着多种不同的分子间作用力，如 C—H…O、C—H…X(X=F、Cl、Br)、N—H…O、C—H…π 等氢键，以及卤键 C—Br…Br—C。构象刚硬化是由分子间相互作用引起的分子运动受限导致的，从而使晶态分子在室温下表现很强的磷光。另外，晶格也可以防止生色团因接触猝灭剂(如氧、水)而猝灭，进而提高磷光量子产率。

一般而言，羰基和非共平面的构象有利于自旋轨道耦合，从而促进最低单线态(S_1)到最低三线态(T_1)的系间窜越过程，增强磷光产生概率。与 BP 相比，BZL 含有更多的羰基和更扭曲的结构。因此，苯偶酰可能也具有 CIP 的性质。将其溶解在无氧的有机溶剂中或者点在 TLC 板上均不发光，但在晶体中发射绿色磷光，寿命为 142 μs(图 4.43)。图 4.43(e)展示了 BZL 在晶体中的分子排列，可以看到分子间有大量的非典型氢键 C—H…O(2.416 Å、2.417 Å、2.482 Å、2.483 Å)，相邻的 6 个分子又形成三维空间网络。这种三维空间网络紧紧地固定住苯环和羰基，因此使分子构象刚硬化，减少了由分子运动引起的激发态能量耗散。此外，BZL 的高度扭曲结构可防止在晶体中形成不利于发光的物种(如激基缔合物和激基复合物)，从而表现出较强的 RTP。

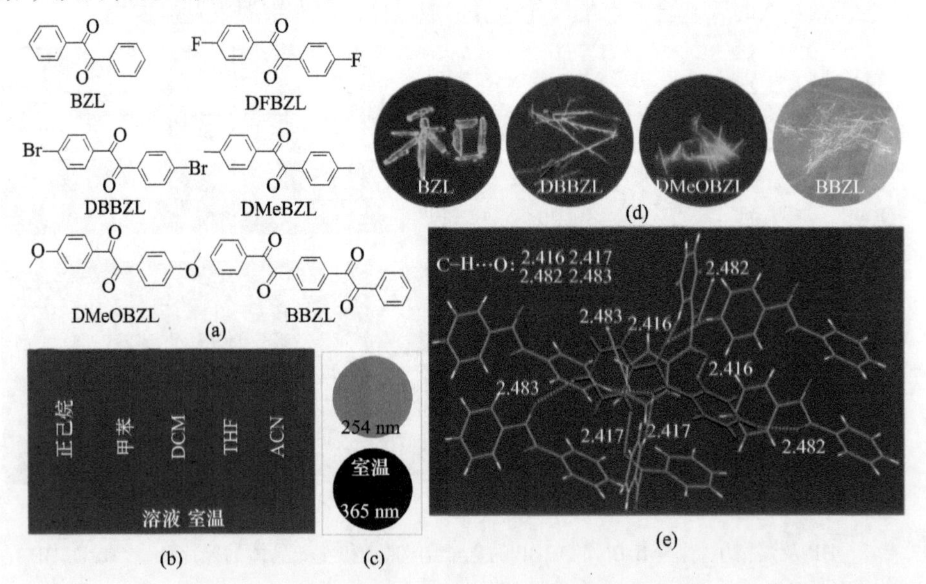

图 4.43 (a)BZL 及其衍生物的化学结构；BZL 在不同的无氧溶剂(365 nm)(b)、TLC 板上(上部：254 nm，底部：365 nm)(c)和 BZL 晶体及其衍生物(365 nm)(d)的照片；(e)BZL 在晶体中的分子堆积，图内数值单位为 Å

除 BZL 外，其衍生物 DFBZL、DBBZL、DMeBZL、DMeOBZL 和 BBZL[图 4.43(a)]同样具有典型的 CIP 性质，它们的最大发射波长分别位于 500 nm、526 nm、505 nm、517 nm 和 584 nm。BBZL 的最大发射波长有显著红移，这是由于它有更大共轭，而且很大程度上提高了自旋轨道耦合并降低了 T_1 与 S_0 之间的能量差[54]。

2. 芳酸芳酯的结晶诱导双发射现象

以上结果表明：晶态时，羰基和有效分子间相互作用有利于 RTP 发射，因为这些因素能够促进自旋轨道耦合和 ISC 过程，并使得分子构象刚硬化。由于芳酸中羧基(—COOH)的存在和它在晶态时有效的氢键相互作用，所以其可能具有 RTP 发射。研究发现，对苯二甲酸[TPA，图 4.44(a)]在溶液中或 TCL 板上几乎不发光，在晶态时能够同时发出荧光[包括瞬时和延迟荧光(delayed fluorescence, DF)]和 RTP，表现出独特的结晶诱导双发射(crystallization-induced dual emission, CIDE)行为。如图 4.44(b)和(c)所示，在 THF 中，TPA 在 319 nm 处发射荧光，量子产率仅为 0.57%，而其晶体在 388 nm 处发射强蓝光，量子产率达到 8.4%。在延迟 0.5 ms 之后，TPA 晶体分别在 392 nm 和 511 nm 处呈现明显的峰和肩峰，分别对应 DF 和 RTP 发射。瞬态光致发光(photoluminescence, PL)测试表明，在 380 nm 处分别存在着寿命为 0.53 ns 和 0.16 ms 的发射种，这可以确认瞬时荧光和 DF

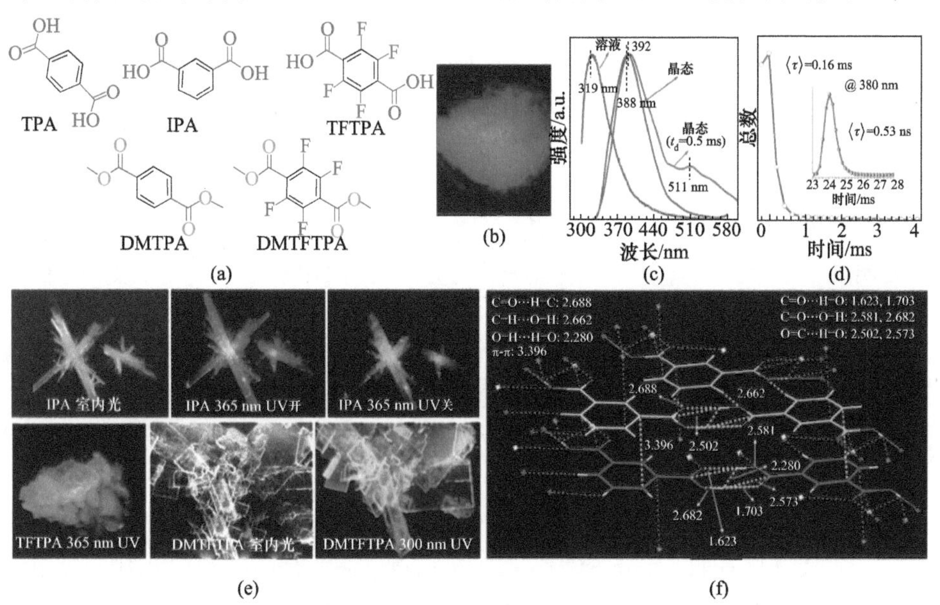

图 4.44　(a)具有 CIDE 特征的芳酸芳酯的化学结构；(b)在 365 nm 紫外光下拍摄的 TPA 结晶粉末的照片；(c)TPA 溶液和结晶粉末的 PL 光谱，t_d 为 0 和 0.5 ms；(d)在 380 nm 处监测的 TPA 结晶粉末的荧光发射衰减曲线；(e)在室内光或紫外光下拍摄的 IPA、TFTPA 和 DMTFTPA 的照片；(f)IPA 中局部分子堆积排列，图中数值单位均为 Å

[图 4.44(d)]的存在。在纯有机化合物，尤其是不含有金属配体和重原子的纯有机化合物中，这种双发射现象仍很罕见[55]。

间苯二甲酸(IPA)和四氟对苯二甲酸(TFTPA)(图 4.44)是同分异构和氟原子取代效应影响发光但不改变 CIDE 性质的例证。在溶液状态时，IPA 和 TFIPA 都不发光(量子产率 ⩽ 0.33%)，而它们的晶体分别在 380 nm 和 367 nm 处发射强蓝光，量子产率分别为 15.3%和 2.0%。此外，在关闭紫外激发光源后，IPA 晶体仍发射绿色的超长寿命 RTP(506 nm，寿命 290 ms)。以 IPA 为例，如果从芳酸的分子堆叠角度来看，就容易理解 CIDE 的发光机理。IPA 晶体中存在大量的分子间相互作用，并形成了 3D 分子间相互作用网络，将化合物构象刚硬化，因而能够显著地降低非辐射跃迁导致的能量耗散，从而增强荧光和磷光发射。理论计算数据也很好地支撑了这些实验结果。

芳酸对应的芳酯也存在 CIDE 现象。图 4.44(e)表明二甲基四氟对苯二甲酸(DMTFTPA)晶体发射强蓝光，这和其在溶液中的微弱发光形成鲜明对比。芳酯晶体中虽然没有典型的氢键作用，但仍存在其他有效的分子间作用力，这使得芳酯结构刚硬化，从而产生双发射。

3. 纯有机超长寿命 RTP 化合物

上面提到的 IPA 晶体在环境条件下表现出超长寿命 RTP，这对纯有机发光化合物而言更加罕见。基于 CIP 现象，依据 $\langle\tau\rangle_p = 1/(k_r + k_{nr} + k_q)$ 可以推断，若能获得合适 k_r 值，且非辐射跃迁和猝灭等因素能够得到足够抑制，就可以获得超长寿命 RTP。CZBP 晶体在紫外灯照射下发出明亮的白光，且在关闭激发光源后能够观测到长达数秒的橙色 RTP(图 4.45)。CZBP 晶体的 PL 测试研究发现，它在 436 nm 处出现发射峰，而在延迟 0.5 ms 之后，除原发射峰外，还在 552 nm、569 nm 及 597 nm 处出现了 3 个新的发射峰，前者和后者分别对应 DF 和 RTP。寿命测试也确认了 CZBP 的双发射性质，CZBP 瞬时荧光和 RTP 的寿命分别是 3.52 ns 和 517.87 ms。在晶态时，溴代化合物 BCZBP 和 DBCZBP 表现出双发射性质，它们在室温下分别发射蓝光和绿光。BCZBP 和 DBCZBP 在环境条件下都没有超长 RTP 寿命，而在低温 77 K 时发射超长寿命磷光，这说明重原子并不是超长寿命 RTP 消失的主要因素[56]。

图 4.45(e)和(f)给出了 CZBP 和 BP 的晶体结构，其中均含有大量的 C—H⋯O、C—H⋯H—C 和 C—H⋯π 分子间作用力，而这些短程接触在 CZBP 中更强、距离更短。同时 CZBP 晶体中通过分子间相互作用运动受抑的氢原子比例(6/17)要比 BP 分子中(2/10)更大，因此能更有效地阻止 C—H 键伸缩振动引起的高能非辐射跃迁(0.37 eV)。CZBP 分子晶体也拥有比 BP 分子更紧密的排列，其晶体密度可以证明这一点(CZBP: 1.3325 g/cm^3, BP: 1.2316 g/cm^3)。上述因素和晶格隔离猝灭剂作用协同导致 k_{nr} 和 k_q 值显著减小，从而使 CZBP 具有超长寿命 RTP 性质。同时，

溴代化合物 BCZBP 和 DBCZBP 都具有较短的 RTP 寿命，这主要归结于它们的构象刚硬化程度低而不是重原子效应，因为这两种晶体在低温条件下都具有超长寿命磷光。

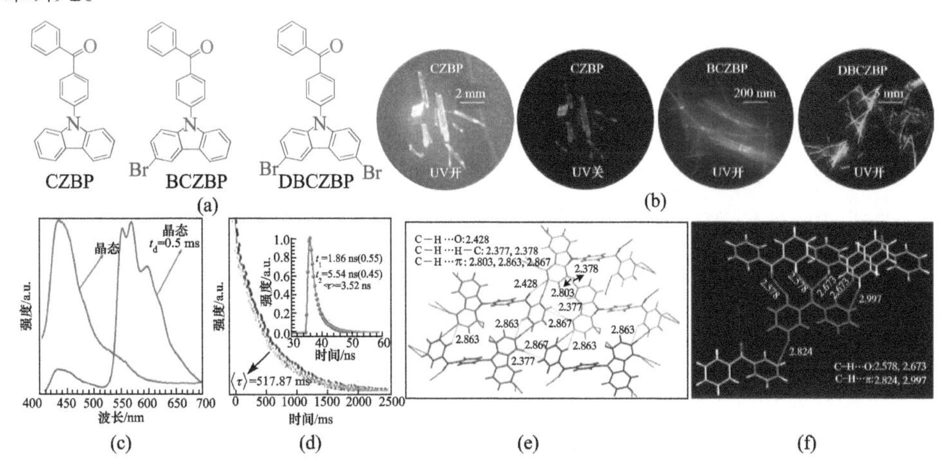

图 4.45　CZBP、BCZBP 和 DBCZBP 的化学结构(a)和发光晶体的照片(b)；CZBP 晶体的瞬时/延迟发射光谱(c)和磷光/荧光衰减曲线(d)；CZBP(e)和 BP(f)的单晶结构和分子堆积，图内数值单位为 Å

还需要指出的是，CZBP 晶体同时具有蓝色荧光和橙色磷光发射，因而可观测到白光发射。这种现象很少在单一纯有机化合物中观察到，其意味着荧光-磷光双发射策略获得单分子白光的可能。

4. 其他 CIP 体系

最近，CIP 现象在其他体系中也有发现。图 4.46 展示了具有 CIP 特性的含有杂原子 S 和 Te 的纯有机化合物。一系列硫功能化的苯分子在溶液中不发光，但

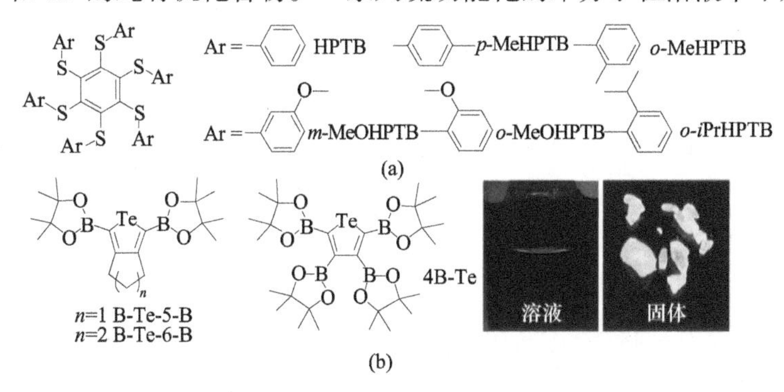

图 4.46　(a)过硫苯分子的化学结构；(b)硼酸频哪醇酯封端的碲吩的化学结构和在 365 nm 紫外光下拍摄的 B-Te-6-B 在溶液中和固体的照片

在晶态表现出很强的绿色 RTP，量子产率达 100%。这主要是由于减少了分子内运动，当然因取代基产生的构象异构体、旋光异构体也都会对其产生影响。何刚等报道了许多带有 BPin 侧链的碲基苯在惰性环境中固体状态下发出很强的磷光[图 4.46(b)]。它揭示了化合物中 Te 和临近的硼酸频哪醇酯对 RTP 发射必不可少。而且，当掺杂到 PMMA 薄膜中，这些分子也具有显著的磷光，其 RTP 量子产率约为 11.5%。这种在非晶态下显现较高效的 RTP 还较为少见，这是由于分子构象刚硬化的同时隔绝了氧气和水分等猝灭剂[57]。

许多研究也努力探索取代基和重原子对 CIP 化合物光物理性质的影响。例如，Shimizu 等报道了一类基于 1, 4-二芳酰基-2, 5-二溴苯的纯有机 CIP 化合物[1a～1e, 图 4.47(a)],它们的晶体发射强烈的 RTP，在溶液中和掺杂在聚合物薄膜中则不发光。当化合物接上不同的取代基时，磷光颜色从蓝色变为绿色，磷光量子产率为 5%～18%[58]。Shi 等研究了二溴苯衍生物中的重原子效应，他们发现含有两种 Br 原子的 $PhBr_2C_6Br_2$ 及 $PhBr_2C_8Br_2$ 与 $PhBr_2C_6$ 和 $PhBr_2C_8$ 相比，有更高的量子产率(高达 21.9%)，因为前者在晶体状态下重原子相互作用较后者强[图 4.47(b)][59]。最近，与扭曲的 BP、BZL 和 1, 4-二芳酰基-2, 5-二溴苯不同，Maity 等发现尽管 BaA[图 4.47(c)]是平面结构，其也具有 CIP 性质[60]。

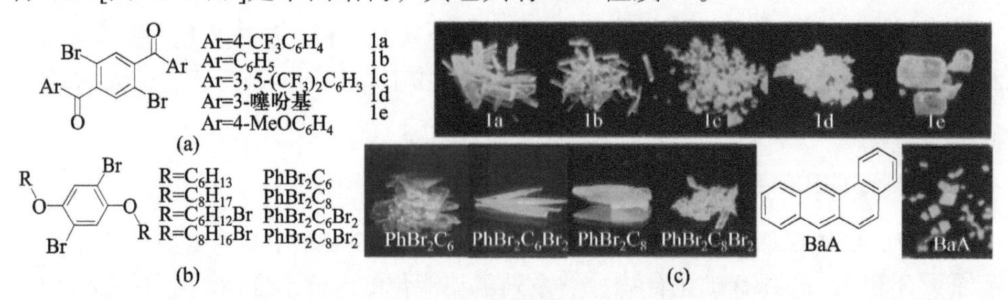

图 4.47 365 nm 紫外光下双(芳酰基)-苯衍生物(a)、二溴苯衍生物(b)和 BaA(c)的化学结构和照片

Kim 等报道了利用导向重原子效应(directed heavy atom effect，DHAE)来获得新的 RTP 化合物。他们利用易产生三线态的芳醛和促进三线态过程的重原子 Br，通过 DHAE 使其化合物在晶体中产生磷光现象。虽然共平面结构会使激子本身在一定程度上猝灭，单组分晶体(如 Br6A)仅有很低的 RTP 量子产率。但当将其掺杂到作为主体的结构类似晶体(如 Br6，其醛基被 Br 原子取代)中时，RTP 量子产率急剧提高(55%)，这是因为主体提供了卤键骨架，同时没有发色团猝灭。根据这一设计原理，他们合成了一系列有重原子的化合物及其类似客体，在混合晶体中实现了可调节的 RTP(蓝色到橙色，图 4.48)[24]。

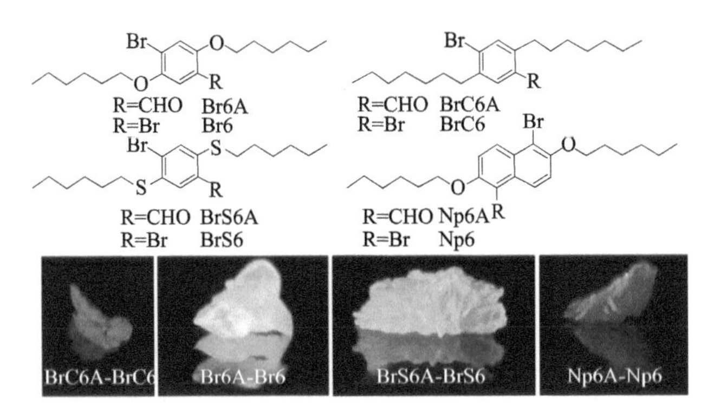

图 4.48　各种溴化芳香醛和相应的二溴化合物的化学结构及在紫外光照射下拍摄的混合晶体的照片

除单一组分匀晶外，共晶也能展现高效 RTP。晋卫军等利用 DITDFB 作为卤键供体，多环芳烃(PAHs，如萘、菲、芘、咔唑、氟、氧芴)、二苯并噻吩等作为 π 型卤键受体，成功获得了具有 RTP 发射的共晶[图 4.49(a)][61]。图 4.49(b)展示了分别具有绿色和橙色 RTP 的 Nap-DITFB 和 Phe-DITFB 共晶。在这些共晶中，重原子 I 显著地促进了自旋轨道耦合，从而促进磷光发射。而且，DITFB 也作为固体稀释剂减少了发光化合物的自身猝灭。因此基于 C—I⋯π 卤键等分子间相互作用构造共晶，为获得具有 CIP 性质的发光化合物提供了一种新方法。同样，d'Agostino 等通过机械化学方法制备出了 DPA-DITFB(Ⅰ)、DPA-2DITFB(Ⅱ)、*t*Stb-DITFB(Ⅲ)、*t*Stb-2DITFB(Ⅳ)(DPA：二苯乙炔，*t*Stb：反式二苯基乙烯)共晶。因为外部重原子效应，基于化学计量，共晶Ⅰ和Ⅲ同时发射荧光和磷光，但Ⅱ和Ⅳ在室温下仅发射磷光。这一工作证明可通过化学计量调节化合物光物理性质[61-64]。

F F I I F F DITFB　萘　菲　芘

芴　二苯并呋喃　二苯并噻吩　咔唑

二苯乙炔　反式二苯基乙烯

(a)

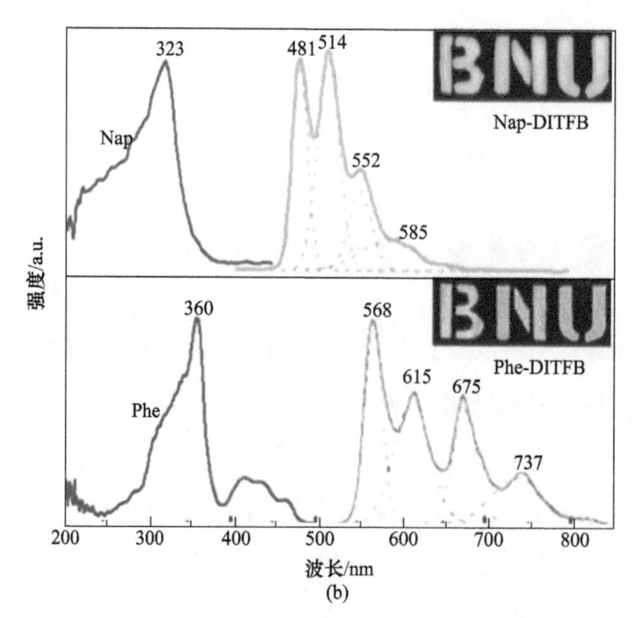

图 4.49 (a)DITFB 和其他发光体的化学结构；(b)Nap-DITFB(绿线)和 Phe-DITFB(黄线)的磷光激发(蓝线)和发射光谱

5. 总结

尽管 CIP 发光化合物取得了令人振奋的进步，但目前依然存在着许多基础科学问题与技术挑战：①通过分子工程和(共)晶体工程调节发光的颜色及效率，如通过(共)晶体来产生 RGB 色彩和白光；②利用 CIP 机理制备高效(量子产率>30%)的 RTP 材料；③构造具有超长寿命 RTP 的纯有机发光化合物并解释相应的机理，同时平衡 RTP 的效率与寿命；④CIP 化合物的普适设计方法；⑤设计合成具有非典型生色团的高效 RTP 化合物及其机理探究；⑥发展这些化合物在生物、医疗及光电领域的潜在应用。不过，我们仍然相信对于这个不断更新的领域的进一步探索必将解决上述挑战，揭示三线态激子相关的物理过程，并发现更多具有不同新兴应用的 RTP 化合物。

4.5.3 RTP 体系的应用

上述化合物在离子与炸药检测、力致发光变色智能材料、生物影像、氧气检测、防伪等领域已经有相应的应用示例，未来，其有望在疾病诊疗、有机光电器件等领域开发出新的更广阔的应用前景。

1. 在生物影像方面的应用

对于高效 CIP 化合物，将少量稀溶液加入不良溶剂搅拌或超声分散，然后将溶剂挥发，可得到磷光化合物晶态纳米粒子。或先将磷光化合物溶液与生物大分子[如牛血清白蛋白(bovine serum albumin, BSA)]超声分散混合，形成生物分子包覆的磷光纳米粒子，然后加入适当交联剂交联，最后通过旋蒸除掉有机溶剂。图 4.50 给出了磷光纳米粒子的制备示意图，所得具纳米用于细胞成像有效地避免了生物体系自发射荧光的干扰，使所得信号更加清晰，从而更真实地反映生物体系各区域的情况。

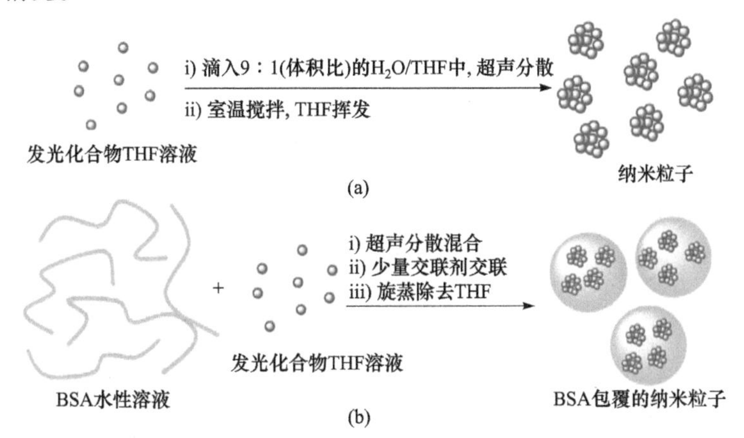

图 4.50　CIP 化合物纳米粒子制备示意图

2. 在有机光波导方面的应用

一维有机材料具有特殊的光学性质和电学性质，可被应用于光波导器件等。图 4.51 给出了 DBZL 微晶的光波导性质[54]。

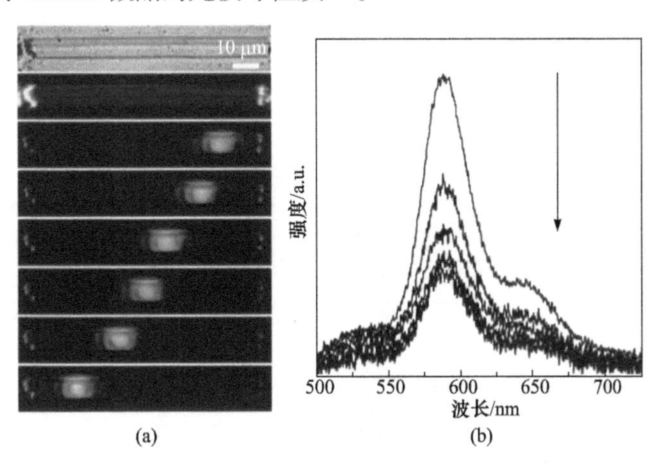

图 4.51　DBZL 的微晶光学显微照片及其光波导数据

3. 用作力致发光变色智能材料

某些 CIP 化合物，其晶体在外力刺激(如研磨)下，会转变为亚稳非晶态，此时分子间作用力遭破坏，分子振动、旋转变得活跃，从而使磷光消失。加热或溶剂熏蒸可使这些非晶态粉末发生分子重排，重新结晶，从而恢复磷光。这样，化合物就表现出可逆的力致发光变色性质。图 4.52 给出了室温磷光化合物用作力致发光变色材料的示意图。以 CZBP、BCZBP 及 DBCZBP 为例，图 4.53 给出了其力致发光变色照片、发射光谱及样品的粉末 XRD 图[56, 65]。

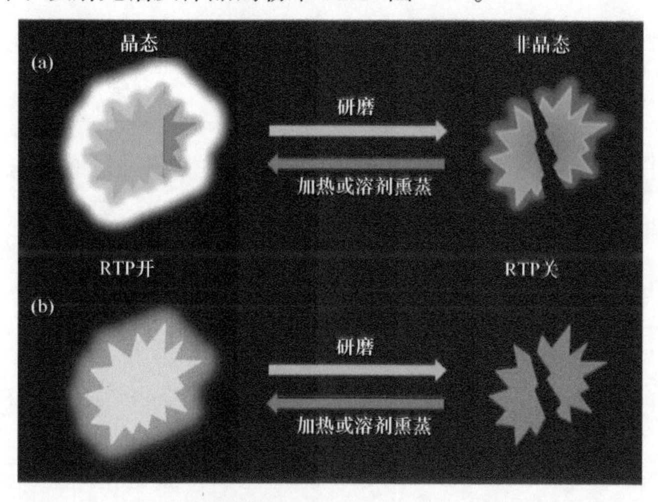

图 4.52 荧光-磷光双发射体系(a)及纯磷光体系(b)的力致发光变色示意图

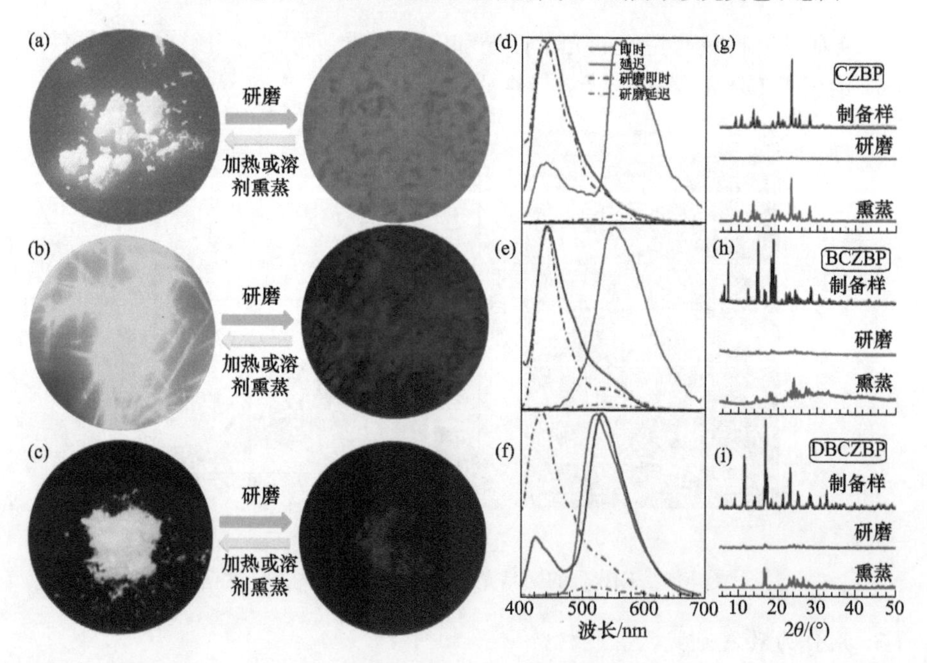

图 4.53 CZBP[(a)、(d)、(g)]、BCZBP[(b)、(e)、(h)]及 DBCZBP[(c)、(f)、(i)]在研磨前后的发光照片[(a)～(c)]、发射谱图[(d)～(f)]及 XRD 图[(g)～(i)]

4. 氧气检测

由于三线态激子对氧气极为敏感，利用这一特性可实现磷光体系对氧气的高灵敏度探测，例如，Zhang 和 Fraser 等利用荧光-磷光双发射体系实现了生物组织中少量氧气的灵敏检测。

5. 防伪

长寿命室温磷光体系在紫外灯辐照停止后仍能观测到磷光发射，这一特性对于防伪设计至关重要，可用于高级防伪墨水。

4.6　总结与展望

1）新体系的设计

CIP 是新发现的现象，CIP 体系是新的研究体系。对该体系的深入探索，不仅为在温和条件下研究纯有机化合物的磷光现象、三线态参与的光物理过程和室温磷光机理提供了便利，更为获得室温高效磷光材料提供了新思路，为进一步探索其应用奠定了基础。部分天然产物等非典型发光化合物的结晶诱导双发射（荧光+磷光）现象的研究将深化人们对其中电子过程的认识，其发光机理也将是不同于传统芳香化合物的新机理。

2）新的获得纯有机室温高效磷光化合物的分子设计原则

未来，通过调节化合物的化学结构、分子构象、电子能级、分子间相互作用等来获得新型结晶诱导磷光体系，并对这些体系的电子-分子-不同形态聚集体结构与光物理性质进行系统总结，人们将可能获得纯有机结晶诱导磷光化合物的一般性分子设计原则，从而进一步指导后期的基础研究与应用实践。

3）荧光-磷光单分子白光体系

构筑白光体系在光电和生物领域具有重要应用，利用荧光-磷光双发射体系，合理调节荧光、磷光的波长和比例，将有可能实现单分子白光体系。

4）材料非晶态的磷光发射

目前发现的纯有机高效室温磷光材料多为晶态，因为化合物在非晶态的热运动（振动、旋转）依然活跃，因此非晶态室温磷光的报道很少。但从机理角度考虑，只要化合物在非晶态的构象能够实现某种程度的刚硬化，就可激活其磷光发射。对具有磷光发射能力的化合物而言，获得其非晶态的磷光发射具有重要意义。这不仅可以更加便捷地进行分子设计剪裁，而且应用更加方便。

5）潜在应用的开发

进一步开发高效室温磷光化合物体系在光电、生物、传感等领域的应用将是未来的必然趋势。

参考文献

[1] Joswick M D, Campbell I H, Barashkov N N, Ferraris J P. Systematic investigation of the effects of organic film structure on light emitting diode performance. J Appl Phys, 1996, 80: 2883-2890.

[2] Liu S J, He F, Wang H, Xu H, Wang C Y, Li F, Ma Y G. Cruciform DPVBI: synthesis, morphology, optical and electroluminescent properties. J Mater Chem, 2008, 18: 4802-4807.

[3] Yin S W, Shuai Z, Wang Y L. A quantitative structure-property relationship study of the glass transition temperature of OLED materials. J Chem Inf Comput Sci, 2003, 43: 970-977.

[4] Poriel C, Liang J J, Rault-Berthelot J, Barriere F, Cocherel N, Slawin A M Z, Horhant D, Virboul M, Alcaraz G, Audebrand N, Vignau L, Huby N, Wantz G, Hirsch L. Dispirofluorene-indenofluorene derivatives as new building blocks for blue organic electroluminescent devices and electroactive polymers. Chem Eur J, 2007, 13: 10055-10069.

[5] Wong K T, Chien Y Y, Chen R T, Wang C F, Lin Y T, Chiang H H, Hsieh P Y, Wu C C, Chou C H, Su Y O, Lee G H, Peng S M. Ter(9, 9-diarylfluorene)s: highly efficient blue emitter with promising electrochemical and thermal stability. J Am Chem Soc, 2002, 124: 11576, 11577.

[6] Chen J W, Law C C W, Lam J W Y, Dong Y P, Lo S M F, Williams I D, Zhu D B, Tang B Z. Synthesis, light emission, nanoaggregation, and restricted intramolecular rotation of 1, 1-substituted 2, 3, 4, 5-tetraphenylsiloles. Chem Mater, 2003, 15: 1535-1546.

[7] Tang B Z, Zhan X W, Yu G, Lee P P S, Liu Y Q, Zhu D B. Efficient blue emission from siloles. J Mater Chem, 2001, 11: 2974-2978.

[8] Dong Y Q, Lam J W Y, Li Z, Qin A J, Tong H, Dong Y P, Feng X D, Tang B Z. Vapochromism of hexaphenylsilole. J Inorg Organomet Polym Mater, 2005, 15: 287-291.

[9] Dong Y Q, Lam J W Y, Qin A J, Li Z, Sun J Z, Tang B Z. Vapochromism and crystallization-enhanced emission of 1, 1-disubstituted 2, 3, 4, 5-tetraphenylsiloles. J Inorg Organomet Polym Mater, 2007, 17: 673-678.

[10] Shi J Q, Zhao W J, Li C H, Liu Z P, Bo Z S, Dong Y P, Dong Y Q, Tang B Z. Switching emissions of two tetraphenylethene derivatives with solvent vapor, mechanical, and thermal stimuli. Chin Sci Bull, 2013, 58: 2723-2727.

[11] Luo X L, Zhao W J, Shi J Q, Li C H, Liu Z P, Bo Z S, Dong Y Q, Tang B Z. Reversible switching emissions of tetraphenylethene derivatives among multiple colors with solvent vapor, mechanical, and thermal stimuli. J Phys Chem C, 2012, 116: 21967-21972.

[12] Tian H Y, Tang X, Dong Y Q. Construction of luminogen exhibiting multicolored emission switching through combination of twisted conjugation core and donor-acceptor units. Molecules, 2017, 22: 2222

[13] Dong Y Q, Lam J W Y, Qin A J, Sun J X, Liu J Z, Li Z, Sun J Z, Sung H H Y, Williams I D, Kwok H S, Tang B Z. Aggregation-induced and crystallization-enhanced emissions of 1, 2-diphenyl-3, 4-bis(diphenylmethylene)-1-cyclobutene. Chem Commun, 2007: 3255-3257.

[14] Qian L J, Tong B, Shen J B, Shi J B, Zhi J G, Dong Y Q, Yang F, Dong Y P, Lam J W Y, Liu Y, Tang B Z. Crystallization-induced emission enhancement in a phosphorus-containing heterocyclic luminogen. J Phys Chem B, 2009, 113: 9098-9103.

[15] Yoshii R, Hirose A, Tanaka K, Chujo Y. Functionalization of boron diiminates with unique optical properties: multicolor tuning of crystallization-induced emission and introduction into the main chain of conjugated polymers. J Am Chem Soc, 2014, 136: 18131-18139.

[16] Yamaguchi M, Ito S, Hirose A, Tanaka K, Chujo Y. Control of aggregation-induced emission versus fluorescence aggregation-caused quenching by bond existence at a single site in boron pyridinoiminate complexes. Mater Chem Front, 2017, 1: 1573-1579.

[17] Dong Y Q, Lam J W Y, Qin A J, Li Z, Sun J Z, Sung H H Y, Williams I D, Tang B Z. Switching the light emission of (4-biphenylyl) phenyldibenzofulvene by morphological modulation: crystallization-induced emission enhancement. Chem Commun, 2007, (1): 40-42.

[18] Luo X L, Li J N, Li C H, Heng L P, Dong Y Q, Liu Z P, Bo Z S, Tang B Z. Reversible switching of the emission of diphenyldibenzofulvenes by thermal and mechanical stimuli. Adv Mater, 2011, 23: 3261-3265.

[19] Duan Y X, Ma H L, Tian H Y, Liu J, Deng X B, Peng Q, Dong Y Q. Construction of a luminogen exhibiting high contrast and multicolored emission switching through combination of a bulky conjugation core and tolyl groups. Chem Asian J, 2019, 14: 864-870.

[20] Han T Y, Feng X, Chen D D, Dong Y P. A diethylaminophenol functionalized Schiff base: crystallization-induced emission-enhancement, switchable fluorescence and application for security printing and data storage. J Mater Chem C, 2015, 3: 7446-7454.

[21] Zheng R, Mei X F, Lin Z H, Zhao Y, Yao H M, Lv W, Ling Q D. Strong CIE activity, multi-stimuli-responsive fluorescence and data storage application of new diphenyl maleimide derivatives. J Mater Chem C, 2015, 3: 10242-10248.

[22] Zhao Z J, Chen T X, Jiang S T, Liu Z P, Fang D C, Dong Y Q. The construction of a multicolored mechanochromic luminogen with high contrast through the combination of a large conjugation core and peripheral phenyl rings. J Mater Chem C, 2016, 4: 4800-4804.

[23] Gong Y Y, Tan Y Q, Mei J, Zhang Y R, Yuan W Z, Zhang Y M, Sun J Z, Tang B Z. Room temperature phosphorescence from natural products: crystallization matters. Sci China Chem, 2013, 56: 1178-1182.

[24] Bolton O, Lee K, Kim H J, Lin K Y, Kim J. Activating efficient phosphorescence from purely organic materials by crystal design. Nat Chem, 2011, 3: 205-210.

[25] Narushima K, Kiyota Y, Mori T, Hirata S, Vacha M. Suppressed triplet exciton diffusion due to small orbital overlap as a key design factor for ultralong-lived room-temperature phosphorescence in molecular crystals. Adv Mater, 2019, 31: 10.1002/adma.201807268.

[26] Kawamura Y, Goushi K, Brooks J, Brown J J, Sasabe H, Adachi C. 100% phosphorescence quantum efficiency of Ir(Ⅲ) complexes in organic semiconductor films. Appl Phys Lett, 2005, 86: 071104.

[27] Zhao Q, Li L, Li F Y, Yu M X, Liu Z, Yi T, Huang C H. Aggregation-induced phosphorescent emission (AIPE) of iridium(Ⅲ) complexes. Chem Commun, 2008, (6): 685-687.

[28] Yuan W Z, Shen X Y, Zhao H, Lam J W Y, Tang L, Lu P, Wang C L, Liu Y, Wang Z M, Zheng Q, Sun J Z, Ma Y G, Tang B Z. Crystallization-induced phosphorescence of pure organic luminogens at room temperature. J Phys Chem C, 2010, 114: 6090-6099.

[29] Huang K W, Wu H Z, Shi M, Li F Y, Yi T, Huang C H. Reply to comment on "aggregation-induced phosphorescent emission (AIPE) ofiridium (Ⅲ) complexes": origin of the enhanced phosphorescence. Chem Commun, 2009, (10): 1243.

[30] Yam V W, Wong K M. Luminescent metal complexes of d^6, d^8 and d^{10} transition metal centres. Chem Commun, 2011, 47: 11579-11592.

[31] Liu S J, Sun H B, Ma Y, Ye S H, Liu X M, Zhou X H, Mou X, Wang L H, Zhao Q, Huang W. Rational design of metallophosphors with tunable aggregation-induced phosphorescent emission and their promising applications in time-resolved luminescence assay and targeted luminescence imaging of cancer cells. J Mater Chem, 2012, 22: 22167-22173.

[32] Manimaran B, Thanasekaran P, Rajendran T, Lin R J, Chang I J, Lee G H, Peng S M, Rajagopal S, Lu K L. Luminescence enhancement induced by aggregation of alkoxy-bridged rhenium (Ⅰ) molecular rectangles. Inorg Chem, 2002, 41: 5323-5325.

[33] Fermi A, Bergamini G, Peresutti R, Marchi E, Roy M, Ceroni P, Gingras M. Molecular asterisks with a persulfurated benzene core are among the strongest organic phosphorescent emitters in the solid state. Dyes Pigments, 2014, 110: 113-122.

[34] Li G F, Wu Y, Shan G G, Che W L, Zhu D X, Song B Q, Yan L K, Su Z M, Bryce M R. New ionic dinuclear Ir (Ⅲ) Schiff base complexes with aggregation-induced phosphorescent emission (AIPE). Chem Commun, 2014, 50: 6977-6980.

[35] You Y M, Huh H S, Kim K S, Lee S W, Kim D, Park S Y. Comment on "aggregation-induced phosphorescent emission (AIPE) of iridium (Ⅲ) complexes": origin of the enhanced phosphorescence. Chem Commun, 2008, (34): 3998-4000.

[36] Sathish V, Ramdass A, Thanasekaran P, Lu K L, Rajagopal S. Aggregation-induced phosphorescence enhancement (AIPE) based on transition metal complexes: an overview. J Photochem Photobiol C: Photochem Rev, 2015, 23: 25-44.

[37] Hong Y N, Lam J W Y, Tang B Z. Aggregation-induced emission. Chem Soc Rev, 2011, 40: 5361-5388.

[38] Quartapelle Procopio E, Mauro M, Panigati M, Donghi D, Mercandelli P, Sironi A, D'Alfonso G, de Cola L. Highly emitting concomitant polymorphic crystals of a dinuclear rhenium complex. J Am Chem Soc, 2010, 132: 14397-14399.

[39] Shan G G, Zhu D X, Li H B, Li P, Su Z M, Liao Y. Creation of cationic iridium (Ⅲ) complexes with aggregation-induced phosphorescent emission (AIPE) properties by increasing rotation groups on carbazole peripheries. Dalton Trans, 2011, 40: 2947-2953.

[40] Shan G G, Zhang L Y, Li H B, Wang S, Zhu D X, Li P, Wang C G, Su Z M, Liao Y. A cationic iridium (Ⅲ) complex showing aggregation-induced phosphorescent emission (AIPE) in the solid state: synthesis, characterization and properties. Dalton Trans, 2012, 41: 523-530.

[41] Shan G G, Li H B, Qin J S, Zhu D X, Liao Y, Su Z M. Piezochromic luminescent (PCL) behavior and aggregation-induced emission (AIE) property of a new cationic iridium (Ⅲ) complex. Dalton Trans, 2012, 41: 9590-9593.

[42] Wu Y, Sun H Z, Cao H T, Li H B, Shan G G, Duan Y A, Geng Y, Su Z M, Liao Y. Stepwise modulation of the electron-donating strength of ancillary ligands: understanding the AIE

mechanism of cationic iridium(Ⅲ) complexes. Chem Commun, 2014, 50: 10986-10989.

[43] Zhao N, Wu Y H, Luo J, Shi L X, Chen Z N. Aggregation-induced phosphorescence of iridium(Ⅲ) complexes with 2, 2′-bipyridine-acylhydrazone and their highly selective recognition to Cu^{2+}. Analyst, 2013, 138: 894-900.

[44] Alam P, Karanam M, Roy Choudhury A, Rahaman Laskar I. One-pot synthesis of strong solid state emitting mono-cyclometalated iridium(Ⅲ) complexes: study of their aggregation induced enhanced phosphorescence. Dalton Trans, 2012, 41: 9276-9279.

[45] Alam P, Kaur G, Chakraborty S, Roy Choudhury A, Laskar I R. "Aggregation induced phosphorescence" active "rollover" iridium(Ⅲ) complex as a multi-stimuli-responsive luminescence material. Dalton Trans, 2015, 44: 6581-6592.

[46] Komiya N, Okada M, Fukumoto K, Jomori D, Naota T. Highly phosphorescent crystals of vaulted *trans*-bis(salicylaldiminato) platinum(Ⅱ) complexes. J Am Chem Soc, 2011, 133: 6493-6496.

[47] Komiya N, Muraoka T, Iida M, Miyanaga M, Takahashi K, Naota T. Ultrasound-induced emission enhancement based on structure-dependent homo- and heterochiral aggregations of chiral binuclear platinum complexes. J Am Chem Soc, 2011, 133: 16054-16061.

[48] Ito H, Saito T, Oshima N, Kitamura N, Ishizaka S, Hinatsu Y, Wakeshima M, Kato M, Tsuge K, Sawamura M. Reversible mechanochromic luminescence of [$(C_6F_5Au)_2$(μ-1, 4-diisocyanobenzene)]. J Am Chem Soc, 2008, 130: 10044, 10045.

[49] Liang J H, Chen Z, Yin J, Yu G A, Liu S H. Aggregation-induced emission (AIE) behavior and thermochromic luminescence properties of a new gold(Ⅰ) complex. Chem Commun, 2013, 49: 3567-3569.

[50] Liang J H, Chen Z, Xu L J, Wang J, Yin J, Yu G A, Chen Z N, Liu S H. Aggregation-induced emission-active gold(Ⅰ) complexes with multi-stimuli luminescence switching. J Mater Chem C, 2014, 2: 2243-2250.

[51] Xin X L, Chen M, Ai Y B, Yang F L, Li X L, Li F Y. Aggregation-induced emissive copper(Ⅰ) complexes for living cell imaging. Inorg Chem, 2014, 53: 2922-2931.

[52] Nakai H, Kitagawa K, Seo J, Matsumoto T, Ogo S. A gadolinium(Ⅲ) complex that shows room-temperature phosphorescence in the crystalline state. Dalton Trans, 2016, 45: 11620-11623.

[53] Koshevoy I O, Chang Y C, Karttunen A J, Shakirova J R, Jänis J, Haukka M, Pakkanen T, Chou P T. Solid-state luminescence of Au-Cu-alkynyl complexes induced by metallophilicity-driven aggregation. Chem Eur J, 2013, 19: 5104-5112.

[54] Gong Y Y, Tan Y Q, Li H, Zhang Y R, Yuan W Z, Zhang Y M, Sun J Z, Tang B Z. Crystallization-induced phosphorescence of benzils at room temperature. Sci China Chem, 2013, 56: 1183-1186.

[55] Gong Y Y, Zhao L F, Peng Q, Fan D, Yuan W Z, Zhang Y M, Tang B Z. Crystallization-induced dual emission from metal- and heavy atom-free aromatic acids and esters. Chem Sci, 2015, 6: 4438-4444.

[56] Gong Y Y, Chen G, Peng Q, Yuan W Z, Xie Y J, Li S H, Zhang Y M, Tang B Z. Achieving persistent room temperature phosphorescence and remarkable mechanochromism from pure organic luminogens. Adv Mater, 2015, 27: 6195-6201.

[57] He G, Torres D W, Schatz D J, Merten C, Mohammadpour A, Mayr L, Ferguson M J, McDonald

R, Brown A, Shankar K. Coaxing solid-state phosphorescence from tellurophenes. Angew Chem Int Ed, 2014, 53: 4587-4591.

[58] Shimizu M, Kimura A, Sakaguchi H. Room-temperature phosphorescence of crystalline 1, 4-bis (aroyl) -2, 5-dibromobenzenes. Eur J Org Chem, 2016, 2016: 467-473.

[59] Shi H F, An Z F, Li P Z, Yin J, Xing G C, He T C, Chen H Z, Wang J G, Sun H D, Huang W, Zhao Y L. Enhancing organic phosphorescence by manipulating heavy-atom interaction. Cryst Growth Des, 2016, 16: 808-813.

[60] Maity S, Mazumdar P, Shyamal M, Sahoo G P, Misra A. Crystal induced phosphorescence from benz (*a*) anthracene microcrystals at room temperature. Spectrochim Acta A: Mol Biomol Spectrosc, 2016, 157: 61-68.

[61] Gao H Y, Zhao X R, Wang H, Pang X, Jin W J. Phosphorescent cocrystals assembled by 1, 4-diiodotetrafluorobenzene and fluorene and its heterocyclic analogues based on C—I···π halogen bonding. Cryst Growth Des, 2012, 12: 4377-4387.

[62] Shen Q J, Wei H Q, Zou W S, Sun H L, Jin W J. Cocrystals assembled by pyrene and 1, 2- or 1, 4-diiodotetrafluorobenzenes and their phosphorescent behaviors modulated by local molecular environment. CrystEngComm, 2012, 14: 1010-1015.

[63] Shen Q J, Pang X, Zhao X R, Gao H Y, Sun H L, Jin W J. Phosphorescent cocrystals constructed by 1, 4-diiodotetrafluorobenzene and polyaromatic hydrocarbons based on C—I···π halogen bonding and other assisting weak interactions. CrystEngComm, 2012, 14: 5027-5034.

[64] d'Agostino S, Grepioni F, Braga D, Ventura B. Tipping the balance with the aid of stoichiometry: room temperature phosphorescence versus fluorescence in organic cocrystals. Cryst Growth Des, 2015, 15: 2039-2045.

[65] Li C Y, Tang X, Zhang L Q, Li C H, Liu Z P, Bo Z S, Dong Y Q, Tian Y P H, Dong Y P, Tang B Z. Reversible luminescence switching of an organic solid: controllable on-off persistent room temperature phosphorescence and stimulated multiple fluorescence conversion. Adv Optical Mater, 2015, 3: 1184-1190.

（董永强　袁望章　唐本忠）

第 5 章

吡啶单元的聚集诱导发光材料的分子设计与应用研究

5.1 引言

从 2001 年第一次提出到现在[1]，AIE 已经发展成为在化学和材料学科备受瞩目的研究方向，近年来在物理科学、生命科学等学科领域也引起了科学家的关注。2013 年，汤森路透将 AIE 列为化学和材料科学领域前十研究前沿的第 3 位；2015 年，中国科学院文献情报中心和汤森路透旗下的知识产权与科技事业部联合发布的《2015 研究前沿》将 AIE 列为化学和材料领域研究前沿的第 2 位，且为重点热点前沿。不仅如此，作为一类新概念光电功能材料，AIE 材料在光电子器件、生物与医学成像、环境监测等高科技领域产生了重大影响。2016 年，AIE 材料及相关研究先后被 *Nature* 和《纽约时报》等科学期刊和大众媒体作亮点报道。*Nature* 期刊以“The nanolight revolution is coming”(纳米光革命来临)为题发表科学新闻深度分析，AIE 材料的纳米聚集体(AIE dot)被列为支撑即将来临的纳米光革命的四大纳米材料之一[2]。

在如许繁华的背后，起支撑作用的是 AIE 材料的设计和制备。随着对 AIE 机理认识的深化，研究者分别从分子内旋转受限[3, 4]和分子内振动受限[5]的机理出发，研制出了一系列具有 AIE 性能的分子体系和高分子体系。一个基本的思路是：以一个共轭基团(如乙烯基、丁二烯基、苯环、噻咯、噻吩、吡咯、吡啶、吡嗪、蒽等)为核心，通过单键连接若干可以自由旋转的芳基，构成一个含多个分子内旋转自由度的共轭体系，这样的分子绝大多数具有典型的 AIE 性能。还有一类 AIE 分子，如 THBA(图 5.1)，其结构中并没有能够转动的芳环，而是通过一些柔性的基团将苯环等共轭基元连接起来。在溶液中，这些共轭基元可以轻易地弯曲或振动，从而以非辐射跃迁的方式消耗激发态的能量。聚集态下，分子构象被固定住，从而降低非辐射跃迁速率，使荧光增强，这一机理被称为分子内振动受限。

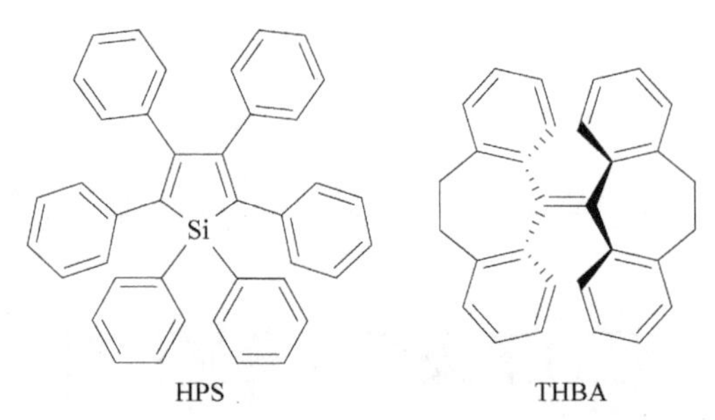

图 5.1 两种典型的 AIE 生色团的化学结构

HPS=1, 1, 2, 3, 4, 5-六苯基硅杂环戊二烯，又称六苯基噻咯；THBA=10, 10′, 11, 11′-四氢-5, 5′-双二苯并[*a*, *d*][7]薁烯

出于功能材料设计的要求，研究者往往会采取特殊的分子设计，让荧光分子除了具有 AIE 性能之外，还具有其他的光物理性质，如扭曲分子内电荷转移(TICT)[6, 7]、激发态分子内质子转移(ESIPT)[8-10]、热致延迟荧光(thermally-activated delayed fluorescence, TADF)[11]等。对于具有电子给体-受体(donor-acceptor, D-A)结构的生色团，其存在着局域激发(locally-excited, LE)态和电荷转移(charge transfer, CT)态[12]。当 D-A 结构之间用可旋转的单键连接时，CT 态在扭曲时更为稳定，被称为 TICT 态。具有 TICT 性质的荧光分子，其发光行为对环境十分敏感，在强极性环境中，发射波长相对于弱极性环境更长，斯托克斯位移更大，发光更弱。由于很多 AIE 分子也是通过具有一定柔性的单键连接的体系，因此 AIE 现象十分容易与 TICT 结合。

ESIPT 是一种光诱导的快速分子内质子转移的过程，分子内氢键是这一分子明显的结构特征，且这些分子往往具有烯醇式(E)和酮式(K)的互变异构[13]。在激发光的作用下，快速的四级结构转化(E-E*-K*-K)赋予其大斯托克斯位移和低自吸收。很多 ESIPT 分子被报道同时具有 AIE 行为。当发光分子三线态(T)和单线态(S)之间的能级差异(ΔE_{ST})足够小时，三线态激发态可以在热的作用下经系间窜越到单线态，在理论上实现 100%的电致发光效率。将 AIE 与 TADF 结合，可以得到高效发光的材料和器件[11, 14, 15]。

以上是从光物理的角度设计和开发新的 AIE 材料体系。从化学角度，通过带有不同性能的基团(如配位基团、螯合基团、pH 响应基团等)和带有各种功能的结构基元(如碱基、肽链、适配体等)来化学修饰 AIE 分子也能够获得一系列兼具 AIE 性能和预期功能的新 AIE 材料。吡啶就是这方面的一个典型例子。吡啶及其衍生物可作为生物制药、精细化工等产品的原料。如图 5.2 所示，虽然它只是一个结构并不复杂的六元杂环化合物，但是它却可能赋予修饰了吡啶基的 AIE 分子碱性、pH 响应性、质子受体、形成氢键、形成吡啶盐(离子化)、发生特殊的氧化还原反应、构筑离子聚合物等丰富多彩的功能。本章对含吡啶单元的 AIE 材料的分子设计与特性研究所取得的若干成果进行总结。

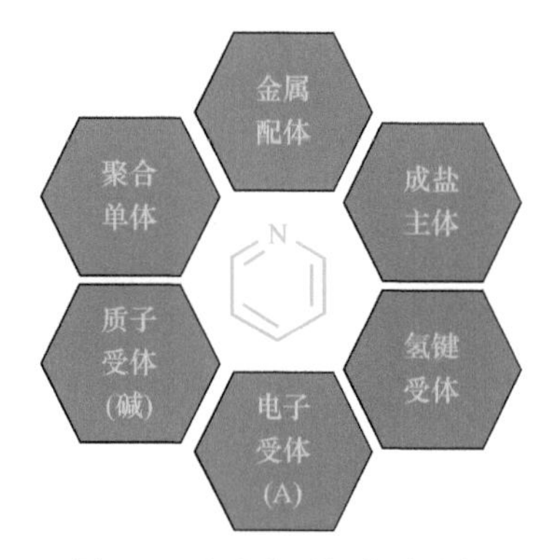

图 5.2 吡啶基团的各种功能

5.2 吡啶修饰的 AIE 分子的种类

5.2.1 用吡啶基团修饰已知的 AIE 小分子

TPE 是最具有代表性的 AIE 生色团，从 TPE 出发，把吡啶基团直接连接在 TPE 的苯环上构建吡啶功能化 AIE 生色团是简单易行的方法。如图 5.3 所示的分子 **1**[16]、**2**[17]、**3**[18, 19]就是将一个或多个吡啶基元与 TPE 通过碳碳单键相连，构成新的 AIE 分子。

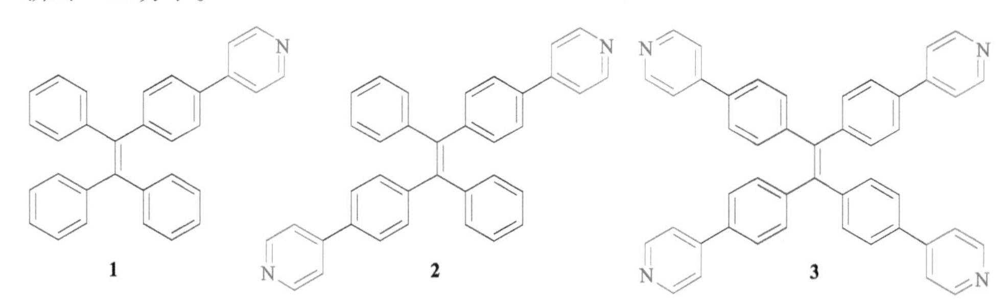

图 5.3 吡啶与 TPE 直接相连构筑 AIE 发光材料

除了通过碳碳单键直接相连，还有多种通过其他化学键间接相连的分子设计。图 5.4 给出了一系列这样的分子。可以通过碳碳双键(乙烯)把吡啶与 TPE 相连，连接的吡啶基元的数目也可以不同(对比分子 **4**、**5**、**6**)。此外，可以通过碳碳三键(乙炔)把吡啶与 TPE 连接起来(分子 **7**)，还可以通过非共轭的烷基链把吡啶与 TPE 连接起来(分子 **8**)，构成新的带有吡啶基的 TPE 衍生物。例如，分子 **8** 将醚键、氨基和吡啶通过烷氧基链与 TPE 连接，保证了氧原子和氮原子之间能够形成合适的空间位置和距离，与 Zn(Ⅱ)螯合，便于应用于生物学中的锌离子检测[20]。

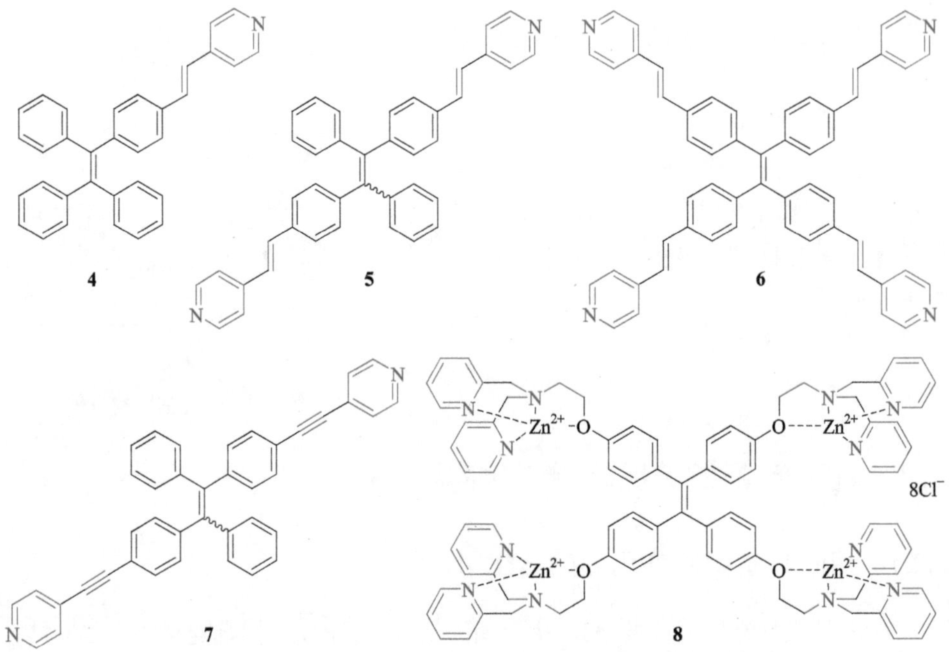

4 **5** **6** **7** **8**

图 5.4　吡啶与 TPE 通过不同的间隔基团相连构筑 AIE 发光材料

研究者在 RIM 理论的指导下，发现和设计合成了多种 AIE 分子，如黄飞鹤与 Stang 教授等合作推出的 9, 10-二乙烯基蒽的衍生物(分子 **9**)[21]及较早期的氰基二苯乙烯衍生物系列(分子 **10**)[22]等(图 5.5)。最近，Qian 等通过经典的 Claisen 缩合反应，得到了一系列两端分别带有吡啶和苯环的β-二酮化合物 **11**～**13**[23](图 5.6)。这 3 种化合物在溶液中均无显著荧光发射，而在固态下则表现出明显的发光，Φ_F 分别为 4%、13%和 7%，表现出 AIE 的性质。

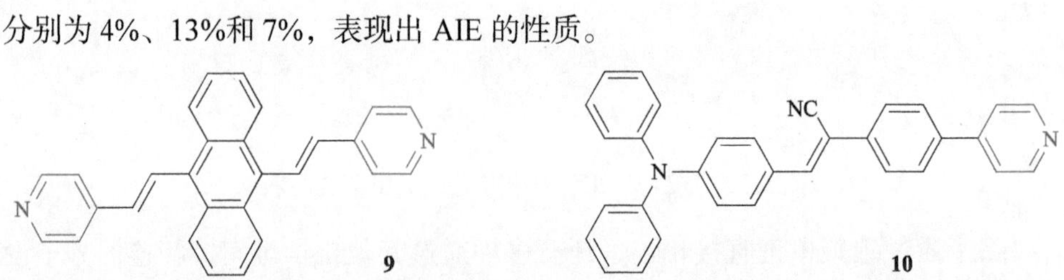

9 **10**

图 5.5　具有代表性的吡啶修饰 9, 10-二乙烯基蒽和氰基二苯乙烯衍生物的分子结构

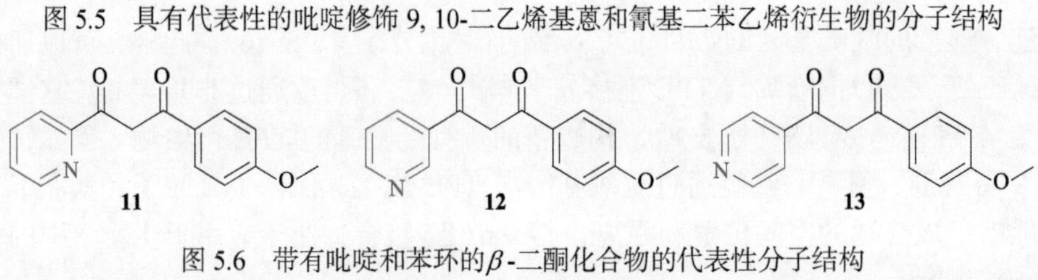

11 **12** **13**

图 5.6　带有吡啶和苯环的β-二酮化合物的代表性分子结构

值得详细介绍的是几例新颖的 AIE 分子的功能设计。Londesborough 等制备了吡啶修饰的碳硼烷分子 **14**，在单晶结构中分子的构象如图 5.7 所示[24]。室温下，其在 THF 溶液中发光微弱，Φ_F 小于 1%，荧光寿命（τ）小于 0.3 ns。在固态下，分子内吡啶配体转动受限，发光显著增强，λ_{em} 为 620 nm，Φ_F 为 7%。Komiya 等报道了一系列双离子型咪唑鎓吡啶醇盐。在溶液中，这些化合物都不能够检测到显著的荧光发射。而在固态下，对于化合物 **15**，无论是通过重结晶得到的晶态，还是经冷冻干燥得到的非晶态，均发射明显的蓝光，Φ_F 分别为 44%和 33%。化合物 **16** 的晶体发射处于绿光范围，Φ_F 为 28%。这些分子在氘代二甲基亚砜（DMSO-d_6）中的 ^{1}H NMR 结果说明，它们的氢原子与空间位置邻近的氧负离子形成了很强的氢键。这种分子间的氢键作用的存在被分子 **15** 的单晶 XRD 结果直接证实（图 5.8），同时单晶结构也表明其分子间不存在面对面的π-π堆积作用[25]。仔细观察单晶结构可以看到两个 **15** 分子形成的共面二聚体，二聚体内部形成了四重分子内和分子间氢键。固态中的 **15** 分子通过多种强氢键作用相互结合，阻止了激发态能量通过分子内旋转的耗散途径。

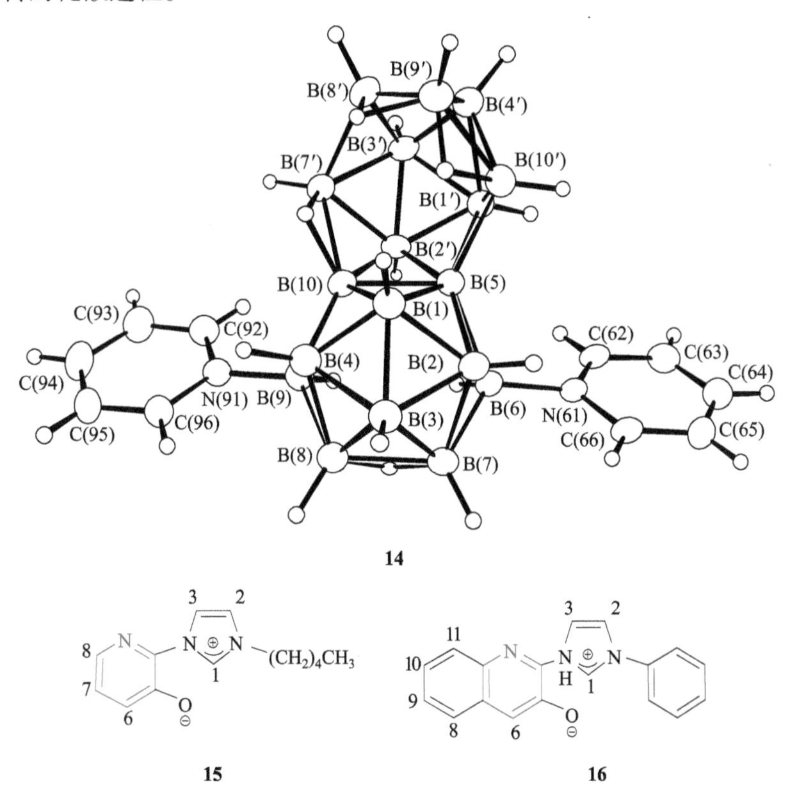

图 5.7　基于 RIM 原则设计的吡啶功能化 AIE 生色团的代表性分子结构

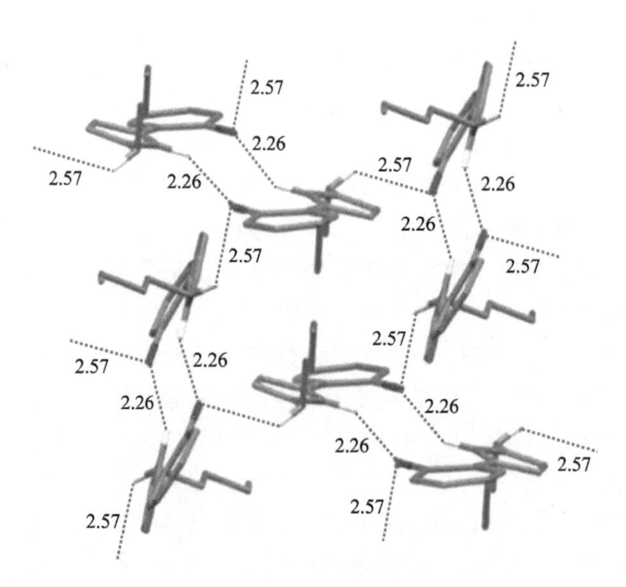

图 5.8 化合物 **15** 的单晶结构

图内数值单位均为 Å

在分子 **11**～**16** 中，吡啶基团自身也是导致 AIE 性能出现的关键元件，而不是只起到化学修饰作用。更有代表性的实例是将 TPE 中的一个或者几个苯环直接用吡啶代替，得到相应的衍生物。图 5.9 展示了 TPE 中的一个苯环被吡啶取代，吡啶杂环上的 N 原子处于邻、间、对位上的 3 种 1-吡啶基-1, 2, 2-三苯基乙烯衍生物的结构(分子 **17**、**18**、**19**)，它们都具有类似 TPE 的 AIE 行为[26]。在分子 **20** 中，TPE 上跨越乙烯双键的 2 对苯环分别被 2 个吡啶环和 2 个噻吩环取代，得到的衍生物虽然因为 N 和 S 原子的极性及增强分子间相互作用而削弱自身的荧光，但是也具有典型的 AIE 行为[27]。

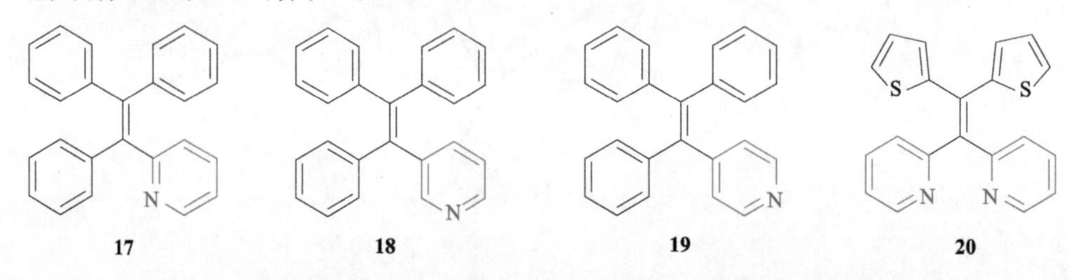

图 5.9 TPE 结构中一个或多个苯环被吡啶基取代得到的衍生物的结构

还有一些含吡啶基团的 TPE 衍生物，其中吡啶基团与 TPE 的连接方式不是化学键或者烷基链等简单的间隔基团，而是一些特殊设计的结构(图 5.10，分子 **21**、**22**、**23**)。例如，分子 **21** 是利用吡啶与三溴化硼的配位和后续的甲基化反应得到的有机硼化合物[28]，该分子表现出不同于经典的 TPE 衍生物的一些特性。

在 10 μmol/L THF 溶液中，分子 **21** 发光微弱，峰位难以分辨，Φ_F 只有 0.4%；而其晶体发光明显增强，发射波长位于 443 nm，Φ_F 高达 99%，AIE 性质极为显著。尽管烷基取代的四配位有机硼化合物常会发生水解反应，然而分子 **21** 却能够在水和空气中保持稳定。这一工作展现了从吡啶修饰的 TPE 衍生物出发，制备新型 AIE 有机硼化合物的路线的可行性。Tang 等通过中心的硅原子同时将吡啶、咔唑与 TPE 相连，得到分子 **23**[29]。这一分子设计将 TPE 的 AIE 性能、咔唑和吡啶的电子给体和受体性能，以及四苯基硅的空间结构等因素相结合，达到了高效率电荷传输的同时保留 TPE 的高效率蓝光发射的目的。

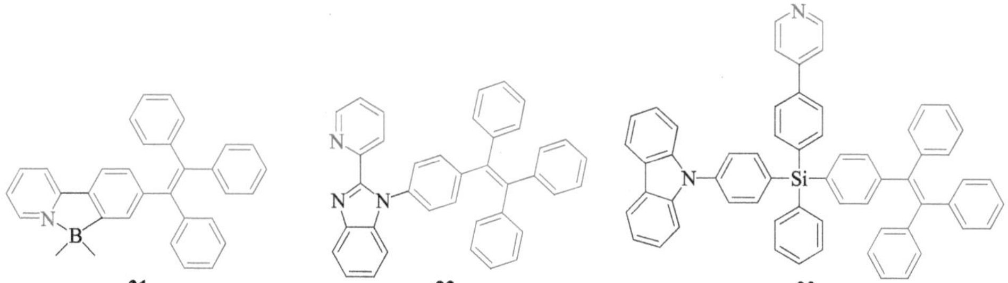

图 5.10　几种含 TPE 结构和吡啶基团的特殊 AIEgen 的结构

5.2.2　吡啶基团作为生色团的 AIE 型的金属有机化合物

在上述研究工作中，吡啶发挥的作用都是 AIE 核心基元（如 TPE、腈基二苯基乙烯、二苯基-β-二酮等）的外围修饰基团，并不是 AIE 性能产生的主导基团。近年来随着对 AIE 材料的深入研究和开发，研究者在以吡啶为配体的金属有机化合物中越来越多地观察到 AIE 现象。事实上，含吡啶基元的金属有机配合物在发光材料领域一直都占有一席之地。这些配合物作为整体呈现光致发光或电致发光的性质，其发光同时包含荧光和磷光的成分，激发态的形成可能来自配体自身的π-π^*跃迁，也可能来自金属到配体、配体到金属、配体内及配体之间的电荷转移（MLCT、LMCT、ILCT、LLCT）等多种跃迁方式共同的贡献[30]。为了精确表述，我们将金属有机化合物与金属配合物分开介绍。根据日本有机金属化学家山本明夫的定义，“金属有机化合物是金属与有机基团以金属与碳原子直接成键而形成的化合物”[31]。在这里，只对吡啶修饰的 AIE 型金属有机化合物进行介绍，其余的配合物体系作为超分子配位组装体进行讨论。

八面体的中心金属配位环境在配合物中最为常见，而 Ir(Ⅲ)配合物在具有 AIE 性质的配合物中是结构最为丰富的一类[32-35]。Climent 等制备了配合物 **24**（图 5.11），其在 THF 溶液中发光微弱，随着水作为不良溶剂的加入，动态光散射（dynamic light scattering, DLS）分析显示体系中形成了粒径为 124～674 nm 的颗粒。与此同时，悬浊液的发光强度也发生了18倍的增强[36]。为了阐明荧光增强的起因，分子**24**的单晶被培养出来，XRD分析结果表明：氯原子与相邻分子PPh_3基团上的氢存在着C—H···Cl作用，距离为2.8002 Å；同时，晶体中还存在着溶剂分子乙腈，其上的氢与相邻配合物中PPh_3基团的苯环存在C—H···π相互作用。基于结构分析结果，作者认为：晶体中的C—H···π相互作用限制了PPh_3基团的苯环的转动，从而阻止了非辐射跃迁，使得荧光增强。

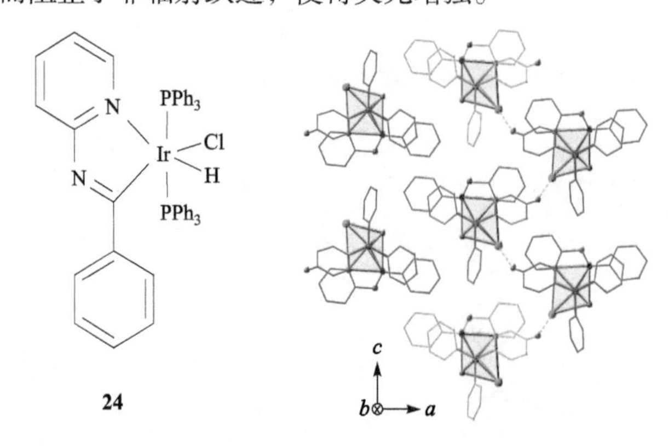

图 5.11 含吡啶基的金属铱有机化合物 **24** 的化学结构及其单晶结构

为了考察聚集诱导荧光增强现象是否为Ir(Ⅲ)配合物体系的普遍现象及吡啶基团的作用，Wu等制备了3种三唑-吡啶配体的Ir(Ⅲ)配合物**25**～**27**(图5.12)[37]。从结构上看，**25**～**27**只有辅助基团的不同；然而从发光行为看，分子**25**在乙腈溶液中有很强的荧光，在固态下发光相对较弱，Φ_{PL}为15.4%，不具有AIE性质。相反，**26**和**27**在乙腈溶液中发光很弱，而固体粉末的Φ_{PL}分别为23.6%和45.3%，具有典型的AIE的性质。通过TD-DFT方法对这3种配合物的HOMO和LUMO进行计算，发现尽管这3种配合物的LUMO大体相似，电子云主要分布在三唑-吡啶配体上，但是HOMO−1的电子云分布却很不相同。其中，分子**25**的HOMO−1电子云主要位于环金属配体上，激发态(T_1)主要来自HOMO−1→LUMO跃迁(91%)，同时具有^{3}MLCT和^{3}ILCT的特征；而分子**26**和**27**的T_1态主要来自HOMO→LUMO跃迁，具有^{3}ILCT的特征(图5.13)。除激发态性质的不同之外，研究者还计算了这3种配合物的黄-里斯因子。该因子是电子态跃迁过程中对振动量子数的修正，用于表征晶格弛豫。比较发现，具有较大端基的**26**和**27**的黄-里斯因子远大于**25**。这意味着对于**26**和**27**而言，激发态的结构弛豫相较于**25**更能够提高非辐射跃迁的速率，降低了它们在溶液中的发光效率。该研究结果与RIM机理预测的结果高度一致。

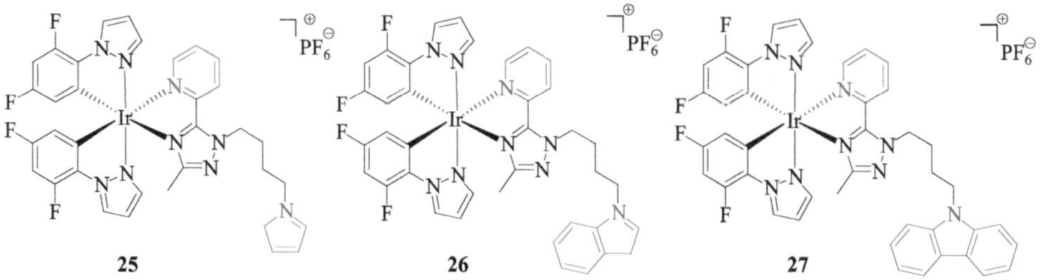

25　26　27

图 5.12　含吡啶基元的具有 AIE 性能的铱-有机配合物的结构

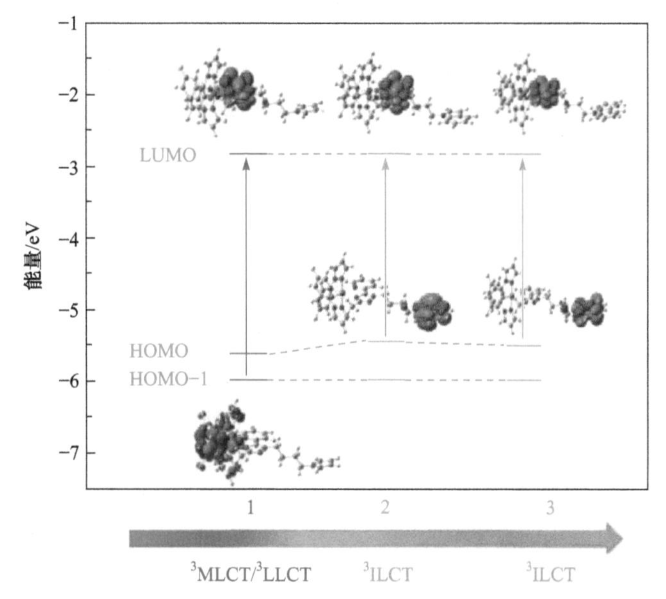

图 5.13　铱金属有机配合物 **25**～**27** 的分子轨道理论计算结果

1、**2**、**3** 分别对应图 5.12 中的分子 **25**、**26**、**27**

与 Ir 形成八面体配合物不同，Pt(Ⅱ)通常作为平面四边形配位环境的中心金属原子/离子。吡啶与 Pt 或 Pt(Ⅱ)形成的很多配合物也具有发光性能，其中一些具有 AIE 性能的品种近几年被不断发掘出来，香港大学任咏华教授是用 Pt(Ⅱ)构筑 AIE 型有机金属化合物研究领域的开拓者。分子结构不对称的分子 **28**(图 5.14)在 THF 溶液中的发光十分微弱，随着水作为不良溶剂的加入，发光显著增强。用该分子制成的固体薄膜的Φ_{PL}为 19.0%，而在纯二氯甲烷溶液中，其Φ_{PL}只有 3%[38]。在溶液中，生色团呈单分子分散状态，芳环的转动消耗了激发态的能量，增强了非辐射跃迁；在聚集状态下，RIR 过程被激活，激发态通过辐射跃迁的方式回到基态，Φ_{PL}大大提高。Cheng 等通过碳碳三键及碳碳三键和一段聚乙二醇(PEG)链，直接用 TPE 对 Pt(Ⅱ)的三联吡啶配合物进行修饰，也得到了系列具有 AIE 性能的产物 **29**、**30**[39]。

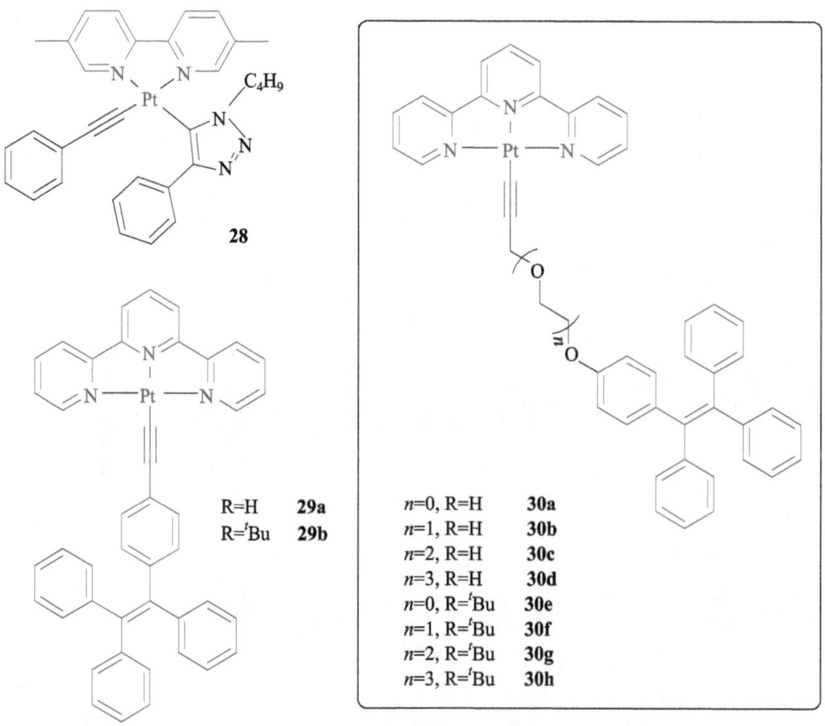

28

R=H 29a
R=^{t}Bu 29b

n=0, R=H 30a
n=1, R=H 30b
n=2, R=H 30c
n=3, R=H 30d
n=0, R=^{t}Bu 30e
n=1, R=^{t}Bu 30f
n=2, R=^{t}Bu 30g
n=3, R=^{t}Bu 30h

图 5.14 具有 AIE 性质的 Pt(Ⅱ)配合物

5.2.3 吡啶基团作为定子的 AIE 分子的设计

在上述研究报道的各种含吡啶结构单元的 AIE 分子中，无论是作为修饰基团，还是作为配体，在 AIE 的 RIR 机理中，吡啶都是分子体系中的“转子”。还有一类含吡啶基的 AIE 分子，其中的吡啶单元被用作定子。尽管这样的 AIE 分子报道很少，但是在结构和性能上有独特之处，本节单独给予介绍。

如图 5.15 所示，4 个给电子的咔唑基团(D)和一个吸电子的氰基(A)通过单键连接到吡啶核上构成分子 **31**[40, 41]。螺旋桨状的空间结构赋予该分子 AIE 性能，D-A 结构使其表现出 TICT 行为。值得指出的是，其第一单线态激发态和第一三线态激发态之间的能量差(ΔE_{ST})仅为 0.07 eV，具有高效的 TADF 性质。吡啶上连接有苯环、氰基和氨基的分子 **32** 在 THF 溶液中发光微弱，随着不良溶剂水的加入，发射强烈的蓝光，也是一种 AIE 分子[42]。

相比分子 **31** 和 **32**，分子 **33** 是一个常见的 AIE 分子。这是众多用 TPE 作为 AIE 分子来改造传统 ACQ 发光基团的典型例子之一[43]。

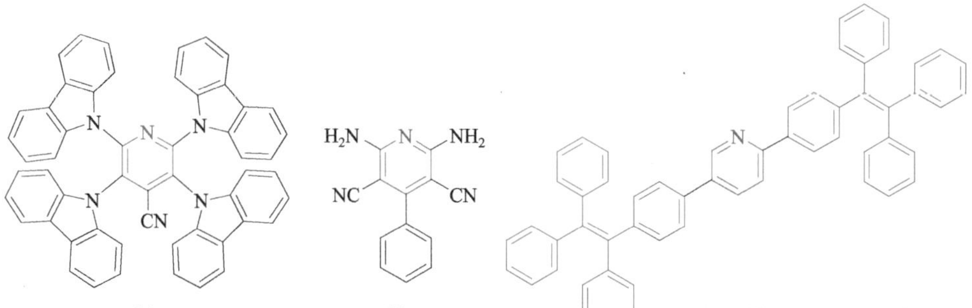

图 5.15 以吡啶基团为“定子”的具有 AIE 性质的代表性化合物

5.2.4 含吡啶盐的 AIE 分子的设计

吡啶的一个特殊化学性质是可以和卤代试剂，特别是卤代烷反应生成吡啶盐，自身由一个弱的电子受体变成强的电子受体，同时使被修饰的产物带上正电荷。此外，不同于通过季铵盐和𬭸鎓盐这样的阳离子，吡啶盐可以与被修饰的结构通过吡啶环进行共轭，这就使得带吡啶修饰基团的 AIE 分子可以在水溶性、极性和电子结构上都有所改变，因此引起广泛关注，也有众多的文献报道。当吡啶通过碳原子与 TPE 连接时，暴露在外的氮原子可以通过进一步反应得到新的 AIE 分子，其中最为典型的就是吡啶与卤代烷烃的成盐。如图 5.16 所示，分子 **1** 可以与溴化苄的多种衍生物反应得到一系列吡啶盐修饰的 TPE 衍生物 **34**[44]。另外，吡啶还可以与金属离子形成配位键，得到配合物生色团及精妙的超分子结构，这将在后面介绍。

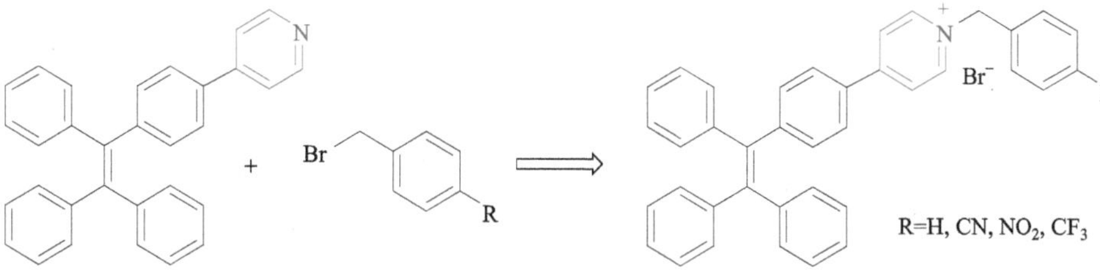

图 5.16 从吡啶修饰的 AIE 分子到吡啶盐修饰的 AIE 分子的转变途径之一

碘甲烷是一种高反应活性的卤代烷，在温和条件下即可与吡啶发生反应成盐，因此该试剂被广泛用于制备吡啶盐修饰的 AIE 分子中。前面出现过的很多分子，如 **4**、**5**、**7**、**10**、**17**、**18**、**19** 都被转化成相应的吡啶盐并进行了深入的结构与性能研究，吡啶盐功能化后的产物结构在图 5.17 中给出(对应的分子 **35**、**37**、**39**、**41**、**42**、**43**、**44**)，同时展示在图中的还有一些前面未涉及的含吡啶基团的 AIE 分子(图 5.17，分子 **36**、**38**、**40**、**45**)。

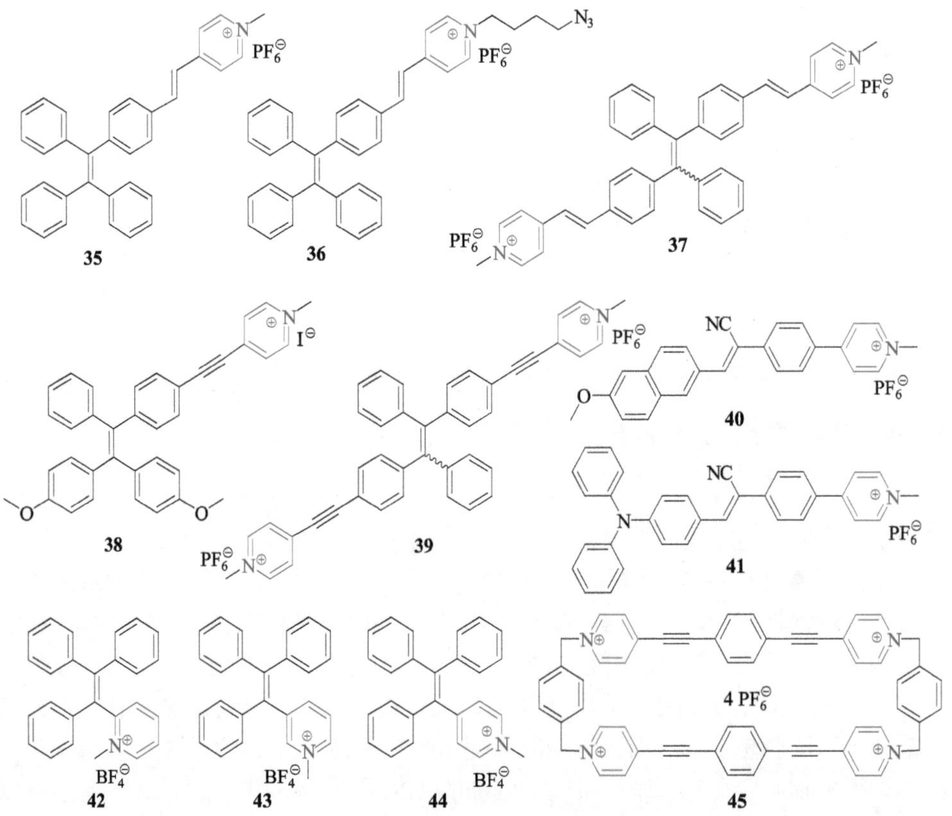

图 5.17 若干含吡啶盐基团的 AIE 分子的结构

考虑到碘具有猝灭荧光的重原子效应，通常在研究中把I^-置换成没有荧光猝灭效应的BF_4^-或PF_6^-。在分子 **36** 中，通过成盐反应引入了叠氮活性基团，为后续利用叠氮-炔的点击化学反应进一步扩展功能和应用提供了化学上的便利。利用吡啶与苄基卤化物的成盐反应，Wang 等报道了一种环状的四吡啶盐分子 **45**，分子中的苯环和吡啶环都可以在一定条件下围绕三键旋转，当这些分子内旋转被限制时，分子能够发出显著增强的蓝色荧光，这是报道的框状分子 AIE 性能的先例[45]。

除了与卤代烷等试剂形成盐，吡啶上的氮原子还可以直接与 TPE 形成碳氮键，实现吡啶与 TPE 的连接，参与 AIE 分子的构筑。例如，单氨基修饰 TPE 可以与双阳离子型紫罗碱衍生物发生 Zincke 反应，得到吡啶通过氮原子与 TPE 相连的衍生物 **46**[46]，这是研究得比较少的一种含吡啶盐结构的 AIE 分子构筑方式(图 5.18)。

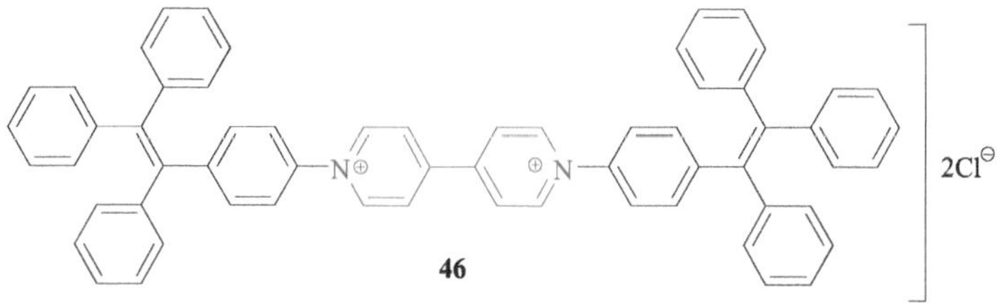

图 5.18　吡啶通过桥联基团与 TPE 连接 AIE 分子设计

5.2.5　含吡啶/吡啶盐的聚合物 AIE 体系的设计

除了小分子以外，具有 AIE 性质的聚合物同样也受到了研究者广泛的关注。具有高分子结构的 AIE 生色团往往在某些方面表现出与小分子不同的行为，而且聚合物具有力学性能好、方便制备成大面积薄膜的优势。吡啶上氮原子的孤对电子使其能够高效地与卤代烷烃发生亲核取代，这使得吡啶修饰的 AIE 生色团可以被方便地引入聚合物结构中；同样，也可以基于 RIM 的内在机理，以吡啶或吡啶盐作为构筑单元，构筑新型的 AIE 聚合物。

Chen 等报道了双吡啶修饰 TPE 与 1, 6-二溴己烷成盐聚合得到的线型 AEE 聚合物 **47**[47]。2017 年，Chen 等将具有顺式构型的双乙烯基吡啶取代的 TPE 衍生物(A2 型单体)与三溴苄(B3 型单体)发生亲核取代，构筑了超支化的离子型聚合物 **48**(图 5.19)[48]。他们通过 A2+B3 型逐步聚合，将两种单体以 3∶2 的比例在 60 ℃

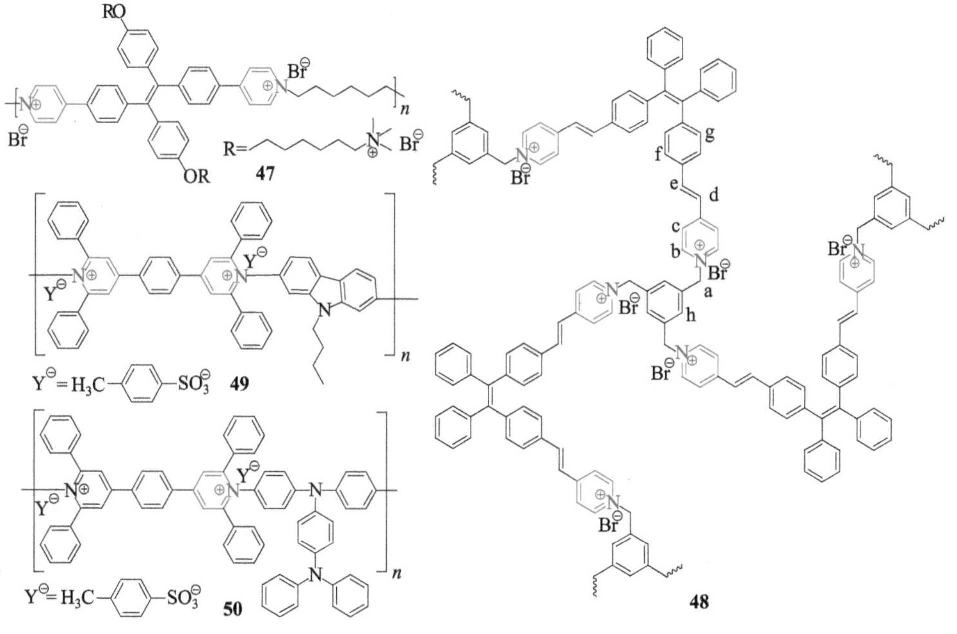

图 5.19　具有 AIE/AEE 性能的含吡啶盐结构的聚合物

下反应 12 h，获得目标聚合物，产率高达 92%。这种超支化的聚电解质具有典型的 AEE 性质，在 *N*, *N*-二甲基甲酰胺(DMF)溶液中和固态的Φ_F分别为 6.5% 和 13.5%。

吡啶盐的强吸电子性赋予生色团以D-A结构,使聚合物固态下发光(λ_{em}=595 nm)相对双乙烯基吡啶 TPE 单体(λ_{em}=393 nm)发生约 200 nm 的巨大红移。向其 DMF 溶液中逐渐加入不良溶剂水，可以观察到，随着水含量从 20vol%增加到 70vol%，尽管溶剂体系极性增加，其荧光却仅发生 15 nm 的蓝移，同时荧光强度增加[48]。作者对这种反常的现象做出如下解释：水的加入不仅增大了溶剂体系的极性，也提高了体系的黏度，从而增进了 RIM，使得荧光增强；强极性的水分子与吡啶盐正离子形成了氢键，并形成了水分子团簇；随着水含量进一步增加，无规线团坍缩，TPE 部分更加靠近线团内弱极性的区域，使得荧光增强、蓝移。Sun 等和 Chang 等通过双噁英鎓盐与不同的二胺单体的环歧化聚合反应，得到了一系列共轭聚双吡啶盐 **49** 和 **50**，这些共轭聚电解质均具有 AIE 性能[49, 50]。

5.3 吡啶修饰的 AIE 分子用于超分子体系的构筑

对于荧光材料的研究，科学家从未满足于将视野仅限于分子尺度。随着超分子化学的蓬勃发展，他们有了更多的工具对荧光分子在超出分子尺度之外的性质和行为进行探索。而 AIE 分子所表现出来的荧光性质能够敏感地对所受到的分子间相互作用做出响应，其超分子化学方面的行为也因此受到了广泛的关注。吡啶环上氮的孤对电子能够使其衍生物通过形成氢键、配位键等方式形成组装体，而吡啶成盐以后所表现出的强吸电子性更是增加了其超分子行为的多样性。因此，吡啶修饰的 AIE 生色团常用于超分子体系的构筑，这些超分子体系包括凝胶、共晶、超分子配位组装体等多种形式，组装的驱动力包括氢键、配位相互作用、主客体相互作用等作用方式中的一种或者多种。接下来按照组装体形成的主要驱动力，分别对这些研究工作进行介绍。

5.3.1 氢键驱动的组装

氢键是最常见的一种次级键相互作用，在自然界中随处都可以见到氢键的存在导致的各种现象。氢键驱动形成的组装体也是超分子化学所研究的重要内容，吡啶或吡啶盐的存在提供了多种氢键形成的方式。对于吡啶修饰的 AIE 体系，报道了在氢键作用下形成的多种形式的超分子组装体，包括有机凝胶、共晶等体系，以下分别举例介绍(图 5.20)。

51　　52　　53

图 5.20　可形成氢键超分子体系的吡啶修饰 AIE 生色团的结构

对于凝胶体系，核磁常用于对凝胶形成过程中驱动力的探究，而最有说服力的方法是尝试在凝胶体系中获得单晶结构，这显然具有很大的难度。与之接近的方法是在凝胶的溶剂中培养凝胶因子的单晶。在分子 **51** 的乙醇溶液中加入过量的 HCl 水溶液，得到的分子 **52** 经过超声即可得到温度可逆的有机凝胶[51]。其在 45 ℃下的溶液中，在 586 nm 处发射微弱的荧光；随着温度逐渐降低，生色团发生聚集，凝胶逐渐形成，在 15 ℃时，荧光显著增强，表现出 AEE 的性质。将 **52** 的乙醇凝胶在常温下放置 48 h 后，可以得到 **52** 的单晶，如图 5.21 所示。通过对这一单晶结构进行 XRD 分析，其分子间的相互作用得以清晰表征。单晶结构中，存在着 N—H…Cl 和 C—H…Cl 相互作用，在烷基链与相邻分子的吡啶环之间，还存在着多重 C—H…π 相互作用。晶胞内包裹的乙醇分子同样也参与了氢键的形成，表现为 C—H…Cl、O—H…Cl 和 C—H…O 相互作用。同时，晶体结构中还存在着微弱的π-π堆积。而将体系中的 Cl^-交换为 ClO_4^-，则不能形成凝胶，这体现出 C—H…Cl 氢键的形成对凝胶化过程非常重要。其凝胶化过程中伴随的荧光增强现象同样可以用 RIM 来解释。在溶液中，苯环可以自由转动，耗散了激发态的能量。随着凝胶化过程的进行，分子内运动受到了多重氢键的抑制，激发态分子只能通过辐射跃迁的方式回到基态。尽管凝胶体系中可能还存在着微弱的π-π堆积，但总体还是表现出 AEE 的性质。

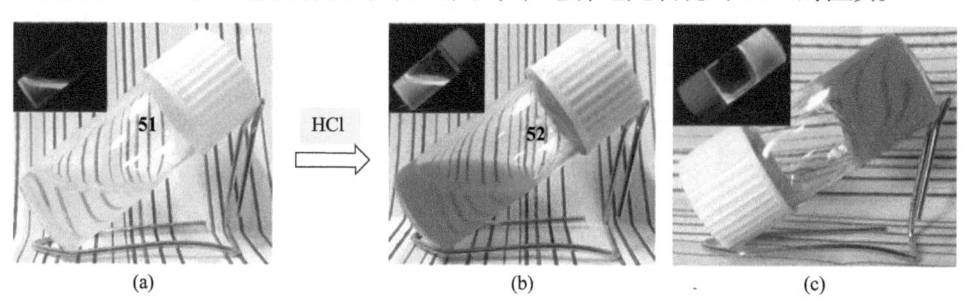

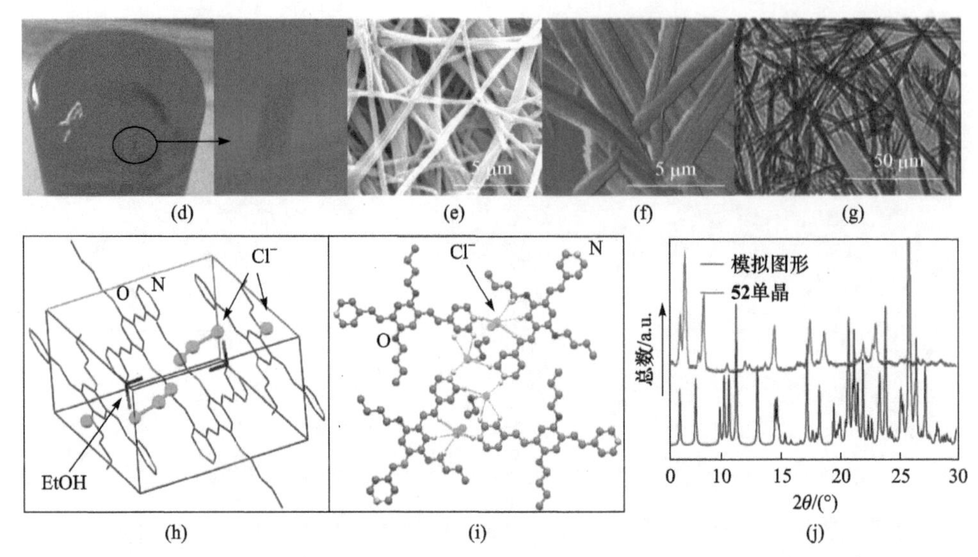

图 5.21 **51**(a)和 **52**(b)的乙醇溶液照片；(c) **52** 在乙醇中形成的凝胶在可见光和紫外光下的照片；(d) **52** 在其乙醇凝胶体系中单晶的形成过程；**52** 在乙醇中形成的凝胶(0.5 nmol/L)的SEM(e)、AFM(f)和偏光显微镜(POM)照片(g)；(h) **52** 的单晶晶胞，其中氢原子被省去；(i) 基于 C—H…Cl 氢键形成的单晶堆积结构；(j) 理论模拟和实测的 **52** 单晶的 XRD 谱图

Kohmoto 等分别在乙酸乙酯、丙酮和二氧六环 3 种溶剂中培养出分子 **53** 的晶体结构[52]。通过单晶 XRD 解析，这 3 种晶体结构中均包裹了溶剂分子，溶剂和 **53** 的摩尔比例为 1∶1。如图 5.22 所示，在乙酸乙酯溶剂化的晶体结构中，存在着一维孔道。溶剂分子的包裹方式如图 5.22(b)～(e)所示，晶体中的一维孔道呈现锯齿形走向。对分子间相互作用进行分析，乙酸乙酯分子中羰基上的氧原子与相邻的 **53** 分子中吡啶环上的氢原子存在着 C—H…O 氢键；插入于两个 **53** 分子之间的 Cl^-与相邻吡啶环上的氢原子存在 C—H…Cl 氢键，其对 **53** 分子的阶梯状的排布起到了关键作用。在这种阶梯状的堆积结构中，同一个 **53** 分子中，吡啶环与蒽平面之间存在着一定的夹角；相邻两个 **53** 分子的蒽环之间距离为 7.62 Å，而乙酸乙酯分子就插入在两个蒽平面之间的空隙中，形成了紧密的堆积结构。

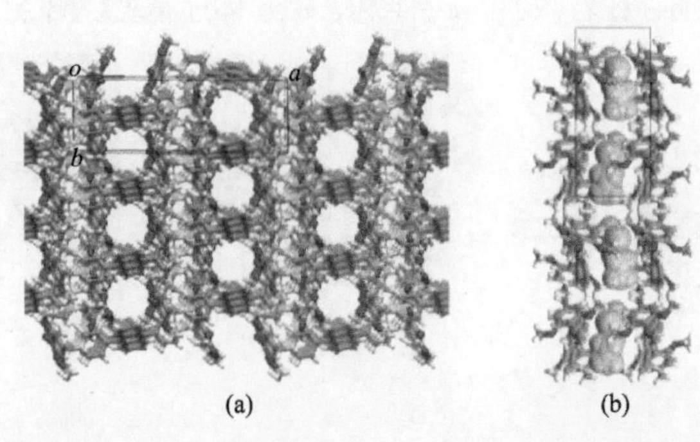

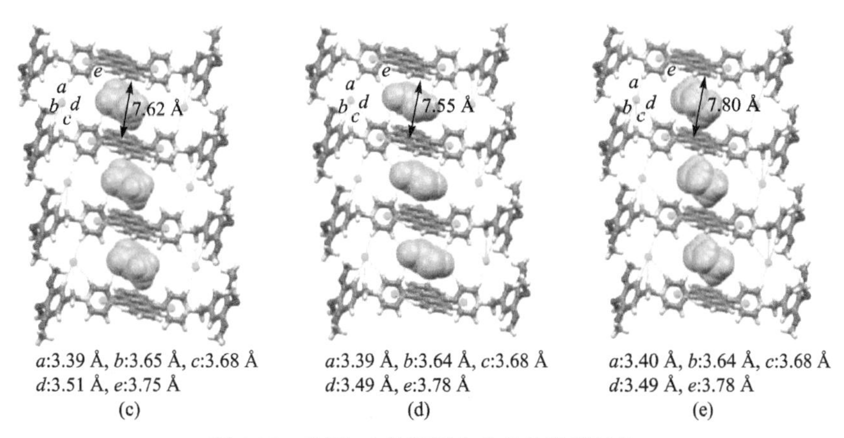

图 5.22　分子 **53** 的溶剂化共晶的孔道结构

(a) 沿 *c* 轴观察的晶体堆积结构，其中乙酸乙酯分子被省略；(b) 沿 *a* 轴观察的含有乙酸乙酯分子的孔道结构，通过 C—H···Cl 形成阶梯状结构；(c) 乙酸乙酯溶剂化共晶；(d) 丙酮溶剂化共晶；(e) 二氧六环溶剂化共晶。溶剂分子用空间填充模型表示，图下数字表示 C—H···Cl 中 C 原子与 Cl^-的距离

对于分子 **53** 和丙酮及二氧六环的共晶体系，其堆积结构与乙酸乙酯体系基本相同。由于吡啶环与蒽平面直接相连造成了一定的夹角，以及溶剂分子在两个蒽平面之间的间隔作用，直接的π-π堆积不能形成，同时由于分子之间存在的多重氢键相互作用抑制了分子内运动，一定程度限制了激发态的非辐射衰减，这一系列共晶体系可以成为潜在的 CIE 体系。

5.3.2　配位作用驱动的组装

吡啶能够与金属离子形成牢固的配位作用。结构多样化的吡啶修饰 AIE 分子为各类拓扑结构的配位超分子体系的构筑提供了不同夹角、不同尺寸的配体。通过配位作用构筑的组装体可以分为两类：一类是有机金属骨架，即由金属中心或原子团簇与简单的有机配体通过金属-配体相互作用构建的无限的框架结构；另一类是超分子配位复合物（supramolecular coordination complexes, SCCs），是由中心金属和具有一定角度的多重结合位点的配体之间形成的离散结构的超分子组装体[53]。对于后者，Stang 课题组进行了长期的研究[54]，这其中也包括了利用吡啶修饰的 TPE 构筑的二维结构的金属大环（metallacycle）和三维结构的金属笼（metallacage）[55]。

2015 年，Yan 等发表了 4 个苯环的对位均修饰了吡啶基的 TPE 分子（**3**）构筑的具有 AIE 效应的金属笼（图 5.23）[19]。他们以 Pt（Ⅱ）化合物 **55** 为受体，同时以吡啶修饰的 TPE（**3**）和间苯二甲酸衍生物（**54a** 或 **54b**）为有机给体，在溶液中制备了超分子配位复合物 **56a** 和 **56b**。组装体的结构经过了 ^{1}H NMR、^{31}P NMR、二维扩散排序谱（diffusion ordered spectroscopy, DOSY）及电喷雾电离飞行时间质谱（electrospray ionization time-of-flight mass spectrometry，ESI-TOF-MS）的表征进而

被确定。在纯二氯甲烷溶液中，由于苯环的转动耗散了激发态的能量，配体 **3** 发光微弱。随着超分子组装体的形成，分子间的运动得到了抑制，荧光增强。组装体 **56a** 和 **56b** 在相同浓度溶液中的荧光分别为配体 **3** 的 20 倍和 24 倍。在二氯甲烷溶液中，**56a** 发射黄色荧光，Φ_{PL} 为 23.2%，λ_{em} 为 555 nm。随着不良溶剂正己烷的含量(f_H)逐渐增加，DLS 显示体系中的组装体逐渐发生聚集。当 f_H 增加到 50vol%时，随着溶剂体系极性的降低，发光逐渐蓝移至 458 nm，发光颜色由黄变蓝。当正己烷含量增加到 90vol%时，由于此时聚集程度最大，发光显著增强，Φ_{PL} 为 60.6%，红移 50 nm，呈青绿色。组装体在二氯甲烷/正己烷混合溶剂中发光行为的变化，体现出组装体同时具有 AIE 和 MLCT 的性质。

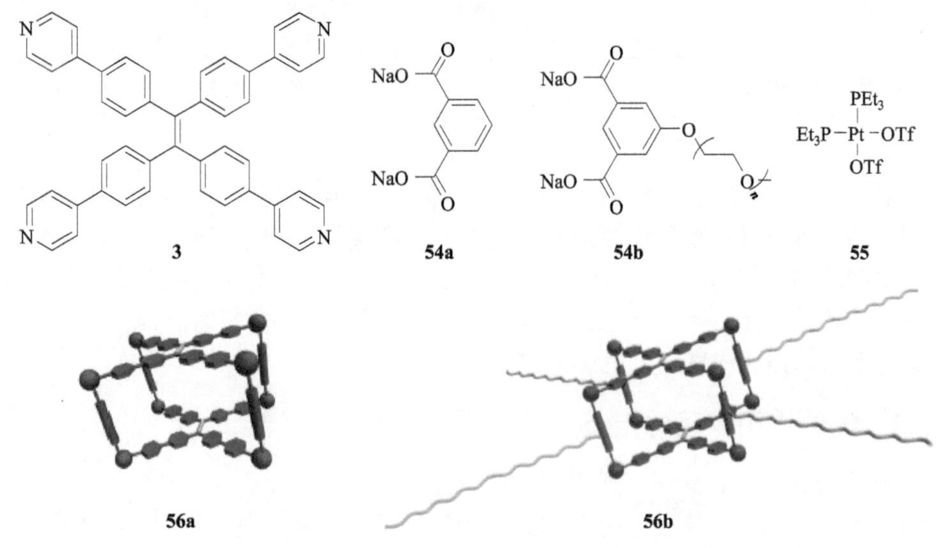

图 5.23　具有 AIE 性质的金属笼及其组分的结构

除了吡啶修饰的 TPE 之外，该团队还使用了其他的 AIE 生色团用于超分子配位组装体的构筑。例如，Li 等在 2017 年发表了利用 DSA 的吡啶取代物(图 5.5，分子 **9**)组装的金属大环(图 5.24)[21]：类似地，采用 Pt(Ⅱ)化合物 **55** 为受体，用

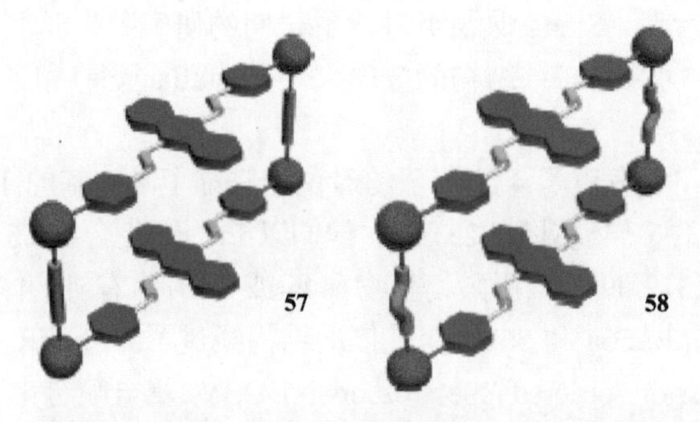

图 5.24　具有 AIE 性质的金属大环及其组分的结构[39]

对苯二甲酸钠或间苯二甲酸钠 **54a** 和分子 **9** 作为给体，他们组装得到了二维结构的金属大环 **57** 和 **58**。这两种组装体的结构也经过了 ^{1}H NMR、^{31}P NMR、DOSY 及 ESI-TOF-MS 的表征进而被确定。在良溶剂丙酮和不良溶剂正己烷的混合体系中，这两种组装体表现出 AIE 和 ICT（intramolecular charge transfer，分子内电荷转移）的性质。

除此金属大环和金属笼之外，还有大量的非环状的配位组装体被报道。苯环被取代的 AIE 分子 **20**（图 5.9）能够与碘化汞配位组装，生成的配合物能够发出较强的黄色荧光，因此可以利用分子 **20** 检测汞离子[27]。金属 Pt（Ⅱ）的配合物 **59** 可以和吡啶反应生成新的配合物 **60**；**60** 在溶液中只发射微弱的蓝光，而在聚集体中，Pt⋯Pt 相互作用限制了分子内运动，使得荧光明显增强。基于此原理，Sinn 等利用配体 **59** 对水相中的吡啶进行检测，随着水溶性差的配合物 **60** 的生成，其立即在水环境中形成聚集体，表现出强烈的发光[56]。另外，Re（Ⅰ）配合物 **61** 也被报道具有 AIE 的性质[57]。Zn（Ⅱ）、Cr（Ⅱ）[58]能够与配体 **62** 组装得到 AIE 型八面体配合物 **63** 和 **64**（图 5.25）。

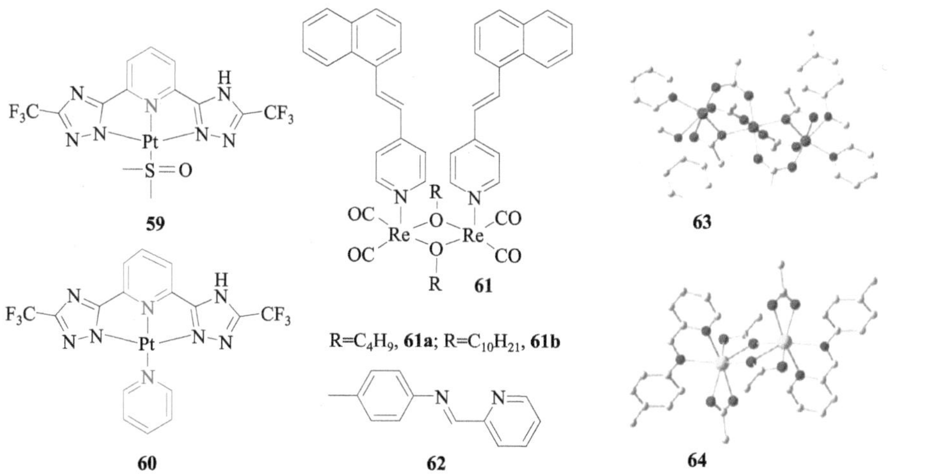

图 5.25　几种具有 AIE 性能的金属有机配合物 Pt（Ⅱ）、Re（Ⅰ）、Zn（Ⅱ）、Cr（Ⅱ）的组装体

吡啶修饰的 AIE 生色团也被报道用于 MOFs 的制备。Tao 等分离得到纯反式构型的双吡啶修饰的 TPE 衍生物 **2**，在 DMF 和 *N*, *N*-二甲基乙酰胺（DMAc）的混合溶剂中，与六水合硝酸锌、联苯-4, 4′-双羧酸（**65**）组装，得到了一种新的 MOF（**66**），如图 5.26 所示[24]。用二氯甲烷进行溶剂交换及进一步的真空干燥，可将 **66** 中的溶剂脱除。经过单晶 XRD 表征，**66** 具有典型的层柱状结构。2 个 Zn^{2+} 通过 4 个羧基桥联，形成 1 个轮桨状的二级构筑单元（secondary building unit, SBU），SBU 之间通过联苯基团相互连接，形成了由多个 22.52 Å×20.09 Å 的菱形相互拼接形成的二维层状结构。相邻的两层间距为 21.27 Å，由双吡啶配体 **2** 作为

柱连接起来，形成三维的 MOF 结构。由于框架结构对苯环转动更强的限制作用，**66** 的 Φ_{PL} 为 79%，远高于分子 **2** 的 43%。通过将高度无序的溶剂分子脱除，激发态能量损失达到了最大限度的抑制，Φ_{PL} 可以高达 99%。

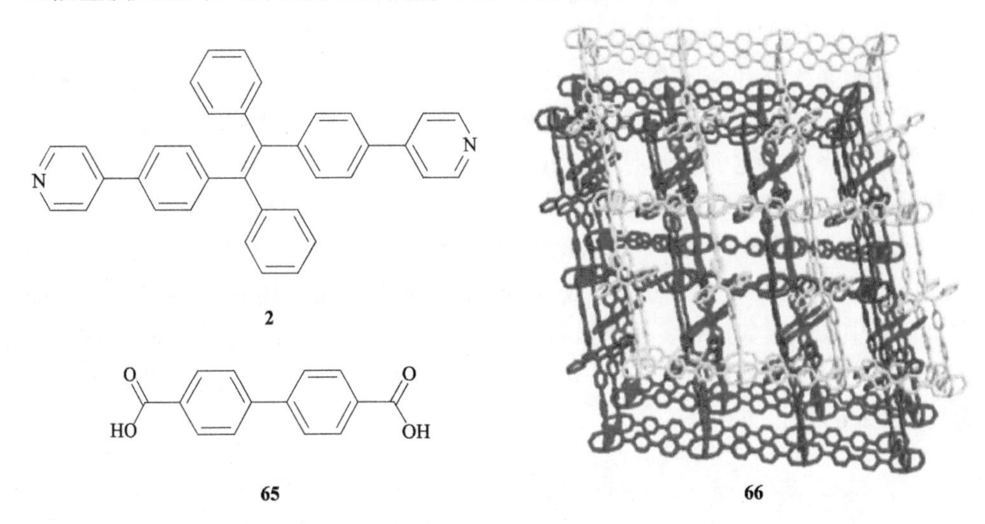

图 5.26 用吡啶修饰的 AIE 分子 **2** 与对联苯二甲酸(**65**)制备的 MOF 结构

5.3.3 主客体作用驱动的组装

自 20 世纪 60 年代冠醚首次被合成以来，主客体化学逐渐成为研究的热点。越来越多的超分子组装体通过主客体相互作用被制备出来。经吡啶或吡啶盐修饰的 AIE 分子也常被报道用于主客体超分子体系的组装，这些生色团往往是作为客体，进入或者部分进入大环结构中，也有报道通过精巧的结构设计，将其作为主体进行超分子结构的构筑。

吡啶盐能够和葫芦脲(cucurbituril, CB)发生特异性相互作用进而组装成超分子体系。Li 等利用两种 4 个吡啶盐修饰的 TPE 分子 **67**、**68** 与 CB[8]组装得到超分子有机框架(supramolecular organic framework, SOF)[59]。他们将 **67** 与 CB[8]在水中混合，通过 ^{1}H NMR 对组装体的形成进行跟踪。结合 ^{1}H NMR 和 Job 曲线分析，**67** 与 CB[8]在组装体中的计量比为 2∶1，其中，1 个 CB[8]能够包裹 2 个吡啶盐基团，组装体的结构可表示为 $\mathbf{67}_{2n}$CB[8]$_n$。组装过程如下：首先，通过 CB[8]和吡啶盐基团的主客体识别作用，组装得到如图 5.27 所示的层状结构；然后这些二维结构进一步发生堆积或聚集，得到三维的 SOF(图 5.28)。单分子状态的 **67** 在水溶液中发射黄色荧光，λ_{em} 为 579 nm，Φ_F 为 6.7%。随着 CB[8]的加入和 SOF 的形成，体系的共轭程度和电荷转移增强，使得荧光发生红移，λ_{em} 为 632 nm。尽管体系中的电荷转移增强，但是 SOF 的形成导致了一定程度的 RIM，荧光强度仍略有增加，Φ_F 提高到 7.4%。

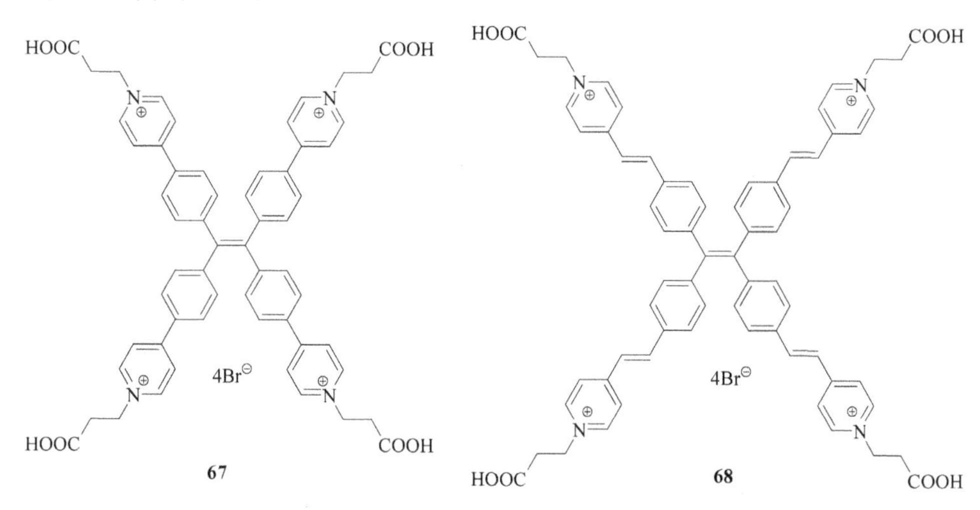

图 5.27　可作为客体的羧基吡啶功能化的 AIE 生色团[60]

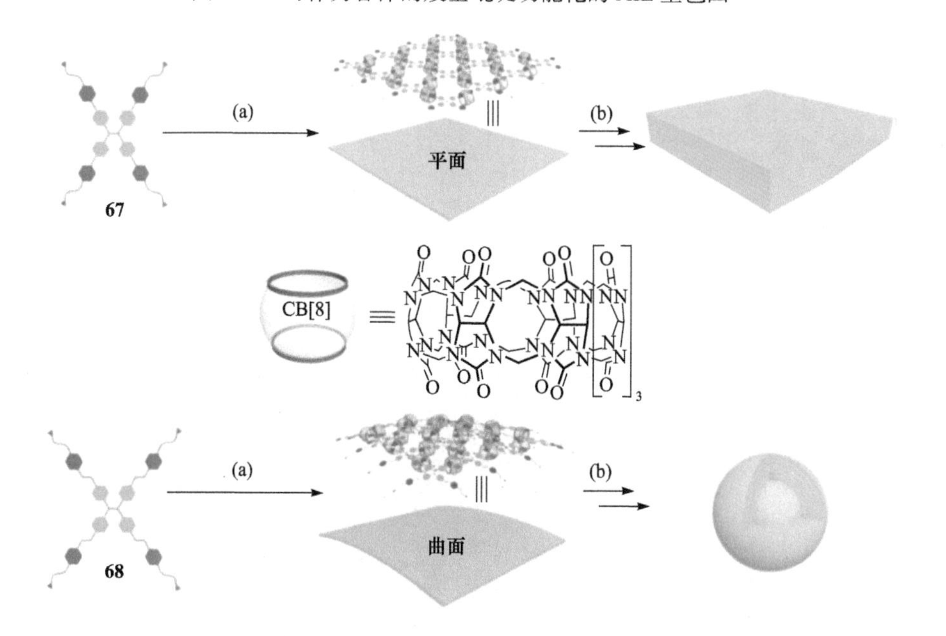

图 5.28　**67** 和 **68** 与 CB[8]逐级组装过程

(a) 主客体组装；(b) 层间的堆积或聚集

Feng 等利用 TPE 特殊的分子结构形成的喇叭口状开放空间作为主体，通过巧妙的设计，制备了一系列主客体共晶[18] (图 5.29)。TPE 的螺旋桨结构使得其能够留出一个V形的空间，成为主体分子。通过对这个V形空间的尺寸、形状和极性进行调控，有望对不同的目标分子实现主客体识别。他们选择了3种吡啶修饰的TPE衍生物**3**、**69**和**70**，首先培养了这3种衍生物的单晶，XRD解析结果表明：这些化合物通过将1个分子的吡啶基团插入相邻分子的V形裂缝，自组装形成一维链。这些一维链状结构进一步堆积，形成三维结构。这进一步说明TPE衍生的V形裂缝可被用于主客体组装体的构筑。将这3种分子分别与二苯甲酸的邻、间、对3种异构体共同培养晶体，他们发现，这些分子能够对间苯二甲酸进行特异性识别。如图5.30所示，间苯二甲酸的空间填充模型表现为三角形，可以与**3**、**69**和**70**的V形裂缝发生空间互补的组装。对于**69**，间苯二甲酸分子插入2个烷氧基取代的苯环形成的喇叭口中。由于烷氧基的推电子作用，吡啶碱性增强，**69**形成单质子化的吡啶盐，而间苯二甲酸也转化为单羧酸盐。由于质子转移，组装体的发光相比于**69**固体本身发生红移。对于**70**，间苯二甲酸插入2个吡啶取代苯环形成的喇叭口中。由于硝基的吸电子作用，吡啶碱性减弱，其与间苯二甲酸

图5.29 可作为主体的吡啶功能化的AIE生色团

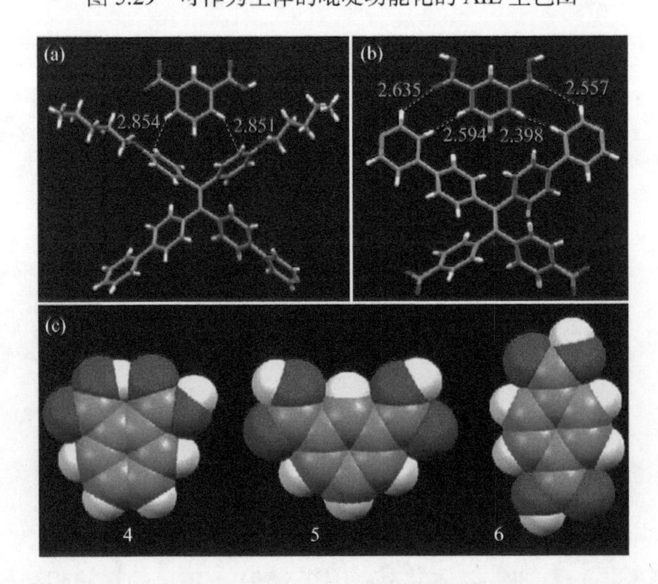

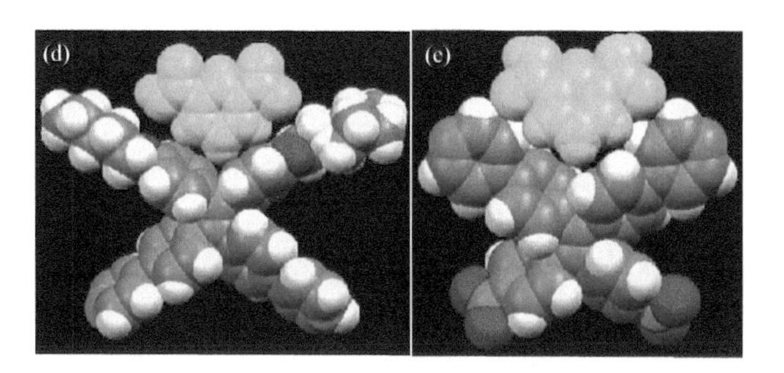

图 5.30　间苯二甲酸插入主体分子 **69**(a)和 **70**(b)的喇叭口中；邻苯二甲酸、间苯二甲酸和对苯二甲酸(c)及间苯二甲酸与 **69**(d)、间苯二甲酸与 **70**(e)的组装体的空间填充模型

之间不存在质子转移作用，然而两者之间依旧存在强氢键作用，导致体系也产生一定红移。这一工作展示了一种利用吡啶修饰 AIE 分子制备主客体复合物的新思路。

5.3.4　其他方式驱动的组装

构筑超分子组装体的手段远不止上述这些。卤键、静电相互作用等都能够被用于基于吡啶修饰的 AIE 生色团的超分子组装体的构建。例如，Pigge 等报道了利用吡啶修饰的 TPE 衍生物通过卤键构筑的共晶体系[61]。由于 F 原子的强吸电子能力，全氟取代的二碘苯上碘原子的电子云密度大大降低，使其成为理想的卤键给体。带 4 个吡啶修饰基团的 TPE 衍生物 **3** 与分子 **71** 是一对同分异构体，而全氟取代二碘苯 **72**、**73** 也是一对同分异构体，将分子 **3**、**71** 分别与分子 **72** 组装，可以得到 3 种共晶体系。其中，**3** 与 **72** 以 1∶1 的摩尔比通过卤键组装得到了三维网络结构[图 5.31(b)]，而 **71** 与 **72**、**73** 以 1∶2 的摩尔比进行组装。分子 **71** 之间通过吡啶环之间的π-π堆积作用，形成了多孔的框架结构，分子 **72**、**73** 位于这一框架结构的孔中，通过卤键与分子 **71** 结合[图 5.31(c)]。

3　**71**　**72**　**73**

(a)

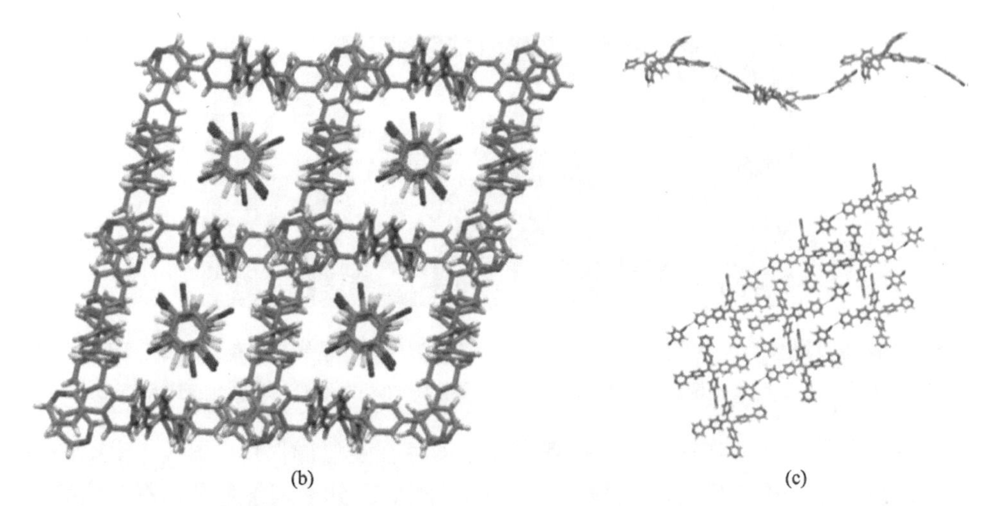

图 5.31 (a)一组典型的可通过卤键构筑共晶的分子结构；分子 **3**(b)和分子 **71**(c)通过卤键与 **72** 形成的共晶结构

5.4 吡啶修饰的 AIE 分子在光电功能材料领域的应用

自 AIE 的概念被提出以来，科学家便开始不断尝试将这一概念运用到新技术的开发中，目前为止已经有大量的工作报道了 AIE 分子在刺激响应智能材料、光电器件、荧光化学检测和生物检测等领域的应用。由于吡啶修饰的 AIE 生色团诸多优良的性质，这一类生色团在上述的各领域中均占有重要地位。以下将分别对不同领域的相关工作进行介绍。

5.4.1 刺激响应智能材料

当一种材料的一个或几个性质能够在外界的某种或某几种刺激的作用下发生可调控的改变，那么这种材料被称为智能材料(smart material)。已经有大量的 AIE 体系被报道具有刺激响应的特性，这些 AIE 生色团的发光性质，包括发光强度(亮度)、波长(颜色)、峰形(色纯度)、寿命(辐射衰变的途径)等，能够对外界环境的变化，如光照、受力、温度、环境极性、溶剂蒸气等做出多重响应。

1. 光响应智能材料

能够通过光信号进行非侵入性、高时空分辨率的精确调控的光响应智能材料，目前已被报道过的有偶氮苯、螺吡喃、蒽、香豆素和二芳基乙烯等。这些材料对光响应的方式包括光环化、光二聚、顺反异构等。

Wei 等合成了吡啶盐修饰的氰基二苯基乙烯衍生物 **30**，该分子能够在不同的光照条件下做出不同方式的响应(图 5.32)[62]。作者首先通过化学合成的方法得到了反式构型的化合物 *Z*-**30**，其构型通过 NMR、单晶 XRD 等方式进行确定。在良溶剂乙腈和不良溶剂水的混合体系中，*Z*-**30** 表现出 AIE 的性质。*Z*-**30** 固体薄膜的紫外-可见(UV-vis)吸收光谱显示其吸收边位于 480 nm 处,体现出其在可见光照射下发生光致变色的可能性。

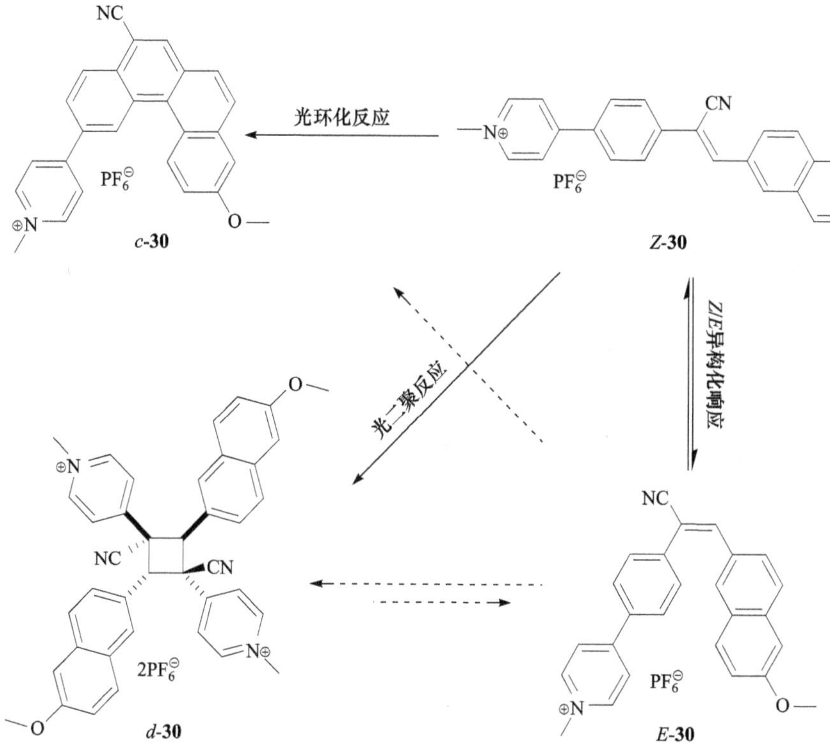

图 5.32　带吡啶盐基团的分子 **30** 对紫外光的 *E*/*Z* 异构化响应和二聚反应

将 *Z*-**30** 的乙腈溶液在自然光下进行照射，通过 ^{1}H NMR 和高分辨质谱对其化学结构的变化进行跟踪，可以确认其发生了顺反构型的转变。将光照后的溶液加热，这种构型的转变可以恢复。如果改用 365 nm 紫外光对 *Z*-**30** 的乙腈溶液照射，可以发现其荧光逐渐增强,且发生了 22 nm 的蓝移,从橙光变为黄光。通过 ^{1}H NMR 跟踪其结构的变化，认定其发生了环化反应；反应的机理是，首先在紫外光的照射下，*Z*-**30** 发生顺反异构，转化为具有顺式三联烯结构的 *E*-**30**，这一结构在光照下会进一步发生光环化反应，得到结构不稳定的未脱氢的环化产物，随后发生氧化，得到结构稳定的脱氢环化产物。之后对 *Z*-**30** 在水/乙腈混合溶剂中形成的悬浮颗粒用 365 nm 紫外光照射，通过 UV-vis 吸收光谱确认，其在水含量较高时发生了新的光化学反应，产物结构经 ^{1}H NMR 和高分辨质谱被确认为二聚体 *d*-**30**。通过 DFT 对反应过程进行计算，作者认为，光二聚反应的过程是，*Z*-**23** 在混合溶剂中形成微晶，在光照下首先发生顺反异构成为 *E*-**30**，在微晶中，2 个 *E*-**30** 分子之间的相对位置有利于光二聚的发生，通过形成双自由基结构，最终得到光二聚产物 *d*-**30**。

Gu 等设计合成了 1-吡啶基 1, 2, 2-三(对甲氧基)苯基乙烯并将其转化为吡啶盐。研究发现，该分子在光照下能够从开环的 *o*-**74** 转变成闭环的 *c*-**74** 形式，并伴随着 AIE 性能的减弱和消失。在空间上位于同侧的、分别具有推拉电子效应的甲氧基苯和吡啶盐之间发生的光环化占绝对优势地位(图 5.33)[63]。

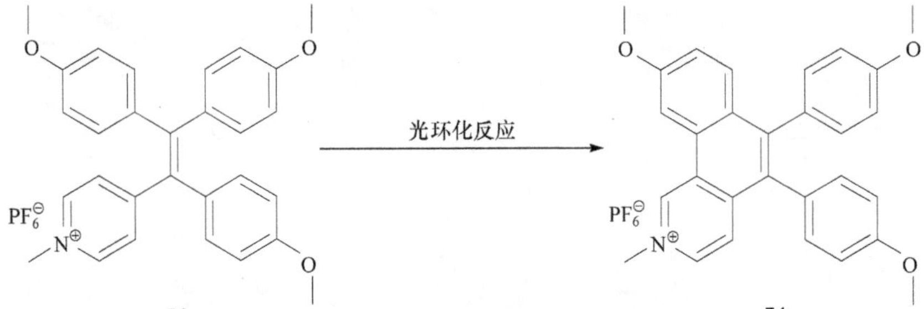

光环化反应

o-**74** *c*-**74**

图 5.33 带吡啶盐基团的 TPE 衍生物的光环化反应

2. 力-荧光响应智能材料

具有螺旋桨结构的 AIE 分子在固态下的松散堆积，使其在大多数情况下能够对外界力的作用即时地做出响应。通过分子间相互作用及分子内构象的改变，固体的荧光行为相应地发生变化。这种在机械力的作用下发生的机械荧光变色行为，往往与材料对外界其他种类的信号的响应行为相伴随，共同构成可逆的循环响应。吡啶基团使生色团在固态中形成种类丰富的分子间相互作用，其机械荧光变色行为也表现出一些值得关注的特点。

力对材料的作用方式有多种。将材料浸没在液态介质中，对整个体系施加静水压力，可以让材料受到各向同性的压力作用，使 AIE 材料发生压致荧光变色(piezofluorochromism)。例如，Xiong 等将带有 4 个乙烯基吡啶修饰的 TPE 衍生物 **6**(图 5.4)的固体置于金刚石压砧中，利用硅油作介质，对其施加静水压力，观察荧光行为的变化[64]。随着所受压力从常压增加至 11.25 GPa，化合物 **6** 固体的荧光从 540 nm 红移至 660 nm，同时，UV-vis 吸收光谱显示谱带逐渐加宽，吸收边红移，带隙变窄。随着压力的撤除，固体的颜色和荧光也恢复到了加压前的状态。化合物 **6** 的单晶结构，作者对其压致荧光变色的机理解释为：随压力增加固体内部分子间和分子内相互作用的距离发生改变。单晶解析结果证实，**6** 分子堆积形成了多孔结构，其分子间存在较强的 C—H···π和 C—H···N 相互作用。这些分子间相互作用增强了固体对静水压的耐受能力，同时，多孔结构的存在提供了足够的空间用于在压力作用下体积缩小时构象的重新排列。除了对材料施加各向同性的压力之外，更多的研究是在各向异性的机械力作用下进行的。例如，将化合物 **6** 的粉末置于研钵中，用研杵研磨，可以观察到其荧光从 540 nm 红移至 570 nm，同时 Φ_F 从 16.44%降低至 13.22%。粉末 XRD 谱图显示，粉末初始状态为晶态，经研磨之后，转变为非晶态。用乙醇对研磨以后的粉末熏蒸能够使其回到晶态，分子内运动重新受到晶格的限制，分子的构象在晶体中相对非晶态更为扭曲，从而使荧光回到效率更高、波长更短的初始状态。

对机械力作用做出荧光变化响应的带吡啶或吡啶盐基团的 AIE 分子种类很多，前面出现过的分子 **4**、**7**、**9**、**35**、**37**、**48**、**53** 等的机械力诱导荧光变化性能都被报道过。对于单个乙烯基吡啶取代的分子 **4**，其晶体粉末发绿色荧光，研磨后发出黄绿色荧光。对研磨以后的粉末在低于熔点的温度下加热，或者用四氢呋喃、氯仿气体熏蒸，固体粉末都能很快从非晶态重新返回到晶态，同时伴随着荧光颜色从黄绿色到绿色的恢复[65]。当把吡啶转化成吡啶盐后，对于分子 **35**，其浅黄色晶体发射 515 nm 绿光，Φ_F 为 31.8%，将晶体研磨后得到黄色非晶态粉末，发射 600 nm 橙黄光，Φ_F 为 20.4%。对非晶态的粉末用丙酮蒸气熏蒸或在 150 ℃下加热 10 min，能够使其恢复到初始的晶态[66]。然而，双边修饰的吡啶盐 **37** 却表现出难以恢复的机械荧光变色行为[67]。**37** 的晶态为亮黄色固态，在光激发下发光波长为 560 nm，呈现黄绿光。被研细成非晶态粉末后，发光红移 45 nm，发出橙红色荧光。双吡啶盐基修饰的 **37** 带有 2 个净电荷，因此分子间静电作用更强；同时由于体系中正负离子尺寸差异过大，表现出类似离子液体的特征，非晶态态更为稳定，因此，无论是用溶剂熏蒸或是在熔点以下温度加热，都不能够使粉末回到初始的晶态，只有把研磨后的晶体重新溶解后再结晶才能恢复晶体的发光。以两个乙烯基吡啶修饰的 TPE 作为单体与 1, 3, 5-三溴苄构筑离子化的超支化聚合物 **48**（图 5.34），其荧光则表现出极强的对溶剂极性、机械力作用和 pH 等刺激变化的耐受性，并表现出非常稳定的荧光发射[48]，这对于作为用于生物成像的荧光探针是非常必要的。

能够发生机械荧光变色行为的不只有上述类型吡啶或吡啶盐修饰的 AIE 分子，其他结构，如含吡啶单元的有机金属化合物、超分子共晶等，都有被报道发生机械荧光变色行为。配合物 **75** 初始状态 λ_{ex} 位于 570 nm，研磨以后发射波长红移 30 nm，通过二氯甲烷熏蒸可以回到初始的状态[68]。同时，无论是对于初始状态还是经研磨发光红移的粉末，如果加入介孔硅胶共同研磨，则会使发光蓝移，λ_{em} 位于 485 nm 和 518 nm。后续的实验证明，这是由于金属化合物 **75** 进入了硅胶的孔中，同时分子间的 Pt…Pt 相互作用被破坏，呈现出单分子的发光。前一部分介绍过的化合物 **53**，在乙酸乙酯、丙酮、二氧六环等溶剂的存在下形成具有 CIE 效应的共晶，在研磨作用下，共晶中溶剂分子被排出阶梯状框架之外，π-π堆积重新形成，体系的发光随之红移[52]。

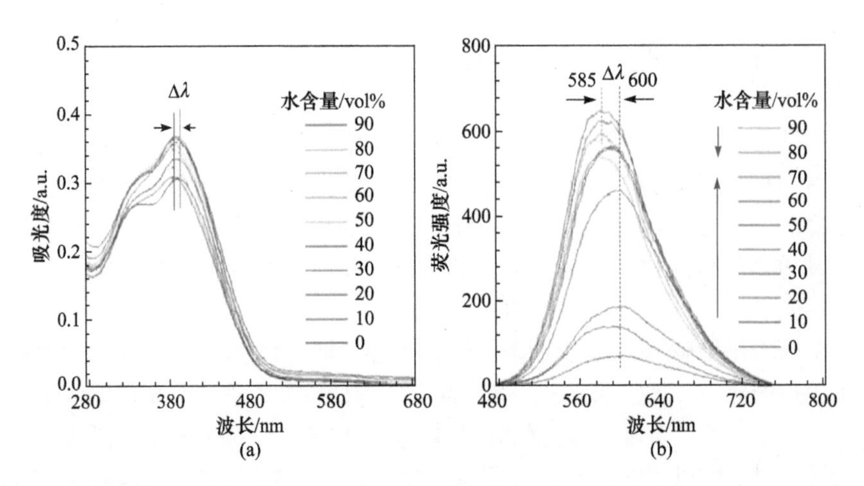

图 5.34 聚合物 **48** 在 DMF/水体系中的 UV-vis 吸收光谱(a)及随着水含量的荧光发射的变化

λ_{ex}=395 nm；[TPE]=10 μmol/L

3. 对其他刺激响应的智能材料

在前面的介绍中已经略有涉及，吡啶或吡啶盐修饰的 AIE 分子除了对光信号、力学信号之外，还对其他多种信号(如蒸气、热、溶剂极性等)做出响应。吡啶作为一种典型的有机碱，带吡啶修饰基的 AIE 分子，在固态下可以对酸或碱的蒸气通过发光行为的变化做出响应，该性质可用于酸碱气体的检测，因此相关研究将在化学检测这一部分进行简要阐述。下面通过典型的研究实例，介绍基于吡啶/吡啶盐修饰的 AIE 材料对环境温度和湿度变化做出的荧光响应，并将其应用于温度和湿度传感。

Cheng 等分别将吡啶盐功能化的 TPE 衍生物 **76**、**77** 与聚丙烯酸(polyacrylic acid, PAA)混合并制成薄膜[69]。利用 PAA 的强亲水性和 **76**、**77** 的 TICT 效应，实现对水蒸气含量的响应。PAA 基底具有很强的吸湿性，当其吸收空气中的水分子后，**76** 或 **77** 分子所处的环境极性增加，由于其 TICT 效应，发光红移。对于这两种荧光分子掺杂的薄膜，发射波长与环境的相对湿度呈良好的线性关系。基于这种薄膜材料对环境中水蒸气含量的响应，可将其应用于环境湿度检测的光电器件、观察环境中水蒸气扩散的方式、人体湿度检测的静电纺薄膜和智能织物等方面。

非晶态粉末在热的作用下发生的冷结晶过程及随之而来的发光行为的改变，同样可以与晶态的机械荧光变色行为共同构成可逆的循环[34, 66]。除此之外，还有工作报道了其他的热响应方式。例如，吡啶修饰的碳硼烷分子 **14**，当温度从 300 K 降低至 8 K 时，荧光不仅发生了 2.2 倍的增强，而且λ_{em}从 620 nm 蓝移至 585 nm，荧光寿命从 2.2 ns 延长至 4.5 ns，表现出热致荧光变色的性质[24]。

溶致荧光变色也是一种常被报道的刺激响应行为。目前已经报道的绝大多数

AIE 分子的溶致荧光变色现象都属于正溶致荧光变色效应。具有 D-A 结构的分子，当环境极性逐渐增强，CT 态成分逐渐增加时，表现为发光的红移。成盐以后的吡啶基团具有强吸电子性，与之相连的 TPE 或其他的共轭结构成为电子给体，两者之间形成 D-A 结构，具有这类结构的生色团往往都具有溶致荧光变色行为[43, 66]。用两个乙炔基吡啶修饰的 TPE 衍生物 **7** 是少见的具有负溶致荧光变色行为的 AIE 分子，即随着溶剂极性增大，其产生发光光谱蓝移的现象[70]，通常把这种反常的溶致荧光变色行为归结为激发态分子的偶极比基态小，这和吡啶的特殊电子结构有关。其他的特例如 MLCT，也能够表现出溶致荧光变色的行为[19, 21]。

5.4.2　荧光化学检测

随着现代分析技术的发展，对某种化学物质进行检测的手段可以有很多种类。在众多技术手段中，荧光检测具有灵敏度高、方便快捷、可实现原位在线检测等优势，在应用中具有重要的意义。吡啶功能化的 AIE 体系，包括小分子、聚合物、有机金属化合物及超分子组装体等，可以通过多样化的方式，如酸碱结合、静电作用、能量转移、电荷转移等，与目标物质发生相互作用，从而达到检测的目的。以下对不同性质的被检测物质分别进行简要的介绍。

1. 酸碱气体检测

吡啶是典型的碱，是理想的质子受体，对质子的结合可以改变共轭体系的电子云排布，从而影响探针的发射行为，实现对酸性气体的检测。反之，带有质子化的吡啶基团的 AIE 分子也可以通过被碱性气体去质子化引起的荧光变化，实现碱性气体的荧光检测。从这个原理出发，5.2 部分所展示的所有吡啶基修饰的 AIE 分子都在一定程度上具有检测酸碱气体的功能。例如，图 5.4 中的分子 **6** 的固态薄膜就能够用作酸性气体的检测[70]。与氯化氢气体接触后，固体薄膜中分子 **6** 上的吡啶发生质子化，LUMO 电子云分布相对更集中于吡啶基团。质子化的同时使得带隙降低。同时，氯化氢气体的熏蒸使得聚集状态从晶态转变为非晶态。两个因素共同导致了暴露在氯化氢气体中的固体薄膜的发光发生 80 nm 的红移。质子化之后的固体薄膜暴露于氨气中，会发生去质子化，使发光发生一定程度的蓝移，可以用作检测氨气。

吡啶基团的数目和在分子中所处的位置可以影响分子对质子的接受和释放能力，因此可以借此调控检测的灵敏度等指标。例如，Tang 等通过向吡啶连接的双 TPE 分子 **33** 在乙腈/水混合溶剂体系中加入等量的不同种类的质子酸，实现了对不同 pK_a 的质子酸的区分：该探针能够识别出 pK_a<2.12 的质子酸[43]。而含吡啶基的金属铱的配合物 **24** 除了能够通过质子化实现对氯化氢气体的识别外，还能够实现二氧化碳的检测[32]。

用含吡啶基的 AIE 分子构筑超分子体系为酸碱的检测提供了新思路。图 5.24 中的超分子配位复合物可用于碱性气体的检测[21]。利用分子 **3** 构筑的超分子体系 **58** 的固态薄膜呈现红光发射。当其暴露于氨气中，吡啶基团与 Pt(Ⅱ)的配位作用被破坏，MLCT 效应消失，发光蓝移至黄色。将薄膜移出氨气氛围之后，随着薄膜中残余氨气的挥发，吡啶与 Pt(Ⅱ)的配位作用重新形成，发光回到红光区域。

2. 离子检测

环境中的金属离子含量对人的生命健康和生态稳定有关键的作用，对金属离子的检测因此成为重要的课题。吡啶是一个中等强度的配体，可以和众多金属离子进行配位，考虑到形成配合物的稳定性，通常在分子设计时引入双齿(两个吡啶基)甚至三齿结构到目标 AIE 分子中。前面出现过的分子 **8**、**22**、**24** 等都具有良好的对不同金属离子的检测功能。

一个简单的研究实例是：将乙烯基吡啶修饰的 TPE 衍生物 **4** 加入不同金属离子的水溶液中，可以实现对三价金属离子 Al^{3+}、Fe^{3+}、Cr^{3+}相对水溶性的众多金属离子的选择性检测，其中对 Al^{3+}的检测最为灵敏。深入研究后揭示的检测机理在于三价金属离子在水溶液中发生水解，致使体系中氢离子浓度升高，使吡啶质子化，引起发光红移[71]。

金属离子与生色团直接相互作用引起荧光变化是实现检测的直接方式。分子 **20** 及其衍生物分子 **78** 都可以在乙腈/水混合溶剂中与 Hg^{2+}发生配位作用，形成配合物，分子内运动受限，发光增强[27]。图 5.35 中的分子 **78** 对 Hg^{2+}的检测限低至 48 nmol/L。探针与 Hg^{2+}的配位相互作用可以通过 Job 曲线和单晶结构进行确认。Ir(Ⅲ)配合物 **79** 能够通过与 Cu^{2+}配位，实现对 Cu^{2+}发光猝灭型检测[60]。

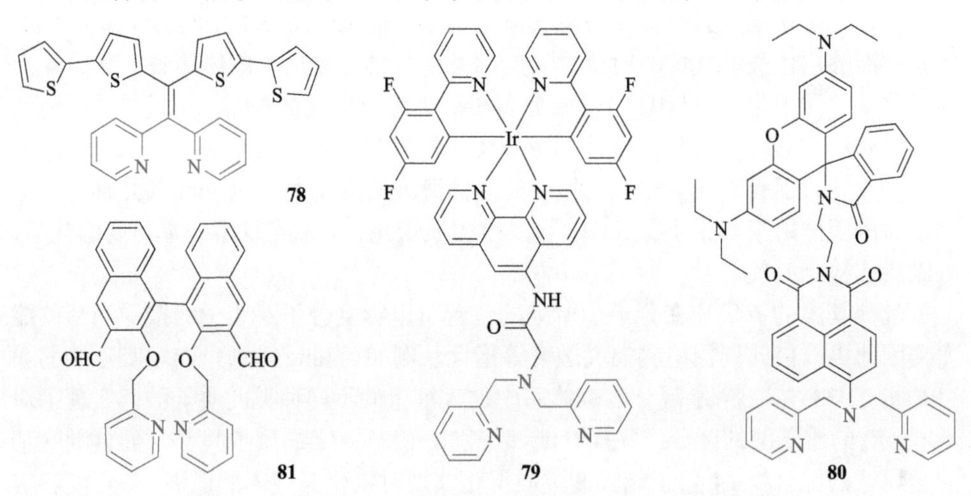

图 5.35 一些用于金属离子检测的吡啶功能化 AIE 体系

更为复杂的体系包括同时对不同种类的金属离子进行检测或对同一种金属离子进行不同信号的响应。例如，AIE 型探针分子 **80** 对 Hg^{2+}和 Fe^{3+}的检测[72]：其与 Hg^{2+}与 Fe^{3+}的络合位点不同，与 Hg^{2+}通过荧光共振能量转移(fluorescent resonance energy transfer，FRET)发生荧光行为的改变，与 Fe^{3+}通过吡啶基团络合，经光致电子转移(photo-induced electron transfer，PET)发生荧光的猝灭(图 5.36)。联二萘型荧光探针分子 **81** 与 Cu^{2+}结合之后，荧光信号减弱，检测限为 0.148 μmol/L；同时萘平面之间二面角减小，导致圆二色(circular dichromism, CD)信号的衰减[73]。

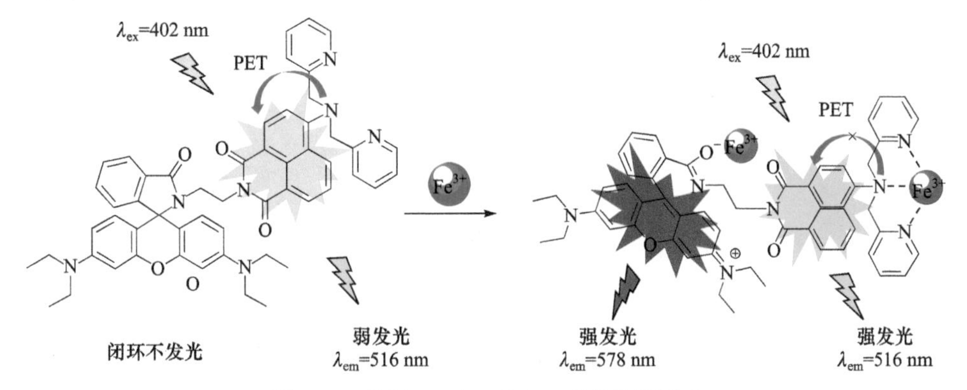

图 5.36 分子 **80** 对 Hg^{2+}和 Fe^{3+}的检测模式

吡啶盐修饰的 TPE 衍生物也能够用于阴离子的检测。由于重原子效应、分子内运动及 ICT 效应，探针 **82**(图 5.37)在溶液中的荧光十分微弱[73, 74]。向 **82** 的水溶液中加入少量的氟离子，由于离子交换反应的发生，吡啶盐聚集形成颗粒，体系荧光发生蓝移并显著增强。这种基于离子交换的检测体系呈现出对其他阴离子，如 AcO^-、CN^-等的良好选择性。向探针分子 **83** 的水溶液中加入少量焦磷酸盐，两者通过静电作用结合，并形成纳米粒子，荧光显著增强，从而实现对焦磷酸盐的检测，检测限低至 133 nmol/L。

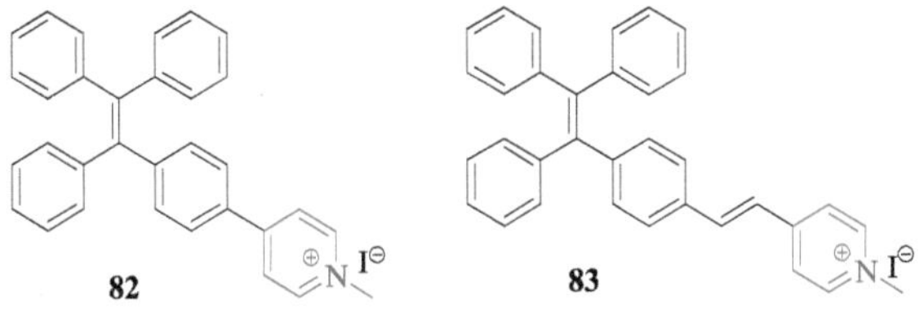

82 **83**

图 5.37 吡啶盐修饰 AIE 阴离子探针

3. 爆炸物检测

除了酸碱与阴阳离子之外，含吡啶或吡啶盐基团的 AIE 生色团还可以用于其他物质的检测，其中爆炸物检测是一种常见的应用(图 5.38)。分子 **84** 虽然不是典型的螺旋桨状结构，却能表现出很好的 AIE 性能。分子 **84** 通过氢键对苦味酸实现分子识别，并产生吸收和发射行为的变化[75]。加入苦味酸以后，**84** 的溶液从无色变为橙红色，UV-vis 吸收光谱显示在 500 nm 处产生了一个新的 CT 带。**84** 与苦味酸之间的相互作用模式经过单晶解析进行确认，苦味酸进入 **84** 的空腔中形成主客体结构，酚羟基的氢原子与吡啶氮原子之间形成氢键。强烈的分子间相互作用抑制了分子内运动，赋予该体系 AIE 的性质，实现了在固态下对苦味酸的荧光增强型检测。负载有 **84** 分子的试纸接触苦味酸蒸气后，颜色从淡黄色变为红色。

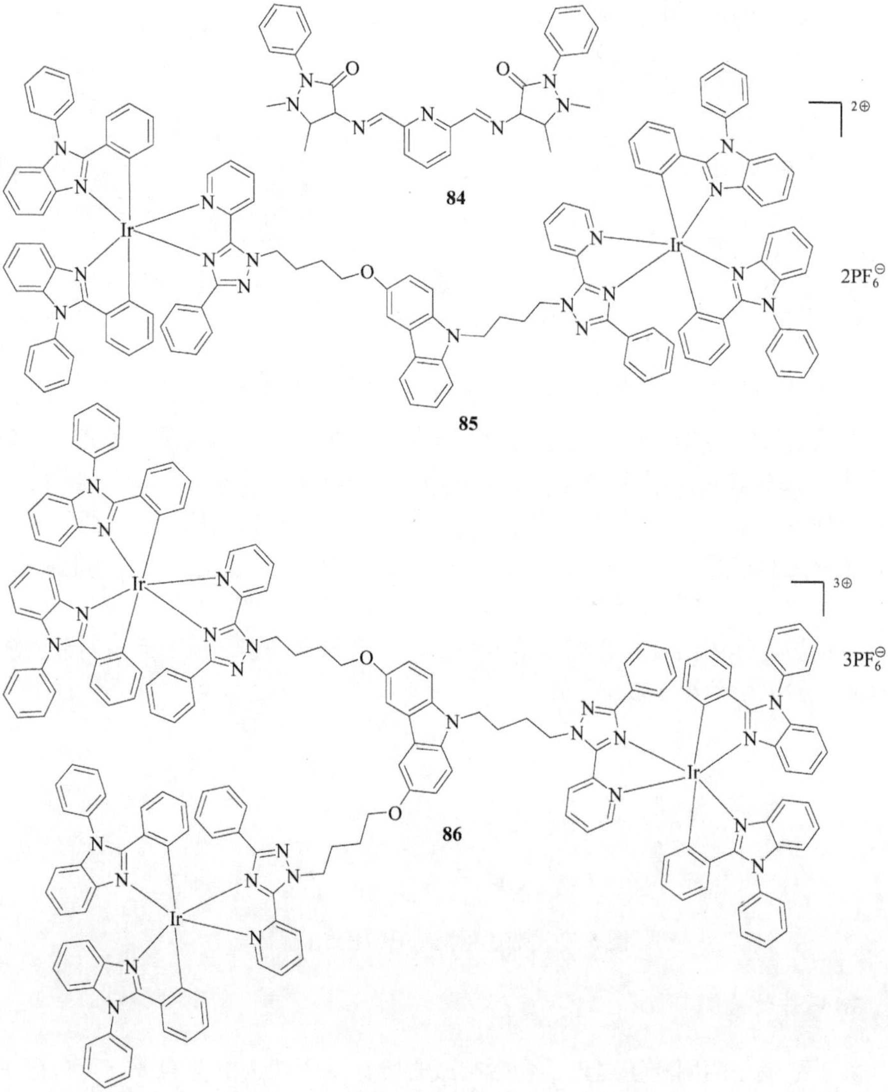

84

85

86

图 5.38 可用于爆炸物检测的含吡啶 AIE 体系

Ir(Ⅲ)配合物**85**和**86**与苦味酸之间能够发生PET过程,从而对苦味酸进行荧光猝灭型检测[33]。经Stern-Volmer公式拟合，其猝灭常数分别为49749 L/mol和96178 L/mol，检测限分别为0.51 mmol/L和0.39 mmol/L。该体系对其他爆炸物，如三硝基甲苯(TNT)和二硝基甲苯(DNT)异构体(2, 4-DNT、2, 6-DNT)等具有良好的选择性。配合物**59**可以与水环境中的多种含氮物质络合，得到具有AIE性质的产物，实现对一系列农药和有害物质的检测[56]。MOF体系**66**在二氯甲烷中的分散液可以用于检测农药2, 6-二氯-4-硝基苯胺(DCN)，其检测限低至0.13 ppm[17]。

5.4.3 荧光生物检测

1. 生物分子检测

作为一种活性氧(reactive oxygen species，ROS)，H_2O_2在众多生理功能中具有重要的作用。带吡啶盐基的水溶性AIE型荧光探针**87**可以在H_2O_2的存在下，将苯硼酸酯氧化为苯酚，经后续的水解及1, 6-消除得到吡啶化物**88**(图5.39)。因为产物不溶于水，所以一经形成便以聚集体形式存在，体系发光增强且蓝移，基于上述原理,该分子可以用于H_2O_2的检测[76]。在10.0～110.0 μmol/L范围内,510 nm荧光强度线性增加，检测限为180 nmol/L。D-葡萄糖在葡萄糖氧化酶(GOx)的存在下，会释放出H_2O_2。因此，**87**与GOx组合，可以用于检测D-葡萄糖。D-葡萄糖浓度为0.05～0.25 mmol/L时,510 nm荧光强度线性增加,检测限为3.0 μmol/L。该体系对D-甘露糖、果糖、蔗糖具有良好的选择性。

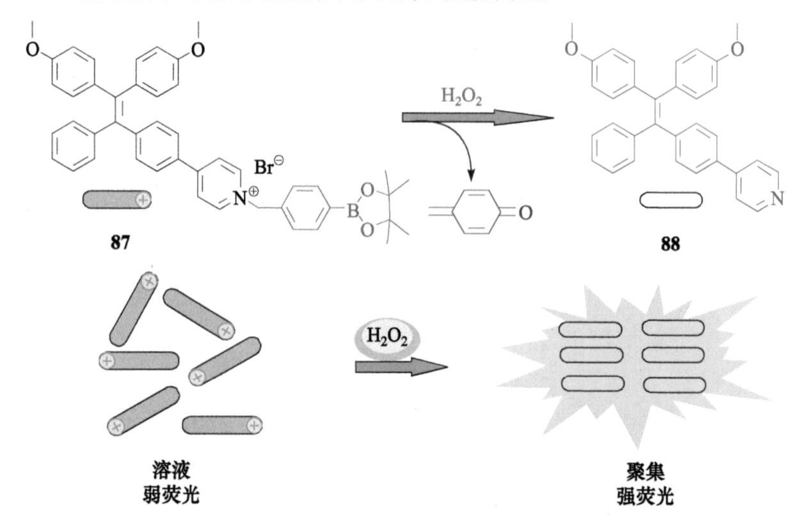

图5.39 AIE型荧光探针**87**对H_2O_2的检测机理

通过一些非共价作用，如配位作用、静电作用、亲疏水效应等，将AIE荧光探针与生物大分子结合，从而限制了AIE分子的分子内运动，使得荧光增强，可以实现对生物大分子的检测(图 5.40)。分子 **37**、**89**～**92** 都可以用于对 BSA 的荧光增强型检测[77, 78]。吡啶盐型的荧光探针 **90** 在 BSA 浓度低于 24 μmol/L 范围内，荧光线性增强，检测限为 5.37×10^{-8} mol/L。而荧光探针 **91** 与 BSA 作用引起的荧光增强的斜率较低，检测限更高。这说明，荧光探针 **90** 与 BSA 的检测机理，除了亲疏水效应之外，静电作用也占有一定的比例。与双磺酸根修饰阴离子型的 TPE 衍生物相结合，利用阳离子型的荧光探针 **37** 可以揭示 BSA 在温度升高和盐酸胍作用下去折叠的动态过程的细节[78]。

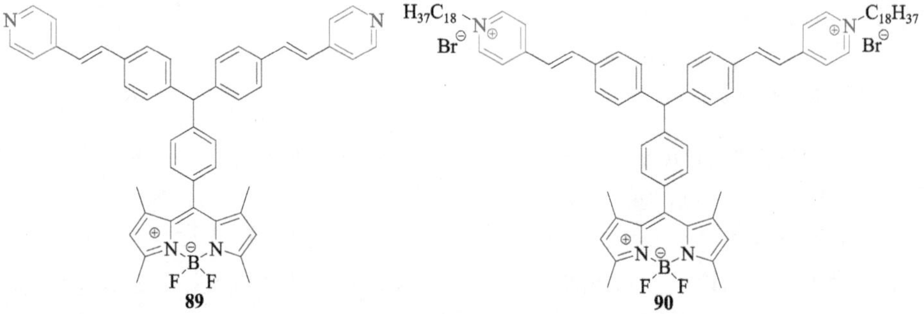

图 5.40 一些可以用于生物分子检测的吡啶修饰小分子 AIE 探针

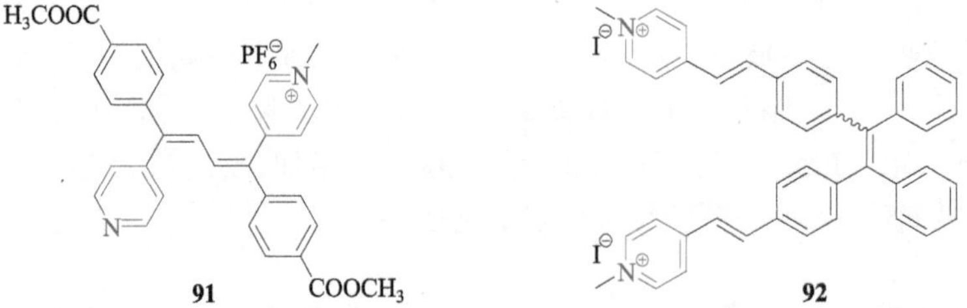

γ-球蛋白存在于血液中，是一种重要的免疫物质。分子 **91** 可以通过静电作用与γ-球蛋白结合，用于对γ-球蛋白的检测[79]。当γ-球蛋白浓度在 300 μg/mL 以下时，体系的荧光随浓度线性增加，检测限为 7.89 μg/mL。该体系对血液中的其他成分如血清蛋白、纤维蛋白原、葡萄糖、尿素、胆固醇具有很好的选择性，因此可以实现在血液中对γ-球蛋白的检测。

双乙烯基吡啶盐修饰的 TPE 的顺反异构体混合物 **92** 可以作为水溶性 AIE 型“点亮式”的荧光检测体系，通过带正电荷的吡啶盐与带负电荷的磷酸骨架之间的静电作用，用于对小牛胸腺 DNA (ctDNA) 在水中的检测[80]。在 0～500 μg/mL 范围内，该体系荧光有近 20 倍的增强。在 0～50 μg/mL 范围内，该体系荧光呈线性增加。把两个乙烯基换成乙炔基，Wang 等尝试了用分子 **39** 对 ctDNA 进行荧光检测，也观察到显著的 AIE 现象，但是检测灵敏度不如用分子探针 **92**，很可能是因为乙烯基团比乙炔基团更刚性，嵌入 DNA 的疏水螺旋沟槽中更稳定，荧光增强更显著[81]。图 5.4 中的分子 **8** 可以通过 Zn^{2+}的配位作用实现对 DNA 的检测，其对单链 DNA（ssDNA）的荧光增强远高于碱基互补配对的双链 DNA（dsDNA），说明 **8** 与 DNA 的配位作用的位点不只有磷酸骨架的氧原子，同时还有碱基上的氮原子[20]。

荧光探针可以是小分子，也可以是含吡啶盐和 TPE 结构单元的聚合物，图 5.19 中所示的几种聚合物都可以用于 DNA 的检测。聚合物 **49** 通过静电作用与 DNA 结合，当 ctDNA 浓度在 60 μmol/L 以下时，荧光强度随 ctDNA 浓度线性增加，检测限为 1.2 μmol/L[49]。**50** 与 DNA 的作用方式除了静电结合之外，经 CD 分析，同时还有碱基插入作用[50]。**50** 与 DNA 的结合不仅能够稳定 DNA 的双螺旋结构，而且可以形成纳米尺度的超分子聚集体，使荧光增强。**50** 用于 ctDNA 的检测，检测限为 3.2×10^{-8} mol/L，在浓度为 23.6 μmol/L 时，荧光增强达到饱和。

肝素（ChS）是一种天然抗凝血物质，结构为带负电的聚合物。聚合物探针 **49** 可以通过静电结合实现对肝素的检测[80]。其在浓度为 14 μmol/L 以下时，表现为荧光信号随浓度的线性增强，检测限为 7.6×10^{-8} mol/L。含有 TPE 结构单元的聚合物 **47** 对肝素的检测范围为 40 nmol/L～80 μmol/L，并表现出对聚阴离子硫酸软骨素（Hep）和透明质酸的良好选择性。

2. 生物成像

吡啶修饰的 AIE 生色团在成盐以后形成具有亲水性的阳离子，在生物环境中形成纳米尺度的颗粒[62, 82, 83]，或者本身就是具有纳米尺度的聚电解质[50]，可以进入细胞内或生物体内用于生物成像可以实现对生物大分子的检测（图 5.41）。具有吡啶盐基团的探针 **34**、**35**、**36**、**37**、**43**、**48**、**74** 可以富集在膜上带有大量负电荷的线粒体中，实现线粒体靶向成像。随着细胞凋亡过程中线粒体膜电位的变化，探针分子 **36** 可以示踪细胞凋亡的过程[83]；探针分子 **74** 在激光照射下发生光环化反应，可实现光活化成像[60]；在两种脂肪细胞中，探针分子 **94** 可以用于区分拥有更多线粒体的棕色脂肪细胞[84]。经特殊的结构设计，具有良好水溶性的 AIE 生色团在进入细胞以后富集在靶向的位点上，也可以实现细胞成像[85]。

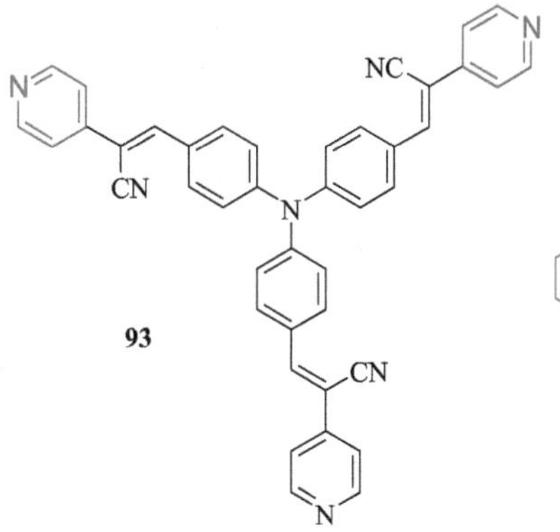

N NC N CN N CN CN N

93

H O O N⊕ Br⊖ N N ⊕N O O H Br⊖

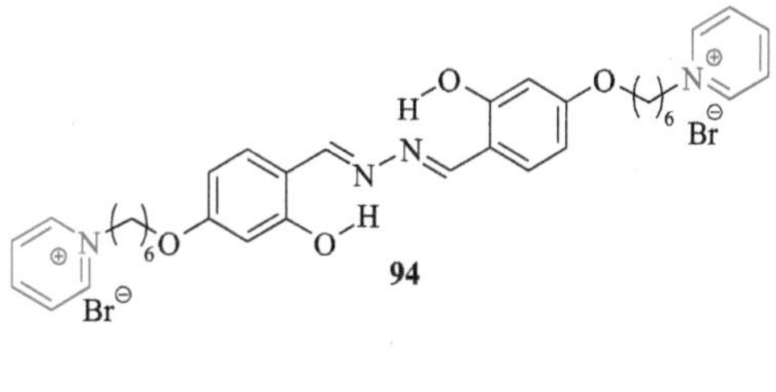

94

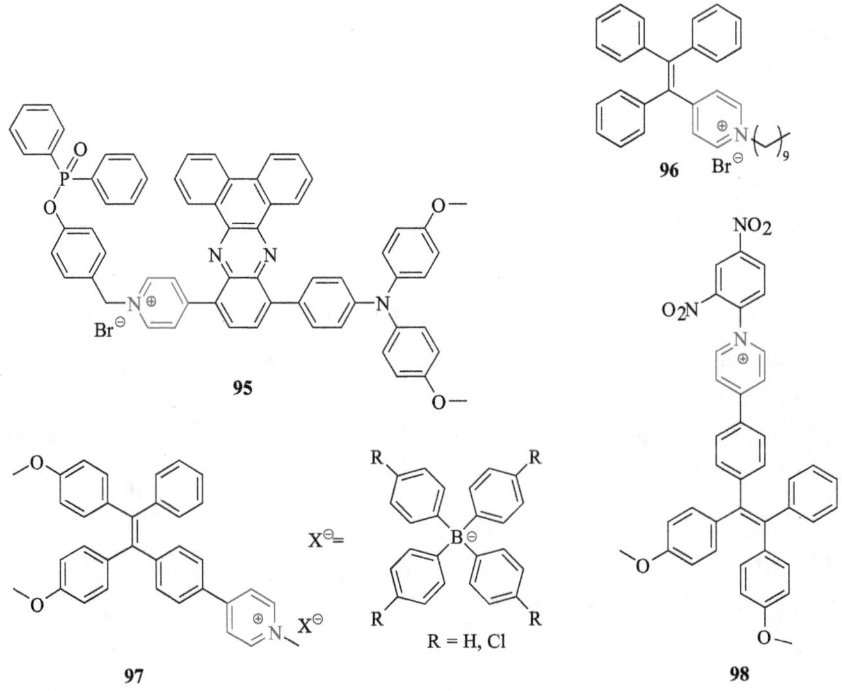

图 5.41 一些可用于生物成像的 AIE 分子

对于完全疏水的 AIE 分子，可以在表面活性剂的帮助下包裹成纳米粒子进行生物成像。例如，高度疏水的探针 **31** 被表面活性剂 DSPE-PEG$_{2000}$包裹成纳米粒子后可以进入细胞，并利用其 TADF 的性质实现延迟成像，具有更高的信噪比[40]。除了单纯的生物成像外，这些 AIE 染料还可以被赋予更多的功能(图 5.42)。利用质子化前后探针荧光性质的变化，探针 **93** 和 **95** 可以用于表征细胞内 pH 的改变[22, 86]；利用苯酚亚磷酸酯和后续采用的 1, 6-消除反应，探针 **95** 可用于细胞内超氧离子检测[87]；吡啶盐是一个很好的电子受体(A)，与电子给体(D)基元结合，可以构成 D-A 体系，降低ΔE_{ST}，在光激发条件下将三线态氧转化为单线态氧。因此，探针分子 **11**、**41**、**98** 可以起到光敏剂的作用，用于光动力治疗[88-90]；癌细胞往往拥有比正常细胞更多的线粒体，利用其线粒体更负的膜电位，吡啶盐修饰的 AIE 分子 **96**、**97** 可以选择性富集在癌细胞的线粒体上，一方面通过改变线粒体的膜电位，破坏线粒体，诱导癌细胞凋亡，另一方面可以降低 ATP 的生成，起到杀死癌细胞的效果[91, 92]。

吡啶与卤代烷在温和条件下的成盐反应也常被用来作为正交反应实现 AIE 功能基元与其他生物活性基元的连接，使得到的产物具有多种组合功能。典型例子见图 5.42 中的 AIE 型探针分子 **99** 和 **100**。在半胱天冬酶的作用下，荧光探针 **99** 的亲水性部分被切除，含 TPE 的疏水部分聚集发光，该体系可以用于细胞内半胱天冬酶的检测及药物筛选[87]。水溶性探针 **100** 可以用作药物前体，当其被癌细胞内的环境还原之后，一方面释放出顺铂作为药物，另一方面释放出含 TPE 的疏水部分使其聚集发光[84]。

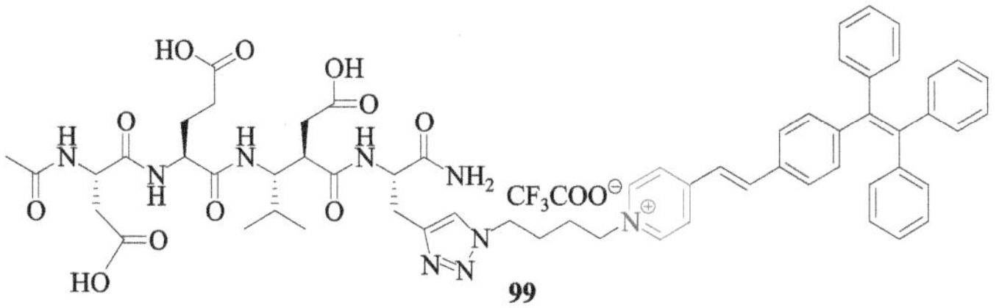

图 5.42　两个有代表性的多功能的用于生物成像的 AIE 型探针分子

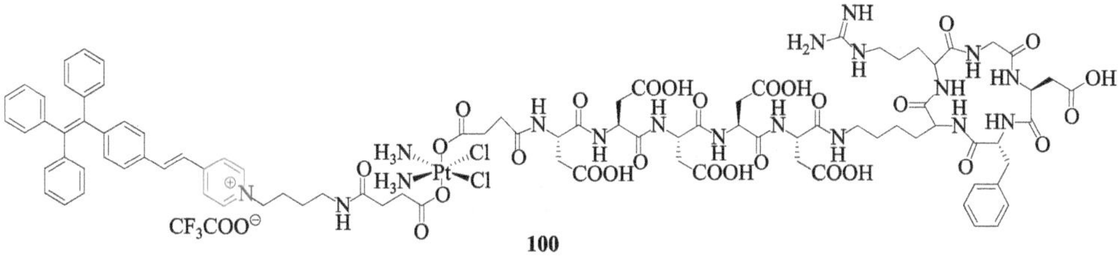

5.5　总结与展望

通过 5.2～5.4 节的归纳和梳理，吡啶/吡啶盐修饰的 AIE 分子体系、超分子结构和相关的功能得到了充分展示。集芳香性(电子共轭)、吸电子基团、碱性、金属配体、氢键受体、亲核取代反应等性能于一身，一个简单的有机结构基元表现出来的材料结构与功能的多样性，给 AIE 分子的结构与功能的设计与应用研究带来了深刻的启示：从材料化学的角度看，像吡啶一样具有独特功能的有机、无机和生物活性的结构基元为数众多，每一种都可以进行类似吡啶基的扩展和衍生，由此可以设计制备出多种多样的，可以应用于刺激响应、化学检测、生物传感、光电器件的新材料。

以吡啶与卤代烷在温和条件下的正交反应为例，吡啶修饰的 AIE 分子在作为生物荧光指示剂用于成像的同时，还可以方便地组合其他的新功能(图 5.42，分子 **99** 和 **100**)。考虑到近年来越来越多的生物正交反应(bio-orthogonal reaction)被发掘出来，这些反应性的基团不仅可以连接到带吡啶基的 AIE 分子上，实现双重正交反应，也可以用来修饰带有其他基团的 AIE 分子，使其在生物医用领域找到用武之地。炔基与叠氮、巯基、氨基、酚羟基等常见有机基团的点击化学反应也可以被借鉴到 AIE 分子新体系的研制与发现中来，这些反应的产物会贡献含 N、O、S 的杂环，或者直接键连这几种杂原子的双键，既可以在一定程度上扩展共轭，又能给分子带来分子偶极、亲水性能、与金属离子的配位作用等新功能。

参考文献

[1] Luo J D, Xie Z L, Lam J W Y, Cheng L, Chen H Y, Qiu C F, Kwok H S, Zhan X W, Liu Y Q, Zhu D B, Tang B Z. Aggregation-induced emission of 1-methyl-1, 2, 3, 4, 5-pentaphenylsilole. Chem Commun, 2001, 18: 1740, 1741.

[2] Lim X Z. The nanolight revolution is coming. Nature, 2016, 531: 26-28.

[3] Chen J W, Law C C W, Lam J W Y, Dong Y P, Lo S M F, Williams I D, Zhu D B, Tang B Z. Synthesis, light emission, nanoaggregation, and restricted intramolecular rotation of 1, 1-substituted 2, 3, 4, 5-tetraphenylsiloles. Chem Mater, 2003, 15: 1535-1546.

[4] Hong Y N, Lam J W Y, Tang B Z. Aggregation-induced emission: phenomenon, mechanism and applications. Chem Commun, 2009: 4332-4353.

[5] (a) Mei J, Hong Y N, Lam J W Y, Qin A J, Tang Y H, Tang B Z. Aggregation-induced emission: the whole is more brilliant than the parts. Adv Mater, 2014, 26: 5429-5479; (b) Mei J, Leung N L C, Kwok R T K, Lam J W Y, Tang B Z. Aggregation-induced emission: together we shine, united we soar! Chem Rev, 2015, 115: 11718-11940.

[6] Gao B R, Wang H Y, Yang Z Y, Wang H, Wang L, Jiang Y, Hao Y W, Chen Q D, Li Y P, Ma Y G, Sun H B. Comparative time-resolved study of two aggregation-induced emissive molecules. J Phys Chem C, 2011, 115: 16150-16154.

[7] Yan Z Q, Yang Z Y, Wang H, Li A W, Wang L P, Yang H, Gao B R. Study of aggregation induced emission of cyano-substituted oligo(*p*-phenylenevinylene) by femtosecond time resolved fluorescence. Spectrochim Acta A: Mol Biomol Spectrosc, 2011, 78: 1640-1645.

[8] Lochbrunner S, Schultz T, Schmitt M, Shaffer J P, Zgierski M Z, Stolow A. Dynamics of excited-state proton ttransfer systems via time-resolved photoelectron spectroscopy. J Chem Phys, 2001, 114: 2519-2522.

[9] Douhal A, Lahmani F, Zewail A H. Proton-transfer reaction dynamics. Chem Phys, 1996, 207: 477-498.

[10] Shen X Y, Yuan W Z, Liu Y, Zhao Q L, Lu P, Ma Y G, Williams I D, Qin A J, Sun J Z, Tang B Z. Fumaronitrile-based fluorogen: red to near-infrared fluorescence, aggregation-induced emission, solvatochromism, and twisted intramolecular charge transfer. J Phys Chem C, 2012, 116: 10541-10547.

[11] Guo J J, Li X L, Nie H, Luo W W, Hu R R, Qin A J, Zhao Z J, Su S J, Tang B Z. Robust luminescent materials with prominent aggregation-induced emission and thermally activated delayed fluorescence for high-performance organic light-emitting diodes. Chem Mater, 2017, 29: 3623-3631.

[12] Fang H H, Chen Q D, Yang J, Xia H, Gao B R, Feng J, Ma Y G, Sun H B. Two-photon pumped amplified spontaneous emission from cyano-substituted oligo(*p*-phenylenevinylene) crystals with aggregation-induced emission enhancement. J Phys Chem C, 2010, 114: 11958-11961.

[13] Goodman J, Brus L E. Proton transfer and tautomerism in an excited state of methyl salicylate. J Am Chem Soc, 1978, 100: 7472-7474.

[14] Hu J, Zhang X P, Zhang D, Cao X D, Jiang T, Zhang X W, Tao Y T. Linkage modes on phthaloyl/triphenylamine hybrid compounds: multi-functional AIE luminogens, non-doped emitters and organic hosts for highly efficient solution-processed delayed fluorescence OLEDs. Dyes Pigments, 2017, 137: 480-489.

[15] Lee I H, Song W, Lee J Y. Aggregation-induced emission type thermally activated delayed fluorescent materials for high efficiency in non-doped organic light-emitting diodes. Org Electron, 2016, 29: 22-26.

[16] Weng S Y, Si Z J, Zhou Y Y, Zuo Q H, Shi L F, Duan Q. Derivatives of 1-benzyl-4-(4-triphenylvinylphenyl) pyridinium bromide: synthesis, characterization, mechanofluorochromism / aggregation-induced emission (AIE) character and theoretical simulations. J Lumin, 2018, 195: 14-23.

[17] Tao C L, Chen B, Liu X G, Zhou L J, Zhu X L, Cao J, Gu Z G, Zhao Z, Shen L, Tang B Z. A highly luminescent entangled metal-organic framework based on pyridine-substituted tetraphenylethene for efficient pesticide detection. Chem Commun, 2017, 53: 9975-9978.

[18] Feng H T, Xiong J B, Luo J, Feng W F, Yang D, Zheng Y S. Selective host-guest co-crystallization of pyridine-functionalized tetraphenylethylenes with phthalic acids and multicolor emission of the co-crystals. Chem Eur J, 2017, 23: 644-651.

[19] Yan X Z, Cook T R, Wang P, Huang F H, Stang P J. Highly emissive platinum(Ⅱ) metallacages. Nat Chem, 2015, 7: 342-348.

[20] Zhu Z C, Xu L, Li H, Zhou X, Qin J G, Yang C L. Tetraphenylethene-based zinc complex as a sensitive DNA probe by coordination interaction. Chem Commun, 2014, 50: 7060-7062.

[21] Li Z T, Yan X Z, Huang F H, Sepehrpour H, Stang P J. Near-infrared emissive discrete platinum(Ⅱ) metallacycles: synthesis and application in ammonia detection. Org Lett, 2017, 19: 5728- 5731.

[22] Wang C C, Yan S Y, Chen Y Q, Zhou Y M, Zhong C, Guo P, Huang R, Weng X C, Zhou X. Triphenylamine pyridine acetonitrile fluorogens with green emission for pH sensing and application in cells. Chin Chem Lett, 2015, 26: 323-328.

[23] Qian Z Z, Li D X, Xie T Q, Zhang X P, He Y, Ai Y J, Zhang G Q. Curved fractal structures of pyridine- substituted β-diketone crystals. CrystEngComm, 2017, 19: 2283-2287.

[24] Londesborough M G S, Dolanský J, Cerdán L, Lang K, Jelínek T, Oliva J M, Hnyk D, Roca-Sanjuán D, Francés-Monerris A, Martinčík J, Nikl M, Kennedy J D. Thermochromic fluorescence from $B_{18}H_{20}(NC_5H_5)_2$: an inorganic-organic composite luminescent compound with an unusual molecular geometry. Adv Opt Mater, 2017, 5: 1600694.

[25] Komiya N, Yoshida A, Zhang D, Inoue R, Kawamorita S, Naota T. Fluorescent crystals of zwitterionic imidazoliumpyridinolates: a rational design for solid-state emission based on the twisting control of proemissive *N*-aryl imidazolium platforms. Eur J Org Chem, 2017, 34: 5044-5054.

[26] Gabr M T, Pigge F C. Synthesis and aggregation-induced emission properties of pyridine and pyridinium analogues of tetraphenylethylene. RSC Adv, 2015, 5: 90226-90234.

[27] Gabr M T, Christopher P F. A turn-on AIE active fluorescent sensor for Hg^{2+} by combination of

1, 1-bis(2-pyridyl)ethylene and thiophene/bithiophene fragments. Mater Chem Front, 2017, 1: 1654-1661.

[28] Zhao Z J, Chang Z F, He B R, Chen B, Deng C M, Lu P, Qiu H Y, Tang B Z. Aggregation-induced emission and efficient solid-state fluorescence from tetraphenylethene-based N, C-chelate four-coordinate organoborons. Chem Eur J, 2013, 19: 11512-11517.

[29] Tang X L, Yao L, Liu H, Shen F Z, Zhang S T, Zhang H H, Lu P, Ma Y G. An efficient AIE-active blue-emitting molecule by incorporating multifunctional groups into tetraphenylsilane. Chem Eur J, 2014, 20: 7589-7592.

[30] 章慧. 配位化学: 原理与应用. 北京: 化学工业出版社, 2009.

[31] 山本明夫. 金属有机化学: 基础与应用. 陈惠麟、陆熙炎, 译. 北京: 科学出版社, 1997.

[32] Climent C, Alam P, Pasha S S, Kaur G, Choudhury A R, Laskar I R, Alemany P, Casanova D. Dual emission and multi-stimuli-response in iridium(Ⅲ)complexes with aggregation-induced enhanced emission: applications for quantitative CO_2 detection. J Mater Chem C, 2017, 5: 7784-7798.

[33] Cui Y, Wen L L, Shan G G, Sun H Z, Mao H T, Zhang M, Su Z M. Di-/trinuclear cationic Ir(Ⅲ)complexes: design, synthesis and application for highly sensitive and selective detection of TNP in aqueous solution. Sens Actuators B, 2017, 244: 314-322.

[34] Ji Y C, Peng Z, Tong B, Shi J B, Zhi J G, Dong Y P. Polymorphism-dependent aggregation-induced emission of pyrrolopyrrole-based derivative and its multi-stimuli response behaviors. Dyes Pigments, 2017, 139: 664-671.

[35] Han Y, Cao H T, Sun H Z, Shan G G, Wu Y, Su Z M, Liao Y. Simultaneous modification of N-alkyl chains on cyclometalated and ancillary ligands of cationic iridium(Ⅲ)complexes towards efficient piezochromic luminescence properties. J Mater Chem C, 2015, 3: 2341-2349.

[36] Alam P, Climent C, Kaur G, Casanova D, Roy Choudhury A, Gupta A, Alemany P, Laskar I R. Exploring the origin of "aggregation induced emission" activity and "crystallization induced emission" in organometallic iridium(Ⅲ)cationic complexes: influence of counterions. Cryst Growth Des, 2016, 16: 5738-5752.

[37] Wu Y, Sun H Z, Cao H T, Li H B, Shan G G, Duan Y A, Geng Y, Su Z M, Liao Y. Stepwise modulation of the electron-donating strength of ancillary ligands: understanding the AIE mechanism of cationic iridium(Ⅲ)complexes. Chem Commun, 2014, 50: 10986-10989.

[38] Li Y G, Tsang D P K, Chan C K M, Wong K M C, Chan M Y, Yam V W W. Synthesis of unsymmetric bipyridine-Pt(Ⅱ)-alkynyl complexes through post-click reaction with emission enhancement characteristics and their applications as phosphorescent organic light-emitting diodes. Chem Eur J, 2014, 20: 13710-13715.

[39] Cheng H K, Yeung M C L, Yam V W W. Molecular engineering of platinum(Ⅱ)terpyridine complexes with tetraphenylethylene-modified alkynyl ligands: supramolecular assembly via Pt···Pt and/or π-π stacking interactions and the formation of various superstructures. ACS Appl Mater Interfaces, 2017, 9: 36220-36228.

[40] Li T T, Yang D L, Zhai L Q, Wang S L, Zhao B M, Fu N N, Wang L H, Tao Y T, Huang W. Thermally activated delayed fluorescence organic dots(TADF Odots)for time-resolved and

confocal fluorescence imaging in living cells and *in vivo*. Adv Sci, 2017, 4: 1600166.
[41] Tang C, Yang T, Cao X D, Tao Y T, Wang F F, Zhong C, Qian Y, Zhang X W, Huang W. Tuning a weak emissive blue host to highly efficient green dopant by a CN in tetracarbazolepyridines for solution-processed thermally activated delayed fluorescence devices. Adv Opt Mater, 2015, 3: 786-790.
[42] Yang J J, Li J R, Hao P F, Qiu F D, Liu M X, Zhang Q, Shi D X. Synthesis, optical properties of multi donor-acceptor substituted AIE pyridine derivatives dyes and application for Au^{3+} detection in aqueous solution. Dyes Pigments, 2015, 116: 97-105.
[43] Tang R Z, Wang X Y, Zhang W Z, Zhuang X D, Bi S, Zhang W B, Zhang F. Aromatic azaheterocycle-cored luminogens with tunable physical properties via nitrogen atoms for sensing strong acids. J Mater Chem C, 2016, 4: 7640-7648.
[44] 邢其毅, 裴伟伟, 徐瑞秋, 裴坚. 基础有机化学. 3 版. 北京: 高等教育出版社, 2005.
[45] Wang Z Y, Bai W, Tong J Q, Wang Y J, Qin A J, Sun J Z, Tang B Z. A macrocyclic 1, 4- bis(4-pyridylethynyl)benzene showing unique aggregation-induced emission properties. Chem Commun, 2016, 52: 10365-10368.
[46] Yu Y, Li Y W, Wang X Q, Nian H, Le W, Li J, Zhao Y X, Yang X R, Liu S M, Cao L P. Cucurbit[10]uril-based [2]rotaxane: preparation and supramolecular assembly-induced fluorescence enhancement. J Org Chem, 2017, 82: 5590-5596.
[47] Chen D Y, Shi J B, Wu Y M, Tong B, Zhi J G, Dong Y P. An AIEE polyelectrolyte as a light-up fluorescent probe for heparin sensing in full detection range. Sci China Chem, 2013, 56: 1239-1246.
[48] Chen R, Gao X Y, Cheng X, Qin A J, Sun J Z, Tang B Z. A red-emitting cationic hyperbranched polymer: facile synthesis, aggregation-enhanced emission, large Stokes shift, polarity-insensitive fluorescence and application in cell imaging. Polym Chem, 2017, 8: 6277-6282.
[49] Sun J F, Lu Y, Wang L, Cheng D D, Sun Y J, Zeng X S. Fluorescence turn-on detection of DNA based on the aggregation-induced emission of conjugated poly(pyridinium salt)s. Polym Chem, 2013, 4: 4045-4052.
[50] Chang Y, Jin L, Duan J L, Zhang Q, Wang J, Lu Y. New conjugated poly(pyridinium salt) derivative: AIE characteristics, the interaction with DNA and selective fluorescence enhancement induced by dsDNA. RSC Adv, 2015, 5: 103358-103364.
[51] Bhattacharjee S, Bhattacharya S. Role of synergistic π-π stacking and X—H···Cl(X= C, N, O) H-bonding interactions in gelation and gel phase crystallization. Chem Commun, 2015, 51: 7019-7022.
[52] Kohmoto S, Chuko T, Hisamatsu S, Okuda Y, Masu H, Takahashi M, Kishikawa K. Piezoluminescence and liquid crystallinity of 4, 4′-(9, 10-anthracenediyl)bispyridinium salts. Cryst Growth Des, 2015, 15: 2723-2731.
[53] Cook T R, Zheng Y R, Stang P J. Metal-organic frameworks and self-assembled supramolecular coordination complexes: comparing and contrasting the design, synthesis, and functionality of metal-organic materials. Chem Rev, 2013, 113: 734-777.
[54] Leininger S, Olenyuk B, Stang P J. Self-assembly of discrete cyclic nanostructures mediated by

transition metals. Chem Rev, 2000, 100: 853-908.

[55] Saha M L, Yan X Z, Stang P J. Photophysical properties of organoplatinum(Ⅱ)compounds and derived self-assembled metallacycles and metallacages: fluorescence and its applications. Acc Chem Res, 2016, 49: 2527-2539.

[56] Sinn S, Biedermann F, de Cola L. Platinum complex assemblies as luminescent probes and tags for drugs and toxins in water. Chem Eur J, 2017, 23: 1965-1971.

[57] Sathish V, Ramdass A, Lu Z Z, Velayudham M, Thanasekaran P, Lu K L, Rajagopal S. Aggregation-induced emission enhancement in alkoxy-bridged binuclear rhenium(Ⅰ)complexes: application as sensor for explosives and interaction with microheterogeneous media. J Phys Chem B, 2013, 117: 14358-14366.

[58] Dong Y W, Fan R Q, Wang X M, Wang P, Zhang H J, Wei L G, Chen W, Yang Y L. (*E*)-*N*-(pyridine-2-ylmethylene) arylamine as an assembling ligand for Zn(Ⅱ)/Cd(Ⅱ)complexes: aryl substitution and anion effects on the dimensionality and luminescence properties of the supramolecular metal-organic frameworks. Cryst Growth Des, 2016, 16: 3366-3378.

[59] Li Y W, Dong Y H, Miao X R, Ren Y L, Zhang B L, Wang P P, Yu Y, Li B, Isaacs L, Cao L P. Shape-controllable and fluorescent supramolecular organic frameworks through aqueous host-guest complexation. Angew Chem Int Ed, 2018, 57: 729-733.

[60] Shen W, Yan L Q, Tian W W, Cui X, Qi Z J, Sun Y M. A novel aggregation induced emission active cyclometalated Ir(Ⅲ)complex as a luminescent probe for detection of copper(Ⅱ)ion in aqueous solution. J Lumin, 2016, 177: 299-305.

[61] Pigge F C, Kapadia P P, Swenson D C. Halogen bonded networks from pyridyl-substituted tetraarylethylenes and diiodotetrafluorobenzenes. Cryst Eng Comm, 2013, 15: 4386.

[62] Wei P F, Zhang J X, Zhao Z, Chen Y C, He X W, Chen M, Gong J Y, Sung H H Y, Williams I D, Lam J W Y, Tang B Z. Multiple yet controllable photo-switching in a single AIEgen system. J Am Chem Soc, 2018, 140: 1966-1975.

[63] Gu X G, Zhao E G, Lam J W Y, Peng Q, Xie Y J, Zhang Y L, Wong K S, Sung H H Y, Williams I D, Tang B Z. Mitochondrion-specific live-cell bioprobe operated in a fluorescence turn-on manner and a well-designed photoactivatable mechanism. Adv Mater, 2015, 27: 7093-7100.

[64] Xiong J B, Wang K, Yao Z Q, Zou B, Xu J L, Bu X H. Multi-stimuli-responsive fluorescence switching from a pyridine-functionalized tetraphenylethene AIEgen. ACS Appl Mater Interfaces, 2018, 10: 5819-5827.

[65] Sun Q K, Wang H H, Xu X, Lu Y S, Xue S F, Zhang H C, Yang W J. 9, 10-Bis((*Z*)-2-phenyl-2-(pyridin-2-yl) vinyl) anthracene: aggregation-induced emission, mechanochromic luminescence, and reversible volatile acids-amines switching. Dyes Pigments, 2018, 149: 407-414.

[66] Zhao N, Li M, Yan Y L, Lam J W Y, Zhang Y L, Zhao Y S, Wong K S, Tang B Z. A tetraphenylethene-substituted pyridinium salt with a tetraphenylethene-substituted pyridinium salt with multiple functionalities: synthesis, stimuli-responsive emission, optical waveguide and specific mitochondrion imaging. J Mater Chem C, 2013, 1: 4640-4647.

[67] Hu T, Yao B C, Chen X J, Li W Z, Song Z G, Qin A J, Sun J Z, Tang B Z. Effect of ionic interaction on the mechanochromic properties of pyridinium modified tetraphenylethene. Chem

Commun, 2015, 51: 8849-8852.
[68] Pasha S S, Alam P, Sarmah A, Roy R K, Laskar I R. Encapsulation of multi-stimuli AIE active platinum(Ⅱ)complex: a facile and dry approach for luminescent mesoporous silica. RSC Adv, 2016, 6: 87791-87795.
[69] Cheng Y H, Wang J G, Qiu Z J, Zheng X Y, Leung N L C, Lam J W Y, Tang B Z. Multiscale humidity visualization by environmentally sensitive fluorescent molecular rotors. Adv Mater, 2018, 29: 703900.
[70] Wang Z Y, Cheng X, Qin A J, Zhang H K, Sun J Z, Tang B Z. Multiple stimuli responses of stereo- isomers of AIE-active ethynylene-bridged pyridyl-modified tetraphenylethene. J Phys Chem B, 2018, 122: 2165-2176.
[71] Chen X J, Shen X Y, Guan E, Liu Y, Qin A J, Sun J Z, Tang B Z. A Pyridinyl-functionalized tetraphenylethylene fluorogen for specific sensing of trivalent cations. Chem Commun, 2013, 49: 1503-1505.
[72] Liu J F, Qian Y. A novel naphthalimide-rhodamine dye: intramolecular fluorescence resonance energy transfer and ratiometric chemodosimeter for Hg^{2+} and Fe^{3+}. Dyes Pigments, 2017, 136: 782-790.
[73] Li N, Feng H L, Gong Q, Wu C X, Zhou H, Huang Z Y, Yang J, Chen X H, Zhao N. BINOL-based chiral aggregation-induced emission luminogens and their application in detecting copper(Ⅱ) ions in aqueous media. J Mater Chem C, 2015, 3: 11458-11463.
[74] Xu H R, Li K, Jiao S Y, Pan S L, Zeng J R, Yu X Q. Tetraphenylethene-pyridine salts as the first self-assembling chemosensor for pyrophosphate. Analyst, 2015, 140: 4182-4188.
[75] Bineci M, Bağlan M, Atılgan S. AIE active pyridinium fused tetraphenylethene: rapid and selective fluorescent “turn-on” sensor for fluoride ion in aqueous media. Sens Actuators B, 2016, 222: 315-319.
[76] Hu F, Huang Y Y, Zhang G X, Zhao R, Zhang D Q. A highly selective fluorescence turn-on detection of hydrogen peroxide and D-glucose based on the aggregation/deaggregation of a modified tetraphenylethylene. Tetrahedron Lett, 2014, 55: 1471-1474.
[77] Li Q, Wang C J, Qian Y. BODIPY-triphenylamine with conjugated pyridines and a quaternary pyridium salt: synthesis, aggregation-induced red emission and interaction with bovine serum albumin. J Photochem Photobio A, 2017, 346: 311-317.
[78] Tong J Q, Hu T, Qin A J, Sun J Z, Tang B Z. Deciphering the binding behaviours of BSA using ionic AIE-active fluorescent probes. Faraday Disc, 2017, 196: 285-303.
[79] Liu P, Chen D D, Wang Y H, Tang X Y, Li H J, Shi J B, Tong B, Dong Y P. A highly sensitive “turn-on” fluorescent probe with an aggregation-induced emission characteristic for quantitative detection of γ-globulin. Biosens Bioelectron, 2017, 92: 536-541.
[80] Wang L, Li Y D, Sun J F, Lu Y, Sun Y J, Cheng D D, Li C X. Conjugated poly(pyridinium salt)s as fluorescence light-up probes for heparin sensing. J Appl Polym Sci, 2014, 131: 40933.
[81] Wang Z Y, Gu Y, Liu J Y, Cheng X, Sun J Z, Qin A J, Tang B Z. A novel pyridinium modified tetraphenylethene: AIE activity, mechanochromism, DNA detection and mitochondria imaging. J Mater Chem B, 2018, 6: 1279-1285.

[82] Gao M, Sim C K, Leung C W T, Hu Q L, Feng G X, Xu F, Tang B Z, Liu B. A fluorescent light-up probe with AIE characteristics for specific mitochondrial imaging to identify differentiating brown adipose cells. Chem Commun, 2014, 50: 8312-8315.

[83] Situ B, Chen S J, Zhao E G, Leung C W T, Chen Y L, Hong Y N, Lam J W Y, Wen Z L, Liu W, Zhang W Q, Zheng L, Tang B Z. Real-time imaging of cell behaviors in living organisms by a mitochondria- targeting AIE fluorogen. Adv Funct Mater, 2016, 26: 7132-7138.

[84] Yuan Y Y, Chen Y L, Tang B Z, Liu B. A targeted theranostic platinum(Ⅳ) prodrug containing a luminogen with aggregation-induced emission(AIE) characteristics for in situ monitoring of drug activation. Chem Commun, 2014, 50: 3868-3870.

[85] Zhou Z, Gu F L, Peng L, Hu Y, Wang Q M. Spectroscopic analysis and *in vitro* imaging applications of a pH responsive AIE sensor with a two-input inhibit function. Chem Commun, 2015, 51: 12060-12063.

[86] Yang J, Liu X L, Wang H L, Tan H Q, Xie X X, Zhang X, Liu C C, Qu X, Hua J L. A turn-on near-infrared fluorescence probe with aggregation-induced emission based on dibenzo[*a*, *c*]phenazine for detection of superoxide anions and its application in cell imaging. Analyst, 2018, 143: 1242-1249.

[87] Shi H B, Zhao N, Ding D, Liang J, Tang B Z, Liu B. Fluorescent light-up probe with aggregation- induced emission characteristics for *in vivo* imaging of cell apoptosis. Org Biomol Chem, 2013, 11: 7289-7296.

[88] Zhan C, Zhang G X, Zhang D Q. Zincke's salt-substituted tetraphenylethylenes for fluorometric turn-on detection of glutathione and fluorescence imaging of cancer cells. ACS Appl Mater Interfaces, 2018, 10: 12141-12149.

[89] You X, Ma H L, Wang Y C, Zhang G X, Peng Q, Liu L B, Wang S, Zhang D Q. Pyridinium-substituted tetraphenylethylene entailing alkyne moiety: enhancement of photosensitizing efficiency and antimicrobial activity. Chem Asian J, 2017, 12: 1013-1019.

[90] Yu C Y Y, Xu H, Ji S, Kwok R T K, Lam J W Y, Li X L, Krishnan S, Ding D, Tang B Z. Mitochondrion-anchoring photosensitizer with aggregation-induced emission characteristics synergistically boosts the radiosensitivity of cancer cells to ionizing radiation. Adv Mater, 2017, 29: 1606167.

[91] Huang Y Y, Zhang G X, Hu F, Jin Y L, Zhao R, Zhang D Q. Emissive nanoparticles from pyridinium- substituted tetraphenylethylene salts: imaging and selective cytotoxicity towards cancer cells *in vitro* and *in vivo* by varying counter anions. Chem Sci, 2016, 7: 7013-7019.

[92] Reedy J L, Hedlund D K, Gabr M T, Henning G M, Pigge F C, Schultz M K. Synthesis and evaluation of tetraarylethylene-based mono-, bis-, and tris(pyridinium) derivatives for image-guided mitochondria-specific targeting and cytotoxicity of metastatic melanoma cells. Bioconjug Chem, 2016, 27: 2424-2430.

(汪昭旸　孙景志)

第6章

杂环聚集诱导发光小分子体系

6.1 引言

杂环化合物(heterocyclic compound)是指分子结构中除碳原子外，还至少含有一个杂原子的环状有机化合物，可分为脂杂环、芳杂环两大类，而最常见的杂原子是氮原子、硫原子、氧原子。这是数目最庞大的一类有机化合物，广泛存在于自然界，与生物学有关的重要化合物多数为杂环化合物，65%的有机化合物和 90%的药物化合物具有杂环结构。杂原子取代了碳原子，使环上碳原子的电子云密度升高并使环活化，所以芳香杂环化合物都比苯活泼。

在 AIE 分子体系中，像 TPE 这样能够在诸多体系中轻易实现 AIE 性能的“明星”分子还非常少，因此系统地研发新的 AIE 体系就显得尤为重要。众所周知，杂原子能够通过电子效应影响材料的性能及聚集态结构，杂原子的引入能使合成得以简便、发光效率得以提高、性能得以拓展。利用这一特点，开发出以芳杂环为 AIE 生色团的新材料，并建立普适性的 AIE 分子设计原则，将会有力推动 AIE 基础研究与应用研究的发展。

6.2 五元芳杂环 AIE 体系

6.2.1 含 Si 化合物

目前，噻咯分子的主要合成原料是乙炔类衍生物，主要包括两种合成方式，第一种方式是对噻咯的 1, 1-位进行修饰，第二种方式是对噻咯的 2, 5-位或 3, 4-位进行修饰。关于第一种方式，如图 6.1 所示，对苯二炔经双锂化，再与氯硅烷或类似物(X≠Cl 或 Y)发生反应，可以得到带 1 个氯原子或 2 个氯原子的噻咯衍生物

1 和 **2**，同时氯原子也很容易被亲和试剂(X 和 Y)取代，从而得到化合物 **3**[1-3]。这种方式还能够得到 1, 1-位上为极性官能团的化合物，可以进一步取代，形成更多的 1, 1-位功能化的噻咯衍生物。1994 年，Tamao 课题组用双(苯基乙炔基)硅烷和锂萘试剂反应，得到了 2, 5-位锂化的环戊二烯中间体，再经过亲和取代可以得到 2, 5-位不同取代基的噻咯分子[4]，如图 6.2 所示。这种方法合成 2, 5-位功能化的噻咯分子较容易，但是当在噻咯的 2, 5-位上引入体积较大的取代基时，由于空间位阻的影响，产物的产率有所下降，一般为 30%～45%。此外，近几年，Matsuda 通过催化剂 Grubbs，可以在噻咯环的 2, 3-位上进行功能化[5]。2008 年，Ohmura 等用含硅的硼酸与端炔，经过钯催化，得到了 2, 4-位功能化的噻咯衍生物[6]。尽管对噻咯环的功能化一直受广大研究者的关注，但目前主要还是通过前两种方式来合成噻咯化合物，仍然需要开发新的合成方法。

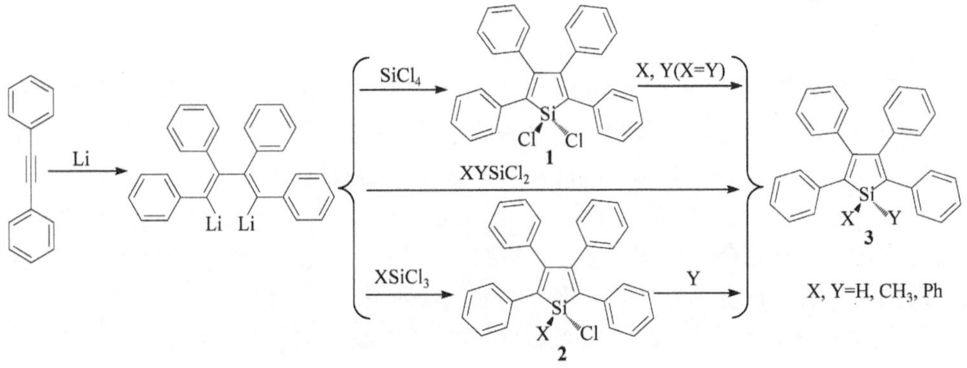

图 6.1 化合物 **1**、**2** 和 **3** 的合成路线

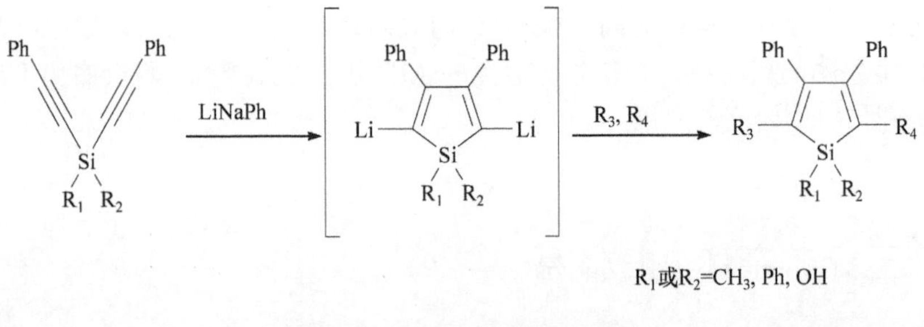

图 6.2 2, 5-位噻咯的合成路线

已经研究的具有 AIE 性质的环状多烯化合物中最具代表性的化合物就是硅杂环戊二烯(silacyclopeatadiene)，简称噻咯(silole)，是一种含硅的五元环二烯[7]。在噻咯结构中，五元环上丁二烯单元的 p^*轨道与硅原子两个环外 s^*轨道相互作用，由此产生的 s^*-p^*共轭使噻咯具有能量较低的最低空轨道，从而使其成为一个良好的电子受体且具有较高的电子迁移率，因此在电致发光器件中被用作发光层[8]。

唐本忠在纯化噻咯过程中，发现噻咯具有固态荧光增强的作用，即后来的 AIE 性质。随后唐本忠通过改变芳香取代基结构研究 AIE 现象(图 6.3)[1, 9-18]。所有噻咯衍生物 **4** 和 **5** 在溶液状态下都是发光微弱，而在混合溶剂中聚集析出的纳米粒子会产生高出溶液状态下数百倍的荧光量子产率，是非常典型的具有 AIE 现象的化合物。如果将噻咯配成稀溶液，通过降低温度或者提高溶液黏度的方法，限制了分子内振动和旋转，有效地提高了化合物的荧光量子产率，这就证明了 RIR 过程可以提高分子的荧光效率，更进一步证实分子基团的振动和旋转是影响分子荧光量子产率的主要因素之一[19-23]。

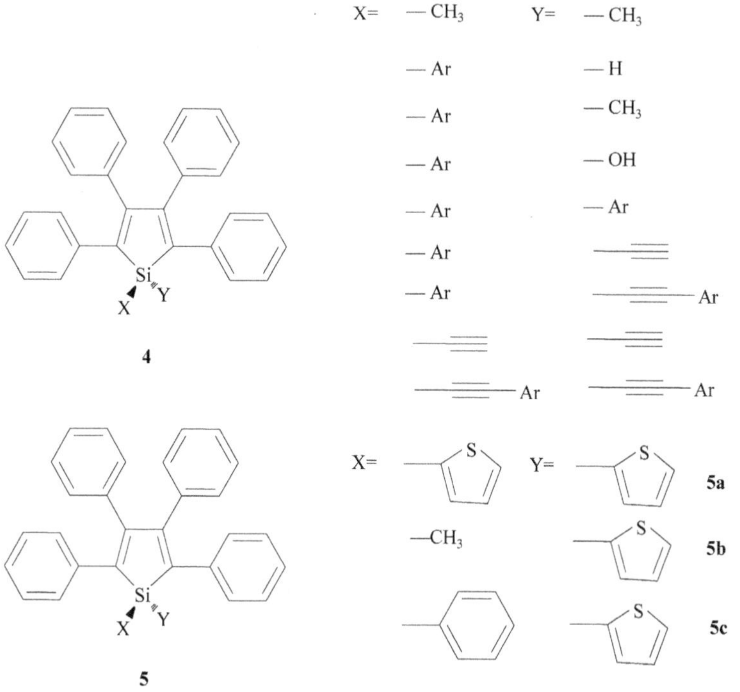

图 6.3　噻吩取代 1, 1-位的噻咯结构

陈军武、曹镛等[24]研究了由噻吩取代 1, 1-位的噻咯 **5** 在聚集条件下的形态及其对发光性质的影响规律。结果发现：在丙酮/水混合溶剂中，聚集初期，化合物形成单晶并在 474 nm 处发射蓝光；当水的比例增加到 90vol%时，聚集态呈现混乱，在 500 nm 处发射绿光。而由 **5a**～**5c** 所形成的结晶膜，其吸收光谱相对于非晶态蓝移 26 nm。他们认为产生蓝移是由于结晶消除了非晶态时所存在的π键叠加；并利用红外光谱证实了晶态粉末与非晶态粉末相比呈现了更多振动的变化，意味着不同π键堆积方式及分子构象的不同都会对发光性能产生影响。

唐本忠等[25]通过在噻咯分子的苯基上引入异丙基(图 6.4)，来限制阻碍苯环的自由旋转，不同取代侧基的分子在溶液中荧光强度顺序为**6a<6b<6c**。**6c**由于限制了分子的旋转，其在溶液中获得了高的荧光量子产率，进一步证实了噻咯分子内旋转(intramolecular rotation)是导致分子在溶液中荧光猝灭，在聚集中荧光增强的一个原因。

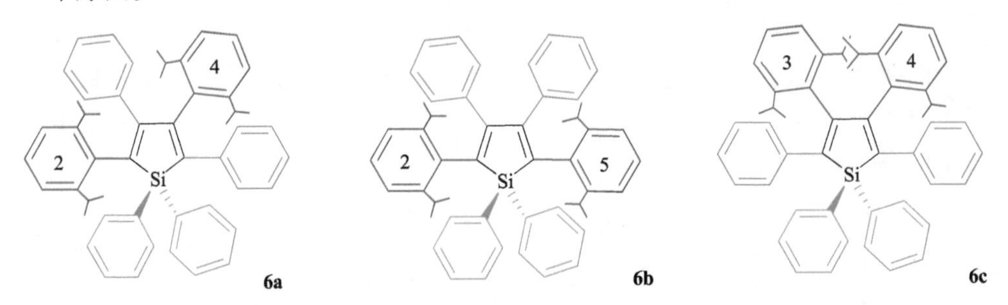

图 6.4 噻咯分子不同苯基上引入异丙基的结构示意

在对噻咯的研究中，Lee 小组研究了一些变形的噻咯分子(图 6.5)的固态条件下的荧光发射情况。其中化合物**7c**的噻咯具有荧光发射与联苯基团的荧光发射特性，其固态下荧光量子产率能够达到 0.45，具有明显的 AIE 性质[26]。

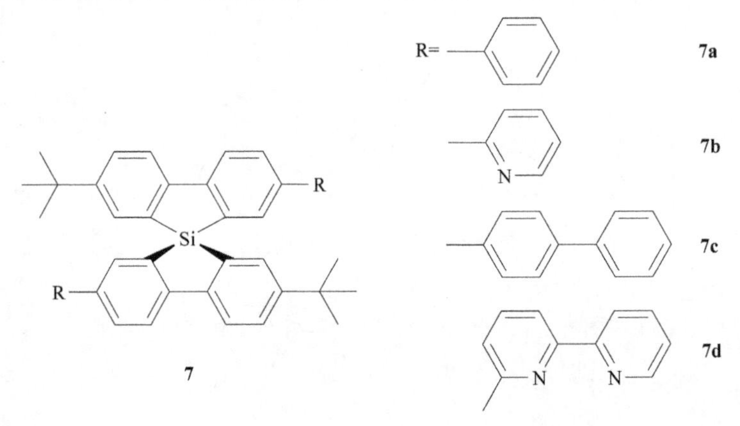

图 6.5 不同取代基的变形噻咯分子结构

2005 年，朱道本、唐本忠等[27]从结构、电子状态取代基等方面对噻咯光致发光性质、载流子运输性质等进行了系统的研究。结果表明：在 1, 1-位上的取代基增加了空间阻碍，对在环碳上的苯环的扭转角造成了很大影响。这种非平面结构降低了分子间相互作用，降低了激子形成的可能性，从而使其固态下的荧光效率得到显著提高。

在 2, 5-位置引入取代基将对发射波长影响很大。然而，目前仍然不清楚芳香族取代基所处的位置是否真的使噻咯 AIE 活性化。为了更深入地了解这些取代基对噻咯发射性能的影响，一系列柔性二甲基-1-苯基硅烷和甲基二苯基硅烷被引入噻咯环的 2, 5-位(图 6.6)。这些噻咯的最大吸收波长为 311～320 nm，这比 DPS 的短，但比 TPS 的长。它们是非荧光溶液，但在聚集态或作为固体膜时显示出了深蓝色发射(图 6.7)。其晶体在 413～421 nm 范围内显示出蓝紫色光，并且膜在 442～448 nm 范围内显示出深蓝色发射峰值，这比 2, 3, 4, 5-四苯基噻咯的更蓝。硅原子的 s 轨道与噻咯环的 p 轨道之间的弱相互作用使噻咯衍生物在短波长区域得以发射。这些噻咯的 THF 溶液的荧光量子产率值经测定为低于 0.01%，而在固体薄膜时被提高到 12%～21%，这表明其具有 AIE 特性[28]。

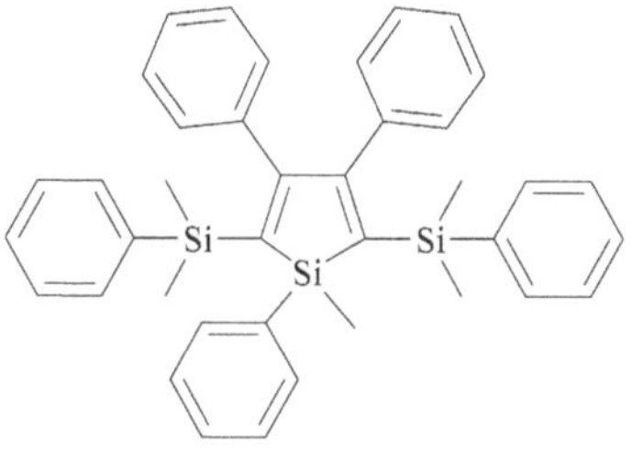

BS1 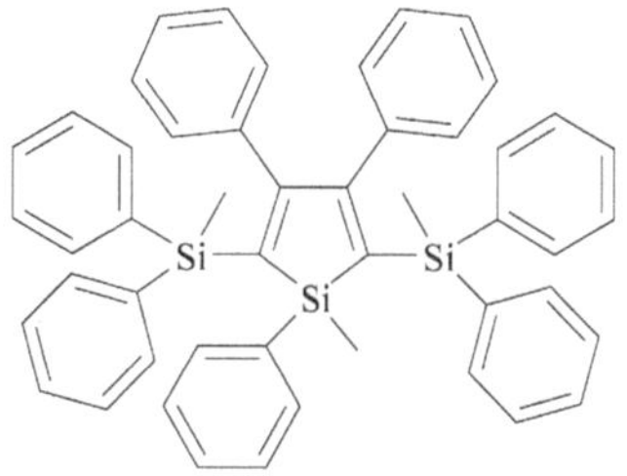　BS2

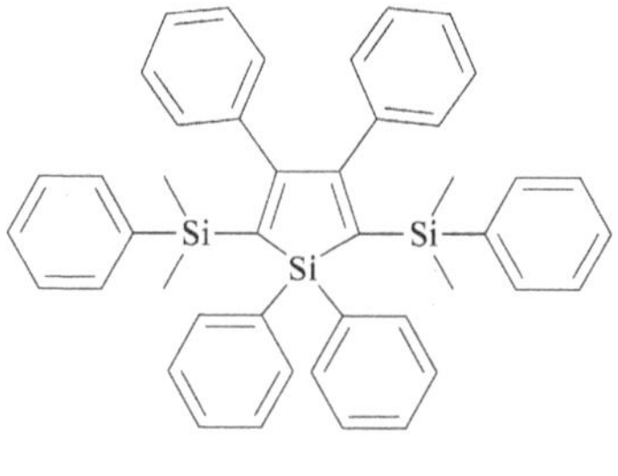

BS3 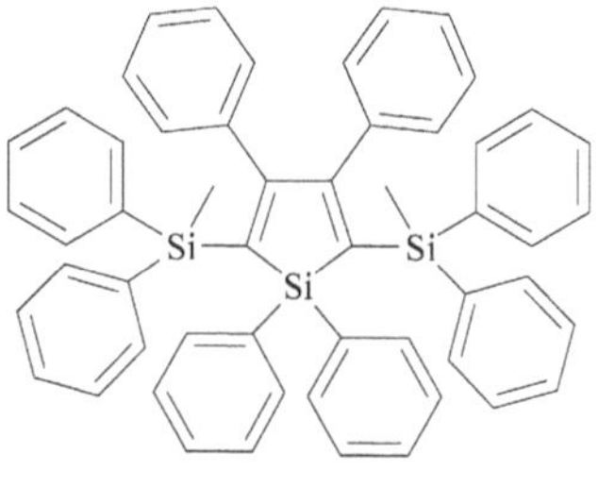　BS4

图 6.6　BS1～BS4 的化学结构

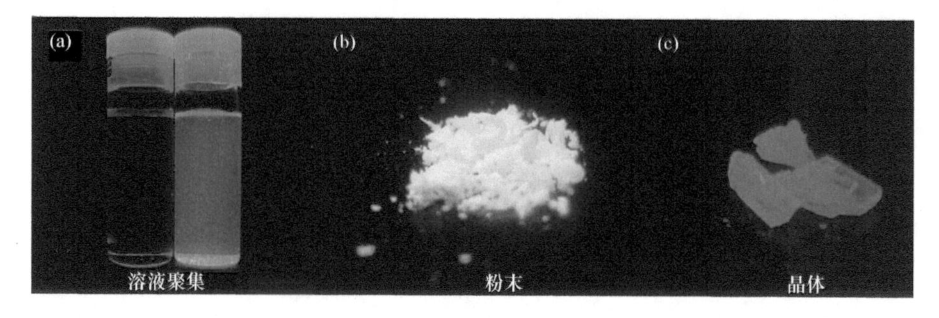

图 6.7　BS4 在四氢呋喃/水混合溶剂(a)、BS4 粉末(b)和晶体(c)在紫外光(365 nm)照射下的荧光照片

6.2.2 含 N 化合物

近年来，吡咯衍生物或聚合物因其特殊的光电性，在有机发光器件方面受到越来越广泛的关注[29, 30]。如果以吡咯为核，通过单键连接的多芳基吡咯与噻咯具有相似的结构特点，从而具备了扭曲的螺旋桨式构型，这样就避免了聚集态下的面-面紧密堆积，极大降低了非辐射能量损耗，使荧光分子有望从根本上避免“聚集猝灭”的缺陷，使发光强度得到很大提升。正是基于这一考虑，董宇平等率先对具备 AIE 特性的多芳基吡咯进行了深入研究。通过化学合成反应引入不同数量及不同取代位置的基团，研究结构与 AIE 性质之间的关系，并深入探究其应用，这将有助于我们更好地理解 AIE 的机理。

目前合成的含芳环取代基吡咯类化合物的方法比较单一，主要通过 Knorr 反应[31]或 Paal-Knorr 反应[32, 33]进行合成，但原料 1, 4-二酮化合物及重金属类催化剂来源限制了更深入的研究。董宇平等选择并改进了 Schulte-Reisch 方法[34, 35]，利用 1, 4-二苯基丁二炔与苯胺在氯化亚铜的催化下合成了 1, 2, 5-三苯基吡咯，并通过采用本体合成的方法提高了收率，缩短了反应时间，降低了反应温度。继而又通过 NBS 溴化及 Suzuki 反应，合成了四苯基吡咯与五苯基吡咯及其衍生物[36]（图 6.8）。

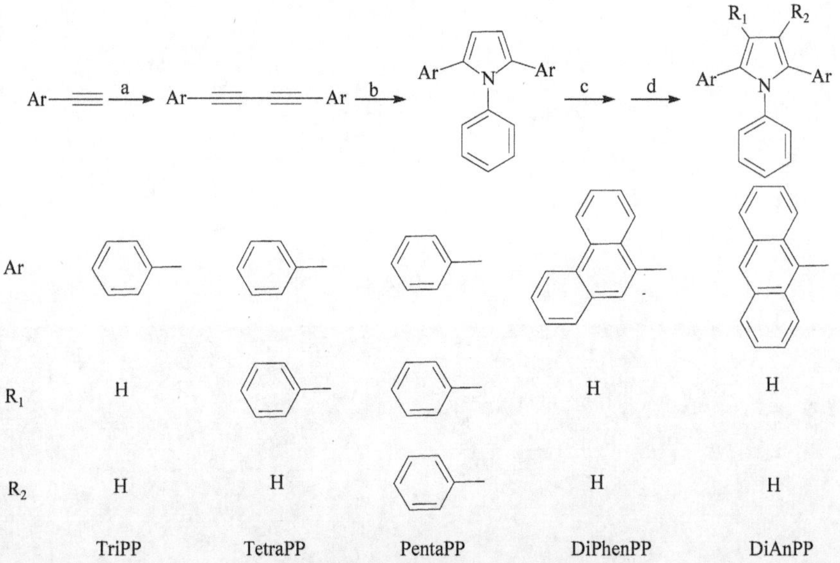

图 6.8 芳基吡咯衍生物的合成路线

a. CuCl，TMEDA，O_2，40 ℃，4 h；b. 苯胺，CuCl, 120 ℃, 24 h；c. NBS，DMF，室温，12 h；d. 苯硼酸，四(三苯基膦)钯，甲苯/碳酸钾水溶液，110 ℃

通过向 5 种化合物的 THF 溶液中加入其不良溶剂 H_2O 诱导其发生聚集，由荧光发射光谱（图 6.9）可以看出，当水含量达到 70vol%以后，只有化合物 PentaPP

的荧光呈增加趋势，而其他 4 种化合物均发生了一定程度的荧光猝灭现象，即只有化合物 PentaPP 具有比较明显的聚集增强发光(aggregation-enhanced emission, AEE)性质。当水含量达到 60vol%～70vol%以后，其他 4 种化合物由于分子间较强的π-π键相互作用引起分子发生堆积，由于其分子共平面化程度较大，分子间在聚集过程中发生了面对面的 H-聚集，导致了激发态电子的能量随着这种激发态缔合体的生成发生非辐射去活能量的损耗，荧光发生猝灭。而化合物 PentaPP 由于分子内空间位阻较大，其π-π共轭结构发生扭曲，分子的平面化程度相对其他 4 种化合物而言较差，分子间发生聚集时不能以面对面的形式发生 H-聚集，而是发生了头-尾相接的 J-聚集，这种非辐射能量的通道受到了抑制，从而其在聚集态时仍然具有较高的荧光量子产率。

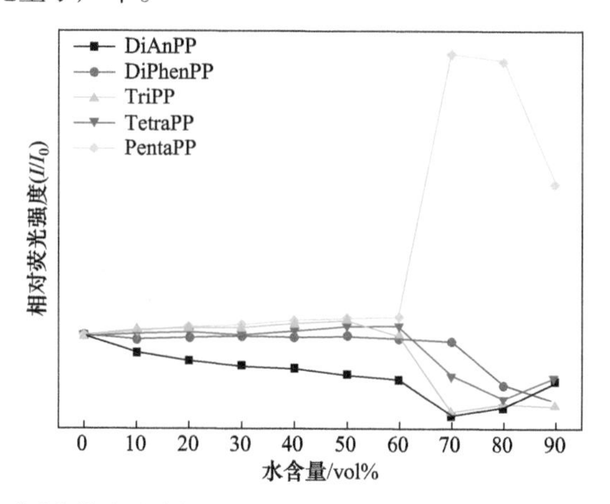

图 6.9　不同多芳基吡咯衍生物在 THF/H_2O 混合溶剂中的荧光发射光谱

为了证明上述分析的可行性，董宇平等对化合物 PentaPP 的单晶结构进行了解析。结果显示化合物 PentaPP 具有高度扭曲的构象，吡咯环和临近苯环之间的扭转角分别是 40.09°、53.23°、56.18°、48.04°和 60.07°[图 6.10(a)]，而且分子间逐列排列并且垂直于吡咯平面，每个分子间的距离是 5.14 Å，他们之间的π-π键并不是“面对面”(face-to-face)的形式而是“边对面”(edge-to-face)的形式，形成了芳香基之间的 CH…π的氢键连接，阻碍了苯环和吡咯环σ键的旋转，使晶体可以更好地产生 AEE 现象。

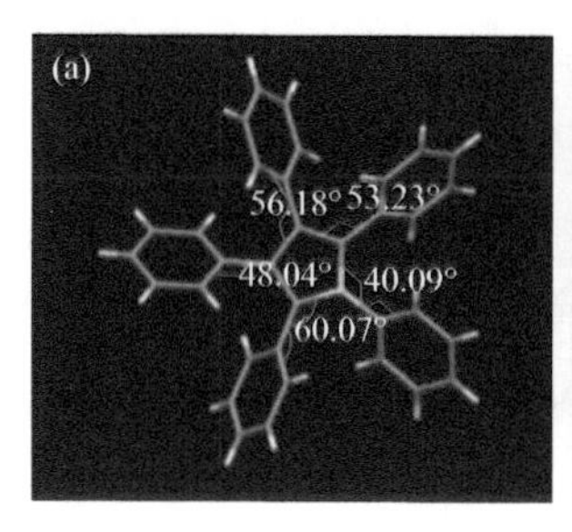

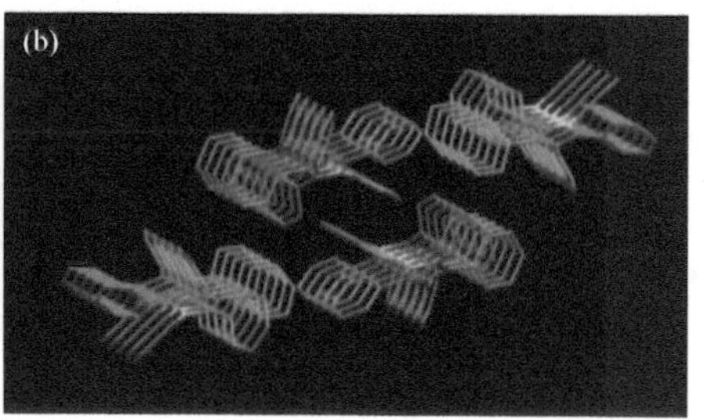

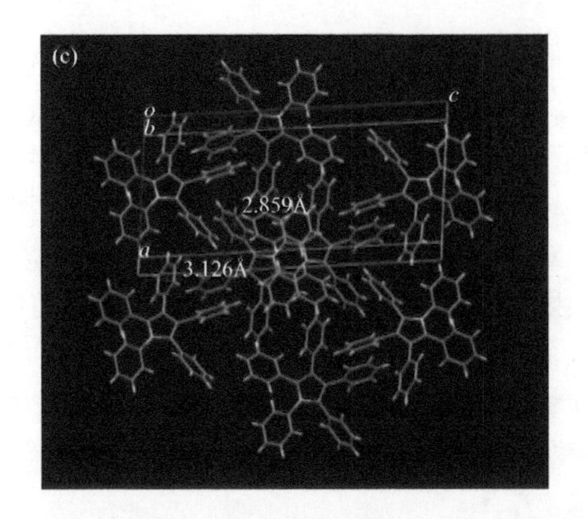

图 6.10 (a) PentaPP 的分子结构；(b) PentaPP 的叠加成像；(c) PentaPP 晶体中分子间相互作用的原理图

C—H…π中心距离为 2.859 Å；灰色代表碳原子，白色代表氢原子，黄色代表氮原子

为了更好地解释三苯基吡咯在相同条件下没有表现出 AIE 特性的原因，董宇平等也对其单晶结构进行了分析(图 6.11)。结果表明，其单晶结构属 *C*2 空间群类型的单斜晶系。在稳定晶体结构过程中，C—H…π相互作用代替了π-π相互作用，使得苯环之间的距离较大，不利于限制分子内旋转，难以有效抑制非辐射能量转移，从而表现为 ACQ 性质。

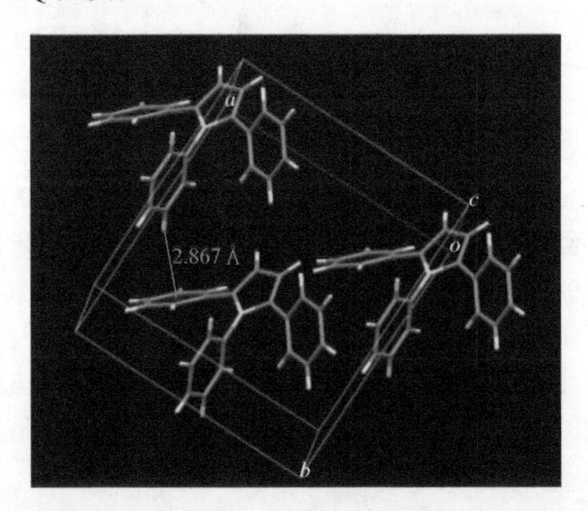

图 6.11 TPP 的分子结构

C—H…π中心距离为 2.867 Å；灰色代表碳原子，白色代表氢原子，黄色代表氮原子

对于具有更大的共轭结构和空间位阻的蒽和菲取代基，虽然芳基吡咯分子内的单键旋转受到了限制，但是分子内吡咯基团和相连芳基之间的扭转角达到 80°，使得分子间蒽基团和菲基团在单晶中π-π堆积分别达到了 3.761 Å 和 3.945 Å

[图 6.12(a)和(b)]，即蒽基团或菲基团在聚集态结构中是以彼此面-面堆积，这就为去激发能量耗散提供了非辐射能量转移途径[36]。

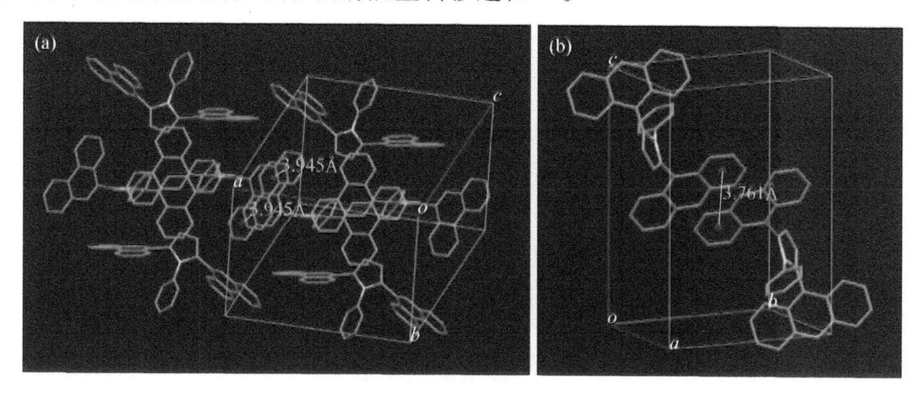

图 6.12　DiPhenPP(a)和 DiAnPP(b)的分子结构

灰色代表碳原子，白色代表氢原子，黄色代表氮原子

为了拓展新型的 AIE 体系，更好地推广 AIE 理念，以及开发 AIE 在传感器领域的实际应用，在保持“螺旋桨”式分子构型的前提下，董宇平等通过简单的化学修饰，赋予多芳基吡咯 AIE 体系多功能化，拓展了多芳基吡咯作为发光材料的应用范围。多芳基取代吡咯类衍生物根据小分子的取代基类型及位置不同，分子表现出不同的荧光特性，并实现了多样化的应用。

向 1, 2, 5-三苯基吡咯上引入单酯基、双酯基和三酯基，分别记为 TPP-$COOCH_3$、TPP-2$COOCH_3$、TPP-3$COOCH_3$。由图 6.13 可以发现，引入酯基后，可以将基于 TPP 的分子从 ACQ 现象转化为 AIE 的现象，造成这样的原因可能是限制了分子内旋转。实验结果表明了只有 TPP-$COOCH_3$ 具有 AIE 现象。

N
$COOCH_3$
TPP-$COOCH_3$

H_3COOC　N　$COOCH_3$
TPP-2$COOCH_3$

H_3COOC　N　$COOCH_3$
$COOCH_3$
TPP-3$COOCH_3$

(a)

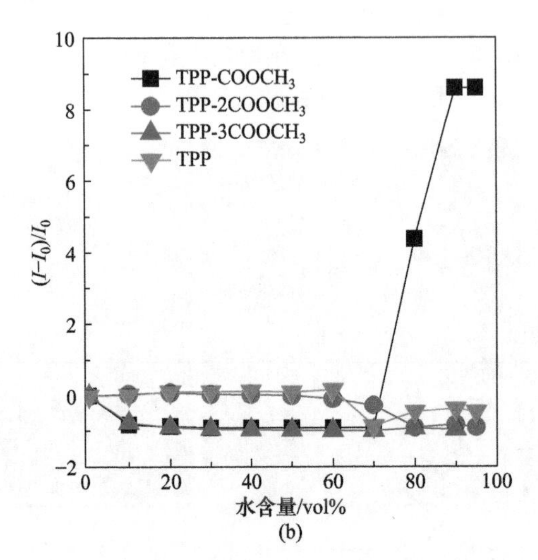

图 6.13 TPP、TPP-COOCH3、TPP-2COOCH3、TPP-3COOCH3 的结构式(a)及在 THF/H2O 混合溶剂中的荧光发射光谱(b)

为了增强其水溶性，董宇平等将酯基变为羧酸盐合成了一系列化合物，分别记为 TPP-COONa、TPP-2COONa 和 TPP-3COONa。对这类化合物而言，水是他们的良溶剂，四氢呋喃是不良溶剂。TPP-COONa 的稀溶液几乎不发出任何荧光，当不断加入的四氢呋喃的含量超过 80vol%时，体系的荧光急剧增强，这说明聚集诱导了 TPP-COONa 的发光现象，证实了 TPP-COONa 是一个活跃的 AIE 分子(图 6.14)。而 TPP-3COONa 在 328 nm 激发下光致发光明显增强，并且在 THF 含量在 75vol%时达到最大值，这是因为 TPP-3COONa 分子的无序快速聚集。因为 TPP-3COONa 的 3 个带电子基团在四氢呋喃溶液中的溶解度比 TPP-COONa 要低，更容易形成聚集体，为在低四氢呋喃浓度下检测金属离子提供了更多的可能性[37, 38]。

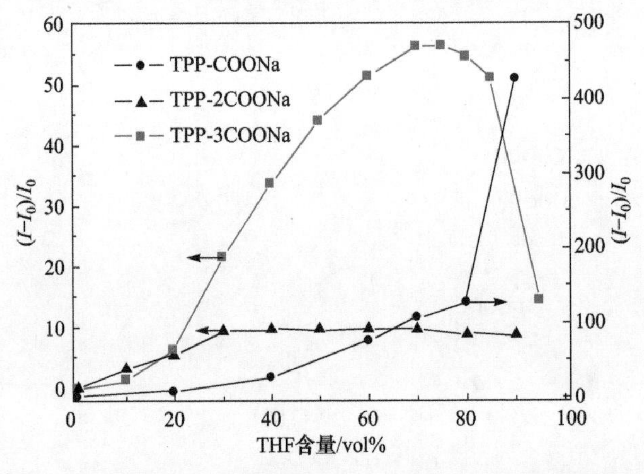

图 6.14 TPP-COONa、TPP-2COONa、TPP-3COONa 在 THF/H2O 混合溶剂中的荧光发射光谱

为了查明1, 2, 5-三苯基吡咯具有ACQ性质的原因，并阐明因苯环取代位置不同引起的电荷分布改变对聚集态下发光性能的影响规律，董宇平等对1, 2, 5-三苯基吡咯(1, 2, 5-TPP)和1, 3, 4-三苯基吡咯(1, 3, 4-TPP)这两种异构体在聚集态下的发光性能进行了研究[39]。这两种异构体的光物理性质见表6.1，由表可知，在溶液中，TPP1相比于TPP2明显具有更高的荧光量子产率(24.8%)，表明两种异构体的分子结构对其光物理学行为有着十分重要的影响。然而在固体时，TPP1的荧光量子产率由液态下的24.8%减小为固体中的1.88%，而TPP2的则由液态下的1.37%增加至固体中的13.1%，这一结果证明了TPP1是ACQ分子，而TPP2是AIE分子。单晶结构显示：1, 2, 5-TPP采取H-聚集，苯环之间呈现较强烈的π-π作用，从而产生ACQ效应，但有利于发光波长红移；而1, 3, 4-TPP则采取J-聚集，分子间相互作用以C—H···π为主，因而产生AIE效应，但不能改变发光波长(图6.15)。这证明了电子结构决定着分子构型及聚集态结构，从而对发光性能有着关键性影响。

表6.1　三苯基吡咯衍生物的光物理性质

样品	吸收波长/nm[a]	发射波长/nm[a]	吸收波长/nm[b]	发射波长/nm[b]	Φ_F/%[a]	Φ_F/%[b]
TPP1	242, 304	385	284, 330	385	24.8	1.88
TPP2	256, 290	345	302	382	1.37	13.1

注：a.在THF中；b. 固体

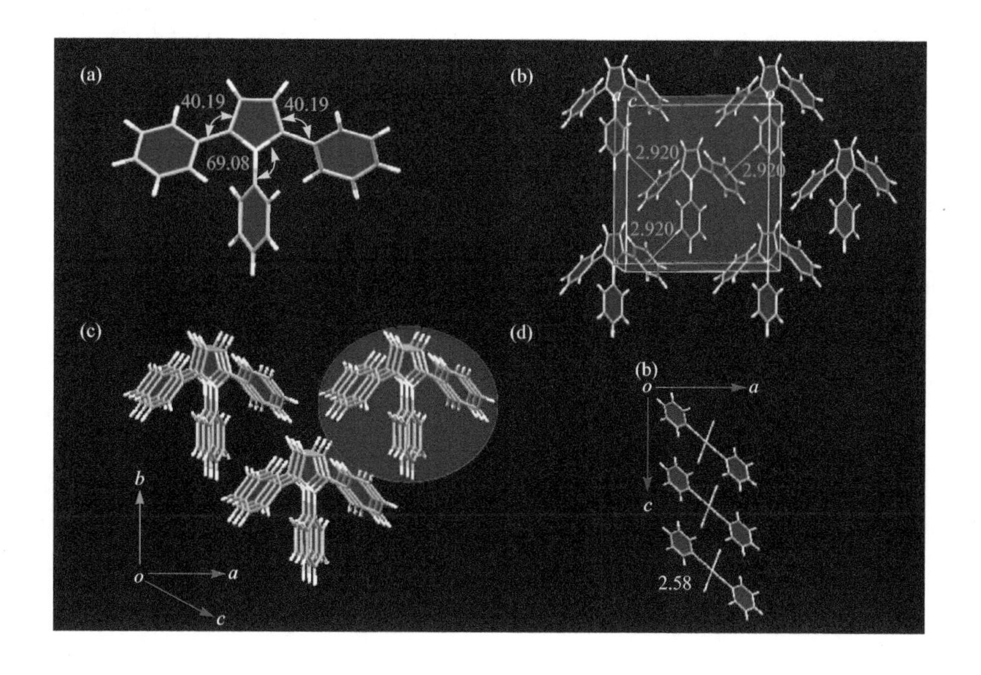

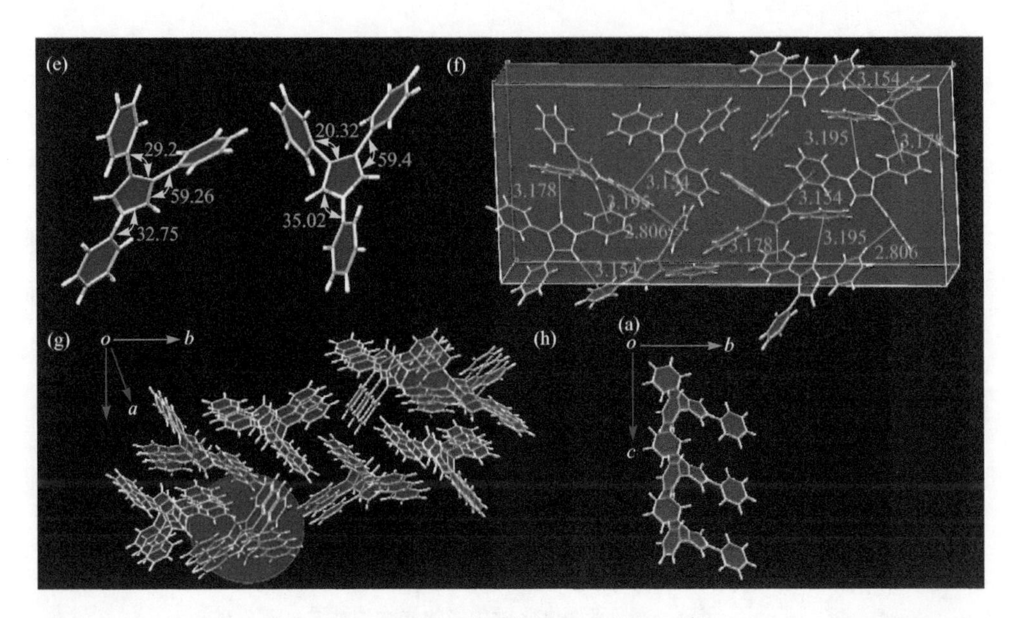

图 6.15 1, 2, 5-TPP(a)和 1, 3, 4-TPP(e)的分子结构，图内数值单位为°；1, 2, 5-TPP(b)和 1, 3, 4-TPP(f)晶体中的分子间相互作用，C—H···π中心的相互作用距离：2.920 Å(b)和 2.806 Å、3.154 Å、3.178 Å、3.195 Å(f)，图内数值省略了单位；1, 2, 5-TPP(c)和 1, 3, 4-TPP(g)的堆叠图像；(d)沿着 b 轴的 1, 2, 5-TPP 的 H-聚集比对图像和(h)沿着 b 轴的 1, 3, 4-TPP 的 J-聚集比对图像

董宇平等采用密度泛函理论计算的方式来从分子层面进一步研究这两种异构体的光学性质，利用 B3LYP/6-31+G*的计算方式获得了 TPP1 和 TPP2 的 HOMO 和 LUMO 能级，结果如图 6.16 所示。TPP1 的 HOMO 能级主要集中在中心吡咯环及相邻吡咯 2, 5-位的苯环上，而 LUMO 能级主要分布在吡咯 1, 2, 5-位的 3 个苯环上。TPP1 的HOMO与LUMO能级之间的能带间隙为4.46 eV。对于 TPP2 而言，其HOMO 和 LUMO 能级及能带间隙明显不同于 TPP1。HOMO 能级延伸至整个分子结构，而 LUMO 能级主要分布在中心吡咯环及吡咯 1-位的苯环上，吡咯 3, 4-位的苯环对 LUMO 能级几乎没有影响。根据计算结果，TPP2 没有观察到明显的电荷分离。TPP2

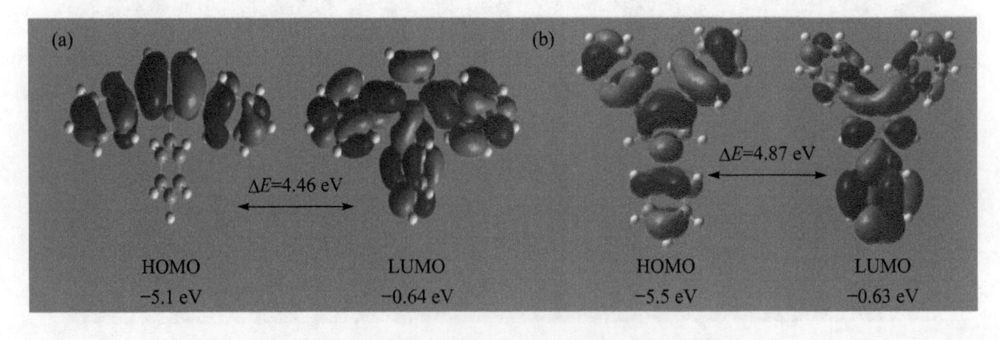

图 6.16 TPP1 和 TPP2 的 HOMO 和 LUMO 能级

的 HOMO 与 LUMO 能级之间的能带间隙为 4.87 eV，大于 TPP1，从而表明 TPP1 结构中吡咯环与苯环的共轭程度大于 TPP2。因此，上述实验结果证明两个苯环的取代位置直接影响三苯基吡咯的电荷分布，从而进一步影响了这两个异构体的光物理学性质。

这一结论随后在以三苯基吡咯为电荷给体，以丙二腈和茚二酮为受体，以吡啶酮和苯并吡喃为π连接基的体系中得到了进一步印证[40]（图 6.17）。同时两种三苯基吡咯异构体在 D-π-A 体系中都能够诱导目标化合物具有 AIE 性质，而且聚集态下荧光增强的幅度可以由π连接基的类型实现调控：吡啶酮为π连接基时含 1, 2, 5-三苯基吡咯的化合物荧光增强更明显，而以苯并吡喃为π连接基时则是含 1, 3, 4-三苯基吡咯的更明显，这一结果为设计合成长波长发光 AIE 化合物提供了参考依据。

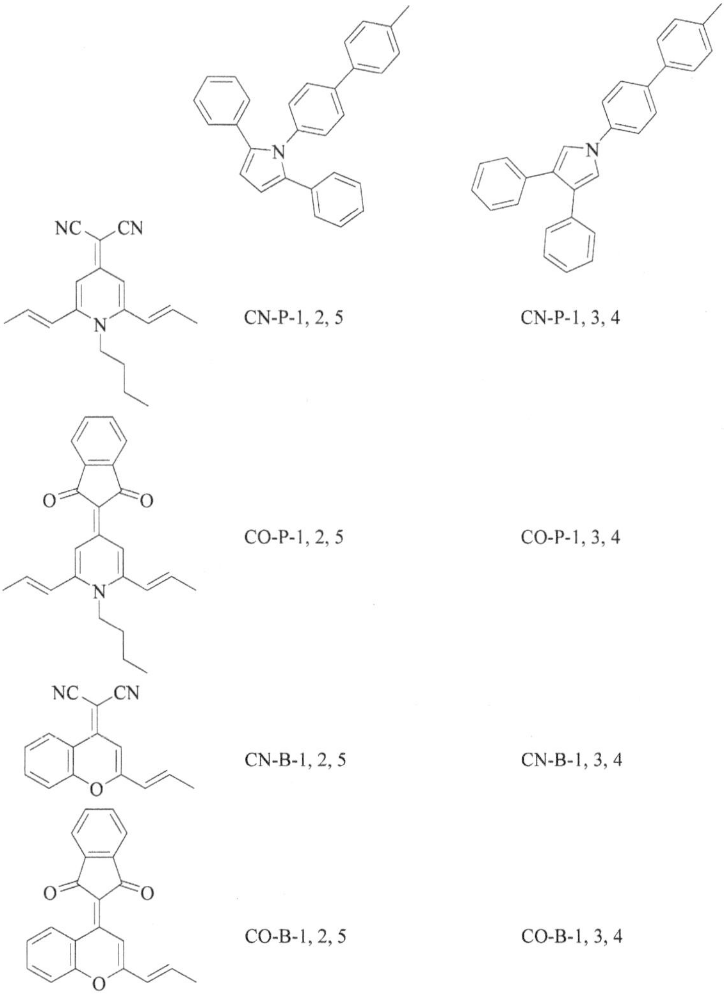

NC CN N N
CN-P-1, 2, 5　CN-P-1, 3, 4
O O N
CO-P-1, 2, 5　CO-P-1, 3, 4
NC CN O
CN-B-1, 2, 5　CN-B-1, 3, 4
O O O
CO-B-1, 2, 5　CO-B-1, 3, 4

(a)

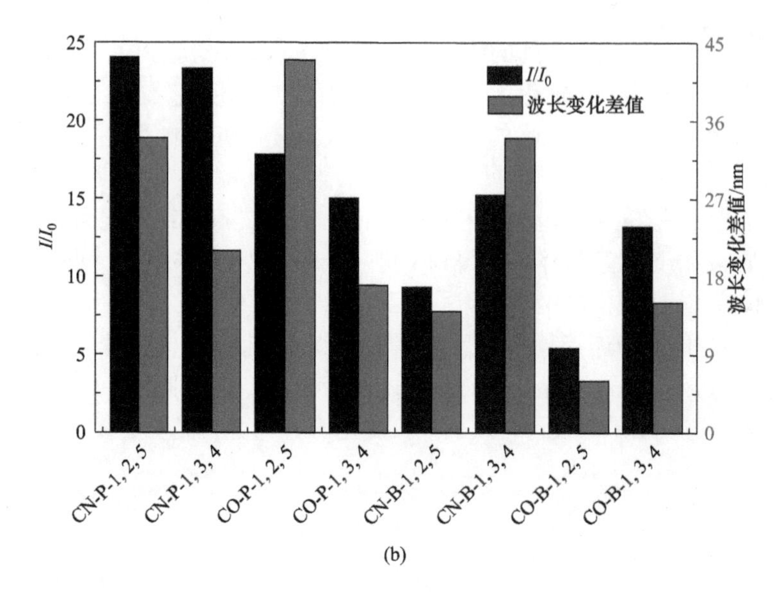

图 6.17　化合物的分子结构(a)及其最高荧光强度比和波长变化(b)

尽管 1, 2, 5-TPP 是 ACQ 化合物，然而功能化 1, 2, 5-三苯基吡咯就具有 AIE 性质，可作为荧光化学/生物传感材料。例如，其单羧酸盐对于铝离子具有“点亮”型检测功能。在 25∶75(体积比)四氢呋喃/水混合溶剂中 TriPP-COONa 和铝离子之间的络合-沉淀作用，使得 TriPP-COONa 分子中的苯环运动受到限制，降低了非辐射能量转移，从而表现为对铝离子的“点亮”型 AIE 响应。该荧光响应十分迅速、选择性好，对于其他离子抗干扰作用强，而且操作简单、成本低廉，检测限低达 1 μmol/L，远低于世界卫生组织规定的饮用水中铝浓度为 7.41 μmol/L 标准，是一种方便实用的荧光传感材料。

董宇平等进一步扩展至三苯基吡咯三羧酸钠盐(TriPPNa)，该化合物比 TriPP-COONa 具有更好的水溶性，并保留 AIE 性质(图 6.18)[37]。更为重要的是，在仍然具有高灵敏度、高选择性的实时点亮响应性能的条件下，混合溶剂中的 THF 体积分数可以降低到 4vol%，几乎可以实现对铝离子在水相中的检测，其检测限只有 5.3 μmol/L，明显优于 TriPP-COONa，如果应用于生物体系更具有优势。

对于单羧酸化三苯基吡咯，氢键诱导羧酸二聚体的形成使该化合物在聚集态下呈现荧光猝灭。为此董宇平等利用有机胺来破坏羧酸氢键，借此设计出有机胺的“点亮”型荧光传感器(图 6.19)：在伯胺气氛熏蒸的条件下荧光传感器会发出强烈的蓝光，其荧光响应十分迅速，灵敏度较高，且对伯胺具有很好的特异响应性[41]。如果将单羧酸三苯基吡咯(TPPA)做成荧光试纸或者旋涂薄膜后，可以多次循环利用。

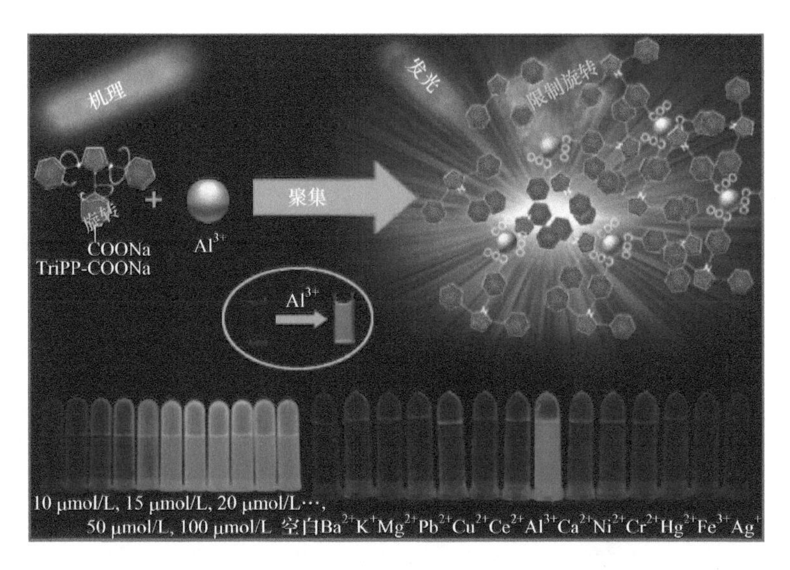

图 6.18 基于 AIE 机理的 4-(2, 5-二苯基-1*H*-吡咯-1-基)苯甲酸钠(TriPP-COONa)对 Al^{3+}的传感过程

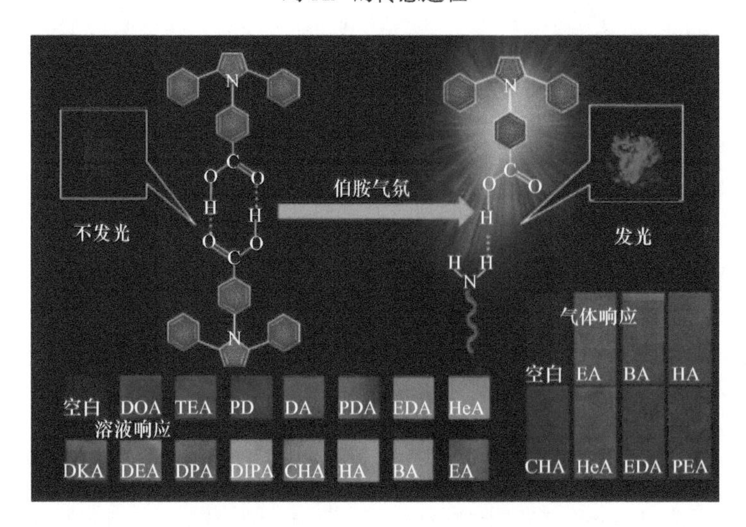

图 6.19 通过 4-(2, 5-二苯基-1-吡咯基)苯甲酸检测伯胺气体的机理的示意图

温度是一个非常重要的物理参数。董宇平等同样利用 TPPA 制备了一种温度敏感材料[42]。研究发现 TPPA 在 DMF 中重结晶后将会得到具有强烈蓝色荧光的晶体，呈现 CEE 特性，荧光量子产率达到 30.8%。由于 DMF 是以分子形式参与形成共结晶，所以在热处理条件下从晶格中逃逸，使 TPPA 分子由原来的紧密堆积变为松散堆积，从而导致非辐射能量转移，导致荧光的降低甚至猝灭(图 6.20)。这一过程的温度变化范围为 70～100 ℃，不仅具有较好的温度选择性，而且响应

迅速，并可以循环利用，这些特性使其在温度控制器件或温度预警体系等方面具有较高的应用价值。

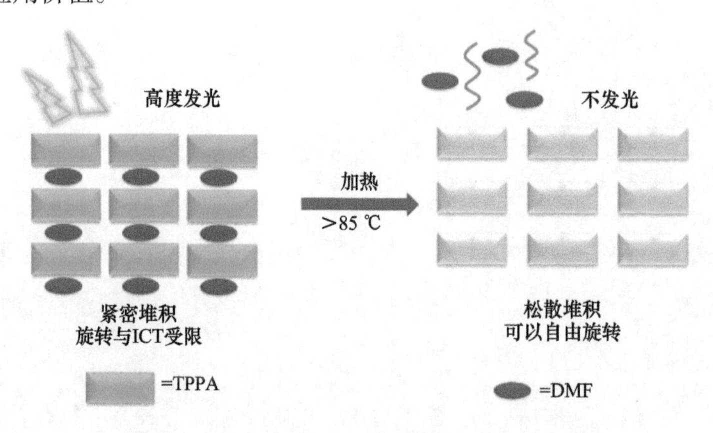

图 6.20 温度依赖性变化的可能机理的示意图

在之前的研究基础上，董宇平等设计合成了带有 2-二甲氨基的三种三苯基吡咯衍生物，其中 TPP-DMAE 和 TPP-TDMAE 均具有较明显的 AIE 现象，而 TPP-BDMAE 的 AIE 现象却不明显，可以认为这一现象是 TPP-BDMAE 有更多取代基而导致聚集态堆积较为松散所致。但二甲氨基能够与溶解于溶液中的二氧化碳发生酸-碱中和反应，从而使这三种化合物均对二氧化碳气体具有不同荧光响应能力，并以 TPP-TDMAE 表现最为灵敏，且具有高选择性，对混合气体中二氧化碳含量的最低检测限为 0.031%(图 6.21)。如果再加入氢氧化钠，荧光强度恢复，且超过初始溶液强度的一倍多，即使经过循环多次后，仍旧保持较好的稳定性[43]。

目前，针对新陈代谢过程中活性细胞所产生的二氧化碳原位检测还没有研发出检测试剂盒，无法监测细胞的新陈代谢过程。由于不受细胞内外各种因素的影响，在不干扰细胞新陈代谢过程的情况下，TPP-TDMAE 可实现只对细胞自身新陈代谢所产生的二氧化碳进行高灵敏、选择性检测，由此董宇平等首次准确得到了多种单个活性癌细胞和正常细胞在新陈代谢过程中产生二氧化碳的速率[44]。从中可以明显看出癌细胞的新陈代谢速率要比正常细胞快一个数量级，这一结果有望应用于癌症的早期诊断等方面。

	R_1	R_2
TPP-DMAE	$COOCH_2CH_2N(CH_3)_2$	H
TPP-BDMAE	H	$COOCH_2CH_2N(CH_3)_2$
TPP-TDMAE	$COOCH_2CH_2N(CH_3)_2$	$COOCH_2CH_2N(CH_3)_2$

(a)

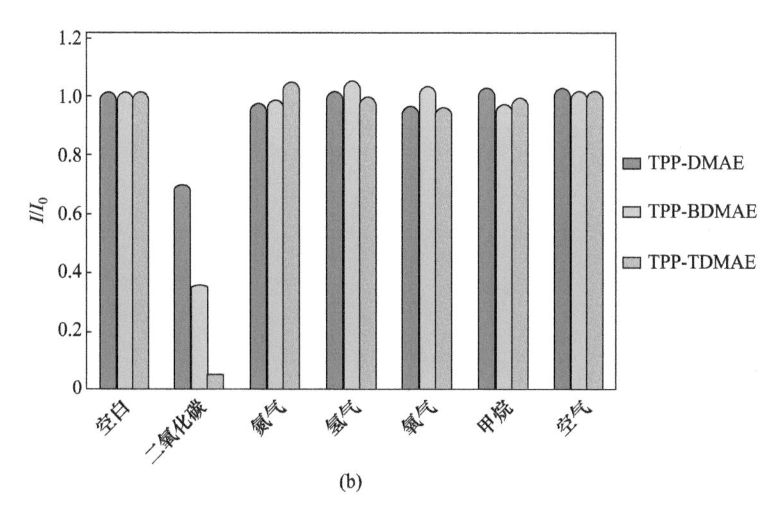

图 6.21　含有二甲氨基的三苯基吡咯衍生物的结构(a)及其(100 μmol/L)在 THF/H_2O(1∶9, 体积比, 3 mL)中用不同气体(100 μL)鼓泡时的最大荧光响应(b)

表 6.2 的统计结果表明：一个实体瘤只包含 20%～30%的癌细胞，而其他的都是与癌细胞共存的正常细胞，这就要求清晰正常细胞与癌细胞之间的关系，例如，在实体瘤中是什么促进癌细胞增殖，外物入侵(如抗癌药物、荧光标记物等)对癌细胞和正常细胞生存的影响程度如何，从而为癌症治疗提供有效途径。在上一工作基础上，继续用 TPP-TDMAE 作为荧光探针去研究共培养体系中癌细胞和正常细胞的代谢速率及生存能力[45]。结果表明相比于单一细胞体系，在共培养时正常细胞和癌细胞存活率被大大提高，甚至 72 h 时存活率仍在 90%以上，这说明共培养体系中癌细胞与正常细胞间存在稳定的信号通路，当有异物入侵时癌细胞会提供适量的空间给正常细胞生存从而释放足够的能量保证癌细胞的存活，且可以相互维持活性得以继续增殖，即癌细胞与正常细胞间的信号通路属于双向的，而非单向的。这个推断得到了公认有效抗癌药物阿霉素(DOX)实验结果的证实：作为对照组，单一细胞体系的存活率不到 24 h 就基本为零，DOX 表现出高效抗癌效果，如图 6.22 所示，而在 NIH 3T3/HeLa 和 NIH 3T3/HepG2 共培养体系中，即使与 DOX 共培养达到 72 h 细胞的存活率也分别有 42.8%和 58.8%。这一发现对于癌细胞的甄别和靶向药物的设计将会具有重要的意义。

表 6.2　多种单个活性癌细胞和正常细胞在新陈代谢过程中产生 CO_2 的速率

	细胞系	二氧化碳产生速率/(μg/h)
癌细胞	子宫颈癌细胞(HeLa)	$6.40\times10^{-6}\pm6.00\times10^{-8}$
	人乳腺癌细胞(MCF-7)	$5.78\times10^{-6}\pm6.00\times10^{-8}$
	人肝癌细胞(HepG2)	$5.44\times10^{-6}\pm5.40\times10^{-8}$

续表

	细胞系	二氧化碳产生速率/(μg/h)
癌细胞	人胃癌细胞(HGC-27)	$4.75\times10^{-6}\pm8.08\times10^{-8}$
	人肺癌细胞(A549)	$4.62\times10^{-6}\pm4.57\times10^{-8}$
正常细胞	小鼠胚胎成纤维细胞(MEF)	$4.27\times10^{-7}\pm4.00\times10^{-9}$
	鼠子宫内膜上皮细胞(MEE)	$4.59\times10^{-7}\pm4.54\times10^{-9}$
	人胚肺成纤维细胞(MRC-5)	$3.74\times10^{-7}\pm3.71\times10^{-9}$
	鼠胚胎成纤维细胞(NIH 3T3)	$4.22\times10^{-7}\pm4.18\times10^{-9}$

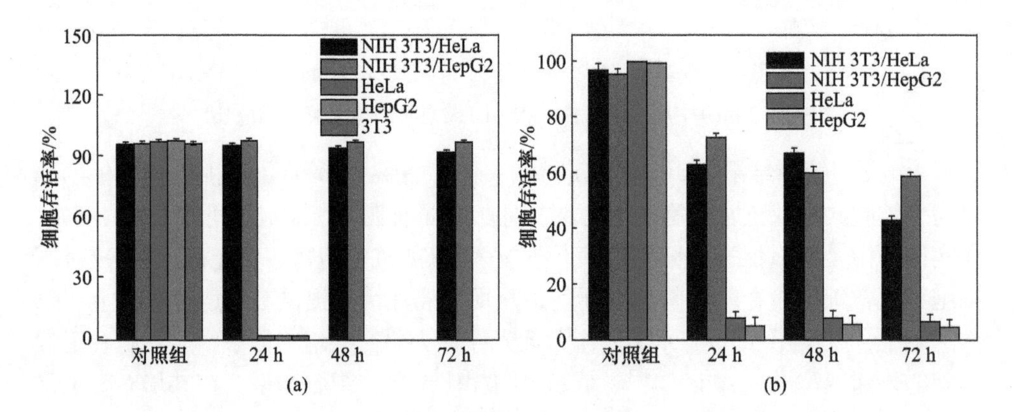

图 6.22　分别在同型细胞系统和共培养系统中与 TPP-TDMAE (a) 或 DOX (b) 孵育 24 h、48 h 和 72 h 后活细胞的细胞存活率

[TPP-TDMAE]=[DOX]=10 μmol/L

董宇平等也对五苯基吡咯衍生物(图 6.23)的 AIE 性能进行了研究，实现了其

R　R　N　NaOOC　COONa　COONa

	DP-TPPNa	PPPNa
R:	COONa	H

图 6.23　五苯基吡咯衍生物的结构

在金属离子检测和生物分子检测方面的应用。实验结果表明：由于非共平面分子发生聚集时分子内旋转受限抑制，其非辐射能量转移，从而快速提高了荧光强度，DP-TPPNa与PPPNa都呈现AIE活性，与此同时，各自所对应的酸DP-TPPH、PPPH则在THF/已烷中具有AEE性质。

增加了两个苯基，提高了疏水性，这就更加有利于血清白蛋白由α螺旋结构和结构域折叠所形成的疏水腔对苯环转动的限制，即增强了DP-TPPNa的发光性能。实验表明在水溶液或磷酸盐缓冲溶液中，DP-TPPNa实现了对人血清白蛋白(human serum albumin, HSA)高灵敏、实时点亮型检测，对HSA检测限可达到1.68 μg/mL[46]。特别是该检测不会受到各种氨基酸及血清中其他蛋白质(包括：γ-球蛋白、卵清蛋白、血红蛋白、胰蛋白酶、木瓜蛋白酶、胃蛋白酶、转铁蛋白等)的干扰，这非常有利于临床的实际应用，这一结果系首次报道。

进一步研究发现，在纤维蛋白原(fibrinogen, FIB)浓度低时，DP-TPPNa对HSA的响应不受血清中其他组分的干扰。然而在浓度较高时，FIB通过与HAS之间的静电相互作用增强DP-TPPNa对HSA的响应能力。利用这一特性，在不进行蛋白质分离提纯的前提下，实现了在血浆中原位定量检测HSA和FIB[47](图6.24)。与传统的临床检测方法对比，此荧光探测方法对HSA和FIB显示出极高的选择性及敏感性，且准确率高、响应迅速、操作简便、成本低，即使在医疗条件缺乏的情况下也可以使用。此研究成果对疾病的预防和诊断、药物代谢监控、手术疗效分析均有十分重要的意义。

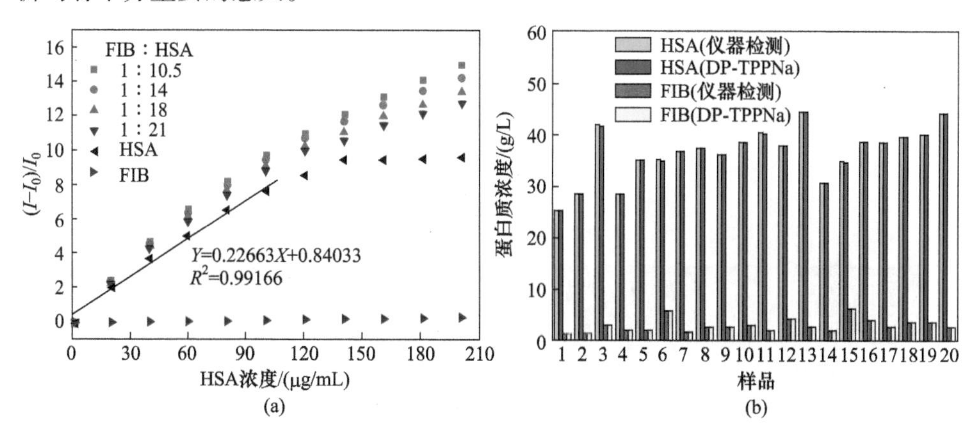

图6.24 在FIB与HSA不同质量比下DP-TPPNa随HSA浓度变化的荧光强度变化图(a)和通过权威仪器获得20例患者的人血浆蛋白质参数(b)

[DP-TPPNa]=10 μmol/L，λ_{ex}=310 nm；数据以平均值±S.D.给出；HSA和FIB的RSD分别为0.0227和0.0138(n=5)

DP-TPPNa 对 Al^{3+}也具有点亮型响应性，在 Al^{3+}浓度 0～1.0 μmol/L 范围内，荧光强度增加呈现线性关系，最低检出限为 50 nmol/L。PPPNa 同样对 Al^{3+}具有点亮型响应性。在 Al^{3+}浓度为 4.0 μmol/L 时，PPPNa 荧光增强倍数达到初始的 13.8 倍，并在 Al^{3+}浓度为 0～4.0 μmol/L 范围内，荧光强度增加倍数与 Al^{3+}浓度呈现线性关系，其检出限达到 33 nmol/L，而且响应速度非常快，能够实现实时检测。有趣的是，董宇平等发现在 Al^{3+}浓度为 0～3.0 μmol/L 时 PPPNa 表现出非常好的特异性，除了对 Pb^{2+}，对其他金属离子具有抗干扰性；而当 Pb^{2+}浓度为 4.0～30.0 μmol/L 时，荧光增强倍数就只与 Pb^{2+}浓度具有线性关系，并表现为特异性定量检测，其检出限为 179 nmol/L。

之前所研究的多芳基吡咯发光波长多在蓝光和绿光区域，为此董宇平等利用 D-π-A 结构设计合成了具有 AEE 性质的化合物 MB5，实现了在 598 nm 的红光发射(图 6.25)[48]。通过选用了 MCF-7 细胞(人体乳腺癌细胞)和 293T 细胞(原代人胚肾细胞转染 5 型腺病毒 Ad5)，与市售的商业细胞膜染料 DiO 进行对比，结果发现 MB5 的性能均优于市售的染料 DiO，具有相当优秀的细胞相容性和很低的细胞毒性，是一种潜在的细胞膜染料(图 6.25)。

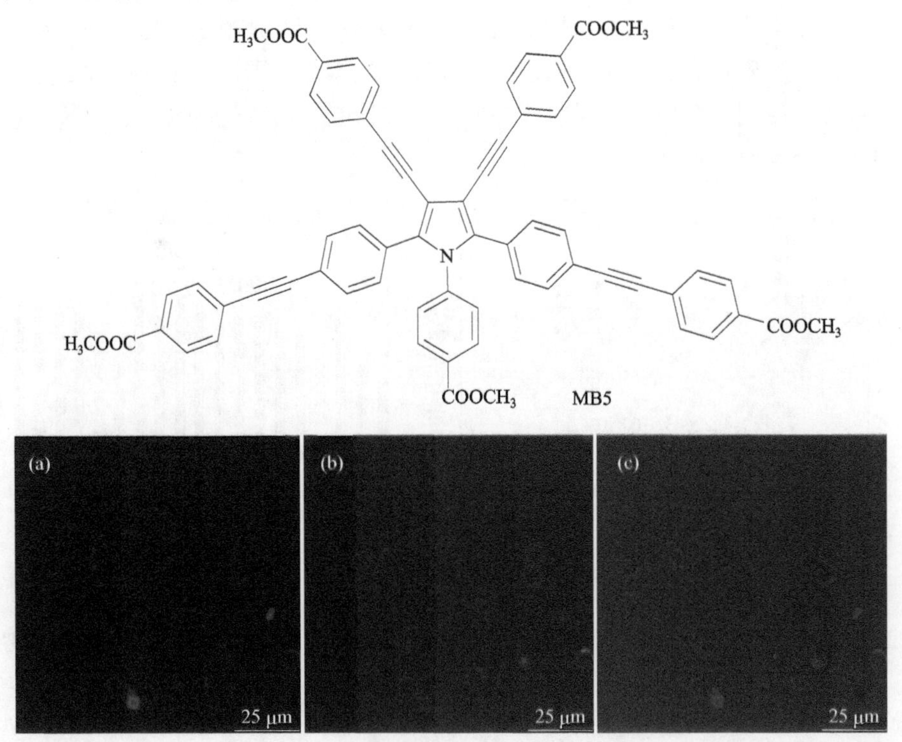

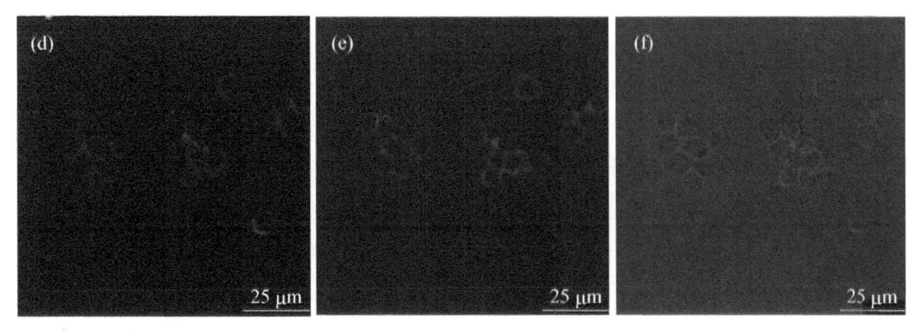

图 6.25　用 10 μmol/L 染料 MB5 溶液在 37 ℃处理 10 min 的活 MCF-7 细胞[(a)～(c)]和 293T 细胞[(d)～(f)]的 CLSM 图像

用商业细胞膜染色染料 DiO(10 nmol/L)在 37 ℃下将细胞预染色 15 min，(a)和(d)在 543 nm 激发，滤光器为 555～700 nm；(b)和(e)在 488 nm 激发，滤光片为 500～535 nm；(c)和(f)是带有明场图像的合并图像

尽管增加发色团构象的平面化程度及电子共轭程度能够使发光红移，但同时也会增加分子间相互作用进而导致激基缔合物的形成，影响发光效率。而向体系中引入杂原子可以促进电子运动，如分子内电荷转移促进极化，可以改变其发光行为，尤其是发光颜色的改变[49]。

Tao 等所得到的离子化吡啶盐在稀溶液中，由于 Tröger 单元的对映异构体及苯乙烯吡啶盐单元的分子内旋转，激子通过非辐射方式消耗能量。然而这些过程在聚集状态下被抑制，因此在固体状态下的发光较强，呈现 AIE 性质[50]。胺和吡啶单元之间的供体-受体相互作用，使得 AIE 化合物在长波长区域发光。

从上述研究结果可知，多芳基吡咯化合物是一类具有良好 AIE 特性的物质，其 AIE 性能可经过吡咯核多位点分子修饰而得到调控，应用广泛。为此董宇平等进一步将吡咯衍生物的吡咯核扩大到吡咯并[3, 2-*b*]吡咯核，增大核的共平面性，同时引入“转子”芳环，保持分子外围的“螺旋桨”式结构，设计合成一类新的多芳基吡咯并[3, 2-*b*]吡咯化合物，研究了其 AIE 荧光性质并探索了其应用。

DPPHP-2CN 在二氯甲烷/正己烷体系中培养得到的单晶结构如图 6.26 所示，在其晶体中分子存在两种构象，分别命名为 DPPHP-2CN-p 和 DPPHP-2CN-b [图 6.27(a)]。这两种构象分子的中心并吡咯核与周围的苯环有着较大的二面角，DPPHP-2CN-p 的中心并吡咯平面与 1-位和 2-位苯环所在平面的夹角分别为 38.01° 和 42.27°，吡咯 1-位上相连的两个苯环平面的夹角为 32.40°，DPPHP-2CN-b 相应的三个角分别为：39.62°、41.10°和 39.14°。由于 DPPHP-2CN-b 的并吡咯 1-位上相连两个苯环之间的夹角大于 DPPHP-2CN-p 的两个夹角，所以分子 DPPHP-2CN-b 的扭曲程度大于 DPPHP-2CN-p 的扭曲程度。如图 6.27(b)所示，DPPHP-2CN-p 和 DPPHP-2CN-b 之间存在着大量的氢键—CN⋯HC—，氰基氮与苯环氢的距离分别为 2.537 Å、2.610 Å、2.680 Å 和 3.015 Å。同时存在着大量的 CH⋯π键，其距离分别为 2.775 Å、2.900 Å、2.906 Å、3.063 Å 和 3.187 Å；

DPPHP-2CN-p 的并吡咯 1-位上苯环之间的平行距离为 3.253 Å，表明 DPPHP-2CN-p 之间存在一定的π-π相互作用[图 6.27(c)]，但是 DPPHP-2CN-b 之间不存在明显的π-π相互作用。分子间存在大量的氢键和 CH···π相互作用使得 DPPHP-2CN 在聚集态(固体、晶体)时，分子的运动受到限制，激发态的能量以荧光的形式释放出来，最终使得 DPPHP-2CN 表现出了 AIE 特性。

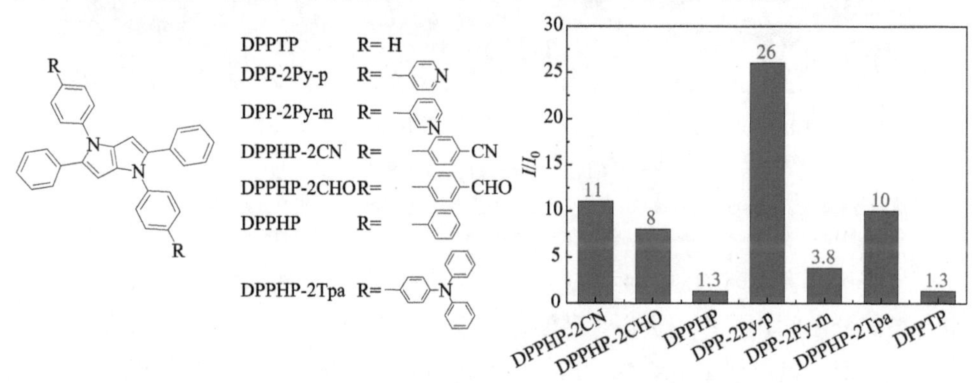

图 6.26 七种 AIE 化合物的结构式及其最大荧光增强倍数的柱状图

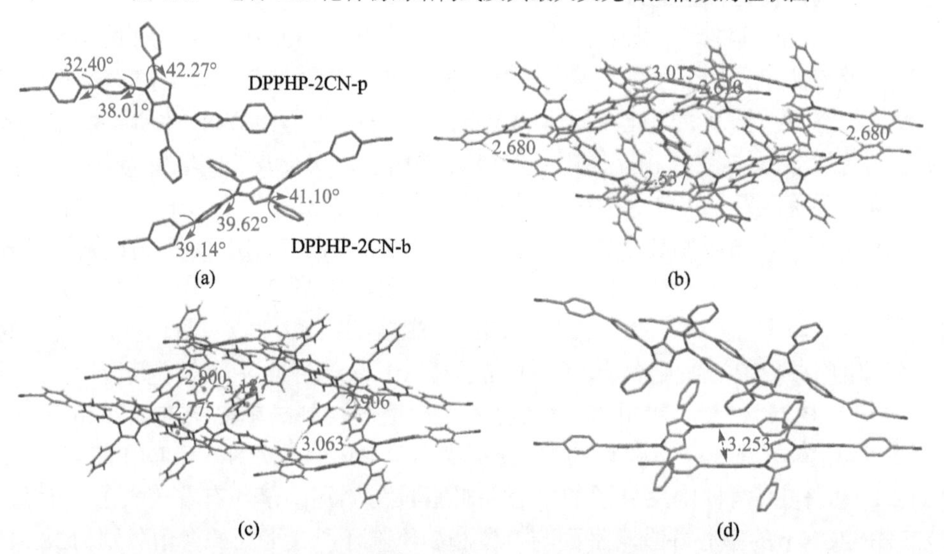

图 6.27 晶体 DPPHP-2CN 的晶体结构示意图(a)、分子间氢键(b)；DPPHP-2CN 分子间的 CH···π相互作用(c)和π-π相互作用(d)

(b)～(d)中数值单位均为 Å

DPP-2Py-p 在 DMF/H_2O 体系中培养得到的单晶结构如图 6.28 所示。DPP-2Py-p 分子吡咯并[3, 2-*b*]吡咯平面与 1-位和 2-位苯环之间的二面角分别为 56.59°和 24.07°,吡咯并[3, 2- *b*]吡咯 1-位上两个苯环之间的二面角为 28.84°[图 6.28(a)]，DPP-2Py-p 分子的三个二面角均小于 DPPHP 分子相对应的三个二面角(60.67°、

28.39°和 30.76°)，表明 DPP-2Py-p 分子的扭曲程度要小于 DPPHP 分子的扭曲程度。与 DPPHP 分子相比，DPP-2Py-p 分子堆积结构的不同之处在于，相互平行的 DPP-2Py-p 分子交错垂直排列，相邻两个 DPP-2Py-p 分子的并吡咯环平面不平行，相互平行的两行 DPP-2Py-p 分子并吡咯环平面间的距离为 8.939 Å[图 6.28(b)]，表明 DPP-2Py-p 分子间没有π-π相互作用。DPP-2Py-p 分子间存在大量的氢键和 CH…π键，氢键形成于吡啶环氮与苯环氢，其距离为 2.263 Å[图 6.28(c)]，CH…π键的距离有 2.781 Å、2.898 Å 和 2.990 Å[图 6.28(d)]。DPP-2Py-p 分子间存在大量的氢键和 CH…π键，使得 DPP-2Py-p 在聚集态(固体、晶体)时，分子的运动受到限制，又因为没有π-π相互作用，所以激发态的能量以荧光的形式释放出来，最终使得 DPP-2Py-p 也表现出了 AIE 特性。

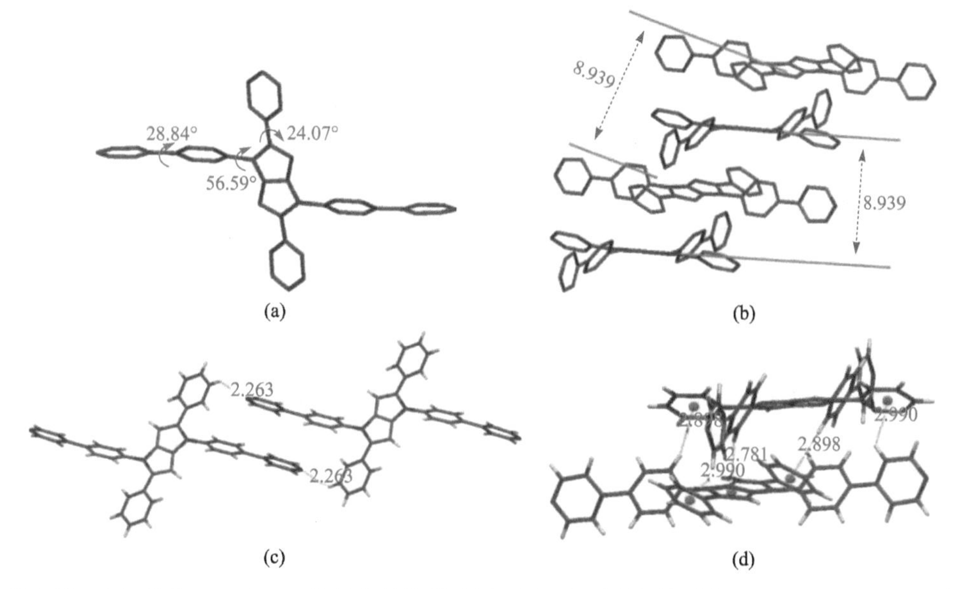

图 6.28　(a) 晶体 DPP-2Py-p 的晶体结构示意图；(b) 交错平行排列的 DPP-2Py-p 分子并吡咯环之间距离；DPP-2Py-p 分子间的氢键相互作用(c)和 CH…π相互作用(d)

(b)～(d)中数值单位均为 Å

由 DPP-2Py-p 的单晶结构分析可知，DPP-2Py-p 在 DMF/水体系通过溶剂缓慢挥发相互扩散得到的晶体中相互平行的两列分子交错排列，相邻 DPP-2Py-p 分子不平行，吡咯并[3, 2-*b*]吡咯环排列相互垂直。这种分子排列特殊的固体物质在受到外界刺激时，其分子排列结构容易改变，进而改变其荧光发射行为。

实验结果显示：DPP-2Py-p 的固体粉末具有蓝色荧光，发射峰处于 452 nm，经研磨后，荧光颜色红移了 45 nm，研磨之后的样品经二氯甲烷气氛熏蒸 2 h，DPP-2Py-p的荧光能恢复到初始状态(图 6.29)。通过对 DPP-2Py-p 三种状态样品的 XRD 分析可知，初始固体粉末是晶体，研磨之后变为另外一种晶体结构(2θ=26.58°处出现新的晶体衍射峰)，熏蒸之后的样品又变回初始的晶体结构，说明 DPP-2Py-p 的力致变色具有可恢复性。

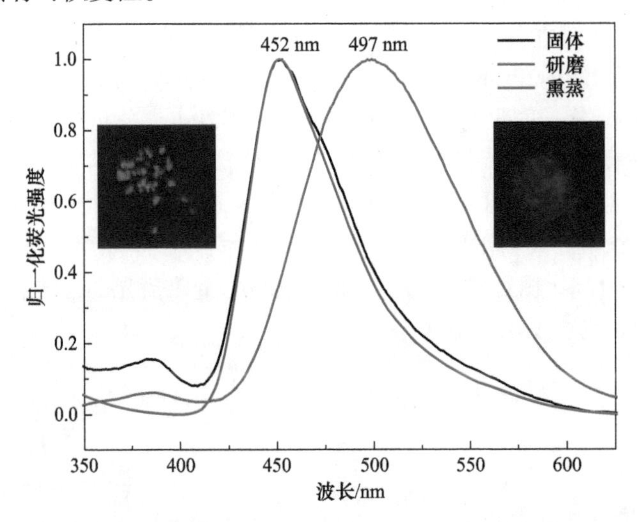

图 6.29 DPP-2Py-p 的固体、固体经研磨及经二氯甲烷熏蒸后的荧光发射光谱(激发波长：325 nm)

6.2.3 含 S 化合物

基于 RIR 原理，Hong 将四苯基噻咯中的硅原子换作硫，合成了以噻吩为核的四芳基取代噻吩(tetraphenythiophene)，因其具有与噻咯非常相似的构型(图 6.30)，同样在 THF 溶液中基本不发光，荧光量子产率只有 0.23%，而聚集

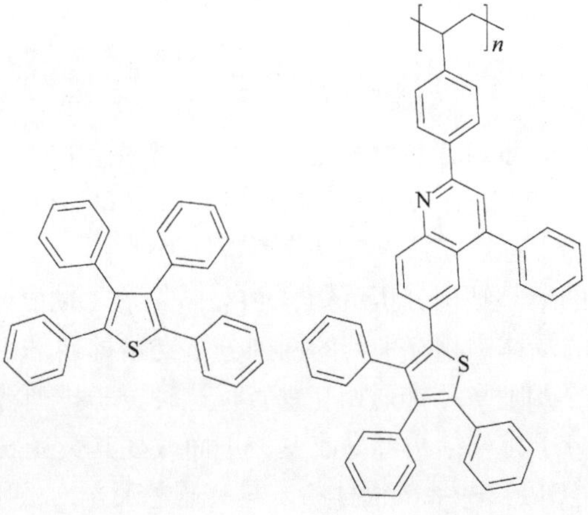

TP PS-Qu

图 6.30 化合物 TP 和 PS-Qu 的分子结构

体形成后荧光显著增强，在 THF/H_2O(10：90，体积比)中的荧光量子产率为 41%，是在纯 THF 中的 178 倍，表现为具有 AIE 性质[51, 52]，即使将其作为侧基引入聚苯乙烯中，也具有 AIE 性质，这些结果都证实了分子的振动和旋转受限是荧光增强的主要原因。

2014 年，胡文平课题组以噻吩基取代 5, 6, 11, 12-四苯基四并苯中的 2 个或 4 个苯基的方式，得到了两种四并苯衍生物 **8** 和 **9**(图 6.31)。实验结果表明：由于部分电子云转移到噻吩侧基，四并苯的活性降低，具有极高的稳定性[53]。非常有趣的是，化合物 **8** 通过扭曲的分子构象及取代基的旋转，抑制了聚集态中的π-π堆积，从而显示出 AEE 性质。

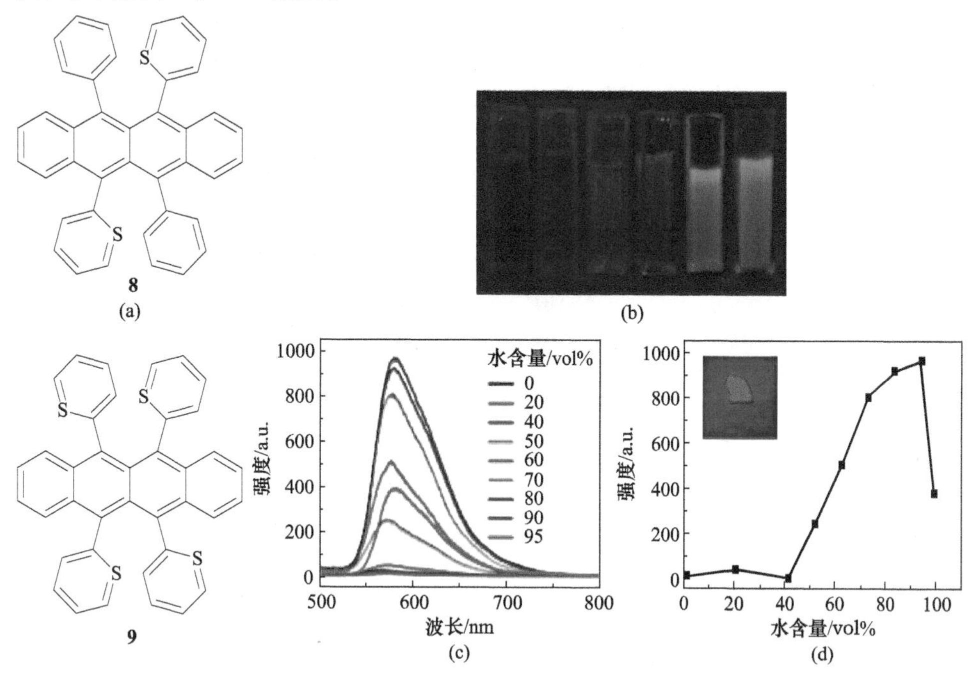

图 6.31 (a) 化合物 **8** 和 **9** 的分子结构；(b) 不同水含量的化合物 **8** 在紫外光(365 nm)照射下的荧光照片；(c) 化合物 **8** 在不同水含量的水/四氢呋喃体系中的荧光谱图；(d) 荧光强度对水含量的依赖，插图为固体粉末在 365 nm 激发下的发光照片，化合物浓度为 40 μmol/L，激发波长为 470 nm

Tao 课题组[54]设计合成了三种具有不同数量氰基和酯基以二苯并噻吩为骨架的化合物 **10**～**12**，如图 6.32 所示，三种化合物均具有 AIE 属性，利用荧光滴定实验将三种化合物的溶液分别滴加到纤维素基上，实验结果显示加入苦味酸对这三种化合物的发光改变最明显且荧光强度增强，三种化合物都可以特异性地检测爆炸物苦味酸，且苦味酸的检测溶度低至 20 μmol/L。

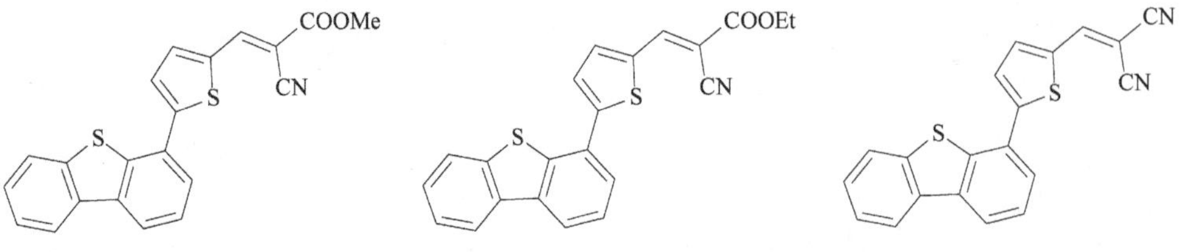

图 6.32 化合物 **10**～**12** 的分子结构

6.2.4 含 P 化合物

磷杂茂这一类化合物表现出优于其他杂环化合物如吡咯和噻吩的光电性质。中心原子磷可以通过简单的化学反应如氧化或金属络合进行调节[55]。与 HPS 结构类似，磷杂茂的氧化物 **13** 和硫化物 **14** 具有螺旋桨状结构。从图 6.33 的照片中可以看出，**13** 具有 AIE 性质：在纯 THF 溶液中发光很弱，而在体积比为 1∶9 的 THF/H_2O 混合溶剂中发光很强[56]，**14** 的薄膜的荧光量子产率比二氯甲烷溶液中的荧光量子产率高 10 倍[57]。

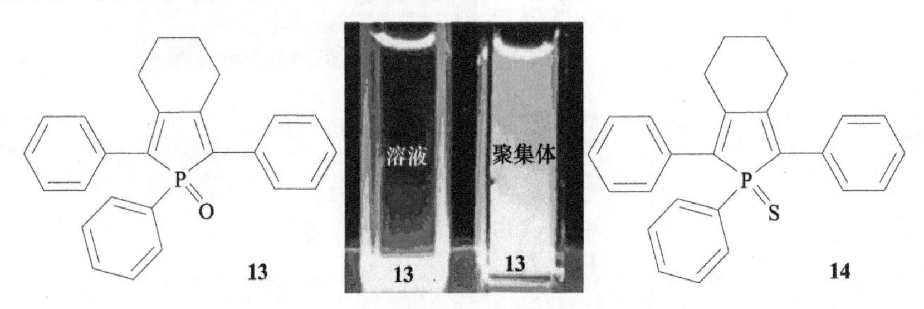

图 6.33 含有磷杂原子的 AIE 发光物质

Thomas Baumgartner 课题组开发了一系列二噻吩磷杂茂化合物(PAH)[58]（图 6.34），该化合物的 1-位为芳稠环芳香取代基。在二硫磷杂环分子支架附近安装一个大型π系统，发现这一系统在同一分子支架内产生两个相邻的发色团的基础上产生了不寻常的光物理现象。广泛的光物理研究表明，重要的能量转移发生在作为供体的多环芳烃单元到二硫磷酸磷脂受体，显示能量转移效率接近 90%。TD-DFT 计算确认了两个子单元相互通信的可能性。此外，由于存在平面外的二硫杂多酚单元，PAH 物种即使在胶体悬浮液中也不表现出形成聚集物的任何显著趋势。

图 6.35 演示了用于凝集素的新型“导通”荧光传感器的设计和合成[59]。当凝集素被添加到糖缀合物时，它们特异性地形成聚集体，表现出强烈的蓝色发射。该传感器测定对于多价的凝集素是可行的。需要进一步的实验来证明荧光导通分析的实用性。特别地，必须在更复杂的环境，即生物相关流体中进行测试，以检

测以非常低浓度存在的物种的能力。下面将介绍设计灵敏的荧光传感器的原理，以及该类传感器在化学、生物、医学和环境科学领域的潜在应用。

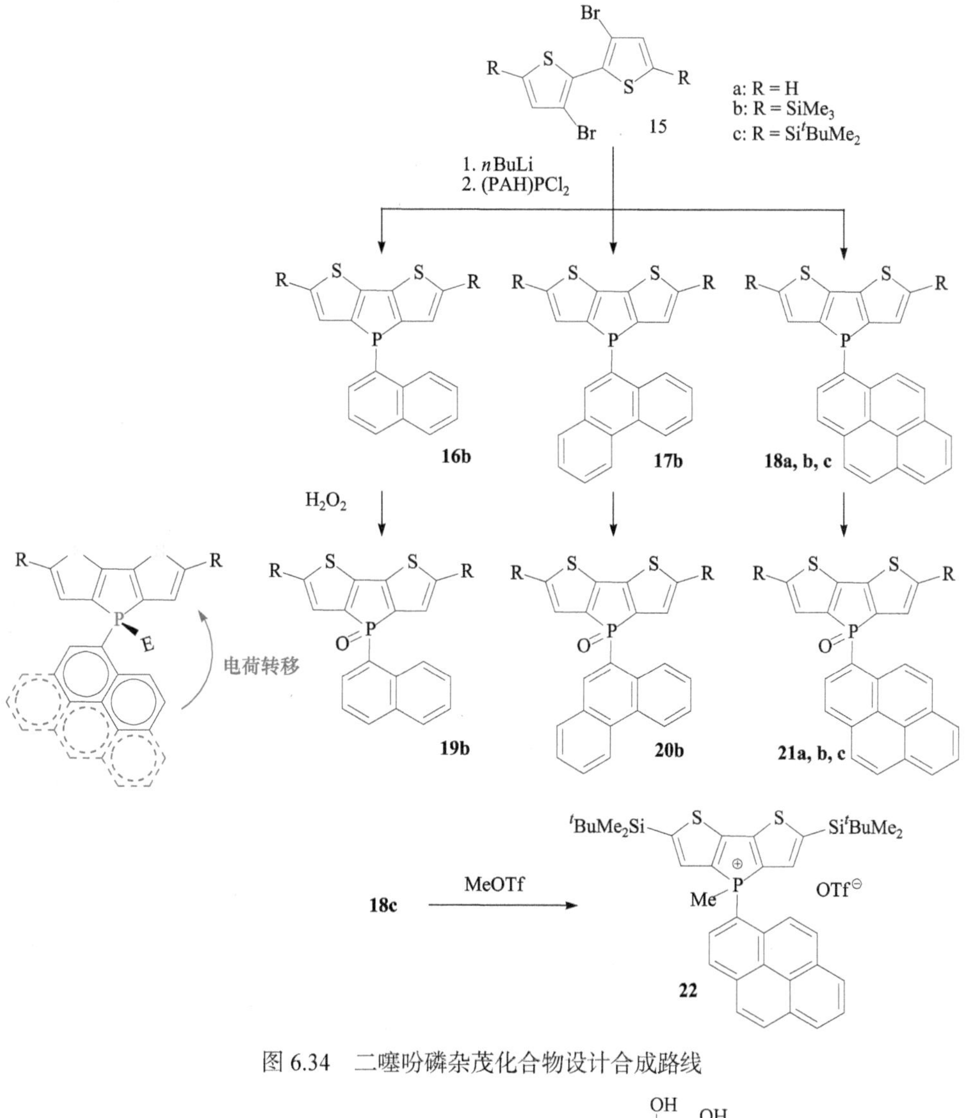
Br
R
S
S
R
Br
15
a: R = H
b: R = SiMe3
c: R = Si^tBuMe2
1. nBuLi
2. (PAH)PCl2
16b
17b
18a, b, c
H2O2
19b
20b
21a, b, c
E
电荷转移
^tBuMe2Si
Si^tBuMe2
MeOTf
18c
Me
OTf
22

图 6.34　二噻吩磷杂茂化合物设计合成路线

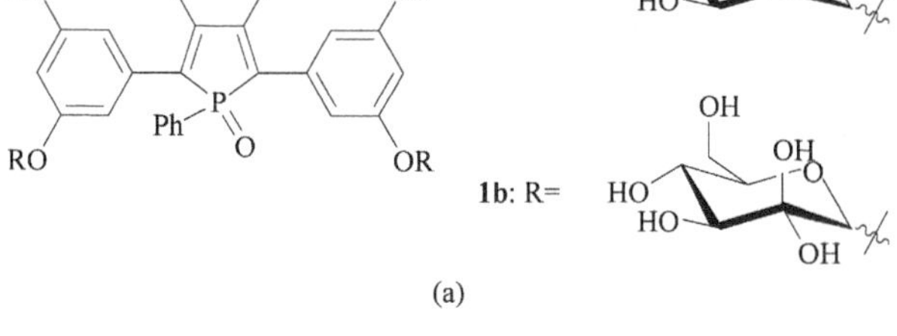
RO
OR
Ph
P
O
1a: R=
1b: R=
OH
HO

(a)

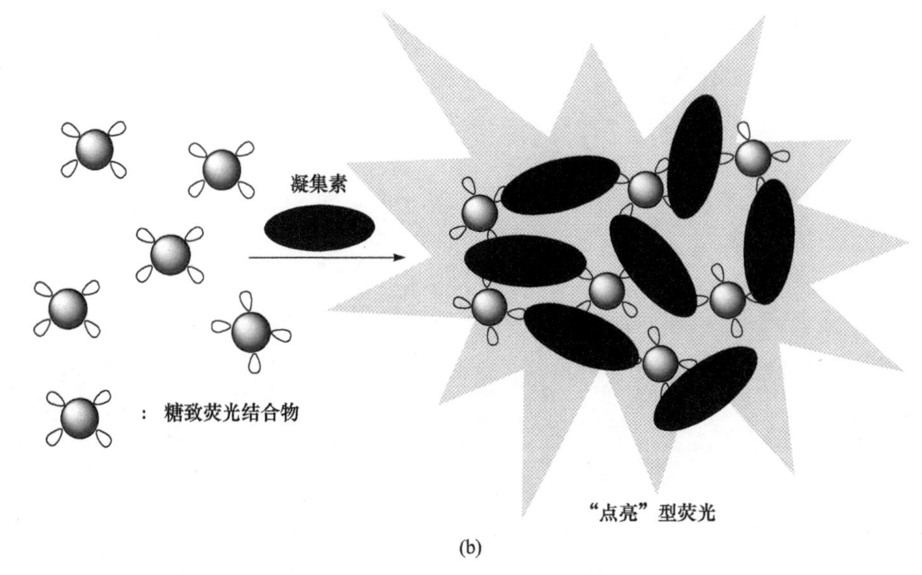

图 6.35 (a) 糖改性的磷杂环氧化物 **1a**、**1b** 的化学结构；(b) 用 AIE 活性材料的凝集素“开启”荧光传感器的示意图

糖修饰的磷酰氧化物和凝集素的混合物显示出强烈的蓝色发光，从而作为凝集素的“开启”荧光传感器

6.3 含 B 六元芳杂环 AIE 体系

近年来有机硼配合物以其独特的光化学和光物理性质而受到人们的密切关注[60-62]。此类化合物具有摩尔消光系数大、光稳定性好、荧光量子产率高等优点[63-65]，广泛应用于荧光示踪剂和荧光标记试剂[66, 67]、发光材料[68, 69]、化学传感器[70, 71]、荧光探针[72-75]、有机固体激光物质等研究领域[76]。因此，对此类化合物的深入研究和开发不仅在理论上具有重要的意义，同时也有着非常广阔的实际应用前景。含硼β-二酮是一类简单的有机硼配合物。一系列的研究表明，含硼β-二酮展现了独特的光学性能。

由于硼的引入，一些 AIE 分子的发光性能得到改善，这得益于硼原子在功能发光体中巨大的潜力；也正是由于硼在功能发光体中的巨大潜力，改变其聚集猝灭现状也便极其的意义。Venkatesan 等在 2012 年得到的化合物 **23** 如图 6.36 所示，由于硼以四面体络合物的形式存在，所以通过负电有效的离域，与氮之间相互作用更加稳定；而硼与氮组成的环发光相较于吡啶有明显红移，因此有更好的光学器件应用前景[77]。在此基础上，脂肪族环的引入使得分子主干不再是平面结构，在一定程度上降低了聚集态时分子间的π-π堆积，实现了聚集态时的荧光发光；而在分散状态下，由于其较快的构象变化，能量以非辐射形式释放，因而分析表现出 AIE 现象。

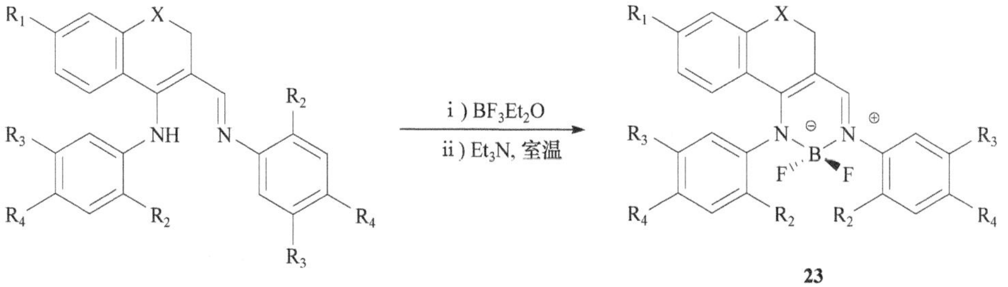

i) BF_3Et_2O
ii) Et_3N, 室温

23

X=C, O; R_1=R_2=R_3=H; R_4=OMe, NO_2, F, I

图 6.36 含 B 的杂环 AIE 荧光材料实例

2013 年，Chujo 等合成了含有硼氧氮的螯合环化合物 **24**(图 6.37)，由于分子内螯合环有效抑制了分子内旋转，从而表现出 AIE 现象[78]。改变杂环上氮所连取代基，可以有效地通过位阻控制其发光性质。通过实验，作者证明对于其 AIE 行为，硼螯合环在分子结构中起到了最重要的作用，这也是人们第一次证明此结构在众多分子中有如此的重要性。

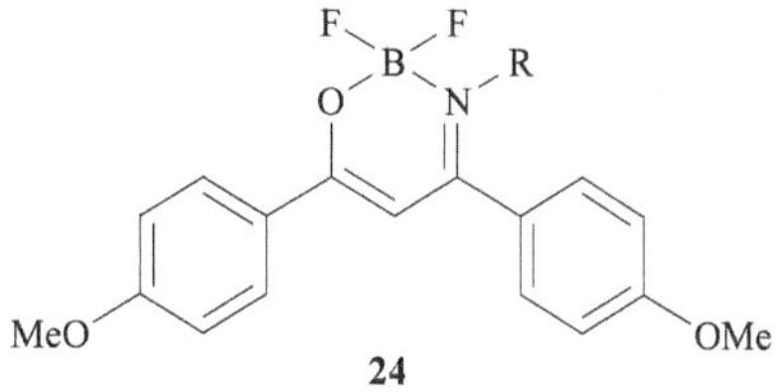

24

图 6.37 含 B 的杂环 AIE 荧光材料

2014 年，Chujo 等又报道了在固态下具有特定光学特性的硼的二胺类分子[79]。通过引入取代基有效地调制了发射色，特别是二甲氨基等强电子给体取代基的引入导致了大的红移发射(图 6.38)。结果表明，加入共轭体系对硼二亚胺的电子结构有显著影响。一系列的光学测试表明，固态下的光学特性源自于合成的硼的二胺分子基团运动受限，发光颜色通过取代基团调节($\lambda_{PL,crystal}$=448～602 nm, $\lambda_{PL, amorphous}$=478～645 nm)。受两个胺基团的影响，可以从一些硼的二胺类分子中观察到强烈的磷光。值得注意的是，一些硼的二胺类分子由于晶体到非晶态排列的不同从而具有 CIE 特性。晶态的发光强度有约 14 倍的提高($\Phi_{PL, crystal}$=0.59, $\Phi_{PL,amorphous}$=0.04)。通过将硼的二胺类分子与芴结合，合成的聚合物在一般溶剂中具有良好的溶解性、成膜性及热稳定性。除此以外，由于增加了主链的共轭程度，对比于相应的硼的二胺类分子单体，聚合物的吸收及发射峰的位置都移动到了长波长区域。此外，由于与芴的共轭，其吸收和发射强度也通过捕光效应而增加。通过将该聚合物膜用酸气或碱气熏蒸，能够展示其光学性质的动态可逆改变。

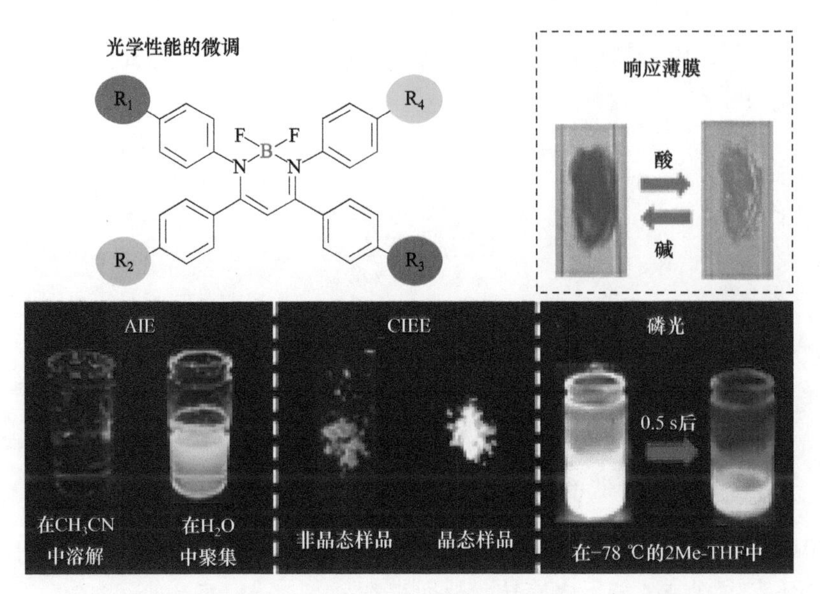

图 6.38 化合物的分子结构及不同形态与条件下的光物理性质

2014 年，Zhu 等[80]报道了具有 AIE 活性的二氟化硼络合物 PTZ，该化合物在 THF/H_2O 混合溶剂中的发射光可从蓝色、黄色到红色，并且其颜色及发射可通过机械研磨、有机试剂的熏蒸及酸碱的熏蒸进行改变，在 HCl-TEA 蒸气熏蒸下表现出开/关的荧光效应(图 6.39)。

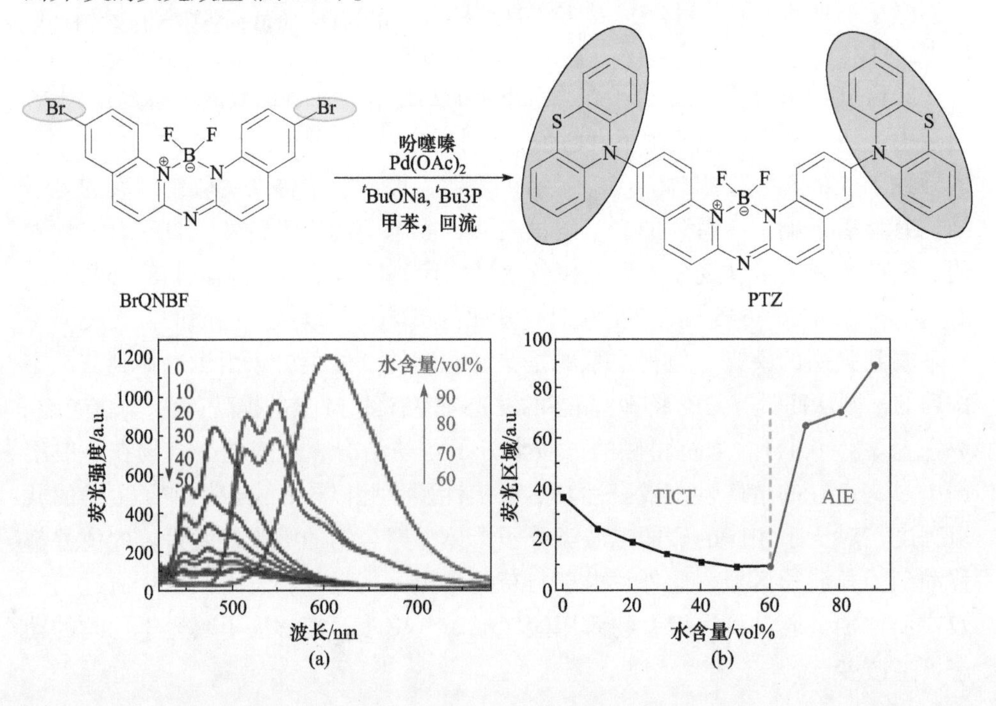

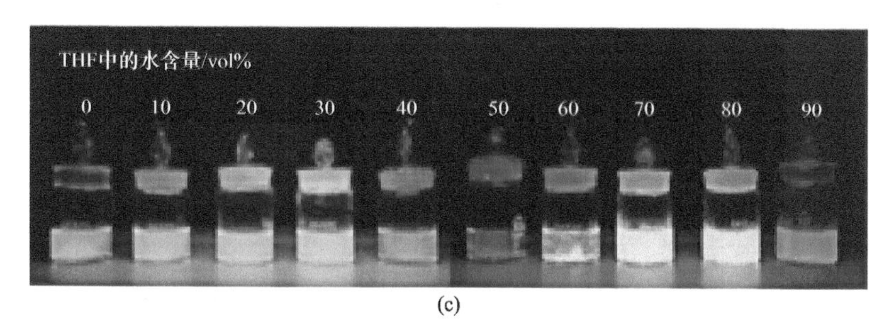

(c)

图 6.39　(a) 化合物 PTZ 在 THF/H_2O 体系随不同水含量(0～90vol%)的荧光变化谱图；(b) 在 THF/H_2O 中 PTZ 的荧光区域与水含量的关系图；(c) 化合物 PTZ 在不同水含量的 THF/H_2O 中并在紫外光照射(365 nm)下的照片

2014 年，Galer 等报道了以苯环为端基的二甲氧基取代的同质多晶的β-二酮硼络合物 BF_2-Ph(OMe)$_2$(图 6.40)[81]。研究发现，BF_2-Ph(OMe)$_2$表现出了典型的 AIE 和 CIEE 行为。通过不同的制备方法，BF_2-Ph(OMe)$_2$可以形成两种不同的晶

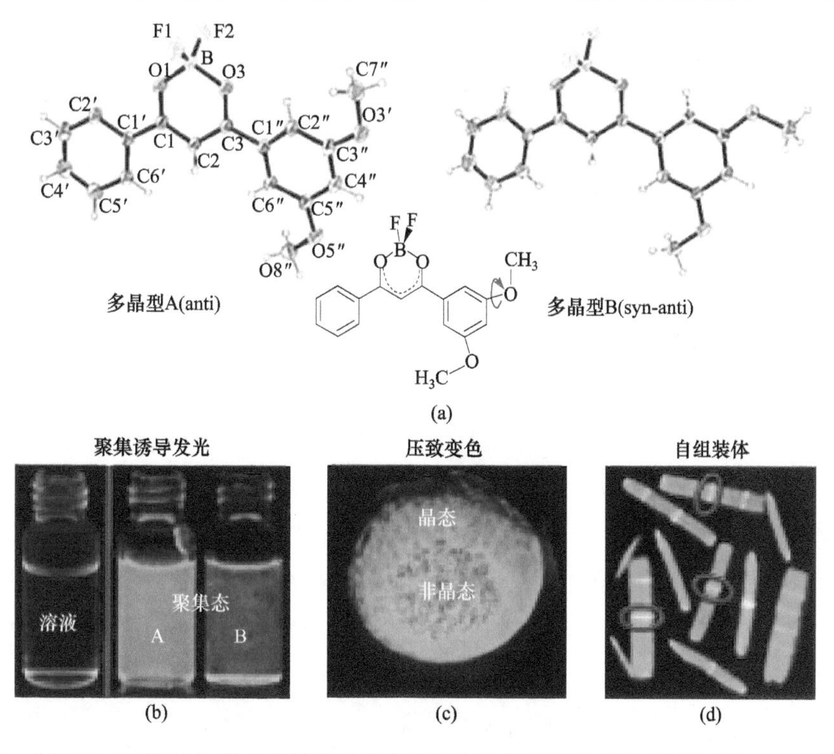

图 6.40　(a) BF_2-Ph(OMe)$_2$的分子结构及其在晶体中的分子构型；(b) 紫外灯下 BF_2-Ph(OMe)$_2$在溶液中和聚集态的荧光发射照片；(c) 紫外灯下 BF_2-Ph(OMe)$_2$固态粉末的压致荧光变色照片；(d) BF_2-Ph(OMe)$_2$片状自组装体照片

体 A 和 B，在这两种晶体中两个甲氧基具有不同的取向：在多晶型 A 中，两个甲氧基彼此远离，而在多晶型 B 中，一个甲氧基偏向另一个甲氧基。在两种晶体中，多晶型 B 通过面对面π-π相互作用形成堆叠；而在多晶型 A 中，晶体堆积通过苯环分子间 C—H⋯F 和甲氧基 C—H⋯F 氢键作用。晶体 A 表现出了可逆的压致荧光变色行为，研磨后，初始粉末的荧光颜色由蓝色(490 nm)变为黄色(526 nm)，同时其固态发光效率下降了 5.3 倍，这种行为来源于晶态与不定形态之间的转化和 CIEE 效应。相比之下，晶体 B 展示出了弱的压致荧光变色现象。此外，通过升华过程得到的片状微结构或微纤维自组装结晶显示出了明显的光学波导效应。

2016 年，Zhang 等通过把甲氧基引入苯环的不同位置合成了一系列β-酮亚胺硼衍生物 BB、B2B、B3B、B4B、B24B、B25B 和 B345B[82](图 6.41)。研究表明，这些分子都表现出了 AIE 行为，例如，B2B 在 THF/H_2O(1∶19，体积比)混合溶剂中的荧光强度约为纯 THF 溶液中的 91 倍。其中 B4B 具有特殊发光颜色变化的 AIE 过程，在 THF/H_2O 混合溶剂中，当水含量为 80vol%和 90vol%时，分别形成绿色发射性纳米粒子和黄色荧光发射π聚集体。在晶体状态下，由于 B2B 的π-π相互作用最弱，其荧光发射为蓝色。BB、B3B 和 B24B 在晶态具有相似的堆积模式，发射蓝绿色荧光。B4B 的π-π相互作用最强，它的荧光为黄色。值得注意的是，BB、B2B、B3B、B24B 和 B25B 没有压致变色行为，而 B4B 在压致变色过程中表现出多色发光。对这些β-酮亚胺硼络合物的研究能够帮助我们很好地理解分子结构和分子堆积模式对其 AIE 和 MFC 性质的影响。这类具有多色发射的压致荧光变色材料在防伪标签和机械传感器方面具有新的潜在应用。

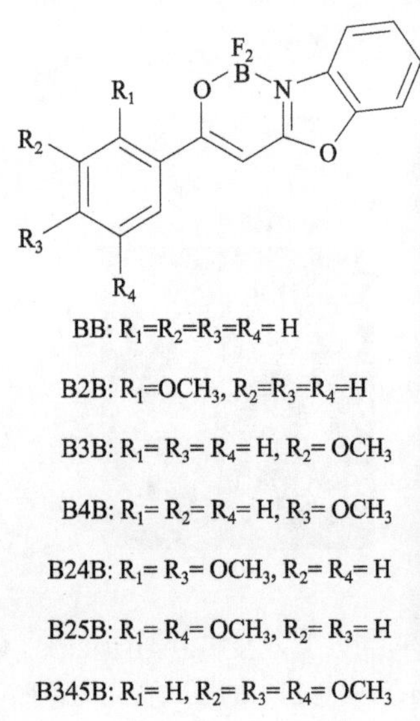

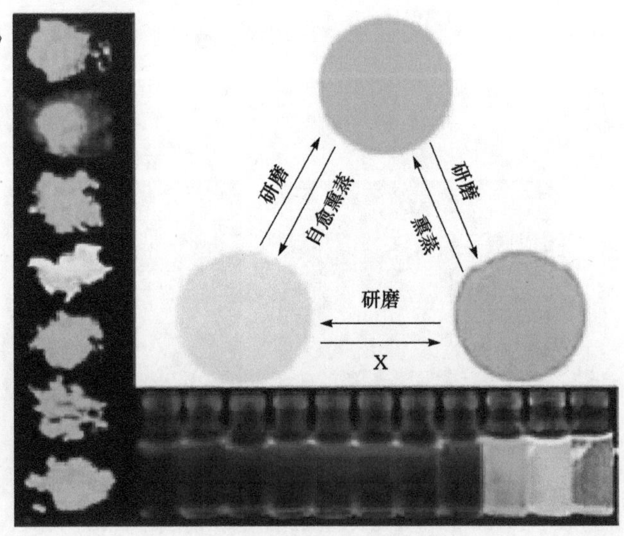

图 6.41 BB、B2B、B3B、B4B、B24B、B25B 和 B345B 的分子结构及其压致变色(PAIE)性质

他们进一步制备了三苯胺修饰的噻唑类β-酮亚胺硼衍生物 BF2-TT-CN[83]（图 6.42）。BF2-TT-CN 显示出典型的 ICT 特征。而且，BF2-TT-CN 表现出显著的 AIE 和压致荧光变色特性。大体积氰基引起的分子内空间位阻赋予了 BF2-TT-CN 分子扭曲的空间构象，从而使其拥有明显的 AIE 特征和可逆的压致荧光变色行为。BF2-TT-CN 的初始固态粉末能够发射亮黄色荧光，研磨后其荧光发射变为橙色，相应的发射波长从 542 nm 红移到 599 nm。将研磨后的粉末用二氯甲烷蒸气熏蒸，其荧光颜色和波长能够恢复到初始粉末的荧光颜色和波长。

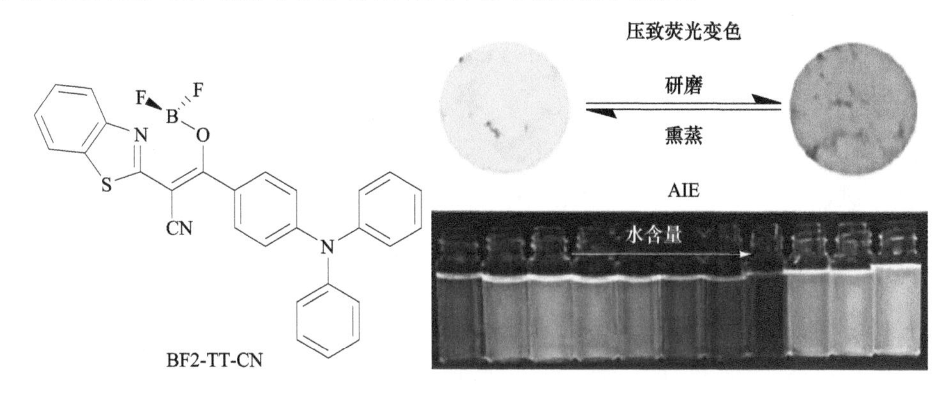

图 6.42　BF2-TT-CN 的分子结构及其 PAIE 性质

与此同时又设计合成了三苯胺修饰的 *N,O*-螯合的六元环β-酮亚胺硼衍生物 BF2-TPA[84]（图 6.43）。BF2-TPA 具有显著的 AIE 特性和可逆的压致荧光变色活性。在稀溶液中，BF2-TPA 的荧光发射能力极弱，而其却具有强的固态荧光发射（固态发光效率为 0.49）。BF2-TPA 的晶体拥有亮黄色的荧光发射，外力作用下，其荧光发射颜色变为橘红色，最大发射波长由 549 nm 红移至 590 nm，产生了 41 nm 的光谱带红移。研究结果表明，由于硼螯合环氮原子上甲苯基的空间位阻，BF2-TPA

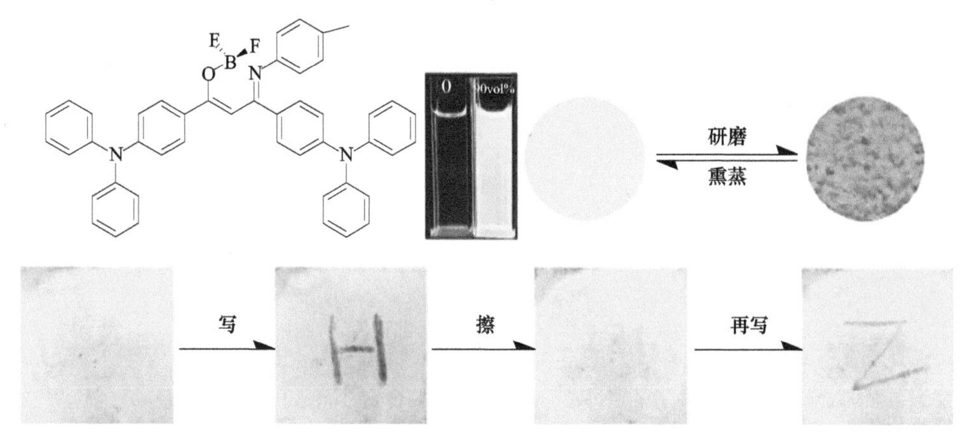

图 6.43　BF2-TPA 的分子结构及其 PAIE 性质

分子的空间构象更加扭曲，这对 BF2-TPA 的 AIE 活性和压致荧光变色性质在一定程度上具有极大的决定作用。

鉴于 BODIPY 染料具有较高的摩尔消光系数、生物适应性、较好的化学和光化学稳定性、较高的荧光量子产率等优点，其作为一种新型荧光探针被广泛用于生物标记、荧光器件、化学传感、人造光合系统等领域，但在被用于活细胞成像时往往不具备靶向性。董宇平等合成了一种含有 BODIPY 的四苯基丁二烯生物 TABD-BODIPY（图 6.44），具有独特对称结构特征和疏水性的荧光化合物能够与质膜、核膜或核中的蛋白质发生特异性的相互作用，进而增加空间受限，从而在特定位置显示荧光增强效果。实验结果显示，TABD-BODIPY 可以通过扩散迅速被细胞内化，并表现出特定标记 HeLa 细胞质膜和核的染色能力（图 6.44），而对于 MCF-7 和 3T3 两种细胞，则分别聚集在质膜和核膜（图 6.44），这种差异可能是由细胞类型依赖性蛋白质种类和膜渗透性引起的。

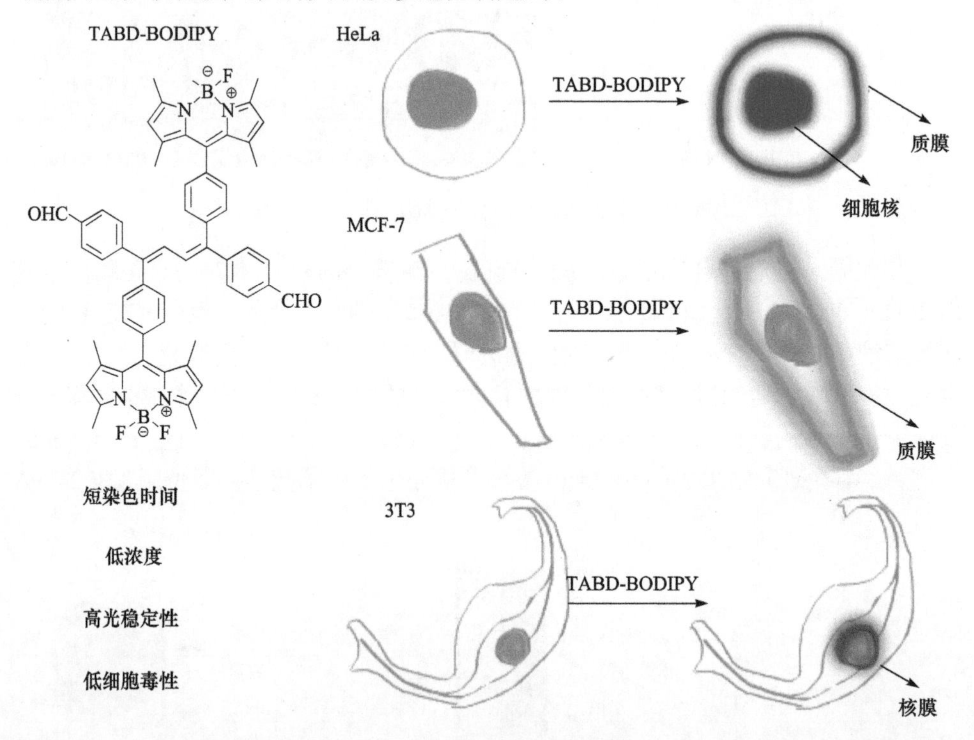

图 6.44 TABD-BODIPY 的分子式，以及分别对活 HeLa 细胞、MCF-7 细胞和 3T3 细胞中的质膜和细胞核、质膜和核膜进行细胞类型特异性荧光标记

为此进一步评价不同浓度的 TABD-BODIPY 的细胞毒性，结果表明 72 h 后的 HeLa 和 MCF-7 的细胞存活率分别为 58%和 64%，而 3T3 细胞存活率仍为 92%（图 6.45）；如果增加 TABD-BODIPY 的浓度，则细胞活性逐渐降低。但值得注意

的是，即使 TABD-BODIPY 浓度达到 1×10^{-4} mol/L(图 6.45)时，3T3 细胞的存活率始终是 HeLa 和 MCF-7 细胞的两倍，由此说明 TABD-BODIPY 对癌细胞(HeLa 和 MCF-7)的抑制能力高于非癌细胞(3T3)，显示其可作为抗癌药物的潜在应用。

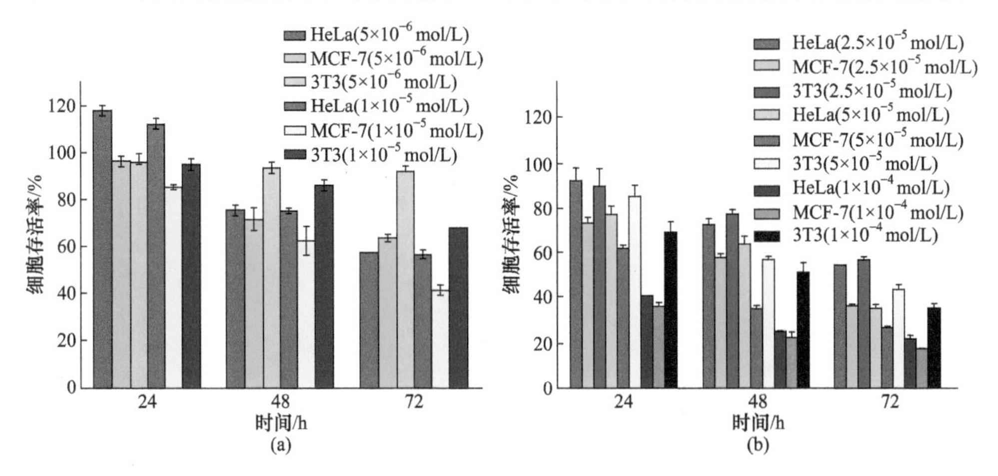

图 6.45 不同浓度 TABD-BODIPY 在 HeLa、MCF-7 和 3T3 中的细胞毒性

碳硼烷作为一种多面体笼状硼簇化合物，拥有高度对称球形结构及疏水分子表面，其优异的热、化学稳定性，极强的吸电子能力，使其在材料、生物、催化剂、医疗、高能火箭燃料及超分子体系等领域得到广泛应用[85-87]。近年来含碳硼烷化合物成为 AIE 领域的研究热点，尤其是将多功能基团引入邻碳硼烷骨架中，设计合成出一系列具有优异性能的发光材料。Chujo 课题组将 1, 2-二苯基乙炔及其衍生物连接到邻碳硼烷分子上[88]，如图 6.46 所示，通过改变 1, 2-二苯基乙炔其

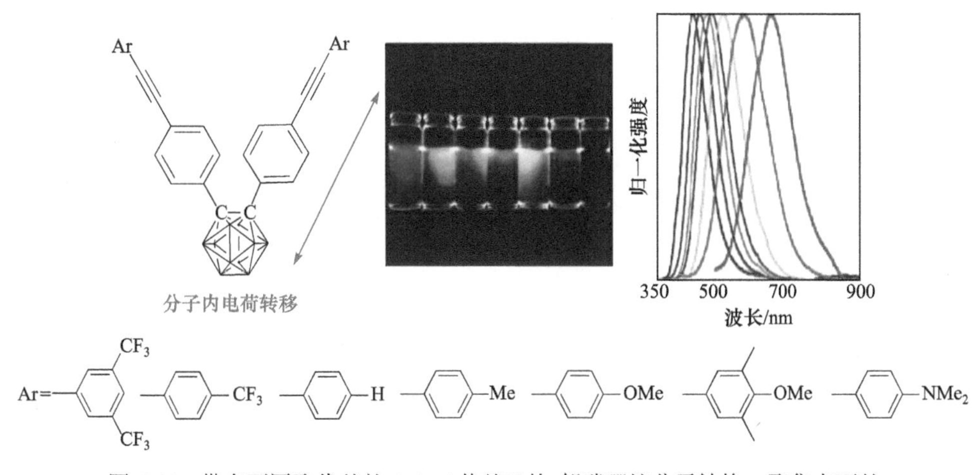

图 6.46 带有不同取代基的 1, 2-二苯基乙炔-邻碳硼烷分子结构、聚集态下的荧光照片及荧光光谱图

中一个苯环上的吸、给电子取代基，设计合成了一系列不同波段发光的 AIE 化合物，这七种化合物的发光波长几乎覆盖整个可见光区域（452～662 nm）。研究表明，邻碳硼烷与 1, 2-二苯基乙炔及其衍生物构成一个 D-A-D 体系，它们之间存在 ICT 过程，1, 2-二苯基乙炔上连接的取代基吸、给电子能力不同都会影响该体系在激发态下的 ICT 过程及邻碳硼烷中碳碳键的振动，导致发光波长的移动，实现颜色可调。Kang 课题组设计合成了 3 种 D-π-A-π-D 化合物 **25**～**27**[89]，如图 6.47 所示，通过改变连接在碳硼烷上化合物的链长，可以改变 3 种化合物的共轭性，并利用溶剂化效应实验、密度泛函理论计算探究电荷转移与π共轭如何影响分子发光。

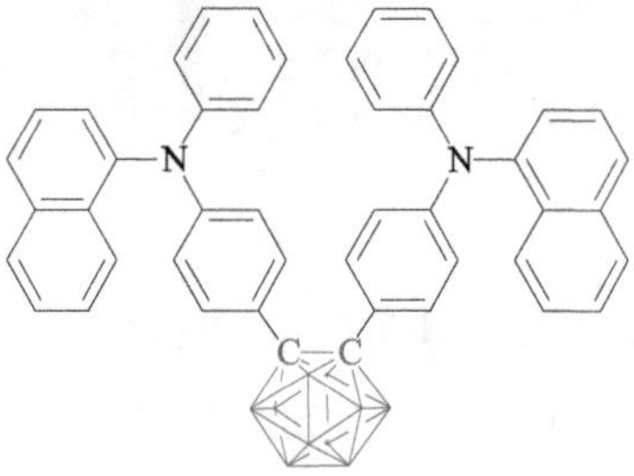

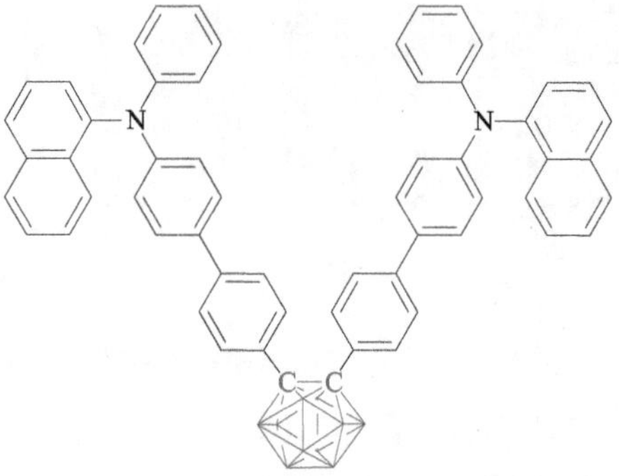

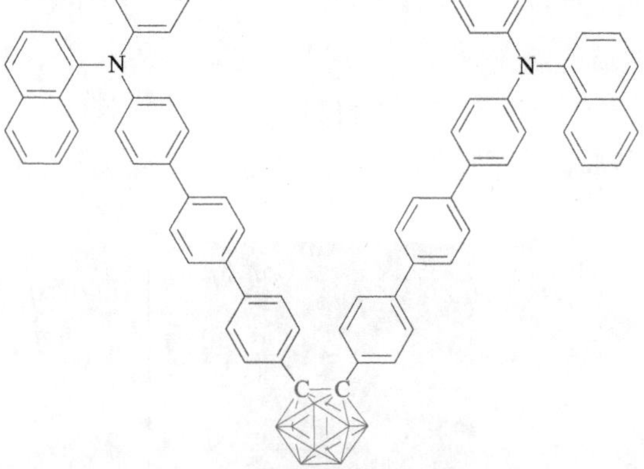

图 6.47 三种 D-π-A-π-D 化合物 **25**、**26**、**27** 的分子结构

6.4 总结与展望

综上所述，国内外科学家已在 AIE 领域做了大量有益的工作。将来的发展方向与趋势是进一步扩宽 AIE 研究的领域，包括发现 AIE 的新体系、弄清 AIE 的工

作机理、阐明 AIE 的光化学与物理过程、建立 AIE 的分子设计原则等。这些研究将为发展聚集态高效发光材料提供新思路和新理论。我国科学家在这一领域的持续探索将产生新的原创性研究成果，进一步巩固我国在聚集态高效发光理论、材料设计制备及应用开发方面的引领地位。通过合成新的发光分子和改进已有的荧光染料来扩展 AIE 材料的种类，为发展节能减排的高效照明和光学显示、快速灵敏的危险品和爆炸物检测，以及安全可靠的生物医学检验检疫提供新方法和新技术，形成具有自主知识产权的关键材料与新型器件，促进我国相关技术产业的持续发展。通过研究过程，进一步发现新现象、认识新规律、提出新概念、建立新理论，为构筑 AIE 体系新框架奠定基础，同时丰富物质科学、信息工程、生物技术等学科的研究内涵。发展具有新结构或新原理的 AIE 材料与器件，为健康、能源、环境保护、国防安全和技术革新做出贡献。

参 考 文 献

[1] Li Z, Dong Y Q, Lam J W Y, Sun J X, Qin A J, Häußler M, Dong Y P, Sung H H Y, Williams I D, Kwok H S, Tang B Z. Functionalized siloles: versatile synthesis, aggregation-induced emission, and sensory and device applications. Adv Funct Mater, 2009, 19: 905-917.

[2] Chen J W, Law C C W, Lam J W Y, Dong Y P, Lo S M F, Williams I D, Zhu D B, Tang B Z. Synthesis, light emission, nanoaggregation, and restricted intramolecular rotation of 1,1-substituted 2, 3, 4, 5- tetraphenylsiloles. Chem Mater, 2003, 15: 1535-1546.

[3] Le Guével X, Hötzer B, Jung G, Schneider M. NIR-emitting fluorescent gold nanoclusters doped in silica nanoparticles. J Mater Chem, 2011, 21: 2974-2981.

[4] Tamao K, Yamaguchi S, Shiro M. Oligosiloles: first synthesis based on a novel endo-endo mode intramolecular reductive cyclization of diethynylsilanes. J Am Chem Soc, 1994, 116: 11715-11722.

[5] Murakami M, Matsuda T, Yamaguchi Y. Synthesis of silole skeletons via metathesis reactions. Synlett, 2008, 4: 561-564.

[6] Ohmura T, Masuda K, Suginome M. Silylboranes bearing dialkylamino groups on silicon as silylene equivalents: palladium-catalyzed regioselective synthesis of 2, 4-disubstituted siloles. J Am Chem Soc, 2008, 130: 1526, 1527.

[7] Luo J D, Xie Z L, Lam J W Y, Cheng L, Tang B Z, Chen H Y, Qiu C F, Kwok H S, Zhan X W, Liu Y Q, Zhu D B. Aggregation-induced emission of 1-methyl-1, 2, 3, 4, 5-pentaphenylsilole. Chem Commun, 2001: 1740, 1741.

[8] Tang B Z, Zhan X W, Yu G, Sze Lee P P, Liu Y Q, Zhu D B. Efficient blue emission from siloles. J Mater Chem, 2001, 11: 2974-2978.

[9] Chen L, Jiang Y B, Nie H, Lu P, Sung H H Y, Williams I D, Kwok H S, Huang F, Qin A J, Zhao Z J, Tang B Z. Creation of bifunctional materials: improve electron-transporting ability of light emitters based on AIE-active 2, 3, 4, 5-tetraphenylsiloles. Adv Funct Mater, 2014, 24: 3621-3630.

[10] Ng J C Y, Li H K, Yuan Q, Liu J Z, Liu C H, Fan X L, Li B S, Tang B Z. Valine-containing silole: synthesis, aggregation-induced chirality, luminescence enhancement, chiral-polarized

luminescence and self-assembled structures. J Mater Chem C, 2014, 2: 4615-4621.
[11] Mei J, Wang Y J, Tong J Q, Wang J, Qin A J, Sun J Z, Tang B Z. Discriminatory detection of cysteine and homocysteine based on dialdehyde-functionalized aggregation-induced emission fluorophores. Chem Eur J, 2013, 19: 612-619.
[12] Shi H B, Kwok R T K, Liu J Z, Xing B G, Tang B Z, Liu B. Real-time monitoring of cell apoptosis and drug screening using fluorescent light-up probe with aggregation-induced emission characteristics. J Am Chem Soc, 2012, 134: 17972-17981.
[13] Mahtab F, Yu Y, Lam J W Y, Liu J Z, Zhang B, Lu P, Zhang X X, Tang B Z. Fabrication of silica nanoparticles with both efficient fluorescence and strong magnetization and exploration of their biological applications. Adv Funct Mater, 2011, 21: 1733-1740.
[14] Liu J Z, Zhong Y C, Lam J W Y, Lu P, Hong Y N, Yu Y, Yue Y N, Faisal M, Sung H H Y, Williams I D. Hyperbranched conjugated polysiloles: synthesis, structure, aggregation-enhanced emission, multicolor fluorescent photopatterning, and superamplified detection of explosives. Macromolecules, 2010, 43: 4921-4936.
[15] Faisal M, Hong Y N, Liu J Z, Yu Y, Lam J W Y, Qin A J, Lu P, Tang B Z. Fabrication of fluorescent silica nanoparticles hybridized with AIE luminogens and exploration of their applications as nanobiosensors in intracellular imaging. Chem Eur J, 2010, 16: 4266-4272.
[16] Hong Y N, Lam J W Y, Tang B Z. Aggregation-induced emission: phenomenon, mechanism and applications. Chem Commun, 2009, 40: 4332-4353.
[17] Linshoeft J, Baum E J, Hussain A, Gates P J, Näther C, Staubitz A. Highly tin-selective stille coupling: synthesis of a polymer containing a stannole in the main chain. Angew Chem Int Ed, 2014, 53: 12916-12920.
[18] Chan C H, Lam W H, Yam V W W. A highly efficient silole-containing dithienylethene with excellent thermal stability and fatigue resistance: a promising candidate for optical memory storage materials. J Am Chem Soc, 2014, 136: 16994-16997.
[19] Hong Y N, Dong Y Q, Hui T, Zhen L, Häußler M, Lam J W Y, Tang B Z. Aggregation-and crystallization-induced light emission. organic photonic materials and devices IX. International Society for Optics and Photonics, 2007.
[20] Chan L H, Lee R H, Hsieh C F, Yeh H C, Chen C T. Optimization of high-performance blue organic light-emitting diodes containing tetraphenylsilane molecular glass materials. J Am Chem Soc, 2002, 124: 6469-6479.
[21] Peng Z, Feng X, Tong B, Chen D, Shi J, Zhi J, Dong Y. The selective detection of chloroform using an organic molecule with aggregation-induced emission properties in the solid state as a fluorescent sensor. Sens Actuators B, 2016, 232: 264-268.
[22] Sartin M M, Boydston A J, Pagenkopf B L, Bard A J. Electrochemistry, spectroscopy, and electrogenerated chemiluminescence of silole-based chromophores. J Am Chem Soc, 2006, 128: 10163-10170.
[23] 童辉, 董永强, Häußler M, 唐本忠. 具有聚集诱导发光行为的环状多烯类分子. 发光学报, 2006, 27: 281-284.
[24] Chen J W, Xu B, Yang K X, Cao Y, Sung H H Y, Williams I D, Tang B Z. Photoluminescence

spectral reliance on aggregation order of 1, 1-bis(2′-thienyl)-2, 3, 4, 5-tetraphenylsilole. J Phys Chem B, 2005, 109: 17086-17093.

[25] Li Z, Dong Y Q, Mi B X, Tang Y H, Häußler M, Tong H, Dong Y P, Lam J W Y, Ren Y, Sung H H Y, Wong K S, Gao P, Williams L D, Kwok H S, Tang B Z. Structural control of the photoluminescence of silole regioisomers and their utility as sensitive regiodiscriminating chemosensors and efficient electroluminescent materials. J Phys Chem B, 2005, 109: 10061-10066.

[26] Lee S H, Jang B B, Kafafi Z H. Highly fluorescent solid-state asymmetric spirosilabifluorene derivatives. J Am Chem Soc, 2005, 127: 9071-9078.

[27] Yu G, Yin S W, Liu Y Q, Chen J S, Xu X J, Sun X B, Ma D G, Zhan X W, Peng Q, Shuai Z G, Tang B, Zhu D, Fang W, Luo Y. Structures, electronic states, photoluminescence, and carrier transport properties of 1, 1-disubstituted 2, 3, 4, 5- tetraphenylsiloles. J Am Chem Soc, 2005, 127: 6335-6346.

[28] Zhou J, He B R, Chen B, Lu P, Sung H H Y, Williams I D, Qin A J, Qiu H Y, Zhao Z J, Tang B Z. Deep blue fluorescent 2, 5-bis(phenylsilyl)-substituted 3, 4-diphenylsiloles: synthesis, structure and aggregation-induced emission. Dyes Pigments, 2013, 99: 520-525.

[29] Zhu Y, Rabindranath A R, Beyerlein T, Tieke B. Highly luminescent 1, 4-diketo-3, 6-diphenylpyrrolo [3, 4-*c*]pyrrole-(DPP-) based conjugated polymers prepared upon Suzuki coupling. Macromolecules, 2007, 40: 6981-6989.

[30] Morales-Saavedra O G, Huerta G, Ortega-Martinez R, Fomina L. Linear and non-linear optical properties of 2, 5-disubstituted pyrroles supported by a catalyst-free SiO_2 sonogel network. J Non-Cryst Solid, 2007, 353: 2557-2566.

[31] Alberola A, Ortega A G, Sádaba M L, Sañudo C. Versatility of Weinreb amides in the Knorr pyrrole synthesis. Tetrahedron, 1999, 55: 6555-6566.

[32] Jones R A, Been G P. The Chemistry of Pyrroles. New York: Academic Press, 1977.

[33] Chiu P K, Lui K H, Maini P N, Sammes M P. Novel synthesis of 3H-pyrroles, and novel intermediates in the Paal-Knorr 1H-pyrrole synthesis: 2-hydroxy-3, 4-dihydro-2H-pyrroles from 1, 4-diketones and liquid ammonia. J Chem Soc, Chem Commun, 1987, 2: 109, 110.

[34] Reisch J, Schulte K E. Pyrrol-derivate aus diacetylenen. Angew Chem Int Ed, 1961, 73: 241-247.

[35] Huerta G, Fomina L, Rumsh L, Zolotukhin M G. New polymers with *N*-phenyl pyrrole fragments obtained by chemical modifications of diacetylene containing-polymers. Polym Bull, 2006, 57: 433-443.

[36] Feng X, Tong B, Shen J B, Shi J B, Han T Y, Chen L, Zhi J G, Lu P, Ma Y G, Dong Y P. Aggregation-induced emission enhancement of aryl-substituted pyrrole derivatives. J Phys Chem B, 2010, 114: 16731-16736.

[37] Han T Y, Feng X, Tong B, Shi J B, Chen L, Zhi J G, Dong Y P. A novel “turn-on” fluorescent chemosensor for the selective detection of Al^{3+} based on aggregation-induced emission. Chem Commun, 2011, 48: 416-418.

[38] Shi X Y, Wang H, Han T, Feng X, Tong B, Shi J B, Zhi J, Dong Y P. A highly sensitive, single selective, real-time and “turn-on” fluorescent sensor for Al^{3+} detection in aqueous media. J Mater

Chem, 2012, 22: 19296-19302.
[39] Dong L C, Shang G J, Shi J B, Zhi J G, Tong B, Dong Y P. Effect of substituent position on the photophysical properties of triphenylpyrrole isomers. J Phys Chem C, 2017, 121: 11658-11664.
[40] Lei Y X, Lai Y Y, Dong L C, Shang G J, Dong Y P. The synergistic effect between triphenylpyrrole isomers as donors, linking groups and acceptors on the fluorescence properties of D-π-A compounds in the solid state. Chem Eur J, 2018, 24: 434-442.
[41] Han T Y, Lam J Y, Zhao N, Gao M, Yang Z Y, Zhao E G, Dong Y P, Tang B Z. A fluorescence-switchable luminogen in the solid state: a sensitive and selective sensor for the fast "turn-on" detection of primary amine gas. Chem Commun, 2013, 49: 4848-4850.
[42] Han T Y, Feng X, Shi J B, Tong B, Dong Y F, Lam J W Y, Dong, Y P, Tang B Z. DMF-induced emission of an aryl-substituted pyrrole derivative: a solid thermo-responsive material to detect temperature in a specific range. J Mater Chem C, 2013, 1: 7534-7539.
[43] Wang H, Chen D D, Zhang Y H, Liu P, Shi J B, Feng X, Tong B, Dong Y P. A fluorescent probe with an aggregation-enhanced emission feature for real-time monitoring of low carbon dioxide levels. J Mater Chem C, 2015, 3: 7621-7626.
[44] Chen D D, Wang H, Dong L C, Liu P, Zhang Y H, Shi J B, Feng X, Zhi J G, Tong B, Dong Y P. The fluorescent bioprobe with aggregation-induced emission features for monitoring to carbon dioxide generation rate in single living cell and early identification of cancer cells. Biomaterials, 2016, 103: 67-74.
[45] Chen D D, Wang H, Liu P, Song L L, Shi J B, Tong B, Dong Y P. The application of CO_2-sensitive AIEgen in studying the synergistic effect of stromal cells and tumor cells in a heterocellular system. Anal Chim Acta, 2018, 1001: 151-157.
[46] Li W Y, Chen D D, Wang H, Luo S S, Dong L C, Zhang Y H, Shi J B, Tong B, Dong Y P. Quantitation of albumin in serum using "turn-on" fluorescent probe with aggregation-enhanced emission characteristics. ACS Appl Mater Interfaces, 2015, 7: 26094-26100.
[47] Chen D D, Dong L C, Jiang S, Li W Y, Shi J B, Feng X, Zhi J G, Tong B, Li M, Zheng Q C, Dong Y P. Two-step separation-free quantitative detection of HSA and FIB in human blood plasma by a pentaphenylpyrrole derivative with aggregation-enhanced emission properties. Sens Actuators B, 2018, 255: 854-861.
[48] Liu G G, Chen D D, Kong L W, Shi J B, Tong B, Zhi J G, Feng X, Dong Y P. Red fluorescent luminogen from pyrrole derivatives with aggregation-enhanced emission for cell membrane imaging. Chem Commun, 2015, 51: 8555-8558.
[49] Shimizu M, Takeda Y, Higashi M, Hiyama T. 1, 4-Bis(alkenyl)-2, 5-di-piperidinobenzenes: minimal fluorophores exhibiting highly efficient emission in the solid state. Angew Chem Int Ed, 2009, 48: 3653-3656.
[50] Yuan C X, Tao X T, Wang L, Yang J X, Jiang M H. Fluorescent turn-on detection and assay of protein based on lambda(λ)-shaped pyridinium salts with aggregation-induced emission characteristics. J Phys Chem C, 2009, 113: 6809-6814.
[51] Xing Y J, Xu X Y, Wang F, Lu P. Optical properties of a series of tetraarylthiophenes. Optical Materials, 2006, 29: 407-409.

[52] Deng S L, Chen T L, Chien W L, Hong J L. Aggregation-enhanced emission in fluorophores containing pyridine and triphenylamine terminals: restricted molecular rotation and hydrogen-bond interaction. J Mater Chem C, 2014, 2: 651-659.

[53] Zhang X T, Sørensen J K, Fu X L, Zhen Y G, Zhao G Y, Jiang L, Dong H L, Liu J, Shuai Z G. Geng H, Bjørnholm T, Hu W P. Rubrene analogues with the aggregation-induced emission enhancement behavior. J Mater Chem C, 2014, 2: 884-890.

[54] Tao T, Gan Y T, Yu J H, Huang W. Tuning aggregation-induced emission properties with the number of cyano and ester groups in the same dibenzo[*b*, *d*]thiophene skeleton for effective detection of explosives. Sens Actuators B, 2018, 257: 303-311.

[55] Su H C, Fadhel O, Yang C J, Cho T Y, Fave C, Hissler M, Wu C C, Réau R. Toward functional π-conjugated organophosphorus materials: design of phosphole-based oligomers for electroluminescent devices. J Am Chem Soc, 2006, 128: 983-995.

[56] Baumgartner T, Réau R. Organophosphorus π-conjugated materials. Chem Rev, 2006, 106: 4681-4727.

[57] Shiraishi K, Kashiwabara T, Sanji T, Tanaka M. Aggregation-induced emission of dendritic phosphole oxides. New J Chem, 2009, 33: 1680-1684.

[58] Chua C J, Ren Y, Baumgartner T. Structure-property studies of bichromophoric, PAH-functionalized dithieno[3, 2-b: 2′, 3′-*d*]phospholes. Organometallics, 2012, 3: 2425-2436.

[59] Sanji T, Shiraishi K, Tanaka M. Sugar-phosphole oxide conjugates as “turn-on” luminescent sensors for lectins. ACS Appl Mater Interfaces, 2009, 1: 270-273.

[60] Loudet A, Burgess K. BODIPY dyes and their derivatives: syntheses and spectroscopic properties. Chem Rev, 2007, 107: 4891-4932.

[61] Goncalves M S T. Fluorescent labeling of biomolecules with organic probes. Chem Rev, 2009, 109: 190-212.

[62] Kobayashi H, Ogawa M, Alford R, Choyke P L, Urano Y. New strategies for fluorescent probe design in medical diagnostic imaging. Chem Rev, 2010, 110: 2620-2640.

[63] O'Neil M P. Synchronously pumped visible laser dye with twice the efficiency of Rhodamine 6G. Opt Lett, 1993, 18: 37, 38.

[64] Karolin J, Johansson L B A, Strandberg L, Ny T. Absorption of spectroscopic properties dipyrrometheneboron derivativesin proteins. J Am Chem Soc, 1994, 116: 7801-7806.

[65] Ulrich G, Ziessel R, Harriman A. The chemistry of fluorescent bodipy dyes: versatility unsurpassed. Angew Chem Int Ed, 2008, 47: 1184-1201.

[66] Reents R, Wagner M, Schlummer S, Kuhlmann J, Waldmann H. Synthesis and application of fluorescent ras proteins for live-cell imaging. Chembiochem, 2005, 6: 86-94.

[67] Gerasov A O, Shandura M P, Kovtun Y P. Polymethine dyes derived from the boron difluoride complex of 3-acetyl-5, 7-di (pyrrolidin-1-yl) -4-hydroxycoumarin. Dyes Pigments, 2008, 79: 252-258.

[68] Baruah M, Qin W, Basarić N, De Borggraeve W M, Boens N. BODIPY-based hydroxyaryl derivatives as fluorescent pH probes. J Org Chem, 2005, 70: 4152-4157.

[69] Qin W W, Baruah M, Stefan A, Auweraer M V, Boens N. Photophysical properties of BODIPY-

derived fluorescent pH probes in solution. Chem Phys Chem, 2005, 6: 2343-2351.

[70] Baruah M, Qin W W, Vallée R A L, Beljonne D, Rohand T, Dehaen W, Boens N. A highly potassium-selective ratiometric fluorescent indicator based on BODIPY azacrown ether excitable with visible light. Org Lett, 2005, 7: 4377-4380.

[71] Bricks J L, Kovalchuk A, Trieflinger C, Nofz M, Rurack K. On the development of sensor molecules that display Fe III-amplified fluorescence. J Am Chem Soc, 2005, 127: 13522-13529.

[72] Song X D, Swanson B I. Rapid assay for avidin and biotin based on fluorescence quenching. Anal Chim Acta, 2001, 442: 79-87.

[73] Jameson E E, Cunliffe J M, Neubig R R, Sunahara R K, Kennedy R T. Detection of G proteins by affinity probe capillary Electrophoresis using a fluorescently labeled GTP analogue. Anal Chem, 2003, 75: 4297-4304.

[74] Cornelius M, Woerth C G C T, Kliem H C, Wiessler M, Schmeiser H H. Detection and separation of nucleoside - 5' - monophosphates of DNA by conjugation with the fluorescent dye BODIPY and capillary electrophoresis with laser - induced fluorescence detection. Electrophoresis, 2005, 26: 2591-2598.

[75] Gabe Y, Urano Y, Kikuchi K, Kojima H, Nagano T. Highly sensitive fluorescence probes for nitric oxide based on boron dipyrromethene chromophore-rational design of potentially useful bioimaging fluorescence probe. J Am Chem Soc, 2004, 126: 3357-3367.

[76] Costela A, Garcia-Moreno I, Gomez C, Amat-Guerri F, Liras M, Sastre R. Efficient and highly photostable solid-state dye lasers based on modified dipyrromethene. BF_2 complexes incorporated into solid matrices of poly (methyl methacrylate). Appl Phys B, 2003, 76: 365-369.

[77] Perumal K, Garg J A, Blacque O, Saiganesh R, Venkatesan K. β-Iminoenamine-BF_2 complexes: aggregation-induced emission and pronounced effects of aliphatic rings on radiationless deactivation. Chem Asian J, 2012, 7: 2670-2677.

[78] Yoshii R, Nagai A, Tanaka K, Chujo Y. Highly emissive boron ketoiminate derivatives as a new class of aggregation-induced emission fluorophores. Chem Eur J, 2013, 19: 4506-4512.

[79] Yoshii R, Hirose A, Tanaka K, Chujo Y. Functionalization of boron diiminates with unique optical properties: multicolor tuning of crystallization-induced emission and introduction into the main chain of conjugated polymers. J Am Chem Soc, 2014, 136: 18131-18139.

[80] Zhu X L, Liu R, Li Y H, Huang H, Wang Q, Wang D F, Zhu X, Liu S S, Zhu H J. An AIE-active boron-difluoride complex: multi-stimuli-responsive fluorescence and application in data security protection. Chem Commun, 2014, 50: 12951-12954.

[81] Galer P, Korošec R C, Vidmar M, Šket B. Crystal structures and emission properties of the BF_2 complex 1-phenyl-3-(3, 5-dimethoxyphenyl)-propane-1, 3-dione: multiple chromisms, aggregation- or crystallization-induced emission, and the self-assembly effect. J Am Chem Soc, 2014, 136: 7383-7394.

[82] Zhang Z Q, Wu Z, Sun J B, Xue P C, Lu R. Multi-color solid-state emission of β-iminoenolate boron complexes tuned by methoxyl groups: aggregation-induced emission and mechanofluorochromism. RSC Adv, 2016, 6: 43755-43766.

[83] Zhou L, Xu D F, Gao H Z, Han A X, Yang Y, Zhang C, Liu X L, Zhao F. Effects of cyano groups

on the properties of thiazole-based β-Ketoiminate boron complexes: Aggregation-induced emission and mechanofluorochromism. RSC Adv, 2016, 6: 69560-69568.
[84] Zhou L, Xu D F, Gao H Z, Han A X, Liu X L, Zhang C, Li Z, Yang Y. Triphenylamine functionalized β-Ketoiminate boron complex exhibiting aggregation-induced emission and mechanofluorochromism. Dyes Pigments, 2017, 137: 200-207.
[85] Grant J T, McDermott W P, Venegas J M, Burt S P, Micka J, Phivilay S P, Carrero C A, Hermans I. Boron and boron-containing catalysts for the oxidative dehydrogenation of propane. ChemCatChem, 2017, 9: 3623-3626.
[86] Fang Y X, Wang X C. Metal-free boron-containing heterogeneous catalysts. Angew Chem Int Ed, 2017, 56: 15506-15518.
[87] Issa F, Kassiou M, Rendina L M. Boron in drug discovery: carboranes as unique pharmacophores in biologically active compounds. Chem Rev, 2011, 111: 5701-5722
[88] Kokado K, Chujo Y. Multicolor tuning of aggregation-induced emission through substituent variation of diphenyl-*o*-carborane. J Org Chem, 2011, 76: 316-319.
[89] Cho Y J, Kim S Y, Cho M, Han W S, Son H J, Cho D W, Kang S O. Aggregation-induced emission of diarylamino-π-carborane triads: effects of charge transfer and π-conjugation. Phys Chem Chem Phys, 2016, 18: 9702-9708.

（佟 斌 蔡政旭 董宇平）

第 7 章

聚集诱导发光聚合物体系

7.1 引言

有机发光材料在有机电子学、光电子学、材料科学和生物学等领域具有潜在的应用价值，已受到学术界和工业界的广泛关注[1-7]。对发光材料的绝大部分机理研究均是着眼于溶液状态下的[8-11]，然而在实际应用中，材料通常处于聚集状态。例如，在化学传感检测及生物应用中，疏水的染料分子往往在水相介质中使用；在发光器件应用中，染料分子通常处于固态薄膜状态[12]。因此，关注发光材料的聚集态发光性质具有重要的科学意义和实际应用价值。

目前被报道的传统发光化合物通常在溶液状态下具有较好的发光性能，但在聚集状态下却不发光或发光效率很低。这种聚集导致发光猝灭现象大大限制了有机发光材料的实际应用。2001 年，我们发现一系列噻咯分子在溶液状态下没有发光，但在聚集状态下具有显著发光现象[13]，并将其称为聚集诱导发光(AIE)。AIE 现象表现为某分子在稀溶液中基本不发光，但处于不良溶剂中或聚集状态下，它的发光会显著增强，其荧光量子产率也明显提高。目前的研究表明，在溶液状态下，分子内旋转或振动等运动消耗激发态能量，导致分子在溶液中不发光；而在聚集状态下，由于分子间距离缩小，这类分子内运动受到抑制，非辐射跃迁的可能性大大降低，从而使得激发态能量以辐射跃迁的形式释放，产生明显的发光现象。

从 AIE 首次被报道以来，国际上诸多课题组热情地投入到该领域的研究，逐渐开发出各种各样的 AIE 化合物[14-16]。具有 AIE 性质的发光团被定义为“AIE 基元”(AIEgen)，典型的代表是四苯基乙烯(tetraphenylethene, TPE)、六苯基噻咯(hexaphenylsilole, HPS)等具有螺旋桨状结构的化合物。基于分子内运动受限机理及分子结构刚硬化(structural rigidification, SR)原理，AIE 体系已得到长足发展。由于 AIE 材料在聚集状态的独特发光性质，它们已经被广泛应用于荧光传感[17-24]、生物成像[25, 26]及光电器件领域[27-33]。

目前在小分子AIE染料方面的研究已取得了系列重要成果，而具有AIE性质的聚合物的研究也逐渐普及[34-36]。相比于小分子材料，聚合物材料具有许多优势。例如，聚合物通常具有更好的成膜性和机械加工性能，可以制备成大面积的固态薄膜，大大简化器件的制备工艺；其热稳定性优于小分子，并且可通过选择性地调节聚合物的化学结构、拓扑结构及形貌等对其进行功能化修饰，赋予聚合物多种多样的性能，而这些调节对于小分子化合物而言相对更困难[37]。到目前为止，已有许多具有AIE性质的聚合物被报道，如聚乙炔、聚苯撑、聚三唑等[38]。最近还报道了一批非共轭的、富含氮/氧原子的AIE聚合物。当AIE基元引入聚合物链时，高分子链会抑制AIE基元的分子内运动。因此相比于AIE小分子，聚合物结构中的AIE结构单元的分子内旋转更困难，从而导致较高的溶液态发光效率[39, 40]。通过将AIE性质引入聚合物中，可以获得许多具有独特性质的新型高分子材料。例如，在具有共轭结构的AIE聚合物中，分子存在延伸的激发态电子迁移路径，导致这类材料在荧光传感过程中具有更高灵敏度。AIE性质还可以与聚合物的固有性质相结合，从而获得对各类外界刺激(如光、热、化学刺激等)具有发光响应性的聚合物材料[41]。对AIE聚合物的潜在应用的探索已逐渐发展为一个热门研究领域。

本章将介绍AIE聚合物的最新研究进展，并分别从它们的设计、合成、功能及应用等各方面进行详细阐述。我们希望通过本章的介绍，结合该领域当前面临的挑战[42]，全面展示AIE聚合物这一前沿领域的概况，以期为该领域的发展带来新的思路和机遇。

7.2 AIE聚合物的设计与合成

具有AIE性质的聚合物可通过各种合成手段进行制备，其核心设计原则是将AIE基元引入高分子骨架中。图7.1示意性地表示了如下几种构建AIE聚合物的典型方法：①直接将含有AIE基元的单体进行聚合[图7.1(a)]；②将含有AIE基元的单体与普通单体共聚[图7.1(b)]；③将不具备AIE性质的单体聚合，聚合过程中主链上形成AIE基元[图7.1(c)]；④将侧链含AIE基元的单体进行聚合，或将其与其他单体进行共聚，形成侧链含有AIE基元的聚合物[图7.1(d)和(e)]；⑤利用含有AIE基元的引发剂引发单体聚合获得末端带有AIE基元的聚合物[图7.1(f)]。

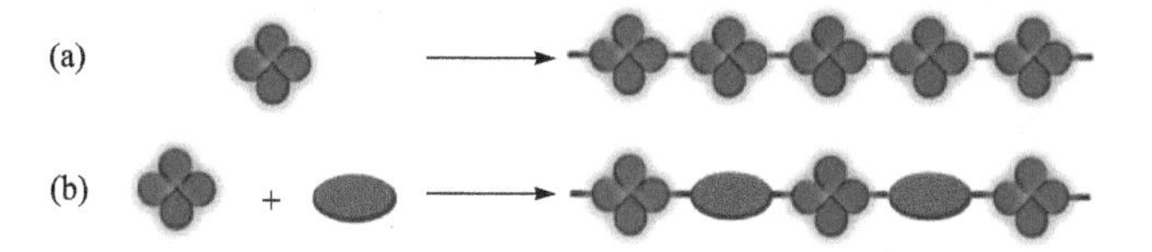

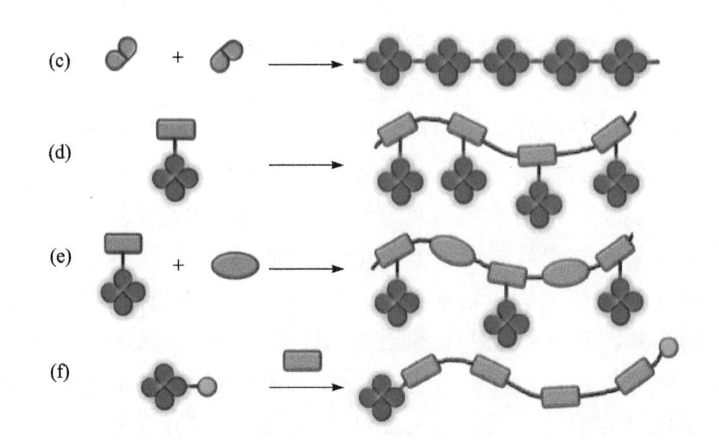

图 7.1 通过小分子合成 AIE 聚合物的方法示意图

除了上述的直接聚合方式，不具备 AIE 性质的聚合物也可以通过结构修饰成为 AIE 聚合物。例如：①直接将 AIE 基元连接到聚合物链上[图 7.2(a)]；②对非 AIE 聚合物进行后功能化修饰，在反应过程中原位构筑 AIE 基元[图 7.2(b)]；③通过大体积分子与聚合物两者之间的相互作用，形成具有 AIE 性质的复合物[图 7.2(c)]；④将末端具有可修饰基团的聚合物与含 AIE 基元的化合物进行反应，将 AIE 基元引入聚合物链的末端或中间[图 7.2(d)和(e)]。以上制备方法均以线型聚合物为例，非线型聚合物的基本策略与此类似。

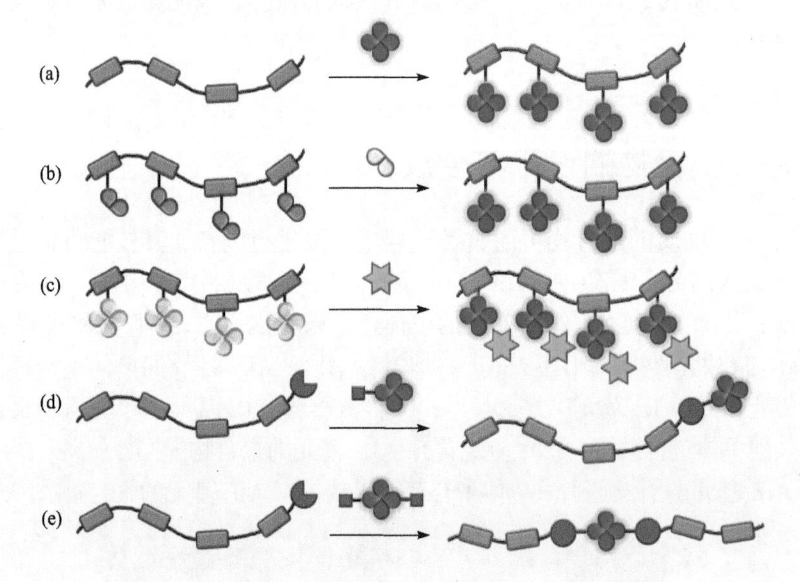

图 7.2 通过聚合物修饰制备 AIE 聚合物的方法示意图

目前，已有多种多样的聚合反应被应用于上述合成策略中来制备非共轭和共轭的AIE聚合物，包括链式聚合和逐步聚合。通过链式聚合反应，通常可以获得AIE基元在侧链的聚合物，而逐步聚合反应则常被用来构筑AIE基元在主链的聚合物；通过缩聚反应及逐步加成聚合反应可制备非共轭聚合物，而偶联聚合及环化聚合反应等可用于制备共轭聚合物。例如，基于乙烯基的自由基聚合（包括均聚、共聚）已被用于构建非共轭的AIE聚合物；炔类单体的聚合已被用于构筑共轭的AIE聚合物。在这一部分，将详细介绍AIE聚合物的主要合成方法及相应产物的AIE性质。

7.2.1 自由基聚合

自由基聚合反应主要采用含AIE基元的烯烃单体（图7.3）。例如，通过以含TPE的丙烯酸酯为单体的自由基聚合可合成高分子量（摩尔质量平均达到64800 g/mol）的AIE聚合物**P1a**～**P1c**[43]。聚合物**P1a**～**P1c**在THF、二氯甲烷、氯仿或甲苯溶液中都不发光，而当它们在含有不良溶剂（如水）的混合溶剂中形成纳米粒子时，可在468 nm处观察到明显的发光现象。聚合物**P1a**～**P1c**在THF中的荧光量子效率（Φ_F）分别为0.09%（**P1a**）、0.07%（**P1b**）和0.06%（**P1c**），而在水体积分数为90 vol%的THF/水混合溶剂中的Φ_F分别上升至9.9%（**P1a**）、8.6%（**P1b**）和7.8%（**P1c**）。具有较长烷基链的**P1c**的聚集态和溶液态的Φ_F有所降低，这可能是因为随着聚合物主链和AIE基元之间距离的增大，AIE基元分子内旋转的阻力减小，而相应的非辐射跃迁比例增加。

自由基的共聚也被报道用作合成含笼型聚倍半硅氧烷（POSS）的AIE多孔材料，用于设计高灵敏度的荧光传感器[44]。以分别含POSS和TPE的丙烯酸酯为单体，通过自由基共聚可合成含POSS结构、具有AIE性质的共聚物**P2**。通过这种自由基共聚的方法能够简单高效地引入多种功能单元来合成多功能AIE聚合物。

同样，可逆加成-断裂链转移（reversible addition-fragmentation chain transfer, RAFT）聚合也被用来合成AIE共聚物。例如，AIE聚合物**P3**是由AIE单体和亲水的聚乙二醇（PEG）单体以投料比1∶10合成得到的[45]。聚合体系中同时存在疏水性单体和亲水性单体，最终使得聚合物**P3**形成尺寸均匀的有机荧光纳米粒子。疏水的AIE基元部分聚集形成核，发出强烈荧光，而PEG作为包裹核的亲水外壳，使得聚合物具有极好的水相中分散性和生物相容性。**P3**在水中的发射峰位于582 nm，当它完全溶解于甲醇中时，其发射峰红移至597 nm，见图7.3中插图。**P3**在水中的荧光强度大约是在甲醇中的3倍。这种红移的原因可能是在水和甲醇中分别形成了微晶颗粒和非晶态颗粒。

具有AIE性质的两亲性嵌段共聚物也可以通过原子转移自由基聚合（atom transfer radical polymerization, ATRP）方法合成。例如，两亲性嵌段共聚物**P4**由苯乙烯和含噻咯的烯烃单体，在引发剂和CuBr/PMDETA催化下制备而成[46]。通过

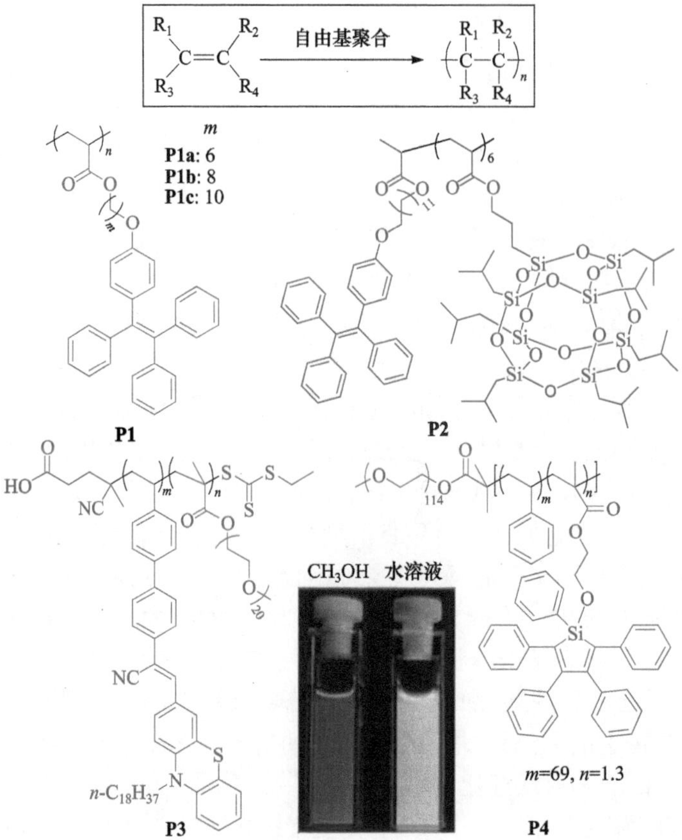

图 7.3 通过自由基聚合反应合成的 AIE 聚合物的化学结构

插图为紫外光照射下 **P3** 在甲醇和水溶液中的荧光照片

调整单体和引发剂的投料比，可合成不同组成的含噻咯的聚合物(质量分数分别为 3%、6%和 17%)。两亲性嵌段聚合物能够通过自组装形成具有均匀尺寸和 AIE 性质的荧光胶束。**P4** 溶于 THF 中时几乎不发光，但是它的自组装胶束却能发出强烈荧光，其发射峰位于 503 nm，Φ_F 高达 13.8%。

7.2.2 开环易位聚合

开环易位聚合(ring opening metathesis polymerization, ROMP)是一种高效、条件温和，且能够形成新的碳碳双键的聚合反应(图 7.4)，也被用于合成具有 AIE 性质的聚合物[47]。具有 AIE 活性的嵌段共聚物 **P5** 是以含 TPE 的降冰片烯和含有 PEG 的降冰片烯为单体，在第三代 Grubbs 催化剂的催化下共聚得到。**P5** 在纯 THF 中发光较弱，但在二氧六环/水混合溶剂中发出强烈的荧光[图 7.4(a)]。它的最大发射波长出现在 480 nm 处，相应的 Φ_F 为 22%。通过荧光显微镜观察，证实了这类两亲性聚合物能够在二氧六环/水混合溶剂中通过自组装形成纳米尺度的囊泡[图 7.4(b)]。

P5

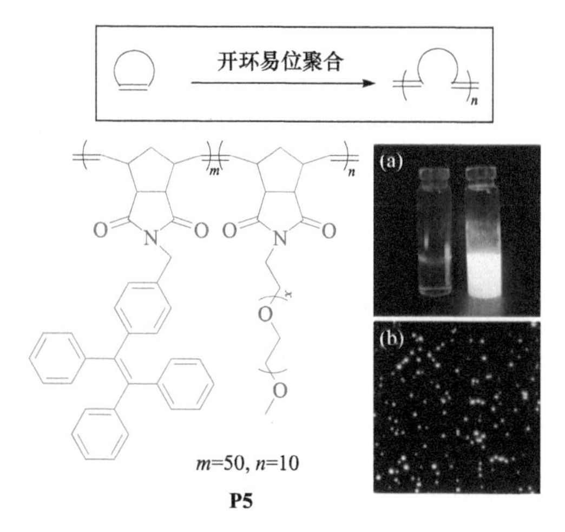

图 7.4 开环易位聚合反应及聚合物 **P5** 的化学结构

插图(a)为紫外灯下 **P5** 的二氧六环溶液(左)和二氧六环/水混合溶剂(体积比 1∶4)(右)的荧光照片；(b) 荧光显微镜下 **P5** 形成的囊泡照片

7.2.3 炔烃易位聚合

除了非共轭 AIE 聚合物外，许多含有共轭主链的 AIE 聚合物近年来也连续被报道。通过采用含 AIE 基元的单取代和二取代乙炔作为单体的易位聚合反应合成了一系列共轭 AIE 聚合物(图 7.5)。例如，含有 1, 2, 3, 4, 5-五苯基噻咯的单取代乙炔在 $NbCl_5$-Ph_4Sn 的催化下制备得到 AIE 聚乙炔 **P6**[48]。然而，这种含 AIE 基元的聚合物并不具有 AIE 性质，可能是由于 AIE 结构基元与聚合物主链之间的距离

P6 **P7** R=(CH2)7CH3 **P8a** Ph **P8b** **P9**

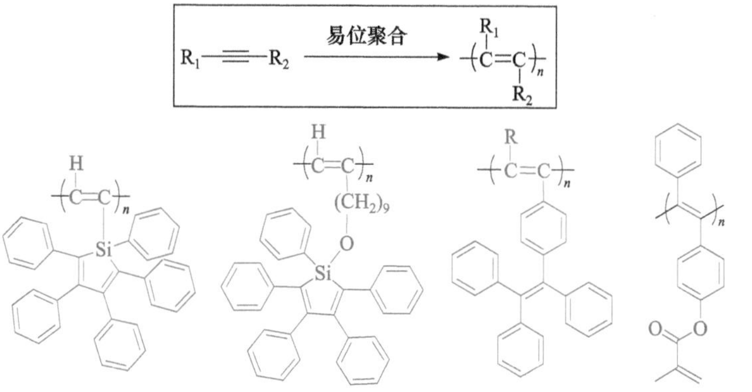

图 7.5 炔烃易位聚合通式及 **P6**～**P9** 的化学结构

太小。将长的烷基链插入炔烃三键和 AIE 基元之间产生一定的距离，所获得的单取代乙炔单体在 WCl_6-Ph_4Sn 的催化下聚合得到聚乙炔 **P7**。**P7** 在氯仿溶液中的 Φ_F 为 0.15%，而加入甲苯后，它的 Φ_F 值上升至 2.95%。

含 TPE 的炔烃衍生物也用作炔烃易位聚合的单体，在 WCl_6-Ph_4Sn 的催化下得到聚乙炔 **P8a** 和 **P8b**[49]，它们在 THF 溶液中均发出微弱的荧光。在不良溶剂中聚集或者处于固态时，**P8a** 会表现出较明亮的发光，而聚集态下 **P8b** 的发光却会被猝灭，说明聚乙炔的发光性质可通过细微的分子结构改变而变化。

由于最广泛使用的炔烃易位聚合催化剂 $TaCl_5$ 和 $NbCl_5$ 在催化双取代炔烃聚合的过程中对基团的容忍性差，WCl_6-Ph_4Sn 催化剂被用于功能化二苯乙炔单体的聚合，可得到含(甲基)丙烯酸酯基团的聚二苯乙炔 **P9**。**P9** 的 THF 溶液在紫外光激发下发出绿光，Φ_F 为 47%。当它的分子链聚集时，其 Φ_F 升高至 88%，展现出明显的 AIE 性质[50]。**P9** 的丙烯酸酯基团还可赋予聚合物其他性能，如光敏性等。

7.2.4 缩合聚合

缩合聚合作为一种传统聚合反应，也可用于合成具有荧光特性的高性能聚酰胺材料(图 7.6)。聚酰胺 **P10** 是由含三苯胺的二胺在磷酸化的 1, 4-环己二甲酸溶液中缩合得到[51]。在 *N*-甲基-2-吡咯烷酮(NMP)溶液中，它的最大吸收波长和最大发射波长分别为 310 nm 和 497 nm，Φ_F 为 14%；当 **P10** 被制成固态薄膜时，Φ_F 上升至 46%。此外，**P10** 可以通过静电纺丝的方法来制成荧光纳米纤维(图 7.6 中插图)，相应的 Φ_F 可进一步提高至 57%，表现出显著的 AIE 特性。

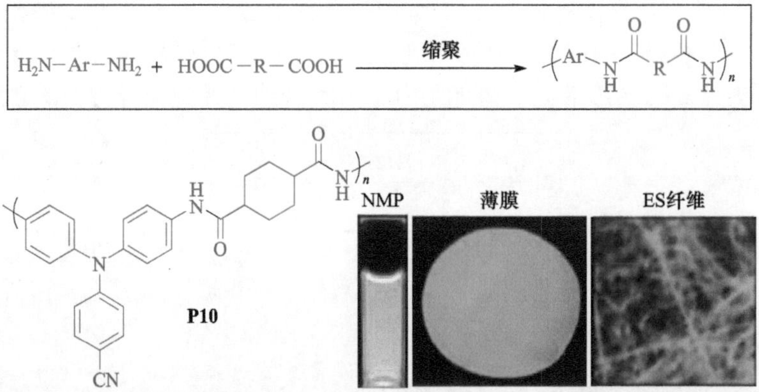

$$H_2N-Ar-NH_2 + HOOC-R-COOH \xrightarrow{\text{缩聚}} \left[Ar-NH-C(=O)-R-C(=O)-NH\right]_n$$

P10

NMP 薄膜 ES纤维

图 7.6 利用缩合聚合反应合成的高性能聚酰胺

插图为 365 nm 紫外光照射下 **P10** 在溶液中、薄膜和纤维状态下的照片

7.2.5 开环聚合

近年来，开环聚合也被应用于构建 AIE 聚合物(图 7.7)。例如，带两个氨基的

AIE 化合物，可与 4, 4′-氧双邻苯二甲酸酐在室温下、空气环境中通过一步酸酐开环聚合反应合成荧光聚合物 **P11**[52]。由于新形成的亲水性羧基基团和疏水性 AIE 基元，**P11** 表现出两亲性。当 **P11** 完全溶解于水中时，分子趋于通过自组装形成直径为 100～200 nm 的纳米粒子。纳米粒子的核为疏水的 AIE 基元，其他带有亲水性羧基的苯环作为壳覆盖在其表面(图 7.7 中插图)。该纳米粒子在亲水性介质中可同时表现出高分散性和强荧光发射。在紫外光照射下，**P11** 在水中的最大发射波长为 607 nm。由于具有高效的红光发射、宽的激发波长范围及良好的水溶液分散性等特点，**P11** 可用在细胞成像等方面。

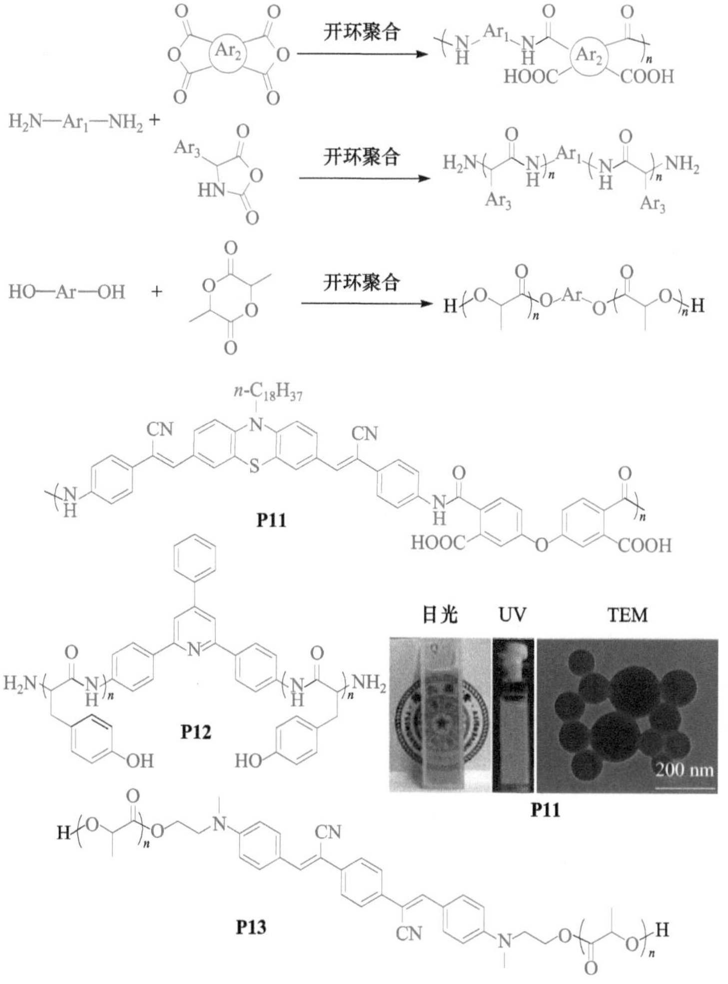

图 7.7 开环聚合反应和 **P11**～**P13** 的化学结构

插图为 **P11** 分别在日光下、紫外光照射下和透射电子显微镜下的照片

类似地，**P12** 由含吡啶杂环的二胺和 *L*-酪氨酸-*N*-羧基环内酸酐进行开环聚合制备而成[53]。**P12** 在甲醇溶液中的 Φ_F 为 2.19%，而固态下的 Φ_F 为 38.3%。在甲醇溶液中，**P12** 表现出荧光强度随浓度升高而增强的特性，这一现象归因于 AIE 增强效应。此外，在甲醇/甲苯溶液中，当甲苯浓度逐渐升高时，**P12** 的荧光强度逐渐增强，证实了 **P12** 的荧光强度的确在聚集状态下增强。**P13** 由丙交酯与二醇在 $Sn(Oct)_2$ 的催化下进行开环聚合制备而成，摩尔质量平均可达 31700 g/mol[54]。稀的 **P13** 溶液已具备明显发光，当加入不良溶剂后，**P13** 聚集形成纳米粒子，其发光强度大幅增强。在 425 nm 光的激发下，随着 THF/水混合溶剂中水体积分数的升高，它的发光强度也相应逐渐增加。当水体积分数为 90vol%时，它的发光强度是在纯 THF 溶液中的 8 倍。

7.2.6 硅氢加成聚合

主链含有杂原子的 AIE 聚合物可通过一系列新型加成聚合反应得到，例如，可通过炔烃与硅烷之间的硅氢加成反应构筑聚乙烯基硅烷(图 7.8)，这类聚合物具有独特的σ^*-π^*电子离域性质[55-58]。以 2, 3, 4, 5-四苯基噻咯和螺芴二炔为单体，在氩气环境下，以甲苯为溶剂，H_2PtCl_6 为催化剂进行聚合，并使用过量的三甲氧基硅烷来封端可制备得到 **P14**[59]。该端基能与二氧化硅表面形成共价键，为聚合物提供良好的活性终端。**P14** 具有 AIE 特性，且它的固态薄膜能够发出蓝绿光(图 7.8 中插图)。使用这种含三甲氧基硅烷端基的聚合物能够便捷地对二氧化硅进行改性，可将硅胶薄层色谱法用于荧光检测领域。

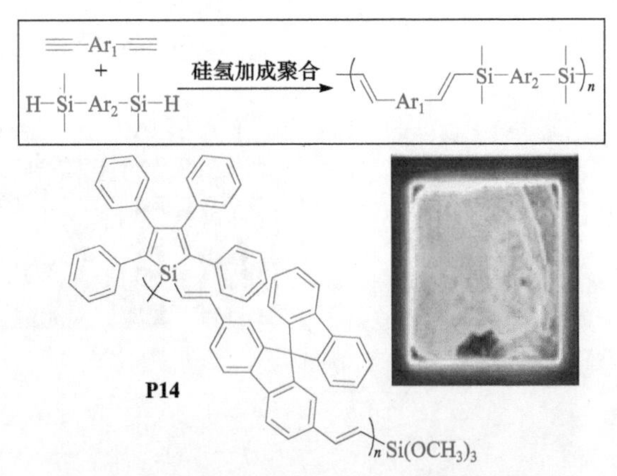

图 7.8 硅氢加成聚合反应和 **P14** 的化学结构

插图为滴涂法制备 **P14** 的薄膜的荧光照片

7.2.7　硫氢加成聚合

硫醇-炔点击聚合已发展为高效的聚合反应，可制备具有区域选择性和立体选择性的富硫聚合物(图 7.9)。同时，无金属催化的聚合反应具有环境友好、成本低廉和产物易纯化等显著优点，其产物不受金属催化剂残留的影响，保持聚合物的发光等性质，近年来在高分子化学领域吸引了广泛关注[60, 61]。结合硫氢化反应和无金属催化聚合的优点，可采用二炔单体与二硫醇单体在无金属催化条件下，发生硫氢加成聚合反应制备富硫的聚合物。例如，聚合物 **P15** 可通过 4，4′-二巯基二苯硫醚单体和芳基二丙炔酸酯在含胺的 DMF 溶液中聚合得到。在有机碱存在下，硫醇的亲核性增加，从而显著提高了该加成反应的效率。通过一系列聚合条件的优化探索，证实最优反应条件为：上述两种单体在含有 1.2 mol/L 二苯胺的 DMF 溶液中及氮气环境下进行硫氢加成聚合反应，得到聚乙烯基硫醚 **P15**。产物具有很高的立构规整性，摩尔质量平均可达 21000 g/mol，产率为 73.5%。**P15** 具有 AIE 活性并可制成荧光薄膜。

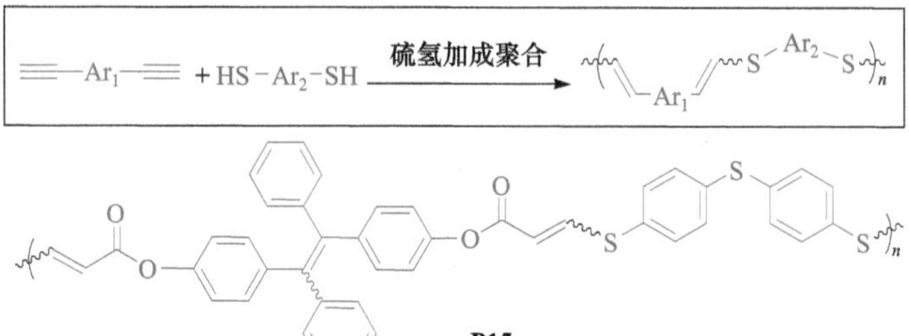

图 7.9　硫氢加成聚合反应及 **P15** 的化学结构

7.2.8　多组分聚合

多组分聚合(multicomponent polymerization, MCP)反应具有原子经济、效率高、环境友好、产物结构多样化等优点，获得了广泛关注。最近，一系列炔烃三组分聚合反应被开发出来，并进一步应用于 AIE 聚合物的合成中(图 7.10)。例如，二芳炔 **16**、二苄基胺 **17** 和对苯二甲醛 **18** 在 140 ℃的邻二甲苯溶液中以 $InCl_3$ 为催化剂进行 A^3-偶联聚合反应，获得了结构明确、高分子量(摩尔质量平均高达 51200 g/mol)和高产率(高达 94%)的可溶性聚合物 **P19**[62]。**P19** 的固态薄膜的 Φ_F 为 11.6%，显著高于其在溶液中的 Φ_F(2.9%)。类似地，在 CuCl 催化下也可以实现 A^3-偶联聚合。由含 AIE 基元的二炔单体 **20**、手性氨基酯 **21** 和甲醛 **22** 的三组分聚合可以成功制备可溶解的聚合物 **P23**，其摩尔质量平均高达 43800 g/mol[63]。另一个炔烃、胺与磺酰叠氮的三组分聚合也被用于 AIE 聚合物的合成。以含 TPE 基团的二炔单体 **24**、具有光学活性的氨基酯 **25** 和二磺酰叠氮 **26** 为单体，在 CuI 的催化下发生偶联聚合反应得到 AIE 聚合物 **P27**,其摩尔质量平均高达 29800 g/mol[64]。在 **P27** 的 THF/水混合溶剂中，当水体积分数为 0～70vol%时，发光强度几乎没有变化；当水体积分数大于 70vol%时，其发光强度显著增强；当水体积分数达到 95vol%时，其发光强度达到最大，是纯 THF 溶液中发光强度的 86 倍。**P27** 的聚合物主链可在手性侧基的诱导下螺旋化，并可通过圆二色光谱中 Cotton 效应相关的 CD 信号证实。这些通过 MCP 合成的 AIE 聚合物都具有良好的热稳定性、优异的成膜性、低色差和高折光指数。

最近，一类炔烃多组分串联聚合(multicomponent tandem polymerization, MCTP)反应被应用于共轭高分子的合成[图 7.10(b)]。在 MCTP 中，多个反应步骤在同一个反应体系中以一定的顺序进行，无需对中间体进行分离提纯，可以高效率地得到高分子量、高产率、高区域/立体选择性的共轭聚合物。例如，通过结合含 TPE 的二炔 **20** 和对苯二甲酰氯 **28** 的 Sonogashira 偶联反应，和炔酮中间体 2-巯基乙酸乙酯 **29** 的加成-环化反应，通过串联聚合制备的共轭高分子 **P30** 被报道，其摩尔质量平均高达 156000 g/mol[65]。通过该 MCTP 反应也原位构筑了聚合物主链中新生成的噻吩环。**P30** 具有典型的 AIE 性质，最大发射波长位于 517 nm。将水逐渐添加到 **P30** 的 THF 溶液中，其发光强度逐渐增加。当水的体积分数达到 80vol%时，发光强度最大，约为纯 THF 溶液发光强度的 5.5 倍。但当水的体积分数达到 90vol%以上时，发光强度轻微减弱，可能是 **P30** 在水含量高的混合溶剂中溶解性下降，导致其有效浓度降低(图 7.10 中插图)。

(a)

16 + 17 + 18 $\xrightarrow{InCl_3}$ P19

20 + 21 + 22 (HCHO) $\xrightarrow{CuCl}$ P23

24 + 25 + 26 $\xrightarrow{CuI}$ P27

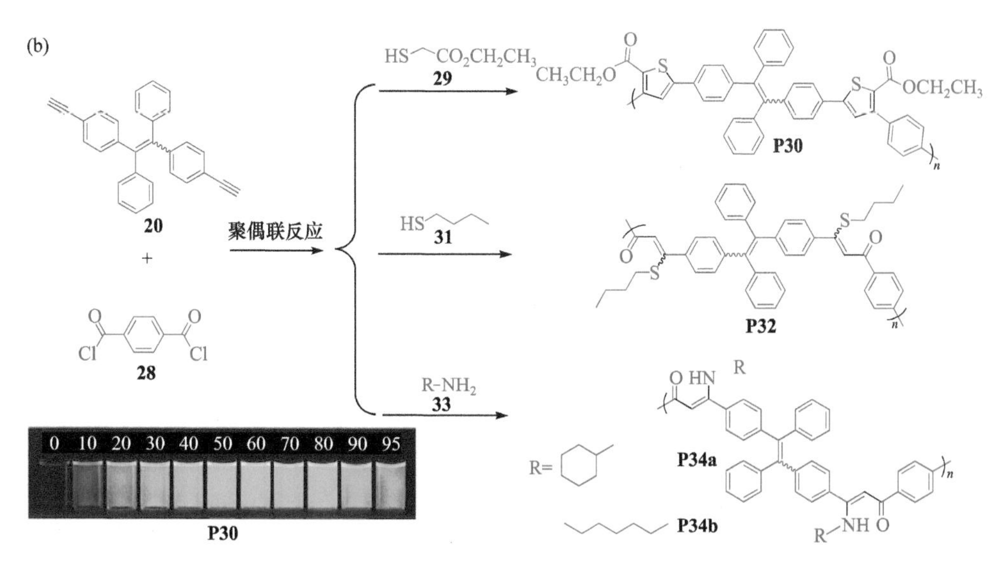

图 7.10 多组分聚合(a)和多组分串联聚合(b)反应式

插图为在 365 nm 紫外光照射下，**P30** 在水含量不同的 THF/水混合溶剂中的发光情况

在这类 MCTP 聚合反应中，第三组分单体也可以换成其他亲核试剂。例如，当采用硫醇作为亲核试剂时，由炔烃 **20**、酰氯 **28** 和硫醇 **31** 的多组分串联聚合反应可制备共轭聚合物 **P32**，其产率为 96%，摩尔质量平均高达 57900 g/mol[66]。不同于其他含 TPE 的聚合物，不管在溶液态还是固态下，**P32** 都几乎不发光，这可能由于硫原子的重原子效应猝灭发光。同样地，第三组分单体也可以换成胺类。例如，炔烃 **20**、酰氯 **28** 和伯胺 **33** 的多组分串联聚合可以 99%的产率成功制备摩尔质量平均高达 46100 g/mol，区域选择性和立体选择性都为 100%的共轭高分子 **P34**[67]。**P34** 中存在的分子内氢键可连接羰基与胺形成一个六元环稳定结构，因此产物中的双键结构为纯的 *Z* 式结构。**P34** 在纯 THF 溶液中的最大发射波长为 536 nm，但发光较弱。随着水含量的增加，发光强度逐渐增大。当水含量为 70vol%时，发光强度达到最大，是在纯 THF 溶液中发光强度的 3 倍。其溶液和聚集态的 Φ_F 分别为 0.30%和 1.16%，证明了它的 AIE 特性。

7.2.9 过渡金属催化的偶联聚合

过渡金属催化的 C-C 偶联反应被广泛应用于具有光电效应的有机半导体共轭化合物的合成，这类反应的典型代表包括 Suzuki 反应、Heck 反应、Sonogashira 反应、Hay-Glaser 反应、McMurry 反应、Yamamoto 反应等偶联反应。过渡金属催化的偶联反应主要用来合成主链中含 AIE 基元的共轭聚合物，可以通过简单的设计用碳碳单键、双键或三键等连接 AIE 基元而构筑 AIE 聚合物(图 7.11)。

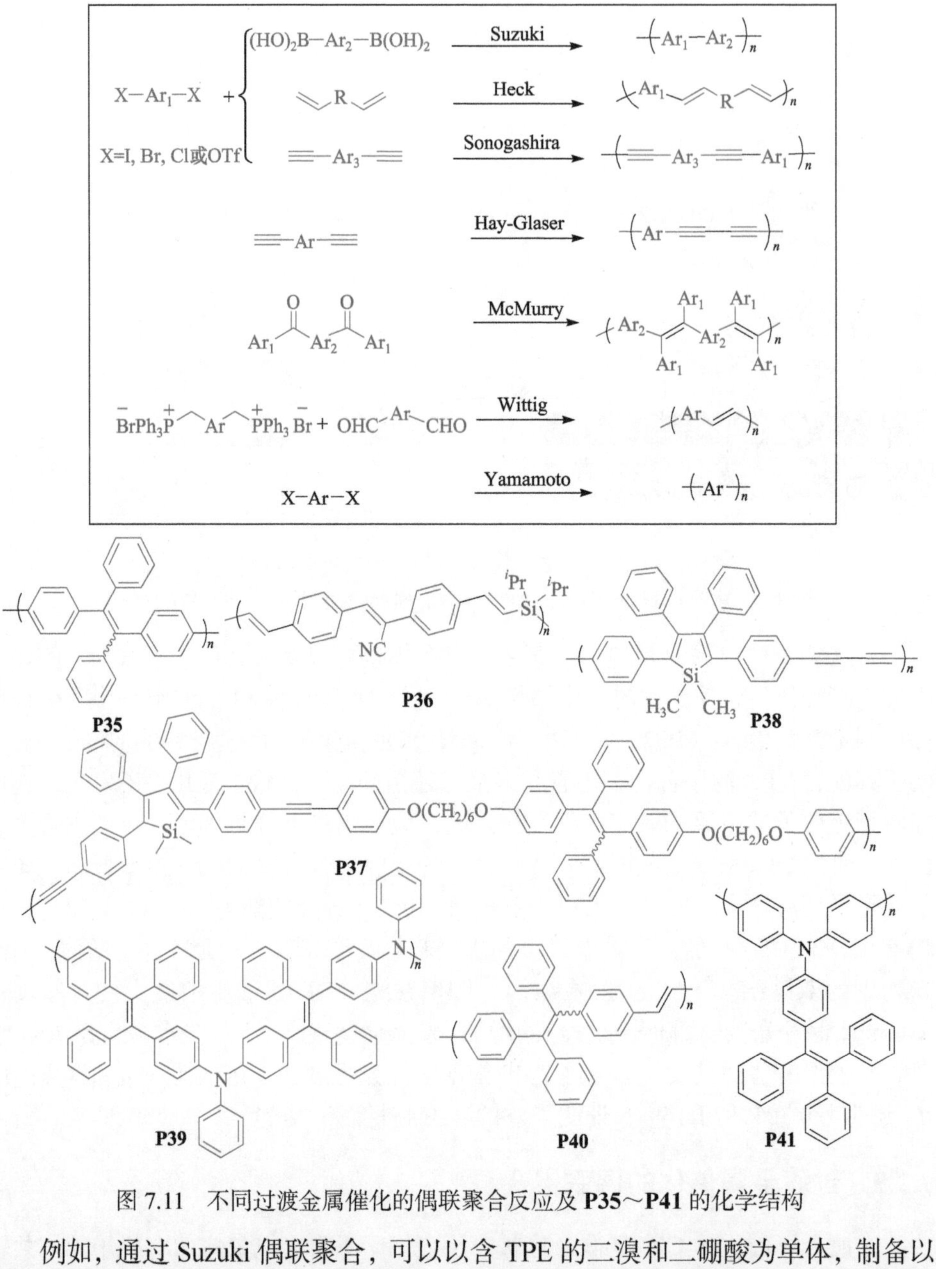

$X{-}Ar_1{-}X$ + $(HO)_2B{-}Ar_2{-}B(OH)_2$ —Suzuki→ $-(Ar_1{-}Ar_2)_n-$

$X{-}Ar_1{-}X$ + 二烯 (R) —Heck→ $-(Ar_1{-}CH{=}CH{-}R{-}CH{=}CH)_n-$

X=I, Br, Cl或OTf；$X{-}Ar_1{-}X$ + $\equiv{-}Ar_3{-}\equiv$ —Sonogashira→ $-(\equiv{-}Ar_3{-}\equiv{-}Ar_1)_n-$

$\equiv{-}Ar{-}\equiv$ —Hay-Glaser→ $-(Ar{-}\equiv{-}\equiv)_n-$

$Ar_1C(O){-}Ar_2{-}C(O)Ar_1$ —McMurry→ 聚合物（Ar_1, Ar_2）

$\overset{-}{Br}Ph_3\overset{+}{P}CH_2{-}Ar{-}CH_2\overset{+}{P}Ph_3\overset{-}{Br}$ + $OHC{-}Ar{-}CHO$ —Wittig→ $-(Ar{-}CH{=}CH)_n-$

$X{-}Ar{-}X$ —Yamamoto→ $-(Ar)_n-$

P35　P36　P37　P38　P39　P40　P41

图 7.11 不同过渡金属催化的偶联聚合反应及 **P35**～**P41** 的化学结构

例如，通过 Suzuki 偶联聚合，可以以含 TPE 的二溴和二硼酸为单体，制备以 TPE 为重复基元的线型聚合物 **P35**[68]。尽管它具有完全共轭的结构并且分子链中没有增溶的烷基链，但 TPE 基元的扭曲结构使得高分子链间距离较大，因此拥有良好的溶解性。这种刚性结构同样赋予了聚合物很好的热稳定性，其分解温度可达到 528 ℃。**P35** 在 THF 溶液中和聚集态下的 Φ_F 分别为 1.2%和 28%，体现了很好的 AIE 活性。

由于芳卤的 Heck 偶联反应可形成新的碳碳双键，可被用来构筑含共轭结构的 AIE 聚合物。具有氰基取代基的聚合物 **P36** 是通过乙烯基硅烷和含 AIE 基元的芳卤为原料的 Heck 反应聚合得到[69]。**P36** 在 THF 中具有很好的溶解性，而在正己烷中的溶解性较差。在稀的 THF 溶液中，它的最大发射波长位于 493 nm 处。随着正己烷在 THF/正己烷混合溶剂中比例的增大，**P36** 的 Φ_F 从 10%增强到 50%。庞大的异丙基基团使得聚合物在聚集态的荧光量子产率显著提高。

Sonogashira 偶联反应是一类广泛用于制备含碳碳三键共轭结构的反应，也被广泛应用于 AIE 聚合物的合成。例如，以含噻咯的二炔和含 TPE 的二碘为单体，在 $Pd(PPh_3)_2Cl_2$、CuI 和 PPh_3 的 THF-Et_3N 混合溶剂中，氮气条件下，聚合 24 h 可得到荧光聚合物 **P37**[70]。在溶液中，**P37** 在 504 nm 处发出微弱的荧光。当加入不良溶剂(水)时，它的分子链会聚集在一起，抑制了荧光基团的分子内运动，阻碍了激子的非辐射跃迁，当水的体积分数增大时，发光增强。

端炔能够通过 Hay-Glaser 偶联反应形成含有 C≡C—C≡C 基团的化合物。相应的聚合反应只涉及一种基团的单组分单体，无须控制二/三组分单体的严格化学计量比，易于得到高分子量的聚合物产物。例如，含噻咯的二炔在 CuCl 和四甲基乙二胺催化下，在邻二氯苯溶液中进行聚合可得到高分子量的聚合物 **P38**，其摩尔质量平均可达到 54200 g/mol[49]。

与 Heck 反应类似，McMurry 和 Wittig 偶联反应也可形成新的碳碳双键，以此制备共轭 AIE 聚合物。更重要的是，McMurry 偶联反应还能在聚合过程中直接构筑 AIE 结构基元。例如，含四苯基乙烯-三苯胺的聚合物 **P39** 可通过二酮单体的 McMurry 偶联反应制备[71]。在 THF 溶液中，由于三苯胺基元，**P39** 在 410 nm 处发出较强荧光；当加入水后，随着水体积分数的增加，**P39** 在 410 nm 处的发光强度逐渐下降，同时在 510 nm 处出现新的峰。在固体薄膜中，**P39** 的 Φ_F 达到 57%。同样具有新生成双键结构的线型聚合物 **P40** 可通过含 TPE 的磷叶立德与含 TPE 的二醛进行 Wittig 反应得到[68]。在 THF 溶液中，**P40** 在 520 nm 处发出微弱荧光，相应的 Φ_F 为 3.4%。当 **P40** 在水相中形成聚集颗粒时，其 Φ_F 升高至 64%。这类具有良好共轭结构的化合物通常具有较好的双光子吸收(two-photon absorption)性质，**P40** 的聚集诱导双光子激发荧光特性将会在下面详细介绍。

最近，镍催化的 Yamamoto 偶联聚合也被应用于 AIE 聚合物的合成中，制备了聚三苯胺 **P41**[72]。TPE 侧链基团赋予了 **P41** AIE 性质，使其在聚集态呈现出较高的发光效率。**P41** 的最大吸收波长为 386 nm，最大发射波长为 511 nm，它在氯仿溶液中的 Φ_F 为 0.8%，而其固体发光效率则增至 16.9%。

7.2.10 环三聚反应

环化聚合是另一类构筑共轭聚合物的有效方法。不同于上述偶联聚合反应中各单体通过碳碳单键、双键或三键等形式连接得到目标聚合物，环化聚合则是通过形成新的芳香环作为连接点将重复单元连接起来。例如，炔烃的环三聚反应可由三个碳碳三键反应形成一个新的苯环(图 7.12)。与 Hay-Glaser 偶联相似，环三聚也只需要一种单体参与聚合，很大程度上简化了单体合成和聚合条件的控制。超支化聚合物 *hb*-**P42** 可由含 TPE 的二炔在 $TaBr_5$ 催化下通过环三聚反应制备而成[73]。由于聚合物骨架中存在大量扭曲的 TPE 单元，尽管结构中不存在任何助溶的烷基链，*hb*-**P42** 仍具有良好的溶解性，并同时拥有高分子量。在 THF 溶液中，*hb*-**P42** 在 501 nm 处发出微弱荧光；当 THF/水混合溶剂中水的体积分数为 95vol%时，它的发光强度升高至纯 THF 溶液发光强度的 11 倍。实验测得它在溶液态、聚集态和固态时的 Φ_F 分别为 3%、45%和 47%。在成功实现双官能团炔烃单体的环三聚反应之后，四官能团的 TPE 四炔单体的环三聚反应也可顺利进行，制备了超支化聚合物 *hb*-**P43**[74]。为了解决严重的空间位阻效应可能导致的单体反应活性低的问题，四炔的环三聚反应中选择了高活性催化剂 $TaCl_5$-Ph_4Sn。采用 0.05 mol/L 的低单体浓度和 5%的催化剂投料比，最终获得的 *hb*-**P43** 摩尔质量平均高达 280000 g/mol、产率

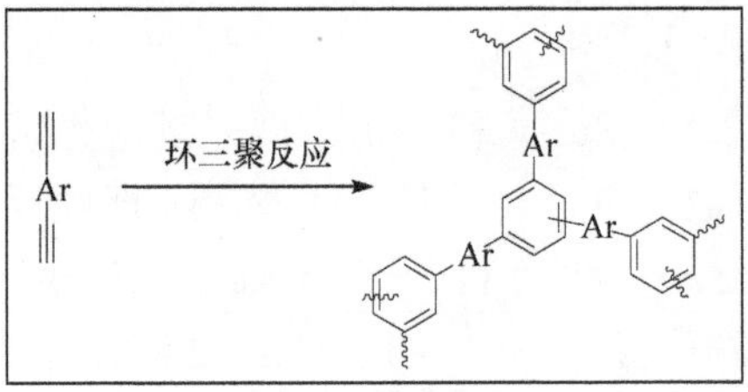

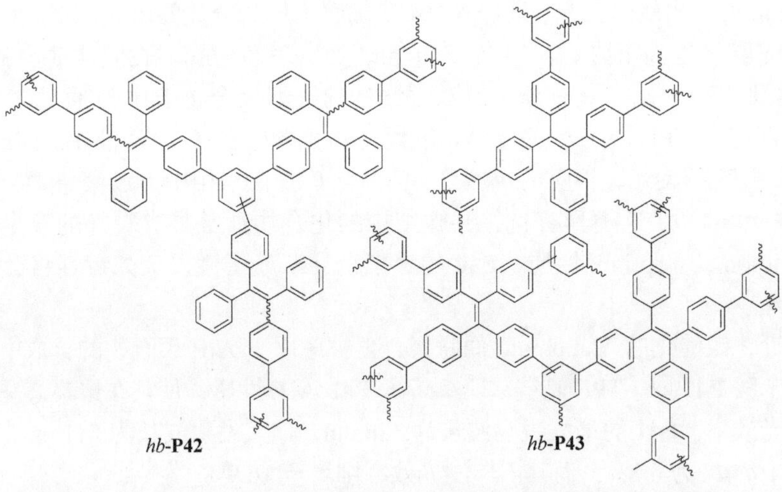

图 7.12 环三聚反应及超支化聚合物 *hb*-**P42** 和 *hb*-**P43** 的化学结构

高达97%。在THF溶液中，*hb*-**P43**在波长523 nm处发出微弱荧光。它的发光强度随着溶液中水含量的增加而增强，当在水的体积分数为95vol%的溶液中时，发光强度达到最大值。

7.2.11 炔烃-叠氮点击反应

炔烃-叠氮点击反应在高分子合成和生物大分子修饰方面发挥着重要作用，是一种高效、简便的合成方法，可制备具有独特功能的AIE聚合物(图7.13)。例如，可通过芳香炔和芳香叠氮化合物的炔烃-叠氮点击反应制备具有AIE特性的聚三唑。线型聚合物**P44a**和**P44b**就是由含芴二叠氮单体和二炔单体在$Cu(PPh_3)_3Br$催化下通过点击聚合反应制备而成[75]。由图7.13的插图可知，聚合物**P44a**具有AIE特性，而用氢原子取代了**P44a**中苯基的聚合物**P44b**却呈现与之相反的聚集导致荧光猝灭现象，这说明了从四苯基乙烯到二苯基乙烯单元的微妙结构变化可以导致聚合物在聚集态下不同的发光行为。另一个例子是脂肪族二丙炔酸酯和含TPE基元的叠氮化合物在优化的反应条件下合成功能聚三唑**P45**[76]。它具有高分子量(摩尔质量平均可达23500 g/mol)和较高区域选择性($F_{1,4}$为86.2%)，相应产率也达到99%。在THF溶液中，它几乎没有荧光，但随着水的加入，相应的Φ_F也逐渐升高。当THF与水的混合溶剂中水体积分数为90vol%时，它的Φ_F达到了30.1%(图7.13中插图)。

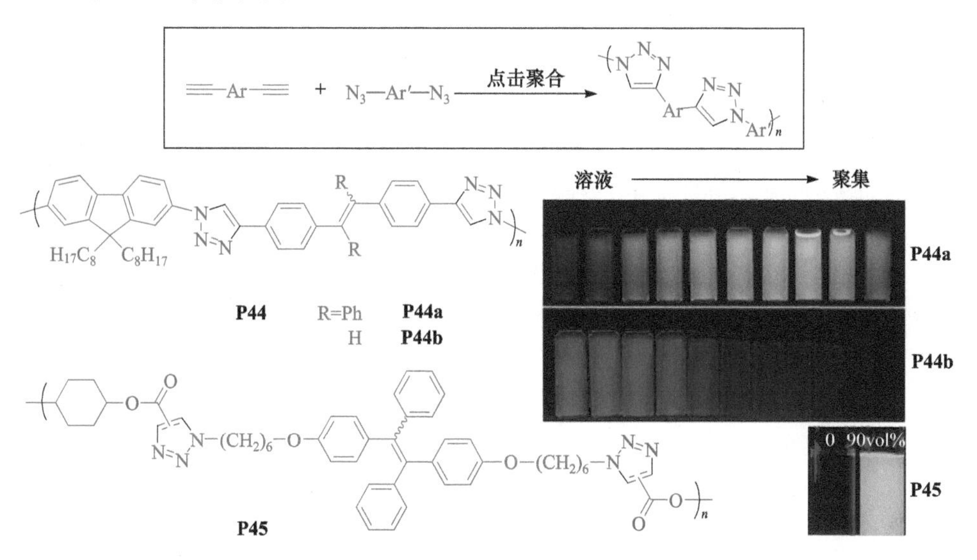

图7.13 炔烃-叠氮点击聚合反应及聚合物**P44**、**P45**的化学结构

插图为**P44a**和**P44b**在水含量不同的THF/水混合溶剂中的荧光照片和**P45**在水的体积分数分别为0和90vol%的THF/水混合溶剂中的荧光照片

7.2.12 不含传统生色团的 AIE 聚合物的合成

近年来，许多不含传统生色团、结构简单的特殊 AIE 聚合物被报道。不同于其他具有典型或非典型 AIE 结构基元的聚合物，本节讨论的聚合物没有传统的荧光生色团和共轭的π体系，有些结构中甚至不含任何芳香环。这些发光聚合物对当前分子荧光理论提出了挑战，亟须新的理论来解释这类异常的荧光体系(图 7.14)。

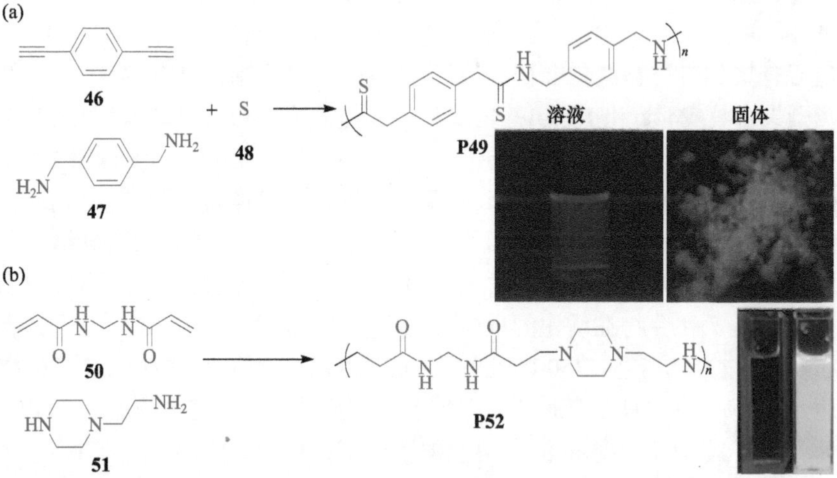

图 7.14 (a) 无催化的多组分聚合制备不含传统生色团的聚硫代酰胺 **P49**，插图为紫外光照射下其 DMF 溶液和固态的荧光照片；(b) 由迈克尔加成反应合成不含芳香环的聚酰胺胺 **P52**，插图为紫外光照射下 **P52** 在丙酮含量分别为 0 和 95vol%的水/丙酮混合溶剂中的荧光照片

例如，通过对苯二炔 **46**、脂肪族二胺 **47** 和单质硫 **48** 的无催化三组分聚合反应制备而成的聚硫代酰胺 **P49**，其摩尔质量平均可达 127900 g/mol，产率为 95%[77]。尽管结构中不含传统生色团和大的共轭结构，**P49** 的 DMF 溶液和固体粉末在紫外灯下仍发出荧光(图 7.14 中插图)。在 DMF 溶液中，它的最大发射波长随着浓度的升高逐渐从 448 nm 红移至 518 nm，然而其荧光量子产率相对较低。据推测，**P49** 的发光行为依赖聚集体的形成。分子间和分子内的相互作用如氢键和硫代羰基的 n→π*相互作用等可能导致富电的杂原子聚集形成“杂原子簇”，而作为一种新的生色团发光。

此外，不含任何芳香环，结构中仅含饱和主链、杂原子和羰基的聚合物在聚集态下具有荧光的例子也被报道，例如，由 *N*, *N*-亚甲基双丙烯酰胺 **50** 和 1-(2-氨基乙基)哌嗪 **51** 进行迈克尔加成反应制备而成的聚酰胺胺(PAMAM) **P52**[78]。线型聚酰胺胺 **P52** 的稀溶液几乎不发光，最大吸收波长为 380 nm，随着浓度的增加，在 450 nm 处的荧光发射强度呈线性增加。为了进一步证明其 AIE 特性，将丙酮作为 **P52** 的不良溶剂加入其水溶液中，当水/丙酮混合溶剂中丙酮的体积分数为

95vol%时，荧光强度明显增强，发出明亮蓝光，见图 7.14 中插图。类似地，在聚合物 **P52** 中，高分子链间和分子内的氢键致使分子结构刚硬化，大量含孤对电子的酰胺基团和氨基可能形成“杂原子簇”作为发光基元，而使其成为不含传统生色团的 AIE 聚合物。

7.3　AIE 聚合物的功能与应用

一方面，AIE 聚合物结合了 AIE 小分子化合物及高分子材料的优势，在一系列高科技应用包括荧光化学传感、生物探针、生物成像及光电器件等领域中具有显著优势。例如，与相应的小分子化合物相比，在化学及生物传感领域，共轭的 AIE 聚合物具有更高的灵敏性；AIE 聚合物通常具有更好的热稳定性；其良好的成膜性可大大简化高分子材料的加工工艺，在光电器件的制备过程中体现出显著优势；其卓越的生物稳定性也使其适用于细胞长期成像追踪。

另一方面，结合高分子骨架结构固有的特性可进一步设计 AIE 聚合物的功能。例如，通过将 AIE 基团接入具有温敏性的聚合物结构中，可将材料荧光信号强弱与环境温度进行关联，发生可逆的荧光响应，用于对环境温度的监测。通过对 AIE 聚合物主链结构和拓扑结构进行设计，还可以赋予材料非线性光学性质、偏振荧光发射性质、可调的折光指数、光交联性质等。此外，具有三维结构的 AIE 聚合物还可能具有高的孔隙率和气体吸附性质。

7.3.1　荧光传感器

与 AIE 小分子传感器相比，基于 AIE 共轭聚合物的荧光传感器具有响应迅速、荧光传感超放大效应和对被分析物更高的灵敏度等优点，使得它们受到越来越多的关注。相比于其他发光高分子，AIE 聚合物的聚集有利于它们的发光，避免了在分析过程中因发光高分子发生聚集而导致的荧光猝灭引起的干扰。

在 AIE 聚合物适用的各类荧光传感检测中，爆炸物检测是一类被广泛研究的荧光猝灭型传感[79-81]。通常情况下，将 2，4，6-三硝基苯酚(即苦味酸，picric acid, PA)作为爆炸物模型进行分析，在 AIE 聚合物的溶液或悬浮液中逐渐加入 PA，然后对荧光强度的变化进行评估，并计算其荧光猝灭常数 K_{sv}。这类爆炸物荧光传感的猝灭机理已被证实为静态猝灭过程[82]。通过对不同 AIE 聚合物荧光猝灭常数的比较，我们可以对具有相似高分子主链但具有不同拓扑结构的 AIE 聚合物的传感灵敏度进行对比。例如，含有 TPE 单元的线型共轭聚合物 **P35** 在水体积分数为 90vol%的 THF/水混合溶剂中形成的纳米聚集体作为 PA 检测探针时，随着 PA 含量的增加，荧光逐渐被猝灭[图 7.15(a)][68]。与 **P35** 具有类似主链结构的超支化聚合物 *hb*-**P42** 和 *hb*-**P43**，由于在三维空间中具有延伸的共轭结构、更多的分支点和激子传输途径，也被用于进行爆炸物检测的研究[73, 74]。通过对聚合物 **P35**、*hb*-**P42** 和 *hb*-**P43** 的 THF 溶液、水体积分数分别为 50vol%和 90vol%的 THF/水混合溶剂在 PA 检测中荧光猝灭常数的比较可知，纳米聚集颗粒比相应的溶液具有更高的检测灵敏度[图 7.15(b)]。与超支化聚合物 *hb*-**P42** 和 *hb*-**P43** 相比，线型聚合物 **P35** 处于纳米聚集颗粒时具有更高灵敏度，但在溶液态时灵敏度相对较低。爆炸物的荧光检测原理主要基于 AIE 聚合物和爆炸物分子之间的能量转移。目前已有少数报道体现了 AIE 聚合物针对不同爆炸物分子进行荧光传感存在一定选择性，但在传感的特异性方面仍然面临较大挑战。

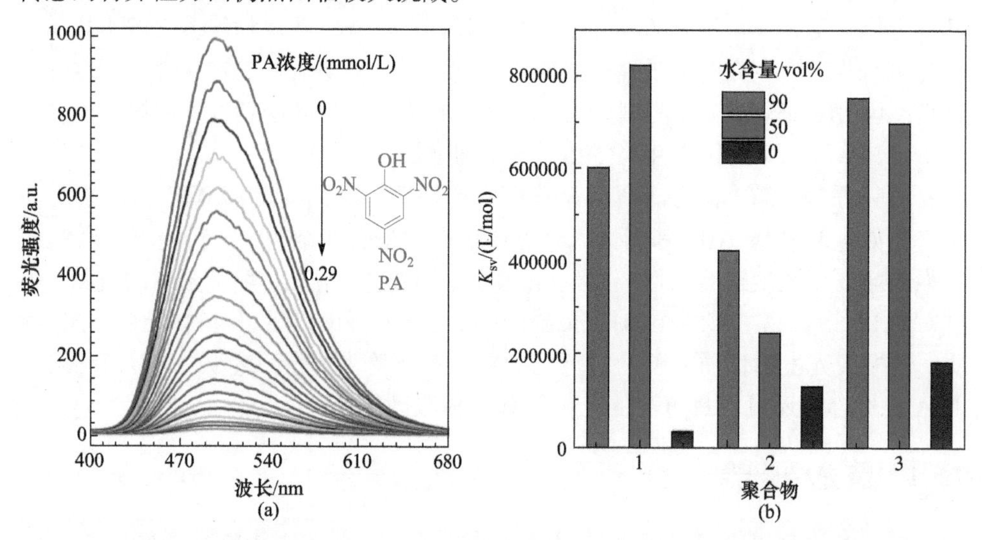

图 7.15 (a) 聚合物 **P35** 在水含量为 90vol%的 THF/水混合溶剂中加入不同含量的 PA 后的 PL 光谱；(b) **P35**(1)、*hb*-**P42**(2)和 *hb*-**P43**(3)在水含量分别为 0、50vol%和 90vol%的 THF/水混合溶剂中的荧光猝灭常数

低化学活性的挥发性有机化合物(volatile organic compounds, VOCs)的检测一直是一个难题，而充分利用 AIE 特性能便捷地通过简单的溶解-蒸发过程检测出 VOCs，并且该物理检测过程具有可逆性，因此可重复使用。例如，将聚合物 **P53** 的溶液滴在 TLC 板上，待原溶剂挥发后聚合物呈现明亮天蓝色发光。当采用有机溶剂蒸气对该 TLC 板进行熏蒸时，聚合物溶于溶剂中，荧光完全猝灭；而溶剂挥发后，聚合物又恢复发光[图 7.16(a)][83]。此外，水相溶液中的 pH 也可以通过 AIE 聚合物来进行监测。例如，超支化聚合物 *hb*-**P54** 的纳米粒子在不同 pH 的环境中，由于酚羟基的质子化和去质子化过程而呈现不同颜色和不同发光性质，在 pH 检测中具有潜在应用[图 7.16(b)][84]。

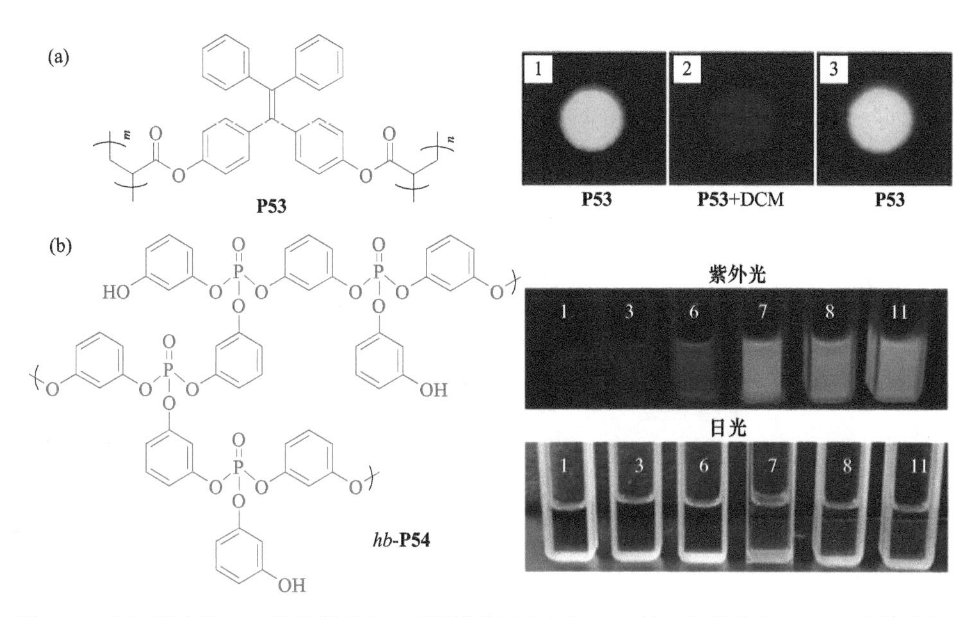

图 7.16 (a) 聚合物 **P53** 的化学结构，插图分别为(1)在 TLC 板上的聚合物 **P53**，(2)暴露在二氯甲烷蒸气下 1 min 后，(3)二氯甲烷挥发后的荧光照片；(b) 聚合物 *hb*-**P54** 的结构及其甲醇溶液在紫外光和日光下对不同 pH 的响应

7.3.2 刺激响应材料

得益于 AIE 聚合物的特性，当外界环境的刺激如光、热和溶剂等能够影响高分子链的聚集程度时，就会反映在荧光性质的变化上。开发具有高的温度分辨率和空间分辨率的温敏型荧光探针对于原位检测生物体系中的温度变化具有重要意义。通过结合温敏型聚合物和 AIE 聚合物设计的共聚物 **P55** 拥有最低临界共溶温度(lower critical solution temperature, LCST)，在溶液中可通过加热-冷却驱动高分子的形态发生可逆的转变而影响溶液的荧光强度。在室温下，聚合物 **P55** 的稀水溶液如图 7.17(a)所示，呈现透明溶液且发光较弱，当溶液温度逐渐升高至 50 ℃时，溶液变浑浊，并伴随 480 nm 处荧光强度的显著增加。溶液透明度与发光强度的变化可通过加热-冷却循环可逆重现[85]。

除了热诱导的荧光响应外，一种聚γ-谷氨酸(γ-PGA)水凝胶 **P56** 被报道对水具有刺激响应功能[86]。含 AIE 基元的水凝胶 **P56** 能够在溶胀和干燥状态下进行高效可逆的荧光响应[图 7.17(b)]。它在溶胀和干燥状态下的Φ_F 分别为 3%和 39%。

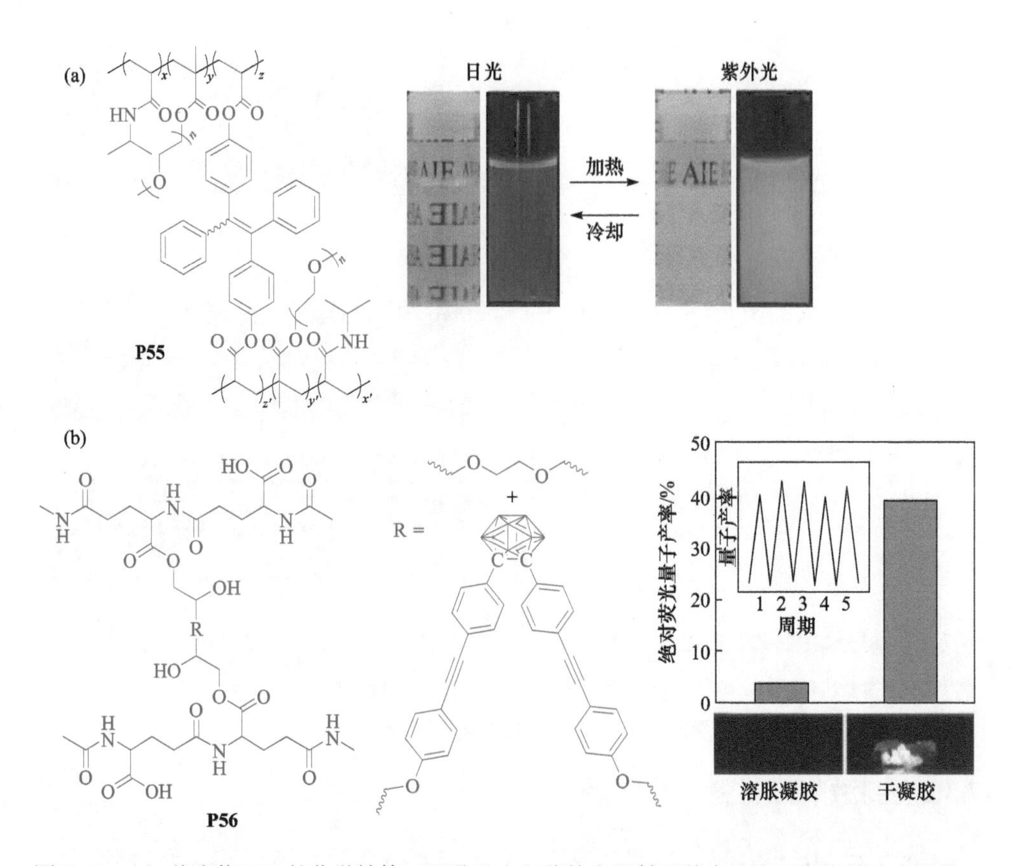

图 7.17 (a) 共聚物 **P55** 的化学结构，以及日光和紫外光照射下其水溶液对温度的响应照片；(b) 聚合物 **P56** 的化学结构、绝对荧光量子产率，以及其在溶胀与干燥状态下的荧光照片

形状记忆聚合物近年来逐渐成为一种被广泛研究的智能材料，在传感器、生物医用设备、纺织品等领域存在巨大的应用潜能[87]。具有 AIE 特性的形状记忆聚合物也已被报道[图 7.18(a)][88]。为了获得生物相容性、生物降解性和与人体体温相当的玻璃化转变温度等特性，在形状记忆聚合物的设计中，采用聚乳酸 **P57** 作为柔性链段，25%的聚氨酯 **P59** 作为刚性链段来保证其高恢复强度和易于分离的特性，再将质量分数为 0.1%的双官能团 TPE 衍生物 **58** 以共价键形式与聚乳酸相连形成交联点，得到发光聚合物。该聚合物薄膜发射波长为 479 nm[图 7.18(b)]，而处于拉伸状态时发射波长蓝移至 468 nm，同时发射强度下降 30%[图 7.18(c)]。此外，由于丙酮是聚合物中 TPE 单元和柔性链段的良溶剂，将聚合物浸入丙酮中能显著降低其发光强度[图 7.18(d)]；将它从丙酮中取出干燥后，其形状和荧光均可恢复[图 7.18(e)]。

图 7.18 (a) 形成具有 AIE 特性的形状记忆聚氨酯的三组分化学结构；在 365 nm 紫外光照射下聚合物的原始形态(b)、拉伸后状态(c)、浸入丙酮后(d)和从丙酮中取出并干燥后的状态(e)

7.3.3 生物探针

AIE 聚合物在生物领域应用广泛，包括分子水平、细胞水平及微生物水平的传感和检测等。一个简单的设计思路是将 AIE 结构单元通过共价键与生物大分子相连，通过荧光的变化检测生物大分子的结合或构象变化等。例如，含 TPE 的亚磷酰胺 **P60** 与标准单链 DNA 分子结合，可形成由 TPE 修饰的 DNA 分子链，TPE 分子内旋转受到抑制，荧光增强，可以此监测双链 DNA 的形成[89]。当 DNA 链上带有一个 TPE 基元时，双链 DNA 分子的发光强度(Φ_F=19%)高于单链 DNA 分子(Φ_F=7%)[图 7.19(a)]；当进一步增加双链 DNA 分子上的 TPE 单元数量时，Φ_F 增加至 32%。由含两个 TPE 单元的单链 DNA 分子构成的双链 DNA 的荧光强度是它的前体单链 DNA 的 10 倍。可见，与单链 DNA 的无规线团形态相比，双链 DNA 紧密结合的有序结构对 TPE 基元的分子内运动进行了有效抑制。

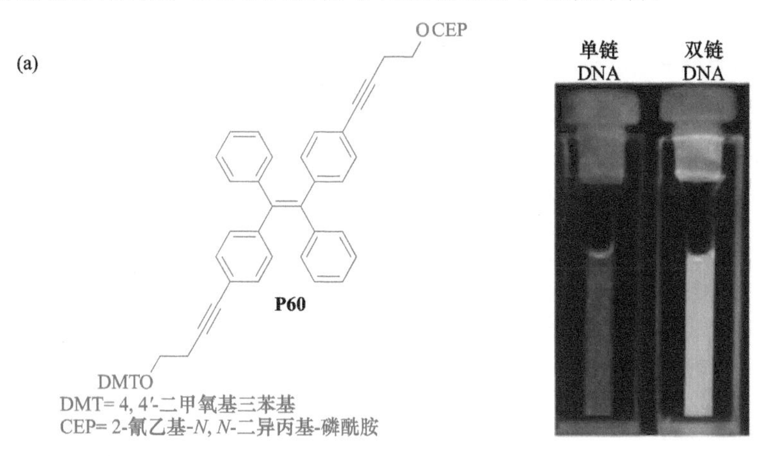

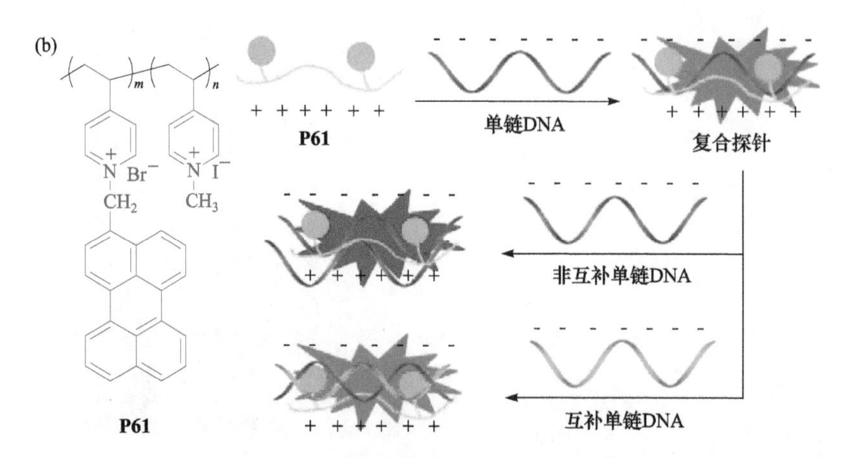

图 7.19 (a) **P60** 的化学结构及相应单链和双链 DNA 的荧光照片；(b) 聚电解质 **P61** 的化学结构及与单链 DNA 形成的复合探针用于检测单链 DNA 的原理图

AIE 聚电解质能溶于水溶液中且同时具备 AIE 特性，这使得它能够作为水溶性的生物探针。例如，通过聚乙烯基吡啶与碘甲烷的季铵化反应可制备水溶性 AIE 聚合物 **P61**[90]。聚合物 **P61** 在水溶液中不发光，但在 THF 体积分数超过 20vol% 的 THF/水混合溶剂中发光。基于聚合物 **P61** 的 AIE 性质及聚阳离子化合物 **P61** 与聚阴离子单链 DNA 分子之间的静电相互作用，DNA 杂化过程能够通过荧光强度的变化被检测到[图 7.19(b)]。在聚阳离子化合物 **P61** 和单链 DNA 共同存在下，当加入非互补单链 DNA 分子时，由于 AIE 效应，该复合探针的荧光强度有所增加；当加入互补单链 DNA 分子时，荧光强度仅改变了一点点，这可能是由苝插入双链 DNA 分子引起的荧光猝灭与 AIE 效应共同作用的结果。这种基于 AIE 效应的 DNA 杂化检测为 AIE 聚合物在生物分子检测方面的应用提供了一个有价值的思路。除此之外，AIE 聚合物也被用于检测细菌，当聚合物探针接触到带负电的细菌表面就会产生荧光发射[91]。

7.3.4 细胞成像

AIE 聚合物和基于 AIE 聚合物的有机荧光纳米粒子在水相介质中通常具有高稳定性和高发光效率，尤其是经过结构修饰后，它们具有良好的水溶性/分散性和生物相容性。因此，它们在细胞成像方面具有很好的应用前景，尤其适用于长期的细胞追踪。例如，两亲性星型 AIE 聚合物 **P62** 能够通过自组装形成纳米粒子，其中疏水的 AIE 结构基元作为核，亲水的 PEG 链则覆盖在其表面。这种纳米粒子在 580 nm 处发出强的橙色荧光，其 Φ_F 高达 38%，并且具有很好的分散性和生物相容性。如图 7.20(a)所示，处于 A549 细胞的细胞质中的荧光纳米粒子在 3 h 后仍然能够被清晰观察到。另一个代表性的设计是超支化聚合物 *hb*-**P63**，它由对 pH

敏感且能发出绿光的 *N*, *N*-二甲基-2-氨基乙氧基取代的萘二甲酰亚胺基元与对外界刺激无响应且能够发出蓝光的 *N*-甲基哌啶取代的萘二甲氨基亚胺基元结合得到，能够应用于细胞成像和实时的细胞内酸碱值分布图的绘制[92]。这是通过 AIE 超支化聚合物的比率型荧光传感器实现对细胞内 pH 定量检测的第一例。针对 HeLa 细胞的校准实验证实随着 pH 的减小，绿光的强度显著增强，而蓝光的强度变化缓慢。基于此，细胞中点 1 和点 2 的 pH 分别为 6.0 和 5.2，与酸性细胞器的核内体和溶酶体 pH 一致[图 7.20(b)]。

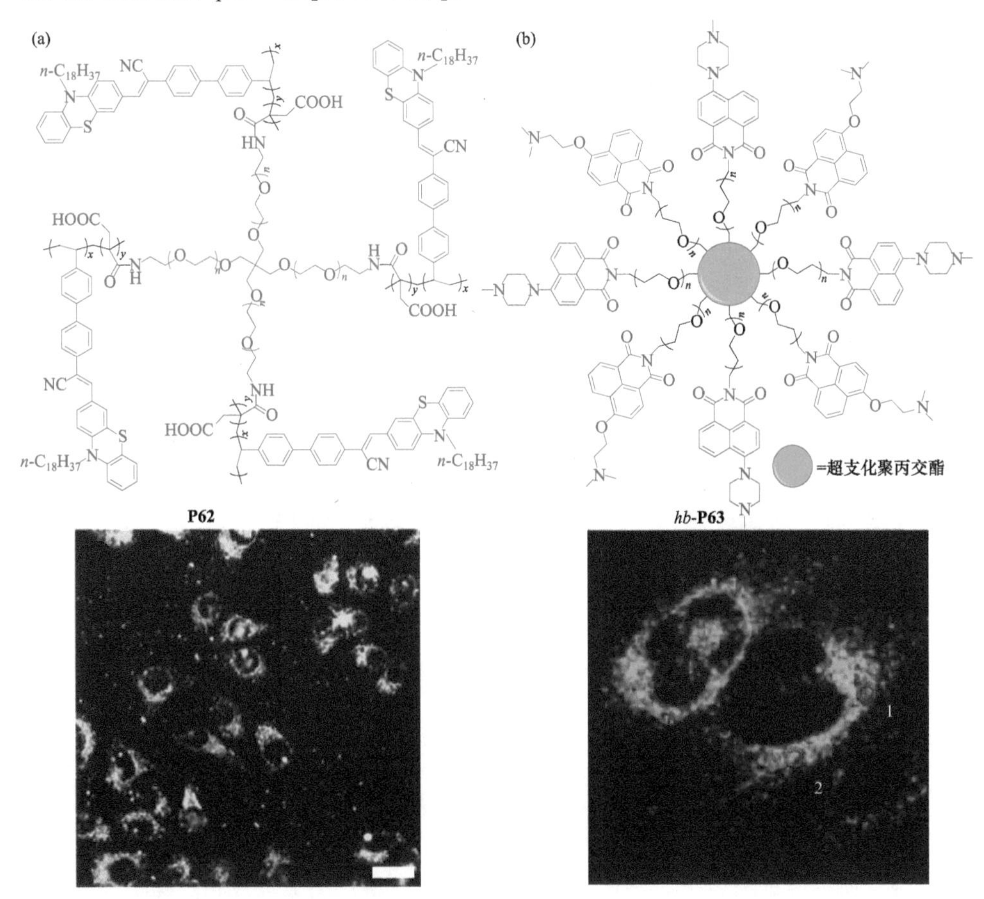

图 7.20 (a)星型聚合物 **P62** 的化学结构及其在 A549 细胞成像中的应用；(b) 超支化聚合物 *hb*-**P63** 的化学结构及其在细胞内 pH 成像中的应用

AIE 聚合物在细胞成像中的另一个显著优势是具有良好的生物稳定性，为长期的细胞示踪提供了可能。其中一个典型的例子是将 TPE 与壳聚糖(CS)链共价连接，形成能溶于酸性介质的 TPE-CS 生物共轭聚合物 **P64**[93]。当 TPE 基团与庞大的 CS 骨架连接时，它的分子内旋转受阻，因此不同于 TPE 和 CS，**P64** 在稀溶液中能够发出荧光。随着 TPE 基团数量的增加，聚合物 **P64** 的发光强度呈非线性增强。**P64** 的聚集体具有良好生物相容性，很容易被 HeLa 细胞内吞形成细胞中庞大的聚合物聚集体。该聚集体对细胞的染色持久，可以示踪至 15 代细胞(图 7.21)。此外，还可以通过离子凝胶的方法来制备大小均匀、单分散、表面带正电荷的 **P64** 的球状纳米粒子[94]。该纳米粒子荧光强、毒性低，适合进行细胞成像，可通过细胞内吞的方式使其进入细胞质中，留在活细胞内进行长期跟踪达 7 个细胞生长周期。该纳米粒子还具有光稳定性，在荧光显微镜下进行长达 30 min 的观察后，它的荧光信号损失小于 25%。

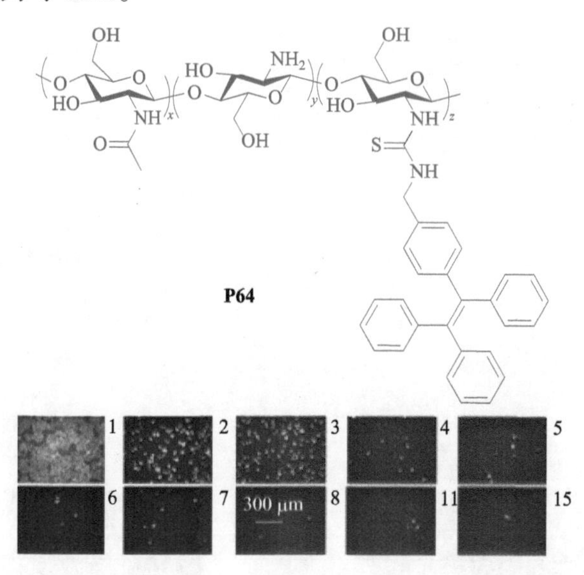

图 7.21 聚合物 **P64** 的化学结构及其用于 HeLa 细胞的长期荧光成像

图片右上角标注为细胞代数

7.3.5 电致发光器件

除了荧光传感和成像等应用，AIE 聚合物的高聚集态发光效率使其还可用于光电器件等领域。例如，在发绿色荧光的含三苯胺-噻咯、咔唑和芴基元的聚合物 **P65a**～**P65d** 中，典型的 AIE 基元噻咯由于其高迁移率通常被作为电致发光器件中的电子传输和发光材料。**P65a**～**P65d** 的薄膜的Φ_F 高达 70%，被用来制作聚合物发光二极管(polymer light-emitting diode, PLED)，其器件结构为 ITO/PEDOT(40 nm)/**P65a**～**P65d**(80 nm)/TPBi(30 nm)/CsF/Al，聚合物作为发光层，PEDOT 作为空穴传输层，TPBi 作为空穴阻挡层和电子传输层[95]。器件的电致发光光谱如图 7.22(a)所示，在这四个均聚物中，**P65b** 具有最大的外量子效率(η_{ELmax}=4.3%)，最大的发光效率(LE_{max}=10.7cd/A)和高的最大亮度(L_{max}=4466 cd/m^2)。**P65b** 的外量子效率-电流密度-亮度曲线如图 7.22(b)所示，其器件结果优于目前报道的基于含噻咯聚合物、具有相似器件结构的 PLED 器件结果。

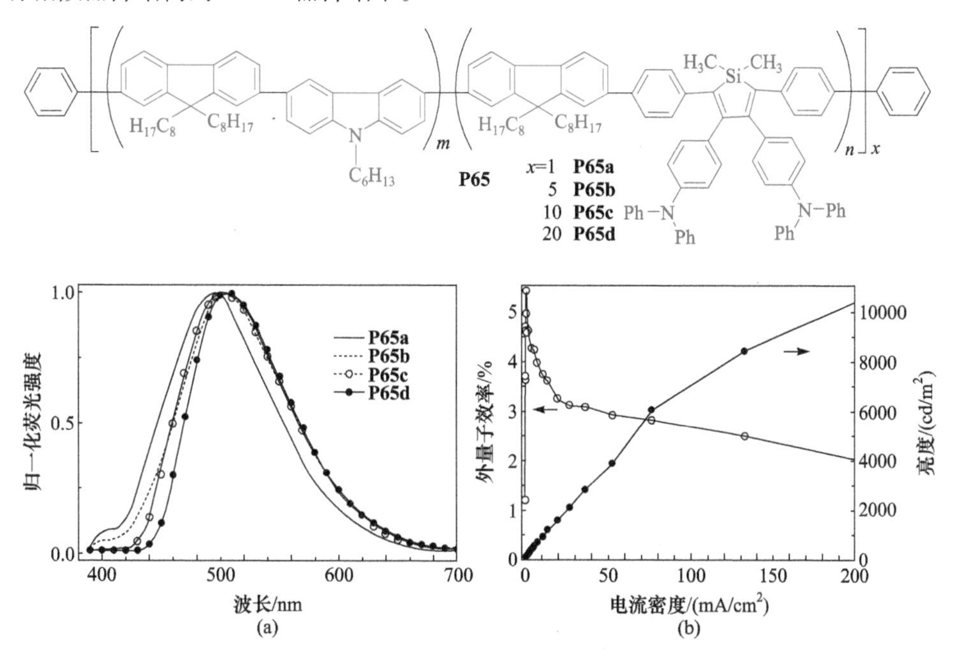

图 7.22　聚合物 **P65** 的化学结构及其电致发光光谱图(a)和外量子效率-电流密度-亮度曲线(b)

7.3.6　非线性光学材料

近年来，非线性光学材料在三维微加工和存储[96-98]、光限幅[99, 100]、三维成像[101-103]、光动力学诊疗[104, 105]和双光子泵浦激光器[106]等方面的潜在应用，使其得到了广泛的关注。而许多 AIE 聚合物具有大的共轭结构，赋予其非线性光学性能，尤其是双光子吸收和双光子激发荧光(two-photon excited fluorescence, TPEF)发射。例如，通过碳碳双键连接 TPE 基元所得的线型聚合物 **P40** 表现出聚集诱导双光子吸收增强的特性。当用 800 nm 的光激发时，**P40** 的 THF 溶液在 520 nm 处有微弱的发光，而它的纳米粒子在同样波长下的荧光强度增强到其在溶液中的 8.6 倍(图 7.23)。其溶液和纳米粒子的双光子吸收截

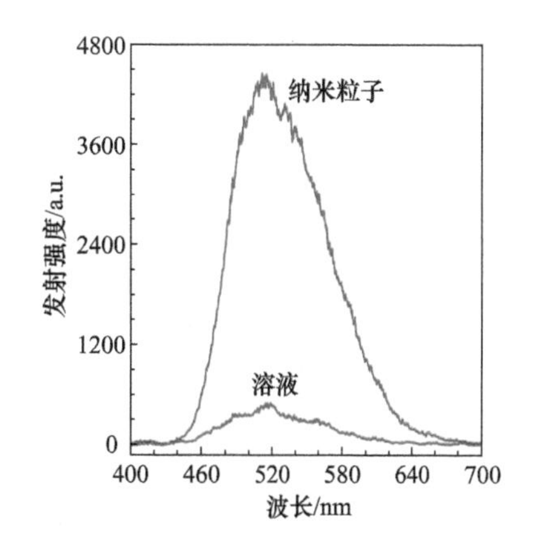

图 7.23　聚合物 **P40** 的 THF 溶液和纳米粒子的双光子激发荧光光谱(λ_{ex}=800 nm)

面（σ_{TPA}）分别为 107 GM（1 GM=$10^{-5}cm^4 \cdot S$/photon）和 896 GM[68]。当用 740 nm 的光对 **P40** 的纳米粒子进行激发时，σ_{TPA} 可达到 1361 GM。

7.3.7 圆偏振荧光材料

圆偏振发光（circularly polarized luminescence, CPL）材料具有一系列广泛的应用，如发光二极管、光学放大器、光学信息存储器、液晶显示器和生物传感器等[107-109]。CPL 通常用于研究手性分子在激发态下的结构信息。利用 CPL 材料的手性发光基团可以选择性地发射左旋或右旋的圆偏振光。CPL 的性质主要通过发光的不对称因素来评估，主要参数定义为 $g_{lum}=(I_L-I_R)/(I_L+I_R)$，其中 I_L 和 I_R 分别代表左旋和右旋偏振光的发光强度[110, 111]。目前大多数 CPL 的研究集中在手性镧系配合物[112-114]，基于有机化合物的 CPL 材料报道相对较少，主要由于其 g_{lum} 相对较低。与手性有机小分子相比，具有π共轭结构的手性共轭聚合物通常具有更高的 g_{lum} 值，因此备受关注。

例如，侧链有手性中心的含 TPE 共轭聚合物 **P66** 被设计成CPL材料（图 7.24）[115]。TPE 单元在聚合物主链结构中分子内旋转在一定程度上受到抑制，因此聚合物 **P66**

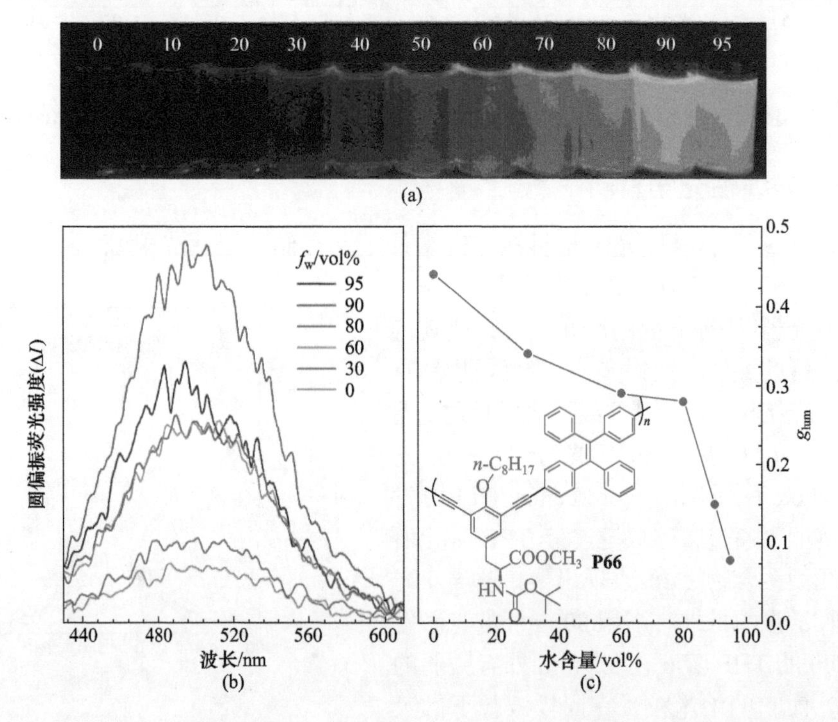

图 7.24 (a) 在 365 nm 紫外光照射下，聚合物 **P66** 在不同水含量的 THF/水混合溶剂中的荧光照片，图内数值单位为 vol%；(b) 聚合物 **P66** 在不同水含量的 THF/水混合溶剂中的圆偏振荧光光谱；(c) **P66** 的 g_{lum} 随水含量增加的变化曲线（溶液浓度为 10^{-5} mol/L，激发波长为 371 nm）

的 THF 溶液在 508 nm 处有较弱的荧光发射。在含有 95vol%水的 THF/水混合溶剂中，其荧光强度是 THF 溶液中的 45 倍。图 7.24(a)为 **P66** 在不同水含量的 THF/水混合溶剂中的荧光照片，它在 THF 溶液和在含 95vol%水的混合溶剂中的Φ_F值分别为 0.4%和 3.6%。**P66** 在水溶液和聚集态下的 CD 光谱都表现出明显的 Cotton 效应。结合 **P66** 的强 CD 信号和 AIE 特性,其偏振荧光发射波长约位于 500 nm 处。在 THF 溶液中，**P66** 在 508 nm 处有较高的g_{lum}值，可达 0.44，而通常的手性有机小分子的g_{lum}值低于 0.01。当加入水时,g_{lum}值逐渐降至 0.28(水含量为 80vol%)；当水含量达到 95vol%时，g_{lum}值会显著地降至 0.08。由此可见，**P66** 的圆偏振荧光的产生主要是源自单分子行为，随着纳米聚集体的形成，g_{lum}值会逐渐降低。

7.3.8 荧光光刻图案

荧光光刻技术在光电子和电子设备及生物传感和探针芯片上具有重要的应用价值[116]，可制成薄膜且具有光响应性能的荧光共轭聚合物在制备高性能光电子设备上极具潜力，大多数 AIE 聚合物在薄膜状态下都具有较强的荧光，并且它们可以很容易地通过在硅片上旋涂其溶液获得均匀坚韧的薄膜。如果在 AIE 聚合物上设计光响应基团，则可以用于制备荧光光刻图案。其制备过程通常是将紫外光透过一个不透光的铜掩模照射在聚合物薄膜上，使聚合物选择性地发生光响应反应而生成图案。两种典型常用的光响应聚合物分别是光氧化聚合物和光交联聚合物。光氧化聚合物暴露在紫外灯下会发生分解反应，暴露区域的荧光被猝灭而形成一个二维的正向荧光图案。光交联聚合物在光催化下发生交联反应可得到不溶的荧光交联产物，然后利用良溶剂将未暴露的可溶解部分洗去即可得到一个三维的反向荧光图案。在一些特殊例子中，光催化交联和光催化氧化都可以发生，这类聚合物的荧光发射在紫外光的照射下部分猝灭，就可将同一聚合物制备成二维或三维的光刻荧光图案。例如，用 UV 灯透过铜掩模照射 15 min 后，超支化聚合物 *hb*-**P67** 的薄膜可直接形成二维的荧光图案[图 7.25(a)和(b)][117]。用紫外灯照射后再用氯仿溶解被掩盖部分的聚合物，就可得到三维的荧光图案[图 7.25(c)和(d)]。

7.3.9 高折光材料

开发易于加工、具有高折射指数的材料具有重要意义。有机金属聚合物通常具有较高折光指数，但它们的加工性能仍有待提高。而有机聚合物尽管溶解性好、成膜性好、结构多样，但目前报道的聚合物多数折射指数较低(n=1.40～1.65)。研究表明，高分子结构中极化的芳香环、酯基和重原子等都可以一定程度上增加其折光指数，而 AIE 聚合物很多都满足这些结构要求[118]。此外，在光波导、全息图

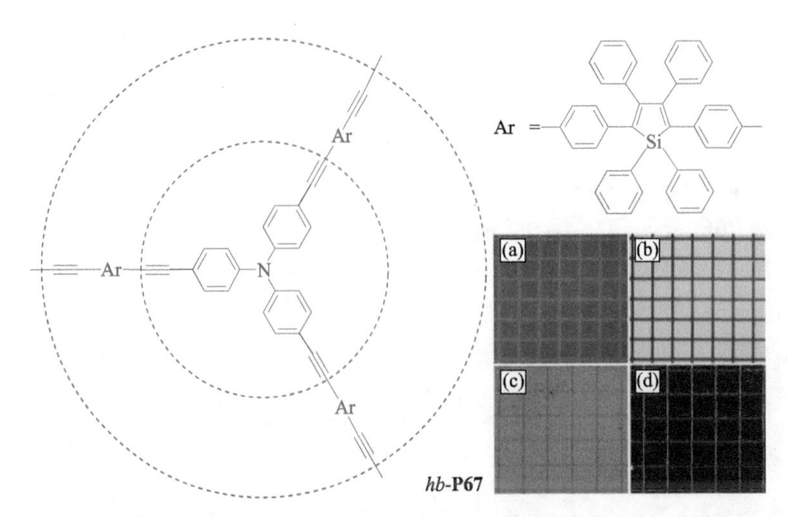

图 7.25 聚合物 *hb*-**P67** 的超支化结构及其通过光氧化和光交联反应形成的二维[(a)和(b)]和三维[(c)和(d)]荧光光刻图案

(a)和(c)为日光下，(b)和(d)为紫外光下的图案，图中每小格面积为 50 μm × 50 μm

像记录系统等应用中，高折光材料能够根据外界刺激调节其折射率的响应也是很重要的。

如图 7.26(a)所示，不含金属和重原子的聚合物 **P37** 的薄膜在 300～1700 nm 的波长范围内有较高的折光指数(1.8360～1.7284)和低的色散，而且它的折光指数可以通过紫外光照来调节[119]。在使用紫外灯照射 20 min 后，同样的波长范围内的

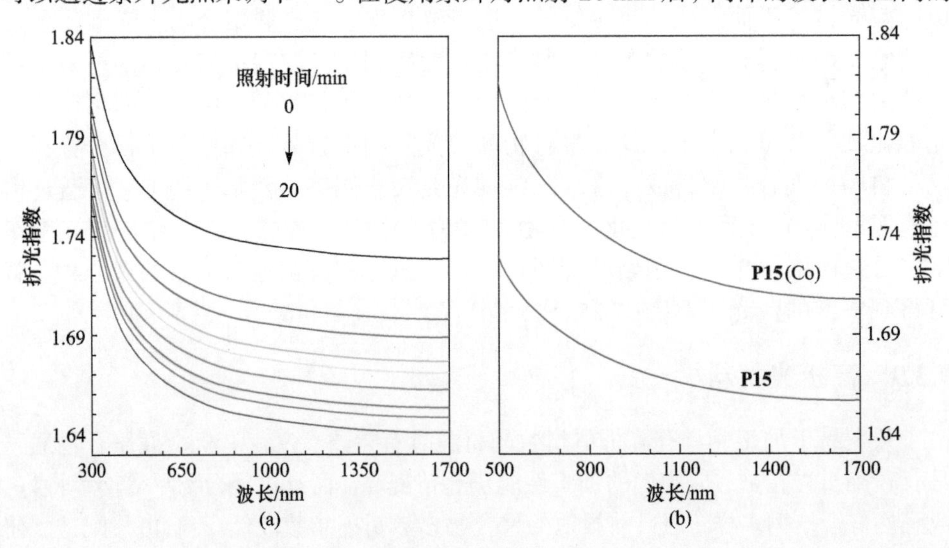

图 7.26 (a) **P37** 的薄膜在紫外光下照射不同时间(0 、0.5 min、1 min、2 min、3 min、4 min、5 min、10 min 和 20 min)后折光指数随波长的变化谱图；(b) **P15** 被 $Co_2(CO)_8$ 金属化后折光指数的变化

折光指数降到 1.7485～1.6409，这主要是光诱导的化学反应导致了薄膜化学结构的改变。在远程通信重要的波段(1550 nm 附近)，其折光指数的变化可达 0.0875，表明其折光指数易于调节。薄膜折光指数还可以通过化学修饰来调控。例如，聚合物 **P15** 在 500～1700 nm 波段处有高的折光指数(n=1.7300～1.6569)[图 7.26(b)][120]。当用 $Co_2(CO)_8$ 与 **P15** 反应形成金属有机配合物 **P15**(Co)后，其折光指数显著升高，相比 **P15** 在 1550 nm 处的折光指数提高了 0.0514。

7.3.10 液晶材料

荧光液晶(liquid crystal, LC)材料在液晶相下具有发光和强分子间相互作用[121, 122]，近年来在各向异性的发光二极管和液晶显示器等领域具有很大前景[123-125]。开发高效的荧光液晶材料的挑战主要在于，在液晶状态下，分子的发色基团进行有序的堆叠，通常会猝灭自身的荧光[126, 127]。因此，开发具有 AIE 性质的荧光液晶材料有着极大优势。例如，通过炔烃和叠氮化合物的铜催化点击聚合制备的具有 AIE 性质的液晶聚合物 **P68a**～**P68d** 在溶液中发光微弱，Φ_F 不超过 0.67%，在聚集状态下发光显著增强，Φ_F 可达 63.7%[128]。聚合物液晶由于其主链较强的刚性会阻碍液晶基元的有序排列，因此通常在外在刺激下才能观察到其液晶相。当施加一个剪切力时，该区域的聚合物就会融合在一起，并沿剪切力的方向排列，可通过偏光显微镜观察到[图 7.27(a)～(d)]。**P68a** 和 **P68b** 具有良好的液晶性质，而 **P68c** 和 **P68d** 相对长的柔性链段使得液晶基元可以更自由地组装，当它们的液体冷却后会逐渐形成小的液晶区域。

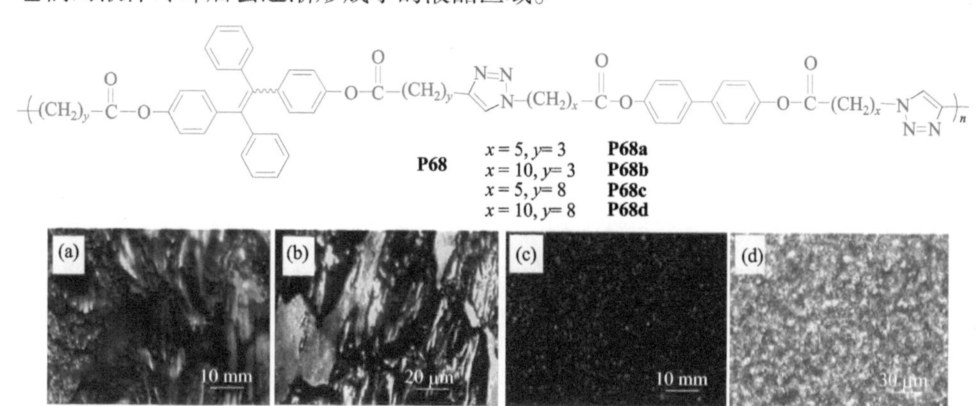

图 7.27　聚合物 **P68a**～**P68d** 的化学结构及其以 1 ℃/min 的速度分别从熔融态冷却至 89.9 ℃(a)、69.8 ℃(b)、94.9 ℃(c)、114.9 ℃(d)所得的液晶结构

7.3.11 多孔材料

多孔聚合物由于大的比表面积、强的化学稳定性、低的骨架密度等特性，吸

引了研究者的广泛关注。它们被应用于气体吸附与储存[129, 130]、化学封装[131]和异相催化[132]等领域。在这一前沿领域，将 AIE 化合物固有的发光特性与 MOF 或共轭微孔聚合物(conjugated microporous polymer, CMP)材料的孔隙性质结合起来，将赋予材料新的特性和应用。例如，在刚性的 MOF 中嵌入 AIE 基元，可有效抑制 AIE 基元的分子内旋转、振动和扭转等非辐射跃迁方式，从而增加 MOF 材料的荧光强度[133]。采用含四羧基的 AIE 基元 **69** 作为配体与 $Zn(NO_3)_2 \cdot 6H_2O$ 在 120 ℃的 *N, N'*-二甲基乙酰胺中反应 48 h，通过过滤、洗涤、干燥，可得到发光 MOF **70**[图 7.28(a)][134]。MOF **70** 的 BET 比表面积可达 833 m^2/g。**69** 的 Φ_F 为 70.3%，而在 MOF 中其苯环旋转和扭转受限，使得 MOF **70** 的 Φ_F 增大至 95.1%。

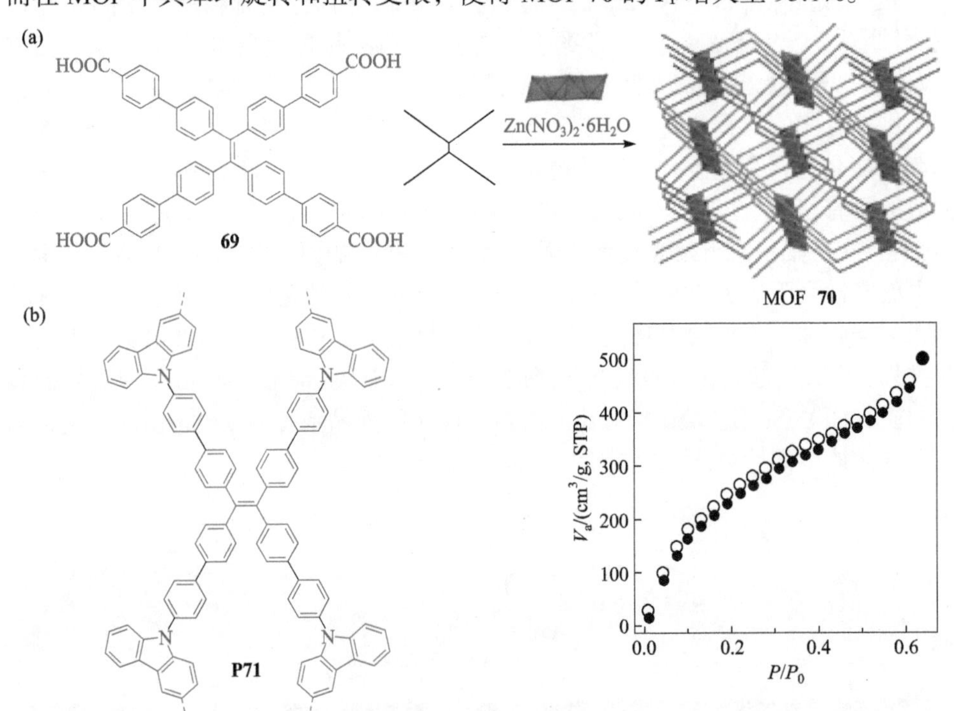

图 7.28 (a) **69** 的化学结构及以此制备的多孔 MOF 材料；(b) 共轭微孔聚合物 **P71** 的化学结构及其薄膜的等温吸附曲线

共轭微孔聚合物作为另一类多孔材料，合成较容易，但溶解性和加工性差仍是 CMP 材料面临的主要问题。一个有效的解决方法是在液体电极表面直接合成比表面积大的多孔薄膜。例如，将 TPE 基元外围修饰上具有电化学反应活性的咔唑基团，而中间连接的亚苯基则作为扭转单元[135]。将以此制备的单体通过多周期循环伏安法制备可得到表面光滑的聚合物 **P71** 的薄膜，其薄膜形状和厚度可通过调节电极和循环周期来进行精确控制。聚合物 **P71** 的 BET 比表面积高达 1020 m^2/g

[图 7.28(b)]。另外，**P71** 在 524 nm 处高效发光，其 Φ_F 约为 40%，明显高于单体的溶液态(Φ_F=5%)和旋涂的薄膜状态(Φ_F=21%)。

7.4　总结与展望

AIE 聚合物代表了一类新型发光材料，它们具有许多独特的性质，如分子结构设计的灵活性、功能构建的多元性、聚集态高效的发光等。本章总结了在这一研究领域中材料的设计与合成及功能与应用的进展。

AIE 聚合物的常用制备方法是将含 AIE 基元(如四苯基乙烯、多苯取代的噻咯等)的单体直接聚合或将 AIE 基元修饰于聚合物结构中。在合成方法上，链式聚合机理如自由基聚合、易位聚合等，以及逐步聚合机理，如缩合聚合等均可被应用于 AIE 聚合物的构建。通过聚合物后修饰方法可以将具有 AIE 特性的结构基元引入聚合物结构中的不同位置。目前，用于制备 AIE 聚合物的新的合成手段如多组分聚合反应等正在迅速发展，随着研究的深入，有望制备出具有新颖结构和功能的 AIE 聚合物。

通过上述丰富的合成手段，可便捷地制备具有不同化学结构及拓扑结构的 AIE 聚合物。并非所有含 AIE 基元的聚合物都一定具有 AIE 性质或发光性质，分子内运动受限、骨架刚性、重原子等因素也与材料的发光性质息息相关。值得注意的是，一系列不具备传统生色团的新型聚合物也表现出聚集诱导发光性质。这类发光聚合物通常含有大量的、紧密堆积、能提供孤对电子的杂原子。这种“杂原子簇”可能作为这类聚合物的发光基团。

通过将 AIE 性质引入聚合物中，一系列具有优异性能的 AIE 材料被开发出来，它们都具有良好的 AIE 性能、稳定性、溶解性、机械加工性及生物相容性等，赋予了该材料广泛的应用前景。例如，AIE 聚合物的荧光发射可受光、热、化学物质、生物大分子等外界刺激的影响，具有潜在的荧光传感应用价值；基于 AIE 聚合物制备的纳米粒子表现出增强的荧光发射性能、良好的化学稳定性及生物相容性，使其可以应用于细胞的长期荧光示踪；由于 AIE 聚合物优异的光物理性质、非线性光学性质、圆偏振荧光发射性质、高的折光指数、光交联/光氧化性质和液晶性质等，它们在多功能器件应用方面具有良好的潜力。

基于 AIE 聚合物的研究是一个新兴的领域，充满机会和挑战，仍有许多研究工作有待探索和完善。在合成方面，迫切需要开发新的合成方法(如新活性聚合反应)，以期获得具有重复单元连接顺序可控的和分子量可控的 AIE 聚合物。在材料方面，目前针对 AIE 有机聚合物的报道已非常广泛，但在有机-无机杂化材料和含金属的配合物材料中的 AIE 体系仍有待开发；同时，还迫切需要开发新型 AIE 核心结构基元，使其发光波长能够覆盖可见光光谱及近红外光谱，以及具有室温磷光发射性质的纯有机材料。在机理方面，亟待提出新的发光机理，用于解释不含传统生色团但具有“杂原子簇”结构的 AIE 聚合物的发光的内在机理。在应用领域,要充分利用 AIE 聚合物的新颖性质带来新的机遇,例如,通过外部环境刺激(如光、电、热、磁及化学物质刺激)带来材料的化学结构、分子构象及形态变化，并同时伴随材料的发光性质的改变，以此开发通过材料对外界信号的响应，基于聚集-解聚集过程而设计的智能荧光材料。

参 考 文 献

[1] Bonacchi S, Genovese D, Juris R, Montalti M, Prodi L, Rampazzo E, Zaccheroni N. Luminescent silica nanoparticles: extending the frontiers of brightness. Angew Chem Int Ed, 2011, 50: 4056-4066.

[2] Baker S N, Baker G A. Luminescent carbon nanodots: emergent nanolights. Angew Chem Int Ed, 2010, 49: 6726-6744.

[3] Cui Y J, Yue Y F, Qian G D, Chen B L. Luminescent functional metal-organic frameworks. Chem Rev, 2012, 112: 1126-1162.

[4] Wong K M C, Yam V W W. Self-assembly of luminescent alkynylplatinum(Ⅱ)terpyridyl complexes: modulation of photophysical properties through aggregation behavior. Acc Chem Res, 2011, 44: 424-434.

[5] Maggini L, Bonifazi D. Hierarchised luminescent organic architectures: Design, synthesis, self-assembly, self-organisation and functions. Chem Soc Rev, 2012, 41: 211-241.

[6] Accorsi G, Listorti A, Yoosaf K, Armaroli N. 1, 10-Phenanthrolines: versatile building blocks for luminescent molecules, materials and metal complexes. Chem Soc Rev, 2009, 38: 1690-1700.

[7] Zhao Z J, Lam J W Y, Tang B Z. Self-assembly of organic luminophores with gelation-enhanced emission characteristics. Soft Matter, 2013, 9: 4564-4579.

[8] Thomas S W III, Joly G D, Swager T M. Chemical sensors based on amplifying fluorescent conjugated polymers. Chem Rev, 2007, 107: 1339-1386.

[9] Hoeben F J M, Jonkheijm P, Meijer E W, Schenning A. About supramolecular assemblies of pi-conjugated systems. Chem Rev, 2005, 105: 1491-1546.

[10] Bunz U H F. Poly(aryleneethynylene)s: syntheses, properties, structures, and applications. Chem Rev, 2000, 100: 1605-1644.

[11] Borisov S M, Wolfbeis O S. Optical biosensors. Chem Rev, 2008, 108: 423-461.

[12] Shimizu M, Hiyama T. Organic fluorophores exhibiting highly efficient photoluminescence in the solid state. Chem Asian J, 2010, 5: 1516-1531.

[13] Luo J D, Xie Z L, Lam J W Y, Cheng L, Chen H Y, Qiu C F, Kwok H S, Zhan X W, Liu Y Q, Zhu D B, Tang B Z. Aggregation-induced emission of 1-methyl-1, 2, 3, 4, 5-pentaphenylsilole. Chem Commun, 2001: 1740, 1741.

[14] Tong H, Hong Y N, Dong Y Q, Ren Y, Häußler M, Lam J W Y, Wong K S, Tang B Z. Color-tunable, aggregation-induced emission of a butterfly-shaped molecule comprising a pyran skeleton and two cholesteryl wings. J Phys Chem B, 2007, 111: 2000-2007.
[15] Tong H, Dong Y Q, Hong Y N, Häußler M, Lam J W Y, Sung H H Y, Yu X, Sun J X, Williams I D, Kwok H S, Tang B Z. Aggregation-induced emission: effects of molecular structure, solid-state conformation, and morphological packing arrangement on light-emitting behaviors of diphenyldibenzofulvene derivatives. J Phys Chem C, 2007, 111: 2287-2294.
[16] Dong Y Q, Lam J W Y, Qin A J, Liu J Z, Li Z, Tang B Z. Aggregation-induced emissions of tetraphenylethene derivatives and their utilities as chemical vapor sensors and in organic light-emitting diodes. Appl Phys Lett, 2007, 91: 011111.
[17] Burns A, Ow H, Wiesner U. Fluorescent core-shell silica nanoparticles: towards "lab on a particle" architectures for nanobiotechnology. Chem Soc Rev, 2006, 35: 1028-1042.
[18] Que E L, Domaille D W, Chang C J. Metals in neurobiology: probing their chemistry and biology with molecular imaging. Chem Rev, 2008, 108: 1517-1549.
[19] Feng X L, Liu L B, Wang S, Zhu D B. Water-soluble fluorescent conjugated polymers and their interactions with biomacromolecules for sensitive biosensors. Chem Soc Rev, 2010, 39: 2411-2419.
[20] Stich M I J, Fischer L H, Wolfbeis O S. Multiple fluorescent chemical sensing and imaging. Chem Soc Rev, 2010, 39: 3102-3114.
[21] Schaeferling M. The art of fluorescence imaging with chemical sensors. Angew Chem Int Ed, 2012, 51: 3532-3554.
[22] Salinas Y, Martínez-Máñez R, Marcos M D, Sancenón F, Costero A M, Parra M, Gil S. Optical chemosensors and reagents to detect explosives. Chem Soc Rev, 2012, 41: 1261-1296.
[23] Kim H N, Guo Z Q, Zhu W H, Yoon J, Tian H. Recent progress on polymer-based fluorescent and colorimetric chemosensors. Chem Soc Rev, 2011, 40: 79-93.
[24] Wu J S, Liu W M, Ge J C, Zhang H Y, Wang P F. New sensing mechanisms for design of fluorescent chemosensors emerging in recent years. Chem Soc Rev, 2011, 40: 3483-3495.
[25] Yang Y M, Zhao Q, Feng W, Li F Y. Luminescent chemodosimeters for bioimaging. Chem Rev, 2013, 113: 192-270.
[26] Mattoussi H, Palui G, Na H B. Luminescent quantum dots as platforms for probing *in vitro* and *in vivo* biological processes. Adv Drug Delivery Rev, 2012, 64: 138-166.
[27] Yersin H. Highly Efficient OLEDS with Phosphorescent Materials. Weinheim: Wiley-VCH, 2008.
[28] Müllen K, Scherf U. Organic Light-emitting Devices: Synthesis Properties and Applications. Weinheim: Wiley-VCH, 2006.
[29] Wong W Y, Ho C L. Functional metallophosphors for effective charge carrier injection/transport: new robust OLED materials with emerging applications. J Mater Chem, 2009, 19: 4457-4482.
[30] Zaumseil J, Sirringhaus H. Electron and ambipolar transport in organic field-effect transistors. Chem Rev, 2007, 107: 1296-1323.

[31] Cicoira F, Santato C. Organic light emitting field effect transistors: advances and perspectives. Adv Funct Mater, 2007, 17: 3421-3434.

[32] McGehee M D, Heeger A J. Semiconducting (conjugated) polymers as materials for solid-state lasers. Adv Mater, 2000, 12: 1655-1668.

[33] Ho C L, Wong W Y. Metal-containing polymers: facile tuning of photophysical traits and emerging applications in organic electronics and photonics. Coord Chem Rev, 2011, 255: 2469-2502.

[34] Chi Z G, Zhang X Q, Xu B J, Zhou X, Ma C P, Zhang Y, Liu S W, Xu J R. Recent advances in organic mechanofluorochromic materials. Chem Soc Rev, 2012, 41: 3878-3896.

[35] Tanaka K, Chujo Y. Advanced luminescent materials based on organoboron polymers. Macromol Rapid Commun, 2012, 33: 1235-1255.

[36] Liu J Z, Lam J W Y, Tang B Z. Aggregation-induced emission of silole molecules and polymers: fundamental and applications. J Inorg Organomet Polym Mater, 2009, 19: 249-285.

[37] Liu J Z, Lam J W Y, Tang B Z. Acetylenic polymers: syntheses, structures, and functions. Chem Rev, 2009, 109: 5799-5867.

[38] Qin A J, Lam J W Y, Tang B Z. Click polymerization. Chem Soc Rev, 2010, 39: 2522-2544.

[39] Lam J W Y, Chen J W, Law C C W, Peng H, Xie Z L, Cheuk K K L, Kwok H S, Tang B Z. Silole-containing linear and hyperbranched polymers: synthesis, thermal stability, light emission, nano-dimensional aggregation, and optical power limiting. Macromol Symp, 2003, 196: 289-300.

[40] Tang B Z. Luminogenic polymers. Macromol Chem Phys, 2009, 210: 900-902.

[41] Hu R R, Lam J W Y, Tang B Z. Recent progress in the development of new acetylenic polymers. Macromol Chem Phys, 2013, 214: 175-187.

[42] 黄田，汪昭旸，秦安军，孙景志，唐本忠. 含非典型性生色团的发光聚合物. 化学学报, 2013, 71: 979-990.

[43] Zhou H, Li J S, Chua M H, Yan H, Tang B Z, Xu J W. Poly(acrylate) with a tetraphenylethene pendant with aggregation-induced emission (AIE) characteristics: highly stable AIE-active polymer nanoparticles for effective detection of nitro compounds. Polym Chem, 2014, 5: 5628-5637.

[44] Zhou H, Ye Q, Neo W T, Song J, Yan H, Zong Y, Tang B Z, Hor T S A, Xu J W. Electrospun aggregation-induced emission active POSS-based porous copolymer films for detection of explosives. Chem Commun, 2014, 50: 13785-13788.

[45] Zhang X Y, Zhang X Q, Yang B, Liu M Y, Liu W Y, Chen Y W, Wei Y. Polymerizable aggregation-induced emission dye-based fluorescent nanoparticles for cell imaging applications. Polym Chem, 2014, 5: 356-360.

[46] Chen J I, Wu W C. Fluorescent polymeric micelles with aggregation-induced emission properties for monitoring the encapsulation of doxorubicin. Macromol Biosci, 2013, 13: 623-632.

[47] Zhao Y M, Wu Y, Yan G W, Zhang K. Aggregation-induced emission block copolymers based on ring-opening metathesis polymerization. RSC Adv, 2014, 4: 51194-51200.

[48] Chen J W, Xie Z L, Lam J W Y, Law C C W, Tang B Z. Silole-containing polyacetylenes. Synthesis, thermal stability, light emission, nanodimensional aggregation, and restricted intramolecular rotation. Macromolecules, 2003, 36: 1108-1117.

[49] Qin A J, Tang B Z. Aggregation-induced Emission: Fundamentals. Chichester: John-Wiley & Sons Ltd, 2014.

[50] Yuan W Z, Qin A J, Lam J W Y, Sun J Z, Dong Y Q, Haussler M, Liu J Z, Xu H P, Zheng Q, Tang B Z. Disubstituted polyacetylenes containing photopolymerizable vinyl groups and polar ester functionality: polymer synthesis, aggregation-enhanced emission, and fluorescent pattern formation. Macromolecules, 2007, 40: 3159-3166.

[51] Yen H J, Chen C J, Liou G S. Novel high-efficiency PL polyimide nanofiber containing aggregation-induced emission (AIE)-active cyanotriphenylamine luminogen. Chem Commun, 2013, 49: 630-632.

[52] Zhang X Q, Zhang X Y, Yang B, Hui J F, Liu M Y, Chi Z G, Liu S W, Xu J R, Wei Y. Facile preparation and cell imaging applications of fluorescent organic nanoparticles that combine AIE dye and ring-opening polymerization. Polym Chem, 2014, 5: 318-322.

[53] Mohamed M G, Lu F H, Hong J L, Kuo S W. Strong emission of 2, 4, 6-triphenylpyridine-functionalized polytyrosine and hydrogen-bonding interactions with poly(4-vinylpyridine). Polym Chem, 2015, 6: 6340-6350.

[54] Jia W B, Yang P, Li J J, Yin Z M, Kong L, Lu H B, Ge Z S, Wu Y Z, Hao X P, Yang J X. Synthesis and characterization of a novel cyanostilbene derivative and its initiated polymers: aggregation-induced emission enhancement behaviors and light-emitting diode applications. Polym Chem, 2014, 5: 2282-2292.

[55] Birot M, Pillot J P, Dunogues J. Comprehensive chemistry of polycarbosilanes, polysilazanes, and polycarbosilazanes as precursors of ceramics. Chem Rev, 1995, 95: 1443-1477.

[56] Manners I. Ring-opening polymerization (ROP) of strained, ring-tilted silicon-bridged [1] ferrocenophanes: synthetic methods and mechanisms. Polyhedron, 1995, 15: 4311-4329.

[57] Corriu R J P. Ceramics and nanostructures from molecular precursors. Angew Chem Int Ed, 2000, 39: 1376-1398.

[58] Bruma M, Schulz B. Silicon-containing aromatic polymers. J Macromol Sci Polym Rev, 2001, 41: 1-40.

[59] Martinez H P, Grant C D, Reynolds J G, Trogler W C. Silica anchored fluorescent organosilicon polymers for explosives separation and detection. J Mater Chem, 2012, 22: 2908-2914.

[60] Coulembier O, Mespouille L, Hedrick J L, Waymouth R M, Dubois P. Metal-free catalyzed ring-opening polymerization of, beta-lactones: synthesis of amphiphilic triblock copolymers based on poly(dimethylmalic acid). Macromolecules, 2006, 39: 4001-4008.

[61] Wilson B C, Jones C W. A recoverable, metal-free catalyst for the green polymerization of epsilon-caprolactone. Macromolecules, 2004, 37: 9709-9714.

[62] Chan C Y K, Tseng N W, Lam J W Y, Liu J Z, Kwok R T K, Tang B Z. Construction of functional macromolecules with well-defined structures by indium-catalyzed three-component polycoupling of alkynes, aldehydes, and amines. Macromolecules, 2013, 46: 3246-3256.

[63] Liu Y J, Gao M, Lam J W Y, Hu R R, Tang B Z. Copper-catalyzed polycoupling of diynes, primary amines, and aldehydes: a new one-pot multicomponent polymerization tool to functional polymers. Macromolecules, 2014, 47: 4908-4919.
[64] Deng H Q, Zhao E G, Li H K, Lam J W Y, Tang B Z. Multifunctional poly(*N*-sulfonylamidine)s constructed by Cu-catalyzed three-component polycouplings of diynes, disulfonyl azide, and amino esters. Macromolecules, 2015, 48: 3180-3189.
[65] Deng H Q, Hu R R, Zhao E G, Chan C Y K, Lam J W Y, Tang B Z. One-pot three-component tandem polymerization toward functional poly(arylene thiophenylene) with aggregation-enhanced emission characteristics. Macromolecules, 2014, 47: 4920-4929.
[66] Zheng C, Deng H Q, Zhao Z J, Qin A J, Hu R R, Tang B Z. Multicomponent tandem reactions and polymerizations of alkynes, carbonyl chlorides, and thiols. Macromolecules, 2015, 48: 1941-1951.
[67] Deng H Q, Hu R R, Leung A C S, Zhao E G, Lam J W Y, Tang B Z. Construction of regio- and stereoregular poly(enaminone)s by multicomponent tandem polymerizations of diynes, diaroyl chloride and primary amines. Polym Chem, 2015, 6: 4436-4446.
[68] Hu R R, Luis M J, Rodriguez M, Deng C M, Jim C K W, Lam J W Y, Yuen M M F, Ramos-Ortiz G, Tang B Z. Luminogenic materials constructed from tetraphenylethene building blocks: synthesis, aggregation-induced emission, two-photon absorption, light refraction, and explosive detection. J Mater Chem, 2012, 22: 232-240.
[69] Chen C H, Lee S L, Lim T S, Chen C H, Luh T Y. Influence of polymer conformations on the aggregation behaviour of alternating dialkylsilylene-[4,4′-divinyl(cyanostilbene)] copolymers. Polym Chem, 2011, 2: 2850-2856.
[70] Jim C K W, Lam J W Y, Qin A J, Zhao Z J, Liu J Z, Hong Y N, Tang B Z. Luminescent and light refractive polymers: synthesis and optical and photonic properties of poly(arylene ethynylene)s carrying silole and tetraphenylethene luminogenic units. Macromol Rapid Commun, 2012, 33: 568-572.
[71] Liu Y, Chen X H, Lv Y, Chen S M, Lam J W Y, Mahtab F, Kwok H S, Tao X T, Tang B Z. Systemic studies of tetraphenylethene-triphenylamine oligomers and a polymer: achieving both efficient solid-state emissions and hole-transporting capability. Chem Eur J, 2012, 18: 9929-9938.
[72] Dong W Y, Fei T, Palma-Cando A, Scherf U. Aggregation induced emission and amplified explosive detection of tetraphenylethylene-substituted polycarbazoles. Polym Chem, 2014, 5: 4048-4053.
[73] Hu R R, Lam J W Y, Liu J Z, Sung H H Y, Williams I D, Yue Z N, Wong K S, Yuen M M F, Tang B Z. Hyperbranched conjugated poly(tetraphenylethene): synthesis, aggregation-induced emission, fluorescent photopatterning, optical limiting and explosive detection. Polym Chem, 2012, 3: 1481-1489.
[74] Hu R R, Lam J W Y, Li M, Deng H Q, Li J, Tang B Z. Homopolycyclotrimerization of A_4-type tetrayne: a new approach for the creation of a soluble hyperbranched poly(tetraphenylethene) with multifunctionalities. J Polym Sci Polym Chem, 2013, 51: 4752-4764.

[75] Zhao E G, Li H K, Ling J, Wu H Q, Wang J, Zhang S, Lam J W Y, Sun J Z, Qin A J, Tang B Z. Structure-dependent emission of polytriazoles. Polym Chem, 2014, 5: 2301-2308.

[76] Li H K, Wang J, Sun J Z, Hu R R, Qin A J, Tang B Z. Metal-free click polymerization of propiolates and azides: facile synthesis of functional poly(aroxycarbonyltriazole)s. Polym Chem, 2012, 3: 1075-1083.

[77] Li W Z, Wu X Y, Zhao Z J, Qin A J, Hu R R, Tang B Z. Catalyst-free, atom-economic, multicomponent polymerizations of aromatic diynes, elemental sulfur, and aliphatic diamines toward luminescent polythioamides. Macromolecules, 2015, 48: 7747-7754.

[78] Wang R B, Yuan W Z, Zhu X Y. Aggregation-induced emission of non-conjugated poly(amido amine)s: discovering, luminescent mechanism understanding and bioapplication. Chin J Polym Sci, 2015, 33: 680-687.

[79] Yuan W Z, Zhao H, Shen X Y, Mahtab F, Lam J W Y, Sun J Z, Tang B Z. Luminogenic polyacetylenes and conjugated polyelectrolytes: synthesis, hybridization with carbon nanotubes, aggregation-induced emission, superamplification in emission quenching by explosives, and fluorescent assay for protein quantitation. Macromolecules, 2009, 42: 9400-9411.

[80] Qin A J, Lam J W Y, Tang L, Jim C K W, Zhao H, Sun J Z, Tang B Z. Polytriazoles with aggregation- induced emission characteristics: synthesis by click polymerization and application as explosive chemosensors. Macromolecules, 2009, 42: 1421-1424.

[81] Qin A J, Tang L, Lam J W Y, Jim C K W, Yu Y, Zhao H, Sun J Z, Tang B Z. Metal-free click polymerization: synthesis and photonic properties of poly(aroyltriazole)s. Adv Funct Mater, 2009, 19: 1891-1900.

[82] Liu J Z, Zhong Y C, Lu P, Hong Y N, Lam J W Y, Faisal M, Yu Y, Wong K S, Tang B Z. A superamplification effect in the detection of explosives by a fluorescent hyperbranched poly(silylenephenylene) with aggregation-enhanced emission characteristics. Polym Chem, 2010, 1: 426-429.

[83] Hu R R, Lam J W Y, Yu Y, Sung H H Y, Williams I D, Yuen M M F, Tang B Z. Facile synthesis of soluble nonlinear polymers with glycogen-like structures and functional properties from “simple” acrylic monomers. Polym Chem, 2013, 4: 95-105.

[84] Liu T, Meng Y, Wang X C, Wang H Q, Li X Y. Unusual strong fluorescence of a hyperbranched phosphate: discovery and explanations. RSC Adv, 2013, 3: 8269-8275.

[85] Li T Z, He S C, Qu J N, Wu H, Wu S Z, Zhao Z J, Qin A J, Hu R R, Tang B Z. Thermoresponsive AIE polymers with fine-tuned response temperature. J Mater Chem C, 2016, 4: 2964-2970.

[86] Kokado K, Nagai A, Chujo Y. Poly(gamma-glutamic acid) hydrogels with water-sensitive luminescence derived from aggregation-induced emission of *o*-carborane. Macromolecules, 2010, 43: 6463-6468.

[87] Liu C, Qin H, Mather P T. Review of progress in shape-memory polymers. J Mater Chem, 2007, 17: 1543-1558.

[88] Wu Y, Hu J L, Huang H H, Li J, Zhu Y, Tang B Z, Han J P, Li L B. Memory chromic polyurethane with tetraphenylethylene. J Polym Sci Polym Phys, 2014, 52: 104-110.

[89] Li S G, Langenegger S M, Haener R. Control of aggregation-induced emission by DNA hybridization. Chem Commun, 2013, 49: 5835-5837.

[90] Wang G J, Zhang R C, Xu C, Zhou R Y, Dong J, Bai H T, Zhan X W. Fluorescence detection of DNA hybridization based on the aggregation-induced emission of a perylene-functionalized polymer. ACS Appl Mater Interfaces, 2014, 6: 11136-11141.

[91] Qin A J, Lam J W Y, Tang B Z. Luminogenic polymers with aggregation-induced emission characteristics. Prog Polym Sci, 2012, 37: 182-209.

[92] Bao Y Y, de Keersmaecker H, Corneillie S, Yu F, Mizuno H, Zhang G F, Hofkens J, Mendrek B, Kowalczuk A, Smet M. Tunable ratiometric fluorescence sensing of intracellular pH by aggregation-induced emission-active hyperbranched polymer nanoparticles. Chem Mater, 2015, 27: 3450-3455.

[93] Wang Z K, Chen S J, Lam J W Y, Qin W, Kwok R T K, Xie N, Hu Q L, Tang B Z. Long-term fluorescent cellular tracing by the aggregates of AIE bioconjugates. J Am Chem Soc, 2013, 135: 8238-8245.

[94] Li M, Hong Y N, Wang Z K, Chen S J, Gao M, JiKwok R T K, Qin W, Lam J W Y, Zheng Q C, Tang B Z. Fabrication of chitosan nanoparticles with aggregation-induced emission characteristics and their applications in long-term live cell imaging. Macromol Rapid Commun, 2013, 34: 767-771.

[95] Liu Z T, Zhang L H, Gao X, Zhang L J, Zhang Q, Chen J W. Highly efficient green PLED based on triphenlyaminesilole-carbazole-fluorene copolymers with TPBI as the hole blocking layer. Dyes Pigments, 2016, 127: 155-160.

[96] He G S, Tan L S, Zheng Q, Prasad P N. Multiphoton absorbing materials: molecular designs, characterizations, and applications. Chem Rev, 2008, 108: 1245-1330.

[97] Kawata S, Kawata Y. Three-dimensional optical data storage using photochromic materials. Chem Rev, 2000, 100: 1777-1788.

[98] Dvornikov A S, Walker E P, Rentzepis P M. Two-photon three-dimensional optical storage memory. J Phys Chem A, 2009, 113: 13633-13644.

[99] Bouit P A, Wetzel G, Berginc G, Loiseaux B, Toupet L, Feneyrou P, Bretonniere Y, Kamada K, Maury O, Andraud C. Near IR nonlinear absorbing chromophores with optical limiting properties at telecommunication wavelengths. Chem Mater, 2007, 19: 5325-5335.

[100] Venkatram N, Rao D N, Akundi M A. Nonlinear absorption, scattering and optical limiting studies of CdS nanoparticles. Opt Express, 2005, 13: 867-872.

[101] Denk W, Strickler J H, Webb W W. Two-photon laser scanning fluorescence microscopy. Science, 1990, 248: 73-76.

[102] Larson D R, Zipfel W R, Williams R M, Clark S W, Bruchez M P, Wise F W, Webb W W. Water-soluble quantum dots for multiphoton fluorescence imaging *in vivo*. Science, 2003, 300: 1434-1436.

[103] Bharali D J, Lucey D W, Jayakumar H, Pudavar H E, Prasad P N. Folate-receptor-mediated delivery of InP quantum dots for bioimaging using confocal and two-photon microscopy. J Am Chem Soc, 2005, 127: 11364-11371.

[104] Celli J P, Spring B Q, Rizvi I, Evans C L, Samkoe K S, Verma S, Pogue B W, Hasan T. Imaging and photodynamic therapy: mechanisms, monitoring, and optimization. Chem Rev, 2010, 110: 2795-2838.

[105] Hornung R, Fehr M K, Monti-Frayne J, Tromberg B J, Berns M W, Tadir Y. Minimally-invasive debulking of ovarian cancer in the rat pelvis by means of photodynamic therapy using the pegylated photosensitizer PEG-*m*-THPC. Bri J Cancer, 1999, 81: 631-637.

[106] Mukherjee A. Two-photon pumped upconverted lasing in dye doped polymer waveguides. Appl Phys Lett, 1993, 62: 3423-3425.

[107] Peeters E, Christiaans M P T, Janssen R A J, Schoo H F M, Dekkers H, Meijer E W. Circularly polarized electroluminescence from a polymer light-emitting diode. J Am Chem Soc, 1997, 119: 9909, 9910.

[108] Grell M, Bradley D D C. Polarized luminescence from oriented molecular materials. Adv Mater, 1999, 11: 895-905.

[109] Liu J Z, Su H M, Meng L M, Zhao Y H, Deng C M, Ng J C Y, Lu P, Faisal M, Lam J W Y, Huang X H, Wu H K, Wong K S, Tang B Z. What makes efficient circularly polarised luminescence in the condensed phase: aggregation-induced circular dichroism and light emission. Chem Sci, 2012, 3: 2737-2747.

[110] Frederick S. Richardson J P R. Circularly polarized luminescence spectroscopy. Chem Rev, 1977, 77: 773-792.

[111] James P. Riehl F S R. Circularly polarized luminescence spectroscopy. Chem Rev, 1986, 86: 1-16.

[112] Moussa A, Pham C, Bommireddy S, Muller G. Importance of hydrogen-bonding sites in the chiral recognition mechanism between racemic D-3 terbium(Ⅲ) complexes and amino acids. Chirality, 2009, 21: 497-506.

[113] Iwamura M, Kimura Y, Miyamoto R, Nozaki K. Chiral sensing using an achiral europium(Ⅲ) complex by induced circularly polarized luminescence. Inorg Chem, 2012, 51: 4094-4098.

[114] Lunkley J L, Shirotani D, Yamanari K, Kaizaki S, Muller G. Extraordinary circularly polarized luminescence activity exhibited by cesium tetrakis(3-heptafluoro-butylryl-(+)-camphorato) Eu(Ⅲ) complexes in EtOH and $CHCl_3$ solutions. J Am Chem Soc, 2008, 130: 13814, 13815.

[115] Liu X H, Jiao J M, Jiang X X, Li J F, Cheng Y X, Zhu C J. A tetraphenylethene-based chiral polymer: an AIE luminogen with high and tunable CPL dissymmetry factor. J Mater Chem C, 2013, 1: 4713-4719.

[116] Kim J M. The “precursor approach” to patterned fluorescence images in polymer films. Macromol Rapid Commun, 2007, 28: 1191-1212.

[117] Yuan W Z, Hu R R, Lam J W Y, Xie N, Jim C K W, Tang B Z. Conjugated hyperbranched poly(aryleneethynylene)s: synthesis, photophysical properties, superquenching by explosive, photopatternability, and tunable high refractive indices. Chem Eur J, 2012, 18: 2847-2856.

[118] Okutsu R, Suzuki Y, Ando S, Ueda M. Poly(thioether sulfone) with high refractive index and high Abbe’s number. Macromolecules, 2008, 41: 6165-6168.

[119] Liu J G, Ueda M. High refractive index polymers: fundamental research and practical applications. J Mater Chem, 2009, 19: 8907-8919.

[120] Jim C K W, Qin A J, Lam J W Y, Mahtab F, Yu Y, Tang B Z. Metal-free alkyne polyhydrothiolation: synthesis of functional poly(vinylenesulfide)s with high stereoregularity by regioselective thioclick polymerization. Adv Funct Mater, 2010, 20: 1319-1328.

[121] Vijayaraghavan R K, Abraham S, Akiyama H, Furumi S, Tamaoki N, Das S. Photoresponsive glass-forming butadiene-based chiral liquid crystals with circularly polarized photoluminescence. Adv Funct Mater, 2008, 18: 2510-2517.

[122] Seo J, Kim S, Gihm S H, Park C R, Park S Y. Highly fluorescent columnar liquid crystals with elliptical molecular shape: oblique molecular stacking and excited-state intramolecular proton-transfer fluorescence. J Mater Chem, 2007, 17: 5052-5057.

[123] Hayasaka H, Miyashita T, Tamura K, Akagi K. Helically pi-stacked conjugated polymers bearing photoresponsive and chiral moieties in side chains: reversible photoisomerization-enforced switching between emission and quenching of circularly polarized fluorescence. Adv Funct Mater, 2010, 20: 1243-1250.

[124] Jeong Y S, Akagi K. Liquid crystalline PEDOT derivatives exhibiting reversible anisotropic electrochromism and linearly and circularly polarized dichroism. J Mater Chem, 2011, 21: 10472-10481.

[125] San Jose B A, Matsushita S, Moroishi Y, Akagi K. Disubstituted liquid crystalline polyacetylene derivatives that exhibit linearly polarized blue and green emissions. Macromolecules, 2011, 44: 6288-6302.

[126] Ting C H, Chen J T, Hsu C S. Synthesis and thermal and photoluminescence properties of liquid crystalline polyacetylenes containing 4-alkanyloxyphenyl *trans*-4-alkylcyclohexanoate side groups. Macromolecules, 2002, 35: 1180-1189.

[127] Jenekhe S A, Osaheni J A. Excimers and exciplexes of conjugated polymers. Science, 1994, 265: 765-768.

[128] Yuan W Z, Yu Z Q, Tang Y, Lam J W Y, Xie N, Lu P, Chen E Q, Tang B Z. High solid-state efficiency fluorescent main chain liquid crystalline polytriazoles with aggregation-induced emission characteristics. Macromolecules, 2011, 44: 9618-9628.

[129] Doonan C J, Tranchemontagne D J, Glover T G, Hunt J R, Yaghi O M. Exceptional ammonia uptake by a covalent organic framework. Nat Chem, 2010, 2: 235-238.

[130] Choi J H, Choi K M, Jeon H J, Choi Y J, Lee Y, Kang J K. Acetylene gas mediated conjugated microporous polymers (ACMPs): first use of acetylene gas as a building unit. Macromolecules, 2010, 43: 5508-5511.

[131] Li A, Sun H X, Tan D Z, Fan W J, Wen S H, Qing X J, Li G X, Li S Y, Deng W Q. Superhydrophobic conjugated microporous polymers for separation and adsorption. Energy Environ Sci, 2011, 4: 2062-2065.

[132] Du X, Sun Y L, Tan B E, Teng Q F, Yao X J, Su C Y, Wang W. Troger's base-functionalised organic nanoporous polymer for heterogeneous catalysis. Chem Commun, 2010, 46: 970-972.

[133] Shustova N B, McCarthy B D, Dinca M. Turn-on fluorescence in tetraphenylethylene-based metal-organic frameworks: an alternative to aggregation-induced emission. J Am Chem Soc, 2011, 133: 20126-20129.
[134] Hu Z C, Huang G X, Lustig W P, Wang F M, Wang H, Teat S J, Banerjee D, Zhang D Q, Li J. Achieving exceptionally high luminescence quantum efficiency by immobilizing an AIE molecular chromophore into a metal-organic framework. Chem Commun, 2015, 51: 3045-3048.
[135] Gu C, Huang N, Wu Y, Xu H, Jiang D L. Design of highly photofunctional porous polymer films with controlled thickness and prominent microporosity. Angew Chem Int Ed, 2015, 54: 11540-11544.

（左　勇　黄玉章　胡蓉蓉　唐本忠）

第 8 章

聚集诱导发光在光电领域的应用

8.1 引言

有机光电材料是一类能实现光电转换的有机功能材料。相对于无机材料而言，有机光电材料种类更多、更易于加工、光电响应性更快，并可以实现柔性和大面积制备，在 OLED、有机晶体管、有机太阳电池等领域具有重要的学术意义和实际应用价值。一般情况下，有机光电材料需要通过蒸镀或者溶液加工技术来制备成几十或者几百纳米的功能薄膜才能在这些光电器件中使用。但是，传统有机光电材料往往具有较大的 π 共轭平面结构，在实际应用中容易发生 ACQ 的问题，在固态非掺杂薄膜下的 ACQ 问题尤其严重，这大大降低了传统有机光电材料的发光效率，从而严重影响器件性能。与传统有机发光材料的 ACQ 现象不同，AIE 材料在聚集态下发光性能大大增强，利用它们制备的固态薄膜具有优异的发光效率，因此，AIE 材料在有机光电器件中的应用具有显著优势。到目前为止，AIE 材料在光电领域的应用已经涉及 OLED、有机场效应晶体管(organic field-effect transistor, OFET)、OPV、液晶显示(liquid crystal display，LCD)、CPL 等多个不同的方向。AIE 材料在非掺杂 OLED 器件中的应用最为广泛、发展最快，利用 AIE 材料制备的非掺杂 OLED 器件性能优异，外量子效率可以达到荧光器件的理论极限。鉴于 AIE 材料在光电领域的快速发展和很好的应用前景，本章将重点介绍 AIE 材料在该领域的研究进展。

8.2 有机发光二极管

OLED 由于其自发光、制备工艺简单及可柔性化等特点，已经在全彩色平板显示和固态白光照明等领域中展现出了巨大的潜力。对于高性能 OLED 器件的制备，发光材料尤为重要。然而，大部分传统的发光材料存在 ACQ 的问题，会使其固态薄膜的发光效率降低，对器件性能的提高极为不利。近年来，具有 AIE 特性的发光材料在解决 ACQ 问题方面表现出天然的优势。AIE 材料在固态薄膜下发光很强，能够在非掺杂 OLED 器件中表现出优异性能。通过不懈努力，科学家利用 AIE 材料制备出了越来越多具有不同发光颜色的高效 OLED 器件[1]。但是，要想实现 OLED 器件性能更大的突破，制备发光效率高、稳定性好、载流子传输性能优异的 AIE 发光材料依然是当前研究人员面临的一大挑战。

到目前为止，AIE 现象已经吸引了众多具有不同背景的研究人员的兴趣，在理解 AIE 机理的基础上，大量具有 AIE 特性的发光分子已经被开发出来并应用于诸多领域[2]。通过分子设计，将 AIE 基团引入 ACQ 分子中，可以得到具有 AIE 特性或者 AEE 特性的高效率固态发光材料，这为科研工作者提供了一种克服 ACQ 问题的有效方法，能够为制备高效率非掺杂 OLED 器件提供原料。作为最常见的 AIE 基团，噻咯[3]和 TPE[4]已经被广泛用于合成各种新型的 AIE 材料。这些材料在固态薄膜下具有高的荧光量子产率，其荧光发射波长可以通过分子结构有效调控，可覆盖整个可见光区。利用噻咯和 TPE 开发出来的各种发光材料已经被广泛应用于制备稳定、高效、结构简单的非掺杂 OLED 器件，器件的效率最高可以达到甚至超过荧光 OLED 器件的理论值。本小节将会对基于噻咯和 TPE 基团的 AIE 材料分别进行介绍，并对利用这些材料制备的具有不同发射波长的 OLED 器件进行讨论，同时还将展示一些在器件中起载流子传输作用的多功能 AIE 材料。

8.2.1　基于噻咯的 AIE 材料

MPPS（1-甲基-1,2,3,4,5-五苯基噻咯，**1**）是首次被报道的噻咯类 AIE 分子，具有典型的 AIE 特性。噻咯骨架不仅常被用于构建具有高固态荧光量子产率的 AIE 材料，而且噻咯环外的 C—Si σ^*键与丁二烯部分的 π^*轨道能够形成独特的 σ^*-π^*共轭，可降低其 LUMO 能级，从而赋予噻咯良好的电子亲和性和快速的电子迁移率。因此，噻咯衍生物在光电器件中常被用作发光材料或电子传输材料。同时，噻咯衍生物还具有很好的热稳定性和结构稳定性，且在常见的溶剂中具有良好的溶解性[5]。因此，在高性能的 OLED 器件中，利用噻咯构建的 AIE 发光材料具有很大的潜力。例如，在早期的报道中，MPPS 就表现出了优异的电致发光性能[5]。

二苯并噻咯也可用于构建具有 AIE 特性的新型荧光分子（图 8.1，化合物 **2**～**4**）[6]，这些分子具有高的热稳定性、优异的固态发光效率和良好的电致发光特性（表 8.1）。利用化合物 **2** 和 **3** 作为发光层制备的 OLED 器件的电致发光光谱分别位于深蓝光区和天蓝光区，其色坐标分别为（0.16，0.12）和（0.20，0.33）。其中，基于化合物 **3** 的器件的电致发光效率最好，器件结构为 ITO/MoO_3（10 nm）/ NPB（60 nm）/**3**（15 nm）/

TPBi(30 nm)/ LiF(1 nm)/Al(100 nm)。该器件的启动电压(V_{on})较低，为 3.0 V，而最大亮度(L_{max})为 27161 cd/m^2，最大电流效率($\eta_{C,max}$)为 8.04 cd/A，最高功率效率($\eta_{P,max}$)为 6.17 lm/W，最大外量子效率($\eta_{ext,max}$)为 3.38%。基于化合物 **4** 的器件发光呈亮绿色，也表现出高的效率，L_{max} 高达 28718 cd/m^2(表 8.1)。这些 OLED 器件的性能调节可以很容易地通过 AIE 材料分子中基团的连接方式或者主要基团之间桥连方式的微调来实现。

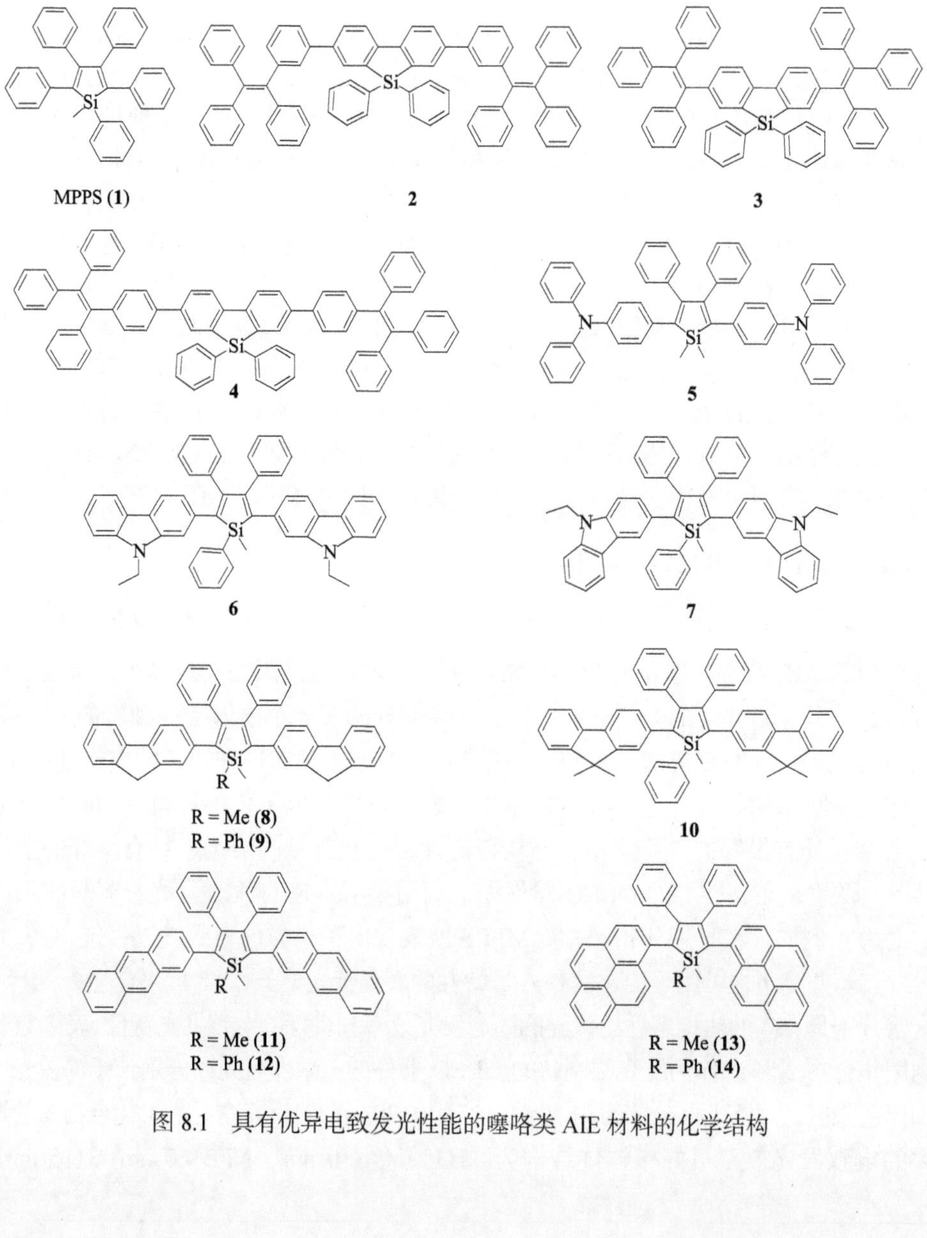

MPPS (**1**)　**2**　**3**

4　**5**

6　**7**

R = Me (**8**)
R = Ph (**9**)
10

R = Me (**11**)
R = Ph (**12**)
R = Me (**13**)
R = Ph (**14**)

图 8.1　具有优异电致发光性能的噻咯类 AIE 材料的化学结构

表 8.1　基于噻咯的 AIE 分子的电致发光性能

AIE 分子	器件结构	λ_{EL} /nm	CIE 色坐标	V_{on}/V	L_{max} /(cd/m²)	$\eta_{C, max}$ /(cd/A)	$\eta_{P, max}$ /(lm/W)	$\eta_{ext, max}$ /%	参考文献
2	ITO/MoO_3 (10 nm)/NPB (60 nm)/**2** (15 nm)/TPBi (30 nm)/LiF (1 nm)/Al (100 nm)	432	(0.16, 0.12)	3.7	4411	1.39	1.18	1.21	[6]
3	ITO/MoO_3 (10 nm)/NPB (60 nm)/**3** (15 nm)/TPBi (30 nm)/LiF (1 nm)/Al (100 nm)	488	(0.20, 0.33)	3.0	27161	8.04	6.17	3.38	[6]
4	ITO/MoO_3 (10 nm)/NPB (60 nm)/**4** (15 nm)/TPBi (30 nm)/LiF (1 nm)/Al (100 nm)	512	(0.21, 0.37)	3.5	28718	7.40	5.57	2.92	[6]
5	ITO/NPB (60 nm)/**5** (20 nm)/TPBi (10 nm)/Alq_3 (30 nm)/LiF (1 nm)/Al (100 nm)	544	(0.39, 0.53)	3.1	13405	8.28	7.88	2.42	[7]
5	ITO/**5** (80 nm)/TPBi (10 nm)/Alq_3 (30 nm)/LiF (1 nm)/Al (100 nm)	548	(0.40, 0.57)	3.1	14038	7.60	6.94	2.26	[7]
6	ITO/NPB (60 nm)/**6** (20 nm)/TPBi (40 nm)/LiF (1 nm)/Al (100 nm)	552	(0.41, 0.56)	4.6	28240	4.50	1.91	1.44	[8]
7	ITO/NPB (60 nm)/**7** (20 nm)/TPBi (40 nm)/LiF (1 nm)/Al (100 nm)	548	(0.39, 0.57)	4.6	17280	4.26	2.23	1.35	[8]
8	ITO/NPB (60 nm)/**8** (20 nm)/TPBi (40 nm)/LiF (1 nm)/Al (100 nm)	552	(0.40, 0.53)	4.8	2790	6.9	4.4	2.2	[9]
9	ITO/NPB (60 nm)/**9** (20 nm)/TPBi (40 nm)/LiF (1 nm)/Al (100 nm)	556	(0.42, 0.51)	5.6	1900	8.1	4.6	2.9	[9]
10	ITO/NPB (60 nm)/**10** (20 nm)/TPBi (40 nm)/LiF (1 nm)/Al (100 nm)	544	(0.37, 0.57)	3.2	31900	16.0	13.5	4.8	[10]
10	ITO/MoO_3 (5 nm)/NPB (60 nm)/**10** (20 nm)/TPBi (60 nm) /LiF (1 nm)/Al (100 nm)	544	(0.36, 0.57)	3.3	37800	18.3	15.7	5.5	[10]
11	ITO/NPB (60 nm)/**11** (20 nm)/TPBi (40 nm)/LiF (1 nm)/Al (100 nm)	568	(0.45, 0.52)	3.3	21100	5.6	4.6	2.0	[9]
12	ITO/NPB (60 nm)/**12** (20 nm)/TPBi (40 nm)/LiF (1 nm)/Al (100 nm)	582	(0.48, 0.50)	4.4	7660	3.9	2.8	1.5	[9]
13	ITO/NPB (60 nm)/**13** (20 nm)/TPBi (40 nm)/LiF (1 nm)/Al (100 nm)	546	(0.36, 0.53)	3.5	49000	9.1	7.1	3.0	[9]

续表

AIE 分子	器件结构	λ_{EL} /nm	CIE 色坐标	V_{on}/V	L_{max} /(cd/m^2)	$\eta_{C, max}$ /(cd/A)	$\eta_{P, max}$ /(lm/W)	$\eta_{ext, max}$ /%	参考文献
14	ITO/NPB (60 nm)/**14** (20 nm)/TPBi (40 nm)/LiF (1 nm)/Al (100 nm)	544	(0.35, 0.51)	4.6	5170	2.9	1.5	0.9	[9]

注：λ_{EL}为最大电致发光波长；V_{on}为亮度为 1 cd/m^2 时的启动电压；L_{max}为最大亮度；$\eta_{C, max}$为最大电流效率；$\eta_{P, max}$为最大功率效率；$\eta_{ext, max}$为最大外量子效率；CIE 色坐标为国际照明委员会定义的色坐标；NPB 为空穴传输层(hole transport layer，HTL)，TPBi 为电子传输层(electron transport layer，ETL)，Alq_3 为 ETL，MoO_3为空穴注入层(hole injection layer，HIL)

正如前面所提到的，传统的有机发光分子应用于OLED器件时，很难避免ACQ这个棘手的问题，而传统的化学、物理方法虽然可以在一定程度上缓解这一问题，但也往往会产生其他新问题。因此，在消除 ACQ 问题的同时，继续保留传统发光分子的原有价值，是很值得期待的。在对 AIE 机理有了深入了解之后，通过将 ACQ 基团引入到 AIE 骨架中，不仅可以解决传统有机发光分子的 ACQ 问题，还可以拓展 AIE 分子体系。换句话说就是，利用 AIE 分子的特有属性将 ACQ 分子改造为新的 AIE 分子。

通过噻咯环上 2, 5-位取代基的改变，可以调节噻咯衍生物的电子结构和光物理性质。噻咯分子 **5**～**14** 就体现出了这种设计理念(图 8.1)。当具有 ACQ 效应的三苯胺基团引入到噻咯环的 2, 5-位上，得到的化合物 **5** 具有典型的 AEE 特性，其薄膜态下的荧光量子产率高达 74%[7]。用化合物 **5** 制备的 OLED 器件[ITO/NPB (60 nm)/**5** (20 nm)/TPBi (10 nm)/Alq_3 (30 nm)/LiF (1 nm)/Al (100 nm)]发黄光，V_{on}为 3.1 V，$\eta_{C,max}$、$\eta_{P,max}$、$\eta_{ext,max}$分别为 8.28 cd/A、7.88 lm/W 和 2.42%。值得一提的是，在 ITO/**5** (80 nm)/TPBi (10 nm)/Alq_3 (30 nm)/LiF (1 nm)/Al (100 nm)器件中，**5** 能够同时作为发光层和空穴传输层使用，器件展现出了良好的电致发光性能(7.60 cd/A，6.94 lm/W 和 2.26%)。这也充分说明，由于三苯胺的存在，**5** 的空穴传输能力得到了很好地提升。另一个空穴传输基团——咔唑也常被用于有机半导体设计中。为了研究取代基与噻咯环的连接方式对电致发光性能的影响，唐本忠教授课题组制备了取代基连接方式不同的同分异构体 **6** 和 **7**，并对其电致发光性能进行了研究[8]。化合物 **6** 和 **7** 在固态下都具有较高的荧光量子产率，分别为 65%和 56%，而在四氢呋喃溶液中荧光量子产率很低，分别为 6.0%和 2.3%，表明它们具有明显的 AEE 特性。由它们制备的非掺杂 OLED 器件发光波长位于 548～552 nm，呈黄光，电致发光性能中等(表 8.1)。不同的连接方式对它们的光致发光效率和电致发光性能都产生了明显的影响。

芴基团由于发光强并且性质稳定而被广泛运用在 OLED 器件材料中。唐本忠课题组合成了一系列具有芴基的噻咯分子(**8**～**10**)，如图 8.1 所示。它们不仅具有良好的热稳定性，而且固态薄膜下的荧光量子产率高达 88%[9, 10]。基于这些分子的非掺杂 OLED 器件表现出了优异的电致发光性能。如表 8.1 所示，相对而言，基于化合物 **10** 的器件的电致发光性能最优，未经优化的器件就已表现出很高的性能。将该器件进一步优化，器件结构为 ITO/MoO_3 (5 nm)/NPB (60 nm)/**10** (20 nm)/TPBi (60 nm)/LiF (1 nm)/Al (100 nm)，结果显示，器件的 V_{on} 为 3.3 V，发射波长为 544 nm，发出很强烈的黄光，其色坐标为(0.36，0.57)，L_{max} 高达 37800 cd/m^2。该器件的 $\eta_{C,max}$、$\eta_{P,max}$ 和 $\eta_{ext,max}$ 分别高达 18.3 cd/A、15.7 lm/W 和 5.5%(图 8.2)，其中外量子效率已经达到荧光OLED器件的理论极限。这一突破也充分展现出 AIE 材料在 OLED 器件领域的重大潜在应用价值。

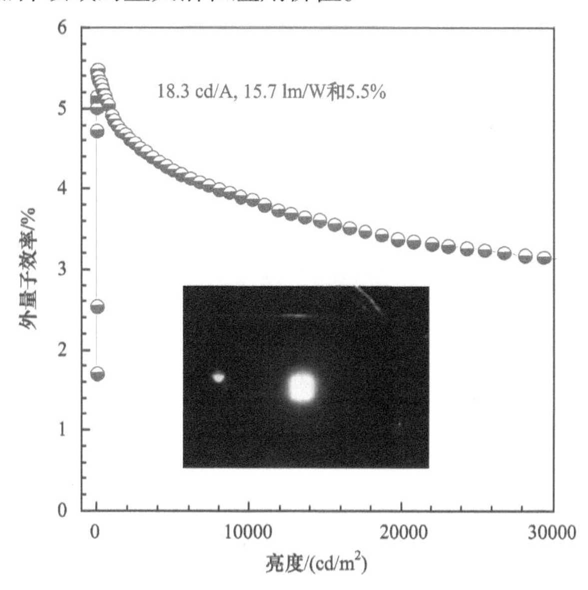

图 8.2　基于化合物 **10** 的 OLED 器件的外量子效率-亮度相关曲线[10]
插图为器件工作时的照片

众所周知，在光电器件中，平面荧光基团是有利于载流子传输的，但也容易导致 ACQ 问题。通过将一些代表性的平面荧光基团，如蒽和芘，引入噻咯环的 2, 5-位可以衍生出一系列新的噻咯分子 **11**～**14**[11]。这些噻咯衍生物具有 AEE 特性，并且由它们制备的 OLED 器件性能良好，发光光色覆盖黄光到橙光范围(表 8.1)。其中，以化合物 **13** 为发光层制成的器件，其 L_{max}、$\eta_{C,max}$、$\eta_{P,max}$ 和 $\eta_{ext,max}$ 分别高达 49000 cd/m^2、9.1 cd/A、7.1 lm/W 和 3.0%。

8.2.2　基于四苯基乙烯的 AIE 分子

在 AIE 分子家族中，四苯基乙烯(**15**)是另一个明星分子。其结构简单，易于合成，且具有明显的 AIE 特性，在固态下的荧光量子产率为 49%。用四苯基乙烯作为发光材料制备的 OLED 器件，发射 445 nm 的深蓝光，但是器件性能较差，L_{max}、$\eta_{C, max}$ 和 $\eta_{ext, max}$ 分别只有 1800 cd/m^2，0.45 cd/A 和 0.4%[11]。经过不断地发展和完善，由四苯基乙烯基元构筑的 AIE 分子的光致发光和电致发光性能都已得到了极大提升。基于四苯基乙烯衍生物制备的 OLED 器件，发光效率高，光色覆盖了整个可见光区。在此，我们将以电致发光的不同光色来介绍四苯基乙烯衍生物，并给出它们相应的 OLED 器件性能数据。

为实现全彩色平板显示和固态白光照明，发展稳定、高效的红、绿、蓝色有机电致发光材料及器件具有很重要的意义。蓝光材料由于带隙较宽，故其器件的性能一般会低于红光和绿光器件。一直以来，获得稳定、高效的蓝光或者深蓝光材料和器件很不容易。同时，由于有机电致磷光器件存在稳定性差、寿命短等缺点，故广大科研工作者便转向研究高效的蓝色有机电致发光材料及器件[12]。再者，传统的有机发光材料往往面临 ACQ 问题，因此，蓝光 AIE 分子为构建高效的蓝光 OLED 器件提供了新的选择。如前面所提到的，虽然四苯基乙烯的电致发光呈深蓝色，但其 OLED 器件性能较差。考虑到螺芴和咔唑常被用于构建蓝光材料，李振教授课题组将二者分别连接到四苯基乙烯核上，获得了新型蓝光 AIE 分子 **16** 和 **17**，其器件性能也表现良好[13]（表 8.2）。除了螺芴和咔唑之外，菲并[9, 10-*d*]咪唑也是构筑高效蓝光材料的常用基团之一。值得一提的是，相对于四苯基乙烯而言，三苯基乙烯共轭长度更短，固态发光也更蓝。由三苯基乙烯和菲并[9, 10-*d*]咪唑连接而成的 AIE 分子 **18**，其固态薄膜荧光量子产率高达 94%[14]。由化合物 **18** 制备的 OLED 器件表现出优良的电致发光性能（表 8.2）。该器件的结构为 ITO/ NPB（40 nm）/**18**（20 nm）/ TPBi（40 nm）/ LiF（1 nm）/ Al（100 nm），发射高亮度的深蓝光（450 nm），CIE 色坐标为（0.15，0.12），L_{max} 为 16400 cd/m^2，$\eta_{C, max}$、$\eta_{P, max}$ 和 $\eta_{ext, max}$ 分别为 4.9 cd/A、4.4 lm/W 和 4.0%。正如之前所说的，将 ACQ 分子改造成 AIE 分子是合成高效有机电致发光材料的有效途径，即运用 AIE 基团对 ACQ 发色团进行修饰。如图 8.3 所示的化合物 **19**～**22** 就是这样一些典型的实例。例如，化合物 **19** 是将具有 ACQ 效应的蒽用 TPE 修饰得到的新型 AIE 分子[15]，其优化之后的深蓝光器件[ITO/HATCN（150 nm）/NPB（20 nm）/ **19**（10 nm）/Bepp$_2$（40 nm）/LiF（1 nm）/Al（200 nm）]的启动电压低至 2.8 V，CIE 色坐标为（0.17，0.14），其 L_{max} 达到 17721 cd/m^2，$\eta_{P, max}$ 为 4.3 lm/W 且效率滚降很低[16]。Shu 课题组[17]将化合物 **19** 中的蒽环用叔丁基修饰之后得到了另一个新的 AEE 分子 **20**，该分子在溶液中的荧光量子产率只有 6%，而在薄膜状态下荧光量子产率高达 89%。将该材料作为发光层制得的 OLED 器件发射 456 nm 的深蓝光，CIE 色坐标为（0.14，0.12），$\eta_{C, max}$ 为 5.3 cd/A，而 $\eta_{ext, max}$ 高达 5.3%，达到了荧光 OLED 的理论值。芘是另一个传统的蓝光生色团，但由于存在严重的 ACQ 效应而不利于其实际器件应用。但是同样地，将四苯基乙烯引入芘环的外围，可以得到具有 AIE/AEE 活性的分子。如分子 **21**[18]和 **22**[19]，固态发光都很强，并且其器件效率也很可观。基于分子

21 的器件的 $\eta_{C,max}$、$\eta_{P,max}$ 和 $\eta_{ext,max}$ 分别为 7.3 cd/A、5.6 lm/W 和 3.0%。相比之下，分子 **22** 的电致发光性能更加优异，由其优化的器件 ITO/NPB (60 nm)/**22** (26 nm)/TPBi (20 nm)/LiF (1 nm)/Al (100 nm)获得的 L_{max}、$\eta_{C,max}$、$\eta_{P,max}$ 和 $\eta_{ext,max}$ 分别高达 36300 cd/m^2、12.3 cd/A、7.0 lm/W 和 4.95%(图 8.4)。总的来说，分子 **21** 和 **22** 都是很不错的天蓝光材料。除此之外，将四苯基乙烯进行自我连接得到的天蓝光材料 **23**[20]和 **24**[21](图 8.3)，其固态荧光量子产率可接近于 100%。如表 8.2 所示，以 **23** 和 **24** 作为发光层的多层非掺杂 OLED 器件的光色均在天蓝光范围，波长均为 488 nm，电致发光性能良好。

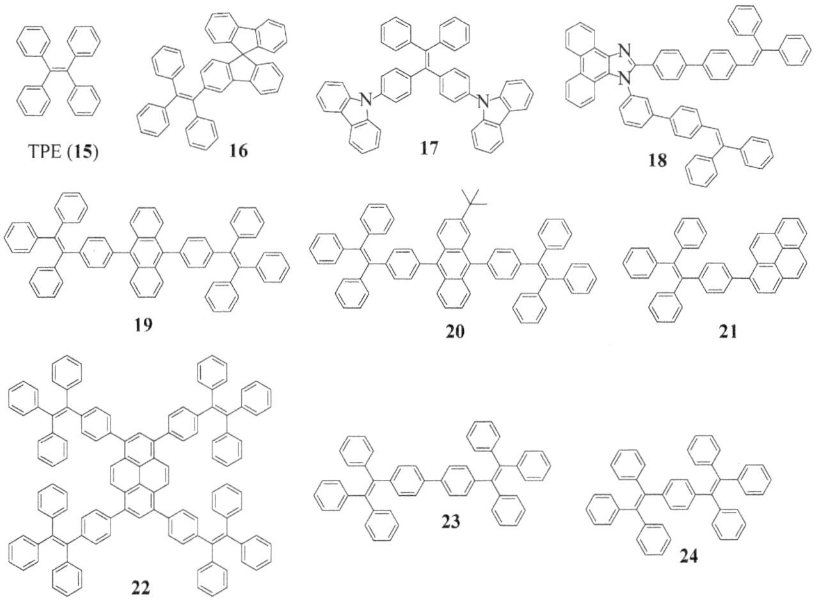

图 8.3　具有良好电致发光性能的四苯基乙烯类蓝光 AIE 分子

表 8.2　四苯基乙烯类 AIE 分子的电致发光性能

AIE 分子	器件结构	λ_{EL} /nm	CIE 色坐标	V_{on}/V	L_{max} /(cd/m^2)	$\eta_{C,max}$ /(cd/A)	$\eta_{P,max}$ /(lm/W)	$\eta_{ext,max}$/%	参考文献
16	ITO/NPB (60 nm)/**16** (30 nm)/TPBi (20 nm)/LiF (1 nm)/Al (100 nm)	466	(0.18, 0.24)	2.6	8196	3.33	2.1	—	[13]
17	ITO/NPB (40 nm)/**17** (10 nm)/TPBi (10 nm)/Alq_3 (30 nm)/LiF (1 nm)/Al (100 nm)	462	(0.17, 0.21)	3.3	6179	2.8	2.51	—	[13]
18	ITO/NPB (60 nm)/**18** (20 nm)/TPBi (40 nm)/LiF (1 nm)/Al (100 nm)	463	(0.15, 0.15)	3.2	20300	5.9	5.3	4.4	[14]
18	ITO/NPB (40 nm)/**18** (20 nm)/TPBi (40 nm)/LiF (1 nm)/Al (100 nm)	450	(0.15, 0.12)	3.2	16400	4.9	4.4	4.0	[14]

续表

AIE 分子	器件结构	λ_{EL} /nm	CIE 色坐标	V_{on}/V	L_{max} /(cd/m^2)	$\eta_{C,max}$ /(cd/A)	$\eta_{P,max}$ /(lm/W)	$\eta_{ext,max}$/%	参考文献
19	ITO/HATCN (150 nm)/NPB (20 nm)/**19** (10 nm)/$Bepp_2$ (40 nm)/LiF (1 nm)/Al (200 nm)	449	(0.17, 0.14)	2.8	17721	—	4.3	—	[16]
20	ITO/PEDOT/TFTPA (30 nm)/**20** (40 nm)/TPBi (40 nm)/Mg : Ag (100 nm)/Ag (100 nm)	456	(0.14, 0.12)	4.9	4165	5.3	2.8	5.3	[17]
21	ITO/NPB (60 nm)/**21** (20 nm)/TPBi (10 nm)/Alq_3 (40 nm)/LiF (1 nm)/Al (100 nm)	484	—	3.6	13400	7.3	5.6	3.0	[18]
22	ITO/NPB (60 nm)/**22** (40 nm)/TPBi (20 nm)/LiF (1 nm)/Al (100 nm)	492	—	4.7	18000	10.6	5	4.04	[19]
22	ITO/NPB (60 nm)/**22** (26 nm)/TPBi (20 nm)/LiF (1 nm)/Al (100 nm)	488	—	3.6	36300	12.3	7	4.95	[19]
23	ITO/NPB (60 nm)/**23** (20 nm)/TPBi (10 nm)/Alq_3 (30 nm)/LiF (1 nm)/Al (100 nm)	488	—	4	11180	7.26	—	3.17	[20]
24	ITO/NPB (60 nm)/**24** (20 nm)/TPBi (40 nm) /LiF (1 nm)/Al (100 nm)	488	—	4.2	10800	5.8	3.5	2.7	[21]
25	ITO/NPB (60 nm)/**25** (20 nm)/TPBi (10 nm)/Alq_3 (30 nm)/LiF (1 nm)/Al (100 nm)	516	—	3.2	49830	10.2	9.2	3.3	[22]
26	ITO/NPB (60 nm)/**26** (20 nm)/TPBi (40 nm)/LiF (1 nm)/Al (100 nm)	516	—	4.6	25500	6	2.7	2.1	[18]
27	ITO/NPB (60 nm)/**27** (20 nm)/TPBi (10 nm)/Alq_3 (30 nm)/LiF (1 nm)/Al (100 nm)	540	—	3.9	13540	5.2	3	1.5	[23]
28	ITO/NPB (60 nm)/**28** (20 nm)/TPBi (10 nm)/Alq_3 (30 nm)/LiF (1 nm)/Al (100 nm)	592	—	5.4	8330	6.4	2.9	3.1	[23]
29	ITO/NPB (60 nm)/**29** (20 nm)/TPBi (10 nm)/Alq_3 (30 nm)/LiF (1 nm)/Al (100 nm)	668	—	4.4	1640	0.4	0.5	1	[23]
30	ITO/NPB (60 nm)/**30** (20 nm)/TPBi (40 nm)/LiF (1 nm)/Al (100 nm)	650	(0.67, 0.32)	4.2	3750	2.4	—	3.7	[24]
31	ITO/NPB (80 nm)/**31** (20 nm)/TPBi (40 nm)/LiF (1 nm)/Al (100 nm)	604	—	3.2	15584	6.4	6.3	3.5	[25]
32	ITO/NPB (80 nm)/**32** (20 nm)/TPBi (40 nm)/LiF (1 nm)/Al (100 nm)	604	—	3.2	16396	7.5	7.3	3.9	[25]

注：λ_{EL} 为最大电致发光波长；V_{on} 为亮度为 1 cd/m^2 时的启动电压；L_{max} 为最大亮度；$\eta_{C,max}$ 为最大电流效率；$\eta_{P,max}$ 为最大功率效率；$\eta_{ext,max}$ 为最大外量子效率；CIE 色坐标为国际照明委员会定义的色坐标；NPB 和 TFTPA 为空穴传输层，TPBi、$Bepp_2$ 和 Alq_3 为 ETL，HATCN 和 PEDOT 为空穴注入层

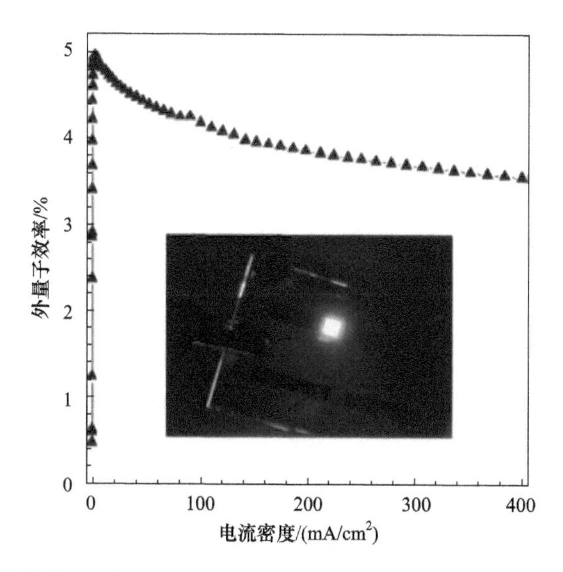

图 8.4 基于化合物 **22** 的 OLED 器件(插图)及其外量子效率-电流密度相关曲线[19]

高效率绿光材料可以很容易地通过四苯基乙烯单元与芘基团在分子水平上的巧妙结合而实现，根据这一设计思路成功开发出的新材料 **25**[22]和 **26**[18]如图 8.5 所示。其中，**26** 是一种新型 AIE 分子，在固态下呈现高亮度的发光，荧光量子产率高达 100%，具有良好的热稳定性，其多层非掺杂 OLED 器件的亮度高达 25500 cd/m^2，外量子效率能够达到 2.1%。与四苯基乙烯相比，**25** 的分子结构刚性更大，具有较大的空间位阻，因此它在溶液中的 Φ_F 值略大(9.8%)，成膜聚集后进一步增强，表现为 AEE 效应。基于 **25** 的 OLED 器件[ITO/NPB (60 nm)/**25** (20 nm)/TPBi (10 nm)/Alq_3 (30 nm)/LiF (1 nm)/Al (100 nm)]的发射波长与 **26** 的相同，都位于 516 nm，其 L_{max}、$\eta_{C,max}$ 和 $\eta_{ext,max}$ 分别为 49830 cd/m^2、10.2 cd/A 和 3.3%(图 8.6)。

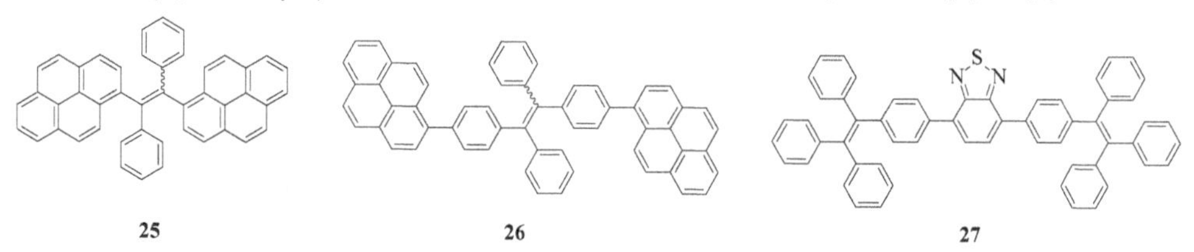

图 8.5 具有良好电致发光性能的四苯基乙烯类绿光和黄绿光 AIE 分子

以 2, 1, 3-苯并噻二唑为核，两端各自连接四苯基乙烯单元，可以得到一种具有高热稳定性和形态稳定性的黄绿光材料 **27**[23]，其固态荧光量子产率可以达到 89%，将它作为发光层制备的非掺杂 OLED 器件发射黄绿光(540 nm)，其 L_{max}、$\eta_{C,max}$ 分别达到 13540 cd/m^2、5.2 cd/A。

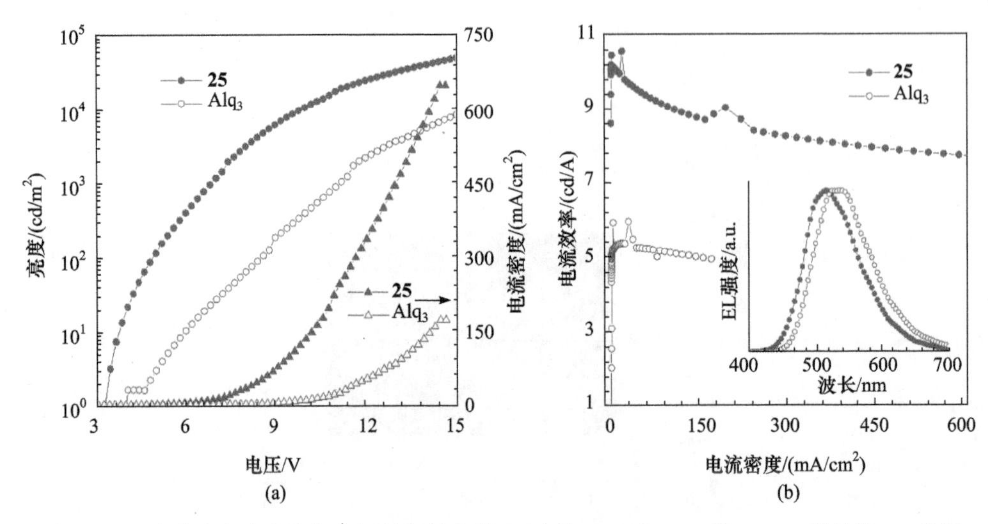

图 8.6 (a)亮度和电流密度与电压的相关曲线；(b)基于 **25** 和 Alq_3 的 OLED 器件的 EL 光谱(插图)及其电流效率-电流密度相关曲线[22]

在 OLED 领域，开发高效的红光材料及器件对于全彩色显示和照明也非常重要。但是，许多传统的红光生色团是含有大平面结构的稠环芳烃，所以材料在实际应用时很难避免 ACQ 问题，其固态发光效率往往不尽人意，而 AIE 现象的发现无疑为解决这一问题提供了新的思路。在开发高效蓝、绿、黄光材料方面积累了丰富经验后，唐本忠课题组成功开发出了一系列高效的红光材料，其分子结构式如图 8.7 所示。2, 1, 3-苯并噻二唑作为一个强电子受体，可有效调节分子的发光颜色，被广泛应用于开发红光材料。再者，富电子基噻吩的引入，可以促进分子内

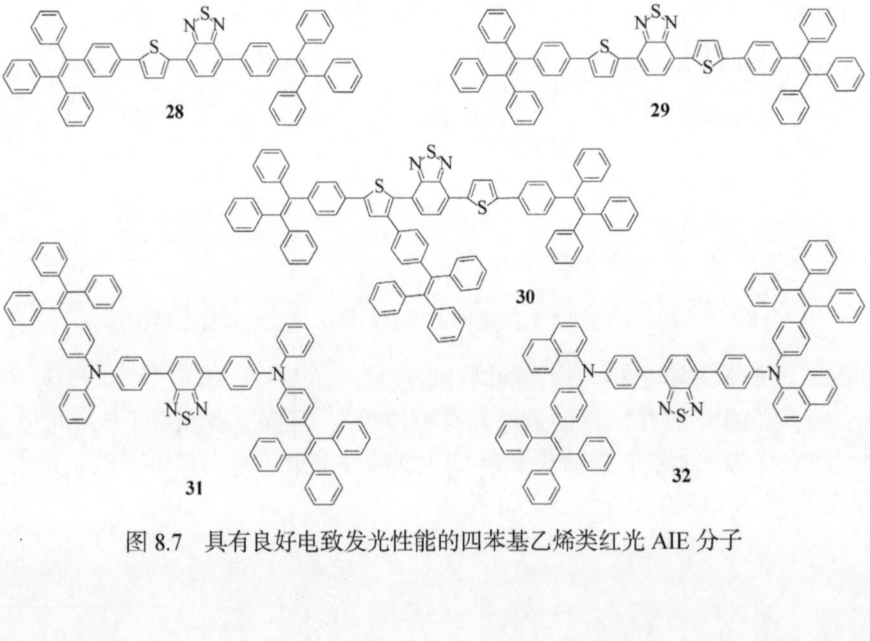

图 8.7 具有良好电致发光性能的四苯基乙烯类红光 AIE 分子

的电荷转移并增加分子的共轭程度，这些都是导致材料发光红移的有利因素。有了这样的设计指导思想，唐本忠课题组[23]首次将苯并噻二唑和噻吩与四苯基乙烯单元相结合，成功构筑了一系列高效率固态红光材料 **28** 和 **29**，其器件性能数据列于表 8.2 中。基于 **28** 的器件发射 592 nm 的橘红光，最大外量子效率可高达 3.1%；相比之下，基于 **29** 的红光(668 nm)器件的性能明显逊色。但若在化合物 **29** 的基础上再增加一个四苯基乙烯单元，进一步抑制中心共轭骨架的分子间作用，得到的化合物 **30** 的光致发光、电致发光性能及热稳定性都得到了很大的提升[24]。基于 **30** 的非掺杂红光器件(650 nm)结构为 ITO/NPB (60 nm)/**30** (20 nm)/TPBi (40 nm)/LiF (1 nm)/Al (100 nm)，色坐标为(0.67，0.32)，$\eta_{ext,max}$ 和 $\eta_{C,max}$ 分别提升到 3.7%和 2.4 cd/A(图 8.8)。芳胺基团因其良好的空穴传输能力和供电子能力而被广泛用于制备优良的固态红光材料。例如，另外一个系列的红光 AIE 分子 **31** 和 **32**[25]，薄膜态下的荧光量子产率分别高达 48.8%和 63.0%，并得到了波长为 604 nm 的非掺杂红色电致发光器件。基于 **32** 的器件性能尤其佳，L_{max}、$\eta_{C,max}$、$\eta_{P,max}$ 和 $\eta_{ext,max}$ 分别可高达 16396 cd/m^2、7.5 cd/A、7.3 lm/W 和 3.9%。此外，由于它们又具有良好的空穴传输性能，所以，当它们同时被用作发光层和空穴传输层而将器件结构简化之后，器件的性能依然保持良好。

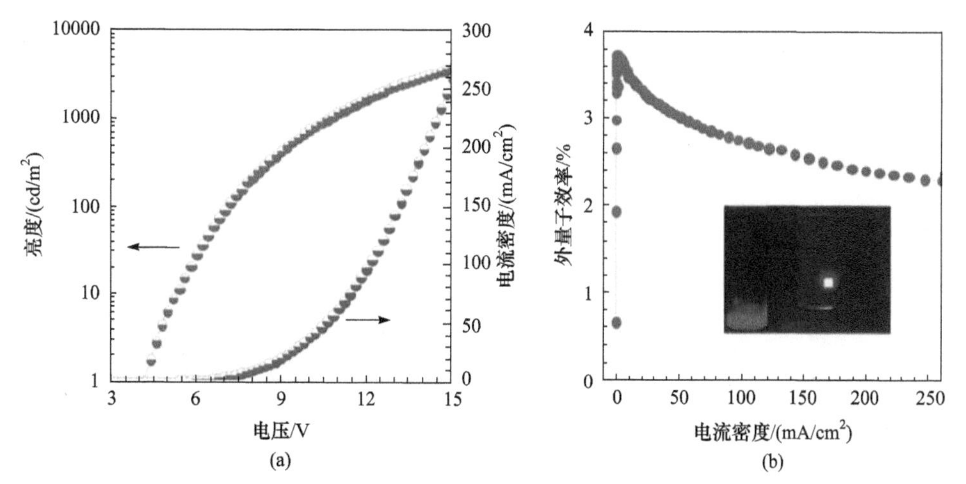

图 8.8　基于 **30** 的多层 OLED 器件的亮度和电流密度与电压的相关曲线(a)；外量子效率-电流密度相关曲线(b)，插图为 **30** 的粉末在紫外灯下的照片及其 OLED 器件照片[24]

8.3　多功能 AIE 材料

AIE 材料除了具有高效的固态发光效率之外，还可以通过引入空穴或者电子传输基团而具备优异载流子传输能力。这些具有多功能的材料（p 型或 n 型 AIE 发光材料）可同时作为电致发光器件的发光层和空穴（或电子）传输层，这对于简化器件结构、缩短制造工艺和降低生产成本具有积极意义[2]，因此也激发了众多科研工作者研究多功能材料的兴趣。到目前为止，已经有许多具有优异的空穴/电子传输及双极载流子传输性能的 AIE 材料被开发出来，图 8.9 列举了一些典型的实例，其电致发光器件的性能数据列于表 8.3 中。

33 34 35 36 37 38 39 40 41 42 43 44 45 46 47 48 49 50 51 52

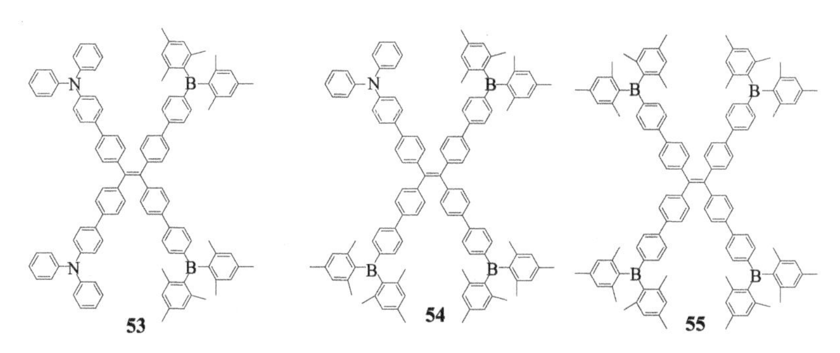

图 8.9　典型的多功能 AIE 材料

表 8.3　多功能 AIE 材料的电致发光性能

AIE 材料	器件结构	λ_{EL} /nm	CIE 色坐标	V_{on}/V	L_{max} /(cd/m^2)	$\eta_{C,max}$ /(cd/A)	$\eta_{P,max}$ /(lm/W)	$\eta_{ext,max}$ /%	参考文献
33	ITO/NPB(40 nm)/**33** (20 nm)/TPBi (10 nm)/Alq_3 (30 nm)/LiF (1 nm)/Al (200 nm)	492	—	3.6	15480	8.6	5.3	3.4	[26]
33	ITO/**33** (20 nm)/TPBi (10 nm)/Alq_3 (30 nm)/LiF(1 nm)/Al (200 nm)	492	—	4.2	26090	8.3	4.9	3.3	[26]
34	ITO/NPB (40 nm)/**34** (20 nm)/TPBi (10nm)/Alq_3(30nm)/LiF(1 nm)/Al (200 nm)	514	—	3.4	32230	12.3	10.1	4.0	[26]
34	ITO/**34** (20 nm)/TPBi (10 nm)/Alq_3 (30 nm) /LiF (1nm)/Al (200 nm)	512	—	3.2	33770	13.0	11.0	4.4	[26]
35	ITO/NPB(40 nm)/**35** (20 nm)/TPBi (40nm)/LiF(1 nm)/Al(100 nm)	512	—	3.7	11981	11.9	8.9	4.0	[27]
35	ITO/**35** (60 nm)/TPBi (40 nm)/LiF (1 nm)/Al (100 nm)	516	—	3.9	12607	13.1	7.8	4.2	[27]
36	ITO/NPB (60 nm) **36** (20 nm)/TPBi (10 nm) /Alq_3 (30 nm)/LiF (1 nm)/Al(100 nm)	493	—	5.4	1662	3.1	1.1	1.2	[28]
36	ITO/**36** (80 nm)/TPBi (10 nm)/Alq_3 (30 nm)/LiF (1 nm)/Al(100 nm)	499	—	4.5	6935	4.0	1.9	1.5	[28]

续表

AIE 材料	器件结构	λ_{EL} /nm	CIE 色坐标	V_{on}/V	L_{max} /(cd/m^2)	$\eta_{C,max}$ /(cd/A)	$\eta_{P,max}$ /(lm/W)	$\eta_{ext,max}$ /%	参考文献
37	ITO/**37** (30 nm)/TPBi (10 nm)/Alq_3 (30 nm)/LiF (1 nm)/Al (100 nm)	488	—	4.1	10723	8.0	5.2	3.7	[28]
38	ITO/MoO_3 (10nm)/NPB (60 nm)/**38** (15 nm)/TPBi (35 nm)/LiF (1 nm)/Al (100 nm)	480	(0.17, 0.28)	3.1	13639	8.03	7.04	3.99	[29]
38	ITO/MoO_3 (10nm)/**38** (75 nm)/TPBi (35 nm)/LiF (1 nm)/Al (100 nm)	469	(0.18, 0.25)	2.9	15089	6.51	6.88	3.39	[29]
39	ITO/NPB (40 nm)/**39** (25 nm)/Bphen (35 nm)/LiF (0.8 nm)/Al (70 nm)	515	—	2.6	58300	14.3	15.0	4.5	[30]
39	ITO/**39** (65 nm)/Bphen (35 nm)/LiF (0.8 nm)/Al (70 nm)	510	—	2.6	48300	8.3	8.7	3.6	[30]
40	ITO/NPB (40 nm)/**40** (25 nm)/Bphen (35 nm)/LiF (0.8 nm)/Al (70 nm)	523	—	2.4	53600	15.9	16.2	5.9	[30]
40	ITO/**40** (65 nm)/Bphen (35 nm)/LiF (0.8 nm)/Al (70 nm)	523	—	2.4	54200	14.4	14.1	4.5	[30]
41	ITO/NPB (60nm)/**41** (20 nm)/TPBi (40 nm)/LiF (1 nm)/Al (100 nm)	548	(0.39, 0.55)	5.4	15200	8.4	4.1	2.62	[31]
41	ITO/NPB (60 nm)/**41** (60 nm)/LiF (1 nm)/Al (100 nm)	524	(0.33, 0.56)	4.3	12200	13.9	11.6	4.35	[31]
42	ITO/NPB (60nm)/**42** (20 nm)/TPBi (40 nm)/LiF (1 nm)/Al (100 nm)	552	(0.40, 0.54)	7.5	9610	6.6	2.4	2.13	[31]

续表

AIE 材料	器件结构	λ_{EL} /nm	CIE 色坐标	V_{on}/V	L_{max} /(cd/m²)	$\eta_{C,max}$ /(cd/A)	$\eta_{P,max}$ /(lm/W)	$\eta_{ext,max}$ /%	参考文献
42	ITO/NPB (60 nm)/ **42** (60 nm)/LiF (1 nm)/Al (100 nm)	520	(0.30, 0.56)	3.9	13900	13.0	10.5	4.12	[31]
43	ITO/NPB (60 nm)/ **43** (20 nm)/TPBi (40 nm)/LiF (1 nm)/Al (100 nm)	554	(0.41, 0.56)	3.8	48348	12.3	8.8	4.1	[32]
43	ITO/NPB (60 nm)/ **43** (40 nm)/TPBi (20 nm)/LiF (1 nm)/Al (100 nm)	554	(0.41, 0.56)	4.6	34080	10.1	5.9	3.3	[32]
44	ITO/NPB (60 nm)/ **44** (20 nm)/TPBi (40 nm)/LiF (1 nm)/Al (100 nm)	542	(0.38, 0.56)	3.1	19019	9.2	9.0	3.1	[33]
44	ITO/NPB (60nm)/ **44** (60 nm)/ LiF (1 nm)/Al (100 nm)	544	(0.38, 0.56)	3.1	16656	8.7	8.6	2.9	[33]
45	ITO/NPB (60nm)/ **45** (20 nm)/ TPBi (40 nm)/ LiF (1 nm)/Al (100 nm)	496	—	6.3	5581	5.78	3.4	2.3	[34]
45	ITO/NPB (60 nm)/ **45** (60 nm)/LiF (1 nm)/Al (100 nm)	496	—	6.3	5170	7.13	3.2	2.7	[34]
46	ITO/NPB (60 nm)/ **46** (20 nm)/ TPBi (10 nm)/ Alq_3 (30 nm)/ LiF (1 nm)/Al (200 nm)	466	—	4.4	2800	1.5	1.1	0.7	[35]
46	ITO/NPB (60 nm)/ **46** (60 nm)/ LiF (1 nm)/Al (200 nm)	476	—	3.2	7000	2.4	2.2	1.0	[35]
47	ITO/NPB (60 nm)/ **47** (20 nm)/ TPBi (40 nm)/ LiF (1 nm)/Al (100 nm)	544	(0.35, 0.55)	3.3	42924	10.5	9.40	3.24	[36]

续表

AIE材料	器件结构	λ_{EL} /nm	CIE色坐标	V_{on}/V	L_{max} /(cd/m^2)	$\eta_{C,max}$ /(cd/A)	$\eta_{P,max}$ /(lm/W)	$\eta_{ext,max}$ /%	参考文献
47	ITO/**47** (80 nm)/TPBi (40 nm)/LiF (1 nm)/Al (100 nm)	544	(0.37, 0.54)	3.3	7942	11.9	9.90	3.73	[36]
48	ITO/NPB (60 nm)/**48** (20 nm)/TPBi (40 nm)/LiF (1 nm)/Al (100 nm)	516	(0.27, 0.51)	3.2	49993	15.7	12.9	5.12	[36]
48	ITO/**48** (80 nm)/TPBi (40 nm)/LiF (1 nm)/Al (100 nm)	516	(0.25, 0.50)	3.2	13678	16.2	14.4	5.35	[36]
49	ITO/HATCN (20 nm)/NPB (40 nm)/**49** (20 nm)/TPBi (40 nm)/LiF (1 nm)/Al (80 nm)	513	(0.23, 0.46)	4.2	65150	8.60	5.07	3.28	[37]
50	ITO/HATCN (20 nm)/NPB (40 nm)/**50** (20 nm)/TPBi (40 nm)/LiF (1 nm)/Al (80 nm)	500	(0.20, 0.34)	5.2	16410	4.49	2.57	2.16	[37]
51	ITO/HATCN (20 nm)/NPB (40 nm)/**51** (20 nm)/TPBi (40 nm)/LiF (1 nm)/Al (80 nm)	489	(0.19, 0.30)	4.9	14980	2.53	0.99	1.26	[37]
52	ITO/HATCN (20 nm)/NPB (40 nm)/**52** (20 nm)/TPBi (40 nm)/LiF (1 nm)/Al (80 nm)	524	(0.25, 0.52)	4.8	30210	9.96	5.43	2.73	[37]
53	ITO/PEDOT：PSS (40 nm)/**53** (70 nm)/TPBi (30 nm)/Ba (4 nm)/Al (120 nm)	543	(0.37, 0.54)	3.4	11665	8.3	7.5	2.6	[38]
54	ITO/PEDOT：PSS (40 nm)/**54** (70 nm)/TPBi (30 nm)/Ba (4 nm)/Al (120 nm)	532	(0.35, 0.53)	3.4	7290	6.3	5.9	2.1	[38]

续表

AIE 材料	器件结构	λ_{EL} /nm	CIE 色坐标	V_{on}/V	L_{max} /(cd/m^2)	$\eta_{C,max}$ /(cd/A)	$\eta_{P,max}$ /(lm/W)	$\eta_{ext,max}$ /%	参考文献
55	ITO/PEDOT：PSS (40 nm)/**55** (70 nm)/ TPBi (30 nm)/Ba (4 nm)/Al (120 nm)	521	(0.34, 0.50)	8.1	838	1.8	0.6	0.6	[38]

注：λ_{EL} 为最大电致发光波长；V_{on} 为亮度为 1 cd/m^2 时的启动电压；L_{max} 为最大亮度；$\eta_{C,max}$ 为最大电流效率；$\eta_{P,max}$ 为最大功率效率；$\eta_{ext,max}$ 为最大外量子效率；CIE 色坐标为国际照明委员会定义的色坐标；NPB 为 HTL，Bphen 为 ETL 和空穴阻挡层，TPBi 和 Alq_3 为 ETL，HATCN、PEDOT：PSS 和 MoO_3 为空穴注入层

三苯胺类基团因具有良好的空穴传输能力而被广泛用于构建高效 p 型有机电致发光材料。如图 8.9 所示，化合物 **33**～**40** 在薄膜态下不但荧光量子产率高，而且是优良的空穴传输材料。其中，化合物 **33** 和 **34** 在薄膜态下的荧光量子产率可高达 100%[26]，而且，运用飞行时间法测得 **34** 的非晶态膜的空穴迁移率可达 5.2×10^{-4} cm^2/(V · s)，这说明化合物 **34** 是很好的 p 型发光材料。因此，利用化合物 **34** 同时作为发光层和空穴传输层可以制备结构简化的 OLED 器件[ITO/**34** (20 nm)/TPBi (10 nm)/Alq_3 (30 nm)/LiF(1 nm)/Al (200 nm)]。该器件发绿光，L_{max} 可达 33770 cd/m^2，$\eta_{C,max}$、$\eta_{P,max}$ 和 $\eta_{ext,max}$ 分别达到 13.0 cd/A、11.0 lm/W 和 4.4%。值得一提的是，这种简化器件的性能甚至比加入空穴传输层器件的性能更好。基于化合物 **33** 的简化器件的性能也可与其标准器件的性能相匹敌。众所周知，NPB 是一种在光电器件领域已经商用化的空穴传输材料。唐本忠课题组将四苯基乙烯引入 NPB 中，得到了具有高薄膜发光效率(98%)和良好空穴传输性能的 AIE 分子 **35**[27]。**35** 只作为发光层得到的非掺杂 OLED 器件[ITO/NPB (40 nm)/**35** (20 nm)/TPBi (40 nm)/LiF (1 nm)/Al (100 nm)]发射 512 nm 的绿光，器件性能优良，其 $\eta_{C,max}$ 为 11.9 cd/A，$\eta_{ext,max}$ 达到 4.0%。而去掉 NPB 的双层器件性能甚至更为优异，器件结构为 ITO/**35** (60 nm)/TPBi (40 nm)/LiF (1 nm)/Al (100 nm)，$\eta_{C,max}$ 和 $\eta_{ext,max}$ 都有所提高，分别为 13.1 cd/A 和 4.2%。唐本忠课题组将三苯胺和联二三苯胺分别用 3 个和 4 个四苯基乙烯单元修饰，得到了化合物 **36** 和 **37**，并对二者的光电性能进行了系统性的研究[28]。两者都是典型的 AIE 分子，在稀的 THF 中几乎不发光，荧光量子产率值分别为 0.42%和 0.55%，而聚集态的荧光量子产率值大幅度提高到 91.6%和 100%。如表 8.3 所示，将 **36** 同时作为发光层和空穴传输层的简化器件比其标准器件具有更高的电致发光效率；**37** 也表现出了类似的多功能性。将 **36** 的三苯胺核用 3 个甲基进一步修饰，得到的化合物 **38** 也具有高的固态荧光量子产率(64%)和空穴传输性能[29]。其简化器件[ITO/MoO_3 (10 nm)/ **38** (75 nm)/TPBi (35 nm)/LiF (1 nm)/Al (100 nm)]发射天蓝光，色坐标为(0.18, 0.25)，器件性能可与其标准器件(NPB 为空穴传输层)相匹敌，L_{max}、$\eta_{C,max}$、$\eta_{P,max}$ 和 $\eta_{ext,max}$ 分别可达 15089 cd/m^2、6.51 cd/A、6.88 lm/W 和 3.39%。Adachi 课题组[30]以苯二胺或三苯胺为核，并以四苯基乙烯为修饰单元，

开发了两种具有 AIE 特性的星型分子，即化合物 **39** 和 **40**，薄膜态下的荧光量子产率分别高达 56%和 73%，基于 **39** 和 **40** 的双层器件[ITO/**39** 或 **40**（65 nm）/Bphen（35 nm）/LiF（0.8 nm）/Al（70 nm）]的性能数据见表 8.3。同时，其薄膜态下自发的水平分子取向能促进空穴传输及光取出效率（η_{out}），进而提高器件的电致发光性能。

与 p 型电致发光材料相比，具有优良电子传输性能、高效固态发光的 n 型材料还明显缺乏。之前已经提到，噻咯衍生物由于其特殊的电子结构而具有巨大的电子传输潜力，同时，令人欣喜的是，噻咯衍生物具有的 AIE 性质还可以赋予材料很高的固态荧光量子产率，因此，若将噻咯衍生物进行适当修饰，有望获得高效的 n 型电致发光材料。唐本忠课题组利用这一设计思路，成功得到此类材料。例如，在噻咯环上用吸电子的二苯基硼进行修饰[31]，可以获得具有 AIE 性质的化合物 **41** 和 **42**，其中，硼原子的 p_z 空轨道有利于增加二苯基硼基团的电负性，进而降低分子的 LUMO 能级，从而提高化合物的电子迁移率。研究表明，**41** 和 **42** 的 LUMO 能级可分别低至–3.06 eV 和–3.10 eV，这就预示着它们适合作电子传输材料。同时，它们的固态荧光量子产率可高达约 60%。因此，将 **41** 或 **42** 同时用作发光层和电子传输层制成非掺杂双层 OLED 器件[ITO/NPB（60 nm）/**41** 或 **42**（60 nm）/LiF（1 nm）/Al（100 nm）]，器件性能仍然表现优异，$\eta_{C,\max}$、$\eta_{P,\max}$ 和 $\eta_{ext,\max}$（**41** *vs.* **42**）可分别高达 13.9 cd/A *vs.* 13.0 cd/A，11.6 lm/W *vs.* 10.5 lm/W，4.35% *vs.* 4.12%，甚至比加入电子传输层（TPBi）的多层器件的性能更好[（表 8.3，图 8.10（a）]。这些结果证明 **41** 和 **42** 是优良的 n 型固态发光材料。此外，将吸电子的二苯基硼或二苯基磷酰基团引入噻咯环

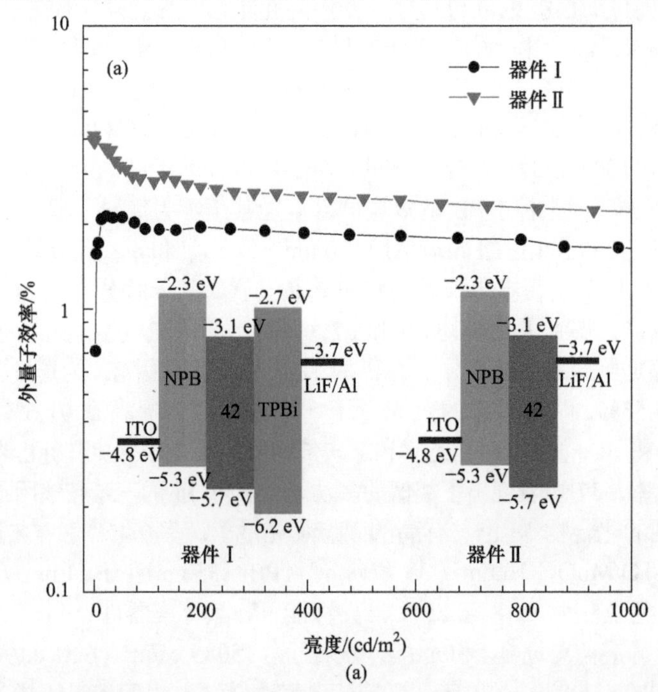

(a)

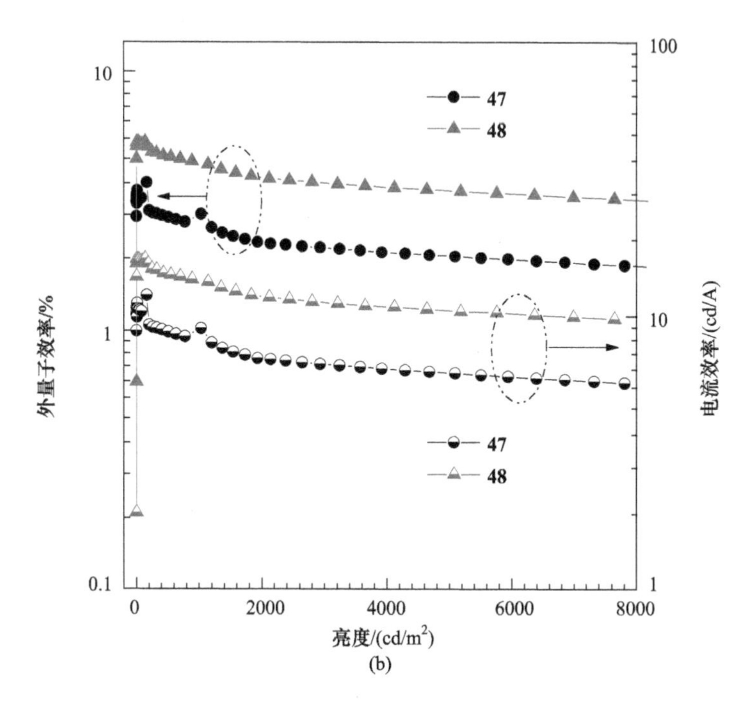

图 8.10　(a) 基于 **42** 的 OLED 器件的外量子效率-亮度相关曲线，插图为器件的结构及其能级[31]；(b) 基于 **47** 和 **48** 的 OLED 器件的外量子效率和电流效率与亮度的相关曲线，器件结构为 ITO/**47** 或 **48** (80 nm)/TPBi (40 nm)/LiF (1 nm)/Al (100 nm)[36]

上，也可以得到新型 n 型材料，即化合物 **43** 和 **44**[32, 33]，它们的固态荧光量子产率为 88%，且有良好的热稳定性，其电致发光性能数据见表 8.3。同样，四苯基乙烯单元用二莱基硼修饰得到的化合物 **45** 在 OLED 器件中也可作为发光层和电子传输层[34]。如表 8.3 所示，基于 **45** 的三层器件发绿光(496 nm)，器件效率较高($\eta_{C,\max}$ = 5.78 cd/A，$\eta_{ext,\max}$ = 2.3%)；而简化的双层器件性能反而有所提高，其结构为 ITO/NPB (60 nm)/**45** (60 nm)/LiF (1 nm)/Al (100 nm)。2, 5-二芳基-1, 3, 4-噁二唑(Oxa)是另一个常用的缺电子芳香基团，并已被广泛用于构筑电子传输材料。例如，化合物 **46** 就是通过苯基取代的噁二唑来修饰 TPE 单元得到的，其电子传输性能良好，简化器件的性能也比标准器件的更佳[35]。

除了 p 型和 n 型 AIE 发光材料之外，同时含有电子给体(D)和受体(A)的双极性 AIE 材料也已被广泛地开发和应用。双极性 AIE 材料既可以作为高效的发光材料，又可以用于平衡器件的载流子传输性能，这为提高器件性能并简化器件结构提供了新的思路。例如，化合物 **47** 和 **48**[36]是基于四苯基乙烯设计的两个双极性 AIE 分子，其中的电子给体是二苯胺或者三苯胺，电子受体为二莱基硼，两个分子都表现出了优异的光致发光和电致发光性能，其器件性能数据见表 8.3。其中，**48** 具有较弱的 D-A 相互作用，其薄膜态荧光量子产率可高达 94%。由 **48** 制备的三层 OLED 器件[ITO/NPB (60 nm)/**48** (20 nm)/TPBi (40 nm)/LiF (1 nm)/Al (100 nm)]发射很亮的绿光，L_{max} 高达 49993 cd/m^2，V_{on} 为 3.2 V，$\eta_{C, max}$、$\eta_{P, max}$ 和 $\eta_{ext, max}$ 分别高达 15.7 cd/A、12.9 lm/W 和 5.12%。值得一提的是，没有 NPB 的双层器件性能更佳，$\eta_{ext, max}$ 提高到了 5.35%，这说明 **48** 还是一种优良的 p 型材料[图 8.10(b)]。同时，无论是三层器件还是双层器件都具有良好的稳定性，效率滚降都很低。化合物 **49**～**52** 是一系列含有 *N*-乙基咔唑(D)和二苯基硼(A)的新型双极性 AIE 分子[37]，其电致发光器件效率见表 8.3。唐本忠课题组[38]还开发了一系列以四苯基乙烯为核的星型双极性 AIE 分子，即化合物 **53**～**55**，它们的薄膜荧光量子产率高达 95%。利用它们作为发光层，通过溶液加工方法制备的 OLED 器件性能良好，其中，基于 **53** 制备的器件性能最佳，L_{max} 为 11665 cd/m^2，$\eta_{C, max}$ 为 8.3 cd/A。

8.4 有机场效应晶体管

OFET 是目前已被广泛应用的一类有源器件，需要通过改变栅电压的大小来控制源漏极之间电流的输出。一个性能优良的 OFET 意味着需要具备高的迁移率及电流开/关比、较小的阈值电压和良好的稳定性。在科研工作者的不懈追求和努力下，OFET 领域已经取得了许多可喜的进展[39-46]。另外，有机半导体材料作为 OFET 的活性材料，对器件的输出特性起决定性作用，而有机活性材料易制备和图案化的特点使其在柔性显示、传感器、主动式显示驱动、大规模集成电路等领域都有着不可小觑的应用价值和前景。其中，OFET 发光器件需要在电流调制的同时进行发光性能的调控，因此，就固态发光而言，AIE 材料具有很大优势。尽管 AIE 材料在 OFET 领域的应用研究还处于初级阶段，但是仍然能从这些少量的报道中窥探出 AIE 材料的潜在应用价值。

通过将两个三苯胺基团分别连接到四苯基乙烯的两端可以得到具有明显 AIE 性质的化合物 *p*-BTPATPE[**56**，图 8.11(a)][47]，该化合物不但表现出优良的光致发光及电致发光性能，而且在 OFET 方面也有不俗表现。通过循环伏安法(cyclic voltammetry，CV)测得的该化合物的 HOMO 能级高达−5.15 eV，接近于金属金的功函数(−5.1 eV)，这就有利于 OLED 及 OFET 器件的制备；以飞行时间(time-of-flight，TOF)法测得其空穴迁移率为 5.2×10^{-4} cm^2/(V · s)，证明了该化合物具有良好的空穴传输性能。基于 *p*-BTPATPE 非晶态薄膜的 p 型 FET 器件的迁移率可高达 2.6×10^{-3} cm^2/(V · s)，这对非晶态有机半导体薄膜来讲是比较高的。另外，从转移特性 *I-V* 曲线可以得知，在栅偏压为 0～−50 V 的范围内，其电流开/关比可达 2×10^4[图 8.11(b)和(c)]。

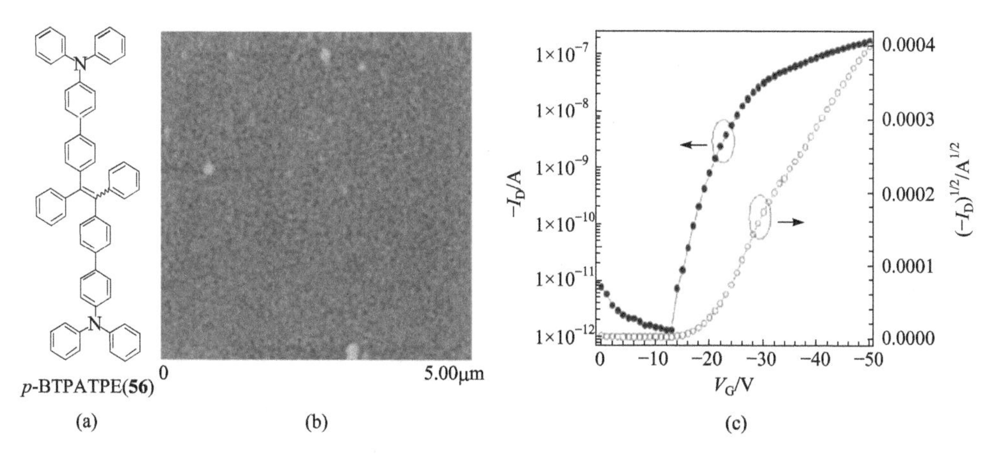

图 8.11 (a)化合物 *p*-BTPATPE 的化学结构式；(b)经十八烷基三氯硅烷(OTS)处理的硅衬底上 *p*-BTPATPE 沉积膜的 AFM 图像；(c)漏电压(V_D)为−50 V 时 *p*-BTPATPE 的 FET 器件的漏电流($-I_D$)和$(-I_D)^{1/2}$与栅压(V_G)相关曲线，其中，沟道长度(L)为 100 mm，沟道宽度(W)为 1 mm[47]

Zhang 等[48]设计合成了具有 D-A 结构的十字形多功能 AIE 分子，即如图 8.12(a)所示的 BDFTM(**57**)，其不但具有良好的红色固态发光，而且是优良的 p 型半导体材料，在空气中也很稳定。基于 BDFTM 的薄膜 OFET 能通过提高衬底温度的方法来提高其空穴迁移率，当加热到 70℃时，空穴迁移率可达到 $1.5 \times 10^{-3}\ cm^2/(V \cdot s)$，电流开/关比和栅压分别可达 10^5 和 40～41 V；这种温度依赖性主要是由于加热过程中薄膜的形态和分子间的排列发生了变化[图 8.12(b)～(f)]。

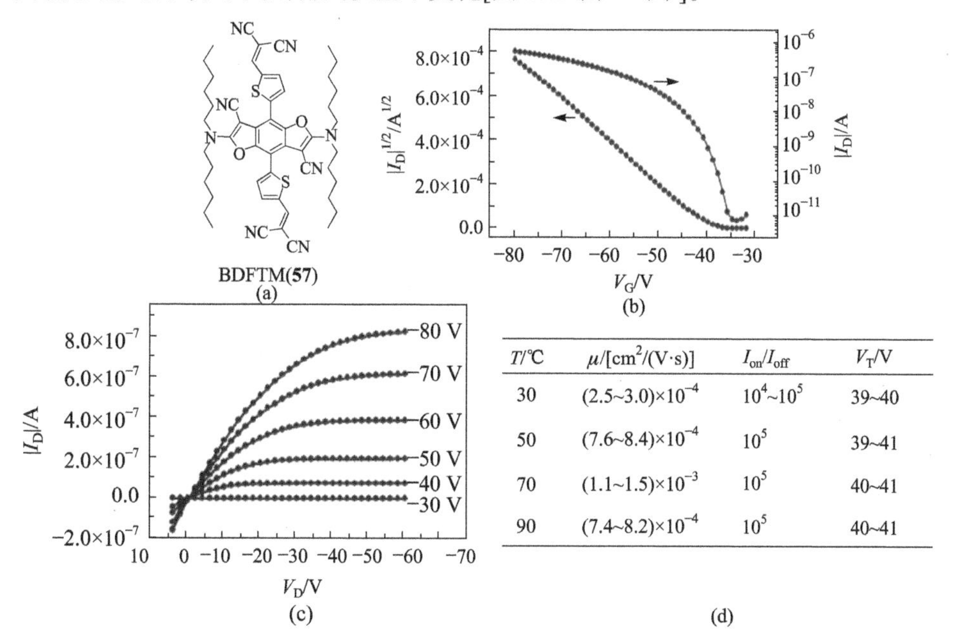

T/℃	μ/[cm^2/(V·s)]	I_{on}/I_{off}	V_T/V
30	$(2.5\sim3.0)\times10^{-4}$	$10^4\sim10^5$	39~40
50	$(7.6\sim8.4)\times10^{-4}$	10^5	39~41
70	$(1.1\sim1.5)\times10^{-3}$	10^5	40~41
90	$(7.4\sim8.2)\times10^{-4}$	10^5	40~41

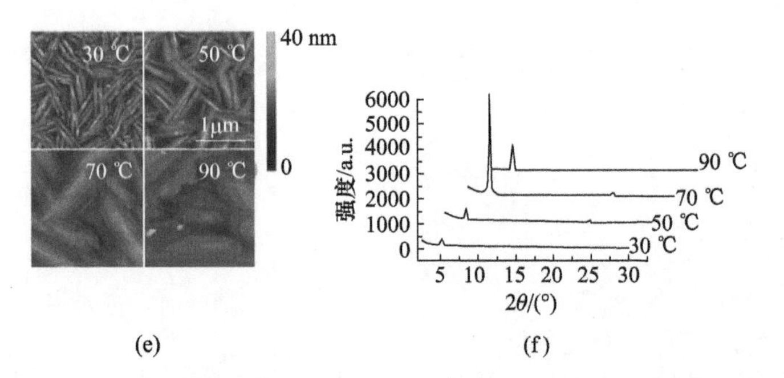

图 8.12 (a)化合物 BDFTM 的化学结构式；(b)和(c)70 ℃条件下，经 OTS 处理的 SiO_2/Si 衬底上 BDFTM 沉积膜的 OFET 转移和输出特性曲线；(d)不同衬底温度时 OFET 的迁移率(μ)、电流开/关比(I_{on}/I_{off})及阈值电压(V_T)；经不同温度退火处理后的 BDFTM 薄膜的 AFM 图像(e)和 XRD 谱图(f)[48]

Zhu 等[49]在苝酰亚胺核的外围连接两个 TPE 基团，得到了具有红光/近红外发光的 AIE 分子，即化合物 PBI-TPE[**58**，图 8.13(a)]。该化合物具有自组装性质，在二氯甲烷/甲醇(1∶2，体积比)双相体系的界面上能自组装成高度有序的微米线。该课题组将自组装的微米线制成了微米线场效应晶体管(microwire field-effect transistor，MFET)器件，并通过将所得的有机微米线分散在经 SiO_2 涂覆的硅晶片上，制备了单根 MFET，研究了这种微米线的电性能，如图 8.13(b)～(e)所示。

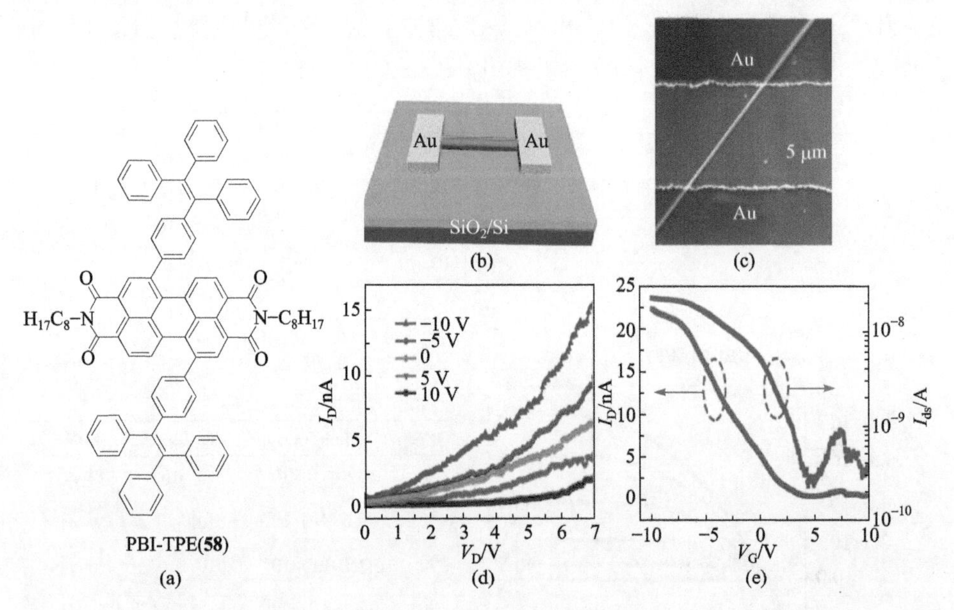

图 8.13 (a)化合物 PBI-TPE 的化学结构式；PBI-TPE 的单根 MFET 的示意图(b)和 SEM 图像(c)；(d)室温条件下 I_D-V_D 相关曲线，其中栅压范围为−10～10 V，步进大小为 5 V；(e) 当 V_D 为 10 V 时器件的 I_D-V_G 和 I_{ds}-V_G 相关曲线[49]

该 MFET 具有 p 型半导体性质，电流开/关比和阈值电压分别约为 10^2 和 3.5 V，空穴迁移率和电容分别为 3.11×10^{-5} $cm^2/(V \cdot s)$ 和 1.51×10^{-15} F。

Yuan 和 Zhang 等[50]将 4 个三苯胺基团利用双键巧妙地连接在一起，得到分子 4TPAE（**59**，图 8.14），具有四苯基乙烯核，为典型的 AIE 分子，其固态荧光量子产率可接近于 100%。由循环伏安法测得 4TPAE 的 HOMO 能级为−4.89 eV，与典型 p 型材料的 HOMO 能级（−4.9～−5.5 eV）非常接近，这就预示着 4TPAE 很可能也具有 p 型特性。该课题组制备了基于 4TPAE 的顶接触/底栅结构的薄膜晶体管，研究表明，p 沟道晶体管响应良好，证实了之前的预测。其中，场效应迁移率、阈值电压、电流开/关比分别为 4.43×10^{-4} $cm^2/(V \cdot s)$、−17 V 和 860。虽然该 OFET 性能还有很大的提升空间，但是对于全扭曲结构的 AIE 分子来讲仍然具有一定的研究价值。

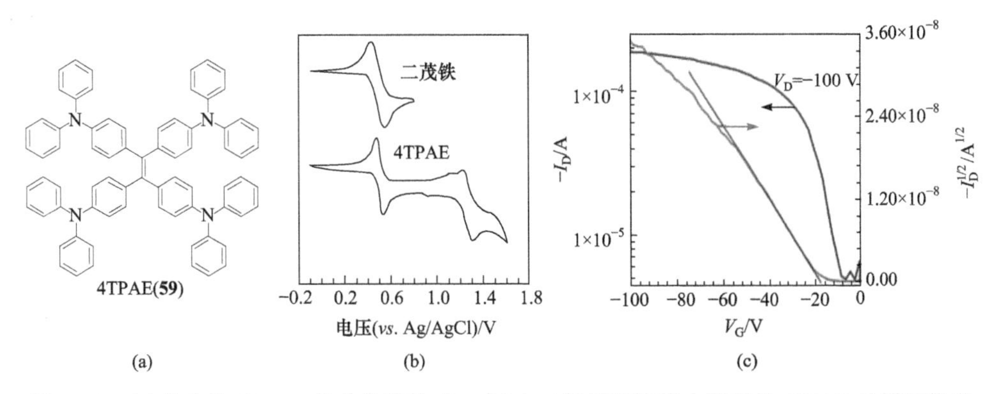

图 8.14　(a)化合物 4TPAE 的化学结构式；(b)在二氯甲烷溶液中测得的 4TPAE 的循环伏安曲线；(c)基于 4TPAE 旋涂膜的 OFET 转移特性曲线[50]

Wang 和 Ma 课题组[51]将 AIE 材料应用于双极性 OFET，取得了可喜的研究成果，也有力地证明了 AIE 材料不仅是高效的固态发光材料，而且在具有高效载流子传输性能的 OFET 器件方面同样具有很好的实力和很高的应用价值。该课题组所用的 AIE 材料的结构比较简单，即图 8.15(a)所示的 *β*-CNDSB(**60**)，该分子在稀溶液中分子结构比较扭曲，且无荧光发射[(图 8.15(b)和(e)]；而在晶体状态下的分子结构平面化[图 8.15(c)和(d)]呈 J 聚集，能观察到晶体边缘强的绿光发射[图 8.15(f)]。这种平面化的结构和 J 聚集有利于获得高的载流子迁移率，因此，该课题组将具有 AIE 活性的 *β*-CNDSB 单晶制成了双极性 OFET 器件。该器件运用了非对称的 Au-Ca 电极，可以在降低电子注入势垒的同时保持空穴的注入能力[图 8.15(g)和(h)]。另外，从图 8.15(j)和(l)可以看出，n 和 p 沟道的转移特性曲线的斜率十分接近，说明载流子的平衡性很好，而电子和空穴的迁移率更是分别高达 2.50 $cm^2/(V \cdot s)$ 和 2.10 $cm^2/(V \cdot s)$，将基于 AIE 材料的 OFET 的载流子迁移率提高到了一个新的高度。

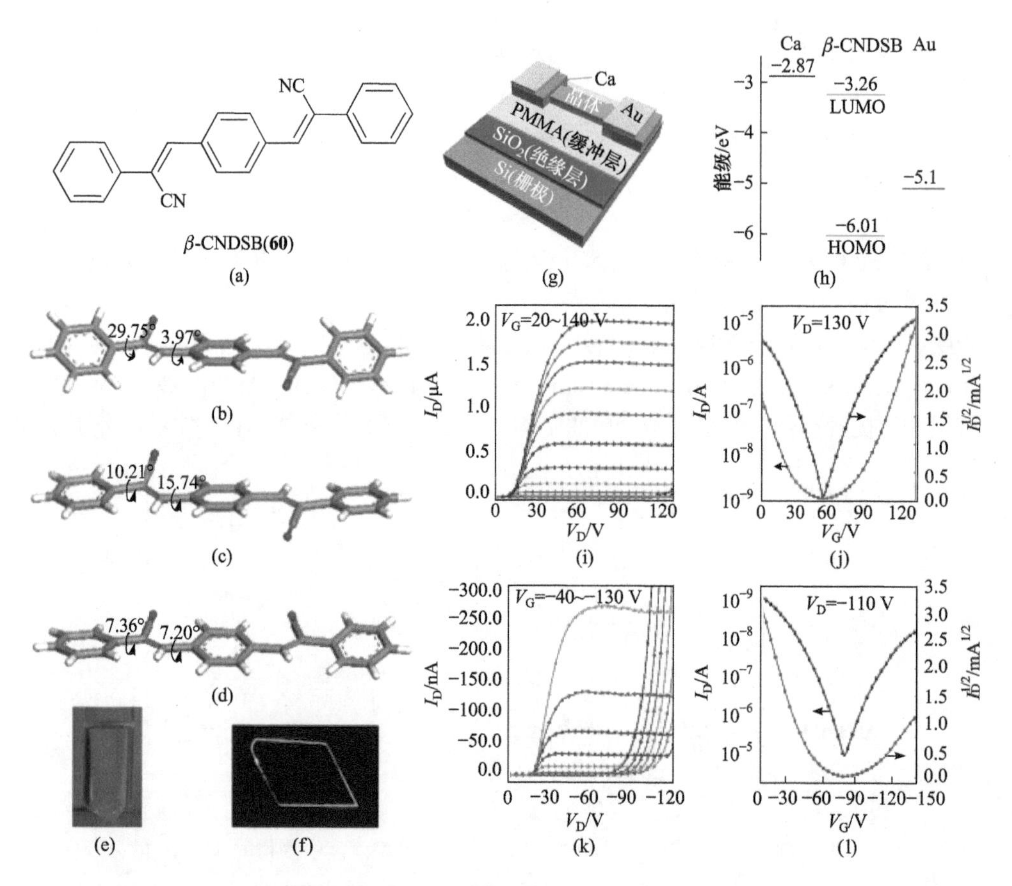

图 8.15 (a)β-CNDSB 的化学结构式；(b)运用 Gaussian 0.9.D.01 计算得到的β-CNDSB 在稀溶液中的分子构象；(c)和(d)绿色晶体的分子构象；(e)紫外光(365 nm)照射下的稀溶液无肉眼可见的荧光，而(f) β-CNDSB 的晶体边缘有明显的绿光发射；(g)～(l)基于绿光 β-CNDSB 晶体的 OFET 器件特性曲线，其中，(g) β-CNDSB 单晶器件示意图；(h) β-CNDSB 的能级与 Au 和 Ca 的功函数对比图；(i) n 沟道的输出特性曲线；(j) n 沟道的转移特性曲线；(k) p 沟道的输出特性曲线；(l) p 沟道的转移特性曲线[51]

8.5 有机光伏

太阳能被誉为是继水能和风能之后的第三代可再生清洁能源，有机太阳电池(organic solar cell，OSC)则是通过有机材料的光伏效应而实现光能向电能转化的新型太阳电池之一。尽管近年来有关 OSC 的报道已经成千上万，其效率的纪录也在不断地被刷新[52-57]，但是 AIE 材料在该领域的应用研究自 AIE 发展以来一直很少见。

AIE 材料在 OPV 领域的应用研究最早可以追溯到 2005 年唐本忠课题组[58]报道的作为光伏活性材料的噻咯衍生物，即以典型的具有 AIE 活性的噻咯环为核心，并将咔唑基团连接到噻咯环的 1-位上。其中，咔唑作为给电子基团(D)，噻咯核由于其特殊的 σ^*-π^*共轭结构而成为吸电子基团(A)，由此形成了具有光响应的 D-A 体系。尤其是 1-位双取代的噻咯-咔唑衍生物具有明显的光伏效应，其外量子效率可达 2.19%。

同时，AIE 材料还可用作太阳电池中的发光材料，例如，Ren 和 Dong 课题组将 AIE 材料作为下转换发光材料运用到 CdTe 太阳电池中做出的一系列研究。2013 年，该课题组[59]设计合成的基于四苯基乙烯的下转换发光(luminescent down shifting，LDS)材料，即 **61a**、**61b** 和 **61c**，同时具备了 ICT 及 AIE 性质的双重优点，表现出大的斯托克斯位移和高的 PMMA 基质膜荧光量子产率。其 PMMA 掺杂膜作为下转换发光材料时，所得 CdTe 太阳电池在短波段(<500 nm)的光谱响应性明显增强，短路电流密度(J_{SC})也提高了 6%～10%(图 8.16)。尤其是分别以呋喃和噻吩环作为间隔基的 **61b** 和 **61c**，提高的 J_{SC} 甚至高于参比的 Yellow 083(Y083)(8%)，分别为 10%和 9%。之后，该课题组继续以在四苯基乙烯上进行氰基取代为蓝本，于 2014 年报道了 D-A、D-A-D 和 A-D-A 型的三种四苯基乙烯衍生物，即 **62**～**64**[60](图 8.17)，其 J_{SC} 损失(J_{loss})可低至 4.0%，发射光谱匹配因子(F_{em})可达 0.86，相比于传统 LDS 材料 Y083 都得到明显提高；同时，所制备的小型太阳电池和电池板的输出 J_{SC} 分别增强 5.69%和 8.88%，也明显高于 Y083(3.28%和 4.01%)。

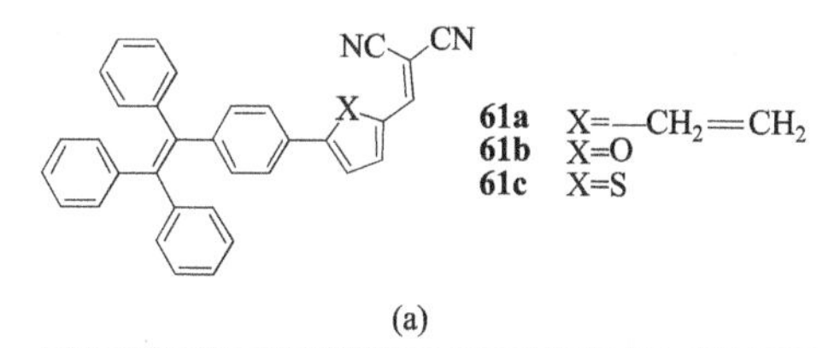

(a)

化合物	λ_{abs}^{a}/nm	ε/[L/(mol · cm)]	λ_{em}/nm	$\Delta\lambda$/nm	Φ_F^b
61a	388	16175	534	146	0.99
61b	433	23168	562	129	0.93
61c	431	23621	574	143	0.84
Y083	476	19785	540	64	0.92

a 较低能级最大吸收值；b 相对于 Y083

(b)

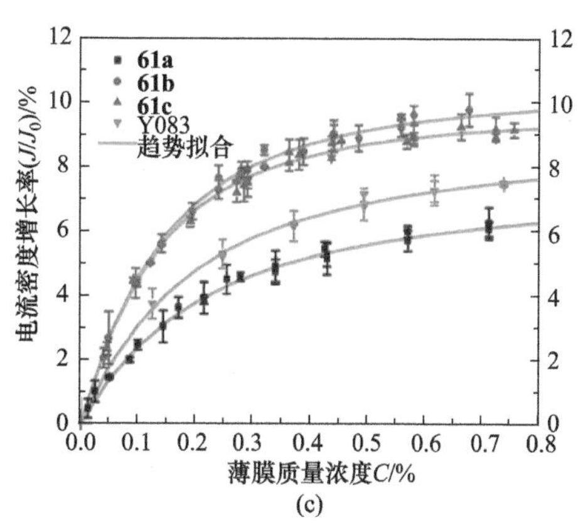

(c)

图 8.16 基于 TPE 的下转换发光材料的分子结构式(a)及其光物理性质(b)；(c)J_{SC} 相对于 CdTe 太阳电池表面不同浓度的 LDS 膜的变化曲线[59]

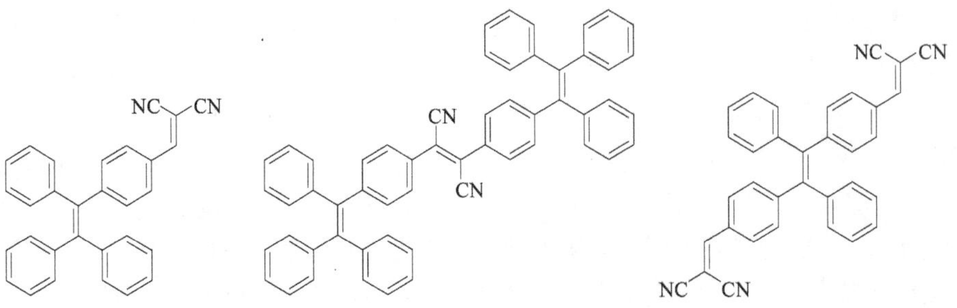

62　　63　　64

图 8.17　基于四苯基乙烯的 D-A、D-A-D 和 A-D-A 型下转换发光材料的分子结构式

最近，Yan 课题组[61]报道了一种基于四苯基乙烯的小分子受体材料。该材料是以四苯基乙烯骨架为核，以苝酰亚胺基团为外围，得到的具有三维结构的小分子(TPE-PDI$_4$，**65**，图 8.18)，将其用作本体异质结(bulk heterojunction，BHJ)太阳电池的受体材料时，电池的能量转换效率可达 5.53%，为构建非富勒烯类小分子受体材料提供了新的思路。

目前，AIE 材料还被设计成了染料敏化剂，并且已被成功地运用于染料敏化太阳电池(dye-sensitized solar cell，DSSC)，Kuang 和 Shao 课题组[62]首次报道了这方面的工作。该工作利用四苯基乙烯结构扭曲的特性，在其外围进行锚定修饰，合成得到了两种非金属敏化剂，即单锚敏化剂 SD(**66**)和双锚敏化剂 DD(**67**)。如图 8.19 所示，与基于 SD 的染料敏化太阳电池相比，基于 DD 的染料敏化太阳电池的性能明显提高，其能量转换效率可达 6.08%。

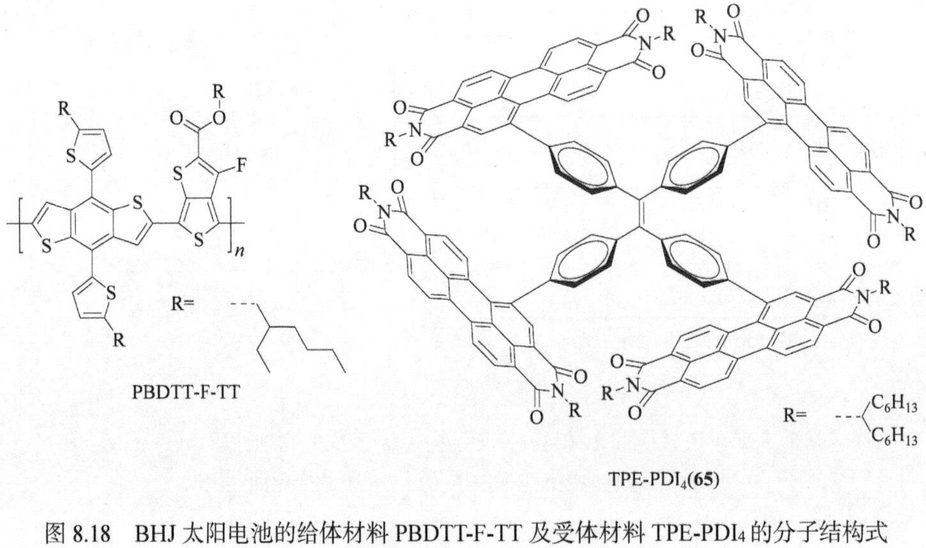

PBDTT-F-TT　　TPE-PDI$_4$(**65**)

图 8.18　BHJ 太阳电池的给体材料 PBDTT-F-TT 及受体材料 TPE-PDI$_4$ 的分子结构式

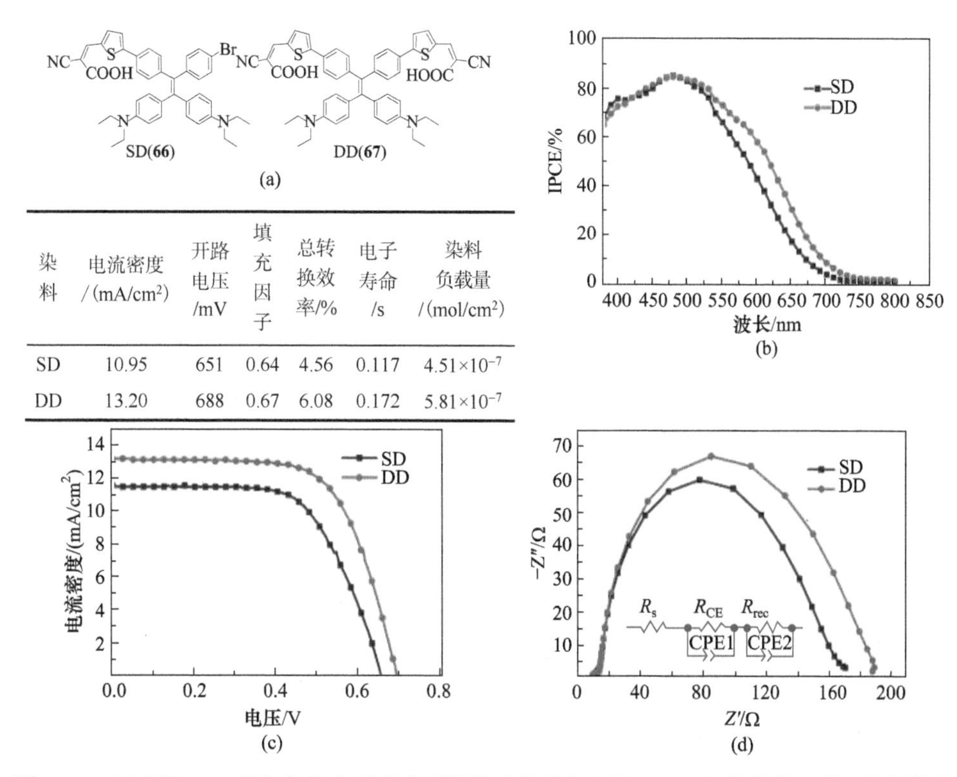

染料	电流密度/(mA/cm²)	开路电压/mV	填充因子	总转换效率/%	电子寿命/s	染料负载量/(mol/cm²)
SD	10.95	651	0.64	4.56	0.117	4.51×10^{-7}
DD	13.20	688	0.67	6.08	0.172	5.81×10^{-7}

图 8.19　(a)基于 TPE 的染料敏化剂的分子结构式及其相应的 DSSC 性能参数；基于染料敏化剂 SD 和 DD 的 DSSC 的入射单色光子-电子转化效率(incident monochromatic photon-to-electron conversion efficiency，IPCE)光谱(b)，*J-V* 曲线(c)和电化学阻抗谱(electrochemical impedance spectrum，EIS)(d)[62]

8.6　圆偏振发光

CPL 是一些手性发光物质所独有的光学现象，在表征手性分子的激发态立体化学、构象及三维结构等方面具有重要应用[63-65]。圆偏振光独有的光学特点使其在信息存储、传感及显示等方面具有潜在的应用前景，近年来关于 CPL 材料的研究也越来越多。通常以发射左右圆偏振光的强度差作为 CPL 的量度，荧光偏振的程度由发光不对称因子 g_{em} 来衡量，其定义为 $g_{em}=2(I_L-I_R)/(I_L+I_R)$，其中，$I_L$ 和 I_R 分别代表左旋和右旋偏振光的强度，g_{em} 值在[−2, 2]区间内。考虑到 CPL 材料的实际应用,发光材料聚集态的发光效率也同样被纳入衡量 CPL 材料性能的指标。然而,目前研究的大多数具有 CPL 性质的材料在聚集态下容易发生荧光猝灭现象,从而降低其发光效率。AIE 概念的提出为制备具有较高荧光量子产率的 CPL 材料提供了有效方法，即通过 AIE 核与手性单元的有效连接制备高效的 CPL 活性材料。唐本忠课题组于 2012 年首先尝试了这一设计理念[66](图 8.20)，到目前为止，其中的 AIE 活性核以噻咯和四苯基乙烯为主。

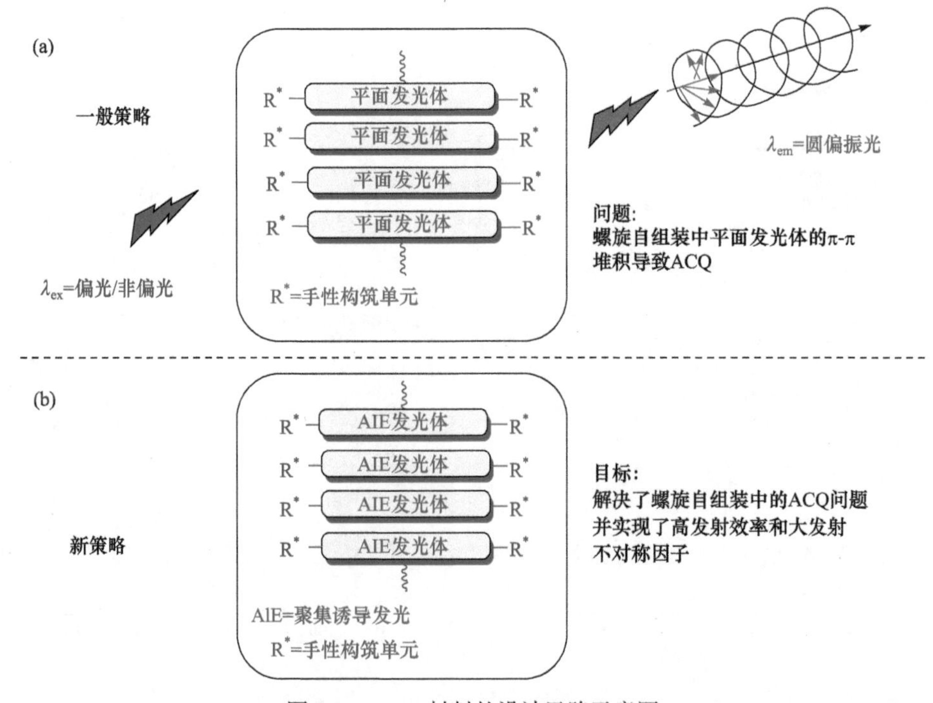

图 8.20 CPL 材料的设计思路示意图

(a)含有平面基团的传统方法；(b)含有 AIE 基团的新方法[66]

唐本忠课题组最先设计的具有 CPL 性能的材料是以噻咯为核，以甘露糖为手性基元修饰得到的[66]，即 silole-mannose(**68**)，其结构式如图 8.21(a)所示。该分子的溶液既无 CD 信号，也没有明显的荧光发射，但其聚集态下的 CD 信号和发光均明显增强，表现出聚集诱导圆二色性(aggregation-induced CD，AICD)和 AIE 特性。聚集态时，该化合物能自组装成右旋纳米带和超螺旋绳；其溶液中的荧光量子产率仅为约 0.6%，而固态荧光量子产率增强了 136 倍，高达约 81.3%。同时，该分子表现出右旋圆偏振发光，且 g_{em} 可高达 0.08～0.32，首次运用基于聚四氟乙烯的微流控技术制得的荧光图案，g_{em} 最大可达−0.32[图 8.21(b)和(c)]。另外，该

silole-mannose(**68**)

(a)

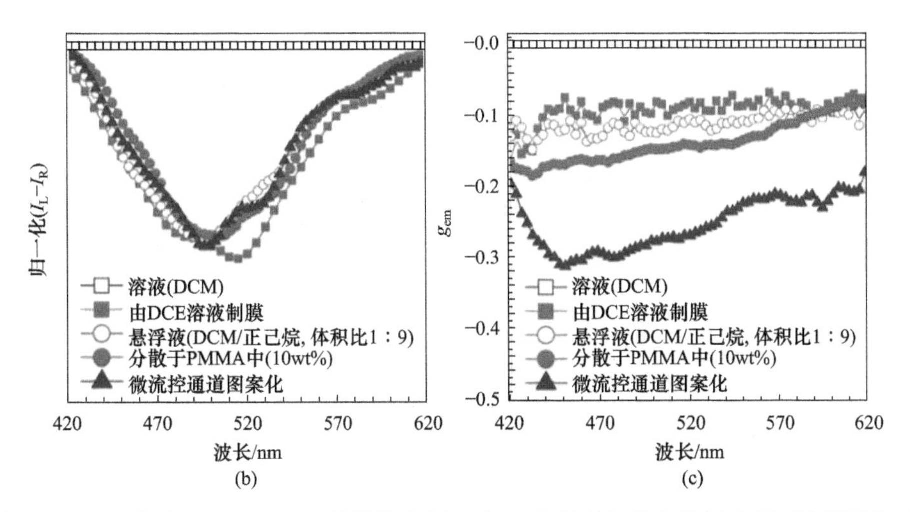

图 8.21 CPL 分子 silole-mannose 的结构式(a)、(I_L-I_R)-波长相关曲线(b)和不对称因子(g_{em})-波长相关曲线(c)[66]

材料的 CPL 性能在半年之后(常规环境)依然能够保持,显示出优异的光谱稳定性。

之后，唐本忠课题组[67]对噻咯构筑的 CPL 分子进行了拓展，设计合成了分子 silole-valine(**69**，图 8.22)，其中缬氨酸基团的引入赋予了其手性，使得分子同时具

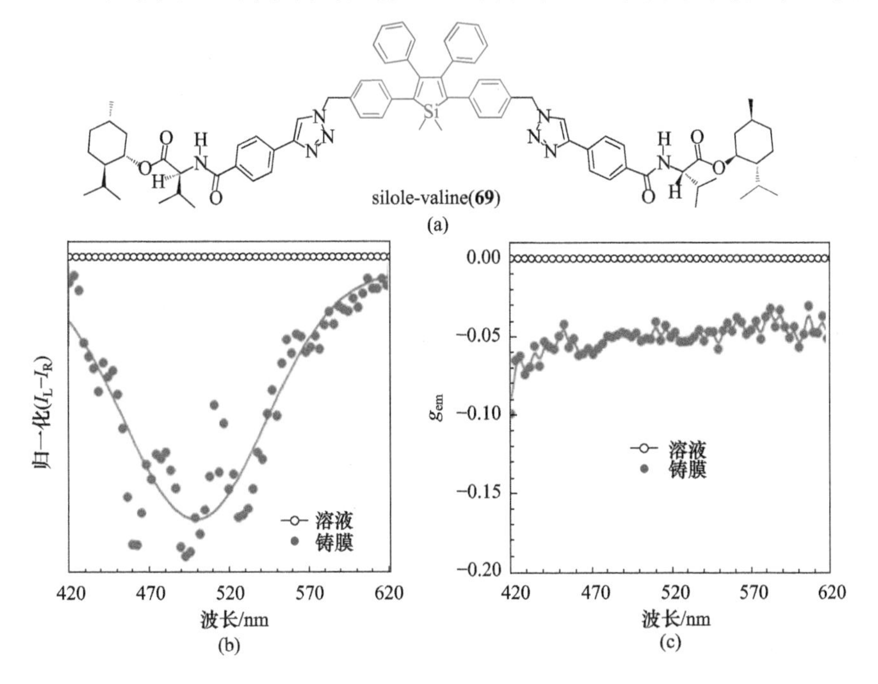

图 8.22 silole-valine 的分子结构式(a)、(I_L-I_R)-波长相关曲线(b)和 g_{em}-波长相关曲线(c)[67]

有 AIE、CD 和 CPL 性质。其 THF 溶液的荧光量子产率仅为 0.33%，而其薄膜的荧光量子产率增强了 243 倍，高达 80.3%。同时，由于缬氨酸的双亲性，该分子聚集态时的自组装结构也比较复杂，由 AFM 图像可以很直观地观察到。例如，将其纯 THF 溶液的溶剂挥发之后，自组装结构呈螺旋纤维状，这与其 CD 和 CPL 性能是相符合的。若向其 THF 溶液中加入不良溶剂，如水或者正己烷，其仍然能自组装成手性聚集体，但是其形貌会随着不良溶剂的种类和含量发生不同程度的变化，甚至会发生手性反转(图 8.23)。

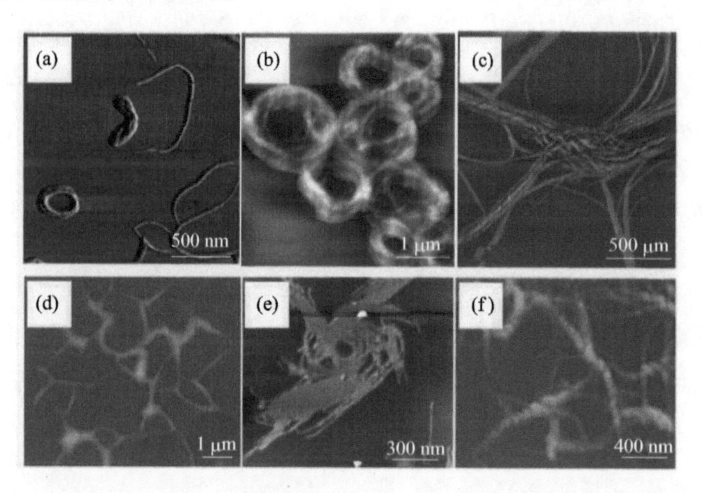

图 8.23 THF/水混合溶剂挥发形成的螺旋组装体的 AFM 图像，水含量分别为 5vol%(a)、20vol%(b)和 90vol%(c)；THF/正己烷混合溶剂挥发形成的组装体的 AFM 图像，正己烷含量分别为 10vol%(d)、50vol%(e)和 80vol%(f)[67]

除了噻咯以外，“四苯基乙烯核+手性基元”同样可以用来构建具有 AIE 性质的 CPL 材料。例如，唐本忠课题组[68]设计合成的四苯基乙烯衍生物 Val-TPE[**70**，图 8.24(a)]，其中的手性基元为左旋缬氨酸甲酯。该化合物不仅具有典型的 AIE 性质，还表现出 AICD 和 CPL 性能，并能自组装成螺旋纳米纤维。Val-TPE 超

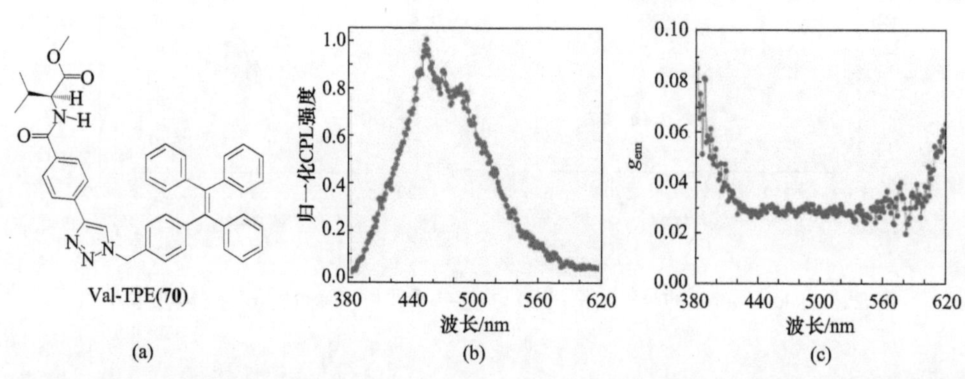

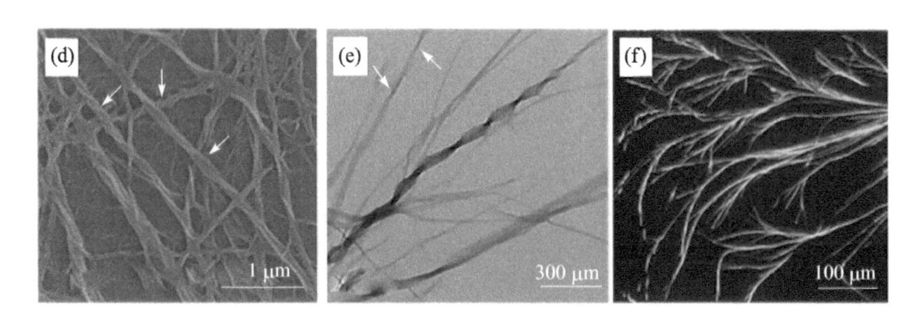

图 8.24　Val-TPE 的结构式(a)和 CPL 图(b)；Val-TPE 纤维的 CPL g_{em}-波长相关曲线(c)，经 DCE-正己烷混合溶剂(1∶9，体积比)挥发形成的聚集体的 SEM 图像(d)和 TEM 图像(e)，浓度为 1×10^{-4} mol/L；(f)Val-TPE 的 DMF 溶液溶剂挥发后的荧光图[68]

细纤维的 g_{em} 在 400～600 nm 的波长范围内的平均值为 0.03，并且对波长没有明显的依赖性[图 8.24(b)～(f)]。另外一种 TPE 衍生物 TPE-Leu(**71**)[69]则是以左旋亮氨酸甲酯为手性基元,该自组装微/纳米纤维的 CPL 不对称因子为 0.02～0.07(图 8.25)。此外，连接到四苯基乙烯核上的手性基团还可以是胆固醇[70]或者联萘二酚[71]等(图 8.26)。

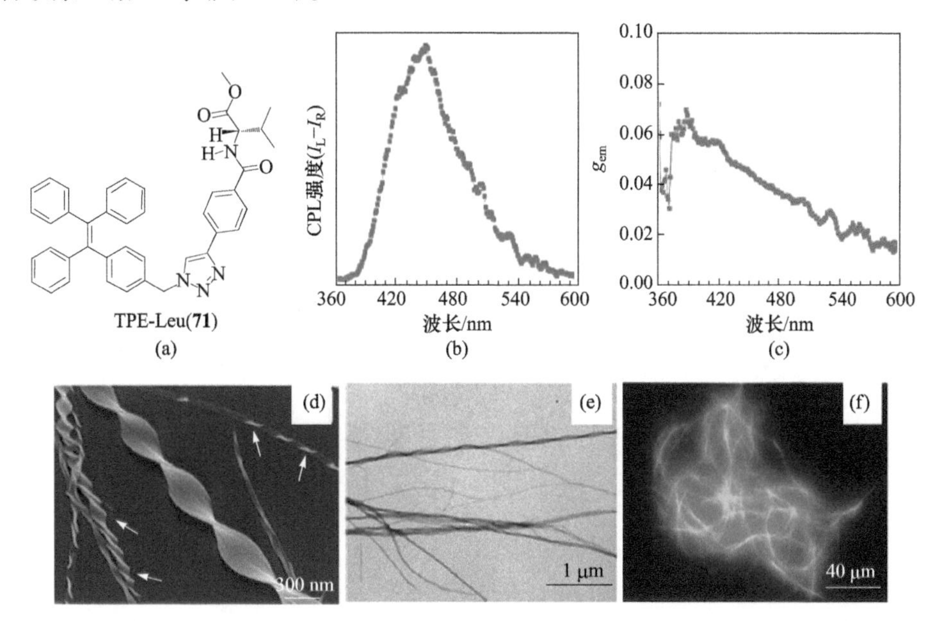

图 8.25　TPE-Leu 的结构式(a)和 CPL 图(b)；(c)溶剂挥发法制得的 TPE-Leu 膜的 CPL g_{em}-波长相关曲线；TPE-Leu 在 DCE-正己烷混合溶剂(1∶9,体积比)中形成的聚集体的 SEM 图像(d)、TEM 图像(e)和荧光图(f)，浓度为 1×10^{-4} mol/L[69]

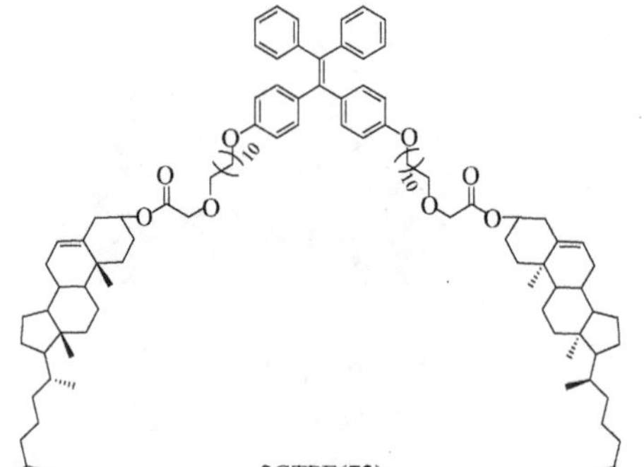

2CTPE(**72**)

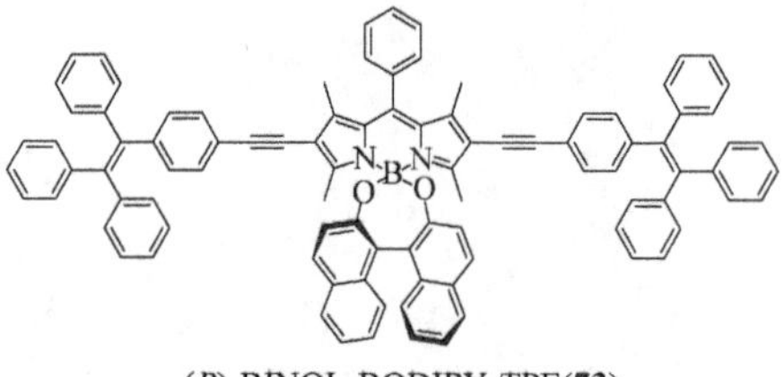

(*R*)-BINOL-BODIPY-TPE(**73**)

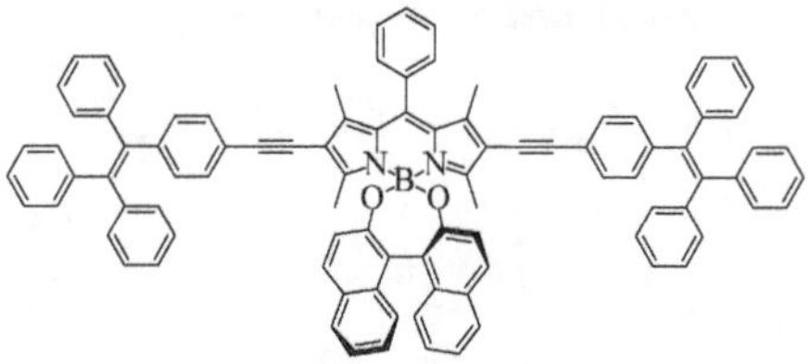

(*S*)-BINOL-BODIPY-TPE(**74**)

图 8.26 基于 TPE 的其他手性小分子示例

目前，基于 TPE 的手性聚合物也逐渐受到关注(图 8.27)。Cheng 和 Zhu 课题组设计的手性聚合物 poly-TPETyr(**75**)[72]不仅具有 AIE 活性，而且其 g_{em} 可达 0.08～0.44，还可以通过调节 THF/水混合溶剂中的水含量来实现 g_{em} 调控。另外，结构的微调(如不同的连接方式)可能会对 CPL 性能产生直接的影响[73]。

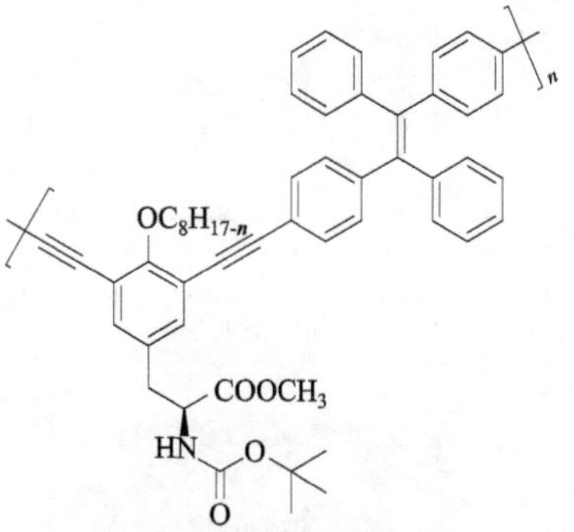

poly-TPETyr(**75**)

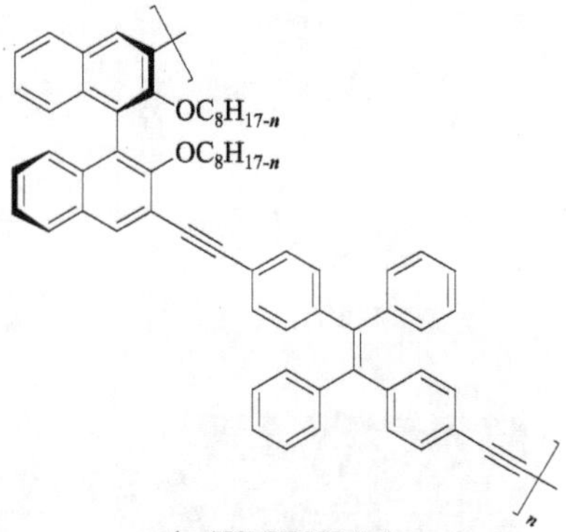

poly-TPE-BINOL(**76**)

图 8.27 基于 TPE 的手性聚合物示例

此外，唐本忠课题组在研究可控的 CPL 材料方面也做了很有意义的工作。于 2014 年报道的分子 silole-TUrA(**77**)以噻咯为核[74]，以苯乙胺为手性单元，二者之间通过硫脲进行连接，结构式见图 8.28(a)。该分子在溶液状态下既没有圆二色性也无荧光发射，而当存在于不良溶剂中或固态薄膜时能发出强烈荧光，薄膜的荧光量子产率可高达 95%。但在固态时仍然观测不到圆二色信号。同时，考虑到桥连基(硫脲)还可与羧酸基团之间发生氢键作用，因此，将 silole-TUrA 与特殊手性酸络合后制得的膜不仅能发光，还具备了 CD 活性，表现出了特殊的络合诱导圆二色(complexation-induced circular dichroism，CICD)效应。同时，扁桃酸与 silole-TUrA 络合产生的 CICD 效应最为明显。进一步的 CPL 研究表明，silole-TUrA 与 *R*-(–)-扁桃酸和 *S*-(+)-扁桃酸络合物的 g_{em} 平均值分别为–0.01 和+0.01[图 8.28(b)～(d)]，这些结果也说明，圆偏振发光主要为左旋还是右旋可以直接通过选择不同的扁桃酸对映体来调控。

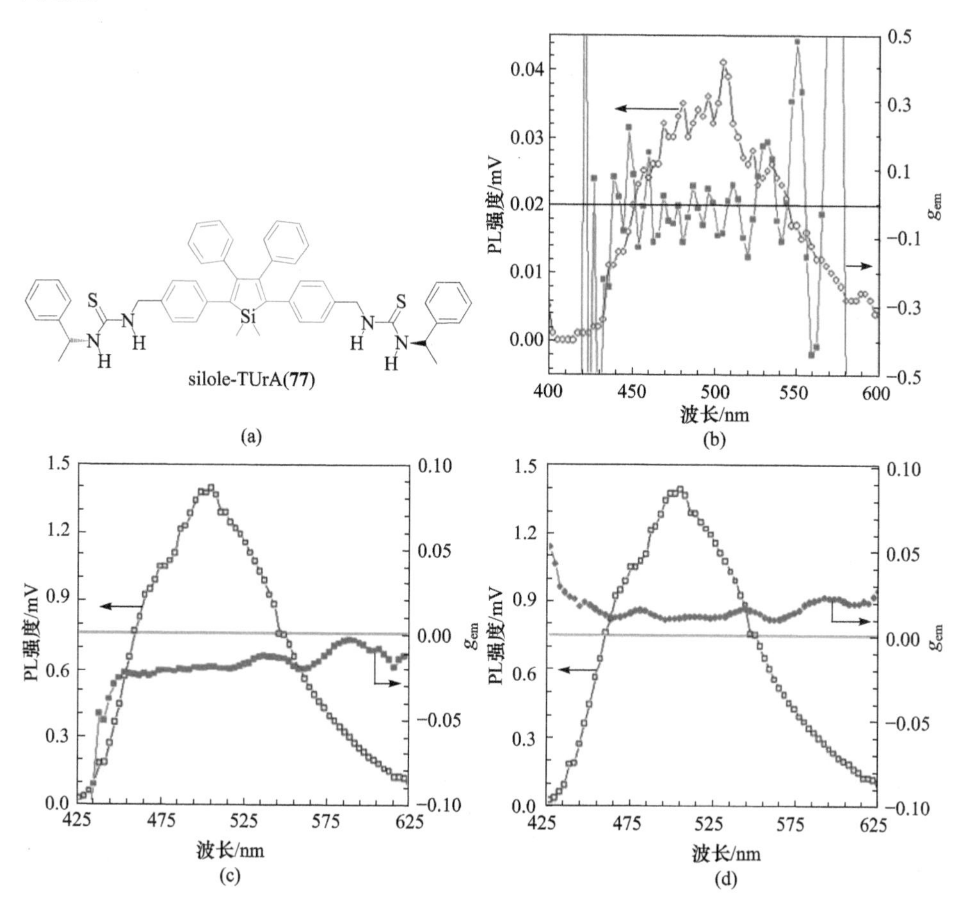

图 8.28　(a)silole-TUrA 的结构式；(b)～(d)薄膜态 silole-TUrA 的 PL 强度和 CPL g_{em}-波长相关曲线，其中(b)不含扁桃酸，(c)含有 *R*-(–)-扁桃酸，(d)含有 *S*-(+)-扁桃酸，silole-TUrA：扁桃酸＝1：40(摩尔比)，激发波长为 325 nm(0.5 mW)[74]

当然，除了运用“AIE 核＋手性基团”的策略能实现 CPL 之外，还有一些别的方式也是值得关注的。例如，将 AIE 材料掺杂到液晶材料中实现 CPL 就是将 AIE 材料应用于 CPL 领域的另外一种尝试[75]。

8.7 液晶材料

作为一类特殊的功能材料，液晶不仅具有类似晶体的有序性，还具有类似液态分子的流动性。不得不说，液晶的出现及其蓬勃发展不但证实了液晶的广泛应用价值，更是从各个方面、各个角度改变着人类的生活，如液晶电视，手机、计算机显示屏等。虽然液晶显示器件具有低压、微功耗、平板显示、易彩色化、可轻薄化等优点，但是其被动发光的特点却增加了额外的能耗。因此，主动型的发光液晶（light-emission liquid crystal，LELC）应运而生，并且为简化器件结构、降低制作成本，以及提高亮度、对比度、效率、视角等方面提供了更有力的保障。但是要想在保持 LELC 材料本身液晶特性的同时还具有优良的发光性能依然有很大的挑战性。这是因为，液晶材料固有的聚集和自组装性质往往会成为发光的不利因素；而将 AIE 性质运用于 LELC，则为解决这一难题提供了新的思路。

一般，液晶是由刚性的致晶单元与柔软、易弯曲的柔性基团连接而成，因此在设计液晶材料时通常也会遵循这一原则，LELC 的设计也是如此。近年来，已经有很多基于 AIE 的 LELC 被报道。

将柔性的烷基/烷氧基链与刚性的 AIE 核进行结合是构建具有 AIE 活性的 LELC 的有效方法之一。其中，AIE 核可以是四苯基乙烯[76-79]（图 8.29）、噻咯[80]、氰基二苯乙烯[81-85]（图 8.30）、二苯乙炔[86]等。例如，唐本忠课题组[76]设计的以四苯基乙烯为核、外接液晶单元的分子 **78**，其固态薄膜的荧光量子产率可达 67.4%，在约 30 ℃时能形成稳定的液晶结构。虽然四苯基乙烯核的结构很扭曲，但是该分子在液晶态时仍然能形成柱状排列；同时，其外围的液晶单元能自组装成正交于四苯基乙烯柱的四方近晶构筑单元，这就使得 **78** 具有双轴取向的液晶结构（图 8.31）。这些研究结果也证明，AIE 核的引入对设计 LELC 是着实有效的。再者，氰基二苯乙烯中的双键容易发生光异构化，因此含有氰基二苯乙烯的液晶分子还有望运用于光控器件。例如，Lu 课题组[84]设计的基于氰基二苯乙烯的分子 **86**，在紫外光照射下能异构化为 *E* 式结构，并且会伴随着与液晶分子相容性明显降低的情况。他们还通过光异构化诱导相分离（photoisomerization-induced phase separation，PIPS）的方法制备了分子分散型发光液晶（fluorescent molecule-dispersed liquid crystal，FMDLC），研究证明，该液晶的荧光发射能被电场反复“关掉”。当然，除了小分子之外，含有 AIE 核的高分子液晶也已经被报道[87]（图 8.32）。

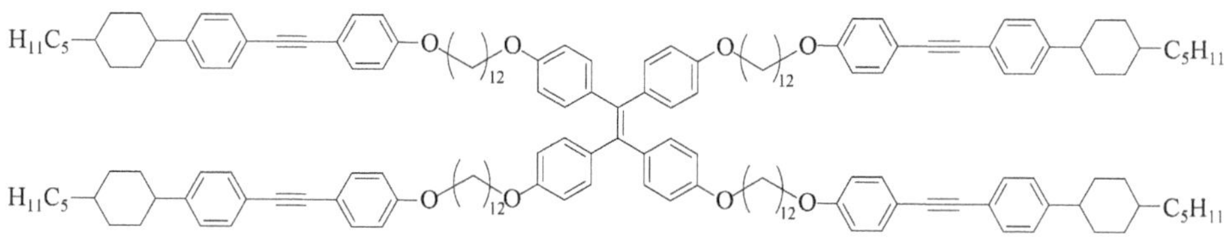

78

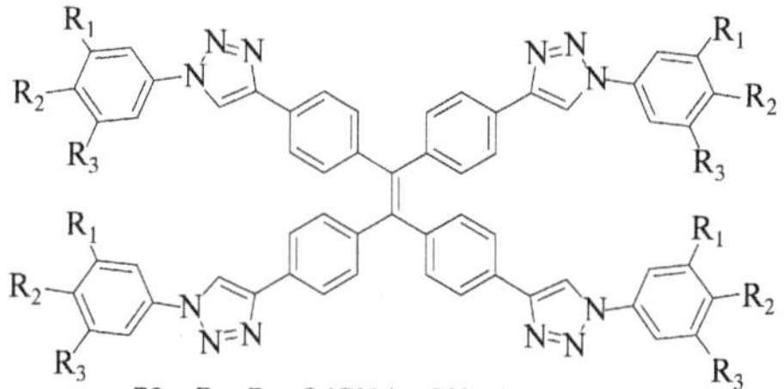

79a $R_1=R_2=O(CH_2)_{11}CH_3$, $R_3=H$
79b $R_1=R_2=R_3=O(CH_2)_{11}CH_3$

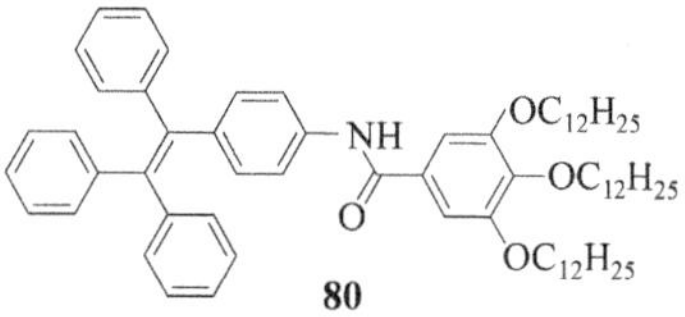

80

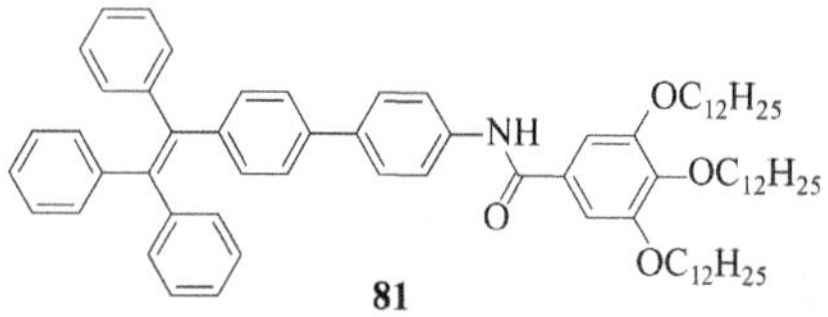

81

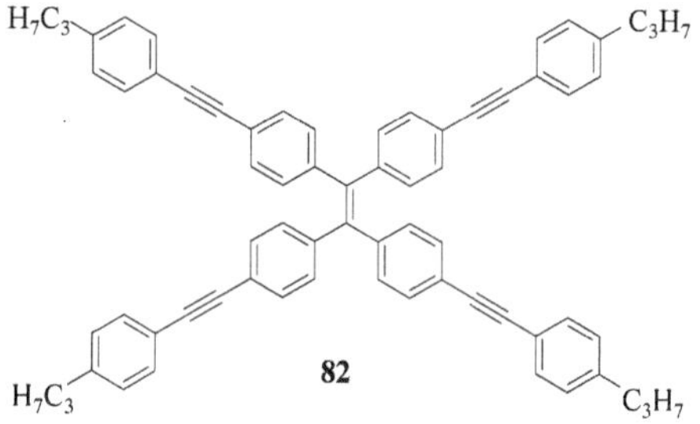

82

图 8.29 以四苯基乙烯为核的 LELC 分子示例

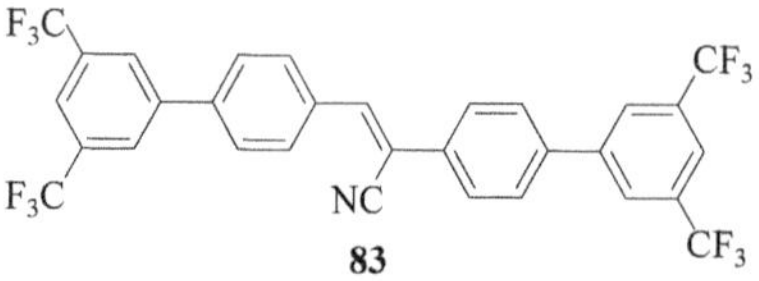

83

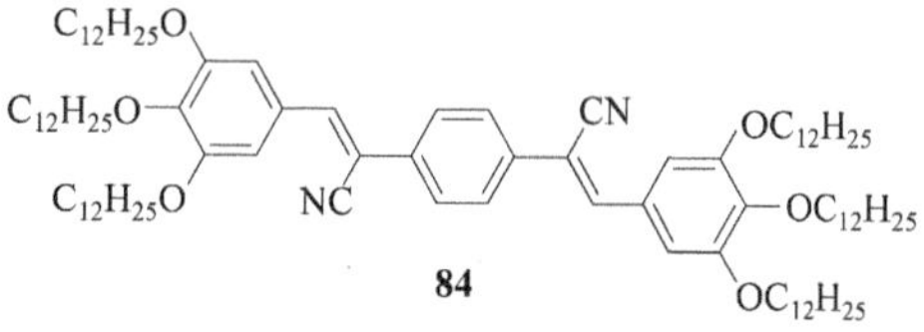

84

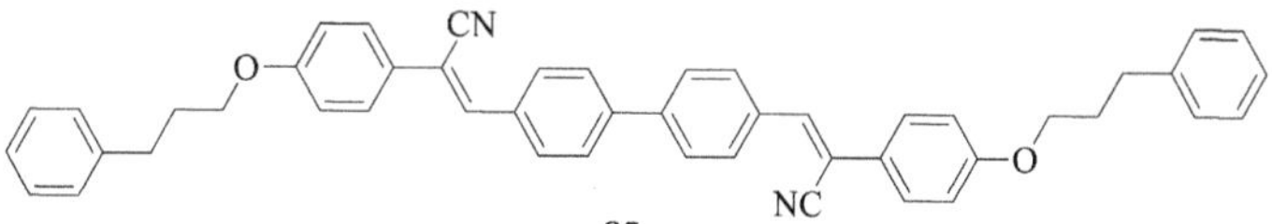

85

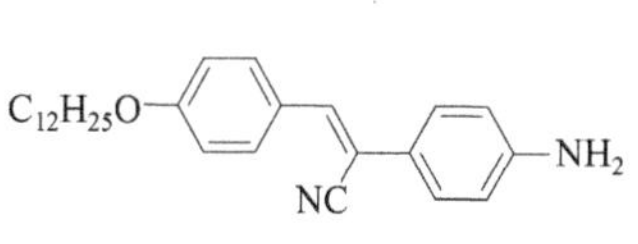

86

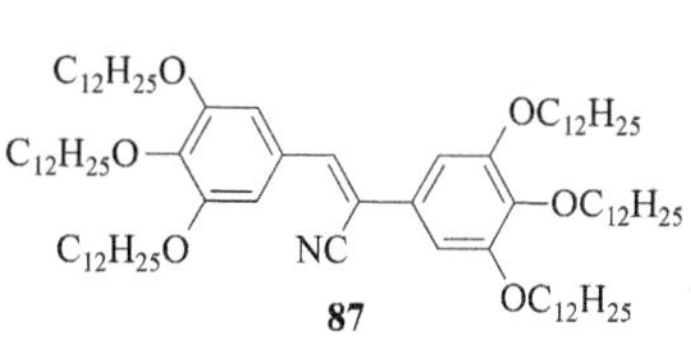

87

图 8.30 以氰基二苯乙烯为核的 LELC 分子示例

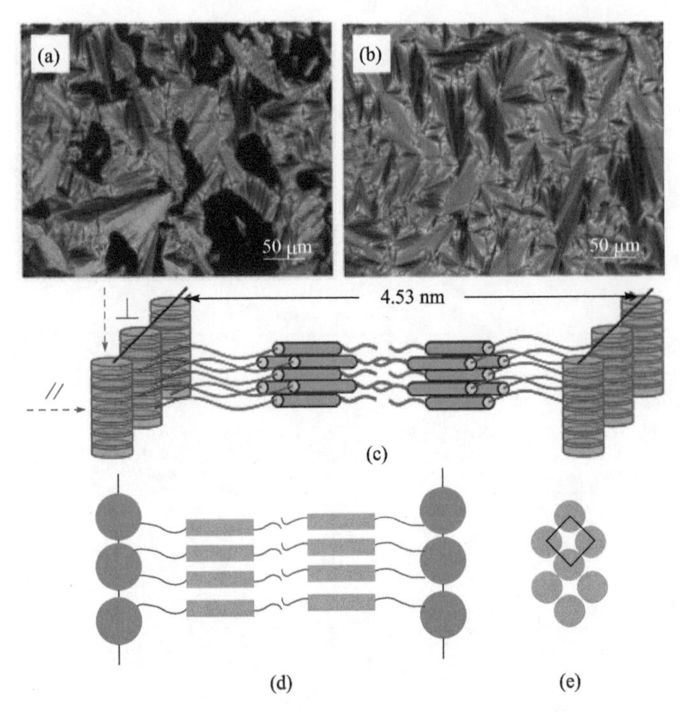

图 8.31　将 **78** 从其各向同性状态降温至 190 ℃(a)和 100 ℃(b)时的 POM 图像；**78** 的低温相堆积模式的双轴取向示意图，(c)垂直于侧链液晶的侧视图，(d)俯视图，(e)沿着侧链液晶方向的侧视图[76]

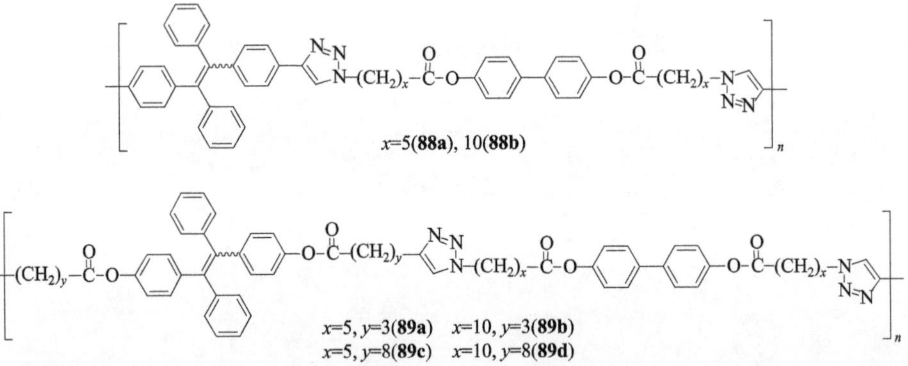

N=N
N-$(CH_2)_x$-C(=O)-O-
-O-C(=O)-$(CH_2)_x$-N
N=N
n

x=5(**88a**), 10(**88b**)

$(CH_2)_y$-C(=O)-O-
-O-C(=O)-$(CH_2)_y$-
N=N
N-$(CH_2)_x$-C(=O)-O-
-O-C(=O)-$(CH_2)_x$-N
N=N
n

x=5, y=3(**89a**)　x=10, y=3(**89b**)
x=5, y=8(**89c**)　x=10, y=8(**89d**)

图 8.32　含 TPE 的高分子 LELC 分子示例

除了以上所述的“AIE 核 + 液晶单元”这种构建 LELC 分子的策略之外，还有一些其他的方法也是值得关注的。例如，一些具有 AIE 性质的金属配合物[88]也会表现出良好的液晶性质，或者充分利用分子内/分子间作用力[89-91]而获得发光、液晶的双重性能。另外，将 AIE 材料与其他液晶材料进行掺杂[92-94]也是一种可行的方法。

8.8 总结与展望

经过不断发展和完善，AIE 材料在有机光电领域的应用已经取得了诸多成绩，各种器件的性能也得到了不同程度的提升；尤其是在非掺杂 OLED 领域的研究取得的成绩尤为突出。虽然基于 AIE 材料的 OLED 器件效率已经接近甚至超过荧光器件的理论值，但是与近几年来发展迅猛的基于 TADF 材料的器件效率(>20%)相比仍显逊色，因此，若将 AIE 材料的自然优势与 TADF 相结合，预计不仅能进一步提高 AIE 材料在 OLED 领域的性能，还将为设计和发展新型 TADF 材料做贡献。事实上，目前已经有这方面的研究工作在进行，并取得了初步的成功[95]，我们相信，通过 AIE 与其他各种光物理机理相结合，如 TADF、纯有机室温磷光等，有望开发出下一代更高效的有机电致发光材料，实现器件性能的进一步突破。同时，虽然 AIE 材料在其他光电领域的应用研究起步较晚，但是凭借 AIE 材料的固有属性和优势(尤其是高效的固态发光效率)，在不久的将来，必将能不断取得发展和突破。

参考文献

[1] Jou J H, Kumar S, Agrawal A, Li T H, Sahoo S. Approaches for fabricating high efficiency organic light emitting diodes. J Mater Chem C, 2015, 3: 2974-3002.

[2] Mei J, Leung N L C, Kwok R T K, Lam J W Y, Tang B Z. Aggregation-induced emission: together we shine, united we soar! Chem Rev, 2015, 115: 11718-11940.

[3] Zhao Z J, He B R, Tang B Z. Aggregation-induced emission of siloles. Chem Sci, 2015, 6: 5347-5365.

[4] Zhao Z J, Lam J W Y, Tang B Z. Tetraphenylethene: a versatile AIE building block for the construction of efficient luminescent materials for organic light-emitting diodes. J Mater Chem, 2012, 22: 23726-23740.

[5] Chen H Y, Lam J W Y, Luo J D, Ho Y L, Tang B Z, Zhu D B, Wong M, Kwok H S. Highly efficient organic light-emitting diodes with a silole-based compound. Appl Phys Lett, 2002, 81: 574-576.

[6] Yang J, Sun N, Huang J, Li Q Q, Peng Q, Tang X, Dong Y Q, Ma D G, Li Z. New AIEgens containing tetraphenylethene and silole moieties: tunable intramolecular conjugation, aggregation-induced emission characteristics and good device performance. J Mater Chem C, 2015, 3: 2624-2631.

[7] Mei J, Wang J, Sun J Z, Zhao H, Yuan W Z, Deng C M, Chen S M, Sung H H Y, Lu P, Qin A J, Kowk H S, Ma Y, Williams I D, Tang B Z. Siloles symmetrically substituted on their 2, 5-positions with electron-accepting and donating moieties: facile synthesis, aggregation-enhanced emission, solvatochromism, and device application. Chem Sci, 2012, 3: 549-558.

[8] Chen L, Nie H, Chen B, Lin G W, Luo W W, Hu R R, Huang F, Qin A J, Zhao Z J, Tang B Z. 2, 5-dicarbazole-functioned siloles with aggregation-enhanced emission for application in organic light-emitting diodes. Photon Energy, 2015, 5: 053598.

[9] Chen B, Jiang Y B, He B R, Zhou J, Sung H H Y, Williams I D, Lu P, Kwok H S, Qiu H Y, Zhao Z J, Tang B Z. Synthesis, structure, photoluminescence and electroluminescence of siloles that contain planar fluorescent chromophores. Chem Asian J, 2014, 9: 2937-2945.

[10] Chen B, Jiang Y B, Chen L, Nie H, He B R, Lu P, Sung H H Y, Williams I D, Kwok H S, Qin A J, Zhao Z J, Tang B Z. 2, 5-difluorenyl-substituted siloles for the fabrication of high-performance yellow organic light-emitting diodes. Chem Eur J, 2014, 20: 1931-1939.

[11] Dong Y Q, Lam J W Y, Qin A J, Liu J Z, Li Z, Tang B Z, Sun J Z, Kwok H S. Aggregation-induced emissions of tetraphenylethene derivatives and their utilities as chemical vapor sensors and in organic light-emitting diodes. Appl Phys Lett, 2007, 91: 011111.

[12] Zhu M R, Yang C L. Blue fluorescent emitters: design tactics and applications in organic light-emitting diodes. Chem Soc Rev, 2013, 44: 4963-4976.

[13] Huang J, Yang X, Wang J Y, Zhong C, Wang L, Qin J G, Li Z. New tetraphenylethene-based efficient blue luminophors: aggregation induced emission and partially controllable emitting color. J Mater Chem, 2012, 22: 2478-2484.

[14] Qin W, Yang Z Y, Jiang Y B, Lam J W Y, Liang G D, Kwok H S, Tang B Z. Construction of efficient deep blue aggregation-induced emission luminogen from triphenylethene for nondoped organic light-emitting diodes. Chem Mater, 2015, 27: 3892-3901.

[15] Kim S K, Park, Y I, Kang I N, Park J W. New deep-blue emitting materials based on fully substituted ethylene derivatives. J Mater Chem, 2007, 17: 4670-4678.

[16] Liu B Q, Nie H, Zhou X B, Hu S B, Luo D X, Gao D Y, Zou J H, Xu M, Wang L, Zhao Z J, Qin A J, Peng J B, Ning H L, Cao Y, Tang B Z. Manipulation of charge and exciton distribution based on blue aggregation-induced emission fluorophors: a novel concept to achieve high-performance hybrid white organic light-emitting diodes. Adv Funct Mater, 2016, 26: 776-783.

[17] Shih P I, Chuang C Y, Chien C H, Diau E W G, Shu C F. Highly efficient non-doped blue-light-emitting diodes based on an anthrancene derivative end-capped with tetraphenylethylene groups. Adv Funct Mater, 2007, 17: 3141-3146.

[18] Zhao Z J, Chen S M, Chan C Y K, Lam J W Y, Jim C K W, Lu P, Chang Z F, Kwok H S, Qiu H Y, Tang B Z. A facile and versatile approach to efficient luminescent materials for applications in organic light-emitting diodes. Chem Asian J, 2012, 7: 484-488.

[19] Zhao Z J, Chen S M, Lam J W Y, Lu P, Zhong Y C, Wong K S, Kowk H S, Tang B Z. Creation of highly efficient solid emitter by decorating pyrene core with AIE-active tetraphenylethene peripheries. Chem Commun, 2010, 46: 2221-2223.

[20] Zhao Z J, Chen S M, Shen X Y, Mahtab F, Yu Y, Lu P, Lam J W Y, Kwok H S, Tang B Z. Aggregation-induced emission, self-assembly and electroluminescence of 4, 4′-bis(1, 2, 2-triphenylvinyl) biphenyl. Chem Commun, 2010, 46: 686-688.

[21] Chan C Y K, Zhao Z J, Lam J W Y, Liu J Z, Chen S M, Lu P, Mahtab F, Chen X J, Sung H H Y, Kwok H S, Ma Y G, Williams I D, Wong K S, Tang B Z. Efficient light emitters in the solid state: synthesis, aggregation-induced emission, electroluminescence, and sensory properties of luminogens with benzene cores and multiple triarylvinyl peripherals. Adv Funct Mater, 2012, 22: 378-389.

[22] Zhao Z J, Chen S M, Lam J W Y, Wang Z M, Lu P, Mahtab F, Sung H H Y, Williams I D, Ma Y G, Kwok H S, Tang B Z. Pyrene-substituted ethenes: aggregation-enhanced excimer emission and highly efficient electroluminescence. J Mater Chem, 2011, 21: 7210-7216.

[23] Zhao Z J, Deng C M, Chen S M, Lam J W Y, Qin W, Lu P, Wang Z M, Kwok H S, Ma Y G, Qiu H Y, Tang B Z. Full emission color tuning in luminogens constructed from tetraphenylethene, benzo-2, 1, 3-thiadiazole and thiophene building blocks. Chem Commun, 2011, 47: 8847-8849.

[24] Zhao Z J, Geng J L, Chang Z F, Chen S M, Deng C M, Jiang T, Qin W, Lam J W Y, Kwok H S, Qiu H Y, Liu B, Tang B Z. A tetraphenylethene-based red luminophor for an efficient non-doped electroluminescence device and cellular imaging. J Mater Chem, 2012, 22: 11018-11021.

[25] Qin W, Lam J W Y, Yang Z Y, Chen S M, Liang G D, Zhao W J, Kwok H S, Tang B Z. Red emissive AIE luminogens with high hole-transporting properties for efficient non-doped OLEDs. Chem Commun, 2015, 51: 7321-7324.

[26] Liu Y, Chen S M, Lam J W Y, Lu P, Kwok R T K, Mahtab F, Kwok H S, Tang B Z. Tuning the electronic nature of aggregation-induced emission luminogens with enhanced hole-transporting property. Chem Mater, 2011, 23: 2536-2544.

[27] Qin W, Liu J Z, Chen S M, Lam J W Y, Arseneault M, Yang Z Y, Zhao Q L, Kwok H S, Tang B Z. Crafting NPB with tetraphenylethene: a Win-Win strategy to create stable and efficient solid-state emitters with aggregation-induced emission feature, high hole-transporting property and efficient electroluminescence. J Mater Chem C, 2014, 2: 3756-3761.

[28] Yuan W Z, Lu P, Chen S M, Lam J W Y, Wang Z M, Liu Y, Kwok H S, Ma Y G, Tang B Z. Changing the behavior of chromophores from aggregation-caused quenching to aggregation-induced emission: Development of highly efficient light emitters in the solid state. Adv Mater, 2010, 22: 2159-2163.

[29] Huang J, Sun N, Yang J, Tang R L, Li Q Q, Ma D G, Li Z. Blue aggregation-induced emission luminogens: high external quantum efficiencies up to 3.99% in LED device, and restriction of the conjugation length through rational molecular design. Adv Funct Mater, 2014, 24: 7645-7654.

[30] Kim J Y, Yasuda T, Yang Y S, Adachi C. Bifunctional star-burst amorphous molecular materials for OLEDs: achieving highly efficient solid-state luminescence and carrier transport induced by spontaneous molecular orientation. Adv Mater, 2013, 25: 2666-2671.

[31] Chen L, Jiang Y B, Nie H, Lu P, Sung H H Y, Williams I D, Kwok H S, Huang F, Qin A J, Zhao Z J, Tang B Z. Creation of bifunctional materials: improve electron-transporting ability of light emitters based on AIE-active 2, 3, 4, 5-tetraphenylsiloles. Adv Funct Mater, 2014, 24: 3621-3630.

[32] Quan C Y, Nie H, Hu R R, Qin A J, Zhao Z J, Tang B Z. A silole-based efficient electroluminescent material with good electron-transporting potential. Chin J Chem, 2015, 33: 842-846.

[33] Quan C Y, Nie H, Zhao Z J, Tang B Z. n-Type organic luminescent materials based on siloles with aggregation-enhanced emission. Proceedings Volume 9566, Organic Light Emitting Materials and Devices XIX; 95660C, 2015.

[34] Yuan W Z, Chen S M, Lam J W Y, Deng C M, Lu P, Sung H H Y, Williams I D, Kwok H S, Zhang Y M, Tang B Z. Towards high efficiency solid emitters with aggregation-induced emission and electron-transport characteristics. Chem Commun, 2011, 47: 11216-11218.

[35] Liu Y, Chen S M, Lam J W Y, Mahtab F, Kwok H S, Tang B Z. Tuning the electronic nature of aggregation-induced emission chromophores with enhanced electron-transporting properties. J Mater Chem, 2012, 22: 5184-5189.

[36] Chen L, Jiang Y B, Nie H, Hu R R, Kwok H S, Huang F, Qin A J, Zhao Z J, Tang B Z. Rational design of aggregation-induced emission luminogen with weak electron donor-acceptor interaction to achieve highly efficient undoped bilayer OLEDs. ACS Appl Mater Inter, 2014, 6: 17215-17225.

[37] Shi H P, Xin D H, Gu X G, Zhang P F, Peng H R, Chen S M, Lin G W, Zhao Z J, Tang B Z. The synthesis of novel AIE emitters with the triphenylethene-carbazole skeleton and para-/meta-substituted arylboron groups and their application in efficient non-doped OLEDs. J Mater Chem C, 2016, 4: 1228-1237.

[38] Chen L, Zhang C Y, Lin G W, Nie H, Luo W W, Zhuang Z Y, Ding S Y, Hu R R, Su S J, Huang F, Qin A J, Zhao Z J, Tang B Z. Solution-processable, star-shaped bipolar tetraphenylethene derivatives for the fabrication of efficient nondoped oleds. J Mater Chem C, 2016, 4: 2775-2783.

[39] Dimitrakopoulos C D, Malenfant P R L. Organic thin film transistors for large area electronics. Adv Mater, 2002, 14: 99-117.

[40] Reese C, Roberts M, Ling M M, Bao Z. Organic thin film transistors. Mater Today, 2004, 7: 20-27.

[41] Yamashita Y. Organic semiconductors for organic field-effect transistors. Sci Technol Adv Mater, 2009, 10: 024313.

[42] Dong H L, Fu X L, Liu J, Wang Z R, Hu W P. 25th anniversary article: key points for high-mobility organic field-effect transistors. Adv Mater, 2013, 25: 6158-6183.

[43] Zhao Y, Guo Y L, Liu Y Q. 25th anniversary article: recent advances in n-type and ambipolar organic field-effect transistors. Adv Mater, 2013, 25: 5372-5391.

[44] Sirringhaus H. 25th anniversary article: organic field-effect transistors: the path beyond amorphous silicon. Adv Mater, 2014, 26: 1319-1335.

[45] Di C A, Zhang F J, Zhu D B. Multi-functional integration of organic field-effect transistors (OFETs): advances and perspectives. Adv Mater, 2013, 25: 313-330.

[46] Martínez Hardigree J F, Katz H E. Through thick and thin: tuning the threshold voltage in organic field-effect transistors. Acc Chem Res, 2014, 47: 1369-1377.

[47] Zhao Z J, Li Z F, Lam J W Y, Maldonado J L, Ramos-Ortiz G, Liu Y, Yuan W Z, Xu J B, Miao Q, Tang B Z. High hole mobility of 1, 2-bis[4′-(diphenylamino) biphenyl-4-yl]-1, 2-diphenylethene in field effect transistor. Chem Commun, 2011, 47: 6924-6926.

[48] Luo H W, Chen S J, Liu Z T, Zhang C, Cai Z X, Chen X, Zhang G X, Zhao Y S, Decurtins S, Liu S X, Zhang D Q. A cruciform electron donor-acceptor semiconductor with solid-state red emission: 1D/2D optical waveguides and highly sensitive/selective detection of H_2S gas. Adv Funct Mater, 2014, 24: 4250-4258.

[49] Matthew P A, Zhang G F, Li C, Chen G, Chen T, Zhu M Q. Optical properties and red to near infrared piezoresponsive fluorescence of a tetraphenylethene-perylenebisimide-tetraphenylethene triad. J Mater Chem C, 2013, 1: 6709-6718.

[50] Zhao L F, Lin Y L, Liu T, Li H X, Xiong Y, Yuan W Z, Sung H H Y, Williams I D, Zhang Y M, Tang B Z. Rational bridging affording luminogen with AIE features and high field effect mobility.

J Mater Chem C, 2015, 3: 4903-4909.

[51] Deng J, Xu Y X, Liu L Q, Feng C F, Tang J, Gao Y, Wang Y, Yang B, Lu P, Yang W S, Ma Y G. An ambipolar organic field-effect transistor based on an AIE-active single crystal with a high mobility level of 2.0 $cm^2 \cdot V^{-1} \cdot s^{-1}$. Chem Commun, 2016, 52: 2370-2373.

[52] Roy-Mayhew J D, Aksay I A. Graphene materials and their use in dye-sensitized solar cells. Chem Rev, 2014, 114: 6323-6348.

[53] Li X M, Lv Z, Zhu H W. Carbon/silicon heterojunction solar cells: state of the art and prospects. Adv Mater, 2015, 27: 6549-6574.

[54] Jung H S, Park N G. Perovskite solar cells: from materials to devices. Small, 2015, 11: 10-25.

[55] Tiep N H, Ku Z, Fan H J. Recent advances in improving the stability of perovskite solar cells. Adv Energy Mater, 2016, 6: 1501420.

[56] Nielsen C B, Holliday S, Chen H Y, Cryer S J, McCulloch I. Non-fullerene electron acceptors for use in organic solar cells. Acc Chem Res, 2015, 48: 2803-2812.

[57] Lu L Y, Zheng T Y, Wu Q H, Schneider A M, Zhao D L, Yu L P. Recent advances in bulk heterojunction polymer solar cells. Chem Rev, 2015, 115: 12666-12731.

[58] Mi B X, Dong Y Q, Li Z, Lam J W Y, Haussler M, Sung H H, Kwok H S, Dong Y P, Williams I D, Liu Y Q, Yi Luo, Shuai Z G, Zhu D B, Tang B Z. Making silole photovoltaically active by attaching carbazolyl donor groups to the silolyl acceptor core. Chem Commun, 2005, (28): 3583-3585.

[59] Li Y L, Li Z P, Wang Y, Compaan A, Ren T H, Dong W J. Increasing the power output of a CdTe solar cell via luminescent down shifting molecules with intramolecular charge transfer and aggregation-induced emission characteristics. Energy Environ Sci, 2013, 6: 2907-2911.

[60] Li Y L, Li Z P, Ablekim T, Ren T H, Dong W J. Rational design of tetraphenylethylene-based luminescent down-shifting molecules: photophysical studies and photovoltaic applications in a CdTe solar cell from small to large units. Phys Chem Chem Phys, 2014, 16: 26193-26202.

[61] Liu Y H, Mu C, Jiang K, Zhao J B, Li Y K, Zhang L, Li Z K, Lai J Y L, Hu H W, Ma T X, Hu R R, Yu D M, Huang X H, Tang B Z, Yan H. A tetraphenylethylene core-based 3D structure small molecular acceptor enabling efficient non-fullerene organic solar cells. Adv Mater, 2015, 27: 1015-1020.

[62] Zhang F S, Fan J, Yu H J, Ke Z F, Nie C M, Kuang D B, Shao G, Su C Y. Nonplanar organic sensitizers featuring a tetraphenylethene structure and double electron-withdrawing anchoring groups. J Org Chem, 2015, 80: 9034-9040.

[63] Richardson F S, Riehl J P. Circularly polarized luminescence spectroscopy. Chem Rev, 1977, 77: 773-792.

[64] Riehl J P, Richardson F S. Circularly polarized luminescence spectroscopy. Chem Rev, 1986, 86: 1-16.

[65] Spano F C, Meskers S C J, Hennebicq E, Beljonne D. Probing excitation delocalization in supramolecular chiral stacks by means of circularly polarized light: experiment and modeling. J Am Chem Soc, 2007, 129: 7044-7054.

[66] Liu J Z, Su H M, Meng L M, Zhao Y H, Deng C M, Ng J C Y, Lu P, Faisal M, Lam J W Y, Huang

X H, Wu H K, Wong KS, Tang B Z. What makes efficient circularly polarised luminescence in the condensed phase: aggregation-induced circular dichroism and light emission. Chem Sci, 2012, 3: 2737-2747.

[67] Ng J C Y, Li H K, Yuan Q, Liu J Z, Liu C H, Fan X L, Li B S, Tang B Z. Valine-containing silole: synthesis, aggregation-induced chirality, luminescence enhancement, chiral-polarized luminescence and self-assembled structures. J Mater Chem C, 2014, 2: 4615-4621.

[68] Li H K, Cheng J, Zhao Y H, Lam J W Y, Wong K S, Wu H, Li B S, Tang B Z. L-valine methyl ester-containing tetraphenylethene: aggregation-induced emission, aggregation-induced circular dichroism, circularly polarized luminescence, and helical self-assembly. Mater Horiz, 2014, 1: 518-521.

[69] Li H K, Cheng J, Deng H Q, Zhao E G, Shen B, Lam J W Y, Wong K S, Wu H K, Li B S, Tang B Z. Aggregation-induced chirality, circularly polarized luminescence, and helical self-assembly of a leucine-containing AIE luminogen. J Mater Chem C, 2015, 3: 2399-2404.

[70] Ye Q, Zhu D D, Zhang H X, Lu X M, Lu Q H. Thermally tunable circular dichroism and circularly polarized luminescence of tetraphenylethene with two cholesterol pendants. J Mater Chem C, 2015, 3: 6997-7003.

[71] Zhang S W, Wang Y X, Meng F D, Dai C H, Cheng Y X, Zhu C J. Circularly polarized luminescence of AIE-active chiral O-BODIPYs induced via intramolecular energy transfer. Chem Commun, 2015, 51: 9014-9017.

[72] Liu X H, Jiao J M, Jiang X X, Li J F, Cheng Y X, Zhu C J. A tetraphenylethene-based chiral polymer: an AIE luminogen with high and tunable CPL dissymmetry factor. J Mater Chem C, 2013, 1: 4713-4719.

[73] Zhang S W, Sheng Y, Wei G, Quan Y W, Cheng Y X, Zhu C J. Aggregation-induced circularly polarized luminescence of an (*R*)-binaphthyl-based AIE-active chiral conjugated polymer with self-assembled helical nanofibers. Polym Chem, 2015, 6: 2416-2422.

[74] Ng J C Y, Liu J Z, Su H M, Hong Y N, Li H K, Lam J W Y, Wong K S, Tang B Z. Complexation-induced circular dichroism and circularly polarized luminescence of an aggregation-induced emission luminogen. J Mater Chem C, 2014, 2: 78-83.

[75] Zhao D Y, He H X, Gu X G, Guo L, Wong K S, Lam J W Y, Tang B Z. Circularly polarized luminescence and a reflective-photoluminescent chiral nematic liquid crystal display based on an aggregation-induced emission luminogen. Adv Optical Mater, 2016, 4: 534-539.

[76] Yuan W Z, Yu Z Q, Lu P, Deng C M, Lam J W Y, Wang Z M, Chen E Q, Ma Y G, Tang B Z. High efficiency luminescent liquid crystal: aggregation-induced emission strategy and biaxially oriented mesomorphic structure. J Mater Chem, 2012, 22: 3323-3326.

[77] Kim J, Cho S, Cho B K. An unusual stacking transformation in liquid-crystalline columnar assemblies of clicked molecular propellers with tunable light emissions. Chem Eur J, 2014, 20: 12734-12739.

[78] Luo M, Zhou X, Chi Z G, Liu S W, Zhang Y, Xu J R. Fluorescence-enhanced organogelators with mesomorphic and piezofluorochromic properties based on tetraphenylethylene and gallic acid derivatives. Dyes and Pigments, 2014, 101: 74-84.

[79] Zhao D Y, Fan F, Cheng J, Zhang Y L, Wong K S, Chigrinov V G, Kwok H S, Guo L, Tang B Z. Light-emitting liquid crystal displays based on an aggregation-induced emission luminogen. Adv Opt Mater, 2015, 32: 199-202.

[80] Wan J H, Mao L Y, Li Y B, Li Z F, Qiu H Y, Wang C, Lai G Q. Self-assembly of novel fluorescent silole derivatives into different supramolecular aggregates: fibre, liquid crystal and monolayer. Soft Matter, 2010, 6: 3195-3201.

[81] Tong X, Zhao Y, An B K, Park S Y. Fluorescent liquid-crystal gels with electrically switchable photoluminescence. Adv Funct Mater, 2006, 16: 1799-1804.

[82] Yoon S J, Kim J H. Kim K S, Chung J W, Heinrich Mathevet B F, Kim P, Donnio B, Attias A J, Kim D, Park S Y. Mesomorphic organization and thermochromic luminescence of dicyanodistyrylbenzene-based phasmidic molecular disks: uniaxially aligned hexagonal columnar liquid crystals at room temperature with enhanced fluorescence emission and semiconductivity. Adv Funct Mater, 2012, 22: 61-69.

[83] 毛文纲, 陈康, 欧阳密, 孙璟玮, 周永兵, 宋宝庆, 张诚. 基于苯乙烯腈结构的可逆力致变色化合物的合成及性能. 化学学报, 2013, 71: 613-618.

[84] Lu H B, Qiu L Z, Zhang G Y, Ding A X, Xu W B, Zhang G B, Wang X H, Kong L, Tian Y P, Yang J X. Electrically switchable photoluminescence of fluorescent-molecule-dispersed liquid crystals prepared via photoisomerization-induced phase separation. J Mater Chem C, 2014, 2: 1386-1389.

[85] Park J W, Nagano S, Yoon S J, Dohi T, Seo J, Seki T, Park S Y. High contrast fluorescence patterning in cyanostilbene-based crystalline thin films: crystallization-induced mass flow via a photo-triggered phase transition. Adv Mater, 2014, 26: 1354-1359.

[86] Chen Y F, Lin J S, Yuan W Z, Yu Z Q, Lam J W Y, Tang B Z. 1-((12-bromododecyl)oxy)-4-((4-(4-pentylcyclohexyl)phenyl)ethynyl)benzene: liquid crystal with aggregation-induced emission characteristics. Sci China Chem, 2013, 56: 1191-1196.

[87] Yuan W Z, Yu Z Q, Tang Y H, Lam J W Y, Xie N, Lu P, Chen E Q, Tang B Z. High solid-state efficiency fluorescent main chain liquid crystalline polytriazoles with aggregation-induced emission characteristics. Macromolecules, 2011, 44: 9618-9628.

[88] Fujisawa K, Okuda Y, Izumi Y, Nagamatsu A, Rokusha Y, Sadaike Y, Tsutsumi O. Reversible thermal-mode control of luminescence from liquid-crystalline gold(Ⅰ) complexes. J Mater Chem C, 2014, 2: 3549-3555.

[89] Shen Y T, Li C H, Chang K C, Chin S Y, Lin H A, Liu Y M, Hung C Y, Hsu H F, Sun S S. Synthesis, optical and mesomorphic properties of self-assembled organogels featuring phenylethynyl framework with elaborated long-chain pyridine-2, 6-dicarboxamides. Langmuir, 2009, 25: 8714-8722.

[90] Zhang P, Wang H T, Liu H M, Li M. Fluorescence-enhanced organogels and mesomorphic superstructure based on hydrazine derivatives. Langmuir, 2010, 26: 10183-10190.

[91] Ren Y, Kan W H, Henderson M A, Bomben P G, Berlinguette C P, Thangadurai V, Baumgartner T. External-stimuli responsive photophysics and liquid crystal properties of self-assembled "phosphole-lipids". J Am Chem Soc, 2011, 133: 17014-17026.

[92] Yu W H, Chen C, Hu P, Wang B Q, Redshaw C, Zhao K Q. Tetraphenylethene-triphenylene oligomers

with an aggregation-induced emission effect and discotic columnar mesophase. RSC Adv, 2013, 3: 14099-14105.

[93] Wang N, Evans J S, Mei J, Zhang J H, Khoo I C, He S L. Lasing properties of a cholesteric liquid crystal containing aggregation-induced-emission material. Opt Express, 2015, 23: 33938-33946.

[94] Zhao D Y, F F, Chigrinov V G, Kwok H S, Tang B Z. Aggregate-induced emission in light-emitting liquid crystal display technology. J Soc Inf Display, 2015, 23: 218-222.

[95] Gan S F, Luo W W, He B R, Chen L, Nie H, Hu R R, Qin A J, Zhao Z J, Tang B Z. Integration of aggregation-induced emission and delayed fluorescence into electronic donor-acceptor conjugates. J Mater Chem C, 2016, 4: 3705-3708.

（何佰蓉　赵祖金　唐本忠）

第 9 章

聚集诱导发光在生物领域的应用

9.1 引言

基础生命科学和生物医学在很大程度上依赖于研究工具来实现研究的突破。荧光技术是生物领域的理想工具，具有诸多优点：灵敏度高、选择性优、响应速度快、操作简便等。更重要的是，荧光是一种直接可视化工具，可以在分子水平上对分析对象进行实时、原位、无侵入性地观察，从而提供关于复杂生物结构和生理过程的有用信息[1,2]。因此，开发荧光技术对于基础研究、临床诊断和疾病治疗等方面都有重要意义。

多种发光材料，如有机染料、量子点（quantum dot，QD）、荧光蛋白（fluorescent protein，FP）、共轭聚合物和贵金属纳米簇等已经被应用于生物传感和成像[3-6]。有机染料是容易获得且被广泛使用的一类材料。然而，其 ACQ 缺陷及相对较差的光稳定性极大地限制了其在生物领域的应用。量子点的发光强度高且光稳定性好，但其中大多数（如硒化镉和硫化铅）含有重金属且具有光闪烁效应，限制了其在体内成像的应用[7]。荧光蛋白可通过基因转染至生物体内，因此受到广泛关注，然而，荧光蛋白的使用需要复杂的转染过程且其标记可能会破坏正常细胞的功能[8]。

相对于传统的 ACQ 染料来说，AIE 分子显示了独特的光学性质：其在良溶剂中呈单分子自由状态，几乎不发光，而在聚集/簇合状态下发出强烈的荧光。这种特性自然规避了传统染料所面临的荧光聚集猝灭问题，从而可以使用高浓度的探针并获得较强的荧光信号。水溶性的 AIE 分子或探针在水介质中发出非常微弱的荧光，背景信号低。当它们与靶向分析物作用时，由于分子内运动受到限制重新发出荧光，使得其在连续监测生物学过程中特别有吸引力[9]。此外，AIE 分子可以被制备成在水中分散、明亮、光稳定性好的纳米粒子作为成像试剂。通过修饰合适的靶向配体，可用于靶向成像和长期示踪。

人们致力于将 AIE 材料运用到各项高科技领域。在本章中，将对 AIE 分子和纳米粒子在生物应用中已取得的成果进行综述。本章分为两个部分，分别是 AIE 在生物检测和生物成像方面的应用。生物检测部分举例介绍利用 AIE 分子探针检测生物小分子和大分子，重点介绍其机理和检测灵敏度。生物成像部分将介绍分子探针和纳米粒子探针在细胞示踪、细胞结构成像、微生物成像、体内成像、诊断和治疗中的应用。

9.2 生物检测

生物传感器可以将待检测物的浓度信号转换成光或电信号从而对其进行精准分析，可以应用于元素识别、物理化学传感器(如氧电极、光电二极管、场效应晶体管、压电晶体等)、信号放大装置等。AIE 分子已被证实是一种高敏感和高特异性的生物传感材料。基于 AIE 效应，可建立从生物小分子(如单糖、生物硫醇、氨基酸、胺、腺苷三磷酸等)到生物大分子(如多糖、DNA、蛋白质、酶、脂类等)宽广范围的传感体系。

9.2.1 腺苷三磷酸检测

腺苷三磷酸(ATP)俗称“能量货币”，是一种多功能核苷酸，为细胞的新陈代谢活动提供化学能量。ATP 的浓度和消耗速率与多种疾病密切相关，如局部缺血、帕金森病、乏氧和低血糖等[10]。发展简单有效的方法来实时监测 ATP 的浓度和消耗速率有重要意义。

基于带正电荷化合物 **1** 的 AIE 性质，张德清课题组实现了一种连续且原位无标记的 ATP 荧光测定方法(图 9.1)[11]。在稀溶液中，化合物 **1** 很好地溶解于水相，由于其分子内运动仅发出很弱的荧光。加入含 4 个负电荷的 ATP 之后，体系荧光发射显著增强。化合物 **1** 通过静电相互作用聚集到 ATP 基体上，因此噻咯单元被强迫聚集，其分子内运动受限进而发出强荧光。同时，这是一个原位检测 ATP 的方法，相对于 ATP 降解生成的 ADP、AMP 或焦磷酸盐，化合物 **1** 对 ATP 具有特异性响应，这是因为 ADP 和 AMP 含有较少的负电荷，而焦磷酸盐缺乏疏水性基团。ATP 被磷酸酶降解的过程也很容易被检测。随着 ATP 水解为 ADP 和磷酸，化合物 **1** 从聚集态被释放出来，由于分子内运动增加了非辐射衰减途径，导致荧光减弱。

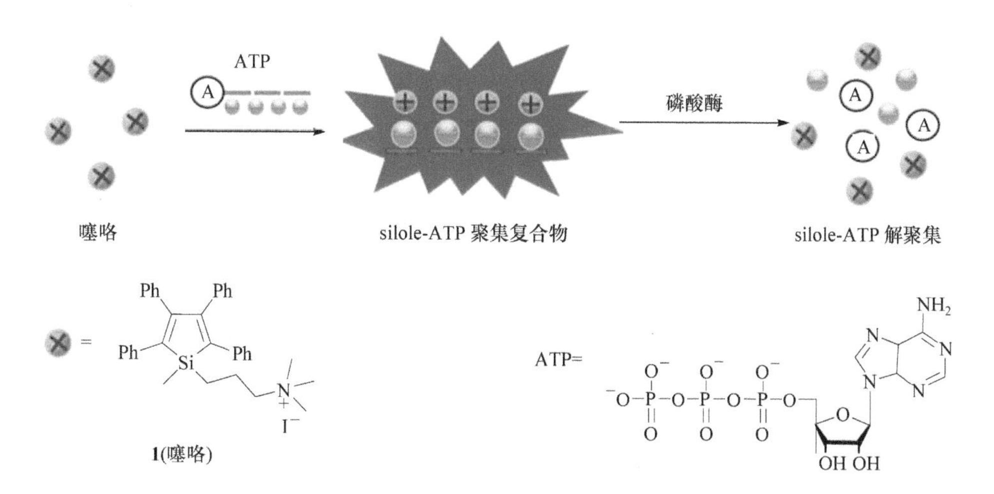

图 9.1　基于化合物 **1** 的连续原位无标记的 ATP 荧光检测的机理及化合物 **1** 和 ATP 的化学结构

带正电荷的 AIE 荧光分子可以很容易地点亮检测水溶液中的 ATP，因此胍修饰的 TPE 化合物 **2** 也被用于 ATP 测定[12]。如图 9.2 所示，化合物 **2** 在水溶液中发光微弱，通过氢键辅助的静电作用，胍官能团可与磷酸根阴离子以 1∶1 摩尔比结合。基于 TPE 和 ATP 的离子配对络合形成更大的聚集体，因此将 ATP 加入化合物 **2** 的溶液后，诱导了荧光增强。最重要的是，化合物 **2** 的四个识别位点使得荧光强度对 ATP 浓度呈 S 形曲线，这意味着检测过程依赖于非线性关系。这种非线性响应是通过逐步点亮进而导致高信噪比实现的。当分析物的浓度低于 30 μmol/L 时，几乎没有观察到化合物 **2** 对 ADP 或 AMP 的荧光响应。除了 ATP，针对 ATP 水解生成的焦磷酸盐的检测也具有很高的价值。焦磷酸盐可以特异性结合二吡啶甲基胺-锌(Ⅱ)修饰的 TPE 单元，进而限制苯环旋转点亮荧光[13]。

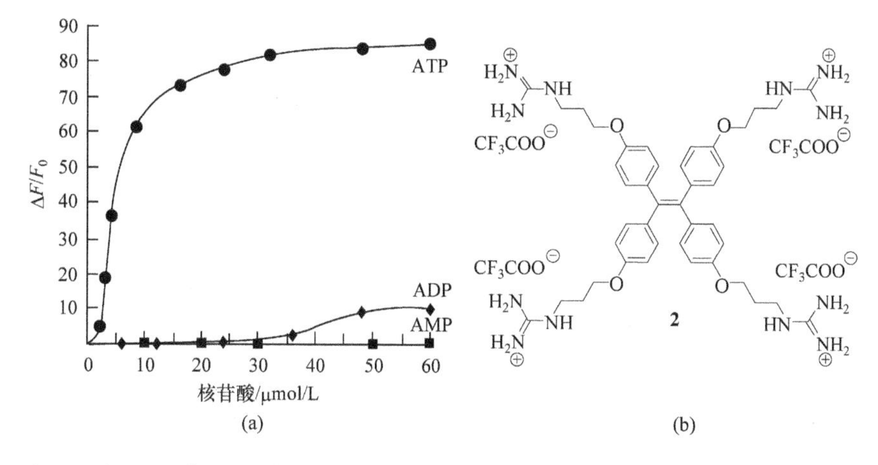

图 9.2　由 ATP 诱导的化合物 **2** 的自组装驱动的非线性荧光响应(a)和其化学结构(b)

9.2.2 肝素检测

正如先前所述，静电作用导致的聚集是 AIE 荧光分子在发光检测方面应用的有效方式，这样的检测系统很容易构建且便于操作。此外，许多生物分子以带电的形式存在，这一事实使得静电吸引方式在生物检测中广受欢迎。肝素是带有高度负电荷的硫酸化糖胺聚糖，在各种生理和炎症的调节过程中具有重要作用[14]。另外，监测手术中和手术后肝素的含量和活性具有重要意义，因为肝素过量可引起副作用，而带正电荷的 AIE 荧光分子或其聚合物探针对肝素检测具有重要价值。

基于肝素与铵盐修饰的噻咯化合物 **1** 的静电相互作用，张德清课题组建立了简便荧光点亮的肝素检测方法[15]。当肝素在溶液中的浓度达到 13 μmol/L 时，化合物 **1** 在 480 nm 处的荧光强度增加超过 90 倍，此条件下检测限可达 23 nmol/L。此外，在纯缓冲溶液和含有血清的缓冲溶液中，化合物 **1** 在 480 nm 处的发射强度均随着肝素的浓度呈线性增加。这意味着噻咯化合物 **1** 是一个具有在生物系统中检测肝素应用潜力的探针，因为 0.8～3.2 μmol/L 是肝素在手术或临床抗凝血药物治疗的标准浓度范围。化合物 **1** 也是一个潜在的用于研究肝素和特定蛋白相互作用的荧光探针。例如，将鱼精蛋白加入 **1** 和肝素混合物的溶液，其荧光强度将会降低，因为鱼精蛋白和肝素更强的结合力会破坏化合物 **1** 和肝素的结合。为了进一步增加信噪比和改善基于 AIE 的肝素检测的选择性，可通过偶联具有 ACQ 性质的蒽衍生物和具有 AIE 性质的 TPE 衍生物设计比率型荧光探针[16]。

除了常见的 AIE 体系，带正电荷的季铵基团修饰的具有 AIE 性质的 ESIPT 分子 **3** 可通过静电作用实现简便、灵敏和选择性地检测肝素(图 9.3)[17]。相比于大多数已报道的 AIE 荧光分子，水杨醛吖嗪结构在分子设计上大不相同。两个可旋转的水杨醛亚胺基团通过 N—N 单键而不是 C—C 键相连，其中的两个分子内氢键确保分子内旋转只发生在 N—N 键之间。在溶液状态，苯环围绕 C—C 键和 N—N 键进行分子内旋转，以非辐射形式猝灭发射。加入肝素后，通过静电作用与化合物 **3** 形成聚集体，其刚性环境有利于形成氢键，通过固定发光团的结构来点亮荧光。

众所周知，静电相互作用在带有相反电荷的物质之间普遍存在。从这个意义上说，仅通过静电作用设计的探针在选择性上仍需进一步改善。唐本忠课题组通过添加氧化石墨烯(石墨烯：从石墨材料中剥离出来的由碳原子组成的二维晶体，对有机荧光分子表现了有效的荧光猝灭效果，这一过程中同时发生了激发态荧光分子与石墨烯表面之间的能量转移和电子转移)巧妙地提高了检测灵敏度和选择性[18]。在 TPE 中将两个苯基用芴基单元取代的化合物 **4**，在保留 AIE 性质的同时，引入四个带正电荷的季铵盐离子使其具有水溶性(图 9.4)。在化合物 **4** 的水溶液中加入肝素容易点亮其发光，而加入带负电荷的类似物如软骨素和透明质酸(HA)后，也能够观

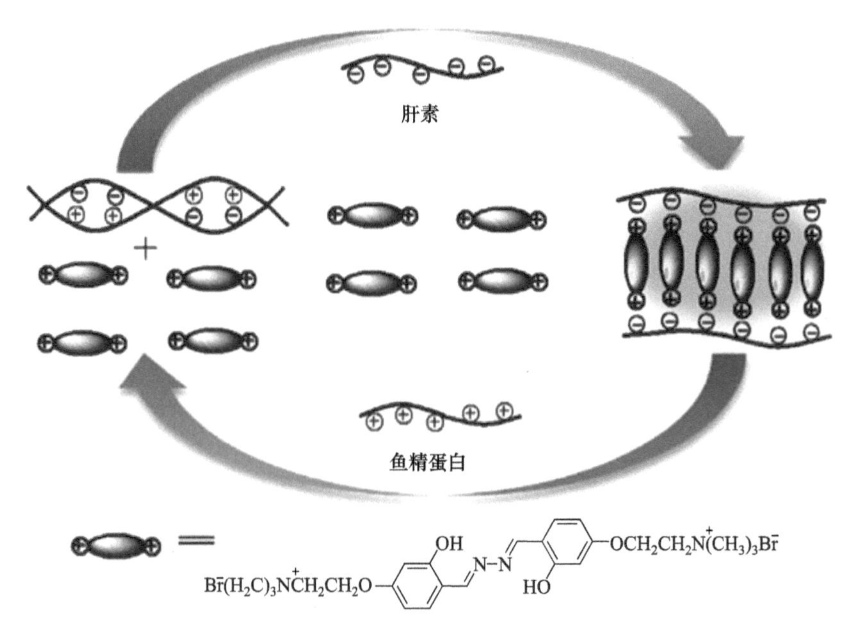

图 9.3 基于具有 AIE 性质的化合物 **3** 点亮检测肝素的设计原理

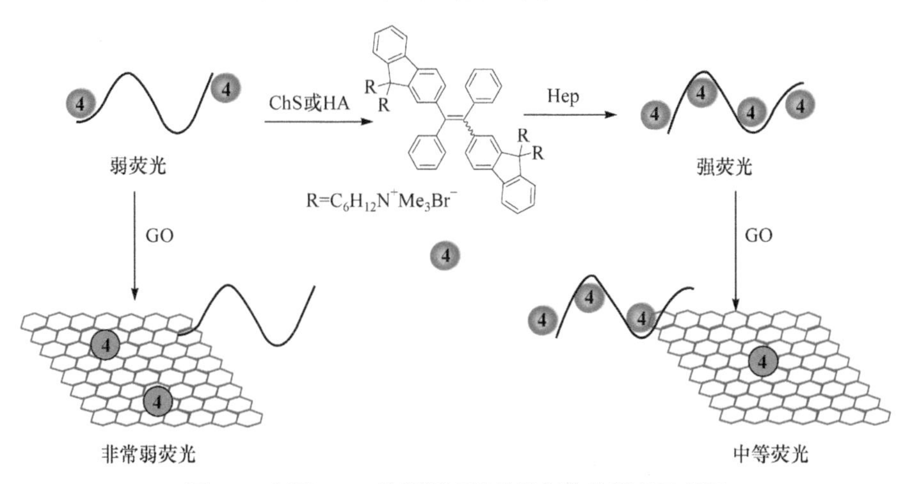

图 9.4 利用 **4**/GO 检测肝素及其类似物的原理示意图

察到不同程度的荧光发射增强。GO 可以通过静电相互作用和可能的π-π作用与化合物 **4** 相结合[19]，增加负电荷物质与其结合的难度，从而达到提高选择性的目的。对于电荷密度较低的分析物，如硫酸软骨素和 HA，GO 的加入会解离聚集体，释放出探针，减弱荧光。然而，GO 不能解离 **4**/肝素的复合物，因为它们之间具有强亲和力，其强荧光发射因此得以保留。通过合理地选择不同的 AIE 分子，GO-AIE 体系显示出了选择性地检测特定生物大分子的性质。例如，两个氨基功能化的 HPS

的衍生物和 GO 的复合物仅对 DNA 做出“开-关”的响应；铵盐修饰的 TPE 和 GO 复合物可选择性检测 BSA[20]。

9.3 蛋白质及 DNA 构象变化检测

9.3.1 蛋白质及构象检测

蛋白质组学旨在从蛋白质的层面破译生物和生理过程，而蛋白分析在蛋白质组学研究中尤为重要。2007 年，一种含有两个磺酸根的阴离子型 TPE 衍生物 **5** 被首次应用于对 BSA 的荧光点亮检测[21]。此后，化合物 **5** 被用来进行特定蛋白质（如 HSA）的构象变化监测研究，如图 9.5 所示[22]。化合物 **5** 中疏水性的芳环结构使得荧光分子进入 HSA 的内部疏水腔或折叠形成的口袋域，并聚集发光。加入不同量的盐酸胍（GndHCl）可诱导 HAS 链去折叠。HSA 在 350 nm 处的发射峰刚好与化合物 **5** 的吸收峰重叠，因此 **5** 在 470 nm 处的发射峰可以通过与 HAS 之间的 FRET 作用而增强。利用这个机理可以监测盐酸胍变性剂诱导 HSA 链去折叠的过程。另一种基于蒽的 AIE 荧光分子 **6** 也得到了类似的结果[23]。

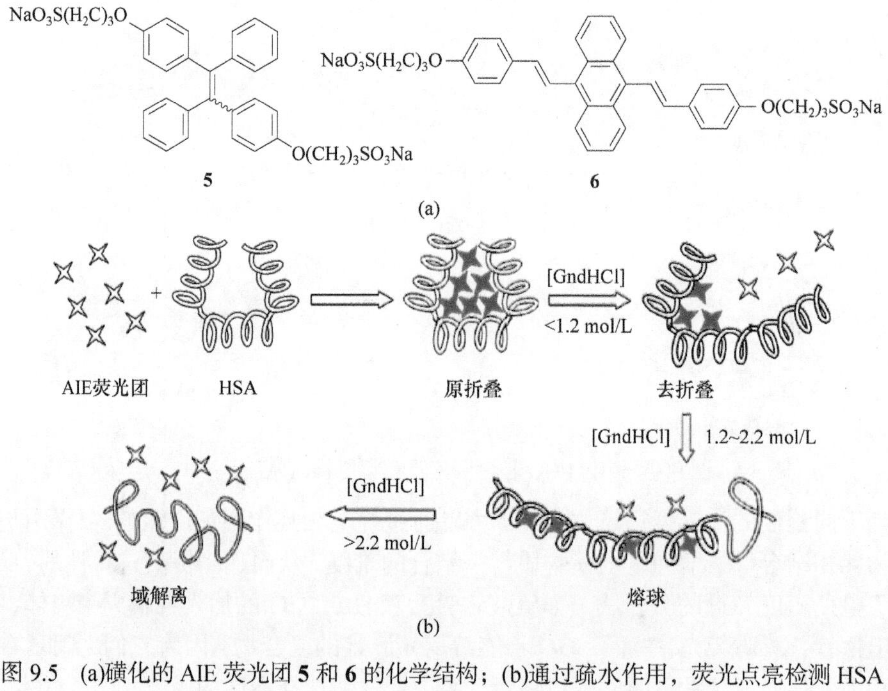

图 9.5 (a)磺化的 AIE 荧光团 **5** 和 **6** 的化学结构；(b)通过疏水作用，荧光点亮检测 HSA 及利用 AIE 荧光团对 GndHCl 诱导的去折叠过程的荧光示踪

除了基于疏水效应外，其他特异性的相互作用也被用于蛋白质检测。图 9.6 是将两种糖基元修饰 AIE 分子用于外源凝集素的检测[24, 25]。伴刀豆球蛋白 A(ConA)是一种外源凝集素，关于它的研究已经比较深入。在中性 pH 环境下，ConA 以四聚体的形式存在，这个蛋白质同侧约 6.5 nm 处的四个结合位点可以选择性识别α-吡喃甘露糖苷和α-吡喃葡萄糖苷。甘露糖取代的 TPE 在水介质中完全溶解，自身显示非常弱的荧光发射，当其特异性地与加入的 ConA 形成聚集体后，可引发出强烈的蓝光。基于同样的原理，糖苷修饰的氧化膦咯也表现出对 ConA 的特异性响应。

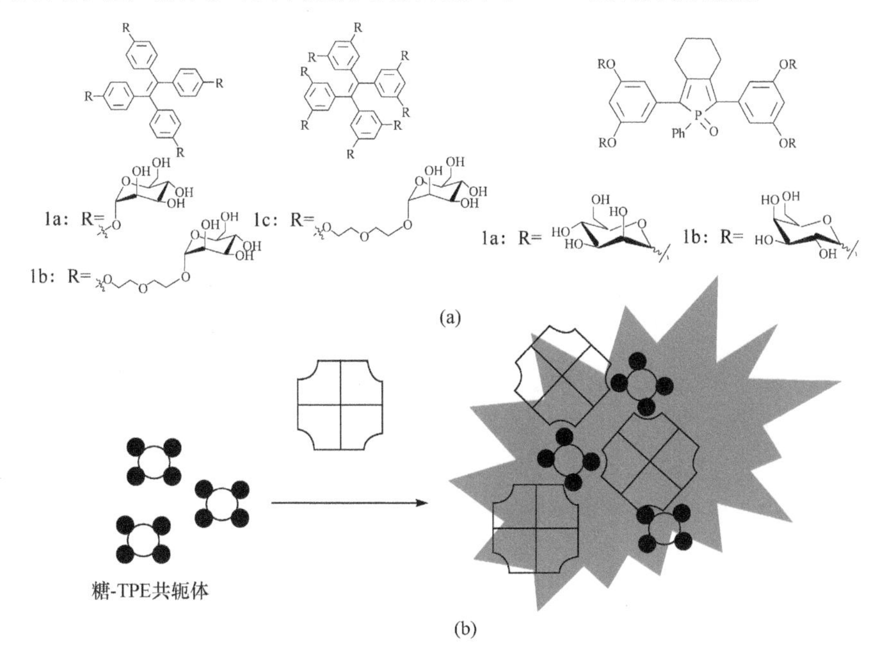

图 9.6　(a)糖基元修饰 TPE 和氧化膦咯分子结构式；(b)具有 AIE 性质的糖基元修饰 TPE 作为点亮型荧光传感器对 ConA 的响应机理

蛋白质可能发生错误折叠，之后继续聚集成淀粉状纤维，这会引发多种组织功能障碍。实时监测并且从机理上理解淀粉状纤维的沉积过程对于诊断和治疗阿尔茨海默病极为重要。胰岛素很容易纤维化，因此可作为一种研究蛋白质淀粉状纤维化的模型。与纤维化胰岛素混合后，**5** 的荧光强度明显增强，然而对于天然牛胰岛素毫无响应。**5** 对于胰岛素变化的敏感响应可用于非原位监测淀粉状蛋白生成的动力学过程，揭示了其三阶段的生长过程：(Ⅰ)成核、(Ⅱ)延展、(Ⅲ)平衡[图 9.7(b)]。如图 9.7(a)所示，**5** 对纤维化的胰岛素产生强烈的点亮效应，而对正常的胰岛素则只有极弱的荧光信号。由于 **5** 中苯环和胰岛素上的疏水性残基之间的疏水性作用可以稳定形成复合物，将 **5** 和胰岛素预混合后可抑制成核过程，进而阻止淀粉状蛋白的形成[26]。

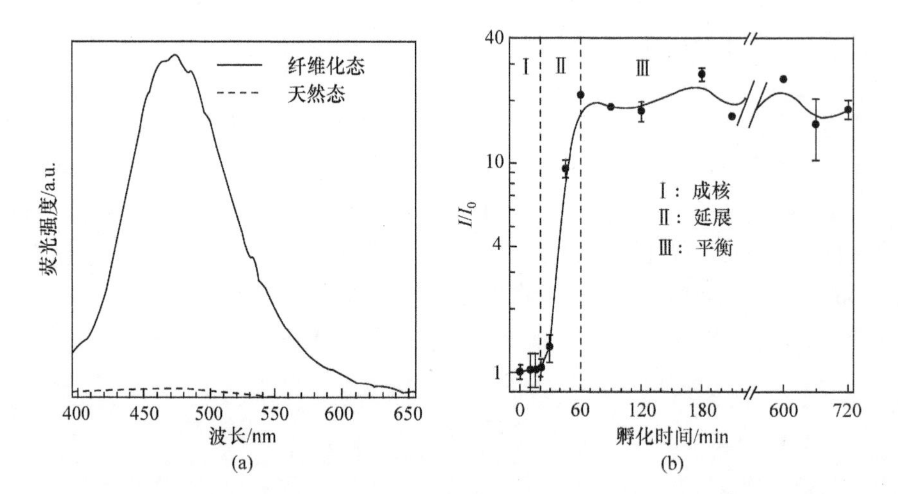

图 9.7 (a) **5** 与天然及纤维化胰岛素的混合物的光致发光光谱；(b) **5** 对胰岛素纤维化过程的荧光监测，pH=7，[**5**]=5 μmol/L，[胰岛素]=5 μmol/L，激发波长为 350 nm

9.3.2 DNA 构象及杂交检测

2006 年初，人们已经注意到，在水介质中 DNA 和蛋白质可诱导水溶性阳离子型 AIE 荧光分子的发光发生明显变化[27]。此外，阳离子型 AIE 荧光分子已被用于检测特定的 DNA 构象变化，其中代表性的工作是监测 G-四链体的形成过程。G-四链体的检测极其重要，因为其形成能影响基因的表达并且抑制肿瘤细胞端粒酶的活性。具体而言，一个含有丰富鸟嘌呤(G)重复序列的单链 DNA 可以通过 Hoogsteen 型氢键形成由 G 单元组成的四方平面排列。一系列这种 G-四聚体可以彼此堆叠形成G-四链体的二级结构,其被位于G-四面体中心的一价阳离子(如 K^+)进一步稳定。包含 4 个三乙基铵乙氧基的 **7** 首先被用于研究 G-四链体(使用 G1，一种人类端粒的 DNA 模拟物)的形成和实时监测 DNA 的折叠过程[28]。如图 9.8 所示，分子 **7** 溶解在水缓冲溶液中，荧光极弱，当其通过静电作用与 G1 结合时发出强荧光，这是由于 **7** 与 DNA 结合限制了其分子内旋转。其他阳离子的加入，如 Li^+、Na^+、NH_4^+、Mg^{2+}和 Ca^{2+}会与 **7** 形成竞争作用，使得荧光减弱或导致荧光猝灭，这是由于阳离子将被束缚的荧光分子替换，荧光分子重新回到溶液中。进一步加入 K^+后，可诱导 G1 折叠成 G-四链体结构，从而导致发射光谱红移。G1 与互补的单链 DNA(C1)杂交导致 G 四链体去折叠，生成双链结构。K^+在溶液中与分子 **7** 竞争性地与双链 DNA 结合，**7** 被释放至溶液中，发光强度减弱。同时，非互补单链 DNA(C2)不会导致 G-四链体的去组装，从而保留了四链体/**7** 复合物在 492 nm 处的特征发射。

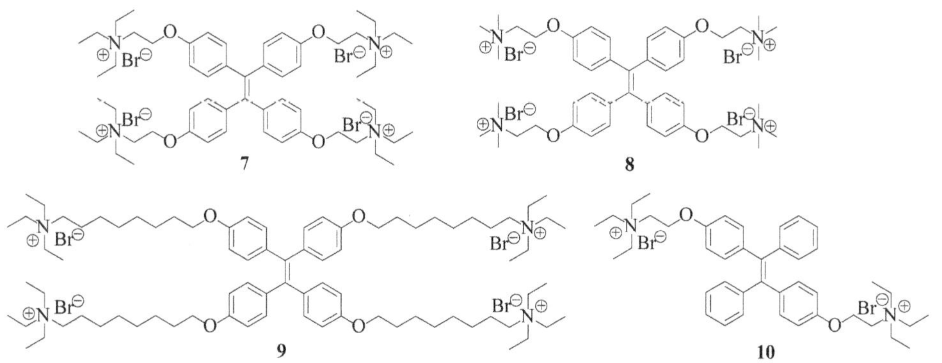

G1: 5′-GGG TTA GGG TTA GGG TTA GGG-3′
C1: 5′-CCC TAA CCC TAA CCC TAA CCC-3′
C2: 5′-CCC AAT CCC AAT CCC AAT CCC-3′

图 9.8 分子 **7**～**10** 的化学结构及 G1、C1 和 C2 的碱基序列

虽然荧光点亮响应使得阳离子型 AIE 荧光分子可用于无标记的 DNA 结构区分，其检测的选择性仍然是一个问题，这是由于该荧光分子对其他生物大分子也有响应。$A_2HPS·HCl$ 是一种由两个氨基(A_2)基团[N—$(CH_2CH_3)_3$]修饰的带有正电荷的 HPS 的衍生物，通过与 GO 结合，可只对 DNA 显示“开-关”响应，对于小牛胸腺 DNA 的检测限为 2.3 μg/mL。有趣的是，TPE-N_2C_4 和 GO 的复合物只能检测 BSA 的存在，而其他的生物大分子，包括 DNA、RNA，以及其他蛋白质影响很小[20]。

此外，核酸酶在检测 DNA 的 AIE 体系中可改善检测的灵敏度和选择性，有助于实现系统中多目标的测定。例如，2008 年，张德清课题组报道了荧光点亮检测 DNA 及核酸酶抑制剂的筛选[29]。一类带有季铵盐片段的噻咯衍生物在水介质中发出微弱的荧光，当其通过阳离子铵盐与 DNA 阴离子骨架的静电相互作用形成复合物后，其荧光相应增强。当 DNA 被核酸酶分解后，AIE 荧光分子和 DNA 碎片之间的静电相互作用变得非常弱，其荧光变化可用于核酸酶活性的测定。在这项工作中，对于含有 30 个碱基的单链 DNA，检测限可达到 $4.1×10^{-10}$mol/L。研究还发现，较长的 DNA 链对 AIE 分子有更强的相互作用，从而可赋予其更强的点亮荧光。

作为癌症早期诊断的生物标志物，端粒酶通过在染色体末端引入$(TTAGGG)_n$的串联重复序列来维持端粒的活性。2015 年，Lou 等应用了带正电荷的 AIE 荧光分子检测端粒酶。探针本身不发光，加入模板链引物[template strand (TS) primer]后也只显示微弱荧光[30]。然而当体系中端粒酶存在时，DNA 链在端粒酶的作用下利用模板链底物不断伸长，探针的荧光强度得到大大提高。该方法被应用于测试膀胱癌患者的尿样。探针的背景噪声可通过在 TS 引物的末端引入猝灭基团生成 QP(quencher group-labeled TS primer，猝灭基团标记的模板链引物)来进一步减小(图 9.9)。在端粒酶促进 DNA 链延伸前，从 AIE 荧光物质到猝灭剂的 FRET 效应导致 AIE

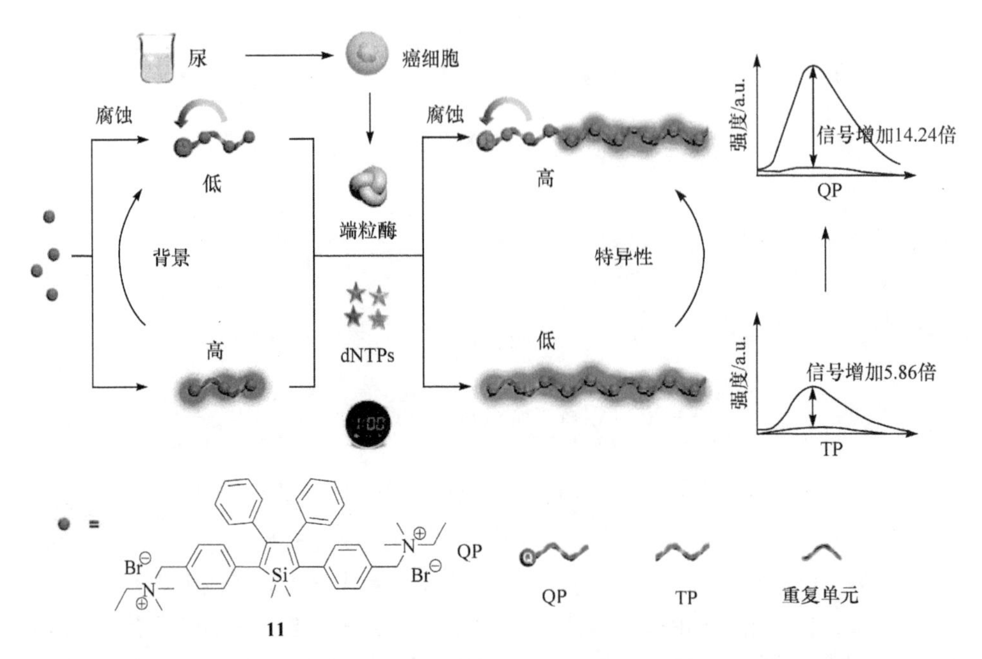

图 9.9 通过引入猝灭基团实现高信噪比荧光检测端粒酶活性的原理示意图

探针的发光被有效地猝灭。在体系中加入端粒酶允许 DNA 链伸长，更多的 AIE 荧光分子可结合到伸长的链，这部分 AIE 分子相对远离猝灭剂，最终导致了显著的荧光增强。在这些例子中，端粒酶不仅是传感器不可缺少的一部分，而且是测定的对象。

基于 9,10-二苯乙烯基蒽的探针可通过类似的策略实现对单链 DNA 和核酸酶活性的检测，对于 24 个碱基的 DNA 检测限为 150 pmol/L[31]。相同结构的探针也可用于点亮检测 Pb^{2+}，当其在水溶液中与 Pb^{2+}混合时，可通过与凝血酶结合的核酸适体(TBA)折叠成稳定的 G4 结构。核酸酶 S1 只能将单链 DNA 水解成碎片。因此，Pb^{2+}稳定的 G4 结构可抵御核酸酶 S1 的降解，从而实现对 Pb^{2+}的特异性检测[32]。

先前我们已经概述了 DNA 与其他生物分子的区分检测或具有不同构象的 DNA 序列的检测。互补配对单链之间的耦合过程被称为 DNA 杂交。DNA 杂交是在分子水平上具有高精度和高效率的最具特异性的一种生物化学反应。完美匹配的双链 DNA 序列比错误匹配的 DNA 难解离，从而具有更好的配对稳定性。基于这个原理，“链置换探针”测定法已被开发为 DNA 杂交检测的最重要的方法之一[33]。通过这种检测方法的启发，无标记 AIE 探针可用于特异性检测 DNA 序列和适体结合蛋白[34]。具有两个铵盐基团修饰的 9, 10-二苯基乙烯蒽(DSAI)可作为 AIE 探针，由于其可以进行自由的分子内运动，在分散态时荧光很弱；加入未标记的单链 DNA 后，DSAI 和单链 DNA 适体络合物由于静电相互作用和疏水相互作用形成聚集络合物。DSAI 在聚集态的分子内旋转受限，使得该络合物的荧光明显增强。当加入 GO 后，GO 吸附单链 DNA 适体，导致 DSAI 到 GO 的荧光共振能量转移，有效猝灭 DSAI/单链 DNA 适体络合物的荧光。在靶向互补的单链 DNA 存在下，单链 DNA（P1）适体和靶向互补的单链 DNA（T1）之间的结合将改变单链 DNA 适体的构象并形成双链 DNA，这将从 GO 表面解离出 DSAI/dsDNA 络合物，进而逐渐恢复荧光。与之相反，如果加入不匹配的干扰单链 DNA（M1），DSAI/dsDNA 络合物仍然吸附在 GO 的表面，DSAI/单链 DNA 适体络合物将无明显的荧光恢复。但是 AIE 探针不能区分单一错配。值得注意的是，这个平台也适用于核酸适体与相应结合蛋白的检测，当凝血酶加入 TB（凝血酶结合适体）-DSAI-GO 络合物中，荧光明显增强。由于 TB 适体和凝血酶之间有很高的亲和力，GO 上的单链 TB 适体将会与凝血酶结合形成 G4 结构。

TPE-DNA 探针可充分发挥 AIE 特性的潜能，应用于单核苷酸多态性（SNPs）的检测[35]。TPE-DNA 探针[图 9.10（a）]是通过炔修饰的寡核苷酸和叠氮修饰的 TPE 之间的铜催化点击化学反应合成。当其与互补 DNA 链杂交时会导致荧光增强，这是由于苯环旋转受限及从单链 DNA 到双链 DNA 转变时的刚性和质量增加，检测限可达 0.3 μmol/L，完全匹配的序列比单碱基错配的序列具有高出两倍的响应。双臂修饰的探针 AIE-2DNA 具有更低的背景噪声与更灵敏的检测限(120 nmol/L)[图 9.10（b）][36]。通过两个探针的相互杂交来限制 AIE 荧光分子的自由旋转，可进一步增强信号输出[图 9.10（c）]。

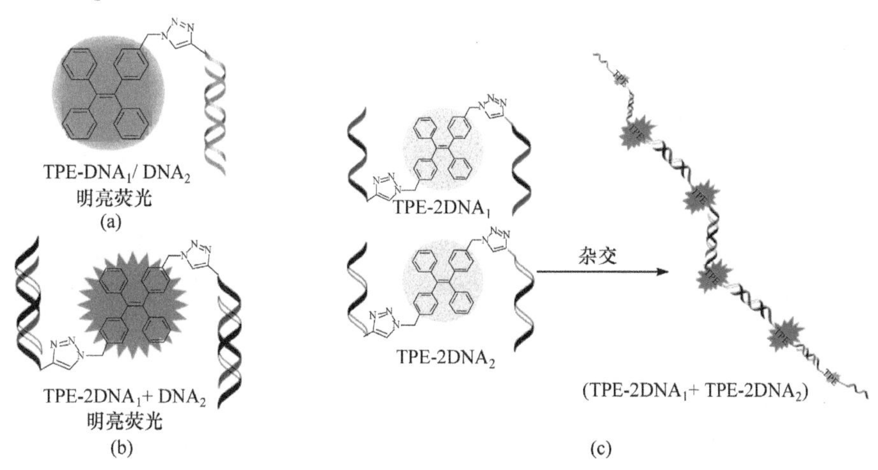

图 9.10 TPE-DNA（a）、TPE-2DNA（b）和自组装杂交双螺旋（c）的点亮荧光

DNA_1/DNA_2 代表两个互补的 ssDNA

2013 年，Häner 课题组基于二炔基-四苯基乙烯（DATPE）修饰的 DNA 链进行 DNA 杂交来研究 AIE 性质的调控[37]。DATPE 作为建筑模块的两个立体异构体[图 9.11（a）中的 M_E 和 M_Z]分别通过自动寡聚物合成方法嵌入寡聚核苷酸

(ONs)中。含有一个和两个 DATPE 的互补寡聚核苷酸均可用于监测杂化过程中光学性质的变化。研究结果发现，在杂交时，D1 的荧光比其单链明显增强，这是由于两个 M_E 单元的分子聚集。对于 M_Z-ON，也观察到类似的效果。含有两个 DATPE(D2，ON3 和 ON4 的杂交)杂交的荧光几乎是相应单链的 3 倍[图 9.11(b)]。含有两个 M_E(D3，ON5 和 ON6 的杂交)和两个 M_Z(D4，ON7 和 ON8 的杂交)的杂交寡聚核苷酸的发射强度最高。研究结果表明，AIE-DNA 偶联物的发光可以通过杂交诱导聚集控制，这使得它们作为 DNA 点亮检测探针具有广阔应用前景。

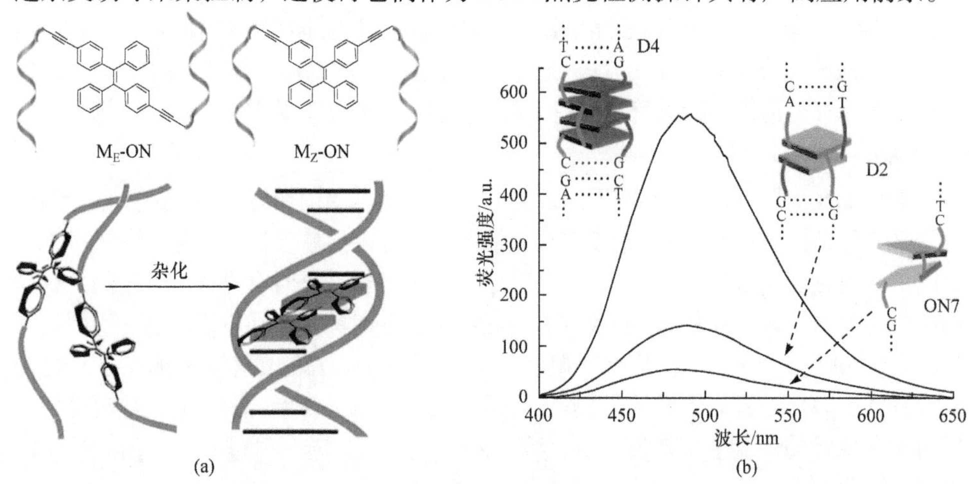

图 9.11 (a)寡聚核苷酸功能化的不同构型的 TPE(M_E-ON 和 M_Z-ON)和杂交后荧光点亮的总体示意图；(b)杂交复合物 D2、D4 和低聚物 ON7 的荧光光谱

D2：ON3(5′-AGC TCG GTC AM_ZC GAG AGT GCA)和 ON4(3′-TCG AGC CAG TM_ZG CTC TCA CGT)的杂交；
D4：ON7(5′-AGC TCG GTC $M_Z$$M_Z$C GAG AGT GCA)和 ON8(3′-TCG AGC CAG $M_Z$$M_Z$G CTC TCA CGT)的杂交

进一步提高杂交 AIE-DNA 探针的信噪比，可通过加入核酸外切酶Ⅲ催化单核苷酸从双链 DNA 的 3′-羟基末端的逐步脱离来实现，这一过程中单链 DNA 不受影响[38]。如图 9.12 所示，靶向链被设计为具有突出端，这使得它与 AIE-DNA 探针杂交后可以抵抗核酸外切酶Ⅲ的降解。这样的设计使得仅 AIE-DNA 暴露于核酸外切酶Ⅲ的降解作用下，并允许靶向 DNA 序列被释放，然后杂交到另一个 AIE-DNA 来启动新的循环。这种方法的信号增益很高，效果很好，具有 1 amol/L 的检测限。

除了在 AIE 荧光物质上结合 DNA 链，单核苷酸(胸腺嘧啶)取代 TPE 荧光分子也被用于检测腺嘌呤丰富的单链 DNA[39]。该探针利用了胸腺嘧啶和腺嘌呤之间形成氢键的特异性反应，以诱导探针沿着 DNA 链聚集来激活 AIE 性质。相比于双链 DNA，不同于传统的双链 DNA 嵌入染料，该探针对单链 DNA 具有更显著的点亮响应。随着靶向 DNA 中腺嘌呤含量的增加，荧光点亮的程度也在增加，这表明探针用于检测单链 DNA 中的腺嘌呤含量极具价值。

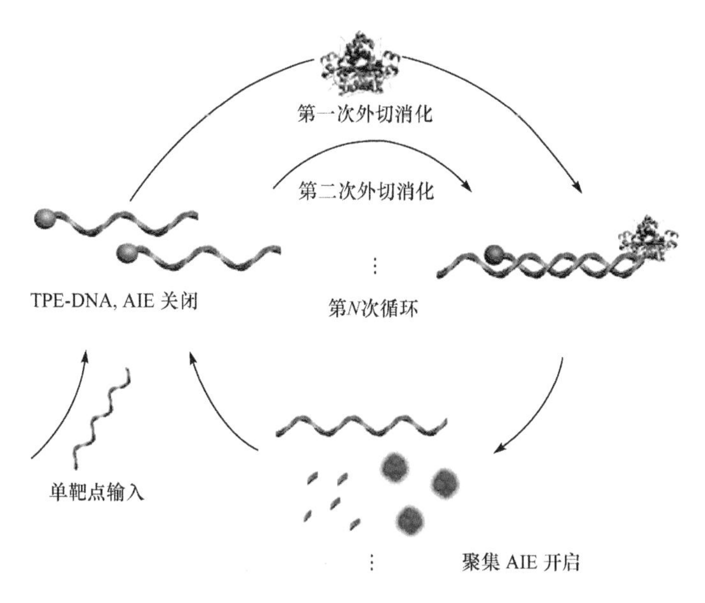

图 9.12　核酸外切酶Ⅲ辅助的循环放大 DNA 检测的原理示意图

除了用于 DNA 的检测，AIE 荧光分子无自猝灭效应可用于 DNA 标记。例如，一个带有异硫氰酸酯基团的噻咯衍生物 SITC 可用于标记带有氨基的 dUTP。修饰后的 SITC-dUTP 核苷酸可通过切口平移法在酶催化下编入 DNA 中。当大量 SITC-dUTP 的分子取代 dTTP，聚合酶链式反应（polymerase chain reaction，PCR）产物显示出非常高的标记度，且没有任何荧光猝灭[40]。双叠氮功能化的具有 AIE 性质的四苯基乙烯衍生物可用于检测 S-期 DNA 的合成和基于 EdU(5-乙炔基-2′-脱氧尿苷)法的细胞增殖[41]。

9.4　酶活性检测

已知酶催化的生物化学反应超过 5000 种，各种酶独特的三维结构使得其只能对特定的反应过程进行催化，具有很高的选择性[42]。为了以足够快的生化速率维持生命，几乎所有的细胞代谢过程都需要酶。随着酶研究的进展，酶在医学方面的重要性吸引了越来越多的关注。许多先天性或遗传性疾病是由酶缺乏造成的，同时酶疗法在临床实践中已被普遍使用。简单有效的方法用于酶活性或酶抑制剂的分析在疾病的治疗中具有重要意义。最近，大量 AIE 荧光分子被应用于酶活性检测[43]。

基于酶促反应的特异性优势，可实现高选择性的酶测定体系。如图 9.13 所示，酶活性的测定主要基于三个设计原理（但不局限于这些原理）。第一个设计原理是通过酶促反应改变底物的带电属性，从而调控分子的聚集态达到荧光检测的目的；第二个设计原理是基于 AIE 探针与酶反应前后其溶解度的变化；第三个设计原理是基于非辐射跃迁能量转移或荧光共振能量转移。一些典型示例如下。

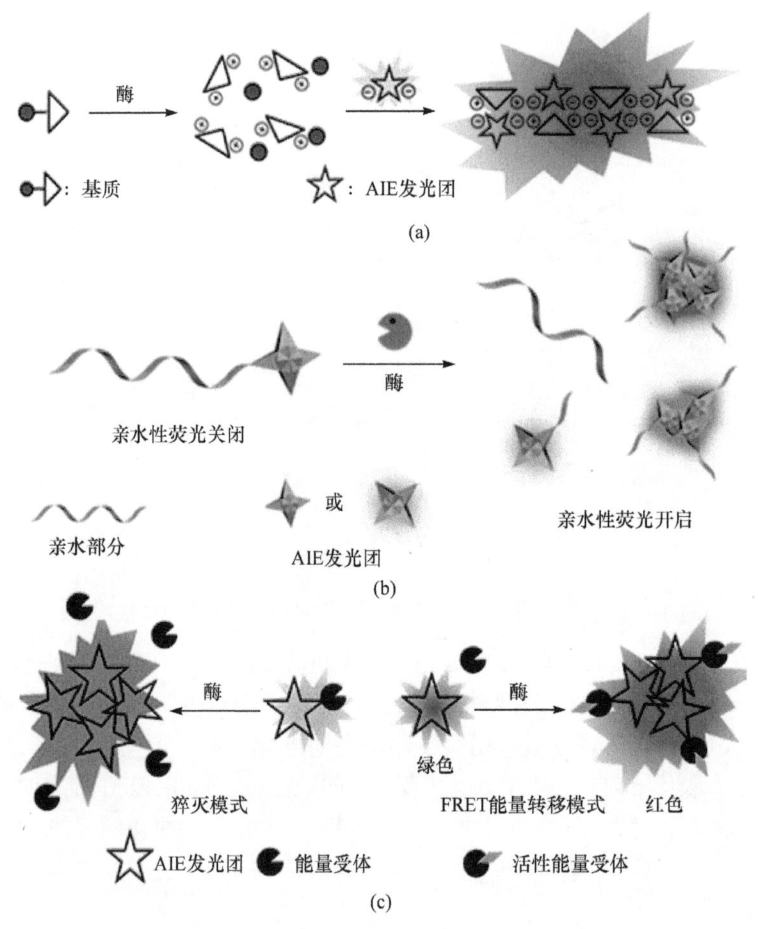

图 9.13　酶活性测定的三种主要设计原理示意图

(a)静电吸引；(b)溶解度变化；(c)能量转移，代表荧光共振能量转移

9.4.1　静电相互作用

通过静电相互作用，带正电荷的蛋白质/多肽可与带负电荷的 AIE 分子相互结合形成聚集体，阻碍了 AIE 分子内旋转使其荧光增强，从而达到对带正电荷的蛋白质/多肽进行检测的目的。随后，向体系中加入酶(胰蛋白酶)，可以选择性地水解蛋白质/多肽，使得 AIE 分子游离出来，体系荧光减弱，进而标定酶的活性。如图 9.14 所示，在 TPE 上引入磺酸根制备了水溶性探针 **12**，可以对胰蛋白酶进行无标记荧光检测[44]。Arg6 是带正电荷的多肽，可以被胰蛋白酶选择性地水解。在溶液中加入 Arg6 后，由于静电相互作用形成了聚集体，**12** 在缓冲溶液中的荧光强度逐渐增加。更重要的是，随后加入胰蛋白酶使得荧光强度开始降低，随着孵育时间的延长，体系荧光持续减弱，通过荧光强度与孵育时间相关曲线可以得出酶的动力学催化参数。此外，加入鲍曼-伯克抑制剂(Bowman-Birk inhibitor，BBI)可以有效减弱体系荧

光强度降低速率，BBI 抑制胰蛋白酶的相应 IC_{50}(被测量的拮抗剂的半抑制浓度)值约为 1.53 μg/mL。BSA 可通过静电相互作用和疏水相互作用点亮 AIE 分子的荧光，同时它也是胰蛋白酶的水解底物，可基于相似的机理检测胰蛋白酶的活性[45]。

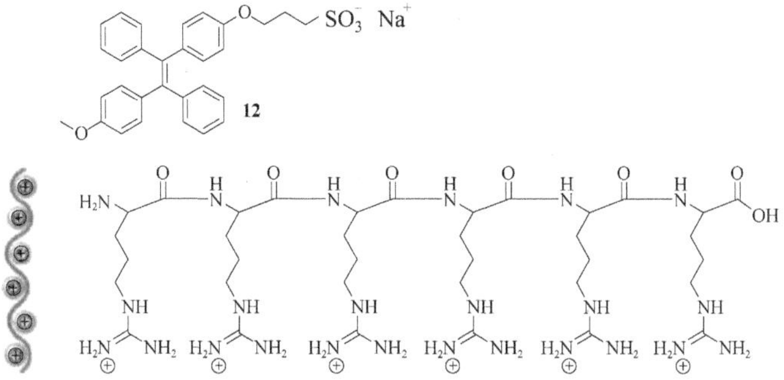

图 9.14　Arg6 肽和 **12** 之间可通过静电吸引形成聚集体

此外，还有一些其他的酶，如乙酰胆碱酯酶，可以切断特定底物来破坏强发光复合物，从而对其进行活性分析[46]。但是，这些测定方法都属于荧光减弱型，并非分析检测中的最佳选择。更优越的模型是，底物分子被酶直接或间接转化成带电荷物质，随后通过静电相互作用与带相反电荷的 AIE 荧光分子结合形成络合物并打开荧光。

根据这种模型，吴水珠课题组开发出一种基于新型超支化聚酯的荧光测定体系，可实现对组蛋白脱乙酰酶(histone deacetylase，HDAC)的活性测定[47]。如图 9.15 所示，水溶性超支化聚酯和带有负电荷的 AIE 分子 **13** 的混合物在水溶液中几乎不发光；引入 HADC 后，超支化聚酯脱去乙酰基形成带正电的聚合物，与分子 **13** 形成聚集体，使得体系荧光逐渐增强。此外，含有乙酰氨基和负电基团的四苯乙烯探针被 HDAC 水解之后，得到同时含有正电荷和负电荷的 AIE 分子，该分子通过静电相互作用自组装形成聚集体，使得体系荧光增强，从而实现对 HDAC 的检测[48]。

9.4.2　溶解度变化

溶解度变化导致荧光变化是另一个经典的 AIE 生物/化学传感器的设计原理[49]，适用于酶活性的检测。如图 9.13(b)所示，通过在疏水性 AIE 分子上引入亲水性片段，可赋予该探针良好的水溶性，从而降低噪声背景，提高检测限。更为重要的是，这一亲水基团可被相应的酶特异性切断，释放疏水的 AIE 分子形成聚集体，使得体系荧光增强而对酶进行检测。

磷酸基团结构简单且具有良好的水溶性，可被碱性磷酸酶(alkaline phosphatase，ALP)水解断裂。利用这一性质，刘斌课题组将磷酸基团与具有 AIE 活性的 TPE 结构单元连接，建立了用于检测 ALP 的点亮型荧光探针(图 9.16)[50]。两个磷酸基团赋予分子 **14** 良好的水溶性，使该分子在水溶液中几乎没有荧光发射，因此该探针在检测中具有很高的信噪比。在 ALP 存在下，磷酸基团被特异性地水解断裂，剩余部分变为强疏水性结构，这些疏水产物发生聚集后，分子内运动受限导致荧光发射信号增强。这一点亮型探针对 ALP 具有高度选择性，在 Tris 缓冲溶液中对 ALP 的检测限为 11.4 pmol/L（0.2 U/L）。与此同时，张德清课题组也设计了一个含有四苯乙烯结构单元及磷酸基团的探针，可用于活细胞内 ALP 的荧光检测[51]。此外，唐本忠课题组设计了双模式荧光点亮探针，可以通过静电相互作用定量检测鱼精蛋白，进而通过溶解性变化检测 ALP 的活性[52]。

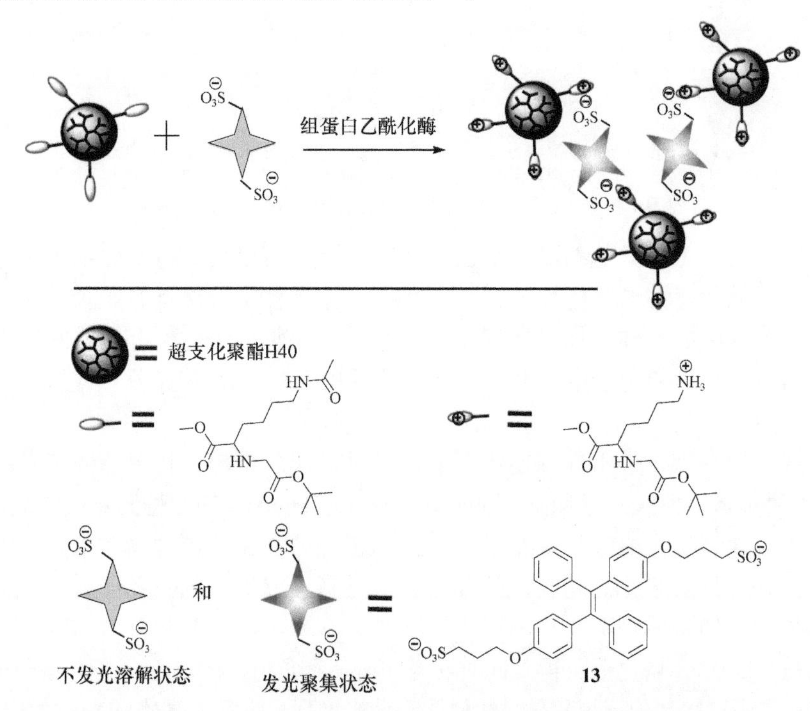

图 9.15 含有 **13** 的超支化聚酯及对组蛋白乙酰化酶的荧光响应

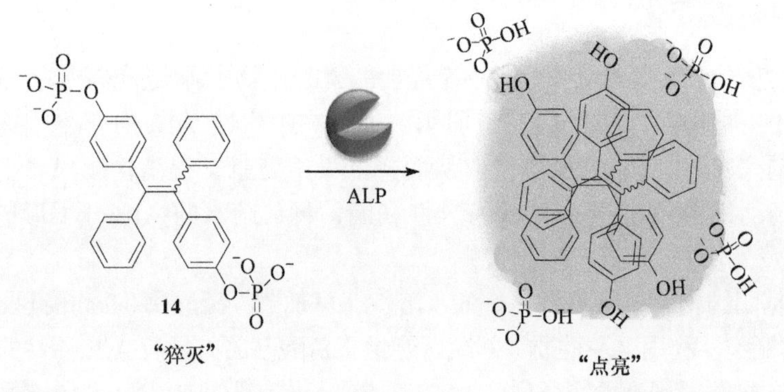

图 9.16 分子 **14** 的化学结构及与荧光“点亮”检测碱性磷酸酶的机理示意

半胱天冬酶是一系列半胱氨酸蛋白酶，在调控细胞凋亡、坏死、炎症反应等生理过程中具有极为重要的意义[53]。通过在 AIE 单元上结合对半胱天冬酶响应的多肽，可巧妙地构造一类探针，用于高效、选择性地检测该类酶的活性。详细内容将在下面关于细胞凋亡检测的部分进行介绍。

9.4.3　能量转移

利用能量转移原理实现 AIE 分子对酶进行活性检测主要基于两个原理，一个原理是破坏非辐射跃迁过程：通过在 AIE 分子上连接猝灭基团，猝灭其发光，降低背景噪声，当猝灭基团作为底物被切断时，AIE 发光得以恢复；另一个原理是利用荧光共振能量转移机理：通过酶促反应调控 AIE 或其他相匹配的发光团的发光颜色变化或恢复，从而利用比率型荧光信号输出实现高效检测。

甲基对硫磷水解酶(methyl parathion hydrolase，MPH)可应用于解毒治疗或检测环境中的有机磷化合物[54]。为了开发对这种酶的检测手段，寻找一种对酶活性响应良好的检测平台极为重要。甲基对硫磷(MP)可以在 MPH 的催化下转变为对硝基苯酚(pNP)，且 MP 可以吸收二乙氨基功能化的六苯基噻咯分子 **15** 荧光发射的能量[55]。基于上述原理，唐本忠课题组设计了检测 MPH 的荧光响应体系。如图 9.17 所示，由于疏水性分子 **15** 的自聚集，该分子在 Tris 缓冲溶液(pH=8.0)中具有明亮的荧光发射。当在该体系中加入 MP 后，由于能量转移过程存在，分子 **15** 的荧光被 MP 猝灭，导致背景噪声很弱。当向该体系中加入 MPH 后，MP 被催化转换为 pNP，使得分子 **15** 的荧光发射得以恢复。

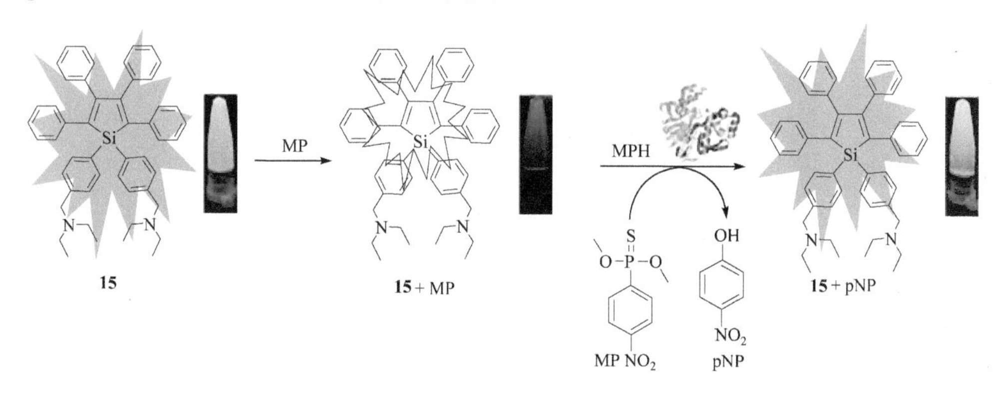

图 9.17　以 MP-分子 **15** 复合物作为探针检测 MPH 的机理示意图

对于更复杂的体系而言，一个含有荧光猝灭基团标记的双链 DNA 分子可以与正电荷基团修饰的 TPE 分子相结合，从而猝灭 TPE 的荧光。当向该体系中加入 DNA 甲基转移酶时，猝灭基团被切除，产生点亮型的荧光发射信号[56]。此外，具有 AIE 活性的 ESIPT 分子水杨醛吖嗪可以方便地对分子中的酚羟基进行化学修饰，从而阻止分子内氢键的形成，抑制 ESIPT 过程的发生。这一原理已被成功用于检测溶酶体中酶的活性，这一部分内容将在下面“细胞器成像”部分进行详细讨论。

由于发光颜色的灵活可控，FRET 被广泛地应用于比例型荧光探针[57]。通过将 TPE 纳米聚集体的发光能量高效地转移至荧光素基团，吴水珠课题组设计了一个用于羧酸酯酶(CaE)检测的比例型荧光探针(图 9.18)[58]。由于长烷基链及四苯乙烯结构单元的存在，分子 **16** 通过疏水作用在水中自组装为纳米粒子，产生一个波长在 430～480 nm 的蓝色荧光发射，这一发射波段与荧光素的 460～500 nm 的吸收光谱可以良好匹配，从而产生有效的能量转移。当荧光素二乙酸酯(fluorescein diacetate，FDA)加入到含有 TPE 纳米组装体的体系中时，FDA 不能有效地与 TPE 组装产生 FRET 效应，当加入 CaE 后，FDA 变为荧光素分子，与 TPE 通过静电相互作用结合形成组装体，从而实现体系中荧光发射波长的改变。通过检测这两个荧光发射强度的变化，可以得出酶活性的数据。此外，一些其他类型的分子组合也被应用于比例型荧光探针的设计。例如，结合具有 ACQ 性质的蒽的衍生物和具有 AIE 性质的 TPE 衍生物的组装体已被成功应用于透明质酸酶的检测。这一探针分子在聚集态发出蓝绿色荧光，在溶液态则产生深蓝色荧光[59]。

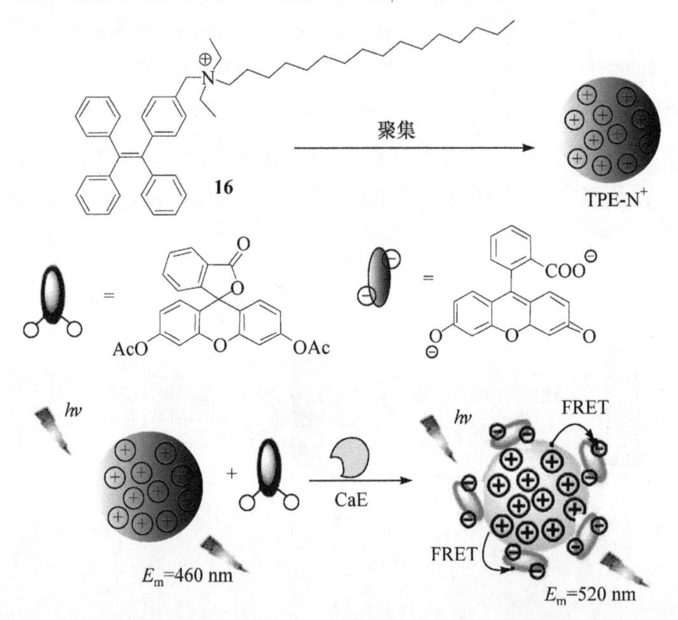

图 9.18　基于分子 **16**-荧光素的荧光共振能量转移体系用于检测羧酸酯酶的机理示意图

9.5　生物成像

利用生物成像技术来实现细胞、组织或活体的示踪及成像对于生物学研究，以及疾病早期检测、定性、评估和治疗具有重大的意义。常见的生物成像技术包括荧光成像、核磁共振成像、光声成像、X 射线成像、正电子发射计算机断层扫描(PET-CT)等。荧光成像作为一种广泛使用的成像技术，具有高分辨率、高灵敏度、低成本、易于标记等优点。具有特殊性质的 AIE 材料在生物成像方面具有极大的优势。单个的 AIE 分子既可以作为分子探针通过荧光点亮来实现生物成像，也可以和聚合物或其他材料结合形成发光的纳米粒子来成像。这一节将介绍不同形态的 AIE 材料，包括 AIE 分子探针、AIE 纳米粒子、硅基 AIE 纳米粒子和聚合物修饰的 AIE 纳米粒子在生物成像及治疗方面的应用。

9.5.1 AIE 分子探针

通常带电荷的水溶性 AIE 分子被用于检测生物分子，然而生物体内复杂的环境极大地限制了这类分子的应用。通过共价键将具有靶向识别功能的配体与 AIE 分子连接在一起，可以很好地提高探针分子的选择性。将特异性配体与 AIE 荧光团连接的方法有很多种，主要是通过“点击”反应或者简单的缩合反应进行。其中一价铜催化的叠氮化合物与炔基之间的“点击”反应应用最为广泛，这个反应不仅能够在室温下快速进行，还能够耐受复杂的生物环境，从而高效简单地得到目标分子；巯基与马来酰亚胺快速的反应速率及良好的生物相容性使得含硫醇的“点击”反应也是一种很好的连接方法。因为功能配体大多为多肽或者 DNA，含有丰富的氨基基团，异硫氰酸酯与氨基的反应也是制备生物探针分子的最佳选择之一；氨基与羧基之间直接的脱水缩合反应通常需要在活性催化剂如 1-(3-二甲氨基丙基)-3-乙基碳二亚胺盐酸盐(EDC)、*N*-羟基琥珀酰亚胺(NHS)等的作用下快速进行，也可以高效偶合 AIE 分子与功能配体。将治疗药剂与这类探针分子进行连接，就可以获得具有成像介导治疗的诊疗试剂。

1. 癌细胞靶向的特异性荧光成像及细胞内 pH 分布变化

绝大部分肿瘤细胞均会过表达某些蛋白质，这些过量表达的蛋白质可用于对肿瘤细胞的识别。例如，整合素$\alpha_v\beta_3$受体在许多类型的肿瘤细胞中均过表达，且该受体的表达程度与疾病的侵略性紧密相关[60]。因此，$\alpha_v\beta_3$可作为一种独特的蛋白质标记物，用于早期恶性实体瘤组织的诊断及治疗。利用一个短肽序列(RGD)与$\alpha_v\beta_3$的良好结合能力，刘斌课题组设计合成了一个荧光点亮型探针分子 **17**，这一探针分子包含 TPS 结构单元与两个 RGD 肽，用于$\alpha_v\beta_3$靶向的传感与成像[61]。这一探针分子代表了一类结合诱导发光的分子探针，通过与目标分析物的结合，限制了分子内运动，从而促使探针分子内 AIE 活性单元发出荧光信号。如图 9.19 所示，自由的探针分子由于其良好的水溶性而不发射荧光，当其与$\alpha_v\beta_3$结合后，体系发出明亮的绿色荧光。这一荧光增强的信号不仅可以用于$\alpha_v\beta_3$的定性与定量检测，还可以用于$\alpha_v\beta_3$过量表达的细胞的靶向成像。与分子**17**共培养的HeLa细胞在细胞膜部分呈现了明显的绿色荧光发射，这一发射区域可以与商品化的细胞膜染料的荧光发射区域很好地重叠，证明这一探针分子具有区分$\alpha_v\beta_3$表达阳性细胞与阴性细胞的潜在应用价值。这一探针分子也可用于实时监测$\alpha_v\beta_3$的细胞内化过程，结果显示培养25 min后，探针分子从细胞膜部位逐渐转移至细胞内。这是第一个利用AIE探针实现生物标记物成像的例子。这一成果也激励了科研工作者开发其他的特异性AIE探针分子。

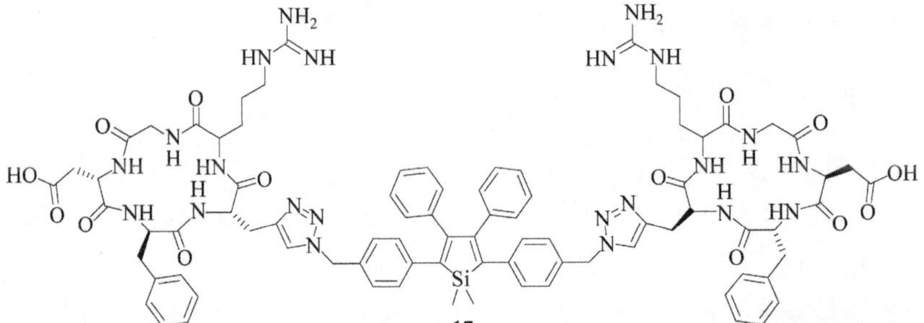

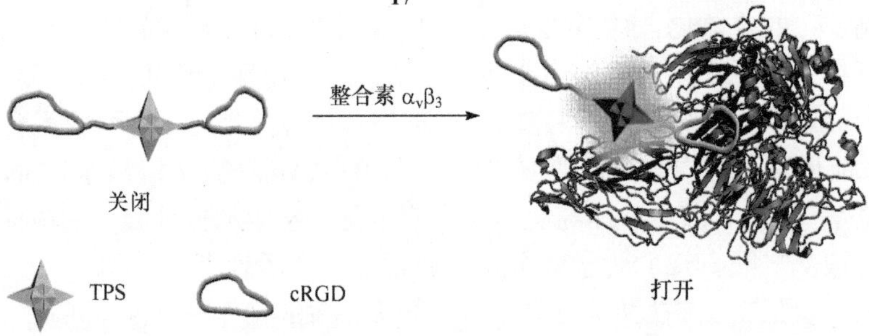

图9.19　分子**17**用于荧光“点亮”检测整合素$\alpha_v\beta_3$的机理示意图

上述实例代表了一个用于构建荧光增强探针分子的新策略。通过改变所连接多肽序列制备的探针可以满足不同的检测要求。刘斌课题组接着报道了通过连接具有细胞核定位及HT-29细胞靶向的多肽序列而制备的细胞核定位的染色探针[62]，该探针在TPE骨架上连接有具有细胞穿透功能的多肽序列(GRKKRRQRRR，该序列来源于逆转录病毒蛋白激活因子TAT)，从而实现细胞核定位染色功能。在TPE分子上连接多肽序列DDDDDVHLGYAT，可制得探针分子TPE-D_5V，用于对HT-29结肠癌细胞的特异性靶向成像。从噬菌体展示肽库中筛选得到的序列VHLGYAT，具有对HT-29细胞过表达的生物标记物的靶向识别功能[63]，多肽序列DDDDD使整个分子具有良好的水溶性。探针分子TPE-D_5V在水溶液中不发出荧光，相对于其他细胞系，如HeLa细胞、NIH-3T3细胞，可特异性点亮HT-29细胞。未连接DDDDD序列的分子也进行了靶向标记的实验，由于其水溶性差，不具备良好的选择性。这一结果说明，良好的水溶性是该AIE探针分子实现良好靶向性功能的先决条件。

基于相似的思路，张德清课题组设计了含有四苯乙烯荧光团和特异性识别多肽的探针分子，用于检测及示踪肿瘤标记物。该分子在 TPE 基团上连接了一个可以识别肿瘤细胞标记物 LAPTM4B 的多肽序列[64]。它不仅可以检测高表达 LAPTM4B 蛋白质的细胞，同时由于探针分子在酸性条件下与生物标记物的结合能力更强，其在酸性微环境中具有更强的荧光发射。从这些示例中，我们相信通过修饰各类能够靶向生物标记物的配体，可制备各种点亮型 AIE 探针分子。这些示例也证明了具有 AIE 性质的探针分子的通用性及优势。

2. 细胞凋亡过程监测

细胞凋亡即程序化细胞死亡过程，是细胞生长、增殖过程中一个重要的调控途径[65]。失控的细胞凋亡过程可以导致许多疾病，如癌症、神经退行性疾病、自体免疫疾病、动脉粥样硬化及心肌梗死等[66]。因此，实时监测活体组织中的细胞凋亡过程不仅具有诊断意义，而且对凋亡相关的疾病的治疗具有重要意义[67]。半胱天冬酶-3 是细胞凋亡过程中重要的中介物，也是细胞凋亡过程成像的成熟标记物。一系列具有 AIE 性质的荧光增强型分子探针，通过连接针对细胞凋亡蛋白酶(半胱天冬酶)特异性响应的多肽 DEVD，可用于细胞凋亡过程的成像、相关药物的筛选及药物释放过程的监测。由于多肽序列 DEVD 的良好水溶性，这类分子不必进行进一步功能化修饰即可获得良好的水溶性。

刘斌课题组通过点击反应，将 TPE 骨架与炔基功能化 DEVDK 多肽序列连接，合成了探针分子 **18**，用于细胞凋亡过程的监测[68]。如图 9.20(a)所示，分子 **18** 具有良好的水溶性，在水环境中几乎不发光。半胱天冬酶-3/7 可以选择性切断分子上的 DEVD 多肽序列，得到具有高度疏水性的产物，从而导致 TPE 基团的聚集，发出荧光。该探针分子在检测中具有高信噪比的特点。相对于两个商业化的半胱天冬酶检测探针分子 Ac-DEVD-AFC 和 Z-DEVD-AFC，该探针分子在检测中的选择性更好。探针分子 **18** 可用于细胞凋亡过程的实时监测成像。如图 9.20(b)所示，用细胞凋亡诱导剂 STS(1 μmol/L)处理过的 MCF-7 细胞与探针分子 **18** 共培养后，随着时间的延长，细胞内荧光发射强度逐步增加，在 90 min 时达到最大值。该探针分子还可对不同药物诱导细胞凋亡的能力进行筛选，当分别用 STS、DMSO、抗坏血酸钠及顺铂处理细胞时，STS 显示了最佳的诱导细胞凋亡效果。

探针 **18** 具有蓝色的 AIE 荧光发射性质，限制了其在生物体内的应用。因此，刘斌课题组将具有橙色荧光发射的 AIE 骨架 TPE-吡啶结构单元与 DEVD 肽链连接，合成了新的荧光探针分子 **19**[图 9.21(a)][69]。**19** 具有良好的水溶性，在水环境中不发出荧光。当半胱天冬酶-3/7 选择性切断分子上的 DEVD 多肽序列后，发出橙红色荧光。该探针不仅可用于体外半胱天冬酶-3/7 的活性检测，还可用于生物组织内半胱天冬酶-3/7 的活性检测。将探针分子 **19** 注射到小鼠皮下种植瘤部位后，对小鼠静脉注射 STS。与未注射 STS 的小鼠相比，注射了 STS 的小鼠的肿瘤组织荧光发射强度明显增强，如图 9.21(b)所示。该探针还可以用于对细胞凋亡药物活性的筛选，所得结果与之前研究相符[68]。

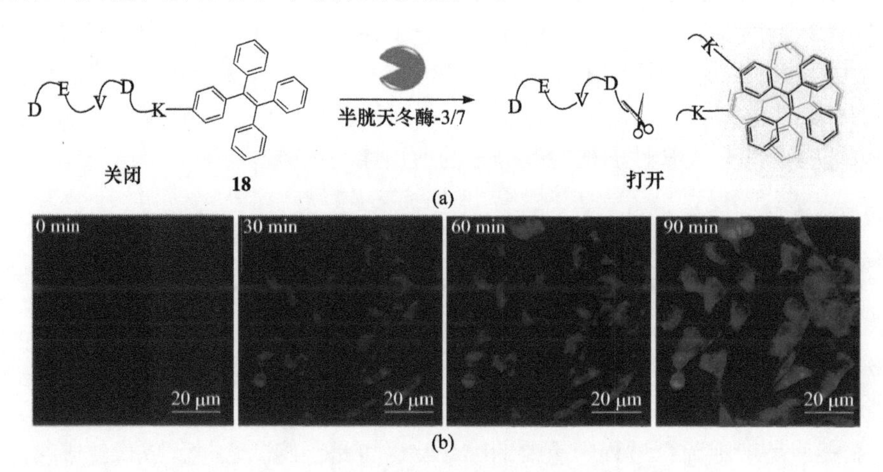

图 9.20 (a)分子 **18** 用于荧光“点亮”检测半胱天冬酶-3/7 的机理图示意；(b) 以十字孢碱(STS, 1 μmol/L)诱导 MCF-7 细胞凋亡，与分子 **18** 分别培育 0 min、30 min、60 min 和 90 min 后的实时细胞成像图

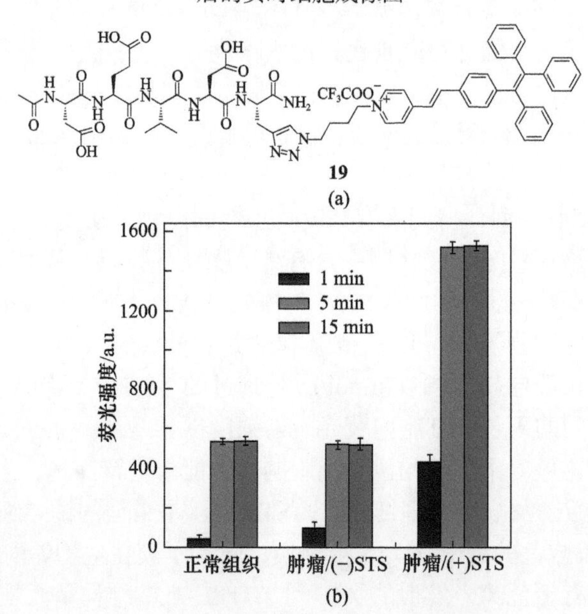

图 9.21 (a)化合物 **19** 的分子结构；(b)以十字孢碱处理与否及不同时间注射 **19** 后的正常组织、肿瘤组织的荧光强度定量分析

上述两个实例阐述了 AIE 探针用于各类细胞的实时细胞凋亡成像的应用。目前亟须开发可实现靶向监测肿瘤细胞凋亡过程的探针，这一类探针可进一步促进对癌症的早期诊断及对抗癌药物的活性评价。基于上述需求，刘斌课题组设计了一个不对称荧光点亮 AIE 探针，通过在具有绿色荧光发射的四苯基噻咯上连接 DEVD 和 cRGD 两个亲水性多肽，可用于对$\alpha_v\beta_3$过表达的肿瘤细胞进行靶向检测[70]。如图 9.22(a)所示，$\alpha_v\beta_3$ 过表达的肿瘤细胞可选择性地摄取连有 cRGD 的分子探针，同时由于 DEVD 的存在，当细胞发生凋亡时，该探针分子可变为具有疏水性质的产物，通过聚集发出绿色荧光。该探针分子已被成功用于 U87MG 人类恶性胶质瘤细胞系的凋亡过程成像。由于 cRGD 可与 U87MG 细胞系中过表达的$\alpha_v\beta_3$结合，探针 **20** 展现了对该细胞的良好靶向能力。该细胞的凋亡过程可由这一荧光增强型探针的荧光发射强度得以实时监控。在细胞凋亡过程中，细胞内的荧光强度逐渐增加，在 45 min 时达到稳定。由于 cRGD 在该成像过程中具有增加水溶性和靶向的双功能，该探针在检测中具有更好的靶向能力、更高的灵敏性和更低的背景噪声。

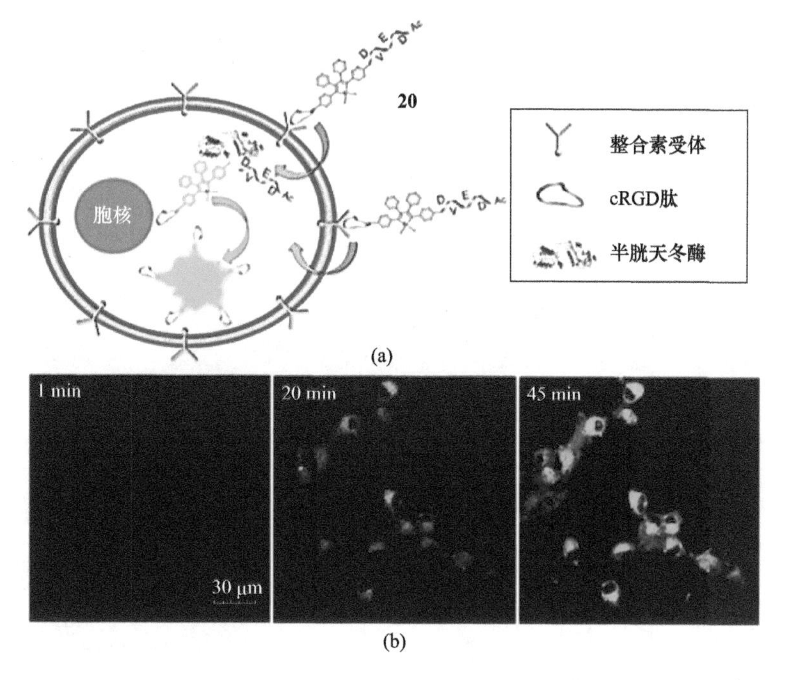

图 9.22 (a)基于具有靶向肿瘤细胞能力的分子 **20** 的细胞凋亡成像原理示意图；(b)实时激光共聚焦成像显示以分子 **20** 标记的 U87MG 细胞，以 STS 在室温下诱导的凋亡过程

[**20**]=5 μmol/L, [STS]=1 μmol/L，所有图片使用相同的标尺

更进一步，将药物分子与可监测细胞凋亡的探针分子进行结合，可获得具有药物传输和疗效监测的探针分子，该部分内容将在后面的章节进行详细阐述。

3. 细胞结构成像

1) 细胞质成像

直接使用未修饰的 AIE 分子是进行细胞成像的最简便方式。由于这类分子的疏水性质，它们可在水相中自组装为纳米聚集体，进入细胞后，可对细胞质进行定位成像。例如，用氨基修饰的噻咯分子 **21** 在固态下的荧光量子产率可达 36%，可用于细胞长期示踪[71]。分子 **21** 在水相中可聚集形成直径在 220 nm 左右的颗粒。如图 9.23(a)所示，该染料分子可选择性地对 HeLa 细胞的细胞质进行染色，发出绿色荧光。该染料分子进入细胞是一个物理过程，并未产生化学变化。染料分子聚集为纳米粒子，使其具有良好的抗泄漏能力，具有细胞内停留能力强和长期示踪的能力。该分子可实现对活细胞长达四代的示踪，因此适用于细胞生长过程的可视化监测。

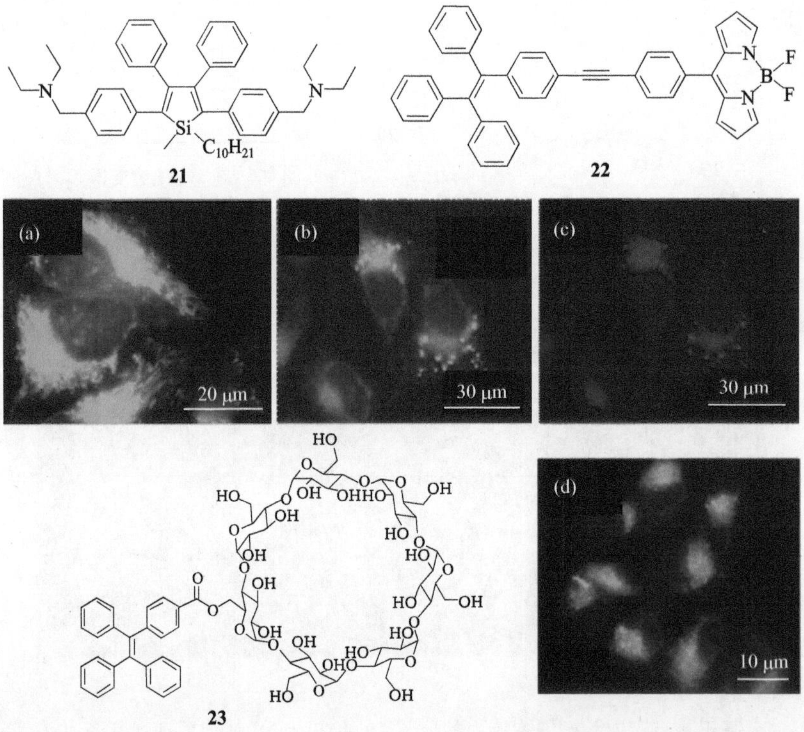

图 9.23 以 **21**(a)、**22**[(b)、(c)]和 **23**(d)标记后的 HeLa 细胞的荧光成像图

另一个例子是将 BODIPY 骨架与 TPE 分子相连，用于细胞内双色荧光成像[72]。化合物 **22** 在 312～346 nm 及 498～508 nm 两段波长范围内均有吸收，分别归属于四苯乙烯及 BODIPY 骨架的吸收。与上一个例子相似，该分子在水相中可组装为

纳米粒子，适用于细胞成像。在蓝光或绿光激发时，分别展示了明亮的绿色荧光[图 9.23(b)]或红色荧光[图 9.23(c)]。该染料分子进入细胞的过程主要是通过吸附于细胞膜上形成小的囊泡，随后通过内吞作用进入细胞内部。

化合物 **23** 通过将环糊精(CD)结构与 TPE 骨架相连，也可实现细胞质成像功能[73]。环糊精可以通过主客体相互作用将 TPE 骨架包含在其内腔中，从而抑制 TPE 分子内苯环的自由转动，使其荧光发射增强。这一细胞相容性好的分子可选择性地对人胚肾 293T 细胞的细胞质进行染色，发出明亮的蓝色荧光[图 9.23(d)]。

2)细胞膜成像

细胞膜是一种生物膜，其功能是将细胞内部与外界环境隔离开来。细胞膜对一系列细胞生理过程的实现具有重要意义，包括细胞黏附、离子传导、营养输送及细胞信号交换[74]。对细胞亚细胞结构区域的显微成像及对细胞膜相关过程的可视化监测，在生理医学领域具有重大意义。

基于 1, 8-萘二酰胺结构的分子 **24**[75]同时具有 AIE 性质及扭曲的 TICT 性质。由于该分子的疏水性质，分子在水中自发聚集为直径约 150 nm 的聚集体，具有高达 73% 的荧光量子产率。该分子被应用于 HepG-2 的活细胞成像[图 9.24(a)]，在细胞膜区域具有高信噪比荧光信号。其荧光信号可以很好地与商品化的细胞膜示踪染料 DiI 染色的信号相重合，证实了该分子具有良好的细胞膜定位性质。由于其优异的光稳定性及细胞膜黏附性，该 AIE 分子可以对细胞进行长达 4 天的细胞膜示踪成像。

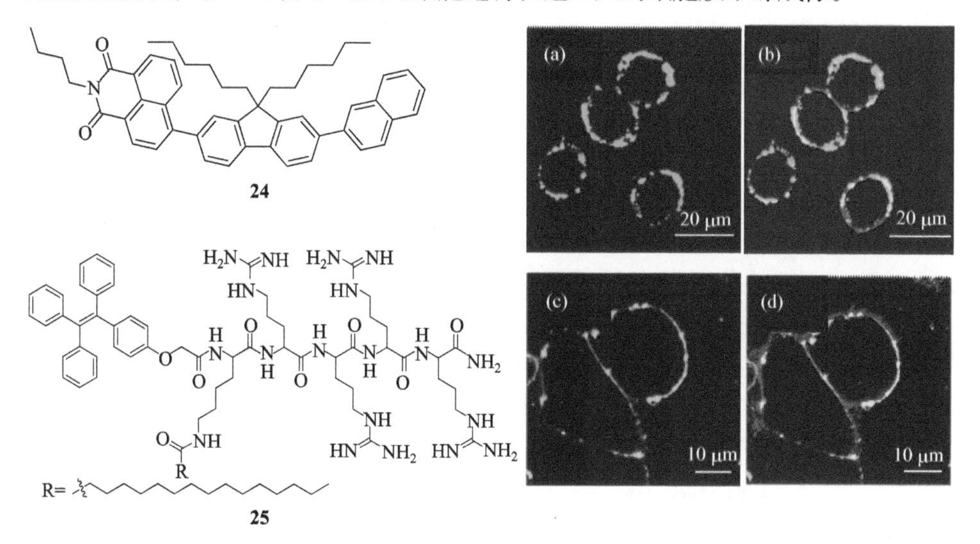

图 9.24　(a)和(b)以分子 **24** 标记的 HepG-2 细胞的激光共聚焦显微成像和与 DiI 标记的荧光成像图的叠加；(c)和(d)以分子 **25** 标记的 MCF-7 细胞的激光共聚焦显微成像和与 DiI 标记的荧光成像图的叠加

受到常见的细胞膜染料 DiI(1,1′-双十八烷基-3,3,3′,3′-四甲基吲哚菁高氯酸盐)、DiO(3-十八烷基-2-{3-[3-十八烷基-2(3*H*)-苯并噁唑-2-亚基]-1-丙烯-1-基}苯并噁唑高氯酸盐)，以及上述分子 **24** 的启发，亲脂性的结构对于细胞膜特异性探针极为重要，这种疏水性结构可使探针分子嵌入细胞膜中。通过适当的功能化，具有 AIE 性质的分子可转化为细胞膜示踪试剂。Liang 及其合作者报道了一个荧光点亮型 AIE 探针，通过在 TPE 分子骨架上修饰四个精氨酸单元(R4)及棕榈酸单元，使其具有特异性结合细胞膜的性质(图 9.24，分子 **25**)[76]。带正电荷的 R4 片段可作为带负电荷的细胞膜的靶向配体，长链结构的棕榈酸链可插入细胞膜中。图 9.24(c)和(d)展示了分子 **25** 染色的 MCF-7 细胞可选择性地点亮细胞膜，与 DiI 的信号重合。该探针可用于对细胞膜的实时示踪，相对于 DiI 具有更好的抗光漂白能力。值得注意的是，该探针分子可被双光子近红外激发，可用于双光子显微镜成像。

3)线粒体成像

线粒体是一种膜包覆的细胞器，几乎存在于所有的真核细胞中，在细胞的生存和死亡过程中扮演着重要角色。这一类细胞器为细胞提供能量，参与各类新陈代谢活动，如活性氧的生成、细胞分化、细胞周期调控、细胞增殖及凋亡[77]。线粒体与许多人类疾病密切相关，如线粒体病、心功能不全、心脏病等[78]。特异性观测线粒体的动态形貌变化，对生理医学研究具有重要意义，有助于对细胞凋亡及退化的研究。

一系列多色 AIE 探针已被用于线粒体成像。线粒体靶向成像能力通常是通过连接线粒体的识别基团来实现的。具有 AIE 性质的探针分子在高浓度下具有很强的抗光漂白能力，优于传统的具有 ACQ 效应的线粒体染色试剂。例如，在 TPE 骨架上修饰三苯基磷(TPP，TPP 基团是一个经典的可通过其亲脂性和电泳力促使分子探针进入线粒体的基团)盐基团可获得蓝色发光的线粒体染色试剂(图 9.25)[79]。该探针分子在水中溶解性差，在含有 0.1vol% DMSO 的水中，可聚集为 144 nm 左右直径的纳米粒子对 HeLa 细胞中的线粒体成像[图 9.25(a)]，并与商品化线粒体染色试剂 MitoTracker RedFM 共染来证实靶向能力。同时，该探针具有很好的光稳定性。**26** 在线粒体识别和形貌示踪方面无疑是一种具有广阔应用前景的成像试剂。另外一个蓝色发光的基于共轭磷盐的 AIE 线粒体成像探针也被报道[57]。

线粒体在膜的基质侧具有很大的负电位，因此亲脂性的带有正电荷的 AIE 骨架可实现对线粒体的靶向成像。唐本忠课题组报道了一个吡啶盐修饰的 TPE 骨架(PyTPE)用于线粒体成像的例子(**27**，图 9.25)[80]。该探针分子具有 TPE 骨架和其他共轭基团提供的大的亲脂/疏水片段，同时在末端具有正电荷。与 HeLa 细胞共同孵化显示，该探针可特异性染色线粒体，发出明亮的黄色荧光，且具有好的光稳定性[图 9.25(b)]。基于分子 **27** 的类似结构，另一个用于线粒体成像的 AIE 活性探针[81]将异硫氰酸酯(NCS)基团引入 PyTPE 骨架。与分子 **27** 类似，该探针可通过疏水效应、静电作用，以及NCS基团与蛋白质作用后的线粒体内强停留能力，实现线粒体自噬过程实时监测。

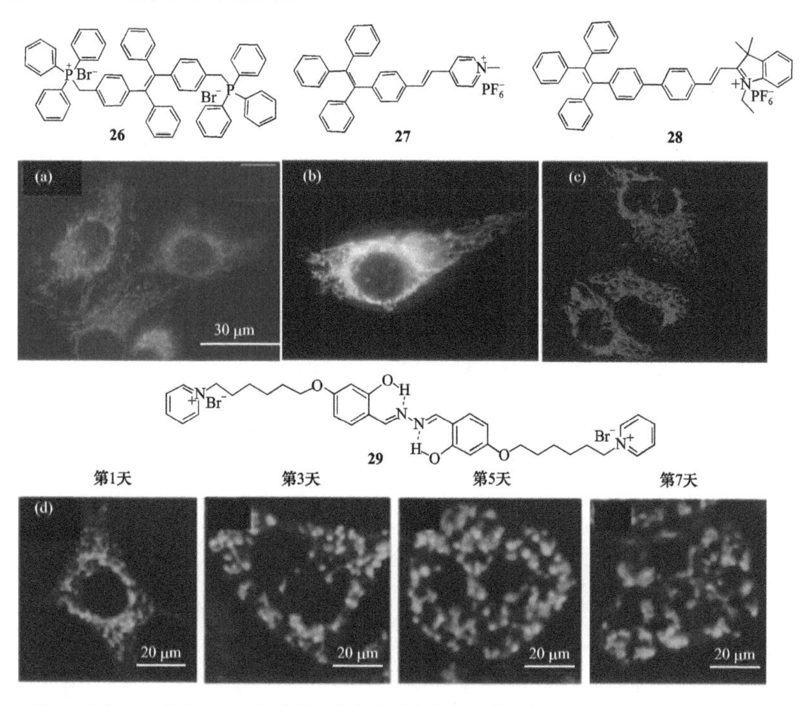

图 9.25 以 **26**(a)、**27**(b) 和 **28**(c) 标记的细胞的荧光成像图；(d) 以 **29**(5 μmol/L) 染色的棕色脂肪细胞的荧光成像图

图像以激光共聚焦显微镜拍摄

另一个具有给体-受体结构的AIE探针 **28** 通过在TPE骨架上引入吸电子的吲哚盐结构，可选择性地染色 HeLa 细胞中的线粒体(图 9.25)[82]。该探针也可用于实时原位监测活细胞中线粒体膜电位的变化。同时，该染料也可用于小鼠精子活性的检测，有活力的小鼠精子具有强荧光发射，而无活力的精子产生的信号很弱。

基于ESIPT机理发射的荧光染料通常具有大的斯托克斯位移，因此在成像领域具有优势。刘斌课题组将AIE及ESIPT性质集成至一个分子内，设计合成了一个新型线粒体荧光探针，可以用于区分棕色脂肪细胞的分化过程[83]。通过在具有AIE 及 ESIPT 双重性质的水杨醛吖嗪分子上连接两个具有靶向线粒体的吡啶基团，得到了探针分子 **29**。由于其AIE及ESIPT双重性质，分子 **29** 形成的纳米粒子具有高发光效率，同时具有高达176 nm的斯托克斯位移。该探针已被成功应用于线粒体成像，显示了优异的防扩散能力及低毒性。该探针随后被应用于脂肪细胞长达7天分化过程的线粒体示踪成像[图 9.25(d)]。由于其高信噪比及好的光稳定性，该探针可实现对分化过程中线粒体形貌变化的清晰观测。

4)溶酶体成像

溶酶体是一个含各种水解酶，负责分解细胞内各种生物大分子的细胞器。靶向溶酶体成像及检测其中酶的活性对诊断各类与酶活性相关的疾病具有重要意义[84]。在酶活性检测中，通常需要水溶性 AIE 探针的切断或结合来实现发光。设计 AIE 与 ESIPT 机理结合的探针不需过多考虑其水溶性问题，因此具有更灵活的设计空间。

基于分子 **29** 类似的结构，刘斌课题组设计了一个同时具有 AIE 和 ESIPT 机理的溶酶体靶向探针 AIE-Lyso **30**，其由水杨醛吖嗪骨架上连接两个具有溶酶体靶向能力的吗啡啉基团制备而成[图 9.26(a)]。该探针由于分子内羟基被乙酰基保护，以及可以自由旋转的 N—N 键，几乎无荧光发射。当酯基被水解后，ESIPT 过程可顺利发生，且在溶酶体中发生聚集，从而点亮荧光。将该探针与 MCF-7 细胞共培养后，可特异性地点亮细胞内溶酶体[图 9.26(b)]，与商品化的溶酶体染料 LysoTracker Red 的信号具有很好的重叠[图 9.26(c)]。该探针被成功用于酯酶活性的检测，而且随时间的增加其荧光逐渐增强。该探针也可用于细胞受激后溶酶体的运动过程监测。

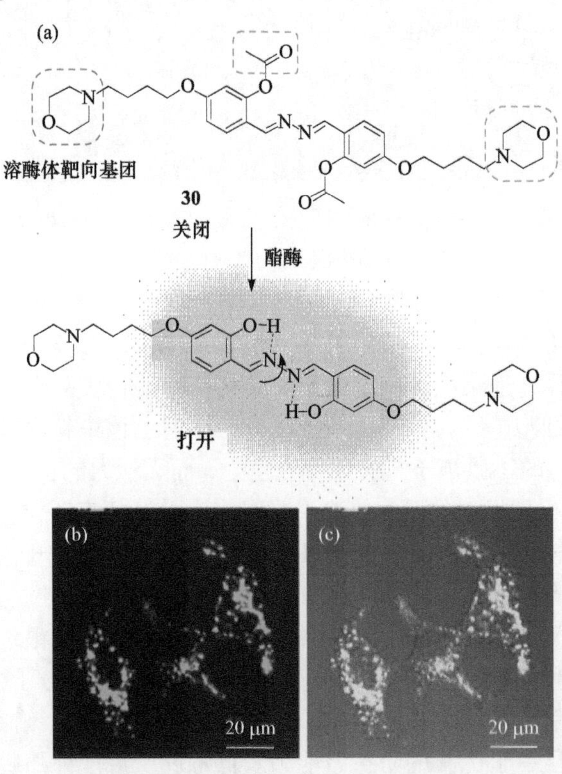

图 9.26 (a)分子 **30** 用于检测溶酶体酯酶的机理示意图；**30** 处理后的 MCF-7 细胞的激光共聚焦显微成像(λ_{ex}=405 nm, λ_{em} = 515～560 nm)(b)以及与以 50 nmol/L LysoTracker Red 标记的细胞成像(λ_{ex} = 559 nm, λ_{em} = 585～610 nm)的叠加图(c)

5)脂滴成像

脂滴(LDs)是中性脂质储存的主要场所，存在于原核细胞及真核细胞中[85]。脂滴是动态的细胞器，与细胞内脂质储存、新陈代谢、膜迁移过程、蛋白质降解及信号传导等过程密切相关。其功能失调会导致脂肪肝、Ⅱ型糖尿病及高血脂等疾病[86]。受到常见的脂滴染料如尼罗红、Seoul-Fluor 等结构的启发，一个修饰有电子给体烷基胺与电子受体醛基的 TPE 分子探针 **31** 被设计用于脂滴成像[87]。给受体的引入使得分子 **31** 展现了 TICT 性质，在聚集态荧光发射红移，在水相中发出橙色荧光。由于十八烯酸可刺激细胞产生脂滴，将 HeLa 细胞与十八烯酸共培养后，细胞内的脂滴可被探针 **31** 染色，发出蓝色荧光[图 9.27(a)]。相对于其在水相中聚集态的发射，分子 **31** 在脂滴中的发射蓝移，这是由于脂滴中单层脂质的包裹降低了分子所处环境的极性。该探针也可用于绿藻中脂滴的成像，见图 9.27(b)，蓝绿色的荧光发射证明在绿藻的微拟球藻中存在脂滴。通过在 20vol% DMSO 中染料染色，证明该藻类具有潜在的可作为生物燃料提取的价值。和常见商品化脂滴成像染料相比，该探针具有低背景干扰、快速染色、高选择性、良好生物相容性及优异的光稳定性等优点。

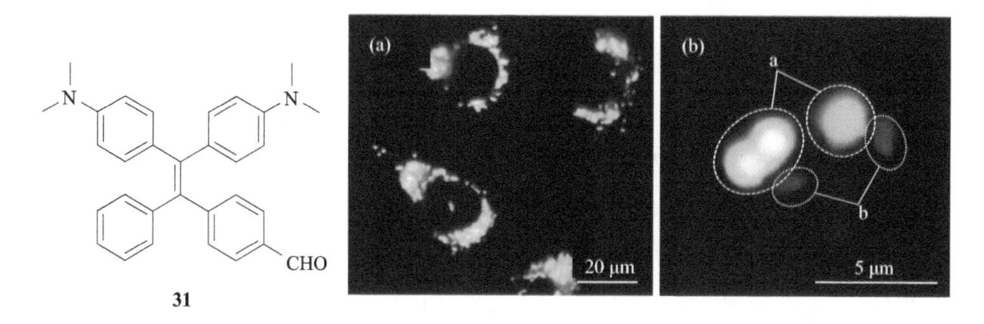

图 9.27　(a)以 50 μmol/L 油酸处理 6 h 后的 HeLa 细胞，以 **31** 标记 15 min 后的激光共聚焦荧光成像图；(b)在 20vol% DMSO、40 ℃下，以 **31**(2.5 mmol/L)标记 10 min 后的绿藻的荧光成像图

激发波长为 330～385 nm，蓝色发射来自脂滴；红色发射来自叶绿体

6)pH 分布

pH 对许多生理过程(如细胞增殖、细胞凋亡、酶活力调节、蛋白质降解等)具有重要影响[88]。非正常的 pH 可出现在许多疾病中，如癌症、中风及阿尔茨海默病。因此，监控活细胞中的 pH 对研究细胞生理、病理过程具有重要意义[89]。最近，唐本忠课题组设计了分子 **32**，其具有 TPE 基团及花菁色素部分，可用于 pH 检测(图 9.28)[90]。分子 **32** 具有很大的斯托克斯位移(>185 nm)及 AIE 活性，对 pH 具有很宽的响应范围。分子 **32** 在 pH=5～7 时，具有很强红色荧光，在 pH=7～10 时，红光很弱，在

pH=10～14 时，具有从弱变强的蓝色荧光。该探针被应用于检测 HeLa 细胞中的 pH。当采用 405 nm 波长激发时，蓝色发射主要显示在细胞质内，当采用 488 nm 波长激发时，红色荧光信号主要显示在酸性的溶酶体中。通过对红-蓝通道的信号比例分析，该探针可用于高分辨和高通量分析细胞内微环境。

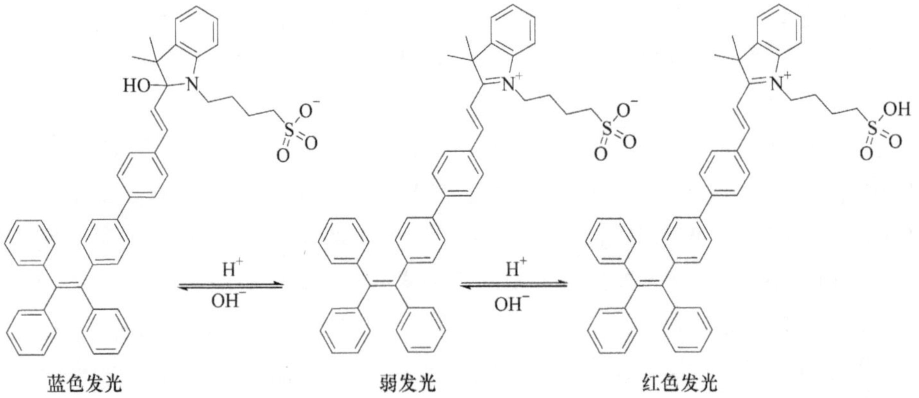

蓝色发光　弱发光　红色发光

32

图 9.28　探针分子 **32** 在不同的酸碱环境中可逆的结构及其发光颜色变化

4. 细胞内药物传输监测

药物输送系统已被广泛应用于运输小分子化疗药物至肿瘤组织及癌细胞。化疗药物的治疗效果主要依赖于药物在肿瘤组织内的浓度。然而，常规的药物输送系统无法观测，很难示踪监控其在体内的行为。因此，开发新型的可监测静脉注射后药物体内分布、药物释放及选择性进入癌细胞的药物输送系统迫在眉睫。目前，最常用的手段是将荧光染料连接或嵌入于运输系统中。然而，这些手段具有如下一些缺点：①荧光染料可能会干扰药物输送系统的性能；②染料可能会从药物输送系统中渗漏，导致标记的失败。因此，亟须开发自发光的药物输送系统，用于实时、原位地监测静脉注射后药物分布、药物释放及选择性地进入癌细胞的过程。几个科研小组已经开发了一些基于 AIE 分子的药物输送系统，并成功应用于药物分布及释放过程的监测。

刘斌和唐本忠课题组已开发了几个基于顺铂化合物与 AIE 分子的药物输送系统，具有同时成像和治疗的能力[91-93]。他们设计了一系列在 AIE 分子上通过水溶性多肽连接顺铂或顺铂-阿霉素药物前体的药物输送系统，在细胞内蛋白酶作用下切断水溶性多肽释放顺铂药物并监测这一过程。顺铂在临床上是广谱的抗癌药物，但受限于其副作用。为了克服这些缺点，Pt(Ⅳ)配合物通常作为无毒副作用的药物前体，随后在细胞内转变为具有药物活性的 Pt(Ⅱ)配合物[94]。使用 Pt(Ⅳ)药物前体已被证明是提高肿瘤治疗效果和降低副作用的有效方式。但是，目前仍非常缺乏阐明细胞吞噬 Pt(Ⅳ)配合物后，何时、何地及如何还原为 Pt(Ⅱ)的研究。为了捕获 Pt(Ⅳ)药物前体的激活过程，Liu 和 Tang 等首次合成了 Pt(Ⅳ)药物输送前体体系，并评估了其生理活性[91]。该诊疗体系包含四个组分：①化学治疗药物前体 Pt(Ⅳ)配合物，可在细胞内被还原为 Pt(Ⅱ)；②具有 AIE 性质的四苯乙烯吡啶盐片段；③具有 5 个天冬氨酸的亲水性多肽链；④cRGD 三肽识别配体[图 9.29(a)]。该探针在水溶液中基本不发光，在富集到过表达$\alpha_v\beta_3$的癌细胞中后，Pt(Ⅳ)配合物

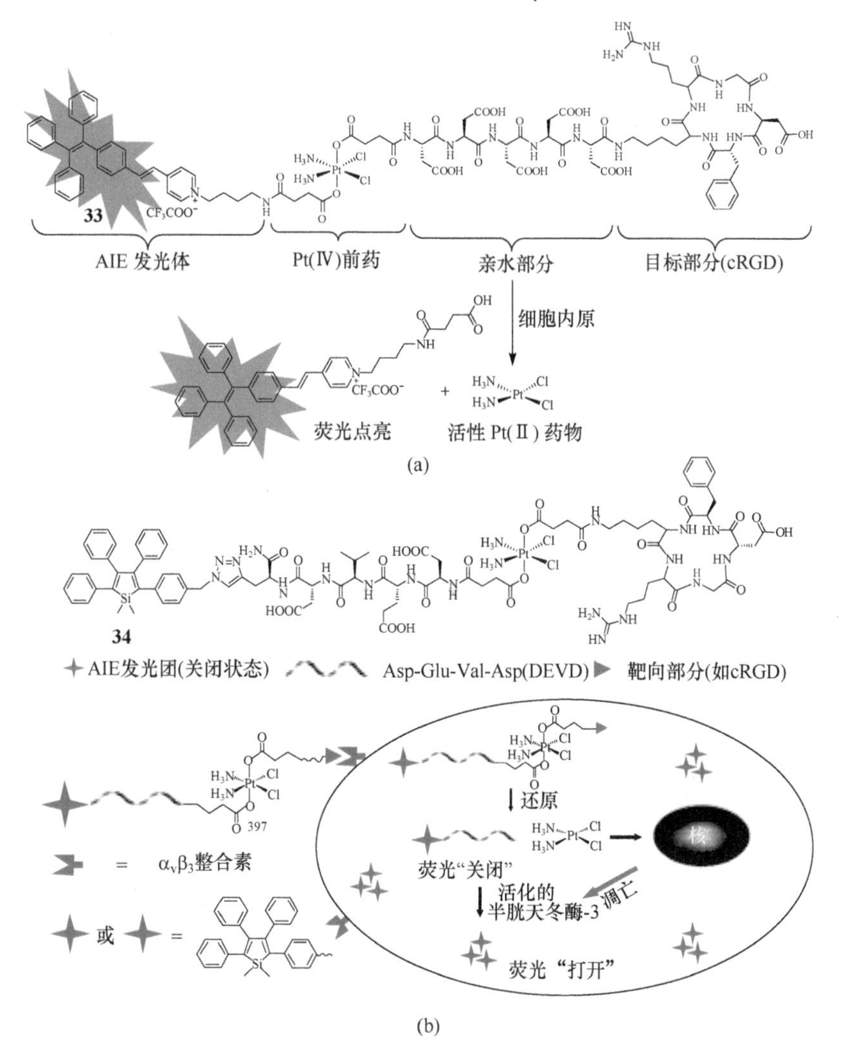

图 9.29 (a)基于 TPE 修饰的前药 **33** 和荧光点亮监测药物激活的示意图；(b)带有靶向基因和铂(Ⅳ)前药 **34** 的 AIE 纳米粒子点亮型诱导细胞凋亡示意图

在细胞内被还原为 Pt(Ⅱ)，同时释放发光的 PyTPE 残基。该前体药物设计不仅提供了有效的顺铂药物输送平台，而且以高信噪比实时定量监测前体药物的活化并释放药物 Pt(Ⅱ)的过程。

刘斌课题组进一步发展了另一靶向治疗的 Pt(Ⅳ)药物前体 **34**，内含 AIE 点亮型细胞凋亡探针，可非侵入性地原位早期评估治疗效果[92]。如图 9.29(b)所示，Pt(Ⅳ)前药两个轴位上分别连有靶向肿瘤细胞过表达的整合素$\alpha_v\beta_3$的环精氨酸-甘氨酸-天冬氨酸(cRGD)三肽配体，以及对半胱天冬酶-3 特异性响应的 Asp-Glu-Val-Asp(DEVD)多肽修饰的具有 AIE 性质的四苯基噻咯 TPS。在选择性进入整合素$\alpha_v\beta_3$过表达的癌细胞后，Pt(Ⅳ)前药可被还原为 Pt(Ⅱ)药物，并同时释放细胞凋亡传感器 TPS-DEVD。Pt(Ⅱ)药物可以诱导细胞凋亡，并激活半胱天冬酶-3 特异性地切断 TPS-DEVD 上的 DEVD 多肽并生成一个疏水的 TPS 残基。由于动态的分子内旋转，最初的水溶性 TPS-DEVD 不发出荧光，而所生成的 TPS 残基是疏水的，更倾向于聚集，由于分子内旋转受限诱导荧光发射。这种荧光点亮型响应能够早期评估药物在细胞内的治疗效率。该探针在 U87-MG 细胞内，通过细胞凋亡诱导的荧光变化，展现出 Pt(Ⅱ)药物的浓度和细胞存活率有很好的相关性，表明该药物输送系统可被用于早期评估特异性抗癌药物的原位治疗响应，是治疗策略选择的基础。

顺铂 Pt(Ⅱ)和 DOX 是两种最有效的抗癌药物，一些文献报道顺铂和 DOX 的共用显示出协同增强的抗癌效果[95]。刘斌课题组进一步设计和合成了含顺铂和 DOX 的具有示踪能力的靶向诊疗输送药物前体 **35**(图 9.30)[93]。该前药由靶向基团 cRGD、具有 AIE 性质的 TPE 衍生物，以及具有荧光性质的抗癌药物 DOX 和化疗药物 Pt(Ⅳ)组成。这种体系可用来示踪确定前药的位置和分布，监测双药物的激活并减少副作用，提高治疗效果。在该前药体系中，由于 TPE 与 DOX 之间有效的能量转移，TPE 的荧光被 DOX 吸收，而 DOX 的红色荧光可用于前药传输的示踪。该前药在细胞内可同时实现还原并释放活性 Pt(Ⅱ)和 DOX 药物。随着 Pt(Ⅳ)的活化，TPE 与 DOX 的分离使得 TPE 的荧光恢复，可用于药物激活监测。而且，DOX 和顺铂同时活化产生了协同的抗癌作用。这类具有示踪能力的双药物诊疗输送系统和实时监测药物的活化，可用于癌细胞消除过程的可视化研究，能大幅度提高抗癌效率，有利于癌症治疗。

此后不久，梁兴杰课题组开发出一种基于 AIE 自我指示能力的药物输送系统，用于药物释放过程的时空可视化[96]。羧酸酯衍生物 **36** 在水溶液中组装成自发光纳米粒子，展现了 AIE 性质并可用于细胞内示踪。纳米粒子 **36** 可结合抗癌药物 DOX，形成一个新的药物输送系统(图 9.31)。纳米粒子 **36** 没有明显的细胞毒性，分布在细胞质而非进入 DOX 发挥作用的细胞核。从系统中释放的 DOX 受 pH 调控，可在溶酶体中释放(pH=5.0)。从共聚焦显微镜成像的图像中可以看出，纳米粒子 **36**-DOX、纳米粒子 **36** 和游离的 DOX 显示出三种不同的颜色。通过观察这些“颜色”

的转变，TPE纳米粒子和游离DOX的亚细胞位置被确定，并且药物释放位置也被确定。具体而言，纳米粒子**36**-DOX是由癌细胞摄取和聚集在溶酶体中，较低的pH使得DOX得以释放。所释放的DOX可以扩散到细胞核并发出红色的荧光，而纳米粒子**36**仍留在细胞质发出蓝色的荧光。该设计不仅提供了药物输送系统的亚细胞区域定位信息，还增强了治疗效果。

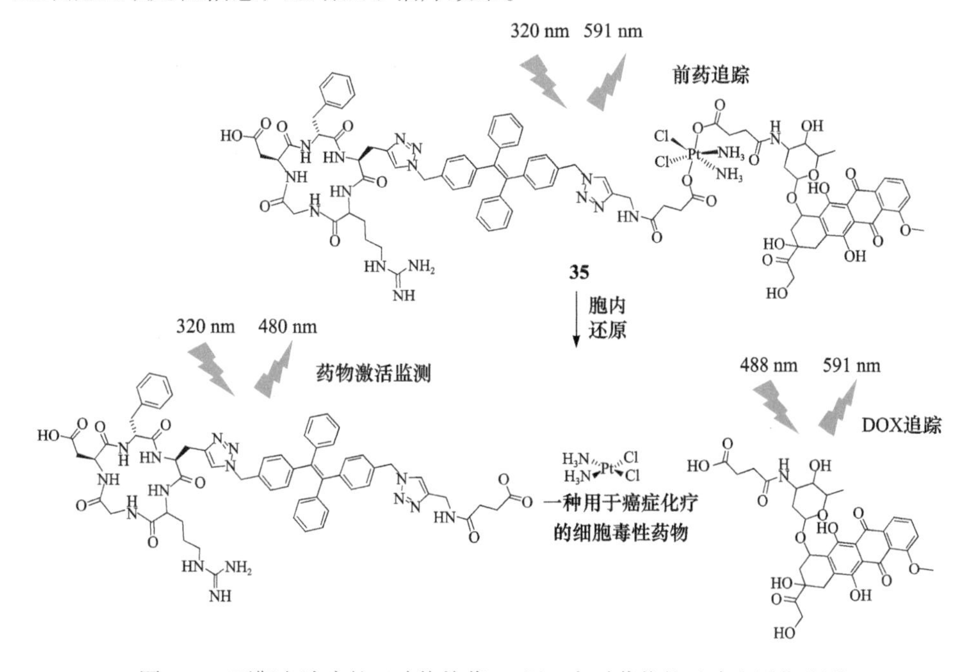

图9.30 可靶向诊疗的双功能前药**35**用于实时药物的示踪和活化监测

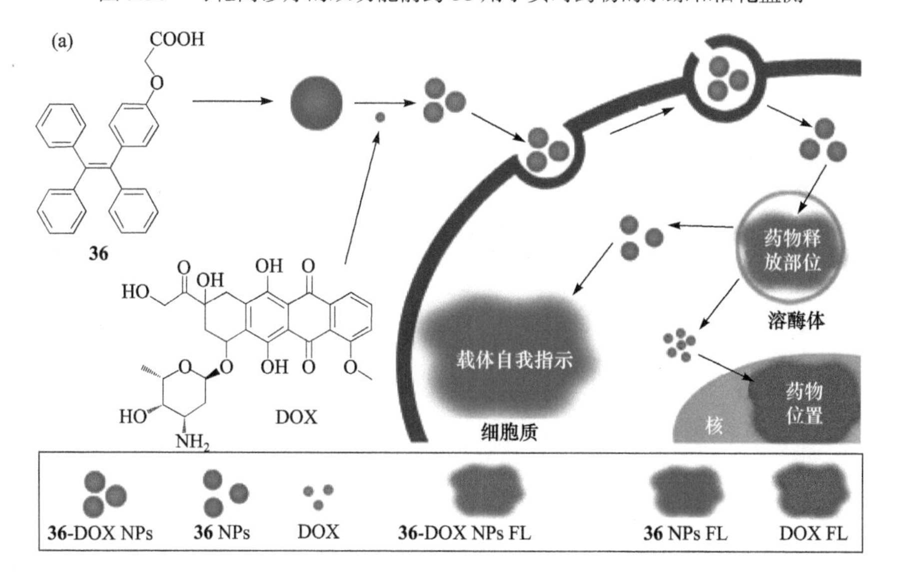

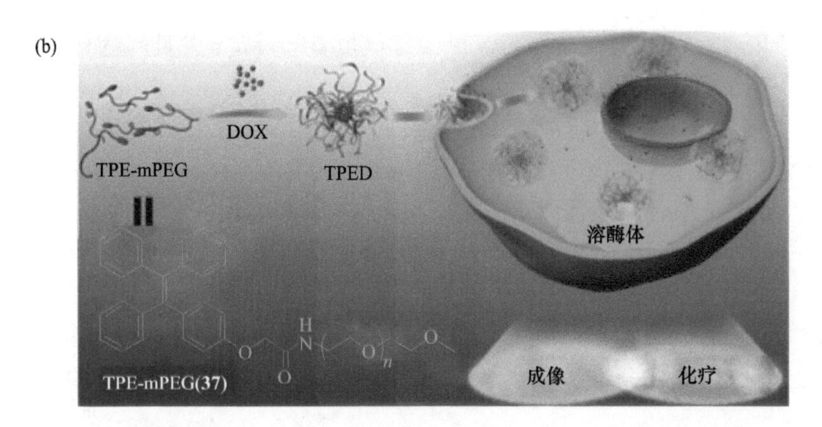

图 9.31 (a)通过药物输送系统发光颜色的转变实时监测纳米粒子 36 和 DOX 的亚细胞位置；(b)具有 AIE 性质且负载 DOX 的自组装胶束(37)细胞内成像和癌症治疗示意图

此外，衍生物 **37** 被用来制备一种具有 AIE 性质的自组装胶束，以实现可视化的细胞内抗癌药物输送[97]。具有生物兼容性且亲水的高分子 PEG 与连有羧基的 **37** 反应形成两亲性的 AIE 聚合物，自组装形成 AIE 胶束，粒径平均大小为 30 nm[图 9.31(b)]。这些 AIE 胶束可负载抗癌药物 DOX，并可以用于药物递送监测，实现在亚细胞水平的示踪。最近，梁兴杰课题组开发了可荧光示踪的前药，用于示踪药物在活细胞中的输送动力学[98]。自指示的纳米前药 **38** 由 TPE 和荧光抗癌药物 DOX 构成，并连有 pH 响应的腙键(图 9.32)。在生理环境下，TPE 和

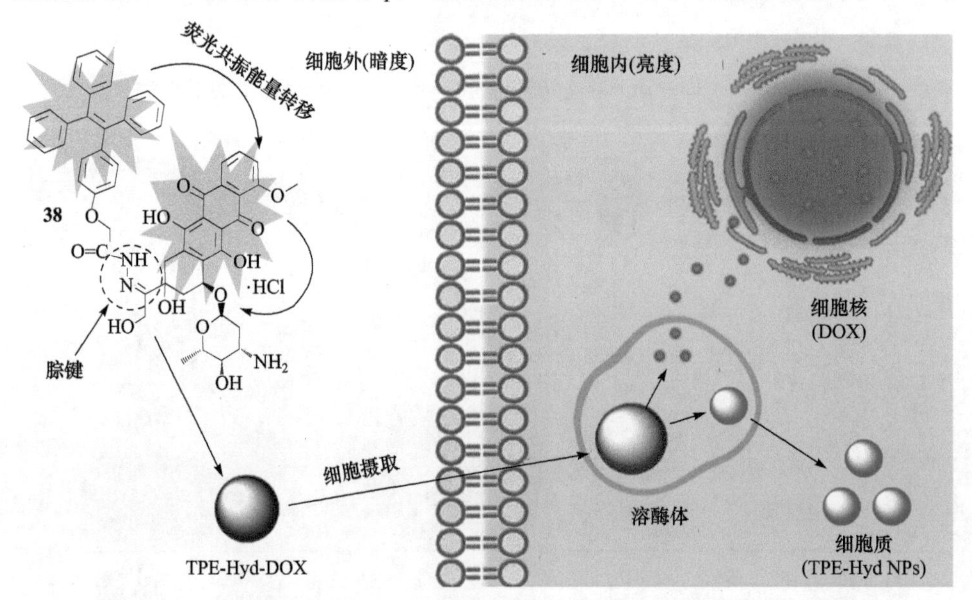

图 9.32 化合物 **38** 在活细胞内的纳米尺度的药物输送系统(NDDSs)的细胞内轨迹

DOX之间的能量转移导致了TPE的荧光猝灭。在酸性条件下，腙键的断裂将TPE和DOX进行分离，从而产生双色荧光。由于TPE和DOX具有不同的发射波长，通过它们荧光成像的空间分布比例，人们很容易且清楚地知道其在亚细胞水平的药物释放时间、位置，药效发挥的位点和载体的目的地。

为构建诊疗药物输送系统用于癌细胞的同时成像和药物输送，Wang课题组开发了两种pH响应且具有AIE荧光性质的两亲性聚合物(**39**和**40**)，以监测药物的包封和释放[26, 99]。这些两亲性聚合物可自组装成胶束，在水介质中表现出明显的AIE现象，可用于潜在的生物成像(图9.33)。除此之外，抗癌药可负载到胶束的疏水部分，实现pH调控的药物释放。在癌细胞的酸性内涵体/溶酶体中，由于腙键的裂解，药物的释放变得更为快速。另外，负载药物的胶束也展现出癌细胞剂量依赖性生长抑制。

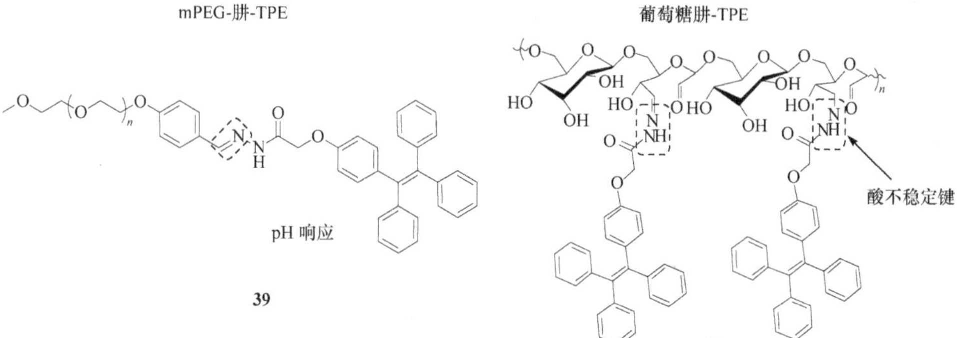

mPEG-肼-TPE

葡萄糖肼-TPE

pH 响应

酸不稳定键

39

40

图9.33 pH响应分子**39**和**40**的化学结构

光敏剂广泛用于治疗癌症的光动力疗法(photodynamic therapy，PDT)。刘斌和唐本忠课题组报道了pH响应的聚合物纳米探针**41**，包含具有ACQ性质的光敏剂(脱镁叶绿酸盐A，PheA)和具有AIE性质的四苯基噻咯(TPS)，用于示踪光动力治疗的全过程(图9.34)[100]。在生理条件(pH = 7.4)下，该探针自组装成纳米粒子，显示出PheA的微弱荧光，此时具有低光毒性；强的绿色荧光来自TPS探针的自我示踪。一旦被癌细胞摄取截留在溶酶体内(pH = 5.0)，该纳米粒子分解后，TPS发光微弱，但PheA恢复了强烈的红色荧光及光毒性，实现了对光动力学激活的监测。在光的照射下，所产生的活性氧可破坏溶酶体以诱导细胞凋亡。同时，该探针释放到细胞质(pH = 7.2)中，TPS荧光恢复，用于原位可视化治疗监测。因此，此探针的设计展现了一种新型的癌细胞治疗示踪的策略。

5. *肿瘤治疗*

除了上述提到的新一代具有AIE性质的药物输送系统作为荧光示踪剂，近期AIE分子作为光敏剂用于成像介导的PDT已经得到开发。PDT已经被证实是用于癌症治

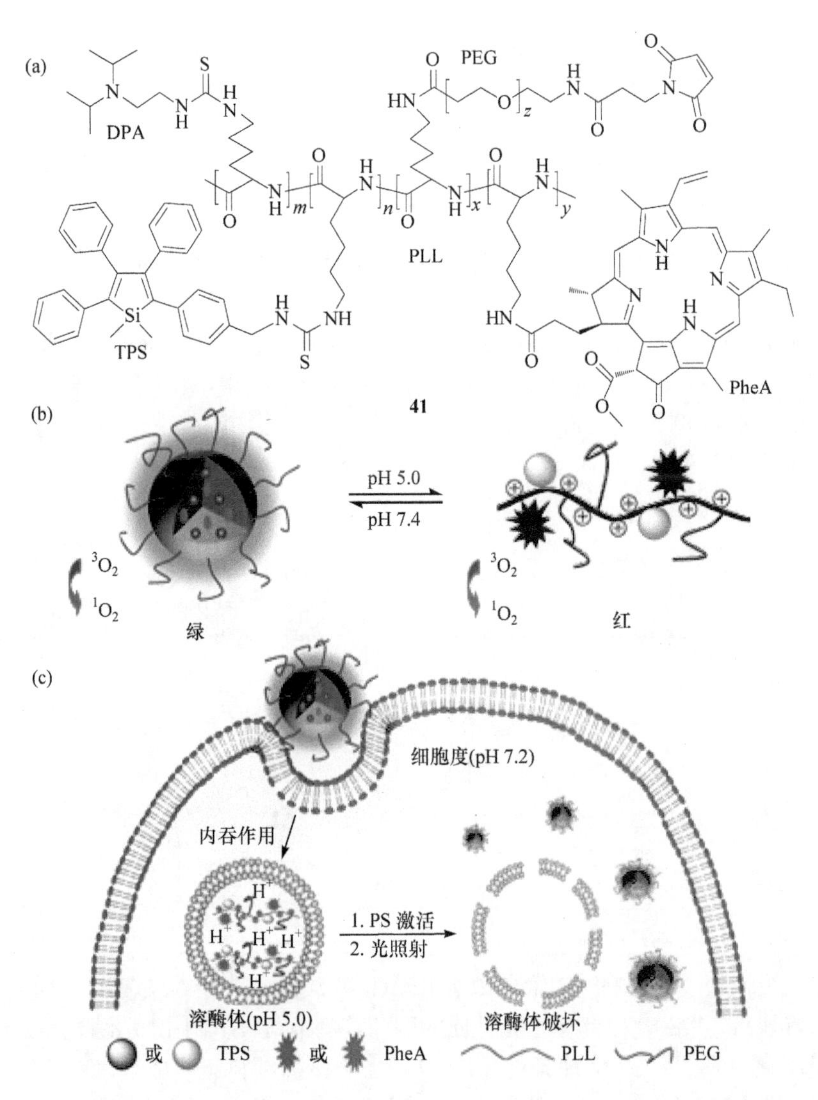

图 9.34 (a) PLL-*g*-PEG/TPS/PheA (**41**) 的化学结构；(b) pH 可活化探针 **41** 的示意图；(c) 探针 **41** 作为原位监测溶酶体膜破坏和细胞死亡指示剂的示意图

疗最简洁有效的策略之一，能通过光束的调节来实现非侵入性的、精确控制的和高时空分辨的治疗。用于 PDT 的多种光敏剂主要分为三类：卟啉、叶绿素和其他有机染料[101]。然而，大多数的光敏剂是疏水的，在水介质中聚集严重，从而导致了荧光和光敏效率显著降低。鉴于此，发展基于 AIE 分子的高效光敏剂非常必要。这类 AIE 光敏剂在聚集态能保持较强的荧光和有效的单线态氧的产生，有助于成像和光动力治疗。

张德清课题组报道了新的红光生物探针 **42**，实现了生物成像和光动力学消除癌细胞(图 9.35)[102]。通过 PhC═C(CN)$_2$修饰 TPE 所制得的 AIE 分子在光照下有强的光敏活性，可生成 ROS。将这类 AIE 分子与 AP2H(IHGHHIISVG)多肽进行结合，赋予了该探针高信噪比的癌细胞靶向成像能力，可特异性地结合肿瘤标记物蛋白 LAPTM4B[图 9.35(a)]。在可见光照射下，探针 **42** 可生成 ROS，用于光动力治疗。探针在光照射下的毒性也通过体外实验证实了其浓度依赖性。这个设计对双功能的 AIE 分子在靶向生物成像和 PDT 治疗领域的应用提供了新的指导。

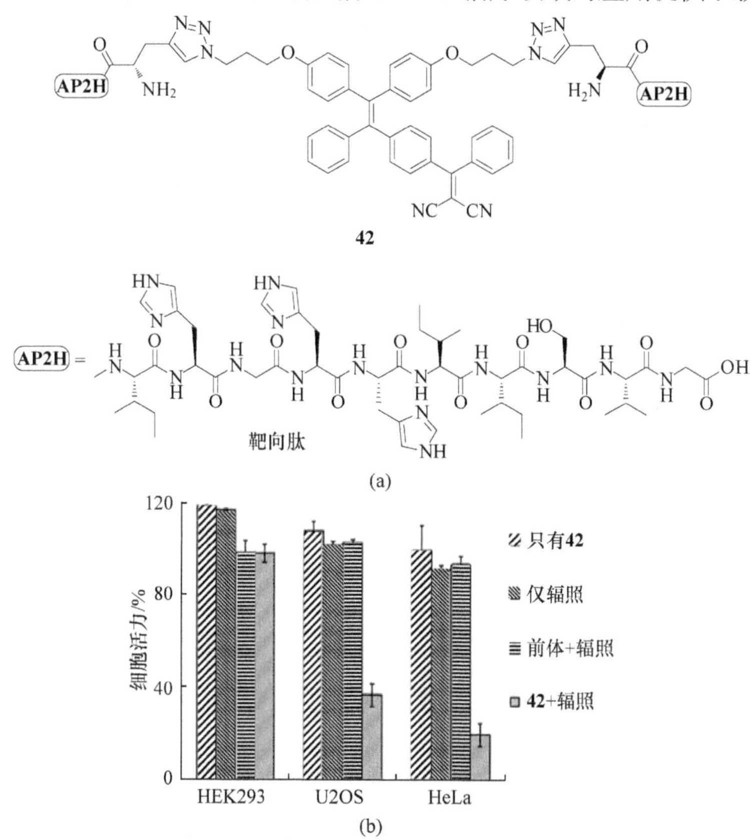

图 9.35　(a)用于靶向生物成像和癌细胞光动力治疗的红光 AIE 探针 **42** 的分子结构；(b)HeLa 细胞、U2OS 细胞和 HEK293 细胞在不同条件下存活率的比较

同时，刘斌课题组开发了一种具有 AIE 性质的可激活探针，同时用于点亮型成像和癌细胞的光动力消除(图 9.36)[103]。探针 **43** 由具有光敏活性的橙色 TPECM 荧光团，通过两个多肽臂进行修饰，其中包括组织蛋白酶 B 响应序列 GFLG、用于调节水溶性的短亲水 D3 多肽序列和靶细胞靶向配体 cRGD。该课题组进一步发展了具有光敏活性的双酶活化的生物探针，可实现同时点亮型荧光成像和活化的光动力治疗特定肿瘤细胞。该智能探针的设计开启了对靶向成像介导的光动力治疗新机遇。该探针可选择性地被过表达 $\alpha_v\beta_3$ 整合素的癌细胞摄取，在溶酶体中，组织蛋白酶 B 裂解肽键使荧光点亮。该探针富集在细胞的内涵体/溶酶体中，随后

受到白光照射，对 MDA-MB-231 细胞具有明显的光毒性，而对照细胞几乎不受影响。该探针设计巧妙，具有同时靶向成像介导的治疗及细胞内酶检测的能力。

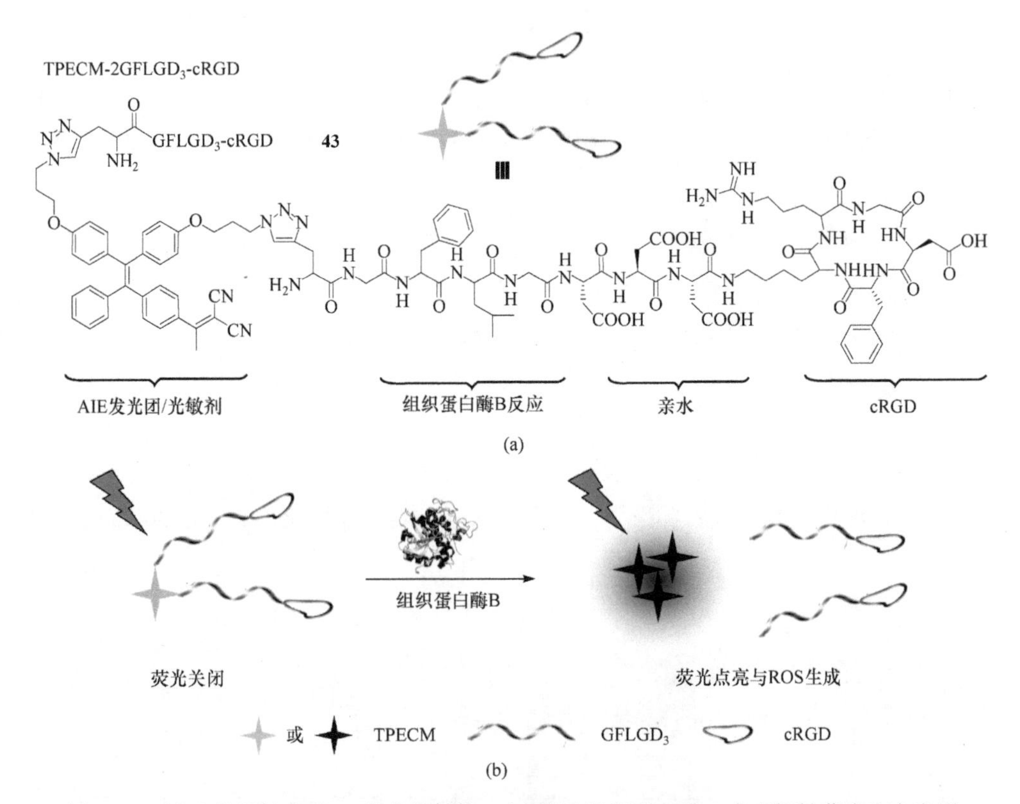

图 9.36 (a)生物探针分子 **43** 的化学结构；(b)通过组织蛋白酶 B 点亮探针荧光和在光照下产生 ROS

除此之外，亚细胞器特异性靶向的试剂被用于肿瘤的同时识别、成像和治疗，在癌症治疗中引起了巨大的研究兴趣。刘斌课题组报道了线粒体靶向的探针 **44**，通过三苯基膦修饰 AIE 家族实现癌细胞选择性的成像和消除(图 9.37)[104]。所述的探针能够选择性地累积在癌细胞的线粒体中并点亮荧光，这是由于癌细胞比正常细胞具有更负的线粒体膜电位。而且，相对于正常细胞，该探针还显示出选择性杀伤癌细胞的能力。这是由于其可以有效地降低线粒体膜电位及提高了癌细胞内活性氧的水平。基于 AIE 荧光分子的线粒体点亮探针，为癌细胞成像介导的治疗提供了一个独特的策略。

刘斌课题组进一步合成了一系列含有两个三苯基膦配体且具有 AIE 性质的探针，其可选择性地点亮癌细胞线粒体(图 9.38)[105]。探针 **46** 和 **47** 在水溶液中基本不发光，但可以在线粒体中特异性地富集并发出荧光。该探针在细胞线粒体中的富集可改变线粒体膜电位并对癌细胞造成有效的化学毒性。此外，该探针在光照下可生成活性氧而具备光毒性。化疗和光动力疗法的结合能进一步增强治疗效果。作为对照，化合物 **45** 没有靶向配体时无抗癌作用。因此这项研究突出了探针分子设计的重要性，这将促进新一代多功能的亚细胞靶向分子诊疗试剂的开发，如将癌细胞成像、化疗和光动力治疗结合在一起。

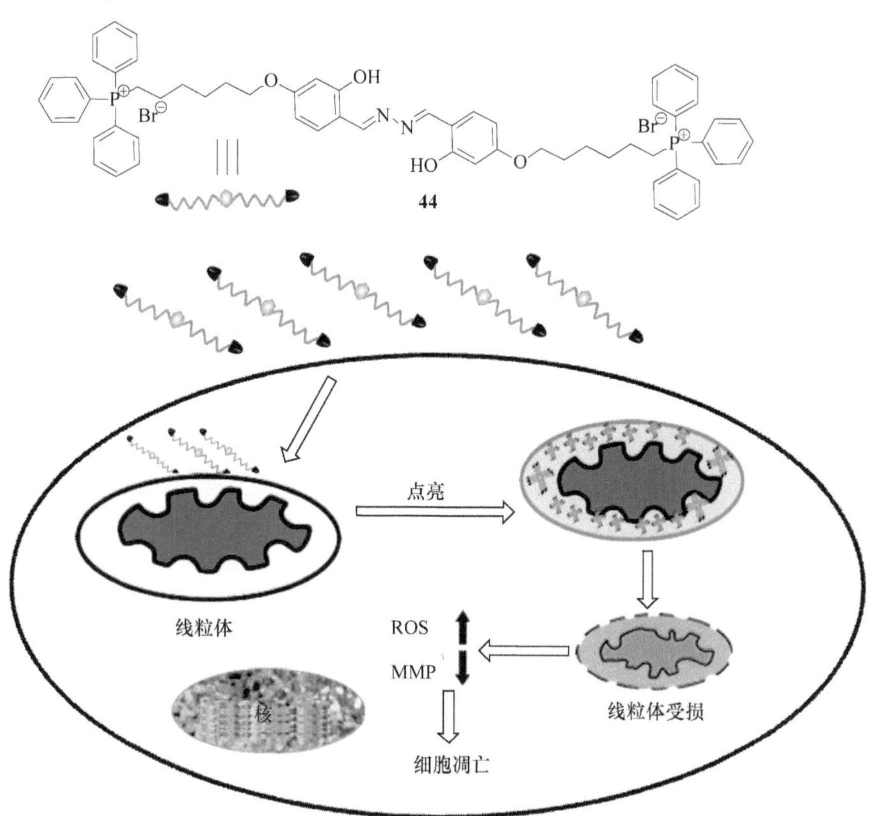

图 9.37 化合物 **44** 的合成路线及在癌细胞中 **44** 的细胞内示踪和治疗示意图

ROS 代表活性氧，MMP 代表线粒体膜电位

PPh_3

ACN/回流

45

46

47

(a)

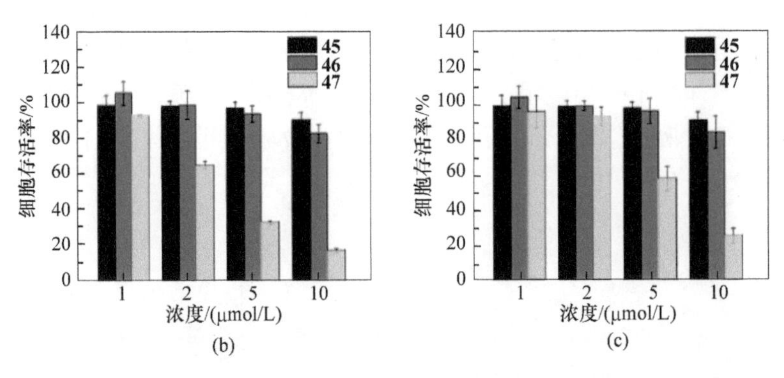

图 9.38 (a)化合物 **45**、**46** 和 **47** 的化学结构；在黑暗条件下，用不同浓度的 **45**、**46** 和 **47** 分别对 HeLa 细胞(b)和 NIH-3T3 细胞(c)培养 24h 后的细胞存活率示意图

此外，刘斌和唐本忠课题组设计合成了具有 AIE 性质且 pH 响应的点亮型纳米粒子探针 Net-TPS-PEI-DMA，该探针能响应肿瘤外酸性微环境(图 9.39)[106]。所述探针带负电荷且在生理条件下发光微弱。然而，探针表面的电荷在微酸条件(pH≈6.5)下可实现从负到正的转换，促进探针进入癌细胞。在进入癌细胞后，带正电的探针可与细胞内蛋白质相互作用并点亮癌细胞，成为一个有效的癌细胞成像探针。细胞毒性结果表明，该探针对正常细胞低毒，对癌细胞的毒性相对较大。

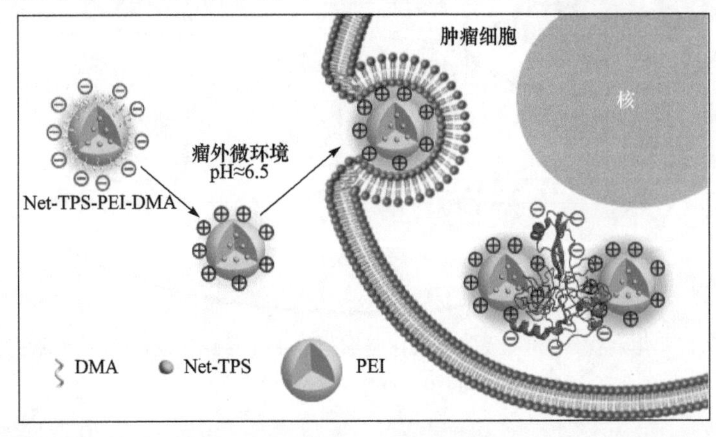

图 9.39 Net-TPS-PEI-DMA(YY16)作为靶向癌细胞成像的 pH 响应的点亮型纳米粒子探针

类似于其他化疗抗癌药，顺铂通常无法实现完全的癌细胞消除，且癌细胞能够迅速获得耐药性。刘斌课题组开发了一种含有 AIE 光敏剂的荧光点亮型顺铂前药 **48**，可实时监测药效的激活，而且光动力治疗与化疗的结合能抑制癌细胞对顺铂的耐药性(图 9.40)[107]。该前药在水溶液中几乎不发光，但是在细胞内被还原后可发出荧光。该荧光点亮型探针也可选择地标记整合素$\alpha_v\beta_3$过表达的癌细胞，用于荧光成像介导的光动力治疗。MDA-MB-231 细胞存活率的实验结果表明，联合治疗可有效地抑制癌细胞对顺铂的耐药性。用光敏剂对顺铂前药进行修饰用于光动力治疗与化学治疗的结合，这对于消除具有顺铂耐药性癌细胞存在巨大潜力。

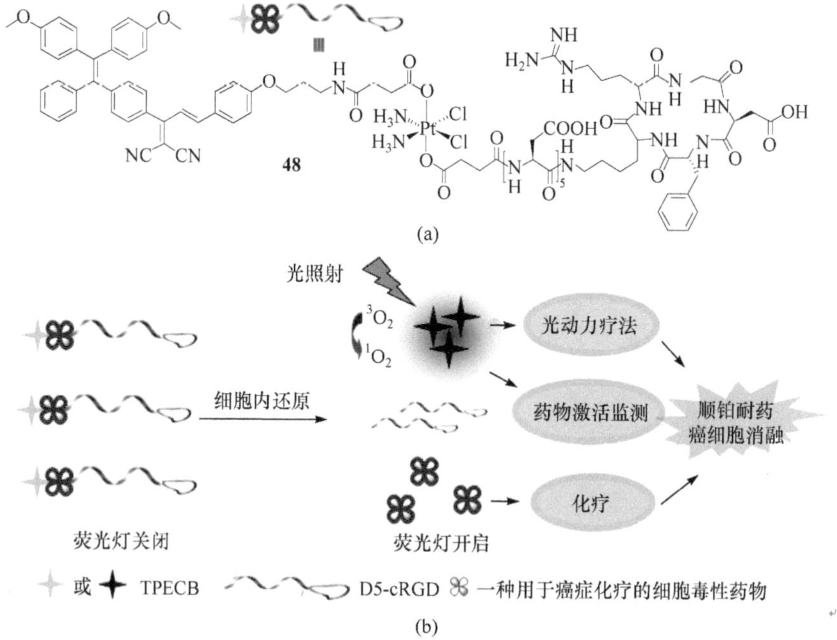

(a)

(b)

图 9.40 (a)前药 **48** 的化学结构；(b)化合物 **48** 用于监测顺铂激活和成像介导的光动力疗法与化学疗法相结合消除顺铂的耐药癌细胞

内涵体/溶酶体内基因载体的逃逸和核酸在细胞质中的释放是实现有效基因传输和治疗的两个主要挑战。刘斌课题组开发了一种聚合基因传输载体 **49**，由一个 AIE 光敏剂和寡聚乙烯亚胺(OEI)组成，并由 ROS 可切断的氨基丙烯酸(AA)作为连接子，来实现光控的基因传输(图 9.41)[108]。该聚合物在水溶液中可自组装成亮红色荧光纳米粒子，通过静电相互作用能有效地结合 DNA 实现基因传输。在光照

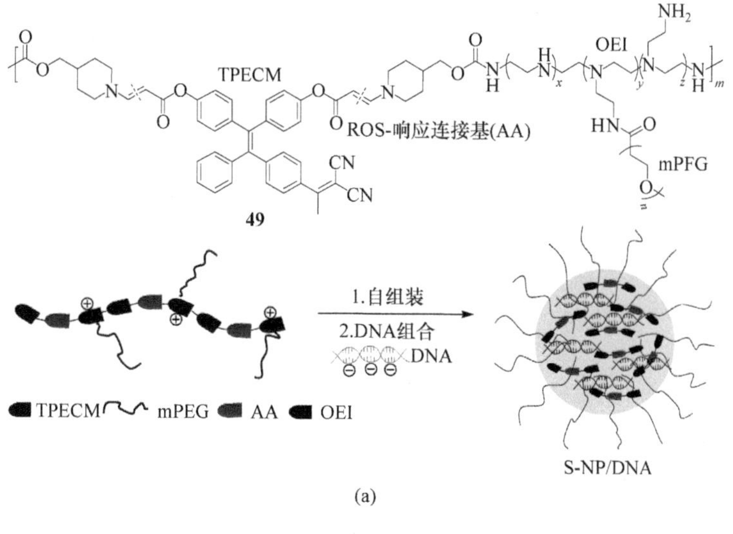

(a)

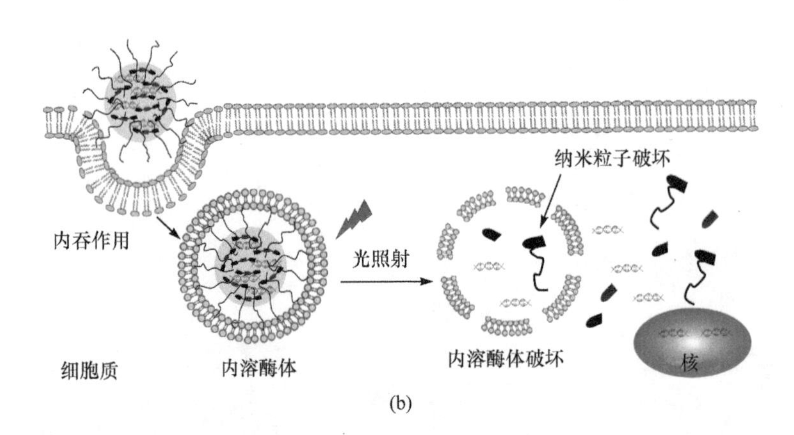

(b)

图 9.41 (a) S-NPs/DNA 的自组装形成过程示意图；(b) S-NPs/DNA 的转基因表达过程示意图

下，该聚合物产生的活性氧可同时诱导 DNA 解离和内涵体/溶酶体内逃逸，从而有效地将 DNA 传输到细胞质中，降低了 DNA 被溶酶体中酶降解的可能性，并可以促进 DNA 进入细胞核中。在所测试的细胞系中，ROS 响应的聚合物与商品化的 PEI_{25k} 相比，平均转染效率提高了 50%。如此，单一光源照射可成功地触发多个响应，克服非病毒基因载体的不同障碍。此载体提供了一种简单有效的基因治疗策略。

6. 微生物检测与治疗

微生物鉴定在临床和食品行业起着重要作用。它对确定感染和食品污染的来源、选择抗菌剂等都有着重要的意义。唐本忠课题组在 2013 年首次报道了用于细菌检测的 AIE 探针。连有两个硼酸基团的化合物 **50**，可实现对死亡细菌的成像(包括革兰氏阳性菌和阴性菌)。此外，诱导的荧光增强仅在双链 DNA 中被观察到，而不是单链 DNA 和 RNA，这表明 AIE 分子是通过与核酸的沟槽结合而染色。与常用的碘化丙啶(PI)相比，该 AIE 探针的毒性更低，因此可以作为检测细菌存活率的优良试剂[109]。

经过修饰带正电的铵盐和长烷基链，得到的化合物 **51** 可用于革兰氏阳性菌和阴性菌的成像[110]。化合物 **51** 本不发荧光，只有与细菌结合后才能点亮荧光。因此简化了检测操作并避免了由洗涤造成的细菌损失，有助于细菌的准确量化。除此之外，化合物 **51** 还可以用于抗生素筛选。在无抗生素条件下，细菌能够快速增殖；而有效的抗生素能延缓或完全抑制细菌的生长，细菌的增殖或者生长抑制都可以通过化合物 **51** 的荧光强度得到量化。化合物 **51** 在培养基中只有很低强度的荧光，只有大量细菌的加入才会引起强荧光发射。

一系列带有不同电荷的 AIE 探针(**52**～**56**，图 9.42)也被应用于微生物检测的研究。不同的探针带有不同的电荷，张德清课题组采用荧光阵列(F-array)有效地收集统计数据，研究了带不同电荷的 AIE 探针分子与不同细菌之间的相互作用。

在探针 **52**～**56** 中，3 个带有正电荷，2 个带有负电荷，而细菌表面主要带有负电荷。实验结果表明，带正电荷的探针与细菌的相互作用比带负电荷的探针强很多[111]，还验证了带负电荷的探针能有效识别细菌的假设。

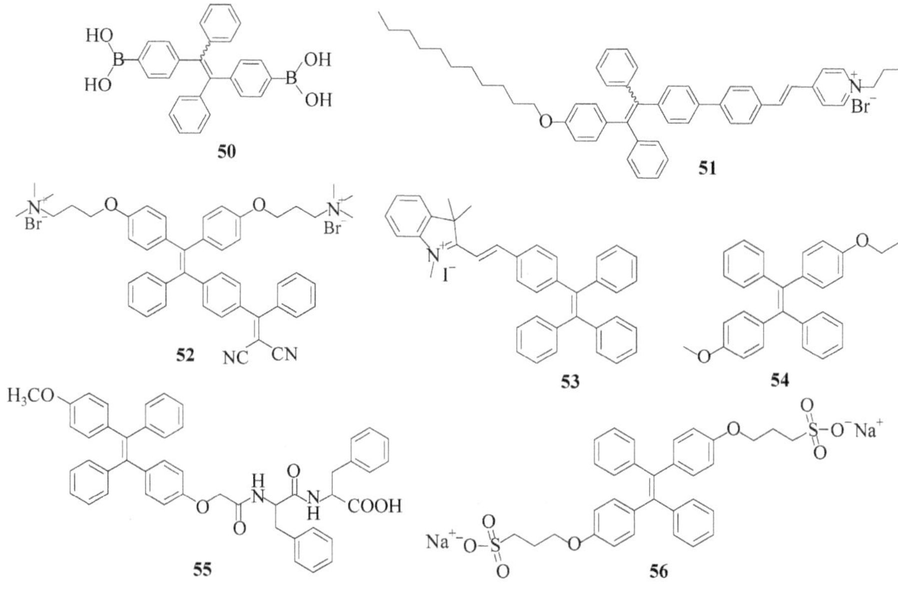

图 9.42　化合物 **50**～**56** 的分子结构

除了细菌检测之外，在光照下，光敏剂可产生活性氧并用于抗菌治疗。由于现有的大多数荧光基团或光敏剂具有大的π平面疏水结构，在水介质中倾向于形成面对面的聚集导致荧光猝灭和低光敏效率。与传统的光敏剂相反，AIE 分子在聚集时能发出强烈的荧光并具有高活性氧产生效率，这是由分子内旋转受限导致的。为了实现荧光成像介导光动力学杀菌功能，刘斌课题组报道了一种基于水杨醛吖嗪荧光分子的多功能探针锌(Ⅱ)-二甲基吡啶胺(**57**)，并实现了相对于哺乳动物细胞的选择性灭菌，如图 9.43 所示[112]。该探针同时具有 AIE 和 ESIPT 特性，与革兰氏阳性的枯草杆菌和革兰氏阴性的大肠杆菌结合后，都能观察到化合物 **57** 的荧光增强，证实了化合物 **57** 与细菌的结合将激活探针的荧光发射。**57** 还能在细菌的存在下产生活性氧。作为对照，化合物 **57** 无法对哺乳动物细胞染色，这说明在健康的哺乳动物细胞中，对细菌可实现选择性成像。有趣的是，化合物 **57** 在黑暗条件下对革兰氏阳性的枯草杆菌的灭菌效率达到 95%以上；然而对于大肠杆菌，随着化合物 **57** 浓度的增加，其暗毒性缓慢增强。这是因为相对于革兰氏阳性菌，革兰氏阴性菌有一个额外的细菌外膜可作为光敏剂的有效渗透屏障。随后，长烷基链被修饰到这类带有正电荷的 AIE 探针上，增强了探针的膜透过性，并使得探针具备了暗毒性。同时，探针优异的穿膜性质提高了其在细菌体内的负载率，在光照下，探针的杀菌性能显著提高[113]。

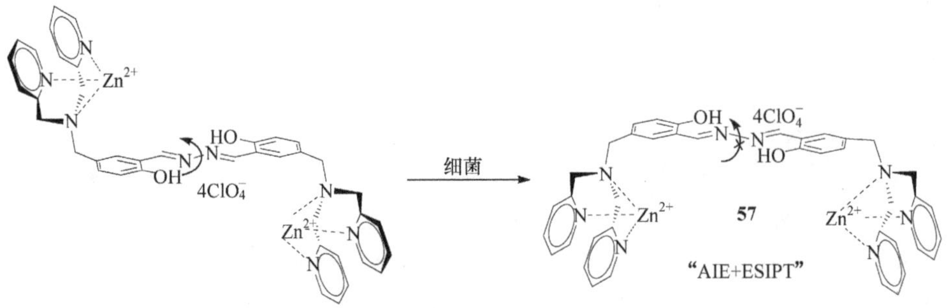

图 9.43 化合物 **57** 的分子结构及其与细菌的相互作用示意图

用 AIE 分子对细菌选择性成像的最好例子是由刘斌课题组报道的[114]。万古霉素(Van)可特异性地结合到革兰氏阳性菌细胞壁的 N-acyl-D-Ala-D-Ala 多肽序列。AIE 分子的引入能够产生活性氧，所得探针 **58**(图 9.44)可用于对革兰氏阳性菌的选择性成像和杀灭。荧光成像技术最早用于细菌识别研究。以枯草杆菌为实验组，革兰氏阴性的大肠杆菌(ATCC 25922)作为对照组。鲜红色荧光来自枯草芽孢杆菌，说明化合物 **58** 与革兰氏阳性菌具有高的结合力。作为对照，在大肠杆菌中并没有检测到荧光信号[图 9.44(b)]，说明探针与革兰氏阴性菌的结合力较弱。值得注意的是，虽然抗万古霉素肠球菌(VRE)与万古霉素之间的亲和力较弱，化合物 **58** 可荧光点亮检测 VRE，通过对两种 VRE 进行染色得到证实，如肠球菌(Van A，ATCC 51559 染色)和粪肠球菌(Van B，ATCC 51299)，实验结果如图 9.44(c)和(d)所示。该实验结果揭示了探针 **58** 的双臂结构有助于万古霉素与 VRE 的高亲和力。

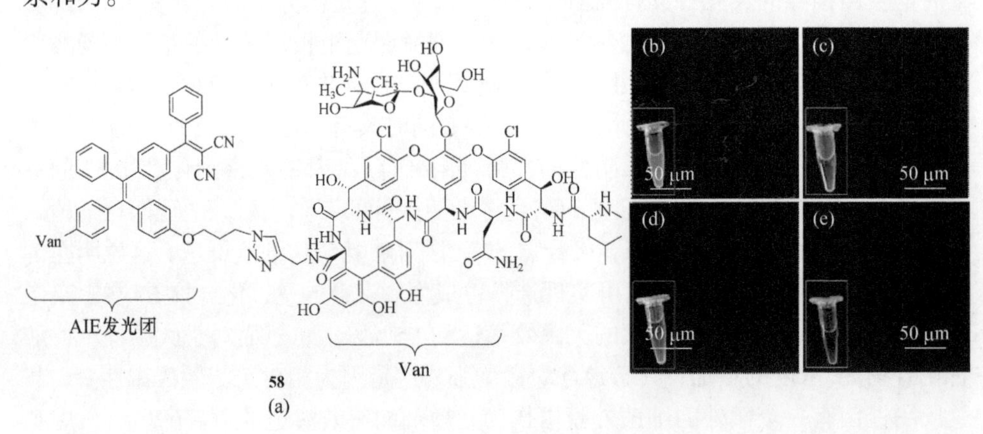

图 9.44 (a)化合物 **58** 的分子结构；用化合物 **58** 进行孵育(0.5 μmol/L, 15 min)的枯草芽孢杆菌(b)、大肠杆菌(c)、Van A(d)和 Van B(e)的共聚焦荧光(CLSM)图像

9.5.2　AIE 纳米粒子

把有机荧光分子进行包裹制备成纳米粒子或纳米点，在体外或体内的生物研究中具有广阔的应用前景。与单独使用这些荧光分子相比，纳米粒子具有很好的光稳定性、优秀的物理稳定性和良好的生物兼容性[115-120]。包裹的基质能防止荧光分子与周围分子或氧的相互作用，提高了光稳定性并抵制环境刺激的影响。此外，这些荧光纳米粒子的表面可进一步用不同的配体、功能性分子、适配体、肽键或抗体来功能化修饰，用于靶向识别和其他特殊目的。通过包裹而形成纳米粒子的方法几乎适用于所有的荧光分子，无须烦琐的化学合成，已成为用于生物成像不可或缺的荧光试剂平台。由于有机荧光团在形成纳米粒子时会发生自然地聚集，出现聚集诱导荧光猝灭现象[121]，在高负载率下包裹的尼罗红纳米粒子发出的荧光几乎为零[122]，这在很大程度上降低了成像对比度和质量。与此相反的是，AIE 分子可充分利用聚集过程，是制备超亮的荧光纳米粒子的完美荧光团[123, 124]。在本节中，我们将着眼于较小 AIE 纳米粒子的制备，也称为“AIE 纳米粒子”，可以聚合物为基体，经过物理非共价相互作用的包裹来制备。在这一部分，我们将首先讨论 AIE 纳米粒子的制备，随后讨论展示其在体外和体内的生物应用。

AIE 纳米粒子主要包含两个基本要素，AIE 分子为荧光内核，而聚合物基体作为保护壳来稳定 AIE 纳米粒子，并为进一步功能化提供结合位点。这些聚合物基体通常是两亲性的，在水溶液中能自组装成稳定的纳米聚集体。在聚合物自组装的过程中引入 AIE 分子，由于其本身固有的疏水性，它们能自然地与聚合物基体进行交织，从而形成稳定而明亮的 AIE 纳米粒子[125]。到目前为止，各种聚合物基质包括嵌段共聚物、油脂和蛋白质已被用于制备 AIE 纳米粒子。

由于其优异的封装性能，磷脂-聚乙二醇也被称为二硬脂酰基磷脂酰乙醇胺-聚乙二醇(DSPE-PEG)，通常被用作基质。刘斌和唐本忠课题组主要基于此聚合物为基质，开发了改良的纳米沉淀法制备 AIE 纳米粒子。图 9.45 揭示了用 DSPE-PEG 作为基质制备 AIE 纳米粒子的过程[126]。为了合成用于表面修饰的 AIE 纳米粒子，DSPE-PEG 及其衍生物可连接特定的官能团用来修饰末端的 PEG 链，如马来酰亚胺或胺基团，作为具有反应活性的聚合物基体。这些 DSPE-PEG 聚合物和 AIE 分子首先用 THF 进行溶解，得到均匀的溶液，然后加入 Milli-Q 水中，混合物用超声探头进行处理。在 THF /水混合的期间，疏水的 DSPE 和 AIE 分子将互相交织形成核，而亲水的 PEG 链将向外延伸以防止 AIE 分子与水或其他分子的相互作用，这为稳定 AIE 纳米粒子和进一步共轭提供了丰富的表面活性基团。PEG 壳的存在也缩小了 AIE 纳米粒子与其他生物分子的非特异性相互作用，在生物系统中大幅度地提高了胶体的稳定性和检测灵敏度。

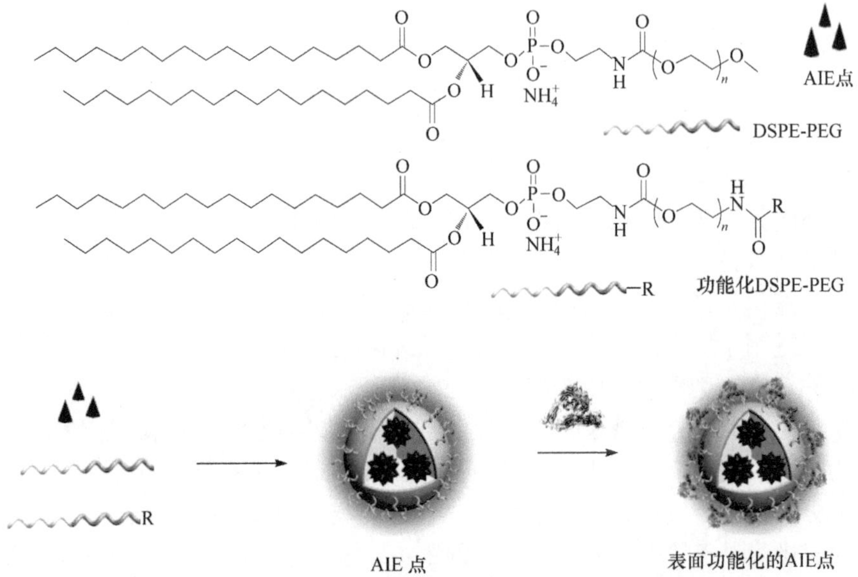

图 9.45　用 DSPE-PEG 进行包裹形成表面功能化的 AIE 纳米粒子的示意图

由于表面活性基团的存在，不同的识别片段、配体、多肽及其他模式的成像试剂可以与 AIE 纳米粒子的表面结合从而拓展其生物应用。例如，通过半胱氨酸上的巯基与 AIE 纳米粒子表面的马来酰亚胺的高效点击反应，可制备 RGD 修饰的 AIE 纳米粒子。通过改变 PEG 链的长度和制备浓度，DSPE-PEG AIE 纳米粒子的尺寸可以在几纳米到几百纳米的范围内得到精确控制。此外，通过此方法，其他试剂也可同时与 AIE 分子被包封到同一个 DSPE-PEG AIE 纳米粒子中，通过其近距离的相互作用实现不同目的。例如，刘斌课题组将 AIE 化合物 **59** 和 NIR 染料、2,3-萘酞菁-双(三己基硅氧烷)(NIR775)一起包封到了同一个 DSPE-PEG AIE 纳米粒子中[图 9.46(a)][127]，**59** 到 NIR775 的荧光共振能量转移可以使发射光谱进一步变窄和发生大的红移。**59** 和 NIR775 的负载率很容易调节，以便实现最高效率的能量转移[图 9.46(b)]，此方法解决了 AIE 纳米粒子光谱较宽的难题。除了控制 AIE 纳米粒子的核，不同 DSPE-PEG 衍生物的选择和结合也可用于构筑多功能的 AIE 纳米粒子，如双重目标靶向和双功能成像。

除了多功能的 DSPE-PEG 基质，其他的具有不同亲水/疏水性的片段也可作为聚合物基质将 AIE 分子封装到 AIE 纳米粒子中。例如，Jen Alex 课题组研究了两亲性的聚合物基质如何影响 AIE 纳米粒子的荧光量子产率[128]。他们选择了三种不同的嵌段共聚物，包括聚乙二醇-*b*-聚(*ε*-己内酯)(PEG-*b*-PCL)、聚乙二醇-*b*-聚苯乙烯(PEG-*b*-PS)及聚甲基丙烯酸-*b*-聚苯乙烯(PMAA-*b*-PS)，作为封装用的基质，并采用绿色发光的 **60** 和红色发光的 **61** 作为荧光 AIE 核[图 9.47(a)]。将 AIE 荧光

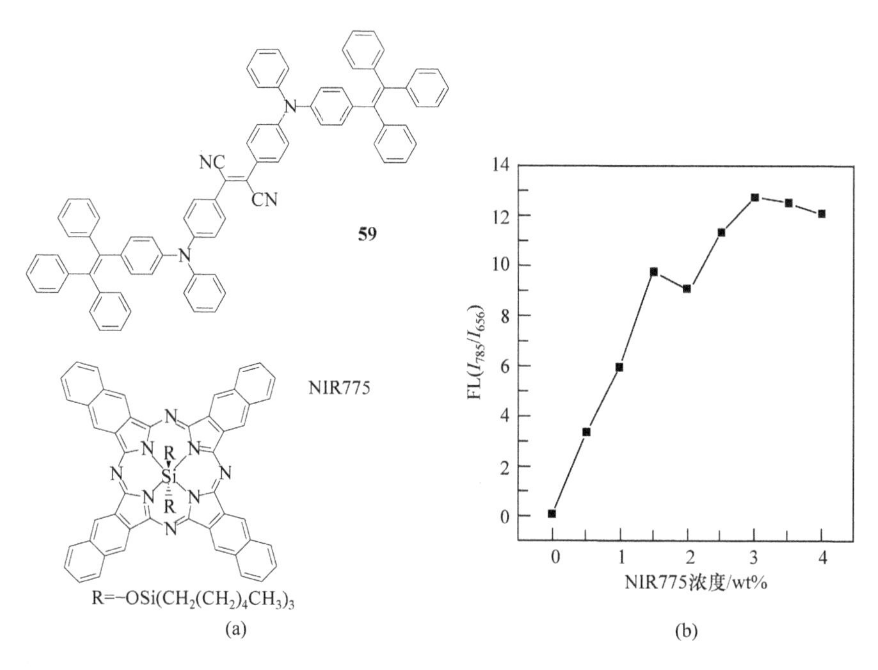

图 9.46　(a) **59** 和 NIR 775 的化学结构；(b) 负载不同含量 NIR 775 的 AIE 纳米粒子在 785 nm 和 656 nm 处的荧光强度比

分子和基质从有机溶剂转移到水中后，嵌段共聚物形成胶束，AIE 荧光分子在胶束的核中聚集，而聚合物的亲水部分将形成一个刷子形状的保护壳来稳定 AIE 胶束。聚合物基质中疏水部分的含量越高则 AIE 荧光分子的负载率越高，同时形成的 AIE 胶束的尺寸也越大。此外，利用 PMAA-*b*-PS 作为封装基质得到的胶束的荧光量子产率最高。当胶束 **60** 的负载率为 20%时，荧光量子产率高达 62.1%，而负载率为 5%的胶束 **61** 的荧光量子产率则只有 22.3%。对此现象，他们认为是由于 PMAA-*b*-PS 形成的胶束的尺寸最小，**60** 聚集体的空间运动受到限制且阻止了其与水的接触。他们还证明了将 **60** 和 **61** 一起封装到 PMAA-*b*-PS 胶束中可以引起 **60** 到 **61** 的高效能量转移，**61** 的亮度可以增强到 8 倍以上。

随后，刘斌课题报道了 DL-丙交酯乙交酯共聚物(PLGA)，一种获得美国食品药品监督管理局(FDA)许可的聚合物，也可以用于修饰 AIE 纳米粒子[129]。他们采用乳化的方式将 PLGA 负载到 AIE 纳米粒子上。在这个方法中，他们选择与水不互溶的二氯甲烷作为有机溶剂，采用聚乙烯醇(PVA)作为乳化剂。**59** 是在 THF 中几乎不发光而在聚集态时红色荧光逐渐增强的 AIE 分子。为了修饰 PLGA 纳米粒子，**59**、PLGA 和 PLGA-PEG-叶酸在二氯甲烷中充分溶解后加入含有乳化剂 PVA 的水溶液中，然后在超声波作用下混合，PVA 可以稳定小的有机液滴来得到均匀的“水包油”乳液。二氯甲烷蒸发后，则可得到在水中稳定分散的 PLGA 负载的 AIE 纳米粒子，用以进一步表面功能化和生物应用。得到的 PLGA AIE 纳米粒子具有很高的粒径均一性，尺寸约为 200 nm。通过改变乳化的条件，可以精确调控 AIE 分子包裹于 PLGA 中。当 PVA 的浓度较低(0.25%)时，**59** 倾向于在 PLGA 的一边聚集，而当 PVA 的浓度较高(2.5%)时，**59** 的分散则比较均一[图 9.47(b)]。此外，一边聚集方式的 PLGA 纳米粒子的荧光量子产率(32%)比均一分散的荧光量子产率(24%)要高。这可能是由于一边聚集模式使 AIE 荧光分子的聚集更加紧凑从而限制了分子的运动，增强了辐射衰减的途径。此后，许多不同的疏水聚合物材料被用来将 AIE 聚集体封装到 AIE 纳米粒子中，这些 AIE 纳米粒子具有不同的可供修饰的位点，如马来酸酐/1-十八碳烯交替共聚物及其他类似的 PEG 共聚物[123]。

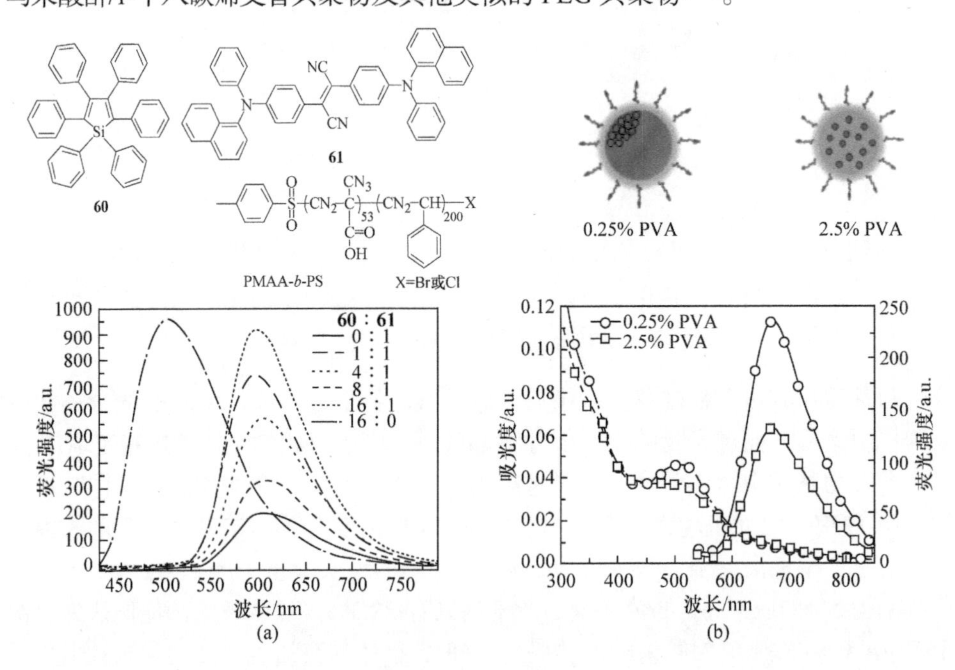

图 9.47 (a)在 **60**∶**61** 不同比例下 PMAA-*b*-PS 胶囊的荧光光谱；(b)不同 PVA 含量制备的 PLGA AIE 纳米粒子示意图及相应的基于 **59** 的 PLGA 点的吸收和 PL 谱图

除了两亲聚合物，BSA 也被证明可以用来作为聚合物基质制备 AIE 纳米粒子，是一种因具有生物相容性和非抗原性而在生物和临床上得到广泛应用的蛋白质[130]。在向含有 AIE 分子的 THF 溶液加入 BSA 水溶液的混合过程中，AIE 发光分子自然聚集在 BSA 的疏水部分，BSA 逐渐发生相分离并自组装成 BSA 纳米粒子，形成的 BSA 纳米粒子可以进一步通过戊二醛进行交联而稳定存在。BSA 纳米粒子显示出均一分布性，形成的颗粒的尺寸约为 100 nm，且具有很强的荧光。BSA 纳米粒子的平均尺寸还可以通过 AIE 分子的负载率进行调控。另外，这种 BSA 纳米粒子途径也可以使其他材料与 AIE 发光分子一起进行负载。

刘斌课题组将共轭聚合物和 AIE 发光分子一起负载到 BSA 上，充分利用共轭聚合物的较大吸收及高效 FRET 过程来增强所形成的 BSA 壳 AIE 纳米粒子的荧光[131]。总体上，这种 AIE 发光纳米粒子的共封装方式不要求对 AIE 发光分子进行任何化学修饰，代表了一种在荧光生物成像中简单有效地利用 AIE 分子的方式。

1. 体外和体内成像

1) 体外成像

伴随着 AIE 纳米粒子的迅速发展，它们在生物方面的应用得到了广泛的研究。与传统纳米粒子的荧光不同，AIE 纳米粒子因其亮度高、光稳定性好、良好的生物相容性及简易的表面功能化，展示了独特的优势和在生物应用方面的潜力。直至现在，AIE 纳米粒子的生物应用主要体现在体外成像、体内成像和治疗方面。

AIE 纳米粒子在生物成像方面早期的应用主要集中在非靶向的体外成像。Jen 课题组报道了利用 PMAA-*b*-PS AIE 胶束非特异性地标记小噬细胞 Raw 细胞。他们采用 PEG-*b*-PS、PEG-*b*-PCL 和 PMAA-*b*-PS 三种 HPS 负载的胶束，用于体外成像。与单独的分子 **60** 形成的聚集体相比较，这三种 AIE 胶束展现出了更好的细胞吞噬能力，其中以 PMAA-*b*-PS 胶束为最佳。这表明将 AIE 发光分子封装到聚合物基质中的方式，可以使 AIE 分子更好地分散在生物环境中，同时加强细胞对探针的吸收。他们还用共聚焦显微镜成功展示了 PMAA-*b*-PS 负载的 **60**：**61** 的 FRET 现象和其细胞内化过程。DSPE-PEG 和 BSA AIE 纳米点中也观察到了类似的 FRET 现象，该现象确切证明了将两个荧光分子共封装到同一个纳米粒子中可以发生 FRET，从而有效增强 AIE 分子作为供体或受体而形成的 AIE 纳米粒子的亮度。

基于这种简易的聚合物封装基质的修饰策略，可以将 AIE 分子的特定的光学性质引入 AIE 纳米粒子中，不同识别片段或配体，如抗体、蛋白质和多肽同样可以修饰到 AIE 纳米粒子上，用以实现靶向细胞的成像。在这些基团中，叶酸可特异性地识别多种恶性肿瘤细胞高表达的叶酸受体[132]。这种肿瘤细胞的靶向能力，可以通过在 DSPE-PEG 的 PEG 端基修饰叶酸而制备的 DSPE-PEG-叶酸作为封装基质来实现。为了证明这个猜想，刘斌课题组利用一个发黄光的分子 **62**，将其封装到 DSPE-PEG-叶酸中[图 9.48(a)][133]。所得到的 AIE-叶酸纳米粒子尺寸均一，粒径小于 90 nm。经过 2 h 的孵育后，在高表达叶酸受体的 MCF-7 细胞的细胞质中观察到了明亮的黄色荧光[图 9.48(b)]，而在细胞表面叶酸受体低表达的 NIH-3T3 纤维细胞中，仅观察到了非常弱的荧光。此外，孵育 72 h 后，AIE 纳米粒子依然显示出非常低的毒性，MCF-7 细胞仍具有 100%的细胞活性。2012 年，他们进一步将 AIE-叶酸纳米粒子发展成了双光子吸收成像试剂，并以 AIE 分子 **63** 为例研究了 DSPE-PEG-叶酸封装的 AIE-叶酸纳米粒子的摄入机理。所得到的 AIE-

叶酸纳米粒子尺寸在 50 nm 左右，它的吸收在 497 nm 和 354 nm，820 nm 处的双光子吸收截面为 2.6×10^6 GM，最大发射在 684 nm，荧光量子产率为 13%。CLSM 成像显示叶酸受体阳性的 MCF-7 癌细胞中有红色的荧光[图 9.48(c)]，双光子吸收成像也进一步证明了该结果[图 9.48(d)]。通过游离的叶酸对叶酸受体进行阻断或者将培养的温度降低到 4 ℃，可以很大程度上抑制细胞对 AIE-叶酸纳米粒子的摄入，证实了叶酸修饰的 AIE 纳米粒子的受体调节内吞路径。通过对一系列其他抑制剂的研究，揭示了 AIE-叶酸纳米粒子的摄入主要通过质膜微囊调节的内吞途径。

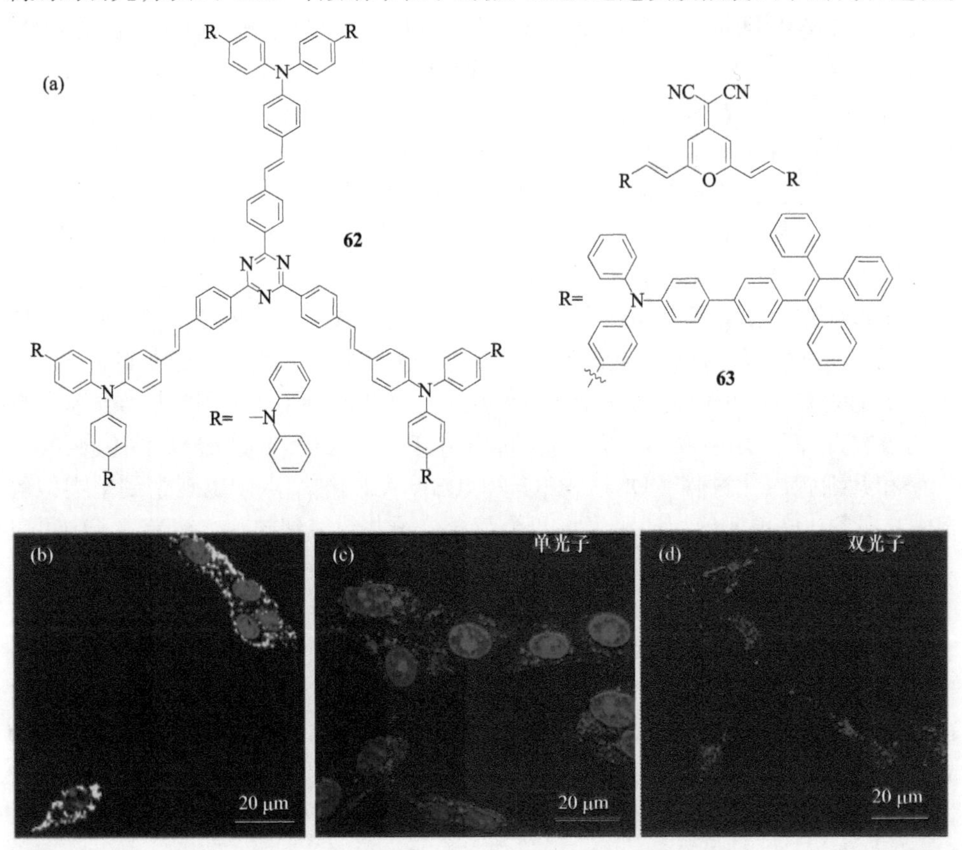

图 9.48 (a)化合物 **62** 和 **63** 的分子结构；(b)MCF-7 乳腺癌细胞与叶酸功能化的、以 **62** 为核的 AIE 纳米粒子在 37 ℃下孵育 2 h 后的共聚焦荧光图像；MCF-7 乳腺癌细胞与叶酸功能化的、以 **63** 为核的 AIE 纳米粒子在 37℃下孵育 2 h 后的共聚焦荧光图像(c)和双光子激发荧光图像(d)

受 AIE 分子可通过 DPSE-PEG 实现有效封装和保护的启发，刘斌课题组发展了一种新的基于 DSPE-PEG AIE 纳米粒子的细胞示踪体系[126, 134, 135]。在这个新的体系中，DSPE-PEG 负载的 AIE 纳米粒子的表面由来自 HIV-1 反式转录调节蛋白(Tat)的细胞穿透性多肽(RKKRRQRRRC)进行了功能化修饰[136, 137]。AIE 纳米粒子表面的马来酰亚胺和半胱氨酸修饰的 Tat 的巯基的点击反应保证了 Tat 和 AIE 纳米粒子的有效共轭，而不影响其生物功能。为了证明 AIE-Tat 纳米粒子对细胞的示踪能力，他们设计了一个新的 AIE 发光分子 **64**[图 9.49(a)]，包含周边的两个供电子 TPE 基团及作为核的吸电子基团 2, 1, 3-苯并噻二唑。这种供-吸电子结构赋予 **64** 在不同比例的 THF/水混合溶剂中的 TICT 和 AIE 效应，其中 AIE 在水含量较高时起主导作用。他们进一步用 Tat 肽修饰后所得到的 AIE-Tat 纳米粒子在水溶液中非常稳定，平均水合粒径为 30 nm，在干燥后呈球形。得益于其 AIE 特征，AIE-Tat 纳米粒子在 547 nm 处发出很强的绿光，荧光量子产率为 63%。单颗粒荧光研究显示它们具有很高的光稳定性，在持续的激光照射下不会出现光漂白。值得注意的是，该 AIE-Tat 纳米粒子荧光没有间歇，克服了量子点闪烁的缺点。

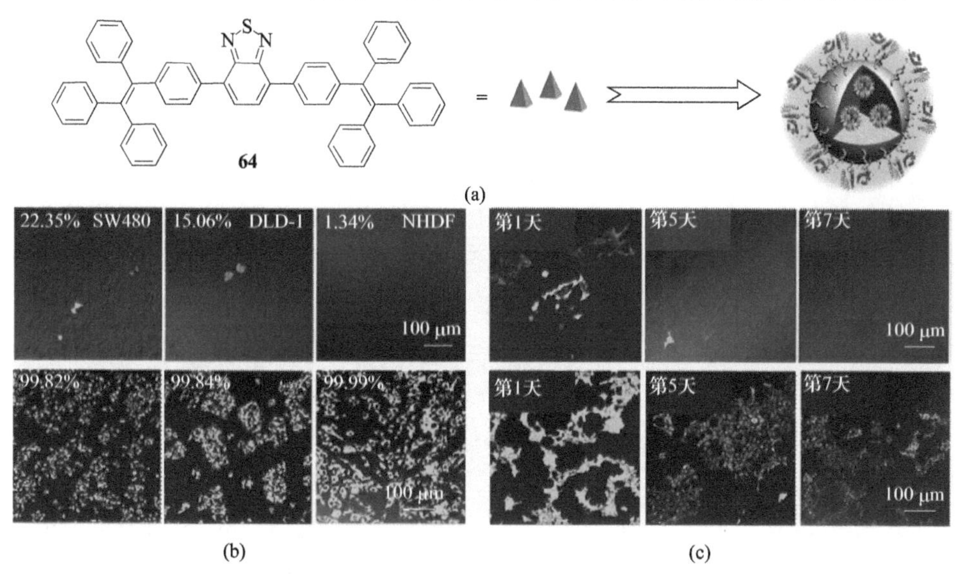

图 9.49 (a)由 **64** 制备的 AIE-Tat 纳米粒子；(b)(上部)表达 pMAX-GFP 的及(下部)AIE-Tat 纳米粒子标记的 SW480 细胞、DLD-1 细胞、正常的人真皮成纤维(NHDF)细胞的荧光/透射叠加图；(c)(上部)表达 pMAX-GFP 的及(下部)AIE-Tat 纳米粒子标记的，经不同天数培育的 HEK 293T 的 CLSM 图

在 AIE 纳米粒子的表面用 Tat 修饰后，基于 **64** 的 AIE-Tat 纳米粒子可以穿过活细胞的细胞膜并可以停留在细胞质内[图 9.49(a)]。绿色荧光蛋白(GFP)是一种主要的用于细胞迁移和示踪的细胞标记蛋白，在所有测试的细胞系中，该 AIE-Tat 纳米粒子相较于 GFP 在细胞标记方面具有更好的效果。例如，在所测试的细胞系中，GFP 表达量不一且低，如人体结肠癌 SW480 细胞(22.35%)、人体结肠癌 DLD-1 细

胞(15.06%)和 NHDF 细胞(1.34%)。只有 HEK 293T 细胞中 GFP 具有相对高的 68.75%的表达[图 9.49(b)]。相反的，基于 **64** 的 AIE-Tat 纳米粒子对所测试的所有细胞系具有接近 100%的标记效率，发出非常强的荧光，在细胞中相较于 GFP 的荧光强度超过 100 倍。随后，基于 **64** 的 AIE-Tat 纳米粒子对 HEK 293T 细胞展现出非常好的标记效率和长期示踪能力，培养 5 天后，细胞标记效率超过 90%，即使到第 7 天也依然高达 70%[图 9.49(c)]。与之形成强烈对比的是，GFP 的标记效率始终比 AIE-Tat 纳米粒子的要低，且到第 7 天，GFP 的信号已经观察不到。这种高亮度和长期的示踪能力，表明 AIE-Tat 纳米粒子可以高效地进入细胞质中并具有长的停留能力，而且可以在细胞增殖过程中高效地转移到下一代细胞中[126]。

为了拓展 AIE 纳米粒子在细胞示踪方面的应用，刘斌和唐本忠课题组进一步将基于 AIE 纳米粒子的细胞示踪拓展到了远红外和近红外(FR/NIR)区域[135]。采用 FR/NIR 试剂可以避免由高能量光引起的光损害，同时增强组织穿透力[138]。为了实现这个目标，具有长波长吸收、高摩尔吸光系数且明亮的 FR/NIR AIE 分子 **59** 被选作核，DSPE-PEG/DSPE-PEG-NH_2 混合物作为封装基质，Tat 多肽通过碳二亚胺调控的偶联反应结合到 AIE 纳米粒子上。所得到的 AIE-Tat 纳米粒子的最大吸收在 511 nm 处，最大发射从 671 nm 延至 900 nm，具有高达 24%的荧光量子产率。时间分辨荧光共聚焦成像显示，基于 **59** 的 AIE-Tat 纳米粒子的单颗粒荧光平均比 Qtracker 655 要亮 12 倍。另外，在连续激光扫描中，AIE 纳米粒子展现出更稳定的荧光，而 Qtracker 655 呈现间歇发射[图 9.50(a)]。在生物环境下，如细胞培养液中(Dulbecco 改良 Eagle 培养液、DMEM、添加 10%牛血清白蛋白)，AIE 纳米粒子在 37℃下培养 9 天后依然保持了 90%的原始荧光强度，而 Qtracker 655 的荧光强度 24 h 后就降到了原来的 42%，9 天后则进一步降到原来的 30%。超高亮度、激发下的光稳定性、优异的生物兼容性、超级细胞内停留能力等优点，使基于 **59** 的 AIE-Tat 纳米粒子成为一种理想的细胞示踪剂，可以示踪 MCF-7 分化至 12 代，而 Qtracker® 655 则只可以示踪到 5～6 代[图 9.50(b)]。

为了增强电子共轭长度和细胞示踪中发射的红移，基于 TICT 和 AIE 的策略，刘斌和唐本忠课题组设计了探针 **65**[图 9.50(c)][134]。将具有 YGRKKRRQRRRC 多肽序列的 HIV-1 Tat 连接到 AIE 纳米粒子上，形成相应的 AIE-Tat 纳米粒子。该 AIE-Tat 纳米粒子为球形，平均尺寸为 36 nm，发射的红光的量子产率为 55%，在光物理性质和细胞标记方面的表现要好于 Qtracker 655。在 CLSM 下观察，基于 **65** 的 AIE 纳米粒子主要位于细胞质区域，少量出现在核区域。因为它的低毒性、强发光及优异的光稳定性，该 AIE-Tat 纳米粒子可以示踪 MCF-7 乳腺癌细胞超过 7 天[图 9.50(c)]。刘斌课题组也同时利用发绿光的 **64** 和发红光的 **59** 形成 AIE-Tat 纳米粒子，来观察细胞活性示踪。单波长激发下，绿光和红光可以同时观察到，为观察癌细胞转移过程的细胞相互作用提供了非常重要的手段[139]。

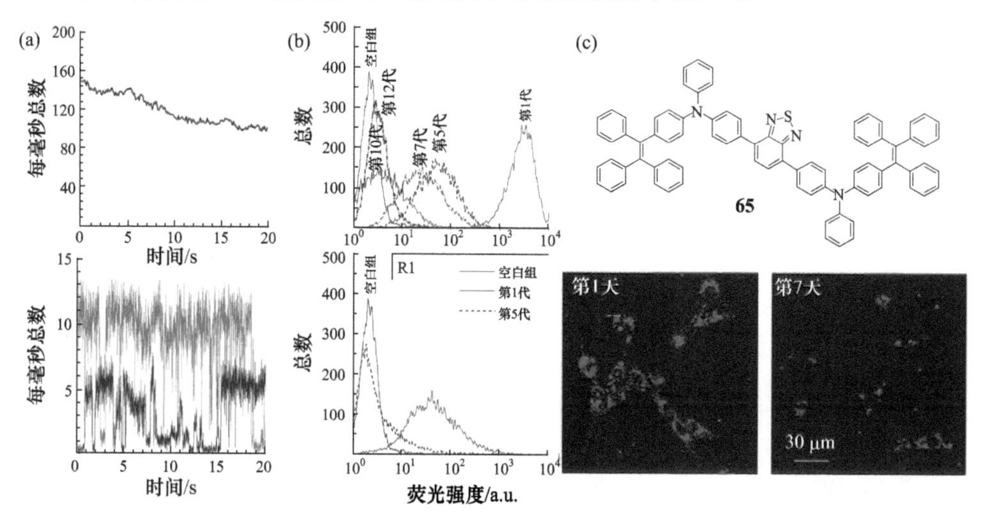

图 9.50 (a)基于 **59** 的 AIE-Tat 纳米粒子(上部)和 Qtracker 655(下部)的荧光时间示踪；(b)基于 **59** 的 AIE-Tat 纳米粒子(上部)和 Qtracker 655(下部)孵育 4 h 后进行再次培养至指定代数的 MCF-7 癌细胞的流式细胞图；(c)基于 **65** 的 AIE-Tat 纳米粒子孵育过夜后再培养至指定天数后的 MCF-7 细胞的 CLSM 图

2)体内成像

由于 AIE 纳米粒子在活体生物内的高穿透深度、低背景信号干扰和对生物的低光损害，它们在 FR/NIR 区域的应用进一步引起了研究者的兴趣。较早的关于 AIE 纳米粒子在活体细胞中的成像是由刘斌和唐本忠课题组报道的[130]。他们将 **63** 封装到了 BSA 纳米粒子中[图 9.51(a)]。所获得的 BSA 纳米粒子具有 TICT 和 AIE 特征，在水溶液中，668 nm 处显示很亮的红色荧光。通过 BSA AIE 纳米粒子的活体肿瘤细胞成像，可以观察到肿瘤细胞中的红色荧光；28 h 后，肿瘤部位有强烈的荧光而其他位置的荧光很弱，这表明 AIE 纳米粒子在癌症诊断方面有非常好的前景[图 9.51(b)]。BSA AIE 纳米粒子在肿瘤细胞上的聚集，是由 100 nm 左右的纳米粒子的肿瘤被动靶向作用导致的(高通透和滞留效应，EPR)。肝脏内和腹腔位置荧光的出现和消失同样表明 BSA AIE 纳米粒子可以被网状内皮系统(RES)摄取，然后通过胆道通路被身体清除。肿瘤诊断可通过体内荧光成像实现，与小鼠的其他主要器官比较，肿瘤组织的荧光信号最强[图 9.51(c)]。他们也将共轭聚合物聚(9, 9-双{2-[2-(2-甲氧基乙氧基)乙氧基]乙基}芴基双撑乙烯)(PFV)和 **63** 共同封装到同一个 BSA 纳米粒子上，利用 PFV 大的分子吸光系数和 FRET 过程来增强 AIE

纳米粒子的 FR/NIR 发光亮度，进而提高活体肿瘤成像能力[131]。同时，基于发红光的 AIE 分子 **66** 并以叶酸作为靶向配体的 DSPE-PEG AIE 纳米粒子同样具有很优异的肿瘤成像性能[137]。

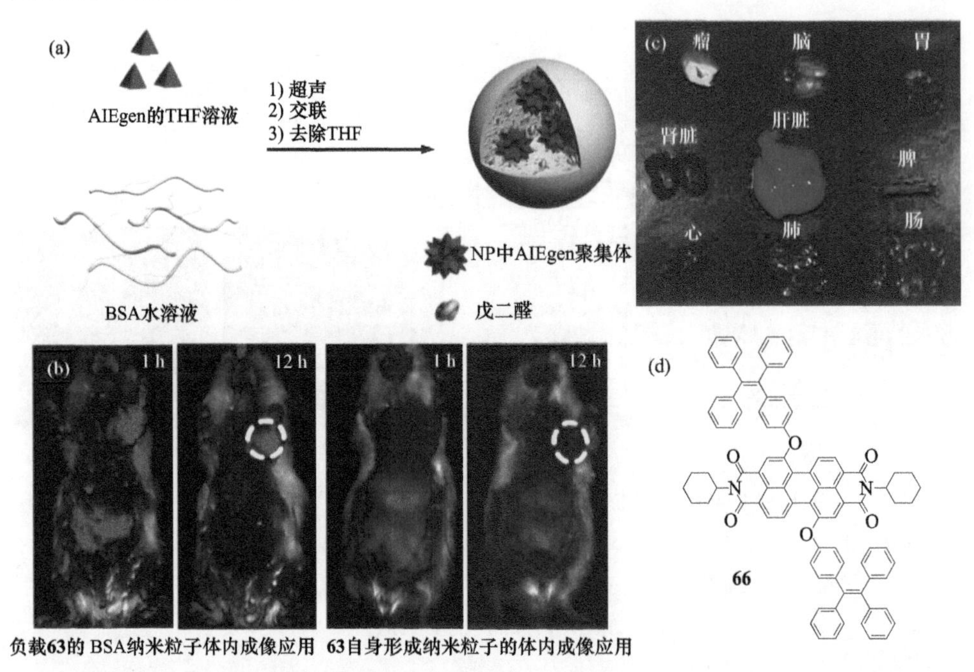

图 9.51 (a) BSA NPs 负载的 AIE 荧光团示意图；(b) 将基于 BSA 点的 0.86wt% **63** 或者相同浓度的裸露的 **63** 纳米粒子静脉注入 H22-肿瘤表达的小鼠后的活体无创荧光成像；(c) 注射 24 h 后负载 **63** 的 BSA 纳米粒子处理的肿瘤组织和主要器官的体外荧光成像；(d) 化合物 **66** 的分子结构

优异的细胞相容性和体外细胞示踪性能，以及 AIE 纳米粒子在 FR/NIR 发光方面的发展，进一步激发了其在活体示踪方面的应用[135]。为了证明这点，基于 **59** 的 AIE-Tat 纳米粒子被选作用于示踪小鼠活体内肿瘤细胞的增殖。基于 **59** 的 AIE-Tat 纳米粒子处理后的 C6 神经胶质瘤细胞，被注射到小鼠的侧面。**59** 的荧光用来监控神经胶质瘤的增殖(图 9.52)。注射 1 h 后，注射位置的荧光信号是 Qtracker 655 的 5 倍。随着细胞的增殖和肿瘤的增长，AIE-Tat 纳米粒子标记的注射位置在注射 12 天后依然显示出很亮的荧光，比 Qtracker 655 标记的最开始的亮度还要高。AIE-Tat 纳米粒子在肿瘤位置示踪了 21 天后，信号强度依然超过 4×10^8，而 Qtracker 655 在注射 7 天后其强度就明显减弱。该报道证明了 AIE 纳米粒子在活体肿瘤示踪方面具有更优越的性质。

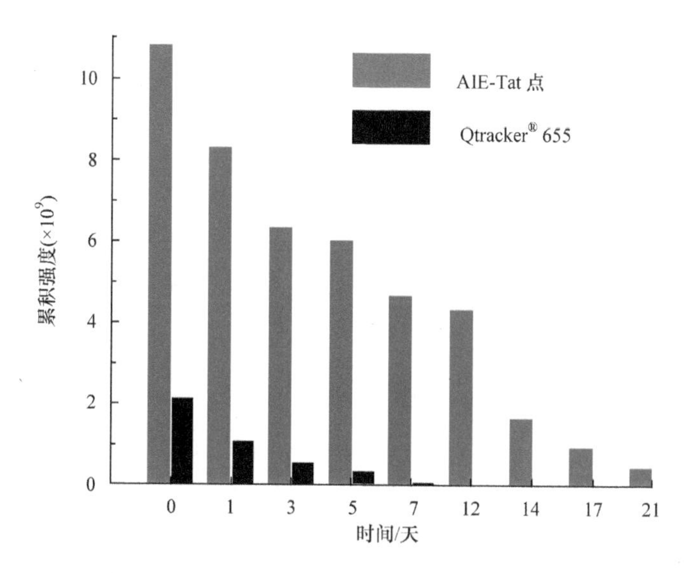

图 9.52 肿瘤组织中的目标区域(ROI)的 PL 强度

最近，基于 **59** 的 AIE-Tat 纳米粒子被创造性地应用于对脂肪干细胞(ADSCs)非侵入性的长期示踪和监测小鼠后肢缺血后的再生能力的检测[140]。干细胞是没有分化的细胞，它们具有再生能力并在一定条件下可分化成特定的细胞，这在组织工程和细胞治疗方面具有巨大的潜力[141]。监测和了解活体中 ADSCs 的归宿和治疗，对于干细胞治疗的发展至关重要。在进行体内实验之前，AIE-Tat 纳米粒子对 ADSCs 示踪的体外实验表明，经过 5 天的培养，Qtracker 655 和 PKH26 的标记效率降到了 12.4%和 43.9%，而 AIE-Tat 纳米粒子的标记效率依然高达 92.5%。活体 ADSCs 示踪在具有缺血后肢的小鼠上进行，显示 ADSCs 的活性和再生能力可以超过 6 周[图 9.53(a)]，代表了目前示踪持续时间最长的一种外源性细胞示踪剂。基因修饰具有永久表达 GFP 的 ADSCs 被用作参照，来评估在单细胞水平上 AIE 纳米粒子示踪剂的准确性。对 ADSCs 处理 30 天后，AIE 纳米粒子的红色荧光能很好覆盖 GFP 荧光[图 9.53(b)]，这说明 AIE 纳米粒子示踪剂对 ADSCs 的优异示踪性能。在第 42 天，大部分 AIE-Tat 纳米粒子标记的 ADSCs 位于绿色标记的 CD31 阳性的血管附近，意味着 ADSCs 对血管再生的诱导[图 9.53(c)]。更重要的是，叠加图像表明，一部分 AIE-Tat 纳米粒子标记的细胞位于血管上，特别是毛细血管。图 9.53(d)的放大三维截面 CLSM 图像，确认了 AIE-Tat 纳米粒子标记的 ADSCs 同样可以通过形成血管结构来参与血管的形成。所以，凭借 AIE-Tat 纳米粒子的标记，ADSCs 不仅通过分泌血管生成因子，而且可在活体中通过细胞分化来参与新血管形成。这些结果证实 AIE-Tat 纳米粒子能够以长期和高效的方式对 ADSCs 的再生能力进行可视化示踪。总而言之，AIE-Tat 纳米粒子标记的方法简单、经济、安全、有效，与此同时，AIE-Tat 纳米粒子作为一个精确的和长期的示踪剂（体外和体内）在亮度、抗光漂白能力，安全和干细胞示踪能力方面具有非常大的优势。

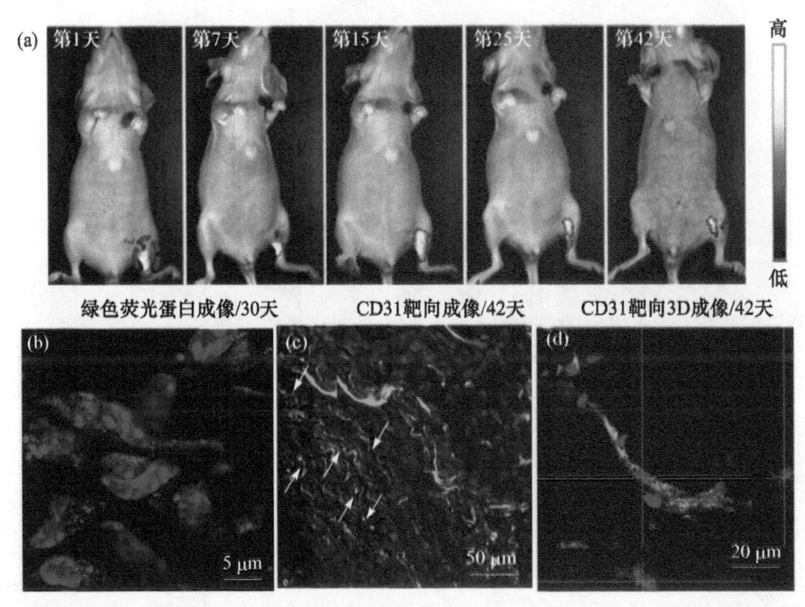

图 9.53 (a)肌肉注射含有 AIE-Tat 纳米粒子标记的 ADSCs 基质胶后，缺血的小鼠后肢随时间变化的荧光图像；(b)单个细胞活体内示踪 ADSCs：用含有 AIE-Tat 纳米粒子标记的 ADSCs 的基质胶处理 30 天后的小鼠后肢切片；(c)代表性的 CD31 染色的 CLSM 图；(d)用 AIE 纳米粒子-ADSC-Matrigels 处理 42 天后缺血的小鼠后肢部分的 3D CLSM 图

绿色荧光部分表明 CD31-阳性的血管；细胞核用 4, 6-二脒基-2-苯基吲哚进行染色

正如之前章节中讨论的，单光子或双光子已被证明可以用来激发 AIE 分子或 AIE 纳米粒子。其他能源，如化学能量也可以诱导生色团的发光。化学发光是由化学反应生成的光而不是光激发，光激发的自体荧光导致的噪声可以完全被消除，因此可以具有高灵敏度和选择性[142]。通过适当的设计，AIE 发光分子也可以用来实现化学发光。例如，刘斌课题组设计和制备了具有增强的化学发光的 AIE 纳米粒子来进行生物过氧化氢的检测和成像[143]。这种检测方法是通过基于非酶催化的过氧草酸酯化学发光和 AIE 纳米粒子内的能量转移来实现的。例如，通过改良的纳米沉淀的方法，将 **59** 和对 H_2O_2 响应的双[3, 4, 6-*t* 三氯-2-(戊氧羰基)苯基] 草酸（CPPO）共同封装到同一个 DSPE-PEG AIE 纳米粒子中[图 9.54(a)]。得益于 AIE 特征，随着在 H_2O_2 中 **59**/CPPO 比例的提高，化学荧光逐渐增强，表明高浓度的 **59** 促进了化学发光[图 9.54(b)]。与之形成鲜明对比的是，纳米粒子负载的 4-(二氰基亚甲基)-2-甲基-6-(*p*-二甲基胺基-苯乙烯基)-4*H*-吡喃(DCM)和 CPPO 的化学发光随着 DCM 浓度的增加而逐渐降低。这种对比明显显示出 AIE 分子在化学发光检测 H_2O_2 方面相较于传统 ACQ 染料具有独特的优势。**59**/CPPO AIE 纳米

粒子对 H_2O_2 的检出限低至 80 nmol/L，适于在活体内检测 H_2O_2。此外，**59**/CPPO AIE 纳米粒子在有活性氧、OCl^-、$O_2^{\bullet-}$、•OH 和•OtBu 等存在下，对 H_2O_2 具有很高的选择性。该 **59**/CPPO AIE 纳米粒子进一步被应用在炎症动物模型中的活体 H_2O_2 检测。通过小鼠脚踝关节炎对脂多糖的响应，H_2O_2 会在关节处产生，注入 **59**/CPPO AIE 纳米粒子可用于对 H_2O_2 的检测。注入脂多糖和 **59**/CPPO AIE 纳米粒子的小鼠脚踝的化学发光强度比仅注入 **59**/CPPO AIE 纳米粒子或者脂多糖的要强很多[图 9.54(c)]，是其他正常组织亮度的 5 倍，可实现对 H_2O_2 在严重炎症和普通组织浓度的高对比检测[图 9.54(d)]。除此之外，Kim 等也将具有 AIE 性质的 9,10-双苯乙烯基蒽衍生物(BLSA)和 CPPO 共同封装到 Pluronic F-127 纳米粒子中，对体内免疫反应和炎症期间过度生成的 H_2O_2 进行高选择性检测和成像[144]。这些工作毫无疑问拓展了 AIE 发光分子的应用范围，为用于生物成像的化学发光 AIE 系统提供了新的机遇。

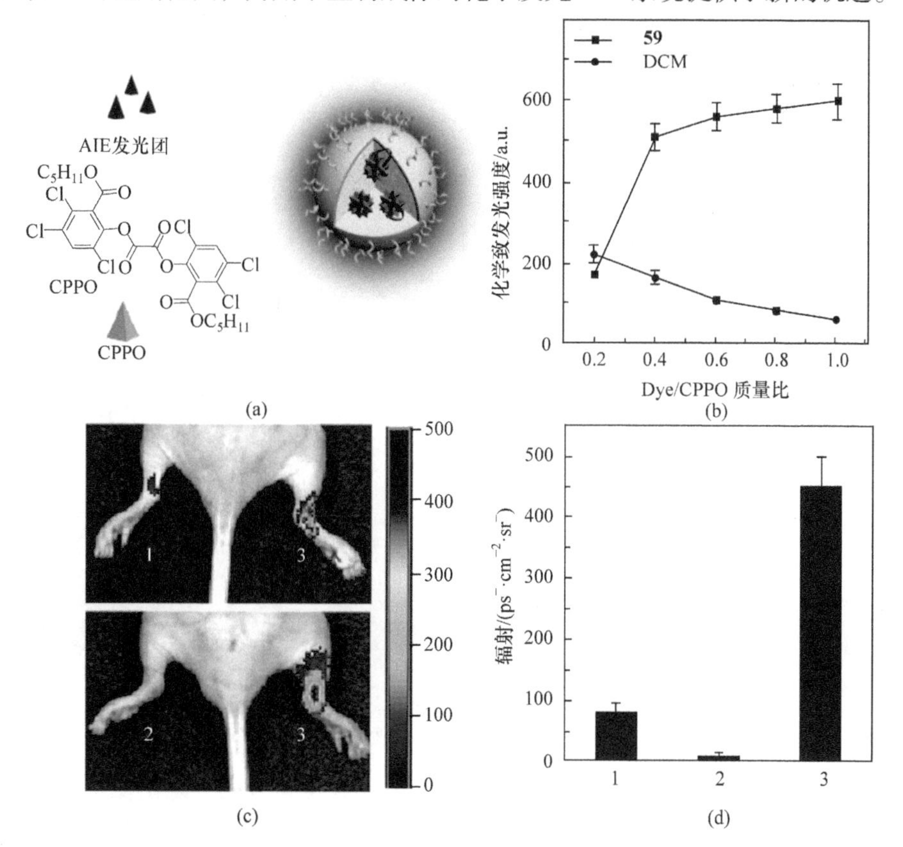

图 9.54 (a) AIE 纳米粒子的化学发光示意图；(b) 在 1 μmol/L H_2O_2 存在下不同 59/CPPO 投料比的 AIE 纳米粒子的化学发光强度；无脂多糖(LPS)诱导下踝关节注射 AIE 纳米粒子(1)，LPS 诱导但未注射 AIE 纳米粒子(2)，LPS 诱导且在踝关节注射 AIE 纳米粒子(3)的活体化学发光图像(c)及强度(d)

2. 体内血管的双光子荧光成像

许多高发光效率的 AIE 纳米粒子也被用于活体组织双光子荧光成像[125, 145-156]。双光子荧光(two-photon fluorescence, TPF)显微镜是一种非常具有前景的无创活体细胞和组织成像技术，相较单光子成像而言具有更深的穿透深度、高时空分辨率、组织自发荧光干扰较弱、低光损害等优势。由于生物基质在 NIR 具有较小的吸光度，双光子荧光成像技术为体内成像提供了一个独特和清晰的光学窗口。大双光子吸收截面(δ)和大双光子作用截面(吸收截面 δ 与发光效率 Φ_F 的乘积)是成为好的双光子成像试剂的两个关键因素。AIE 发光分子因其在聚集态具有很高的发光效率而很有希望成为一种高效的双光子荧光成像探针。

64 和 **67** 修饰的 AIE 纳米粒子已经被成功地用于脑部活体血管成像(图 9.55)[146,154]。这些纳米粒子可通过单一的聚合物基体制备(如 DSPE-PEG2000)。AIE 纳米粒子 **64** 具有高达 62%的荧光量子产率、极好的胶体稳定性、良好的光稳定性及低体内毒性。实时双光子体内成像研究显示，这些纳米粒子是一种对体内深层穿透和高对比度血管成像有效的双光子荧光成像(TPFI)试剂[图 9.55(b)和(c)]。

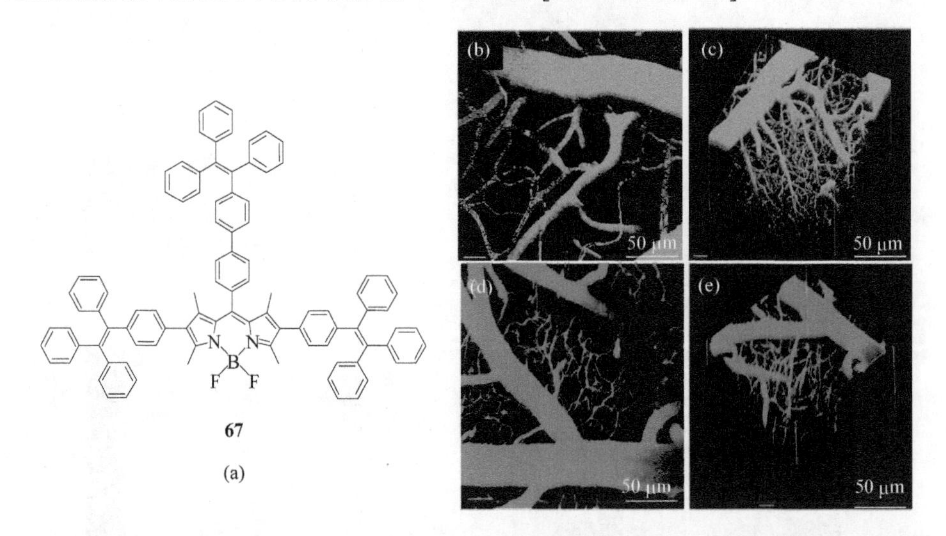

图 9.55 (a)**67** 的化学结构；基于分子 **64**[(b)、(c)]和 **67**[(d)、(e)]的 AIE 纳米粒子的脑部血管双光子图像

BODIPY 染料在溶液相具有优良的发光性质，但是其聚集态由于平面的分子构型和小的斯托克斯位移而导致荧光猝灭。染料分子 **67** 是第一个具有 AIE 性质的 BODIPY 发光分子[154]。将具有 AIE 活性的 TPE 单元与 BODIPY 结合，可以减缓聚集引起的荧光猝灭，生成一个基于 TPE-BODIPY 的发光纳米粒子。明显地，当引入更多的 TPE 单元后，被修饰的分子的双光子吸收和双光子激发荧光发射得到了提高。具有 3 个 TPE 单元的 **67** 在波长为 750～830 nm 范围内具有很强的双光子

吸收和双光子激发荧光发射，810 nm 处的单分子双光子截面为 264 GM 和 116 GM。所得到的纳米粒子发红光，斯托克斯位移为 60 nm，荧光量子产率为 16%。高分辨的三维成像[图 9.55(d) 和 (e)]显示这些 AIE 纳米粒子对体内血管成像有很好的效果。同样，将染料 **68** 和 **69**(图 9.56) 作为基于 DSPE-PEG 的 AIE 纳米粒子的荧光分子用于小鼠耳朵的实时双光子成像，证实它们可以提供整个血管网络的四维信息。

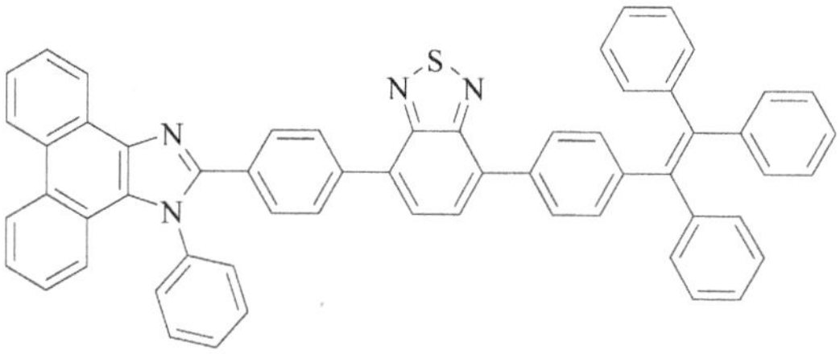

68

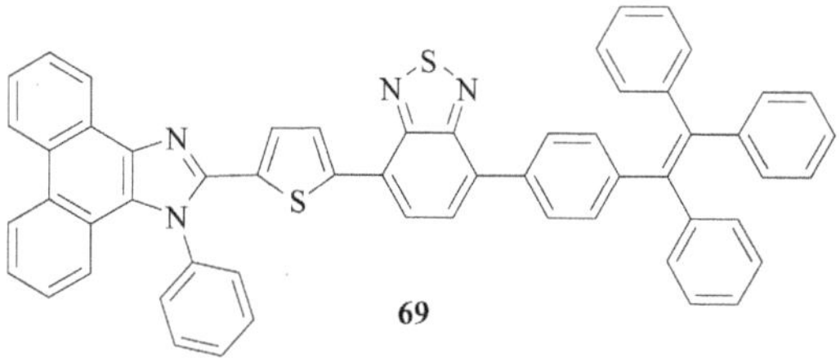

69

图 9.56 形成 AIE 纳米粒子的化合物 **68** 和 **69** 的化学结构

为了进一步提高基于 ICT 荧光团纳米粒子的发光效率[图 9.57(a)][149]，刘斌课题组设计合成了 **59** 与 F127-硅共封装的纳米粒子。由于二氧化硅壳相对非极性的微观环境，以及水和氧气对 **59** 纳米粒子的干扰减弱，所得到的 **59**-F127-SiO_2 纳米粒子的荧光量子产率为 50%。单分子的纳米粒子研究证明，相较于 **59**-F127 纳米粒子，**59**-F127-SiO_2 纳米粒子发光更亮，光稳定性更好。图 9.57(b) 为 **59**-F127-SiO_2 对小鼠胫骨肌肉血管染色后的双光子荧光图像。**59**-F127-SiO_2 纳米粒子的高荧光量子产率和优越的生物兼容性使之成为一种有效的双光子体内血管成像试剂。聚合物和二氧化硅壳的共封装策略对提高 ICT 荧光基团负载的纳米粒子在荧光成像方面的应用非常有效。

除了双光子之外，多光子吸收/发射也是一种非线性光学(nonlinear optics，NLO)过程，在该过程中，许多光子被同时吸收来产生一个激发态，然后在某种条件下发出荧光[157]。近年来，多光子吸收被广泛应用在生物成像、光动力疗法、频率上转换激光、3D 精密加工、3D 光学数据存储和光学稳定功率限制方面。对于有机荧光分子，实现大的多光子吸收截面需要设计大的 π 共轭结构。分子 **59** 具有延长的 π 共轭，最近被证明可实现三或四光子的激发(3PL/4PL，一种五/七阶非线

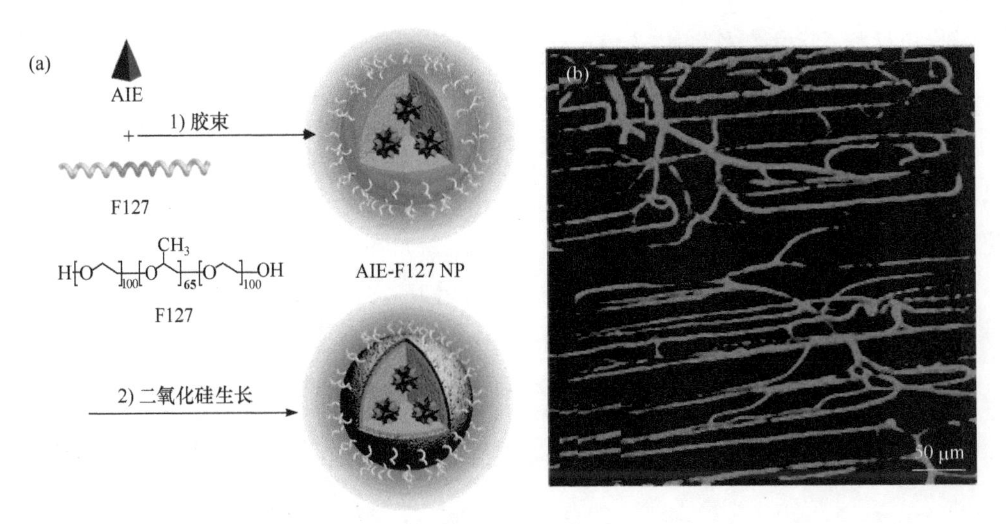

图 9.57 (a) AIE-F127-SiO_2 纳米粒子制备示意图；(b) 基于 AIE 纳米粒子的肌肉血管双光子荧光图像

性过程) 和其他非线性光学效应，以及激发后发射红/近红外光[148]。在 **59** 的纳米聚集态，出现了聚集诱导第三谐波(third harmonic generation, THG)增强和聚集诱导三光子吸收。**59** 掺杂的纳米粒子被进一步用作多模式的肿瘤细胞 NLO 显微成像，以及小鼠大脑的三光子吸收体内成像(图 9.58)。这种独特的 NLO 效应可以实现许多潜在的高科技应用，如生物医学诊断和光子器件。

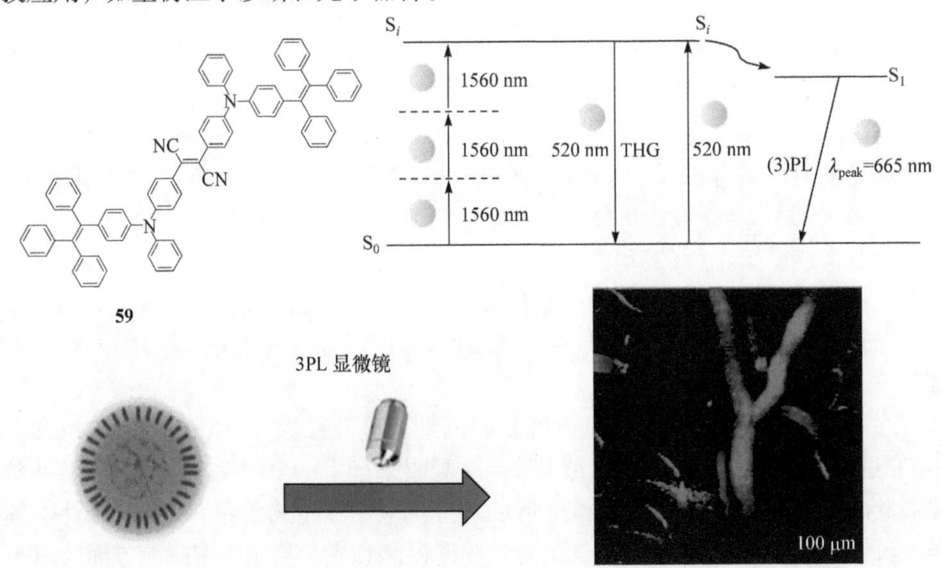

图 9.58 利用 AIE 纳米粒子的三光子吸收成像

3. 靶向光动力治疗

除了体外和体内成像的应用外，AIE 分子也被作为光敏剂用于成像介导的光动力治疗(PDT)。传统诸如卟啉衍生物的光敏剂在聚集态会产生π-π堆积、荧光猝灭及降低 ROS 效率[17,157]。与之不同的是，新型 AIE 纳米粒子不会在聚集后明显影响 ROS 的产生。AIE 纳米粒子被用于光动力治疗的工作首先由刘斌课题组报道[158]。他们通过纳米沉淀的方法将 **63** 封装到了 DSPE-PEG 中，制成纳米粒子。光照下相应的 AIE 纳米粒子可以发射红色的荧光用于癌细胞的可视化，并通过光动力学过程生成 ROS(图 9.59)。所制得的 **63** AIE 纳米粒子的平均粒径为 32 nm。**63** AIE 纳米粒子的最大发射波长为 660 nm，荧光量子产率为 10%。该 AIE 纳米粒子的 ROS 生成能力通过 1, 3-二苯基异苯并呋喃(DPBF)作为指示试剂得到证实。通过修饰环状 RGD 制备的 **63**-RGD 纳米粒子，可选择性地识别$\alpha_v\beta_3$整合素受体过表达的癌细胞，并将之杀死。CLSM 成像表明，**63**-RGD 纳米粒子可被细胞膜表面过表达 $\alpha_v\beta_3$ 整合素受体的 MDA-MB-231 细胞有效吞噬，而$\alpha_v\beta_3$整合素受体低表达的细胞，如 MCF-7 乳腺癌细胞和 NIH-3T3 正常细胞吞噬的量很少，荧光很弱。二氯荧光乙酰乙酸盐(DCF-DA)在 ROS 存在下可快速被氧化为强荧光的二氯荧光素(DCF)，表

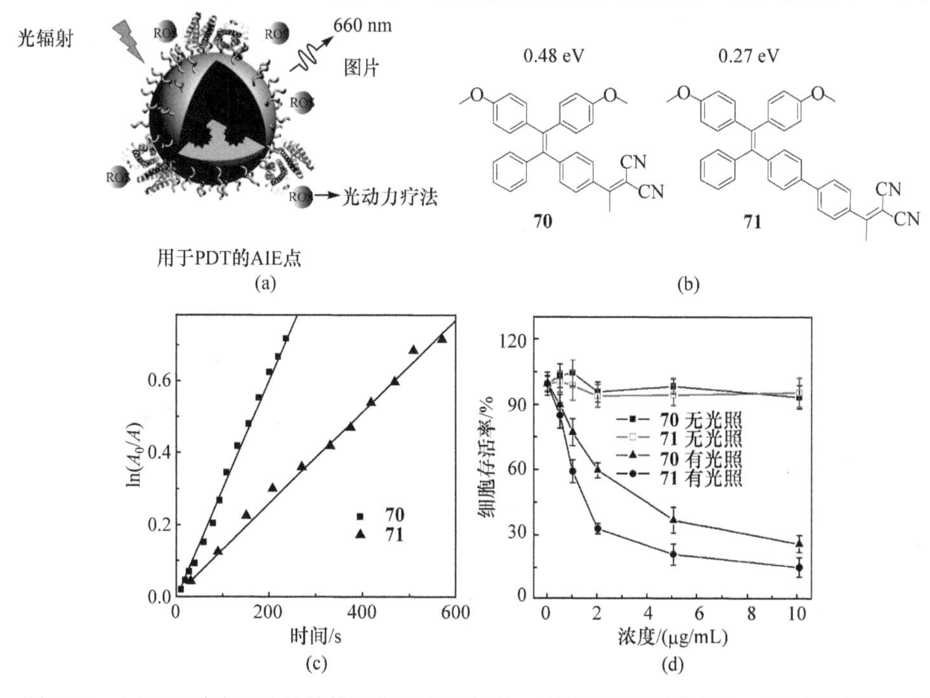

图 9.59　(a) AIE 纳米粒子的结构和双功能示意图；(b) **70** 和 **71** 的单线态-三线态能级差；(c) 在 AIE 荧光团存在时 378 nm 下检测的光照前和光照后 9,10-蒽基-双(亚甲基)二丙二酸(ABDA)的分解速率；(d) 在有无光照下以 **70**/ **71** 为核的 AIE-Tat 纳米粒子处理的 HeLa 细胞的存活率

明 **64**-RGD 纳米粒子在 MDA-MB-231 细胞内，光照下可生成 ROS。进一步的细胞存活率实验表明，**64**-RGD 纳米粒子可有效杀灭$\alpha_v\beta_3$整合素受体高表达的癌细胞，而对照细胞的存活率则不受影响。

光敏剂产生 ROS 的过程涉及从最低激发单线态(S_1)系间跨越(ISC)至最低激发三线态，并且与周围的氧气反应。刘斌课题组进一步研究了单线态–三线态能级差(ΔE_{ST})如何影响 ROS 的产生，并通过分子设计减小 ΔE_{ST} 能级差提高了 ROS 的生成效率[159]。具有 AIE 活性的 **70** 和 **71**[图 9.59(c)]，是通过氰基乙烯基作为电子受体和甲氧基作为电子给体结合至 TPE 单位制备而成。通过对分子内电荷转移的调节，将 TPE 的 ΔE_{ST}(1.22 eV)分别降低至 **70** 的 0.48 eV 和 **71** 的 0.27 eV。相应地，受益于 ISC 效率的提升，ROS 的产生效率提高，**70** 和 **71** 的单线态氧的量子产率经计算分别为 28%和 89%[图 9.59(c)]。**70** 和 **71** 可以由 DSPE-PEG 进一步负载形成水分散的 AIE 纳米粒子。将 Tat 多肽修饰至 AIE 纳米粒子表面，可增加 AIE 纳米粒子被细胞摄取的能力。所得 AIE-Tat 纳米粒子的表面正电荷约为 23 mV，平均粒径为 50 nm。它们可高效进入 HeLa 癌细胞，在细胞质中发出明亮的红色荧光。如果没有光照射，AIE-Tat 纳米粒子对 HeLa 细胞无明显毒性。形成明显对比的是，在光照射下，细胞存活率随剂量增加而迅速降低[图 9.59(d)]。此外，**71**-Tat 纳米粒子比 **70**-Tat 纳米粒子具有更强的癌细胞抑制活性和小于 2.6 倍的半数抑制浓度(IC_{50})。该表现的不同，归因于 **71** 更高的单线态氧量子产率和更低的 ΔE_{ST}值。

如前所述，AIE 分子的 ROS 生成能力不受聚集的影响，而且制备纳米粒子时可通过增加光敏剂的负载量来提高 PDT 活性。基于 AIE 纳米粒子体系，刘斌课题组进一步发展了双靶向的策略，将 AIE 纳米粒子输送到特定细胞器，如线粒体中。这对于 PDT 尤为重要，因为单线态氧的寿命短(< 0.04 μs)、作用距离小(< 0.02 μm)，而线粒体是单线态氧的主要作用位点[160-162]。为了实现这一目标，AIE 分子 **72** 的设计以二甲氧基苯与芳胺为电子给体，氰基为电子受体，并以 TPE 为 AIE 核心单元。具有 AIE 活性的 **72** 的最大吸收在 480 nm，聚集态在 619 nm 有最大发射。AIE 纳米粒子则通过纳米沉淀法来制备，为了引入两种不同的靶向配体，DSPE-PEG-folate 和 DSPE-PEG-NH_2用作包裹的基质。叶酸能够选择性地靶向识别癌细胞过表达的叶酸受体。线粒体靶向的配体 TPP 也被引入 AIE 纳米粒子表面[图 9.60(a)]。双靶向的 FA-AIE-TPP 纳米粒子能选择性地进入叶酸受体阳性的 MCF-7 细胞，并随后在线粒体中富集，可以观测到该 AIE 纳米粒子所发出的红光与线粒体染色试剂 MitoTracker Green 所发出的绿光完美重合[图 9.60(b)]。而在叶酸阴性的细胞中，却很少摄入并在线粒体富集 FA-AIE-TPP 纳米粒子。相比单一的靶向体系，如单一的 folate-AIE 纳米粒子和 TPP-AIE 纳米粒子，双靶向的纳米粒子显示了更好的抗癌效果，能降低 IC_{50} 值高达 8 倍。而且，线粒体中生成的 ROS 能迅速地去极化线粒体的膜电位，破坏线粒体的网络结构。该双靶向的 AIE 纳米粒子能导致线

粒体功能紊乱，大大地影响 ATP 的生成，减弱癌细胞的转移和新陈代谢，对癌症的治疗很有意义[163]。

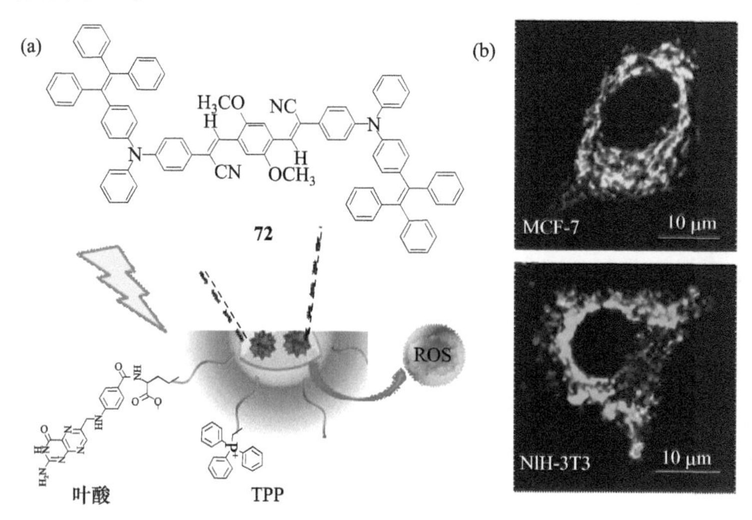

图 9.60 (a)基于 **72** 的 FA-AIE-TPP 双靶向的示意图及其功能；(b)FA-AIE-TPP 点染色 MCF-7 和 NIH-3T3 细胞的激光共聚焦图片

从上面的探讨可以很清晰地得出结论：AIE 纳米粒子在生物和生物医学应用上简单实用。首先，AIE 纳米粒子的制备非常简单，不需要大量的合成实验和精密的仪器，一般只需要一两步。其次，这种 AIE 基元的物理负载能精确地控制其负载率、尺寸和亮度，并且 AIE 基元不需要特殊的修饰。再次，快速发展的纳米技术提供了各种各样显著的封装模型，匹配上不断增加的 AIE 基元，丰富了 AIE 纳米粒子的功能性和多样性。AIE 纳米粒子在尺寸、形貌、生物相容性、光稳定性上有很好的一致性，并没有荧光闪烁。它们很容易被修饰，成功靶向特殊的肿瘤、细胞、细胞器并富集或和其他成像模式协同。而且，其荧光可通过单/双光子激发。这些显著的效应毫无疑问扩展了 AIE 生色团的应用范围。

9.5.3 硅基 AIE 纳米粒子

1. 细胞成像

除了前三小节介绍的有机 AIE 纳米粒子以外，基于 AIE 的有机-无机纳米粒子也被制备出来并应用于生物成像[145, 164-186]。硅纳米粒子(silicon nanoparticles SNPs)从信息技术到生物工程领域都有很广阔的应用，它们生物相容、亲细胞、亲水、透明但不发光，是制备荧光硅纳米粒子(fluorescent silica nanoparticles, FSNPs)的理想主体材料。

FSNPs 的制备可以通过化学反应或物理过程将荧光物质直接接入硅的网状结构。硅主体就像一个保护壳，抑制着氧气和其他会对内部荧光染料产生光漂白物质的渗透。硅胶和 AIE 基元的杂化能赋予 AIE 纳米粒子强的抗光漂白能力和胶体的稳定性。在分子水平上通过共价键将发光基元接入硅纳米粒子有许多方法，其中无表面活性剂的溶胶-凝胶法，常被用于制备 AIE 的荧光硅纳米粒子[175]。凭借此法，唐本忠课题组做了一系列系统的工作：首先，他们将 AIE 分子引入硅纳米粒子，并探索了其在生物中的应用；其次，这个方法的普适性被随后发展的具有荧光和磁性的双功能硅纳米粒子得到证实。值得注意的是，融合了 AIE 基元的荧光硅纳米粒子能通过溶胶-凝胶一锅法来制备(图 9.61)。最先制备了双溴化的 AIE 分子 **73**，然后将分子 **73** 与 3-丙胺基-三乙氧基硅烷偶联得到 **74**。产物 **74** 在氨水的作用下发生溶胶-凝胶反应，生成 AIE-硅纳米核，该物质与正硅酸乙酯发生另一个溶胶-凝胶反应，最终得到以 AIE 荧光团为核，硅胶为壳的荧光硅纳米粒子(FSNP-**74**)。该荧光硅纳米粒子具有统一的尺寸、高的表面电荷和极好的胶体稳定性。通过选择反应条件，能很好地调节这些核-壳结构的荧光硅纳米粒子的直径大小，从 45 nm 可调至 295 nm。这些低毒的荧光硅纳米粒子可发出很强的蓝色荧光，很容易进入活的 HeLa 细胞，并选择性地标记细胞质区域，显示出很高的成像信噪比(图 9.61)[171]。

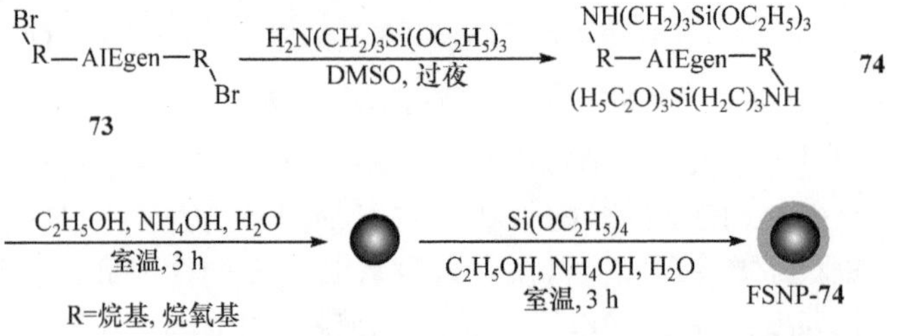

Br–R—AIEgen—R–Br (**73**) $\xrightarrow[\text{DMSO, 过夜}]{H_2N(CH_2)_3Si(OC_2H_5)_3}$ $NH(CH_2)_3Si(OC_2H_5)_3$–R—AIEgen—R–$(H_5C_2O)_3Si(H_2C)_3NH$ (**74**)

$\xrightarrow[\text{室温, 3 h}]{C_2H_5OH, NH_4OH, H_2O}$ ● $\xrightarrow[C_2H_5OH, NH_4OH, H_2O\text{; 室温, 3 h}]{Si(OC_2H_5)_4}$ FSNP-**74**

R=烷基, 烷氧基

图 9.61 含 AIE 基元的荧光硅纳米粒子从溴代 AIE 分子出发的常规制备路线图

除了溶胶-凝胶法，其他的化学方法也可以通过共价键将 AIE 荧光团接到硅胶的网状结构上。以铜催化的 1, 3-偶极环加成(如“点击”反应)将 AIE 基元与 SNPs 杂化为例。唐本忠课题组首先制备了二炔功能化的 AIE 荧光团，如 TPE(**75a**)或噻咯(**75b**)(图 9.62)和叠氮修饰的硅氧烷(PTEOS-叠氮)；然后发生点击反应，生成 **76**。核-壳结构的 FSNPs 可以用 **76** 通过 Stöber 法和反相微乳液法来制备。在前面的方法中，**76** 分子在含有氨水的乙醇/水混合溶剂中，水解缩合生成荧光团-硅胶纳米核，再和 TEOS 发生另一个溶胶-凝胶反应生成 FSNP-L。另外一个典型代表是微乳液法，它因能制备窄分布的纳米尺寸粒子而闻名于世。基本原理是借助两亲性的表面活性剂 Triton-X 形成热力学稳定的纳米水滴，纳米水滴作为纳米反应器在大量的油相中分散为颗粒。将 **76** 加入混合溶剂中，搅拌 30 min 生成 AIE 荧光团-硅胶核，然后进行溶胶-凝胶反应修饰具有核-壳结构的小尺寸 FSNP-S。这些 FSNP-S 具有均一的尺寸、光滑的表面、高的表面电荷和胶体稳定性。由于对活细胞生物相容性好并且发光效率高，FSNPs 有希望发展成活体荧光探针实现生物组织的可视化[186]。

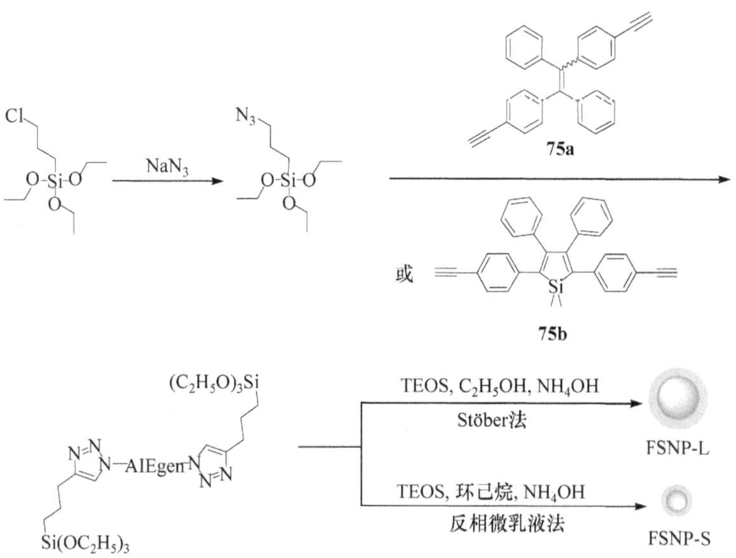

图 9.62 通过“点击”反应制备的包含 AIE 荧光团的纳米粒子 FSNP-L 和 FSNP-S

2. 肿瘤成像

除了共价键杂化 AIE 基元和硅纳米粒子，物理封装 AIE 荧光团也被用于制备 FSNPs。例如，Belfield 及其同事通过封装 AIE 活性的 NIR 荧光团(如 **77**)于 SNPs 中[187]，制备了聚集增强的 NIR 发射硅胶纳米探针用于生物成像。具有大的 D-π-A-π-D 结构的 **77** 不仅具有 AIE 性质，而且有 TICT 效应和双光子吸收性能。为了利用疏水的 AIE 基元的双光子吸收性能，按照如图 9.63 的路线制备了 **77** 掺杂的 SNPs。在 **77** 掺杂的 SNPs 的制备中，首先制备了乙烯基三乙氧基硅烷(VTES)预聚体溶胶溶液。将 VTES 溶胶溶液和 **77** 混合，通过溶剂交换法共沉淀于吐温-80 水溶液胶束的非极性内核，然后加入 *N'*-[3-(三甲氧基硅)丙基]二乙烯基胺(DETA)到反应混合物中，将氨基接到 SNP 表面得到 SNP-**77**-NH_2。产物 SNP-**77**-NH_2 具有均一的尺寸，平均直径 25 nm(20wt% **77**)。分散于水中的 SNP-**77**-NH_2 展现出强的红光，发射峰约 650 nm，荧光量子产量(Φ_F) (18.0 ± 4.0)%，在 980 nm 处的双光子吸收截面δ为 2100 GM，比分散于 THF 的分子 **77** 高 3 倍。高的聚集态 Φ_F 和 δ 归功于 **77** 的 AIE 性能，分子内的运动在 SNPs 中有效地被抑制了。

为了在避开免疫系统的同时靶向叶酸受体过表达的肿瘤，硅纳米粒子表面进一步修饰了马来酰亚胺封端的 PEG 和叶酸(图 9.63)。首先，马来酰亚胺-聚乙烯醇-琥珀酰亚胺乙酸酯(MAL-PEG-SCM, M_w = 3400)与 SNPs 反应，生成表面具有马来酰亚胺官能团的 SNP-**77**-PEG-MAL；接着与巯基修饰的叶酸反应，生成与叶酸结合的 SNPs(SNP-**77**-PEGFA)。计算得出，SNP-**77**-PEGFA(光分解量子效率$\Phi_d = 3.7\times10^{-7}$)的荧光光稳定性约比单独的高 4 倍，具有很高的灵敏值($F_M = \delta\Phi_F/\Phi_d$)约 1.1×10^9

GM。通过体外单光子和双光子荧光成像可以证明，SNP-**77**-PEGFA 具有低的细胞毒性，并能被过表达叶酸受体的 HeLa 细胞选择性吸收。静脉注射小鼠 HeLa 肿瘤成像同样证明 SNP-**77**-PEGFA 是更高效的体内生物荧光成像纳米探针。0.5 h 后补充注射 SNP-**77**-PEGFA，在小鼠的肿瘤部位可以检测到很明显的荧光信号，而且荧光强度在接下来的几小时稳定增长，到 6 h 达到最大。然而，注射了 SNP-**77**-PEGMAL 的小鼠，在观察期内，小鼠肿瘤区没有检测到荧光。这些结果证明 SNP-**77**-PEGFA 能被高效地输送到肿瘤部位并富集。从纳米探针染色的小鼠肿瘤切片的双光子荧光成像结果可以看出，SNP-**77**-PEGFA 主要分布在癌细胞的细胞质中，实现了对实体瘤深层组织的(约 350 μm)的 3D-双光子荧光成像。被注射了 SNP-**77**-PEGFA 的小鼠肿瘤展现很强的荧光，同时未连接叶酸的 SNP-**77**-PEGMAL 则没有收集到任何有意义的信号。这些结果进一步证实了叶酸活化的靶向策略比通过 EPR 的选择性和细胞摄入更高效。如此系统的工作为载 AIE 分子硅纳米探针的发展提供了指导。

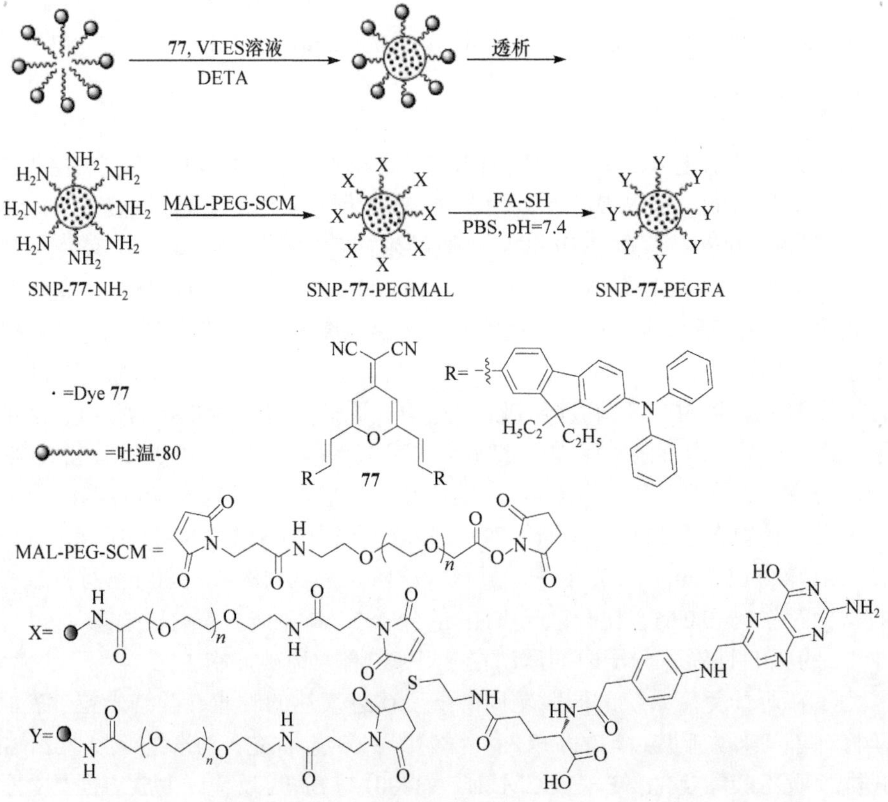

图 9.63　**77** 掺杂的荧光硅纳米粒子的合成及叶酸修饰表面示意图

9.5.4 聚合物保护的 AIE 纳米粒子

聚合物荧光纳米粒子因其优异的光稳定性、良好的生物相容性、潜在的生物可降解性、简便的合成方法及易表面功能化等优点，受到人们的广泛关注，这些显著的优点也使其成为一类重要的生物成像荧光剂。在聚合物纳米粒子的制备中，染料本身会自发进行团聚，所以能避免聚集荧光猝灭的 AIE 分子是制备聚合物荧光纳米粒子的理想染料。

AIE 有机荧光基元 **78**(衍生自烷氧基终端的二苯乙烯基蒽和一种商业的非离子型表面活性剂 Pluronic F127，图 9.64)可以被应用于基于纳米聚集的简单生物探针体系[188]。F127 表面活性剂能覆盖包裹 **78**，得到 **78**-F127 荧光有机纳米粒子。F127 能将有机纳米粒子表面疏水的性质改为亲水，因此 **78**-F127 复合物显示了良好的水分散性和 AIE 性能。

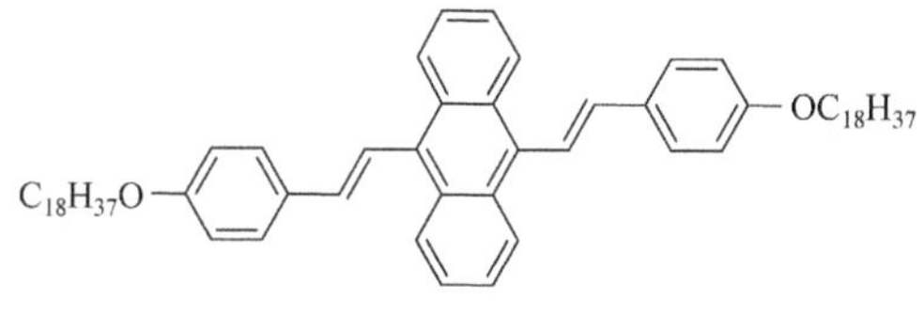

$C_{18}H_{37}O$ $OC_{18}H_{37}$

78

图 9.64 AIE 有机荧光基元化合物 **78** 的分子结构

直接将 AIE 荧光团和生物大分子(如壳聚糖)相连还能得到 AIE 荧光团-高分子缀合物。修饰有异硫氰酸盐的 TPE 和壳聚糖的偶联反应可制备 TPE-壳聚糖缀合物(图 9.65)[189]。产物 **79** 具有 AIE 性质，**79** 粉末的荧光强度随着被 TPE 的标记程度的增加而增强。高比例的荧光团标记对发光体-聚合物的缀合物展现出有益的影响，而传统的 ACQ 发光体却做不到。**79** 在细胞培养中能进入 HeLa 细胞，会自发地聚集并可实现 15 代的长期示踪。这主要归功于聚集的 **79** 能在一个细胞内长期

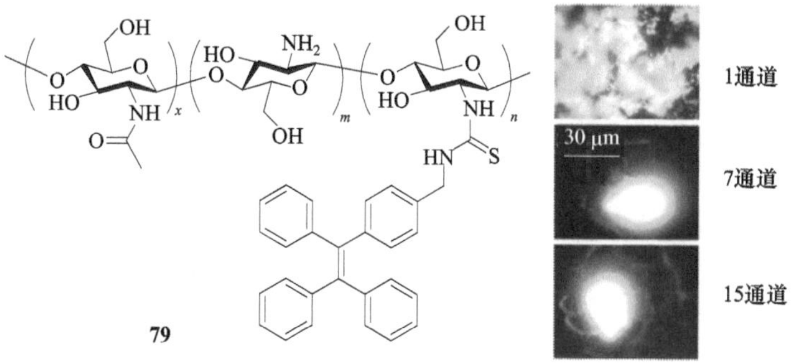

OH HO NH$_2$ OH O O O O O O HO NH *x* *m* HO NH *n* O= OH HN S

79

30 μm

1通道

7通道

15通道

图 9.65 TPE 和壳聚糖形成的生物缀合物 **79** 的分子结构以及被 **79** 聚集体染色的 HeLa 细胞的荧光成像图

保留，而不是在细胞分裂过程中分裂到两个子细胞中。细胞内的 AIE 聚集物也能将特殊的癌细胞和正常的细胞区别开。值得注意的是，这里的 **79** 聚集体是微米级且不均一的，所以为了进一步提高性能，唐本忠课题组通过简单的离子凝胶法在温和的条件下制备了 **79** 纳米粒子[190]。这些纳米粒子具有均一的尺寸、形状和带正电荷的表面。这种纳米粒子的悬浮液有很好的生物相容性及较高的荧光效率，而且可通过内吞作用高效地进入细胞质并留存在活细胞内，因此其可用于长时间的细胞成像。通过自发聚集(包括自组装)或简单纳米粒子合成方法，AIE 聚合物纳米粒子能通过 AIE 标记的聚合物简易制备出来。

众所周知，壳聚糖是一种资源充足的、生物相容同时又可生物降解的天然多糖聚合物。因此，基于 AIE 荧光团和壳聚糖的 AIE 荧光团-壳聚糖缀合物也被制备报道出来[191, 192]。例如，危岩课题组通过醛修饰的 TPE 与羧甲基壳聚糖的希夫碱反应，成功制备出 TPE-壳聚糖缀合物。用 $NaBH_4$ 将活泼的席夫碱转化为稳定的 C—N 键，得到的两性缀合物能自发地组装成尺寸较均一的纳米粒子，直径为 200～400 nm。这些纳米粒子能很好地分散在水中，并具有好的生物相容性，可高效地进入活细胞内。除了异硫氰酸酯和醛基，羧基也能被接到 AIE 分子上生成具有反应活性的 AIE 荧光团，这能用于标记含有氨基的聚合物。例如，通过亲水的乙二醇壳聚糖骨架和具有 AIE 活性的羧基-三氰苯乙烯衍生物的酰胺化，可以得到两亲性的生物高分子。这种两亲性的生物高分子通过自组装，可以得到近红外发射的荧光 AIE 纳米粒子；由于其强的荧光信号和能适于体内吸收窗的光谱，可以进一步用于近红外生物成像。当然，除了壳聚糖，其他聚合物骨架也能用于相同的目的。原理上任何 AIE 荧光团通过特殊修饰都能接到聚合物链上，作为高分子纳米粒子的发光单元。

通过原位聚合将 AIE 荧光团接到聚合物链上是另外一种 AIE 分子和聚合物相结合的有效方法，这种聚合物在一些条件下还有可能生成纳米粒子[193]。最近，Wei 等基于可聚合的 AIE 荧光团，制备了大量的荧光聚合物纳米粒子。他们用不同的 AIE 荧光团和各种聚合方法，如乳液聚合[194]、可逆加成-断裂链转移(reversible addition-fragmentation chain transfer，RAFT)聚合[195]、酸酐开环聚合[196]和交联聚合[197]，制备了一系列两亲性 AIE 聚合物。这些两亲性聚合物在水溶液中的自组装，表现为一种形成荧光聚合物纳米粒子的作用力。在自组装过程中，疏水的部分包括 AIE 荧光团被包在内核里，亲水的部分组成外壳。亲水的外壳赋予纳米粒子在水中高的分散性。原位聚合的聚合物纳米粒子有很多优点，如稳定的结构、荧光团不易泄露、表面修饰不需要苛刻的生物环境。而且，这些纳米粒子有优良的生物相容性和进细胞能力。

以 **80** 为例，Wei 等用这种可聚合的 AIE 荧光团，通过不同的聚合路线或纳米粒子合成方法制备了不同的聚合物纳米粒子[图 9.66(a)]。在乳液聚合方法中，含有乙烯基终端的**80**很容易和苯乙烯、丙烯酸发生共聚，形成聚合物纳米粒子[198]。由于其疏水性，**80**趋于和疏水的苯乙烯部分形成聚合物纳米粒子的内核。同时，亲水的丙烯酸部分覆盖核形成亲水的外壳。得到的聚合物纳米粒子能很好地分散在水相介质中，并有很强的荧光。而且，这种聚合物纳米粒子拥有球形的形貌、均一的尺寸和好的生物相容性，这些优点使其有望用于生物成像。因此，危岩课题组采用RAFT来制备以**80**为基础的聚合物纳米粒子。PEG作为一类两亲性聚合物，因其好的相容性、低的免疫原性和高的水溶性而闻名，因此PEG被认为是生物应用的一个好选择。基于这些优点，PEG-甲基丙烯酸酯被作为单体，通过设计好的RAFT聚合和**80**进行共聚。得到的两亲性共聚物在生理液中自组装为以AIE为基础的聚合物纳米粒子。生成的聚合物纳米粒子展现出高的水分散性、强的荧光和极好的生物相容性，因此能被用于细胞成像的荧光染料。由于RAFT聚合的可控性，各种各样拥有不同官能团的单体和可聚合的拥有不同光学性能的AIE荧光团，也能很方便地被制成聚合物纳米粒子。除了乳液和RAFT聚合，开环聚合也常被Wei课题组使用。一系列带有氨基的AIE荧光团，通过和酸酐单体的开环聚合被引入高分子链。例如，如图9.66(b)所示，带有两个氨基端基的AIE荧光团**82**，通过

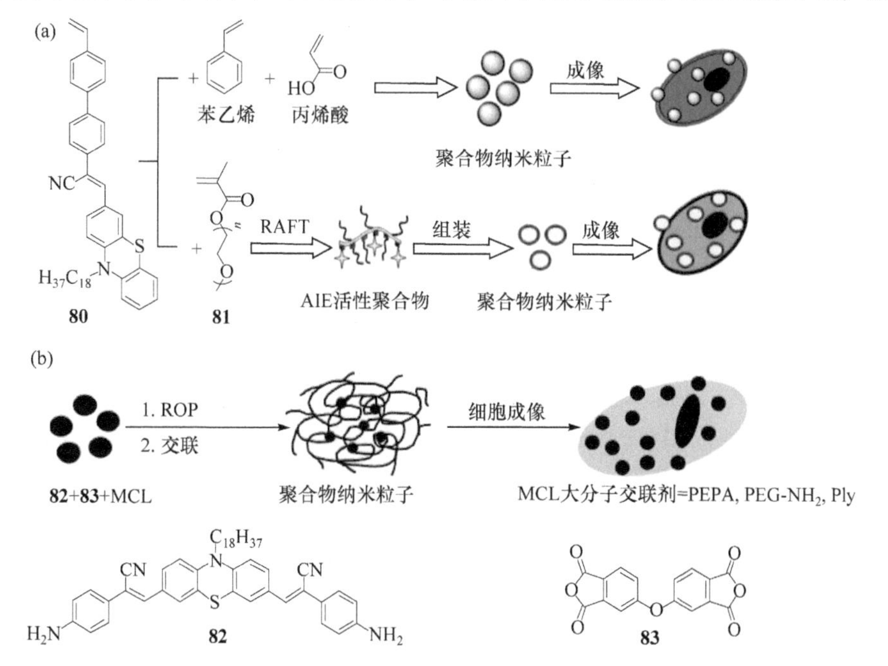

图9.66　(a)以**80**为基础的聚合物纳米粒子的制备和用于细胞成像的示意图；(b)室温下通过酸酐的开环聚合和进一步与大分子交联剂如聚乙烯多胺、氨基聚乙二醇制备以AIE荧光团**82**为基础的交联聚合物纳米粒子及其细胞成像应用的示意图

和酸酐的开环聚合，接入稳定的交联聚合物纳米粒子上；接着和大分子交联剂交联，如聚乙烯多胺(PEPA)、氨基聚乙二醇($PEG-NH_2$)和聚赖氨酸(Ply)[199]。在水溶液中，得到的两亲性交联共聚物都易于自组装形成统一的球形纳米粒子，直径范围为 100～400 nm。这些聚合物纳米粒子由于 **82** 的 AIE 性质发射强的红光，并显示球形形貌、高的水分散性、极好的生物相容性和良好的进细胞能力。除此之外，田文晶课题组报道了通过侧链为二苯基乙烯蒽(DSA)的两亲性聚合物自组装，得到一种基于 DSA 的 AIE 活性聚合物纳米粒子[200]。因此，含 AIE 荧光团单体的原位聚合，成为定制多功能 AIE 纳米粒子的普遍策略。

以上关于聚合物纳米粒子通过共价键引入 AIE 荧光团的策略可分为两类：聚合物缀合物和原位聚合，所得的 AIE 聚合物纳米粒子一般都具有良好的稳定性、水溶液分散性和生物相容性。尽管这些方法对聚合物纳米粒子的构筑非常有用，但是聚合前对 AIE 荧光团修饰和功能化的大量合成步骤增加了 AIE 纳米粒子制备的难度和花费。另外，在对这些纳米粒子进行实际应用时，其尺寸分布和表面性状还需要进一步优化。

9.6 总结与展望

在这一章中，我们列举了 AIE 荧光团在生物领域的应用。作为单分子探针，它们能检测广谱的生物分子，包括 ATP、肝素、DNA 和蛋白质，具有高信噪比、高灵敏度和操作简单等优点。生物传感的基本原理是通过 RIR 机理，引发 AIE 效应，这些可以通过结合待分析物或者通过各种相互作用改变探针的溶解性来实现。静电作用和疏水作用是最简单的相互作用，但选择性有限。通过 AIE 荧光团和目标配位能达到更好的选择性。特别是对点亮型 AIE 探针，经历了几代的设计原理，从需要亲水配体，到调节探针的水溶性，最后是用 ESIPT 机理消除水溶性的限制，才使点亮型 AIE 探针具有很好的使用价值和应用前景。

一方面，将 AIE 分子和特异靶向功能的配体糅合在一起可制备成 AIE 纳米粒子探针，这种探针具有发光效率高、靶向性好、抗光漂白等独特优势，在体内和体外生物成像应用中都十分有效。它们已在生物标记成像、实时细胞凋亡成像、诱导凋亡的药物筛选、亚细胞结构和细胞器成像、细胞的 pH 成像中得到应用。AIE 探针展现出极好的光稳定性，能和传统的示踪剂相媲美。而且，普通的治疗性药物，如阿霉素和顺铂，能很容易地被引入 AIE 探针结构中，用于药物输送过程中成像介导的治疗，同时监测药物激活过程和治疗反应。更重要的是，某些 AIE 荧光团具有光动力学活性，基于此结构的探针可以直接被用于光动力治疗，而且其 ROS 产生效率不受限于传统材料聚集减弱的影响。许多利用这种探针实现光动力治疗的例子已被报道。

另外，以 AIE 荧光团为基础的纳米粒子比量子点和小分子具有更先进的性能，如大的吸光度、高亮度、生物相容性、无随机闪烁和强的抗光漂白能力。本章总结了一系列无机/有机 AIE 纳米粒子，包括聚合物包裹的 AIE 纳米粒子、负载 AIE 荧光团的硅纳米粒子和 AIE 荧光团-聚合物缀合物形成的纳米粒子。Tat 多肽功能化的 AIE 纳米粒子，展现出高效率的细胞摄入，很适合用于体内和体外的细胞示踪。由于其非侵入性和深穿透度，大双光子截面的 AIE 荧光团尤其适合用于体内血管成像，并已被证实其具有超常的亮度和稳定性。而且，双功能的 AIE 纳米粒子可被用于双模式的成像介导下的光动力治疗。

毫无疑问，AIE 荧光团将会在生物领域获得广泛应用。值得注意的是，随着 AIE 荧光团的材料、探针设计的持续进步，以及对兼容元素的集成，它们将成为实现先进的传感与成像的有力工具。

参考文献

[1] Domaille D W, Que E L, Chang C J. Synthetic fluorescent sensors for studying the cell biology of metals. Nat Chem Bio, 2008, 4(3): 168-175.
[2] Borisov S M, Wolfbeis O S. Optical biosensors. Chem Rev, 2008, 108(2): 423-461.
[3] Michalet X, Pinaud F F, Bentolila L A, Tsay J M, Doose S, Li J J, Sundaresan G, Wu A M, Gambhir S S, Weiss S. Quantum dots for live cells, *in vivo* imaging, and diagnostics. Science, 2005, 307(5709): 538-544.
[4] Heger Z, Zitka O, Fohlerova Z, Rodrigo M, Hubalek J, Kizek R, AdamV. Use of green fluorescent proteins for *in vitro* biosensing. Chem Pap, 2015, 69(1): 54-61.
[5] Li J J, Zhu J J, Xu K. Fluorescent metal nanoclusters: from synthesis to applications. TrAC-Trend Anal Chem, 2014, 58: 90-98.
[6] Liang J, Li K, Liu B. Visual sensing with conjugated polyelectrolytes. Chem Sci, 2013, 4(4):1377-1394.
[7] Smith A M, Duan H, Mohs A M, Nie S M. Bioconjugated quantum dots for *in vivo* molecular and cellular imaging. Adv Drug Deliver Rev, 2008, 60(11): 1226-1240.
[8] Dellambra E, Pellegrini G, Guerra L, Ferrari G, Zambruno G, Mavilio F, de Luca M. Toward epidermal stem cell-mediated *ex vivo* gene therapy of junctional epidermolysis bullosa. Hum Gene Ther, 2000, 11(16): 2283-2287.
[9] Kwok R T K, Leung C W T, Lam J W Y, Tang B Z. Biosensing by luminogens with aggregation-induced emission characteristics. Chem Soc Rev, 2015, 44(13): 4228-4238.
[10] Bush K T, Keller S H, Nigam S K. Genesis and reversal of the ischemic phenotype in epithelial cells. J Clin Invest, 2000, 106(5): 621-626.
[11] Zhao M C, Wang M, Liu H J, Liu D S, Zhang G X, Zhang D Q, Zhu D B. Continuous on-site label-free ATP fluorometric assay based on aggregation-induced emission of silole. Langmuir, 2008, 25(2): 676-678.

[12] Noguchi T, Shiraki T, Dawn A, Tsuchiya Y, Yamamoto T, Shinkai S. Nonlinear fluorescence response driven by ATP-induced self-assembly of guanidinium-tethered tetraphenylethene. Chem Commun, 2012, 48 (65): 8090-8092.

[13] Park C, Hong J I. A new fluorescent sensor for the detection of pyrophosphate based on a tetraphenylethylene moiety. Tetrahedron Lett, 2010, 51 (15): 1960-1962.

[14] Capila I, Linhardt R J. Heparin-protein interactions. Angew Chem Int Ed, 2002, 41 (3): 390-412.

[15] Wang M, Zhang D Q, Zhang G X, Zhu D B. The convenient fluorescence turn-on detection of heparin with a silole derivative featuring an ammonium group. Chem Commun, 2008, 37: 4469-4471.

[16] Gu X G, Zhang G X, Zhang D Q. A new ratiometric fluorescence detection of heparin based on the combination of the aggregation-induced fluorescence quenching and enhancement phenomena. Analyst, 2012, 137 (2): 365-369.

[17] Liu H L, Song P S, Wei R R, Li K, Tong A J. A facile, sensitive and selective fluorescent probe for heparin based on aggregation-induced emission. Talanta, 2014, 118: 348-352.

[18] Kwok R T, Geng J L, Lam J W, Zhao E G, Wang G, Zhan R Y, Liu B, Tang B Z. Water-soluble bioprobes with aggregation-induced emission characteristics for light-up sensing of heparin. J Mater Chem B, 2014, 2 (26): 4134-4141.

[19] Huang X, Qi X Y, Boey F, Zhang H. Graphene-based composites. Chem Soc Rev, 2012, 41 (2): 666-686.

[20] Xu X J, Li J J, Li Q Q, Huang J, Dong Y Q, Hong Y N, Yan J W, Qin J G, Li Z, Tang B Z. A strategy for dramatically enhancing the selectivity of molecule showing aggregation-induced emission towards biomacromolecules with the aid of graphene oxide. Chem Eur J, 2012, 18 (23): 7278-7286.

[21] Tong H, Hong Y N, Dong Y Q, Häußler M, Li Z, Lam J W Y, Dong Y P, Sung H H Y, Williams I D, Tang B Z. Protein detection and quantitation by tetraphenylethene-based fluorescent probes with aggregation-induced emission characteristics. J Phys Chem B, 2007, 111 (40): 11817-11823.

[22] Hong Y N, Feng C, Yu Y, Liu J Z, Lam J W Y, Luo K Q, Tang B Z. Quantitation, visualization, and monitoring of conformational transitions of human serum albumin by a tetraphenylethene derivative with aggregation-induced emission characteristics. Anal Chem, 2010, 82 (16): 7035-7043.

[23] Wang F F, Wen J Y, Huang L Y, Huang J J, Ouyang J. A highly sensitive "switch-on" fluorescent probe for protein quantification and visualization based on aggregation-induced emission. Chem Commun, 2012, 48 (59): 7395-7397.

[24] Sanji T, Shiraishi K, Tanaka M. Sugar-phosphole oxide conjugates as "turn-on" luminescent sensors for lectins. ACS Appl Mater Interface, 2009, 1 (2): 270-273.

[25] Sanji T, Shiraishi K, Nakamura M, Tanaka M. Fluorescence turn-on sensing of lectins with mannose-substituted tetraphenylethenes based on aggregation-induced emission. Chem Asian J, 2010, 5 (4): 817-824.

[26] Hong Y N, Meng L M, Chen S J, Leung C W T, Da L T, Faisal M, Silva D A, Liu J Z, Lam J W Y, Huang X H, Tang B Z. Monitoring and inhibition of insulin fibrillation by a small organic fluorogen with aggregation-induced emission characteristics. J Am Chem Soc, 2012, 134 (3): 1680-1689.

[27] Tong H, Hong Y N, Dong Y Q, Häußler M, Lam J W, Li Z, Guo Z F, Guo Z H, Tang B Z. Fluorescent "light-up" bioprobes based on tetraphenylethylene derivatives with aggregation-induced emission characteristics. Chem Commun, 2006, 35: 3705-3707.
[28] Hong Y N, Häußler M, Lam J W Y, Li Z, Sin K K, Dong Y Q, Tong H, Liu J Z, Qin A J, Renneberg R, Tang B Z. Label-free fluorescent probing of G-quadruplex formation and real-time monitoring of DNA folding by a quaternized tetraphenylethene salt with aggregation-induced emission characteristics. Chem Eur J, 2008, 14(21): 6428-6437.
[29] Wang M, Zhang D Q, Zhang G X, Tang Y L, Wang S, Zhu D B. Fluorescence turn-on detection of DNA and label-free fluorescence nuclease assay based on the aggregation-induced emission of silole. Anal Chem, 2008, 80(16): 6443-6448.
[30] Zhuang Y, Zhang M S, Chen B, Duan R X, Min X H, Zhang Z Y, Zheng F X, Liang H G, Zhao Z J, Lou X D. Quencher group induced high specificity detection of telomerase in clear and bloody urines by AIEgens. Anal Chem, 2015, 87(18): 9487-9493.
[31] Li X, Ma K, Lu H G, Xu B, Wang Z L, Zhang Y, Gao Y J, Yan L L, Tian W J. Highly sensitive determination of ssDNA and real-time sensing of nuclease activity and inhibition based on the controlled self-assembly of a 9, 10-distyrylanthracene probe. Anal Bioanal Chem, 2014, 406: 851-858.
[32] Li X, Xu B, Lu H G, Wang Z L, Zhang J B, Zhang Y, Dong Y J, Ma K, Wen S P, Tian W J. Label-free fluorescence turn-on detection of Pb^{2+} based on AIE-active quaternary ammonium salt of 9, 10-distyrylanthracene. Anal Methods, 2013, 5(2): 438-441.
[33] Marras S A. Interactive fluorophore and quencher pairs for labeling fluorescent nucleic acid hybridization probes. Mol Biotechn, 2008, 38(3): 247-255.
[34] Li X, Ma K, Zhu S J, Yao S Y, Liu Z Y, Xu B, Yang B, Tian W J. Fluorescent aptasensor based on aggregation-induced emission probe and graphene oxide. Anal Chem, 2013, 86(1):298-303.
[35] Li Y Q, Kwok R T, Tang B Z, Liu B. Specific nucleic acid detection based on fluorescent light-up probe from fluorogens with aggregation-induced emission characteristics. RSC Adv, 2013, 3(26): 10135-10138.
[36] Zhang R Y, Kwok R T, Tang B Z, Liu B. Hybridization induced fluorescence turn-on of AIEgen-oligonucleotide conjugates for specific DNA detection. RSC Adv, 2015, 5(36): 28332-28337.
[37] Li S G, Langenegger S M, Häner R. Control of aggregation-induced emission by DNA hybridization. Chem Commun, 2013, 49(52): 5835-5837.
[38] Min X H, Zhuang Y, Zhang Z Y, Jia Y M, Hakeem A, Zheng F X, Cheng Y, Tang B Z, Lou X D, Xia F. Lab in a tube: sensitive detection of microRNAs in urine samples from bladder cancer patients using a single-label DNA probe with AIEgens. ACS Appl Mater Interface, 2015, 7(30): 16813-16818.
[39] Lou X D, Leung C W T, Dong C, Hong Y N, Chen S J, Zhao E G, Lam J W Y, Tang B Z. Detection of adenine-rich ssDNA based on thymine-substituted tetraphenylethene with aggregation-induced emission characteristics. RSC Adv, 2014, 4(63): 33307-33311.
[40] Yu Y, Liu J Z, Zhao Z J, Ng K M, Luo K Q, Tang B Z. Facile preparation of non-self-quenching fluorescent DNA strands with the degree of labeling up to the theoretic limit. Chem Commun,

2012, 48(51): 6360-6362.

[41] Zhao Y Y, Chris Y, Kwok R T, Chen Y L, Chen S J, Lam J W, Tang B Z. Photostable AIE fluorogens for accurate and sensitive detection of S-phase DNA synthesis and cell proliferation. J Mater Chem B, 2015, 3(25): 4993-4996.

[42] Schomburg I, Chang A, Placzek S, Söhngen C, Rother M, Lang M, Munaretto C, Ulas S, Stelzer M, Grote A. BRENDA in 2013: integrated reactions, kinetic data, enzyme function data, improved disease classification: new options and contents in BRENDA. Nucleic Acids Res, 2013, 41(D1): 764-772.

[43] Reymond J L, Fluxa V S, Maillard N. Enzyme assays. Chem Commun, 2009, (1): 34-46.

[44] Xue W X, Zhang G X, Zhang D Q, Zhu D B. A new label-free continuous fluorometric assay for trypsin and inhibitor screening with tetraphenylethene compounds. Org Lett, 2010, 12(10): 2274-2277.

[45] Xu J P, Fang Y, Song Z G, Mei J, Jia L, Qin A J, Sun J Z, Ji J, Tang B Z. BSA-tetraphenylethene derivative conjugates with aggregation-induced emission properties: fluorescent probes for label-free and homogeneous detection of protease and α1-antitrypsin. Analyst, 2011, 136(11): 2315-2321.

[46] Wang M, Gu X G, Zhang G X, Zhang D Q, Zhu D B. Convenient and continuous fluorometric assay method for acetylcholinesterase and inhibitor screening based on the aggregation-induced emission. Anal Chem, 2009, 81(11): 4444-4449.

[47] Yu C M, Wu Y L, Zeng F, Li X Z, Shi J B, Wu S Z. Hyperbranched polyester-based fluorescent probe for histone deacetylase via aggregation-induced emission. Biomacromolecules, 2013, 14(12): 4507-4514.

[48] Dhara K, Hori Y, Baba R, Kikuchi K. A fluorescent probe for detection of histone deacetylase activity based on aggregation-induced emission. Chem Commun, 2012, 48(94): 11534-11536.

[49] Hong Y N, Lam J W, Tang B Z. Aggregation-induced emission. Chem Soc Rev, 2011, 40(11): 5361-5388.

[50] Liang J, Kwok R T K, Shi H B, Tang B Z, Liu B. Fluorescent light-up probe with aggregation-induced emission characteristics for alkaline phosphatase sensing and activity study. ACS Appl Mater Interface, 2013, 5(17): 8784-8789.

[51] Gu X G, Zhang G X, Wang Z, Liu W W, Xiao L, Zhang D Q. A new fluorometric turn-on assay for alkaline phosphatase and inhibitor screening based on aggregation and deaggregation of tetraphenylethylene molecules. Analyst, 2013, 138(8): 2427-2431.

[52] Song Z G, Hong Y N, Kwok R T, Lam J W, Liu B, Tang B Z. A dual-mode fluorescence "turn-on" biosensor based on an aggregation-induced emission luminogen. J Mater Chem B, 2014, 2(12): 1717-1723.

[53] Riedl S J, Shi Y G. Molecular mechanisms of caspase regulation during apoptosis. Nat Rev Mol Cell Bio, 2004, 5(11): 897-907.

[54] Chen S Z, Huang J, Du D, Li J L, Tu H Y, Li D L, Zhang A D. Methyl parathion hydrolase based nanocomposite biosensors for highly sensitive and selective determination of methyl parathion. Biosens Bioelectron, 2011, 26(11): 4320-4325.

[55] Zhao G N, Tang B, Dong Y Q, Xie W H, Tang B Z. A unique fluorescence response of hexaphenylsilole to methyl parathion hydrolase: a new signal generating system for the enzyme label. J Mater Chem B, 2014, 2(31): 5093-5099.
[56] Chen J, Wang Y, Li W Y, Zhou H P, Li Y X, Yu C. Nucleic acid-induced tetraphenylethene probe noncovalent self-assembly and the superquenching of aggregation-induced emission. Anal Chem, 2014, 86(19): 9866-9872.
[57] Chen W D, Zhang D W, Gong W T, Lin Y, Ning G L. Aggregation-induced emission of a novel conjugated phosphonium salt and its application in mitochondrial imaging. Spectrochim Acta A, 2013, 110: 471-473.
[58] Wu Y L, Huang S L, Zeng F, Wang J, Yu C M, Huang J, Xie H T, Wu S Z. A ratiometric fluorescent system for carboxylesterase detection with AIE dots as FRET donors. Chem Commun, 2015, 51(64): 12791-12794.
[59] Xie H T, Zeng F, Wu S Z. Ratiometric fluorescent biosensor for hyaluronidase with hyaluronan as both nanoparticle scaffold and substrate for enzymatic reaction. Biomacromolecules, 2014, 15(9): 3383-3389.
[60] Nisato R, Tille J C, Jonczyk A, Goodman S, Pepper M. $\alpha_v\beta_3$ and $\alpha_v\beta_5$ integrin antagonists inhibit angiogenesis *in vitro*. Angiogenesis, 2003, 6(2): 105-119.
[61] Shi H B, Liu J Z, Geng J, Tang B Z, Liu B. Specific detection of integrin $\alpha_v\beta_3$ by light-up bioprobe with aggregation-induced emission characteristics. J Am Chem Soc, 2012, 134(23): 9569-9572.
[62] Liang J, Feng G X, Kwok R, Ding D, Tang B Z, Liu B. AIEgen based light-up probes for live cell imaging. Sci China Chem, 2016, 59(1): 53-61.
[63] Zhang Y D, Chen J J, Zhang Y Q, Hu Z Y, Hu D S, Pan Y F, Ou S, Liu G, Yin X, Zhao J F, Ren L F, Wang J W. Panning and identification of a colon tumor binding peptide from a phage display peptide library. J Biomol Screen, 2007, 12(3): 429-435.
[64] Huang Y Y, Hu F, Zhao R, Zhang G X, Yang H, Zhang D Q. Tetraphenylethylene conjugated with a specific peptide as a fluorescence turn-on bioprobe for the highly specific detection and tracing of tumor markers in live cancer cells. Chem Eur J, 2014, 20(1): 158-164.
[65] Vaux D L, Korsmeyer S J. Cell death in development. Cell, 1999, 96(2): 245-254.
[66] Okada H, Mak T W. Pathways of apoptotic and non-apoptotic death in tumour cells. Nat Rev Cancer, 2004, 4(8): 592-603.
[67] Fischer U, Schulze-Osthoff K. New approaches and therapeutics targeting apoptosis in disease. Pharmacol Rev, 2005, 57(2): 187-215.
[68] Shi H B, Kwok R T K, Liu J Z, Xing B G, Tang B Z, Liu B. Real-time monitoring of cell apoptosis and drug screening using fluorescent light-up probe with aggregation-induced emission characteristics. J Am Chem Soc, 2012, 134(43): 17972-17981.
[69] Shi H B, Zhao N, Ding D, Liang J, Tang B Z, Liu B. Fluorescent light-up probe with aggregation-induced emission characteristics for *in vivo* imaging of cell apoptosis. Org Biomol Chem, 2013, 11(42): 7289-7296.
[70] Ding D, Liang J, Shi H B, Kwok R T K, Gao M, Feng G X, Yuan Y Y, Tang B Z, Liu B. Light-up bioprobe with aggregation-induced emission char acteristics for real-time apoptosis imaging in

target cancer cells. J Mater Chem B, 2014, 2(2): 231-238.

[71] Yu Y, Feng C, Hong Y N, Liu J Z, Chen S J, Ng K M, Luo K Q, Tang B Z. Cytophilic fluorescent bioprobes for long-term cell tracking. Adv Mater, 2011, 23(29): 3298-3302.

[72] Hu R R, Gomez-Duran C F A, Lam J W Y, Belmonte-Vazquez J L, Deng C M, Chen S J, Ye R Q, Pena-Cabrera E, Zhong Y C, Wong K S, Tang B Z. Synthesis, solvatochromism, aggregation-induced emission and cell imaging of tetraphenylethene-containing BODIPY derivatives with large Stokes shifts. Chem Commun, 2012, 48(81): 10099-10101.

[73] Liang G D, Lam W Y, Qin W, Li J, Xie N, Tang B Z. Molecular luminogens based on restriction of intramolecular motions through host-guest inclusion for cell imaging. Chem Commun, 2014, 50(14): 1725-1727.

[74] Alberts B, Johnson A, Lewis J, Raff M, Roberts K, Walter P. In Molecular Biology of the Cell. New York: Garland Science, 2002.

[75] Li Y H, Wu Y Q, Chang J, Chen M, Liu R, Li F Y. A bioprobe based on aggregation induced emission (AIE) for cell membrane tracking. Chem Commun, 2013, 49(96): 11335-11337.

[76] Zhang C Q, Jin S B, Yang K N, Xue X D, Li Z P, Jiang Y G, Chen W Q, Dai L, Zou G Z, Liang X J. Cell membrane tracker based on restriction of intramolecular rotation. ACS Appl Mater Interface, 2014, 6(12): 8971-8975.

[77] Hoye A T, Davoren J E, Wipf P, Fink M P, Kagan V E. Targeting mitochondria. Acc Chem Res, 2008, 41(1): 87-97.

[78] Lesnefsky E J, Moghaddas S, Tandler B, Kerner J, Hoppel C L. Mitochondrial dysfunction in cardiac disease: ischemia-reperfusion, aging, and heart failure. J Mol Cell Cardiol, 2001, 33(6): 1065-1089.

[79] Leung C W T, Hong Y N, Chen S J, Zhao E G, Lam J W Y, Tang B Z. A photostable AIE luminogen for specific mitochondrial imaging and tracking. J Am Chem Soc, 2013, 135(1): 62-65.

[80] Zhao N, Li M, Yan Y L, Lam J W Y, Zhang Y L, Zhao Y S, Wong K S, Tang B Z. A tetraphenylethene-substituted pyridinium salt with multiple functionalities: synthesis, stimuli-responsive emission, optical waveguide and specific mitochondrion imaging. J Mater Chem C, 2013, 1(31): 4640-4646.

[81] Zhang W J, Kwok R T K, Chen Y L, Chen S J, Zhao E G, Yu C Y Y, Lam J W Y, Zheng Q C, Tang B Z. Real-time monitoring of the mitophagy process by a photostable fluorescent mitochondrion-specific bioprobe with AIE characteristics. Chem Commun, 2015, 51(43): 9022-9025.

[82] Zhao N, Chen S J, Hong Y N, Tang B Z. A red emitting mitochondria-targeted AIE probe as an indicator for membrane potential and mouse sperm activity. Chem Commun, 2015, 51(71): 13599-13602.

[83] Gao M, Sim C K, Leung C W T, Hu Q L, Feng G X, Xu F, Tang B Z, Liu B. A fluorescent light-up probe with AIE characteristics for specific mitochondrial imaging to identify differentiating brown adipose cells. Chem Commun, 2014, 50(61): 8312-8315.

[84] Gao M, Hu Q L, Feng G X, Tang B Z, Liu B. A fluorescent light-up probe with "AIE + ESIPT" characteristics for specific detection of lysosomal esterase. J Mater Chem B, 2014, 2(22): 3438-3442.

[85] Martin S, Parton R G. Lipid droplets: a unified view of a dynamic organelle. Nat Rev Mol Cell Bio, 2006, 7(5): 373-378.

[86] Alberti K G M M, Zimmet P, Shaw J. The metabolic syndrome—a new worldwide definition. Lancet, 2005, 366(9491): 1059-1062.

[87] Wang E J, Zhao E G, Hong Y N, Lam J W Y, Tang B Z. A highly selective AIE fluorogen for lipid droplet imaging in live cells and green algae. J Mater Chem B, 2014, 2(14): 2013-2019.

[88] Casey J R, Grinstein S, Orlowski J. Sensors and regulators of intracellular pH. Nat Rev Mol Cell Bio, 2010, 11(1): 50-61.

[89] Srivastava J, Barber D L, Jacobson M P. Intracellular pH sensors: design principles and functional significance. Physiology, 2007, 22(1): 30-39.

[90] Chen S J, Hong Y N, Liu Y, Liu J Z, Leung C W T, Li M, Kwok R T K, Zhao E G, Lam J W Y, Yu Y, Tang B Z. Full-range intracellular pH sensing by an aggregation-induced emission-active two-channel ratiometric fluorogen. J Am Chem Soc, 2013, 135(13): 4926-4929.

[91] Yuan Y Y, Chen Y L, Tang B Z, Liu B. A targeted theranostic platinum(Ⅳ) prodrug containing a luminogen with aggregation-induced emission (AIE) characteristics for *in situ* monitoring of drug activation. Chem Commun, 2014, 50(29): 3868-3870.

[92] Yuan Y Y, Kwok R T K, Tang B Z, Liu B. Targeted theranostic platinum(Ⅳ) prodrug with a built-in aggregation-induced emission light-up apoptosis sensor for noninvasive early evaluation of its therapeutic responses *in situ*. J Am Chem Soc, 2014, 136(6): 2546-2554.

[93] Yuan Y Y, Kwok R T K, Zhang R Y, Tang B Z, Liu B. Targeted theranostic prodrugs based on an aggregation-induced emission (AIE) luminogen for real-time dual-drug tracking. Chem Commun, 2014, 50(78): 11465-11468.

[94] Wang X Y, Guo Z J. Targeting and delivery of platinum-based anticancer drugs. Chem Soc Rev, 2013, 42(1): 202-224.

[95] Thigpen J T, Brady M F, Homesley H D, Malfetano J, DuBeshter B, Burger R A, Liao S. Phase Ⅲ trial of doxorubicin with or without cisplatin in advanced endometrial carcinoma: a gynecologic oncology group study. J Clin Oncol, 2004, 22(19): 3902-3908.

[96] Xue X D, Zhao Y Y, Dai L R, Zhang X, Hao X H, Zhang C Q, Huo S D, Liu J, Liu C, Kumar A, Chen W Q, Zou G Z, Liang X J. Spatiotemporal drug release visualized through a drug delivery system with tunable aggregation-induced emission. Adv Mater, 2014, 26(5): 712-717.

[97] Liang J, Shi H B, Kwok R T K, Gao M, Yuan Y Y, Zhang W H, Tang B Z, Liu B. Distinct optical and kinetic responses from *E*/*Z* isomers of caspase probes with aggregation-induced emission characteristics. J Mater Chem B, 2014, 2(27): 4363-4370.

[98] Xue X D, Jin S B, Zhang C Q, Yang K N, Huo S D, Chen F, Zou G Z, Liang X J. Probe-inspired nano-prodrug with dual-color fluorogenic property reveals spatiotemporal drug release in living cells. ACS Nano, 2015, 9(3): 2729-2739.

[99] Wang H B, Liu G Y, Gao H Q, Wang Y B. A pH-responsive drug delivery system with an aggregation-induced emission feature for cell imaging and intracellular drug delivery. Polym Chem, 2015, 6(26): 4715-4718.

[100] Yuan Y Y, Kwok R T K, Tang B Z, Liu B. Smart probe for tracing cancer therapy: selective cancer

cell detection, image-guided ablation, and prediction of therapeutic response *in situ*. Small, 2015, 11(36): 4682-4690.

[101] Huang Z. A review of progress in clinical photodynamic therapy. Technol Cancer Res Treat, 2005, 4(3): 283-293.

[102] Hu F, Huang Y Y, Zhang G X, Zhao R, Yang H, Zhang D Q. Targeted bioimaging and photodynamic therapy of cancer cells with an activatable red fluorescent bioprobe. Anal Chem, 2014, 86(15): 7987-7995.

[103] Yuan Y Y, Zhang C J, Gao M, Zhang R Y, Tang B Z, Liu B. Specific light-up bioprobe with aggregation-induced emission and activatable photoactivity for the targeted and image-guided photodynamic ablation of cancer cells. Angew Chem Int Ed, 2015, 54(6): 1780-1786.

[104] Hu Q L, Gao M, Feng G X, Liu B. Mitochondria-targeted cancer therapy using a light-up probe with aggregation-induced-emission characteristics. Angew Chem Int Ed, 2014, 53(51): 14225-14229.

[105] Zhang C J, Hu Q L, Feng G X, Zhang R Y, Yuan Y Y, Lu X M, Liu B. Image-guided combination chemotherapy and photodynamic therapy using a mitochondria-targeted molecular probe with aggregation-induced emission characteristics. Chem Sci, 2015, 6(8): 4580-4586.

[106] Ding D, Kwok R T, Yuan Y Y, Feng G X, Tang B Z, Liu B. A fluorescent light-up nanoparticle probe with aggregation-induced emission characteristics and tumor-acidity responsiveness for targeted imaging and selective suppression of cancer cells. Mater Horiz, 2015, 2(1): 100-105.

[107] Yuan Y Y, Zhang C J, Liu B. A platinum prodrug conjugated with a photosensitizer with aggregation-induced emission (AIE) characteristics for drug activation monitoring and combinatorial photodynamic-chemotherapy against cisplatin resistant cancer cells. Chem Commun, 2015, 51(41): 8626-8629.

[108] Yuan Y Y, Zhang C J, Liu B. A photoactivatable AIE polymer for light-controlled gene delivery: concurrent endo/lysosomal escape and DNA unpacking. Angew Chem Int Ed, 2015, 54(39): 11419-11423.

[109] Zhao E G, Hong Y N, Chen S J, Leung C W, Chan C Y, Kwok R T, Lam J W, Tang B Z. Highly fluorescent and photostable probe for long-term bacterial viability assay based on aggregation-induced emission. Adv Healthcare Mater, 2014, 3(1): 88-96.

[110] Zhao E G, Chen Y L, Chen S J, Deng H Q, Gui C, Leung C W, Hong Y N, Lam J W Y, Tang B Z. A luminogen with aggregation-induced emission characteristics for wash-free bacterial imaging, high-throughput antibiotics screening and bacterial susceptibility evaluation. Adv Mater, 2015, 27(33): 4931-4937.

[111] Chen W W, Li Q Z, Zheng W S, Hu F, Zhang G X, Wang Z, Zhang D Q, Jiang X Y. Identification of bacteria in water by a fluorescent array. Angew Chem Int E, 2014, 126(50): 13954-13959.

[112] Gao M, Hu Q L, Feng G X, Tomczak N, Liu R R, Xing B G, Tang B Z, Liu B. A multifunctional probe with aggregation-induced emission characteristics for selective fluorescence imaging and photodynamic killing of bacteria over mammalian cells. Adv Healthcare Mater, 2015, 4(5): 659-663.

[113] Zhao E G, Chen Y L, Wang H, Chen S J, Lam J W Y, Leung C W, Hong Y N, Tang B Z. Light-

enhanced bacterial killing and wash-free imaging based on AIE fluorogen. ACS Appl Mater Interfaces, 2015, 7(13): 7180-7188.

[114] Feng G X, Yuan Y Y, Fang H, Zhang R Y, Xing B G, Zhang G X, Zhang D Q, Liu B. A light-up probe with aggregation-induced emission characteristics (AIE) for selective imaging, naked-eye detection and photodynamic killing of Gram-positive bacteria. Chem Commun, 2015, 51(62): 12490-12493.

[115] Sharma A, Soliman G M, Al-Hajaj N, Sharma R, Maysinger D, Kakkar A. Design and evaluation of multifunctional nanocarriers for selective delivery of coenzyme Q10 to mitochondria. Biomacromolecules, 2011, 13(1): 239-252.

[116] Boddapati S V, D'Souza G G M, Erdogan S, Torchilin V P, Weissig V. Organelle-targeted nanocarriers: specific delivery of liposomal ceramide to mitochondria enhances its cytotoxicity *in vitro* and *in vivo*. Nano Letters, 2008, 8(8): 2559-2563.

[117] Breunig M, Bauer S, Goepferich A. Polymers and nanoparticles: intelligent tools for intracellular targeting? Eur J Pharm Biopharm, 2008, 68(1): 112-128.

[118] Ganta S, Devalapally H, Shahiwala A, Amiji M. A review of stimuli-responsive nanocarriers for drug and gene delivery. J Control Release, 2008, 126(3): 187-204.

[119] Jabr-Milane L, van Vlerken L, Devalapally H, Shenoy D, Komareddy S, Bhavsar M, Amiji M. Multi-functional nanocarriers for targeted delivery of drugs and genes. J Control Release, 2008, 130(2): 121-128.

[120] Peer D, Karp J M, Hong S, Farokhzad O C, Margalit R, Langer R. Nanocarriers as an emerging platform for cancer therapy. Nature Nano, 2007, 2(12): 751-760.

[121] Birks J B. Photophysics of Aromatic Molecules. London: Wiley-Interscience, 1970.

[122] Wang D, Qian J, He S L, Park J S, Lee K S, Han S H, Mu Y. Aggregation-enhanced fluorescence in PEGylated phospholipid nanomicelles for *in vivo* imaging. Biomaterials, 2011, 32(25): 5880-5888.

[123] Zhang X Q, Zhang X Y, Tao L, Chi Z, Xu J, Wei Y. Aggregation induced emission-based fluorescent nanoparticles: fabrication methodologies and biomedical applications. J Mater Chem B, 2014, 2(28): 4398-4414.

[124] Ding D, Li K, Liu B, Tang B Z. Bioprobes based on AIE fluorogens. Acc Chem Res, 2013, 46(11): 2441-2453.

[125] Li K, Liu B. Polymer-encapsulated organic nanoparticles for fluorescence and photoacoustic imaging. Chem Soc Rev, 2014, 43(18): 6570-6597.

[126] Feng G X, Tay C Y, Chui Q X, Liu R R, Tomczak N, Liu J, Tang B Z, Leong D T, Liu B. Ultrabright organic dots with aggregation-induced emission characteristics for cell tracking. Biomaterials, 2014, 35(30): 8669-8677.

[127] Geng J L, Zhu Z S, Qin W, Ma L, Hu Y, Gurzadyan G G, Tang B Z, Liu B. Near-infrared fluorescence amplified organic nanoparticles with aggregation-induced emission characteristics for *in vivo* imaging. Nanoscale, 2014, 6(2): 939-945.

[128] Wu W C, Chen C Y, Tian Y Q, Jang S H, Hong Y N, Liu Y, Hu R R, Tang B Z, Lee Y T, Chen C T, Chen W C, Jen A K Y. Enhancement of aggregation-induced emission in dye-encapsulating

polymeric micelles for bioimaging. Adv Funct Mater, 2010, 20(9): 1413-1423.
[129] Geng J L, Li K, Qin W, Ma L, Gurzadyan G G, Tang B Z, Liu B. Eccentric loading of fluorogen with aggregation-induced emission in PLGA matrix increases nanoparticle fluorescence quantum yield for targeted cellular imaging. Small, 2013, 9(11): 2012-2019.
[130] Qin W, Ding D, Liu J Z, Yuan W Z, Hu Y, Liu B, Tang B Z. Biocompatible nanoparticles with aggregation-induced emission characteristics as far-red/near-infrared fluorescent bioprobes for *in vitro* and *in vivo* imaging applications. Adv Funct Mater, 2012, 22(4): 771-779.
[131] Ding D, Li K, Qin W, Zhan R Y, Hu Y, Liu J Z, Tang B Z, Liu B. Conjugated polymer amplified far-red/near-infrared fluorescence from nanoparticles with aggregation-induced emission characteristics for targeted *in vivo* imaging. Adv Healthcare Mater, 2013, 2(3): 500-507.
[132] Low P S, Antony A C. Folate receptor-targeted drugs for cancer and inflammatory diseases. Adv Drug Deliver Rev, 2004, 56(8): 1055-1058.
[133] Geng J L, Li K, Ding D, Zhang X H, Qin W, Liu J Z, Tang B Z, Liu B. Lipid-PEG-folate encapsulated nanoparticles with aggregation induced emission characteristics: cellular uptake mechanism and two-photon fluorescence imaging. Small, 2012, 8(23): 3655-3663.
[134] Qin W, Li K, Feng G X, Li M, Yang Z Y, Liu B, Tang B Z. Bright and photostable organic fluorescent dots with aggregation-induced emission characteristics for noninvasive long-term cell imaging. Adv Funct Mater, 2014, 24(5): 635-643.
[135] Li K, Qin W, Ding D, Tomczak N, Geng J L, Liu R R, Liu J Z, Zhang X H, Liu H W, Liu B, Tang B Z. Photostable fluorescent organic dots with aggregation-induced emission (AIE dots) for noninvasive long-term cell tracing. Sci Rep, 2013, 3: 1150.
[136] Piantavigna S, McCubbin G A, Boehnke S, Graham B, Spiccia L, Martin L L. A mechanistic investigation of cell-penetrating TAT peptides with supported lipid membranes. Biochim Biophys Acta Biomembr, 2011, 1808(7): 1811-1817.
[137] Kaplan I M, Wadia J S, Dowdy S F. Cationic TAT peptide transduction domain enters cells by macropinocytosis. J Control. Release, 2005, 102(1): 247-253.
[138] Ding D, Li K, Zhu Z S, Pu K Y, Hu Y, Jiang X Q, Liu B. Conjugated polyelectrolyte-cisplatin complex nanoparticles for simultaneous *in vivo* imaging and drug tracking. Nanoscale, 2011, 3(5): 1997-2002.
[139] Li K, Zhu Z S, Cai P Q, Liu R R, Tomczak N, Ding D, Liu J, Qin W, Zhao Z J, Hu Y, Chen X D, Tang B Z, Liu B. Organic dots with aggregation-induced emission (AIE dots) characteristics for dual-color cell tracing. Chem Mater, 2013, 25(21): 4181-4187.
[140] Ding D, Mao D, Li K, Wang X M, Qin W, Liu R R, Chiam D S, Tomczak N, Yang Z M, Tang B Z, Kong D L, Liu B. Precise and long-term tracking of adipose-derived stem cells and their regenerative capacity via superb bright and stable organic nanodots. ACS Nano, 2014, 8(12): 12620-12631.
[141] Gimble J M, Katz A J, Bunnell B A. Adipose-derived stem cells for regenerative medicine. Circ Res, 2007, 100(9): 1249-1260.
[142] Roda A, Guardigli Pasini M P, Mirasoli M, Michelini E, Musiani M. Bio- and chemiluminescence imaging in analytical chemistry. Anal Chim Acta, 2005, 541(1-2): 25-35.

[143] Geng J L, Li K, Qin W, Tang B Z, Liu B. Red-emissive chemiluminescent nanoparticles with aggregation-induced emission characteristics for *in vivo* hydrogen peroxide imaging. Part Part Syst Char, 2014, 31(12): 1238-1243.

[144] Lee Y D, Lim C K, Singh A, Koh J, Kim J, Kwon I C, Kim S. Dye/peroxalate aggregated nanoparticles with enhanced and tunable chemiluminescence for biomedical imaging of hydrogen peroxide. ACS Nano, 2012, 6(8): 6759-6766.

[145] Xiang J Y, Cai X L, Lou X D, Feng G X, Min X H, Luo W W, He B R, Goh C C, Ng L G, Zhou J, Zhao Z J, Liu B, Tang B Z. Biocompatible green and red fluorescent organic dots with remarkably large two-photon action cross sections for targeted cellular imaging and real-time intravital blood vascular visualization. ACS Appl Mater Interfaces, 2015, 7(27): 14965-14974.

[146] Ding D, Goh C C, Feng G X, Zhao Z J, Liu J Z, Liu R R, Tomczak N, Geng J L, Tang B Z, Ng L G, Liu B. Ultrabright organic dots with aggregation-induced emission characteristics for real-time two-photon intravital vasculature imaging. Adv Mater, 2013, 25(42): 6083-6088.

[147] Gao Y T, Feng G X, Jiang T, Goh C, Ng L, Liu B, Li B, Yang L, Hua J L, Tian H. Biocompatible nanoparticles based on diketo-pyrrolo-pyrrole (DPP) with aggregation-induced red/NIR emission for *in vivo* two-photon fluorescence imaging. Adv Funct Mater, 2015, 25(19): 2857-2866.

[148] Qian J, Zhu Z F, Qin A J, Qin W, Chu L L, Cai F H, Zhang H Q, Wu Q, Hu R R, Tang B Z, He S L. High-order non-linear optical effects in organic luminogens with aggregation-induced emission. Adv Mater, 2015, 27(14): 2332-2339.

[149] Geng J L, Goh C C, Qin W, Liu R R, Tomczak N, Ng L G, Tang B Z, Liu B. Silica shelled and block copolymer encapsulated red-emissive AIE nanoparticles with 50% quantum yield for two-photon excited vascular imaging. Chem Commun, 2015, 51(69): 13416-13419.

[150] Chen S J, Hong Y N, Liu J Z, Tseng N W, Liu Y, Zhao E G, Lam J W Y, Tang B Z. Discrimination of homocysteine, cysteine and glutathione using an aggregation-induced-emission-active hemicyanine dye. J Mater Chem B, 2014, 2(25): 3919-3923.

[151] Zhao N, Gong Q, Zhang R X, Yang J, Huang Z Y, Li N, Tang B Z. A fluorescent probe with aggregation-induced emission characteristics for distinguishing homocysteine over cysteine and glutathione. J Mater Chem C, 2015, 3(32): 8397-8402.

[152] Zheng C, Deng H Q, Zhao Z J, Qin A J, Hu R R, Tang B Z. Multicomponent tandem reactions and polymerizations of alkynes, carbonyl chlorides, and thiols. Macromolecules, 2015, 48(7): 1941-1951.

[153] Qian J. Nanoparticle-assisted-multiphoton microscopy for *in vivo* brain imaging of mice. In Optical Techniques in Neurosurgery, Neurophotonics, and Optogenetics II, 2015: 9305.

[154] Zhao Z J, Chen B, Geng J L, Chang Z F, Aparicio-Ixta L, Nie H, Goh C C, Ng L G, Qin A J, Ramos-Ortiz G, Liu B, Tang B Z. Red emissive biocompatible nanoparticles from tetraphenylethene-decorated bodipy luminogens for two-photon excited fluorescence cellular imaging and mouse brain blood vascular visualization. Part Part Syst Char, 2014, 31(4): 481-491.

[155] Shi Y G, Liu M Y, Wang K, Deng F J, Wan Q, Huang Q, Fu L H, Zhang X Y, Wei Y. Bioinspired

preparation of thermo-responsive graphene oxide nanocomposites in an aqueous solution. Polym Chem, 2015, 6(32): 5876-5883.

[156] Wang D, Qian J, Qin W, Qin A J, Tang B Z, He S L. Biocompatible and photostable AIE dots with red emission for *in vivo* two-photon bioimaging. Sci Rep, 2014, 4: 4279.

[157] Sekkat N, van den Bergh H, Nyokong T, Lange N. Like a bolt from the blue: phthalocyanines in biomedical optics. Molecules, 2012, 17(1): 98-144.

[158] Yuan Y Y, Feng G X, Qin W, Tang B Z, Liu B. Targeted and image-guided photodynamic cancer therapy based on organic nanoparticles with aggregation-induced emission characteristics. Chem Commun, 2014, 50(63): 8757-8760.

[159] Xu S D, Yuan Y Y, Cai X L, Zhang C J, Hu F, Liang J, Zhang G X, Zhang D Q, Liu B. Tuning the singlet-triplet energy gap: a unique approach to efficient photosensitizers with aggregation-induced emission (AIE) characteristics. Chem Sci, 2015, 6(10): 5824-5830.

[160] Lam M, Oleinick N L, Nieminen A L. Photodynamic therapy-induced apoptosis in epidermoid carcinoma cells: reactive oxygen species and mitochondrial inner membrane permeabilization. J Bio Chem, 2001, 276(50): 47379-47386.

[161] Hilf R. Mitochondria are targets of photodynamic therapy. J Bioenerg Biomembr, 2007, 39(1): 85-89.

[162] Ngen E J, Rajaputra P, You Y. Evaluation of delocalized lipophilic cationic dyes as delivery vehicles for photosensitizers to mitochondria. Bioorg Med Chem, 2009, 17(18): 6631-6640.

[163] Feng G X, Qin W, Hu Q L, Tang B Z, Liu B. Cellular and mitochondrial dual-targeted organic dots with aggregation-induced emission characteristics for image-guided photodynamic therapy. Adv Healthcare Mater, 2015, 4(17): 2667-2676.

[164] Zhang X Y, Zhang X Q, Wang S Q, Liu M Y, Zhang Y, Tao L, Wei Y. Facile incorporation of aggregation-induced emission materials into mesoporous silica nanoparticles for intracellular imaging and cancer therapy. ACS Appl Mater Interfaces, 2013, 5(6): 1943-1947.

[165] Mahtab F, Yu Y, Lam J W Y, Liu J Z, Zhang B, Lu P, Zhang X X, Tang B Z. Fabrication of silica nanoparticles with both efficient fluorescence and strong magnetization, and exploration of their biological applications. Adv Funct Mater, 2011, 21(9): 1733-1740.

[166] Shen X, Liang F X, Zhang G X, Zhang D Q. A new continuous fluorometric assay for acetylcholinesterase activity and inhibitor screening with emissive core-shell silica particles containing tetraphenylethylene fluorophore. Analyst, 2012, 137(9): 2119-2123.

[167] Chen X T, Yamaguchi A, Namekawa M, Kamijo T, Teramae N, Tong A J. Functionalization of mesoporous silica membrane with a Schiff base fluorophore for Cu(Ⅱ) ion sensing. Anal Chim Acta, 2011, 696(1-2): 94-100.

[168] Brennecke J, Ochs C J, Boudhar A, Reux B, Subramanian G S, Lear M J, Trau D, Hobley J. Design, preparation and assessment of surface-immobilised tetraphenylethenes for biosensing applications. Appl Surface Sci, 2014, 307: 475-481.

[169] Li D D, Yu J H, Xu R R. Mesoporous silica functionalized with an AIE luminogen for drug delivery. Chem Commun, 2011, 47(39): 11077-11079.

[170] Li D D, Zhang Y P, Fan Z Y, Yu J H. AIE luminogen-functionalised mesoporous nanomaterials

for efficient detection of volatile gases. Chem Commun, 2015, 51(72): 13830-13833.

[171] Faisal M, Hong Y N, Liu J Z, Yu Y, Lam J W, Qin A J, Lu P, Tang B Z. Fabrication of fluorescent silica nanoparticles hybridized with AIE luminogens and exploration of their applications as nanobiosensors in intracellular imaging. Chemistry, 2010, 16(14): 4266-4272.

[172] Zhao G S, Shi C X, Guo Z Q, Zhu W H, Zhu S Q. Recent application progress on aggregation-induced emission. Chin J Org Chem, 2012, 32(9): 1620-1632.

[173] Tang F, Wang C, Wang J S, Wang X Y, Li L D. Organic-inorganic hybrid nanoparticles with enhanced fluorescence. Colloid Surface A, 2015, 480: 38-44.

[174] Xia Y, Li M, Peng T, Zhang W J, Xiong J, Hu Q G, Song Z F, Zheng Q C. *In vitro* cytotoxicity of fluorescent silica nanoparticles hybridized with aggregation-induced emission luminogens for living cell imaging. Int J Mol Sci, 2013, 14(1): 1080-1092.

[175] Liao J F, Qi T T, Chu B Y, Peng J R, Luo F, Qian Z Y. Multifunctional nanostructured materials for multimodal cancer imaging and therapy. J Nanosci Nanotechn, 2014, 14(1): 175-189.

[176] Martinez H P, Grant C D, Reynolds J G, Trogler W C. Silica anchored fluorescent organosilicon polymers for explosives separation and detection. J Mater Chem, 2012, 22(7): 2908-2914.

[177] Li M, Lam J W Y, Mahtab F, Chen S J, Zhang W J, Hong Y N, Xiong J, Zheng Q C, Tang B Z. Biotin-decorated fluorescent silica nanoparticles with aggregation-induced emission characteristics: fabrication, cytotoxicity and biological applications. J Mater Chem B, 2013, 1(5): 676-684.

[178] Miao C L, Li D D, Zhang Y P, Yu J H, Xu R R. Reprint of: "AIE luminogen functionalized mesoporous silica nanoparticles as efficient fluorescent sensor for explosives detection in water". Micropor Mesopor Mater, 2014, 200: 281-286.

[179] Miao C L, Li D D, Zhang Y P, Yu J H, Xu R R. AIE luminogen functionalized mesoporous silica nanoparticles as efficient fluorescent sensor for explosives detection in water. Micropor Mesopor Mater, 2014, 196: 46-50.

[180] Geng J L, Liu J Z, Liang J, Shi H B, Liu B. A general approach to prepare conjugated polymer dot embedded silica nanoparticles with a SiO_2@CP@SiO_2 structure for targeted HER2-positive cellular imaging. Nanoscale, 2013, 5(18): 8593-8601.

[181] Wang Z L, Xu B, Zhang L, Zhang J B, Ma T H, Zhang J B, Fu X Q, Tian W J. Folic acid-functionalized mesoporous silica nanospheres hybridized with AIE luminogens for targeted cancer cell imaging. Nanoscale, 2013, 5(5): 2065-2072.

[182] Cheng H, Qin W, Zhu Z F, Qian J, Qin A J, Tang B Z, He S L. Nanoparticles with aggregation-induced emission for monitoring long time cell membrane interactions. Prog Electromagn Res, 2013, 140: 313-325.

[183] Yao S, Shao A D, Zhao W R, Zhu S J, Shi P, Guo Z Q, Zhu W H, Shi J L. Fabrication of mesoporous silica nanoparticles hybridised with fluorescent AIE-active quinoline-malononitrile for drug delivery and bioimaging. RSC Adv, 2014, 4(103): 58976-58981.

[184] Zhang X Y, Zhang X Q, Yang B, Liu L J, Hui J F, Liu M Y, Chen Y W, Wei Y. Aggregation-induced emission dye based luminescent silica nanoparticles: facile preparation, biocompatibility evaluation and cell imaging applications. RSC Adv, 2014, 4(20): 10060-10066.

[185] Zhu Z F, Zhao X Y, Qin W, Chen G D, Qian J, Xu Z P. Fluorescent AIE dots encapsulated

organically modified silica (ORMOSIL) nanoparticles for two-photon cellular imaging. Sci China Chem, 2013, 56(9): 1247-1252.

[186] Mahtab F, Lam J W Y, Yu Y, Liu J Z, Yuan W, Lu P, Tang B Z. Covalent immobilization of aggregation-induced emission luminogens in silica nanoparticles through click reaction. Small, 2011, 7(10): 1448-1455.

[187] Wang X H, Morales A R, Urakami T, Zhang L F, Bondar M V, Komatsu M, Belfield K D. Folate receptor-targeted aggregation-enhanced near-IR emitting silica nanoprobe for one-photon *in vivo* and two-photon *ex vivo* fluorescence bioimaging. Bioconjugate Chem, 2011, 22(7): 1438-1450.

[188] Zhang X Q, Zhang X Y, Wang S Q, Liu M Y, Tao L, Wei Y. Surfactant modification of aggregation-induced emission material as biocompatible nanoparticles: facile preparation and cell imaging. Nanoscale, 2013, 5(1): 147-150.

[189] Wang Z K, Chen S J, Lam J W, Qin W, Kwok R T, Xie N, Hu Q L, Tang B Z. Long-term fluorescent cellular tracing by the aggregates of AIE bioconjugates. J Am Chem Soc, 2013, 135(22): 8238-8245.

[190] Li M, Hong Y N, Wang Z K, Chen S J, Gao M, Kwok R T, Qin W, Lam J W Y, Zheng Q C, Tang B Z. Fabrication of chitosan nanoparticles with aggregation-induced emission characteristics and their applications in long-term live cell imaging. Macromol Rapid Commun, 2013, 34(9): 767-771.

[191] Zhang X Y, Zhang X Q, Yang B, Liu M Y, Liu W Y, Chen Y W, Wei Y. Facile fabrication and cell imaging applications of aggregation-induced emission dye-based fluorescent organic nanoparticles. Polym Chem, 2013, 4(16): 4317-4321.

[192] Lim C K, Kim S, Kwon I C, Ahn C H, Park S Y. Dye-condensed biopolymeric hybrids: chromophoric aggregation and self-assembly toward fluorescent bionanoparticles for near infrared bioimaging. Chem Mater, 2009, 21(24): 5819-5825.

[193] Zhang Y, Chen Y J, Li X, Zhang J B, Chen J L, Xu B, Fu X Q, Tian W J. Folic acid-functionalized AIE Pdots based on amphiphilic PCL-*b*-PEG for targeted cell imaging. Polym Chem, 2014, 5(12): 3824-3830.

[194] Liu M Y, Zhang X Q, Yang B, Liu L J, Deng F J, Zhang X Y, Wei Y. Polylysine crosslinked AIE dye based fluorescent organic nanoparticles for biological imaging applications. Macromol Biosci, 2014, 14(9): 1260-1267.

[195] Li H Y, Zhang X Q, Zhang X Y, Yang B, Yang Y, Wei Y. Stable cross-linked fluorescent polymeric nanoparticles for cell imaging. Macromol Rapid Commun, 2014, 35(19): 1661-1667.

[196] Zhang X Y, Zhang X Q, Yang B, Hui J F, Liu M Y, Liu W Y, Chen Y W, Wei Y. PEGylation and cell imaging applications of AIE based fluorescent organic nanoparticles via ring-opening reaction. Polym Chem, 2014, 5(3): 689-693.

[197] Zhang X Y, Zhang X Q, Yang B, Yang Y, Wei Y. Renewable itaconic acid based cross-linked fluorescent polymeric nanoparticles for cell imaging. Polym Chem, 2014, 5(20): 5885-5889.

[198] Zhang X Y, Zhang X Q, Yang B, Liu M Y, Liu W Y, Chen Y W, Wei Y. Fabrication of aggregation induced emission dye-based fluorescent organic nanoparticles via emulsion polymerization and their cell imaging applications. Polym Chem, 2014, 5(2): 399-404.

[199] Zhang X Y, Zhang X Q, Yang B, Hui J F, Liu M Y, Wei Y. Facile fabrication of AIE-based stable

cross-linked fluorescent organic nanoparticles for cell imaging. Colloid Surface B, 2014, 116: 739-744.

[200] Lu H G, Su F Y, Mei Q, Tian Y Q, Tian W J, Johnson R H, Meldrum D R. Using fluorine-containing amphiphilic random copolymers to manipulate the quantum yields of aggregation-induced emission fluorophores in aqueous solutions and the use of these polymers for fluorescent bioimaging. J Mater Chem, 2012, 22(19): 9890-9900.

（梁 敬 胡 方 张若瑜 袁友永 冯光雪 许适当 高 蒙 刘 斌）

索 引

A

癌细胞靶向 311

B

半数抑制浓度 354
爆炸物检测 149
比率型荧光传感器 229

C

超氧离子检测 154
重整能 48
纯有机超长寿命 RTP 化合物 106
刺激响应材料 225
猝灭剂 108

D

带隙 53
单分子探针 362
单锚敏化剂 274
单线态 46
单线态-三线态能级差 354
单线态氧 154
单指数模式 16
蛋白质组学 298
导向重原子效应 108
低频模式 24
低频转动 19
“点亮”型检测 176
电子迁移率 164
电子-振动耦合 48
端粒酶 301
多模式耦合速率理论 49

E

二维扩散排序谱 135

F

发光不对称因子 275
发光分子探针 1
发光效率 1
发光增强体系 36
发射 231
非辐射弛豫 13
非辐射能量损耗 168
非辐射跃迁 22
非辐射跃迁能量转移 305
非绝热耦合 48
分子结构刚硬化 206
分子聚集效应 42
分子内旋转受限 8
分子内运动受限 8
分子内振动受限 17
辐射衰减 14
辐射跃迁 2
辐射跃迁速率常数 45

G

高频模式 48
高效率电荷传输 125

构象扭曲　35
固态发光　19
固态发光量子产率　53
光动力疗法　87
光环化　142
光活化成像　153
光学波导效应　194
光异构化诱导相分离　282
光致电子转移　149
光致发光　125
轨道能量　53

H

核酸酶　301
活体血管成像　350
活体组织双光子荧光成像　350
活细胞成像　196
活性氧　151

J

机械荧光变色　144
激发能　54
激发三线态　87
激发态缔合体　169
激发态分子内质子转移　12
激发态受限变形　98
激发态衰减速率　49
激基缔合物　4
激子　3
极化嵌入　43
检测限　148
僵化分子构象　29
拮抗效应　16
结构松弛　95
结构域折叠　181
结晶诱导发光增强　69
结晶诱导磷光　69
结晶诱导双发射　105
晶态发射高效磷光　87
聚合基因传输载体　333
聚集络合物　303
聚集态高效发光材料　199
聚集态高效发光理论　199
聚集诱导第三谐波　352
聚集诱导发光　1
聚集诱导磷光　69
聚集诱导磷光发射　87
聚集诱导荧光猝灭　337
聚集诱导荧光增强　126
聚集诱导圆二色　276
聚集增强发光　102
绝热激发态　54

K

抗光漂白能力　318
可逆力致发光变色　94

L

力致变色　186
“链置换探针”测定法　302
磷光寿命　87
螺旋桨结构　139
螺旋桨式构象　12
螺旋桨式构型　168
绿色荧光蛋白　343

M

密度泛函理论　20
面-面堆积结构　13

N

能带间隙　174

能量转移效率 188
扭曲分子内电荷转移 120

P

频率上转换激光 351

R

染料敏化剂 274
热振动关联函数 46
热致延迟荧光 120
热致荧光变色 146
溶剂化变色效应 33
溶致荧光变色 146

S

三维骨架结构 26
三线态 46
三线态氧 154
生物适应性 196
生物探针 228
生物影像 110
生物正交反应 155
示踪光动力治疗 327
势能面 4
室温磷光 87
双重正交反应 155
双光子激发荧光 231
双光子吸收 219
瞬态光致发光 105
斯托克斯位移 27
四苯基乙烯 17

T

拓扑结构 135

W

位移谐振子模型 48
物理束缚效应 17

X

系间窜越 88
谐振子模型 64

Y

压致荧光变色 144
延迟荧光 105
荧光传感材料 176
荧光猝灭常数 223
荧光共振能量转移 149
荧光化学/生物传感材料 176
荧光-磷光双发射体系 113
荧光内核 337
荧光强度 3
荧光寿命 16
圆偏振发光 232
跃迁偶极矩 46

Z

载流子传输 249
载流子迁移率 271
振动关联函数 21
智能荧光材料 238
肿瘤细胞 300
主客体识别作用 138
自旋轨道耦合 64
自旋禁阻 45
自组装 27
最低激发单线态 354

其他

AIE 超支化聚合物 229
AIE 共轭聚合物 223

AIE 活性　48
AIE 基元　206
AIE 染料　207
AIE 生色团　121
AMBER 分子力场　46
FRET 效应　310
GAFF 力场　46
H-聚集　169
J-聚集体　27
QM/MM 方法　42
TICT 效应　146
3D 光学数据存储　351
^{3}LX 激发态　89
^{3}MLLCT 激发态　89